AF496754

Illustrirtes

Handbuch der Obstkunde.

III.

Illustrirtes
Handbuch der Obstkunde.

Unter

Mitwirkung Mehrerer herausgegeben

von

Medicinalassessor **F. Jahn**, Institutsvorstand **E. Lucas,**

und

Superintendent **J. G. C. Oberdieck.**

———

Dritter Band: Steinobst.

—∞:◦:∞—

Stuttgart.

Verlag von Ebner & Seubert.

1861.

Vorwort.

Da mit dem jetzt vollenbeten britten Steinobsthefte das Werk, zufolge des seiner Zeit ausgegebenen Prospects, als abgeschlossen zu betrachten ist, so möge es mir erlaubt sein, ben britten Band des Handbuches mit einem kurzen Vorworte zu begleiten, um baburch dem Werke selbst wo möglich mehr ben Weg zu bahnen, wenigstens zum Verständniß Dessen, was bisher angestrebt unb geleistet ist, beizutragen.

Das, was jetzt vorliegt, entspricht bem ausgegebenen Prospecte wohl nach bem Umfange, nicht jeboch ebenso nach bem Inhalte, unb hat es bamit folgenbe Bewanbtniß. — Der von ber Gothaer Versammlung gefaßte Beschluß ging, wie erinnerlich sein wirb, zunächst bahin, ein vollständiges, bem jetzigen Stanbpunkte ber Wissenschaft entsprechenbes Handbuch ber Pomologie, ähnlich bem Dittrich'schen Handbuche unb etwa auch von bemselben Umfange, zu liefern, bas wo möglich in brei Jahren fertig sein sollte. Bei einiger Kenntniß bes gegenwärtigen, so gewaltig angewachsenen Umfangs ber Pomologie konnte man voraussehen, baß ein Werk von bem Umfange ber brei Bänbe bes Dittrich'schen Handbuches, selbst in berselben Weise bearbeitet unb mit bemselben engen Drucke, nicht hinreichen könne, etwas für ben gegenwärtigen Stanbpunkt ber Pomologie Hinreichenbes, ja nur Brauchbares zu liefern, unb konnte ich mich außerbem für ben ursprünglichen Plan nicht begeistern, ba seine Ausführung nur burch eine neue, ber Dittrich'schen Arbeit ganz ähnliche Compilation aus anbern Werken möglich gewesen wäre. Es sinb baher — zumal auch bie beiben anbern Mitrebactoren zu einem solchen Werke sich schwer entschließen mochten, hauptsächlich auf mein Betreiben, unb selbst noch währenb ber von Herrn Garten=Inspector Lucas mit ber Verlagsbuchhanblung vereinbarte Prospect schon erschienen war, noch wesentliche Veränberungen mit bem ursprünglichen Plane, — unb ich hoffe, nicht zum Schaben ber Wissenschaft unb ber Besitzer bes Handbuches, — vorgegangen, unb wurbe beschlossen, zunächst nur selbstständig gefertigte Beschreibungen von Obst, bas jeber selbst kannte unb gebaut hätte, zu liefern, jeber Beschreibung einen Umriß ober Durchschnittszeichnung ber betreffenben Sorte beizugeben unb bas Handbuch nach biesem Plane so weit zu vollenben, als Kraft unb Leben es gestatten würben. Da keiner ber Rebactoren solche Durchschnittszeichnungen irgenb in Mehrzahl schon fertig hatte, — mir selbst fehlten sie noch ganz, — so konnte bei ber Wahl ber zu beschreibenben Obstsorten auch

kein allgemeiner durch das ganze Werk sich entwickelnder Plan, etwa nach irgend
einem Systeme, inne gehalten werden (weßhalb zwei Seiten zu jeder Sorte ge=
nommen wurden, um das Zusammengehörende später zusammenbringen zu können),
sondern es lieferte ein Jeder Beschreibungen der Früchte, die er eben in charakte=
ristischen Exemplaren selbst erndtete oder erhalten konnte, und sind mehrere schlechte
Obsterndten Ursache gewesen, daß es damit nicht rasch genug ging und wir nur
so viel wie möglich das beste und gangbarste Obst immer zuerst geben konnten.
Die nähere Redaction der Kirschen= und Pflaumenhefte zu übernehmen erklärte ich
mich gern bereit, theils weil ich auch darin ein ziemlich reiches Sortiment hatte,
theils weil ich hoffen durfte, in den Lebensjahren, die Gott mir noch vielleicht
nach seiner Güte verleiht, bei diesen auch rascher tragenden Früchten mit Jahns
Hülfe noch am ersten etwas Vollständigeres zu liefern. Indeß habe ich, soviel
meine Zeit es gestattete, auch bei den Kernobstheften mitzuwirken gesucht, von
denen zwei neue im Manuscript bereits wieder fertig sind, zu benen ich etwa 80
Beschreibungen lieferte. — Was den dritten Band des Handbuchs betrifft, so war
es ursprünglich Plan, im dritten Hefte Pfirschen und Aprikosen zu geben; da bieß
indeß später wegen noch zu sehr fehlender Vorarbeiten sich nicht so rasch thun
ließ, wurde beliebt, im dritten Hefte halb Kirschen, halb Pflaumen zu geben, und
ist, um die Citate in den Artikeln über Literatur verständlich zu machen, nunmehr
auch eine Uebersicht der im Handbuch allegirten Schriften gegeben, die sich zunächst
wohl auf den dritten Band bezieht, vorläufig indeß auch für die Kernobsthefte
genügen dürfte.

Daß das Handbuch hinter Dem, was wir gern geleistet hätten, immer noch
zurückgeblieben sei, fühlt Niemand mehr, als die Redaction selbst; doch haben wir
mit Anstrengung zu leisten gesucht, was unter den gegebenen Umständen möglich
war. Es war ursprünglich Keiner auf die Herausgabe eines Werkes, wie das
vorliegende, wenigstens hinreichend und vollständig gerüstet, da Keiner mit dem
Plane der Herausgabe eines solchen Werkes näher umgegangen war und wir
einfach gestrebt hatten, uns möglichst ausgebreitete Obstkenntniß zu erwerben.
Das Zusammentragen der literarischen Citate und der Synonyme in alphabetische
Cataloge, um bei jeder Beschreibung an alles sie Betreffende hingeführt zu werden,
war eine mühevolle, zeitraubende Arbeit, und war noch nicht einmal hinreichend
vollendet, als, um die Ungebuld des Publikums zu befriedigen und wenigstens
ein Lebenszeichen zu geben, daß wir an der Arbeit seien, die ersten Hefte schon
ausgegeben werden mußten. Dabei erweiterte während der Arbeit die Wissenschaft
sich fortwährend durch im Auslande erscheinende bedeutendere pomologische Werke,
so daß schon jetzt, namentlich zu den literarischen Artikeln der ersten Hefte, manche
Nachträge gegeben werden könnten. Außerdem aber kann bei der jetzt vorliegenden
gewaltigen Zahl von Obstsorten Keiner einer vollständigen Obstkenntniß sich
rühmen, zu deren Erlangung, so lange größere pomologische Gärten fehlen, ein
Menschenleben nicht hinreicht; man lernt immerfort selbst, so wie man weiter ar=
beitet, und ist überhaupt die Wissenschaft selbst noch längst nicht auf dem Stand=
punkte angelangt, daß Vollendetes und auch einer späteren Zeit hinreichend Ge=
nügendes bereits gegeben werden könnte. Die Nachwelt muß einmal vollenden,
was wir angestrebt haben.

In mehrfältiger Weise wird indeß die Wissenschaft doch schon durch das, was jetzt vorliegt und weiter von uns gegeben wird, gefördert sein. Es wird zunächst durch das Handbuch eine in demselben Werke vereinte möglichst vollständige Uebersicht über die Obstkunde, und zwar auf eine fruchtbarere Weise, als in dem Dittrich'schen Werke, unter hinzugekommenen eigenen fortgesetzten Forschungen angebahnt. — Sodann sind die Beobachtungen über das Obst und die Obstbeschreibungen durch die neue genaue Revision aus dem Stadio herausgetreten, wo sie nur erst Wahrnehmungen einzelner Männer enthielten, die, wie sorgfältig sie auch arbeiteten, doch nur wahrnahmen, wie das Obst in Gestalt, Zeichnung und Güte gerade in ihrer Gegend und Boden sich verhielt; manche in andern Gegenden constant gefundene Abweichungen sind jetzt bemerklich gemacht, und die neue Revision hat mehr das hervorgehoben, was auch an andern Orten sich eben so fand, als bei dem ersten Beobachter, wobei auch die großen Obstausstellungen unserer Zeit dazu beitrugen, den Blick zu schärfen. — Nicht weniger scheinen mir die, mit Mühe und Zeitaufwand ausgearbeiteten literarischen Artikel, wie sie jetzt vorliegen, die Mancher vielleicht für überflüssig halten möchte, eine wesentliche Förderung der Wissenschaft und der Obstkunde zu sein. Sie geben nicht nur möglichst sorgfältige literarische Citate, namentlich aus den bei uns gangbarsten pomologischen Werken, die ohne das Gegebene dem künftigen Forscher ein verborgener Schatz bleiben würden, den zu heben er immer mit großer Mühe von Neuem beginnen möchte, sondern sie decken auch die Fehler früherer pomologischer Werke auf, damit Keiner, der sie besitzt, durch sie getäuscht und verwirrt werde, und geben eine möglichst vollständige Uebersicht der Synonyme, so weit solche jetzt schon sich geben ließ, indem an ihrer Zusammentragung die Jetztzeit auch im Auslande noch immer arbeitet. Auch ist diese Uebersicht nicht blos in todter und bloßer Zusammenstellung von Namen gegeben, die für den nachkommenden Forscher nur unerwiesene Behauptungen geblieben wären, deren Wahrheit oder Unrichtigkeit er seinerseits erst wieder hätte nachforschen müssen. Soll verhütet werden, daß nicht unablässig unter neueren Namen angepriesenes Obst aus dem Auslande und selbst Inlande bei uns einbringt, in dem man zuletzt nur findet, was wir längst schon hatten, — (die Einführungssucht ist ohnehin bei uns noch immer weit größer, als sie zum Vortheile des Obstbaues sein dürfte und überwiegt das conservative Element so sehr, daß Jemand nur neue Obstsorten etwas theurer als andere Stämme auszubieten braucht, um eines guten Absatzes gewiß zu sein,) — ja! soll jemals dieser ganze gewaltige, für die Praxis nur hinderliche Ballast, mindestens für die Praxis und das obstbauende Publikum über Bord geworfen und selbst für die Wissenschaft endlich in die Antiquitätenkammer gestellt werden, so müßten alle Sorten jetzt zunächst möglichst vollständig und unter Nachforschung nach ihrer Richtigkeit oder Unrichtigkeit zusammengestellt werden, und ließ sich dazu um so mehr etwas thun, da gegenwärtig weit mehr, als früher, auch in die pomologische Nomenclatur des Auslandes der Einblick geöffnet ist, und sich durch Reiserbeziehungen, vielleicht auch durch Austausch von Obstcollectionen noch immer mehr öffnen wird. Nur durch Sorgfalt in diesem Punkte kann die Wissenschaft vereinfacht und mehr zur Ruhe und Stabilität gelangen. Selbst die Form der beigegebenen, ausführlichen Register wird wesentlich dazu beitragen, die Kenntniß der Synonyme zu erleichtern, und jeder Frucht einen Hauptnamen bei uns allgemeiner zu sichern.

Auch die beigegebenen Figuren halte ich für die Obstkunde gar nicht unwichtig, und sind sie wenigstens das Einzige, was die theueren und dabei doch so oft verfehlten und die Kenntniß einer Sorte oft nur erschwerenden, illuminirten Kupfer ersetzen kann, und können dazu beitragen, gar manche Irrungen künftig zu verhüten.

Manche haben, statt größerer Kürze, umgekehrt noch mehr Vollständigkeit von dem Handbuche gewünscht, z. B. noch mehr Angaben über rechte Pflückezeit, beste Unterlage ꝛc., wie sie in meiner „Anleitung“ sich fänden, oder mehr Angaben über die Unterschiede gegen ähnliche Früchte. Manches von dem gegen mich gewünschten blieb zweckmäßig weg, wie z. B. die Pflückezeit, die in verschiebenen Gegenden Deutschlands verschieden ist; Einzelnes mußte oft des Raumes wegen wegbleiben, da die im Prospect angenommenen zwei Seiten für jede Obstsorte oft bei kleinem Druck kaum hinreichten, das Nothwendige zu geben, und würden namentlich die Vergleichungen bei den zahlreichen Sorten des Kernobstes allzu viel Raum hingenommen haben, sie lassen sich theils mit Worten oder für jetzt genau genug gar nicht geben, da die Wahrnehmungen darüber noch nicht abgeschlossen sind, haben auch für jetzt nicht den Werth, den man davon erwartet, da die angegebenen Unterschiede nach kurzer Zeit durch neu aufkommende ähnliche Sorten oft illusorisch werden. Was darüber jetzt mit Nutzen gesagt werden konnte, ist beigebracht. — Irrig ist auch die hin und wieder von dem Handbuch gefaßte Ansicht, daß es nur die ausgesuchtesten Sorten bringe. Es sollte ein möglichst vollständiges werden, mußte selbst vor manchen schlechtern Sorten warnen, und beschränkt sich darauf, anzugeben, welcher Werth überhaupt objectiv, nicht relativ gegen andere, jede Sorte hat. Angaben, welches Obst unter allem andern das schätzbarste und am meisten anzubauende sei, müßten neben dem Handbuche hergehen, und sind auch die Forschungen darüber längst noch nicht als abgeschlossen zu betrachten, da jede Gegend, selbst jeder Boden darin Eigenthümliches hat.

Möge denn das Handbuch vielfache Verbreitung finden und zur Hebung der Obstkunde und des Obstbaus beitragen!

Jeinsen, Ende November 1861.

Oberdieck.

Anmerkung der Verlagshandlung.

Vielfach aufgefordert, durch weitere Fortsetzung dem als abgeschlossen betrachteten „Handbuch der Obstkunde“ im Interesse der Wissenschaft und der betheiligten Abnehmer desselben eine möglichst erreichbare Vollständigkeit zu verleiben, haben wir uns entschlossen, nach Erforderniß des angesammelten Materials, weitere Lieferungen erscheinen zu lassen, welche sich in Behandlung und Anordnung dem Vorgange genau anschließen werden.

Stuttgart im Dezember 1861.

Ebner & Seubert.

Das Steinobst.

Einleitung.

Das Steinobst hat seinen Namen von dem in der fleischigen Frucht=
hülle liegenden Steine. Während bei dem Kernobste die Kerne in einer
aus mehreren Fächern gebildeten Kapsel sich finden, dem Kernhause, in
welchem die Wände der Fächer nur mit einer oft zwar etwas pergament=
artigen, immer aber doch nur dünnen und weichen Haut ausgekleidet
sind, bildet sich um den Kern des Steinobstes eine harte, knochenartige,
außen bald mehr glatte, bald auch unebene und rauhe Hülle, aus zwei
Hälften bestehend, die beim Keimen des Kerns sich öffnen, und in wel=
cher Kernhülle allermeist auch nur 1 aus zwei Samenlappen zusammen=
gesetzter Kern liegt, zuweilen zwei (wie dies bei manchen Aprikosen, der
Wilden rothen Süßkirsche ꝛc. vorkommt), nie aber noch mehrere. —
Von dem Schalenobste, als Nüssen, Mandeln, wo auch eine harte Hülle
des Kerns sich findet, unterscheidet das Steinobst sich wieder dadurch,
daß die den Stein umgebende Fruchthülle fleischig und eßbar ist, während
bei dem Schalenobste nur der eigentliche Kern das Genießbare und für
den Genuß Gesuchte ausmacht. * — Es unterscheidet aber das Steinobst
von dem Kernobste sich auch noch durch weitere Kennzeichen:

1) Während bei dem Kernobste Kelch und Blüthe oben auf der
jungen, nach der Befruchtung sich verdickenden und wachsenden Frucht
sitzen, wo wir den Kelch noch im reifen Zustande der Frucht finden, be=
ginnt bei dem Steinobste der Kelch unter dem Fruchtknoten, bildet zuerst
um diesen eine zusammenhängende, bald ziemlich bauchige, glockenartige
und oben selbst wieder etwas verengerte (so z. B. am meisten bei den
Kirschen), bald eine nicht ganz so bauchige mehr cylinderartige (manche

---

* Was die Mandeln betrifft, so wäre es freilich botanisch eigentlich richtiger, sie
zu den Pfirschen zu rechnen, da der Baum mit dem Pfirschenbaume sehr nahe ver=
wandt ist.

Aprikosen) Umhüllung der jungen Frucht, und theilt sich dann erst in seine 5 Segmente. Die Blumenblätter und Staubfäden entspringen an der innern Seite dieser durch den Kelch gebildeten Hülle um die junge Frucht, neben oder eben unter der Stelle, wo diese Hülle in die 5 Segmente des Kelches sich auseinanderlegt. — Die wachsende junge Frucht durchbricht und sprengt allmählig den sie umhüllenden Kelch, der dann verborrt und abfällt, während Kelch und Staubfäden (letztere jedoch schon unter zunehmendem Verborren) noch eine Zeitlang stehen bleiben, nachdem nach dem Abblühen die Blumenblätter schon abgefallen sind. — Dieses Unterscheidungsmerkmal ist in mancher Hinsicht noch charakteristischer und durchgreifender, als der Stein, da es einzelne Arten des Steinobstes gibt, die einen sehr unvollkommenen Stein bilden und fast steinlos sind.

Es ist augenfällig, daß bei der frühen Blüthezeit des Steinobstes die durch den Kelch gebildete Hülle um die junge Frucht dem durch Frost sehr leicht zerstörten Fruchtknoten einigen Schutz gegen die dann oft noch eintretenden Nachtfröste gewähren soll, und wenn man auch einwenden wollte, daß das Steinobst größtentheils, namentlich Pfirschen und Aprikosen, aus einem warmen Klima stamme, wo es eines solchen Schutzes nicht beburfte, wiewohl doch auch dort die Nächte oftmals ziemlich kalt sein möchten, so hindert nichts, anzunehmen, daß der Schöpfer, der bei Anlage der Steinkohlenflötze so sichtbar in grauer Urzeit für unsere Zeit sorgte, dem Steinobstbaume eine Einrichtung gegeben habe, die ihm in den kälteren Gegenden nützen sollte, wohin nach dem Willen des Schöpfers auch die in wärmeren Klimaten entsprungenen Arten desselben einst gelangen sollten. Diese Ansicht wird noch dadurch bestärkt, daß bei den Pfirschen und Aprikosen, welche unter dem Steinobste wieder am frühesten blühen, die Staubfäden sich zunächst in einem einwärts gehenden sanften Bogen gegen das Pistill hin krümmen, sich an dasselbe fast dicht anlegen und dann erst auseinander biegen, so daß dadurch die von dem Kelche gebildete Hülle um die junge Frucht ganz geschlossen wird, während bei Kirschen und Pflaumen die Staubfäden von ihrer Basis ab fast gerade in die Höhe gehen, oder sich gleich ein Weniges nach außen biegen und um das Pistill eine kleine Oeffnung lassen, durch welche man ins Innere der Hülle hineinsehen und die junge Frucht erblicken kann, ja daß, wie man hinzusetzen kann, bei den Pflaumen, die unter dem Steinobste wieder am spätesten blühen, die durch den Kelch gebildete Glocke um das Pistill herum nicht nur eine etwas weitere Oeffnung läßt, als bei den Kirschen, sondern auch ein Weniges kürzer ist, und nicht, wie bei den Kirschen, bis über die junge Frucht hinaufreicht, sondern vielmehr schon ein Weniges unter der Spitze der jungen Frucht endet.

2) Während bei dem Kernobste mehrere, gewöhnlich sanft gekrümmte, Griffel sich finden, hat das Steinobst nur Einen steif und gerade in die Höhe stehenden Griffel, der nach dem Verblühen abwelkt, und auf der Frucht einen rundlichen, grauen, gewöhnlich etwas erhabenen Fleck, den Stempelpunkt, zurückläßt. Eine Ausnahme hievon machen nur ganz einzelne Sorten, z. B. die Bouquetamarelle und die Gedoppelte Amarelle mit halbgefüllter Blüthe, die die Fähigkeit besitzen, neben normalen Blüthen auch solche zu treiben, die 2, ja bei der Bouquetamarelle angeblich selbst bis 12 Pistille haben, und dann auch häufig mehrere Früchte an demselben Stiele ansetzen. Dieselbige Anomalität findet sich, wo als Monstrosität eine doppelte zusammengewachsene Frucht bei Pflaumen, Pfirschen ꝛc. auf demselben Stiele sich bildet.

3) An den Blättern des Baums finden sich zwar nicht bei allen Arten, aber doch sehr häufig Drüsen, d. h. kleine warzenähnliche Knötchen, genauer betrachtet meist schüsselförmige Hervorragungen, welche am Blattstiele und meist da sich gebildet haben, wo der äußere Blattrand an den Blattstiel sich anschließt. Diese sind durch ihr Vorhandensein oder Fehlen, sowie durch ihre Gestalt (bald mehr rund, bald nierenförmig) namentlich bei der Classification der Pfirschen wichtig geworden.

4) Das Steinobst blühet und trägt hauptsächlich an dem jungen Holze, und was geblüht und getragen hat, ist für das Fruchttragen später untauglich, und bildet durch den Sommertrieb sich über demselben neues mit Blüthen versehenes Holz; ja selbst die dem Quirlholze des Kernobstes ähnlichen kleinen Fruchtspieße des Steinobstes, die sogenannten Bouquetzweige, rücken mit ihren Blüthen doch jährlich etwas weiter vor. Es fehlt der Frucht des Steinobstes namentlich der sogenannte Fruchtkuchen, aus dem bei dem Kernobste immer wieder Blätter- und Blüthenknospen sich entwickeln können. Man kann auch noch auf den Unterschied hinweisen, daß an den stärkeren Sommertrieben des Steinobstes sich häufig zu den Seiten eines Laubauges gleich 1 oder 2 Blüthen entwickeln, ja nicht selten auch noch das Laubauge dazwischen in eine Blüthe übergeht (Zwillings- und Drillingsaugen), während das Kernobst doch nur in selteneren Fällen an den Sommertrieben schon einzelne Blüthen entwickelt, am leichtesten aber gerade das Auge auf der Spitze des Sommertriebes einer Blüthenknospe wird, wogegen das oberste Auge

des Triebes bei dem Steinobste bei normalem Wuchs allemal ein Laub=
auge zur Fortleitung des Triebes ist, selbst wenn auch (wie z. B. an
den dünneren Fruchtruthen der Pfirschen) von ihm abwärts der ganze
Zweig nur Blüthenknospen entwickelt haben sollte.

Die Unterschiede zwischen den verschiedenen Arten des Steinobstes,
den Kirschen, Pflaumen, Pfirschen und Aprikosen, erfaßt die Anschauung
in der Natur leichter, als sie sich durch specifische Kennzeichen in Worten
geben lassen. Wer auch nur die Blätter der Bäume dieser vier Frucht=
gattungen gesehen hat, das rundliche, oft ziemlich herzförmige, langstielige,
pappelblattähnliche Aprikosenblatt, das lange, schmale, glänzende Pfir=
schenblatt, das runzlichte Pflaumenblatt 2c., kann nicht zweifelhaft sein,
zu welcher der vier obgedachten Steinobstarten er einen Steinobstbaum
rechnen solle. Will man genauere charakteristische Kennzeichen geben, so
haben die Pomologen noch weiter keine allgemeiner durchgreifende Unter=
schiede auffinden können, als daß:

1) Pfirschen und Aprikosen aufsitzende Blüthen haben (durch einen
ganz kurzen Stiel fast unmittelbar auf dem Zweige aufsitzend; eine Aus=
nahme hievon macht nur die Armeniaca dasycarpa Wilden.), Pflaumen
und Kirschen dagegen längere Stiele;

2) daß die Blüthen der Aprikosen und Pfirschen einzeln stehen;
die Pflaume zwar auch öfters einzeln stehende Blüthenstiele treibt, mei=
stens aber und in der großen Regel, ja auf manchen Bäumen fast immer
aus einem ganz kurzen gemeinschaftlichen Stielende zwei Blüthenstiele
hervortreibt, selten mehrere; die Kirsche dagegen zwar häufig auch zwei,
oft aber auch noch mehrere, so daß eine Blüthendolde entsteht, wobei
die Kirsche nicht nur einen noch weit längeren Stiel hat, als die Pflaume
(einige einzelne Sorten mit ganz kurzem Stiele ausgenommen), sondern
bei manchen Sauerkirschenarten, vorzüglich den Süßweichseln, der gemein=
schaftliche Stiel, aus dem mehrere Blüthen und Fruchtstiele sich ent=
wickeln, sich häufig merklich verlängert (oft selbst bis gegen 1 Zoll) und
in seiner Länge gern noch 1 oder 2 kleine Blättchen bildet. Ob diese
Verlängerung des gemeinschaftlichen Stielendes geringer oder beträcht=
licher sein werde, imgleichen ob mehrere Früchte, oder nur eine an dem
gemeinschaftlichen Stiele sitzen bleiben werden, hängt indeß sehr von der
Witterung bei Entwicklung der Blüthen und dem Wuchse des Bau=
mes ab;

3) daß die Pflaumenfrüchte mit (weißlichem, bläulichem, röthlichem)
Dufte oft recht stark überzogen sind, der bei dem übrigen Steinobste

fehlt, ja selbst die Sommertriebe der Pflaumen mit unbehaarten Trieben im Sommer bei gutem Wetter mit einem feinen Dufte belegt sind, die Triebe der Damascenen aber, was wieder bei dem andern Steinobste fehlt, behaart sind, und endlich die Afterblätter der Pflaumen in zwei ungleiche Abschnitte sich theilen, oder gegen ihre Basis hin einen verlängerten Sägezahn haben, während die Afterblätter der Kirsche und Aprikose deren gewöhnlich mehrere haben. Letzteres Merkmal scheint mir indeß nicht ganz constant, da ich an den Afterblättern der Pflaumen auch mitunter mehrere verlängerte Sägezähne gegen die Basis hin bemerkt habe. Constanter möchten noch folgende, bei Untersuchung der Blüthen von mir und auch schon von Hrn. Dr. Liegel S. 58 seines 1. Pflaumenheftes bemerklich gemachten Unterschiede sein:

4) bei der Kirsche, sobald die Blüthe sich ganz aufschließt, schlagen die Kelchausschnitte sich abwärts ganz zurück und legen sich an die unter ihnen sitzende Kelchglocke an, während bei Pflaumen sie sich mehr horizontal legen, bei Pfirschen und Aprikosen dagegen meistens selbst die horizontale Lage nicht erreichen und nach dem Abfallen der Petalen der Blüthe selbst etwas noch wieder in die Höhe richten;

5) bei der Pflaume, Pfirsche und Aprikose fallen die Schuppen der Blüthenknospe, sobald die Blüthe sich entwickelt, ab und der Stiel der Blüthe steht kahl; bei der Kirsche dagegen entwickeln etliche Schuppen der Knospe sich blattartig als kleine unvollkommene Blätter, die an der Basis des Blüthenstieles stehen und erst später nach mehreren Wochen verdorren, so daß sie zur Entwicklung der jungen Frucht beizutragen scheinen.

Auch schon an den Steinen der verschiedenen Classen des Steinobstes findet sich ein merklicher Unterschied, und wird man sie nicht mit einander verwechseln. Der Kirschen- und Aprikosenstein hat ebene, ziemlich glatte Backen; jener ist dickbackig und hat stumpfe Rückenkanten, dieser ist flachbackig und hat schärfere Rückenkanten, unter denen die Mittelkante häufig stark und scharf vorsteht. Der Pflaumenstein, der auch in seinen Gestalten weit mehr variirt, so daß man viele Pflaumenarten schon an dem Steine kennen kann und es zweckmäßig ist, sich eine Sammlung von Steinen der verschiedenen Pflaumenarten anzulegen, hat nie ganz so ebene, oft ziemlich rauhe Backen und stärkere, oft ziemlich scharfe Rückenkanten, und der sehr rauhe, tief gefurchte Pfirschenstein hat wieder stumpfe Rückenkanten. Der Stein der Pflaume und Pfirsche hat auch auf der den Rückenkanten entgegenstehenden Bauchseite eine

Furche, deren Ränder bei den Pflaumen häufig ziemlich scharf gekerbt sind, bei der Pfirsche dagegen starke und stumpf gerundete Kerben haben.

Das Vaterland des Steinobstes ist ohne Zweifel im Allgemeinen Asien, von wo es über Italien, theils auch erst noch über Frankreich zu uns kam. Der lateinische Name der Aprikosen weiset hin auf Armenien, der der Pfirsche auf Persien, der Pflaume auf Damascus und der Kirsche auf Cerasunt in Kleinasien, von wo der Triumphator Lucullus 74 vor Christo den ersten Kirschenbaum nach Italien brachte. Es ist indeß anzunehmen, daß dies nur der Sauerkirschenbaum war, den, wenn er auch jetzt in unsern Wäldern ebenso gut wild wächst als der wilde Süßkirschenbaum, die Botaniker doch als ein Gartengewächs bei uns betrachten und Prunus Cerasus nennen. Wie indeß ganz sicher unsere Schlehe (Schwarzdorn) und wohl noch mehrere andere ihr ähnliche, oder weniger edle Pflaumen ein Urerzeugniß Deutschlands sind, wohin auch Prunus insititia gehören wird, so haben einige Botaniker auch angenommen, daß der wilde Süßkirschenbaum (Prunus avium) und die wilde Weichsel (Cerasus intermedia) ein Urerzeugniß unserer Wälder seien, und hat diese Ansicht neuerdings eine merkwürdige Bestätigung erhalten. Nach einer von Hrn. Baron von Mayenfisch aus Sigmaringen im Sept. 1858 bei der Versammlung deutscher Geschichts- und Alterthumsforscher zu Berlin vorgetragenen Abhandlung über die in den trockenen Jahren 1857 und 1858 im Bodensee bloßgelegten uralten Pfahlbauten, die nach allem, was darin aufgefunden wurde, aus einer Zeit herrühren, wo die Anwohner des Bodensees mit Metallen noch gänzlich unbekannt waren, haben sich in diesen Pfahlbauten, von denen man schließen muß, daß sie durch Feuer zerstört worden sind, ganze Haufen verkohlter Früchte, Gerste, Waizen, Eicheln, und auch von Kirschkernen gefunden, so daß man dort Kirschen schon sehr lange vor Lucullus Zeiten muß gehabt haben.

Die Hauszwetsche wird aus dem nördlichen Asien zu uns gekommen sein, da das Wort Zwetsche in allen slavischen Sprachen sich findet, in Ungarn und Slavonien davon ganze Wälder existiren sollen, und sie nach Deutschland am Ende des 17. Jahrhunderts durch württembergische Soldaten in venetianischen Diensten gekommen sein soll, die aus Morea Zwetschensteine mit nach Hause brachten.

Der Baum des Steinobstes bleibt im Allgemeinen kleiner, als der des Kernobstes, wird auch schon wegen des obgedachten viel rascheren

Fortrückens des Tragholzes nicht so alt. Sauerkirschen und viele Pflaumen kommen meistens kaum über 30 Jahre ihres Alters hinaus; Pfirschen und Aprikosen haben, besonders nach der ihnen gewöhnlich zu Theil werdenden Behandlung und durch die bei uns ihnen oft verderblichen Winter meist eine noch kürzere Lebensdauer, und hauptsächlich nur der Süßkirschenbaum erreicht in passendem Boden eine ansehnliche Größe und längere Lebensdauer, und habe ich deren selbst bei Nienburg nicht wenige gekannt, die im Stamme die Dicke eines Mannes hatten, an Höhe und Umfang der Krone es den stärksten Apfelbäumen gleich thaten, und sicher wenigstens 80 Jahre alt waren. Auch Hr. Garteninspector Lucas theilt mir ein Beispiel eines Süßkirschenbaumes mit, von solcher Größe, daß man in Einem Jahre für 48 fl. Kirschen davon verkaufte. — Es ist daher vorzüglich bei dem Steinobste eine zeitige und periodische Verjüngung des Baumes nöthig, indem man, sobald der Baum im Wuchse zu sehr nachläßt, stärkere Aeste nach und nach (nicht auf Einmal, was den Tod des Baumes nach sich ziehen könnte), besonders wenn Wassertriebe an demselben hervorgekommen wären, wegnimmt, um junge Aeste wieder emporwachsen zu lassen. Bei der Kirsche, die aus altem Holze schwer austreibt, hat das die meiste Schwierigkeit, und läßt sich am ersten noch bei Weichseln ausführen. Man kann durch das Verjüngen die Lebensdauer des Baumes merklich verlängern, und erhält zugleich wieder schöne große Früchte. Pfarrer Hofinger schrieb darüber eine eigene Schrift: „Die Verjüngungskunst der Obstbäume," Linz, 1833.

Unter den Krankheiten der Steinobstbäume ist vielleicht die schlimmste der Harzfluß, und unter den Insecten schadet ihnen wohl am meisten die Blattlaus, die durch Zerstören der jungen Triebe gleichfalls ein Stocken des Saftes herbeiführt, welches leicht den Tod nach sich zieht, wenn gleich auch durch mehrere Jahre hinter einander wiederholten Raupenfraß oft Pflanzungen von Steinobstbäumen zu Grunde gehen. — Der Harzfluß entsteht theils durch Beschädigungen des Baums durch Frost, noch weit öfter aber habe ich ihn in heißen und trockenen Jahren entstehen sehen, wo Hitze und Dürre den Saft zu sehr verdickten, der dann in den Gefäßen stockte, und habe ich sowohl früher, als noch wieder in den trockenen Jahren 1857 und 1858, namentlich nicht wenige große Kirschbäume gesehen, die daran abgestorben waren. Auch im Sommer 1859, wo wir im Juni und Juli wieder 6 Wochen lang starke Dürre und Hitze hatten, brach mir an mehreren vor andern trocken stehenden, seit 3 Jahren ausgepflanzten jungen Kirsch- und Pflaumenbäumen, die vorher gesund und schön wuchsen, das Harz am ganzen Stamme an hunderten von Stellen aus. Ob es helfen könne, wenn man die kranke Stelle mit nassen Tüchern umwickelt und diese naß hält, wie angerathen ist, bezweifle ich, und wird dies davon abhängen, ob der Stamm durch seine Rinde wirklich etwas Merkliches einsaugen kann; kann auch nicht helfen, wenn der Schaden allgemeiner geworden ist. Eher kann es helfen, die Rinde des Stammes vorsichtig mit zahlreichen bis aufs Holz gehenden, aber nicht lange in gleicher Linie fortlaufenden Einschnitten zu versehen, um dem verdickten Safte Auswege zu bahnen und neue junge Rinde zu erzeugen, oder wenn der Schaden örtlich ist, ihn rein wegzuschneiden, wobei man angerathen hat, die Wunde mit Sauerampher auszureiben und dann noch mit Pech, Baumwachs ꝛc. zu überstreichen. Herr Lieke in Hildesheim rühmt mir als probates Mittel, namentlich bei Baumschulenstämmen von Kirschen, die äußere Rinde um die schadhafte Stelle, die sich leicht abziehen läßt, wegzunehmen und dabei zu untersuchen, wo die kranke Stelle eigentlich sitzt, da der Harzfluß gewöhnlich erst etwas tiefer herab ausbricht.

Gegen die Blattläuse habe ich bisher bei jungen Bäumen wohl durch Waschen der Zweige, oder nach oben gerichtetes Bürsten gegen die auf der andern Seite gegengehaltene flache Hand mit Tabakslauge oder Seifenwasser geholfen (am besten von brauner oder grüner Seife, wo einer gewöhnlichen Waschschale voll Wasser, die gut 2½ Weinbouteillen voll Wasser faßte, ein mäßig gehäufter Eßlöffel voll braune Seife beigemengt wurde), dem Pfirschenbaume oft schon durch wiederholtes abendliches starkes Naßspritzen aller Zweige mit der Brausespritze. Noch besser half ein rechtzeitiges Abschneiden und Fortschaffen der jungen mit Blattläusen besetzten Triebe vor Johannis. Gegenwärtig ist durch Hrn. Gerold in Wien, der ausgedehnte Pfirschenpflanzungen besitzt, in Beimengung von etwas Quassiadecoct zu Seifenwasser, ein Mittel gegen die Blattläuse gefunden, das ganz sicher und radical zu helfen scheint, und wenigstens bei Spalierbäumen und nicht zu großen Hochstämmen schon mittelst der Brausespritze, sowie noch leichter in der Baumschule angewandt werden kann. Ich habe es nachprobirt und scheint es nur darauf anzukommen, daß dem Seifenwasser nicht zu wenig Quassiadecoct beigemengt werde, um die Blattläuse schon durch einmalige Anwendung sicher zu zerstören. Zu einer Waschschale voll Seifenwasser (von der obgedachten Mengung) gab ich eine Abkochung von fast 1 Loth (altes Gewicht ¹⁄₃₂ Pfd.) Quassiaholz in etwa 1 Weinbouteille voll Wasser.

Hierein tauchte ich von mehreren jungen Kirschbäumen und einer Apfel-
pyramide die mit Blattläusen stark besetzten Spitzen der Triebe (was in
der Baumschule sehr leicht ginge, wenn man sich ein flaches Gefäß mit
einem Henkel machen ließe, um das Seifenwasser darin fortzutragen),
hielt sie einen Augenblick darin still, damit die Flüssigkeit gehörig überall
hindringe, und bespritzte dann mit dem Reste mittelst der Brausespritze
einen jungen starken, im letzten Frühlinge versetzten, überall dicht mit
Blattläusen besetzten Zwetschenbaum. Schon nach einer Stunde fingen
die Blattläuse, besonders an den eingetauchten Blättern, an einzu-
schrumpfen und waren nach 24 Stunden sämmtlich vertrocknet, worauf
bald neuer Wuchs in die Zweige kam. Es geschah dies gegen Abend
bei trockenem Wetter. Die gleiche Beimischung von Quassia zu fast
doppelt so viel Seifenwasser ließ aber einen Theil der Thiere leben, die
sich wieder ausbreiteten. Die Kosten für die obgedachte stärkere Mischung
belaufen sich auf etwa $^{1}/_{24}$ Thlr.* — Bei einer größern Zahl stark be-
hafteter großer Bäume wird indeß, zumal bei der unglaublichen, selbst
aus den Nachbarsgärten immer wieder rekrutirten Vermehrung der Blattläuse, auch dies Mittel nicht immer ausführbar sein, am wenigsten,
wenn die Blattlaus in Folge merklicherer, noch in der Blüthezeit einge-
tretener Fröste die Steinobstbäume fast unvertilgbar überzieht, auf welche
Weise noch 1854 und 1855 sehr viele Kirschenbäume zu Grunde gingen.

Die Zahl der vorhandenen Steinobstsorten war bis auf die neuere
Zeit verhältnißmäßig sehr gering, und hat sich erst in diesem Jahrhun-
derte durch die Kernsorten ganz beträchtlich und mit recht vielen trefflichen Sorten vermehrt. Man setzte das Steinobst neben dem Kernobste
immer etwas zurück, nahm es in pomologischen Werken nur kurz und
mehr nur nebenbei mit durch, wobei die Beschreibungen der Früchte
desto unvollkommener ausfielen und die Verwirrung der Namen weit
größer wurde, als bei dem Kernobste, zumal es an allem sichern Anhalte
durch naturgemäße Systeme fehlte, wie wir solche jetzt gerade bei dem
Steinobste am meisten haben. Man muß daher jetzt ältere pomologische
Werke für das Steinobst noch weit mehr als antiquirt betrachten, wie
in Beziehung auf das Kernobst, und ist es selten von einigem Erfolge
oder Nutzen, mit literarischen Citaten über die Steinobstfrüchte über die
neueren Werke, namentlich von Truchseß, Liegel, und bei den Pfirschen
am meisten Antoine mit seinem prachtvollen Kupferwerke über die Pfirschen,

* Nachschrift: siehe jedoch einen weiteren Aufsatz über nicht immer sichere Anwendung dieses Mittels in der Monatsschrift von 1860, S. 305.

hinauszugehen. Man darf nur Truchſeß Vorrede zu ſeinem Kirſchen-
werke geleſen haben, um es hinlänglich zu erkennen, wie mangelhaft alle
älteren Beſchreibungen und Abbildungen von Steinobſt ſind. Namentlich weiſet er oft nach, wie oberflächlich und irrig die Obſtbeſchreibungen
von Chriſt, theils durch Vorſchnelligkeit, ehe eine Sorte gehörig geprüft
war, theils durch bloßes Nachſchreiben aus Büchern, oder Anfertigen
einer neuen ganz irrigen Beſchreibung durch Zuſammenſchmelzen mehrerer andern, angefertigt ſeien, von welchem Fehler auch Sickler nicht
ganz frei blieb, vorzüglich wenn das Monatsheft des Deutſchen Obſt-
gärtners wieder fertig und gedruckt ſein mußte. Es dürfte daher hier
die Erklärung gerechtfertigt erſcheinen, daß bei den nachfolgenden Beſchreibungen von Steinobſtfrüchten hauptſächlich nur dann ältere Werke
citirt werden ſollen, wenn man hinreichend gewiß ſein kann, daß daſelbſt
die rechte Frucht des Namens beſchrieben oder gut abgebildet ſei, oder
wenn Irrungen in älteren Werken mit Erfolg ſich aufklären und bemerkbar machen laſſen.

Auch aus dem Auslande iſt da wenig Licht zu holen, und wie unrichtig z. B. die Franzoſen ihre Kirſchenſorten benannten, muß man bei
Truchſeß S. 428 ff. bei der Royale und an andern Orten nachleſen.
— Erſt der Freiherr Truchſeß von Wetzhauſen, der auf ſeiner Bettenburg in Franken faſt alle aus Deutſchland, und, ſo weit es ihm möglich
war, ſelbſt aus dem Auslande aufzutreibenden Kirſchenſorten verſammelt
hatte, und, bis er bei zunehmendem Alter erblindete, ja auch da noch
ferner, ſo viel es mit fremden Augen möglich war, mit wahrhaft muſter-
haftem Fleiße ſo die Bäume wie die Früchte der Kirſchen ſtudirte, das
Chaos lichtend und ordnend, wobei er an Pfarrer Heim, dem Herausgeber des Truchſeß'ſchen Kirſchenwerkes, zuletzt einen außerordentlich geeigneten Gehülfen und Beiſtand fand, — ſo wie Hr. Dr. Liegel zu
Braunau, der ganz Gleiches bei den Pflaumen geleiſtet hat und ſein
Werk noch ſelbſt ordnen konnte, müſſen als Grundleger in richtiger Kenntniß der Pflaumen und Kirſchen betrachtet werden. Möchte die Sucht,
ſich zu zeigen und Neues zu geben, was dann oft eine Zeitlang ange-
ſtaunt wird, nicht dahin führen, den gelegten naturgemäßen Grund wieder
zu verlaſſen oder umzuſtoßen! Wir unſererſeits rechnen es uns zur Ehre
und zum beſonderen Verdienſte an, getreu bei den von ihnen entworfenen
naturgemäßen Syſtemen zu bleiben. Den von dieſen beiden Männern
in der Claſſe der Kirſchen und Pflaumen aufgeſtellten Syſtemen kann
man, als der Natur angemeſſen und das Studium der Sorten gar ſehr

erleichternb, auch das von Poiteau entworfene unb in seinem Bon jardinier entwickelte System über die Pfirschen an die Seite stellen, das die Pfirschen classificirt, je nachdem deren Haut wollig ober glatt ist, das Fleisch vom Stein ablösig oder mit demselben verwachsen ist, die Bäume große ober kleine Blüthen haben, unb beren Blätter brüsenlos ober mit Drüsen versehen sinb. Schon Dittrich in seinem Handbuche hat nach biesem Systeme die Pfirschen georbnet.

Die Aprikose, welche schon Turnefort in 2 Abtheilungen nach bem süßen ober bittern Geschmacke des Kerns in bem Steine unterschieb, was bis jetzt das einzige aufgefunbene sichere Unterscheibungsmerkmal blieb, wartet noch auf ben Pomologen, ber in ben Wirrwarr ber auch bei dieser Frucht neuerbings sehr zahlreich geworbenen Sorten mehr Licht unb Orbnung bringen soll. Ist das schwerer, als bei Kirschen unb Pflaumen, vorzüglich für biejenigen, benen nicht sehr ausgebehnte Spalierwänbe zu Gebote stehen, so würbe es mit Zuhülfenahme von Probebäumen für einen jungen Pomologen, ber sich der Arbeit unterziehen wollte, boch ausführbar sein.

Erklärung einiger, bei den Beschreibungen des Steinobstes gebrauchter Kunstausbrücke.

Im Allgemeinen muß hier auf basjenige Bezug genommen werben, was in bieser Hinsicht schon in ben Einleitungen zu ben Aepfeln unb Birnen gesagt ist, unb sinb hier hauptsächlich nur noch einige, bei dem Steinobste besonders vorkommenbe Ausbrücke näher zu erklären, sowie einige wenige nachzuholen, bie in ben Einleitungen zu bem Kernobste nicht schon erörtert sinb. Es scheint ohnehin gerathen, in einer auch für bas größere Publikum bestimmten Wissenschaft Kunstausbrücke so viel wie nur immer möglich zu vermeiden, unb lieber mit ein paar Worten mehr allgemein verständlich zu sagen, was durch einen Kunstausbruck, wenn auch etwas kürzer, hätte gesagt werben können. Ganz sinb inbeß Kunstausbrücke nicht zu vermeiben.

Zunächst ein paar Verhältnißbegriffe.

Oben unb unten. Der richtige Begriff bavon, wie auch bas Handbuch ihn nimmt, ist ohne Zweifel, baß man bei einer Frucht ober einem Blatte unten seine Basis nennt, oben (auch wohl Kopf, Spitze genannt), mithin die entgegengesetzte Seite ist, wo bei der Kernobstfrucht der Kelch, bei dem Steinobste der Stempelpunkt, bei dem Blatte die Spitze ist. Es geht indeß nicht nur die Vorstellung des Volks gewöhnlich dahin, das, was an einer Frucht am Baume oder an einer auf dem Tische aufstehenden Frucht der Erde sich zuwendet, unten zu nennen, und so z. B. bei einer auf dem Kelche stehenden Birn- oder Apfelfrucht die Stielgegend als oben zu bezeichnen, sondern es haben selbst Pomologen diesen Begriff adoptirt, besonders Christ, und definirt selbst Truchseß: „Oben heißt bei einer Kirsche derjenige Theil, mit welchem sie am Stiele hängt, unten der entgegengesetzte, der nach der Erde hin sich neigt." Man sollte daher lieber statt dieser leicht mißverständlichen Ausdrücke sagen: nach dem Stiele hin, nach dem Kelche (Stempelpunkte, Kopfe) hin.

Groß und klein, kurz, lang, dick, dünn. Im Allgemeinen muß die Anschauung vieler Sorten in der Natur selbst darüber eine Vorstellung geben, und haben die Pomologen, um diese relativen Begriffe etwas mehr festzustellen, sich bemüht, Länge, Breite, Dicke einer Frucht nach Zollmaßen anzugeben, wenn gleich nach Standort, Klima, Wuchshaftigkeit eines Baums ꝛc. Größe von Frucht und Blatt sehr variirt. Bei den Kirschen indeß, die selten über 1″ Durchmesser haben, auch nach Standort des Baumes und Jahreswitterung an Größe sehr variiren, ist ein Maß nach Linien oft kaum praktisch, und nennt man bei den Kirschen klein solche Früchte, die nicht viel größer sind, als eine wilde Vogelkirsche, die als sehr klein betrachtet wird; sehr groß dagegen Kirschen, die über 11—12‴ im Durchmesser hinausgehen. — So sind sehr kleine Pflaumen die, welche einer Gelben oder Grünen Mirabelle an Größe gleichen, und sehr groß, die 2″ und darüber messen, mittelgroß eine Hauszwetsche oder Große Reineclaude. — Den Stein einer Kirsche nennt Truchseß groß, wenn er die Hälfte der Kirsche oder etwas weniger ausmacht, sehr klein, wenn er weniger als den 4ten Theil der Kirsche ausmacht. Den Stiel nannte Truchseß sehr kurz, wenn seine Länge weniger oder nicht mehr beträgt, als die Höhe der Kirsche, kurz noch, wenn seine Länge geringer als die doppelte Höhe der Kirsche ist. Es muß bemerkt werden, daß wenn die Länge des Stiels bei den Kirschen nach Maßen angegeben wird, bei denjenigen Sorten, wo mehrere Fruchtstiele aus einem gemeinschaftlichen verlängerten Stielabsatze sich entwickeln und so eine Blüthendolde bilden, die Länge des gemeinschaftlichen Stieles nicht mit gemessen wird, selbst wenn an diesem nur eine Frucht sitzen geblieben wäre. Man sagt dann nur: der Stiel hat einen Absatz. — Den Stiel einer Pflaume nennt Liegel kurz, wenn er keinen halben Zoll mißt, sehr lang, wenn er 1″ und darüber Länge hat. Bei den Blättern nennt er mittelgroß das Blatt der Hauszwetsche, wornach groß und klein sich bestimmt.

Folgerartig. Dieser Ausdruck kommt bei Kirschen vor und bedeutet, daß nicht alle Früchte auf dem Baume zugleich reifen, sondern sich gleichzeitig reife, halbreife und fast noch grüne Früchte auf dem Baume finden. Woher dieses ungleichzeitige Reifen der Früchte kommt, ist noch nicht hinreichend erklärt. 1860, wo die Blüthe der Kirschen erst nach Anfang Mai eintrat und rasch verlief, so daß ich nicht bemerkte, daß manche Blüthen erst später noch gekommen wären, reiften viele Kirschensorten folgerartig, selbst manche, die es sonst nicht thun (z. B. Große süße Maiherzkirsche, Bettenburger schwarze Herzkirsche), und an Laroses Glaskirsche hatte ein 3′ langer, sehr voll sitzender Zweig, bei dem ich ein späteres Blühen nicht wahrgenommen hatte, noch ganz grüne Kirschen, als die meisten Früchte auf dem Baume schon tiefer roth waren, und färbten die Früchte dieses Zweiges sich um fast 14 Tage später, als die Mehrzahl der Früchte auf dem Baume.

Bauch und Rücken. Bei den Pflaumen redet man von Bauch und Rücken, und wollen wir auch auf die Kirsche dieselben Ausdrücke anwenden, da man es naturgemäß kann und sie bezeichnender sind, als der von Truchseß gebrauchte Ausdruck: vorn und hinten. — Was Bauch und Rücken sei, erklärt sich zunächst am besten am Steine der Frucht. Denjenigen Theil des Steins, wo er seine breiten, bald stumpfen und flachen, bald stärkern Kanten hat, von denen die Mittelkante häufig stärker oder selbst scharf vortritt, und zwischen denen sich mehrere Furchen befinden, nennt man den Rücken des Steins, den entgegengesetzten Theil den Bauch, wo sich bei den Kirschen mit sehr geringer Verschiebenheit fast immer nur eine linienartige, wenig vortretende Kante, dagegen bei den Pflaumen mit mehr Verschiedenheit eine doppelte, häufig etwas gezackte oder gekerbte Kante, und zwischen diesen eine Furche, die Bauchfurche (auch Bauchrinne, und bei v. Gunderode und Borkhausen Fiberrinne genannt) sich findet. Siehe Fig. 1 der angehängten Formentafel, die Figur eines Pflaumensteins, wo bei a der Bauch, bei b der Rücken ist. — So heißt nun, dem entsprechend, auch der über dem Rücken des Steins liegende Theil der Frucht deren Rücken, die entgegengesetzte Seite der Bauch. Ist bei der Kirschenfrucht Bauch und Rücken äußerlich weniger markirt, als bei den Pflaumen, so lernt man doch bald sehr richtig beide kennen, wenn man einigemal eine Kirsche so weit anschneidet, daß man sieht, wo die Rückenkanten des Steins liegen, über denen die Kirsche fast immer am stärksten breit gedrückt ist.

Hiernach erklärt sich auch Länge, Breite und Dicke der Frucht. Derjenige Durchmesser der Frucht und des Steins, der vom Stiele bis zum Stempelpunkte geht, ist die Länge, auch Höhe genannt, der durch Bauch und Rücken der Frucht und des Steines hindurch gehende Durchmesser die Breite, und der auf diesem senkrecht stehende, durch die Backen des Steins hindurch gehende Durchmesser die Dicke. Es muß dies wohl festgehalten werden, da bei Pflaumen mitunter die Dicke einer Frucht beträchtlicher ist, als ihre Breite, während der gewöhnliche Begriff als Breite denjenigen Querdurchmesser ansieht, welcher der größeste ist, und als Dicke den kleineren. Da indeß bei der Kirsche, wenn sie breiter als hoch oder dick ist, stets der Durchmesser durch die Backen des Steins die größere Dimension hat, so ist es eine zweckmäßige Concession an den gewöhnlichen Begriff, wenn bei der Kirschenfrucht die Seiten, die rechts und links liegen, wenn man den Bauch vors Auge hält, die Breite der Frucht heißen, und die Linie durch Bauch und Rücken die Dicke. Bei dem Steine der Kirsche ist indeß stets, und bei der Pflaume sehr oft der Durchmesser durch Bauch und Rücken der beträchtlichere, und daher obige Regel nöthig und zweckmäßig. — Der Bauch der Frucht ist vorn, der Rücken hinten, und ergibt sich daraus, was man die beiden Seiten der Frucht nennt.

Hinsichtlich des Steins müssen wir noch der Afterkanten gedenken, worunter man linienförmige Erhöhungen versteht, die von dem Stielende des Steins, oft auch von den Rückenkanten über einen Theil desselben bald länger, bald nur kurz sich hinziehen. — Liegel nennt den Pflaumenstein aprikosenartig, wenn er, wie der Stein der Aprikose, eine gerundete, flach gedrückte Form annimmt und die Mittelkante stärker vortritt; pflaumenartig dagegen, wenn er die Form des Steins einer Reineclaude hat; zwetschenartig, wenn er dem Steine der Hauszwetsche an Form gleicht.

Plattgedrückt (abgestumpft) und breitgedrückt. Ist eine Frucht am Stiele und Stempelpunkt so zugerundet, als ob sie daselbst einen Druck erlitten hätte, so heißt das plattgedrückt, und ist der Druck nicht zu stark, so daß dadurch die Breite oder Dicke merklich größer geworden wäre, als die Höhe, so kann man passend auch abgestumpft sagen. Sind dagegen die Seiten so abgeflacht, als ob sie einen Druck erlitten hätten, so heißt das **breitgedrückt**. Aeltere Pomologen nennen auch dies sehr häufig plattgedrückt; Truchseß bemerkt jedoch mit Recht, daß dieser Ausdruck in Beziehung auf die Seiten breitgedrückt heißen müsse. Liegel sagt bloß: die Frucht ist am Stiele, auf den Seiten ꝛc. gedrückt, stark gedrückt ꝛc.

Rund nennt man die Kirsche und Pflaume, wenn die Durchmesser der Dicke und Breite gleich sind, kugelrund, wenn alle 3 Durchmesser ziemlich gleich sind.

Furche und Naht. Bei Kirschen und Pflaumen findet auf dem Rücken gewöhnlich, und bei den Kirschen oft auch noch auf dem Bauche sich eine flache, häufig auch merklichere und rascher abfallende, vom Stiele bis zum Stempelpunkte herabgehende Vertiefung, welche man **Furche** nennt. Die Frucht hat hier, besonders bei den Kirschen, oft eine lichtere Farbe. Es ist nicht zweckmäßig, die Furche auf der Rückenseite auch Naht zu nennen, wie öfter geschehen ist, und bemerkt Truchseß mit Recht, daß die auf dem Rücken, der ohne Furche ist, umgekehrt oft entstehende, vom Stiele bis zum Stempelpunkte herabgehende, etwas erhöhte und aufgeworfene Linie als **Naht** zu bezeichnen sei, die gleichsam den Anschein gibt, als ob die Haut der Frucht hier zusammengenäht wäre. Oft wird die Naht auch nur durch eine im Grunde der Furche oder auf deren Stelle herlaufende feine dunkler gefärbte Linie angedeutet.

Die **Hauptformen**, die bei Blatt und Frucht des Steinobstes vorkommen und auf der angehängten Formentafel dargestellt sind, sind folgende:

Rund oder **gerundet**, rundlich, der Form eines Kreises, resp. einer Kugel nahe stehend; bei der Frucht schon vorhin erklärt, bei dem Blatte siehe Fig. 2 und Fig. 1 der Formentafel der Blätter vor dem ersten Birnenhefte. Selten ist die Form vollkommen rund, und findet sich bei derselben oft eine mehr oder weniger starke aufgesetzte Spitze, was auch bei andern Blattformen vorkommt, wo man dann die Spitze zu der Form nicht mitrechnet.

Oval (ovale) ist die bekannte mathematische Figur eines etwas lang gezogenen Kreises, wo die größte Breite in der Mitte liegt und die Figur nach beiden Seiten sich gleichmäßig zurundet (Fig 3). Ist der Kreis merklich in die Länge gezogen, so ergibt sich **langoval**; das Gegentheil ist **kurzoval**.

Elliptisch wäre im mathematischen und astronomischen Sinne auch der etwas gedrückte und lang gezogene Kreis, und gibt auch Liegel in der Einleitung zu seinem Pflaumenwerke, sowohl nach beistehender Figur als gegebener Erklärung davon den Begriff, daß es ein etwas längeres Oval bedeute. Es haben indeß Botaniker und Pomologen ein Oval, welches nach beiden Seiten etwas verjüngt und zugespitzt zuläuft (siehe Fig. 4 der Formentafel der Blätter von dem ersten Birnenhefte und auch hier Fig. 4), elliptisch genannt, vielleicht um auch für diese häufig vorkommende Blattform einen Namen zu haben und sie von oval zu unterscheiden. In manchen Fällen scheint bei Diel der Ausdruck elliptisch wohl gleichbedeutend mit langoval; indeß nennt er selbst das Blatt an Colomas Herbstbutterbirne, St. Germain und andern, welches wir richtiger nach Fig. 6 der Formentafel der Blätter von dem ersten Birnenhefte als lancettförmig bezeichnen (siehe Fig. 5 unten), elliptisch, und so scheint auch Liegel den Begriff: etwas langoval, für elliptisch nicht genau festgehalten zu haben, indem er z. B. das Blatt der Großen grünen Reineclaube und anderer elliptisch nennt, das nicht oval, sondern nach beiden Seiten merklich verjüngt ist.

Eiförmig (ovatum) nach Liegel, doch nicht völlig zweckmäßig gleichbedeutend mit eirund (denn eirund wäre nach Liegels Erklärungen über zusammengesetzte Ausdrücke [s. weiter unten] eine Figur, die sich im Ganzen als rund darstellt und nur etwas eiförmig zugespitzt wäre), bedeutet diejenige gewöhnlich als Eiform (Fol. ovatum) bezeichnete Form, wo das Oval nach der einen Seite mit sanft erhobener Linie merklich stärker abnimmt, als nach der andern, und die größte Breite sich mehr nach der nicht verjüngten kreisrunderen Seite hin befindet (Fig. 6 unserer Formentafel). Zieht diese Eiform mit flachen Linien sich lang aus, so heißt das langeiförmig, und läuft sie vielleicht sehr spitz zu, was bei Blättern häufig sich findet, so heißt das spitzeiförmig, lang und spitz eiförmig. Letzteres siehe Fig. 6. So wäre auch nach Liegel die in der Formentafel der Blätter vor dem ersten Birnenhefte gegebene Fig. 2 als spitzeiförmig, fast schon lang und spitz eiförmig zu bezeichnen, wie auch Lucas und ich diese Form nennen, während wir die Fig. 3 daselbst als Folium ovale, oder mit Liegel noch genauer bezeichnet, als oval-eiförmig (ovali-ovatum, d. h. an der einen Seite zwar verjüngt, aber mit der größten Breite in der Mitte) bezeichnen. — Bei den Birnenfrüchten nennt man allerdings oft auch solche, die in Gestalt sich derjenigen eiartigen Figur nähern, die wir vorhin oval nannten, gemeinhin

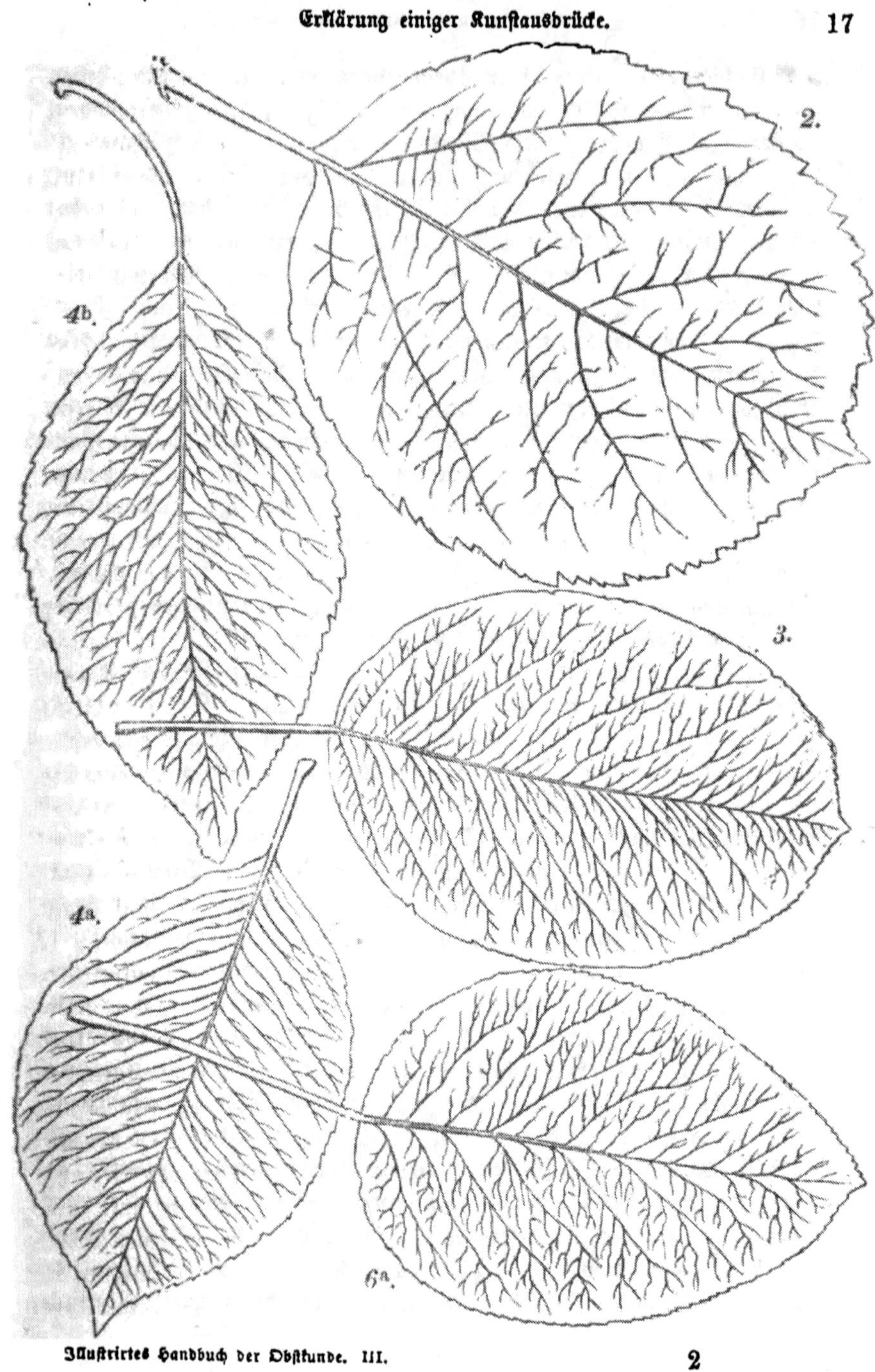
2.
3.
4b.
4a.
6a.

eiförmig (siehe Fig. 5 der Formentafel der Früchte vor dem ersten Birnenhefte), strenger aber sollte man solche Früchte als oval bezeichnen, und eine Figur der Frucht, die mehr den auf der gedachten Tafel gegebenen Formen 4 und selbst 3 näher kommt, als eiförmige Frucht, oder vielmehr, nach gleich weiter folgender Darlegung, als umgekehrt eiförmig (obovatum) bezeichnen. Auch Diel hat, wenigstens bei den eiförmig genannten Blättern, stets den hier gegebenen Begriff festgehalten.

Eine Frucht oder Blatt, welche als eiförmig schlechtweg bezeichnet wird, muß das dickere Ende der Eiform nach dem Stiele hin haben; liegt dagegen das schmälere verjüngte Ende nach dem Stiele hin, so heißt das umgekehrt eiförmig (obovatum, siehe Fig. 7), welcher Unterschied und Bezeichnung sehr zweckmäßig scheint, bei Liegel aber wohl hauptsächlich nur bei der Frucht vorkommt. Selten rundet sich das umgekehrt eiförmige Blatt am breiten Ende ganz zu, sondern zeigt da meistens eine aufgesetzte oder auch selbst fast auslaufende Spitze (Fig. 8). Die Blätter der Pflaumen und Kirschen haben häufig eine große Neigung, sich der umgekehrten Eiform zu nähern, so daß z. B. ein als elliptisch bezeichnetes Pflaumenblatt doch häufig und in vielen Exemplaren am Baume die größte Breite etwas mehr nach der Spitze hin hat. Das, was Liegel bei der Frucht umgekehrt eiförmig nennt, nennt er S. 49 des ersten Heftes seines Pflaumenwerkes bei dem Blatte (Fig. 25) länglich=eiförmig (oblongo-ovatum, d. h. eiförmig, aber gegen den Stiel verlängert und verjüngt); es scheint aber, daß man besser thäte und die Sache weit leichter dem an botanische Kunstausdrücke nicht gewöhnten bloßen Liebhaber verständlich machte, wenn man auch diese Form, je nach Länge des Blattes, umgekehrt eiförmig, umgekehrt langeiförmig bezeichnet; so ist Fig. 9 ein umgekehrt langeiförmiges Pflaumenblatt mit aufgesetzter Spitze, 10 ein dergl. Kirschenblatt mit fast auslaufender Spitze. Letzteres grenzt schon an umgekehrt ei=lancettlich. Oft scheint das Blatt oder die Frucht an der Spitze sich eiförmig oder kreisförmig zurunden zu wollen, macht dann aber eine mehr oder weniger rasche Einbiegung und läuft dann in eine kürzere oder längere Spitze aus. Dies nennt man vorgeschoben, oder bei den Blättern aufgesetzte Spitze. Macht die Linie, mit welcher das Blatt nach seiner Spitze zuläuft, eine solche stärkere Einbiegung gegen die Spitze hin nur auf einer Seite, während die andere Seite mit einer schlanken sanften Einbiegung in die Spitze ausläuft, so heißt die Spitze halbaufgesetzt (Fig. 13), und läuft

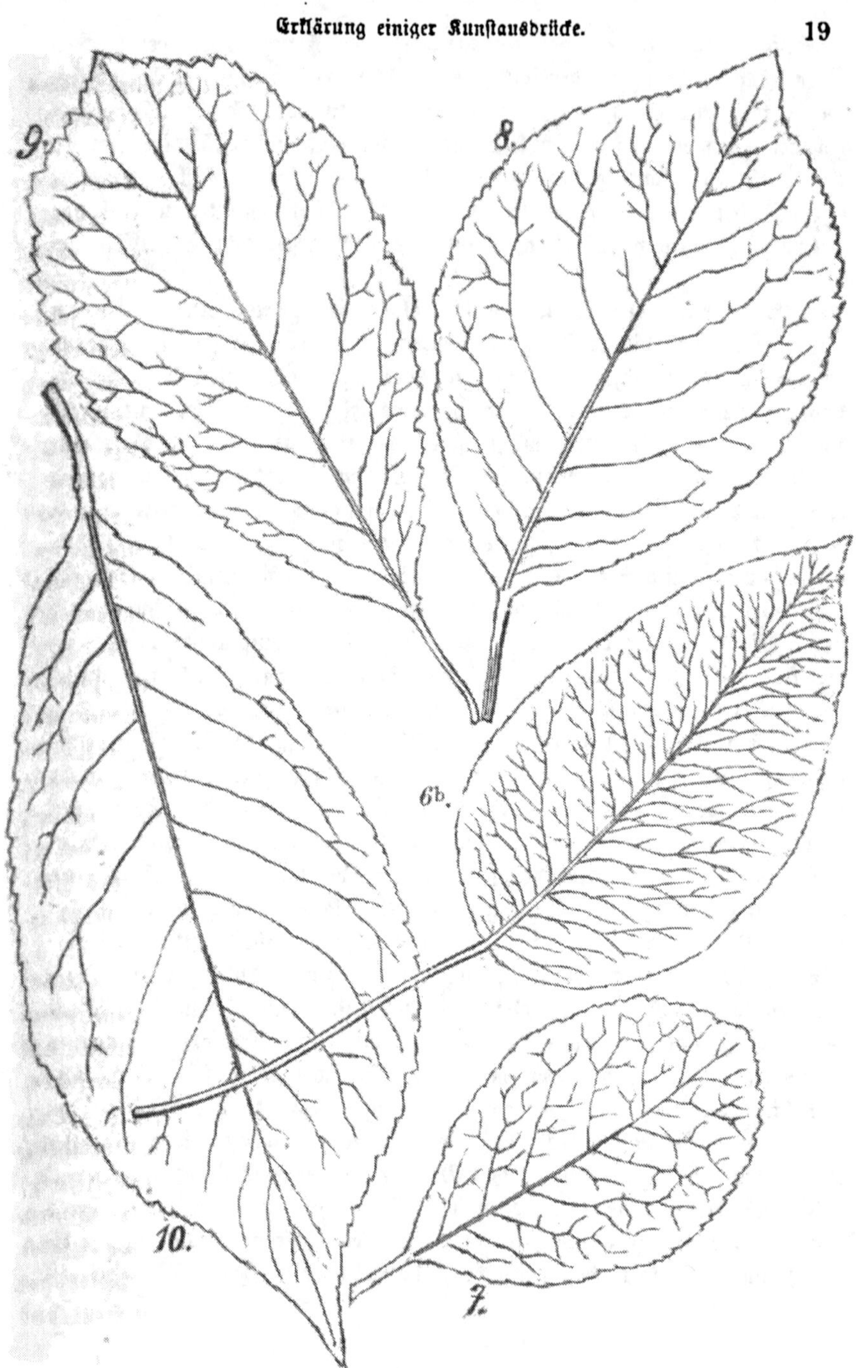
9.
8.
6b.
10.
7.

das Blatt auf beiden Seiten mit schlanken, vielleicht selbst unmerklichen Einbiegungen in die Spitze aus, so nennt man die Spitze **auslaufend** (Fig. 10).

Lancettförmig (lanceolatum) ist schon durch Fig. 6 in der Formentafel der Blätter vor dem ersten Birnenhefte gut erläutert und wird auf der hier angefügten Formentafel durch Fig. 11 bezeichnet. Der Ausdruck bezeichnet eine schmale und lange elliptische Figur, wo die größte Breite in der Mitte liegt. — Denken wir uns ein Blatt, das seine größte Breite mehr nach dem Stiele hin hat und sich an demselben eiförmig zurundet, dann aber zu einer langen schmalen Spitze sich auszieht, so nennt man das passend **ei-lancettförmig** (ovato-lanceolatum, Fig. 12). Liegel gibt vor seinem Pflaumenwerke diese Figur unter Nr. 27 als länglich lancettförmig, welche Bezeichnung mir weniger angemessen und behältlich scheint. Würde umgekehrt ein sehr schmales Blatt die größte Breite mehr nach seiner Spitze hin haben, also wie obgedacht, umgekehrt eiförmig, aber dies zugleich merklich schmal und lang und spitz auslaufend sein, so bezeichnet man das passend als **umgekehrt ei-lancettlich** (obovato-lanceolatum, Fig. 13 u. 14). Herr Dr. Liegel gibt diese Figur vor seinem Pflaumenwerke Nr. 28 als lancett-eiförmig, und zugleich Nr. 26 noch eine andere unbedeutend verschiebene als lancettförmig, von der ich kaum glaube, daß sie sich in der Natur, die in ihren Formen bei den Blättern auf demselben Baume immer etwas variirt und sich nicht streng an unsere Schablonen bindet, hinlänglich und sicher von Nr. 28 werde unterscheiden lassen, wobei es denn nach meiner Ansicht vorzuziehen wäre, das Gedächtniß des Liebhabers und angehenden Pomologen nicht mit noch einer Figur mehr zu beschweren.

Kegelförmig (konisch) kommt bei dem Steinobste wohl nur bei den Augen vor, wenn diese schon von ihrem Grunde aus abnehmend zulaufen und zugleich gerundet, nicht breitgedrückt sind. Verdickt das Auge sich über seiner Basis und läuft dann spitz zu, so heißt es **bauchig**, **herzförmig** aber, wenn es bauchig und zugleich breitgedrückt ist. Belgier und Franzosen bezeichnen diese Form des Auges auch als dreieckig, was insofern noch mehr paßt, als man bei einer herzförmigen Frucht oder Blatt (Fig. 15) sich eine Eiform, besonders breitere Eiform denkt, die am breiten Ende sich nicht zurundet, sondern etwas wieder einzieht, d. h. eine Einbiegung oder Vertiefung nach der Mitte des Blattes oder der Frucht hin macht, in deren Mitte der Stiel steht und

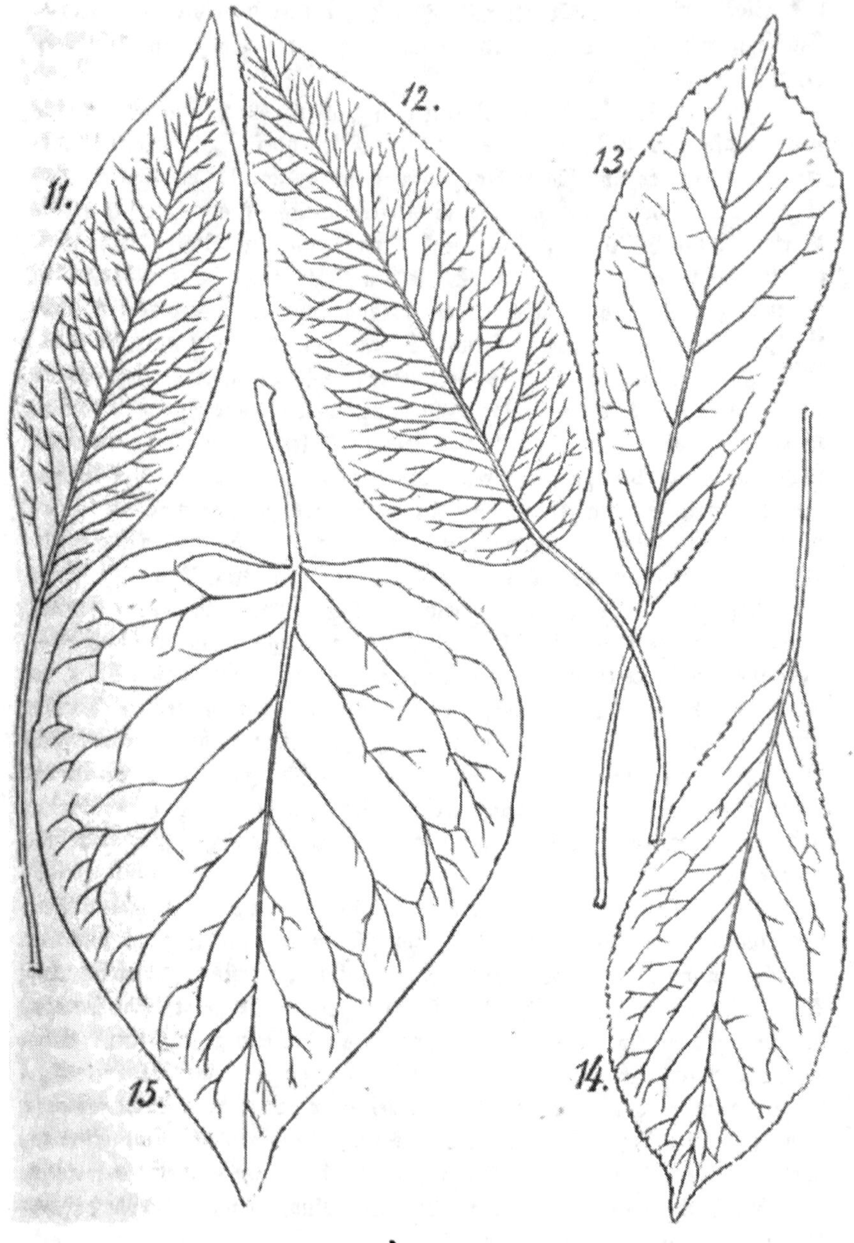
11.
12.
13.
14.
15.

deren Ränder zu beiden Seiten sich etwas mehr erheben. Beispiele recht herzförmiger Früchte geben in nachstehenden Beschreibungen Winklers weiße Herzkirsche, Neue Ochsenherzkirsche; bei Pflaumen kommt diese Form der Frucht selten vor. Je nachdem diese Figur nach der Spitze spitzer oder stumpfer zuläuft, entsteht spitzherzförmig und stumpf-herzförmig. Es scheint, daß Diel und einige andere Pomologen das Blatt auch als herzförmig bezeichnen, wenn eine recht breite Eiform am breitern Ende sich sehr flach, fast mit einer geraden Linie zurundet, zumal wenn nach der Spitze hin das Blatt noch sanfte gefällige Ein-biegungen macht, und mag man auch diese Form als herzförmig bezeich-nen. Bei den Kirschenbeschreibungen werden auch oft Kirschensteine, die genauer genommen eiförmig sich darstellen, bisher sehr gewöhnlich als herzförmig bezeichnet. Da der Kirschenstein am Stielende sich nicht, wie die Frucht, etwas wieder einzieht, so sollte man diesen Ausdruck bei den Kirschensteinen berichtigen, wie bei den nachstehenden Beschrei-bungen geschehen ist, und möchte er höchstens gelten bei Steinen, die am Stielende stark abgestumpft sind, wiewohl man auch da lieber sagte: eiförmig, am breitern Ende abgestumpft.

Kreiselförmig kommt bei Kirschen bis jetzt nur bei Einer Frucht, der Kreiselkirsche (Cerise toupie) vor, von der ich nur erst kleine, vor der Reife abgefallene Früchte sah, die mir allerdings dieser Form zu entsprechen schienen, deßgleichen bei ein paar Pflaumensorten, z. B. der Kreiselförmigen Zwetsche. Ich will jedoch hier zugleich bemerken, daß Lucas und ich uns die Kreiselform nicht ganz so denken, als sie in der Formentafel der Früchte vor dem ersten Birnenhefte gegeben ist, die zu sehr schon umgekehrte Eiform ist, sondern am Kopfe flacher, etwa wie bei der Fig. 2 ebendaselbst (die, wie ich glaube, Diel gewöhnlich Berga-mottform nennt), und Grundform eines Kreisels ist nach meinen Vor-stellungen (nach Analogie eines Kreisels der Kinder und dem, was ich mir aus Diel abstrahirte) derjenige an der Spitze wenig abgestumpfte oder wirklich spitz zulaufende Kegel, dessen Breite und Höhe ziemlich gleich sind. In der Natur hat indeß die kreiselförmige Frucht immer etwas gerundete Umrisse, so daß der angegebene Unterschied weniger merklich hervortritt, muß aber nach meinen Vorstellungen (was, wie ich glaube, auch Diel zu Grunde legt) wenigstens immer auf dem breiteren Ende als Basis stehen können, um kreiselförmig zu heißen, auf welche Weise auch Liegel und Dittrich das Kreiselförmig zeichnen, und bei den von ihnen gegebenen Figuren nur angemerkt werden muß, daß die Kreiselform nicht gerade in eine schmale ober selbst feine Spitze, vielleicht selbst nach starker Einbiegung auszulaufen braucht, was auch diese Männer bei gegebenen Beschreibungen nicht annehmen. Herr Medicinalassessor Jahn hat mich, zur Erweisung der Richtigkeit seiner Figur und seines Begriffs von kreiselförmig barauf hingewiesen, daß z. B. Diel den Großen Französischen Katzenkopf in seiner Form besonders regelmäßig und einem dickbauchigen Kreisel vollkommen ähnlich nenne, allein gerade bei dieser Frucht sagt Diel auch zugleich, daß dieselbe sich um den Kelch platt rund zuwölbe und eine Fläche bilde, auf der sie schön und breit aufsitze (heißt bei Diel so viel als: aufstehe). Ich muß indeß bemerken, daß mir Diel es mit seinem Kreiselförmig oft nicht streng genau zu nehmen schien. Dagegen finde ich auch in den Belgischen Annales de Pomologie, wo ich die zwei ersten Bände barnach durch= gesehen habe, daß die kreiselförmig genannten Früchte als breitaufstehend bargestellt sind.

Wo von Form oder Farbe c. Doppelausbrücke gebraucht werden, ist es sehr zweckmäßig, mit Liegel festzuhalten, daß das letzte Wort in dem Ausbruck immer die Hauptform, Hauptfarbe c. bezeichnet, das erste Wort bagegen bas, was bas zweite angibt, nur etwas mobificirt. So wäre gelblich=grün ein ins Gelbe spielendes Grün, grünlich=gelb bas Umgekehrte; rund=eiförmig die Eiform, die burch Kürze und Breite sich zur Runbung neigt, aber immer noch mehr als eiförmig erscheint; eiför= mig=rund bagegen, wo bas Runbe nur etwas eiförmig mobificirt ist und eben bas Gerundete vorwiegt. Auf biese Weise erklären sich auch die Ausbrücke kurz=eiförmig, kurz=oval, lang=eiförmig c., wo das erste Wort ben Begriff nur etwas mobificirt. So viel wie möglich sollte man aber in der Pomologie complicirtere Ausbrücke lieber wieder vermeiben und basselbe lieber mit ein paar Worten mehr gemeinverständlich sagen. Ich rechne bahin wohl auch noch die von Liegel bei den Pflaumenbeschrei= bungen oft gebrauchten Ausbrücke verschoben=oval, einseitig=oval c., jenes, wenn die ovale oder elliptische Form gewissermaßen so verschoben erscheint, daß baburch der Bauch nach der Spitze hin, der Rücken nach bem Stielende hin merklich über die Linie von oval oder elliptisch hervor= tritt; bieses, wenn der Bauch der Frucht oder des Steins sehr flachrund ist und der Rücken bagegen die Linie der Eiform oder des Ovals bildet.

Was bei bem Blatte mit ben Ränbern schiffförmig auf= wärts gebogen bebeute, ist schon vor dem ersten Apfelhefte gesagt. Liegel unterscheidet bavon bas Rinnenförmige des Blattes, wenn das

Blatt von der Mittelrippe sich gerundet aufwärts wölbt, während er schiffförmig aufwärts gebogen nennt, wenn die beiden Blattseiten mit der Mittelrippe mehr einen Winkel bilden. Es ist gut, diesen Unterschied im Begriffe festzuhalten, doch wird sich Beides in der Natur schwer unterscheiden lassen, und das Blatt darnach wohl allermeist als rinnenförmig erscheinen. Oft kehren die Seiten des Blattes sich auch etwas nach der Erde zu und wird es dann umgekehrt rinnenförmig.

Bei der Zahnung des Blattes unterscheidet man zweckmäßig gesägt- und gekerbt-gezahnt; jenes, wenn die Zähne mit ihrer Spitze sich merklich nach der Spitze des Blattes hinwenden; dieses, wenn sie mit ihrer Spitze von der Umgrenzung des Blattes sich mehr in die Höhe richten. Oft heißt Letzteres auch bloß gezahnt und steht dem Gesägten entgegen, oder die gekerbte Zahnung wird etwas anders erklärt, wiewohl der hier angedeutete Unterschied mir der faßlichste und in der Natur am ersten erkennbare scheint. Die Zahnung kann wieder stumpfer oder spitzer, selbst ziemlich gerundet oder bogenförmig sein. Diel macht, so viel mir erinnerlich ist, den hier gedachten Unterschied nicht, und spricht bloß von Zahnung des Blattes, wo er kleine und feine, oder starke und grobe, seichte oder tiefere, scharfe und spitze, oder stumpfe und gerundete Zahnung unterscheidet, sowie auch doppelt-gezahnt. Letzteres, wenn der Zahn noch wieder einen kleineren Einschnitt hat.

Die Sommertriebe der Kirschen und vieler Pflaumen sind kahl, d. h. unbehaart; bei den Pflaumen sind sie aber auch theils behaart und heißen feinhaarig, weichhaarig (pubescentes), wenn sie weiche, feine und kurze Haare haben, wollig (lanatae) dagegen, wenn sie längere, weiche, etwas krause Haare haben, die noch einzeln zu unterscheiden sind. Die Wolle, besonders der Augen, nähert sich auch oft dem Filz, wo kurze weiche Haare so dicht in einander gehen, daß man ihre Richtung nicht mehr unterscheiden kann. Mit unbewaffnetem Auge lassen indeß diese Unterschiede, und überhaupt die Behaarung eines Zweiges sich gewöhnlich nicht genau genug ermitteln. Rauhhaarig bezeichnet kurze, scharfe Haare.

Ein Silberhäutchen, d. h. ein feiner, dünner, silberartiger Ueberzug der Oberhaut des Sommertriebes, findet sich bei dem Steinobste seltener als bei dem Kernobste, und wo er sich findet, sieht er häufig mehr gelblich, als silberweiß aus. Die kahlen (nicht behaarten) Triebe der Pflaumen sind im Sommer oft mit etwas Duft überlegt, und allermeist findet sich Duft, d. h. ein leichter, heller, weißlicher, hellröthlicher oder hellbläulicher Staub, der sich abwischen läßt, auf den Früchten der Pflaumen. Das Silberhäutchen zeigt sich in seiner Vollkommenheit erst im Herbste, wenn die Blätter abfallen; dagegen fängt der Duft an den Pflaumenzweigen erst im Juli an, bemerkbarer zu werden, und ist bei alten Bäumen und schwachen Trieben wenig zu finden.

Die Augen liegen bald dem Zweige dicht an — anliegend, bald stehen sie merklich davon ab — abstehend. Erheben sie sich, ohne anzuliegen, ziemlich parallel mit dem Zweige, so heißen sie stehend.

Der Augenträger (ophthalmodium, auch Blattkissen, pulvinar, coussinett genannt), d. h. die Hervorragung am Zweige, auf der das Auge gleichsam zu stehen scheint, heißt wulstig, wenn er am Rande aufgeschwollen ist; kantig, wenn der Rand mehr eine Schneide bildet, und ist der Augenträger allermeist gerippt, d. h. von seiner Basis ziehen sich meist 2 oder 3 linienförmige Erhabenheiten den Zweig etwas hinab. In der Anschauung, ob der Augenträger stark vorstehend oder flach sei, liegt bei der Kleinheit der Dimensionen, welche in Betracht kommen, viel Subjectives, und selbst die stärkere oder wenigere Rippung hängt sehr vom Wachsthum ab, so daß in neuerer Zeit die Pomologen auf diese Bestimmung, imgleichen auf die nach Maße angegebene Länge des Blattstiels, ja des Blattes selbst, nicht mehr so viel Werth legen als früher, und es zweckmäßig ist, in dieser Hinsicht nur anzugeben, was gegen andere Sorten auffallender hervortritt.

Reif (zeitig) heißt die Kirsche oder Pflaume, wenn sie ihre gehörige Färbung und die volle Güte ihres Geschmacks erlangt hat, was einige Erfahrung ergeben muß. Bei der Pflaume kündigt sich die volle Reife schon dadurch an, daß sie beim Schütteln des Baums leicht abfällt, während die Kirsche, ohne abzufallen, am Baume meist überzeitig wird, oder selbst vertrocknen kann. Eine Herzkirsche erhält, wenn sie reif ist, erst die rechte Vollsaftigkeit und Zartheit des Fleisches; umgekehrt kündigt bei der Knorpelkirsche die Reife sich durch zunehmende Festigkeit des Fleisches an, sowie auch dadurch, daß beim Zerschneiden der Frucht der Saft nicht mehr ausfließt; die Süßweichsel ist reif, wenn sie ihre Säure verloren hat; die Weichsel, Glaskirsche und Amarelle, wenn die Säure hinreichend milde und der Geschmack angenehm geworden ist, wiewohl manche hieher gehörige Früchte auch in vollster Reife noch merklich sauer bleiben. Wird die Kirsche am Baume überzeitig, so verliert der Geschmack wieder an Güte. Allermeist wird durch zu frühes Pflücken der Kirschen gefehlt. Bei den bunten Herzkirschen und Knorpelkirschen ist es oft sehr schwer, genauer den Punkt festzusetzen, wo der Geschmack die rechte Güte hat, da sie dazu meist ziemlich lange am Baume hängen müssen, und mag man sie reif nennen, sobald sie ihre gehörige Färbung erlangt haben, was sich eher bestimmen läßt. Ziemlich Gleiches gilt von den Amarellen.

Die Farbe einer Kirsche oder Pflaume ist häufig rundum dieselbe (einfarbig). Rothe, verwaschene Backe kommt bei Pflaumen selten und nur in geringer Stärke vor; doch finden sich häufig größere rothe Flecke oder feinere rothe Punkte. Eigentliche Streifung tritt bei den Pflaumen nur zuweilen (z. B. Bohns gestreifte Mirabelle, lieblich bandartig gestreift), bei den Kirschen dagegen sehr selten und undeutlich hervor. Dagegen ist bei den bunten Kirschen die Röthe in feinen Punkten und Strichelchen, sowie in größeren Fleckchen (getüpfelt) aufgetragen, welche Färbung Truchseß marmorirt nennt, wie auch solche Kirschen öfter den Namen Marmorkirschen haben, wenngleich man mit dem Ausdruck marmorirt lieber stets den in der Einleitung zu den Aepfeln Seite 8 gegebenen Sinn verbinden sollte, daß es diejenige Färbung der Frucht bedeutet, wo die die Grundfarbe überziehende Farbe bald stärker, bald schwächer auftritt, und stärker und schwächer gefärbte Stellen wie getuscht in einander überlaufen. Die Marmorkirschen haben ihren Namen auch wohl mehr davon, daß die Flecke unregelmäßig aufgetragen sind.

Der Geschmack wird besonders bei den Kirschen oft als erhaben oder pikant bezeichnet. Von einer Süßkirsche gebraucht man diesen Ausdruck, wenn mit ihrer Süßigkeit durch eine Beimischung von Bitterkeit oder Säure eine gewisse Schärfe verbunden ist, welche die Geschmackswerkzeuge angenehm reizt. Das Gegentheil ist der wässerige oder fade Geschmack. Bei den Sauerkirschen heißt der Geschmack erhaben, wenn die Säure oder das Herbe des Geschmacks durch Süßigkeit so gemildert ist, daß der Geschmack wirklich angenehm wird.

Es erhellet aus den vorstehenden Darlegungen, daß die Pomologen mit mehreren Kunstausdrücken noch einen etwas modificirten Sinn verbinden. Dies ist eine unvermeidliche Folge davon, daß frühere Pomologen, und namentlich Diel, es versäumt haben, sich über den Sinn der von ihnen gebrauchten Kunstausdrücke gehörig zu erklären (vielleicht in der Meinung, daß die allgemeine botanische Terminologie schon das

Nöthige ergebe), und man aus der Vergleichung der von ihnen gegebenen Beschreibungen mit der Natur sich sehr oft erst abstrahiren muß, was sie unter diesem oder jenem Kunstausbrucke verstanden. Erst Liegel machte den Versuch einer genaueren Feststellung der pomologischen Ausbrücke in seiner jetzt vergriffenen Schrift: „die pomologische Kunstsprache, Passau, 1826, bei Pustet“, welche 1830 zu Regensburg vermehrt wieder aufgelegt warb unter dem Titel: „Lehrbuch der Pomologie, mit neuen Kirschencharakteren“ 2c., sowie er auch in der Einleitung zu seinem Pflaumenwerke das in dieser Hinsicht Nöthige gegeben hat.

Daß über die Bedeutung einiger einzelnen Kunstausbrücke bei den Pomologen, und so auch bei den Herausgebern des pomologischen Handbuchs eine vollständige Vereinigung noch nicht erfolgt ist, ist wohl immer ein kleiner Uebelstand, doch stimmen ja selbst die Botaniker in der Bedeutung, die sie manchen Kunstausbrücken geben, nicht überein, und ist der gedachte Uebelstand nicht größer, als wenn Jemand überhaupt Werke verschiedener Pomologen zur Hand nimmt. Außerdem wird bei den Untersuchungen an dem Obste in der Natur die Verschiedenheit sich geringer darstellen, als sie auf dem Papiere aussieht. Eine gänzliche Vereinbarung über die noch stattfindenden Differenzen ließ sich, ohne eine Zusammenkunft der Redactoren des Handbuchs, zumal dieses rasch in Angriff genommen werden sollte und mußte, nicht erzielen; wie denn auch jeder Hauptmitarbeiter ein Recht behalten mußte, diejenigen Vorstellungen festzuhalten, die ihm die zweckmäßigsten schienen, zumal diese bei dem längere Jahre schon forschenden Pomologen zugleich mit einer größeren Anzahl schon entworfener Beschreibungen zusammenhängen, die man nicht immer ändern kann, ohne in Unsicherheiten zu fallen, wenn man nicht zugleich die Frucht wieder dabei hat. Zudem sind, während Lucas mit mir in den hier gegebenen Darlegungen übereinstimmt, es doch nur ein paar einzelne Begriffe, namentlich kreiselförmig, eiförmig, eirund und oval, worin wir mit Hrn. Medicinalassessor Jahn nicht ganz übereinkommen, indem er unser oval eiförmig und unser eiförmig eirund nennt, auch kreiselförmig sich am Kopfe mehr gerundet denkt, was wir als umgekehrt eiförmig bezeichnen, und wenn wir nicht unsererseits ihm beitraten, so geschah es: 1) weil, als die Differenz hervortrat, schon die Apfelbeschreibungen für zwei Hefte theils gedruckt, theils im Manuscript fertig waren, in denen die Begriffe eiförmig, rundeiförmig, oval 2c., wie oben dargelegt, genommen waren; 2) weil der Ausbruck eirund statt eiförmig für ovatum, den allerdings einzelne neuere Botaniker brauchen (z. B. auch Dittrich, Terminologie der phanerogamischen Pflanzen, 1838, S. 45), uns ein künstlich gemachter, dessen Bedeutung man sich erst merken muß, nicht ein allgemein und leicht verständlicher und naturwüchsiger zu sein scheint, indem eiförmig (Jahns eirund) wenig rund ist und weit eher das Ovale eirund heißen könnte, was dagegen Jahn eiförmig nennt; 3) daß der Ausdruck eiförmig für das lateinische ovale, d. h. oval, bei Botanikern und Pomologen nicht vorzukommen scheint, auch die unter Nr. 3 der Formentafel der Blätter vor dem ersten Birnenhefte eiförmig genannte und mit oval gleichbedeutend sein sollende Figur nicht völlig oval, sondern vielmehr — wie allerdings das Oval bei Blättern in der Natur sich recht häufig modificirt, nach der Spitze merklich eiförmig abnehmend dargestellt ist, was wir mit Liegel genau genommen eiförmig-oval (ovali-ovatum) nennen würden; 4) weil von Pomologen und namentlich Diel bisher das Eiförmig in unserem Sinne gebraucht ist, wie mir denn bei den bisher entworfenen Beschreibungen, wo er das Blatt eiförmig nennt, immer genau oder wenigstens in allem Wesentlichen unsere obige Figur eiförmig entgegentrat. Herr Medicinalassessor Jahn hat den Ausdruck eirund für unser eiförmig besonders deßhalb beibehalten, weil er so in Bischofs botanischer Kunstsprache, 2. Ausgabe, 1830, einem in der Botanik geschätzten Werke genommen ist; doch hat Bischof in der ersten Ausgabe seines Werkes von 1822, nach S. 29 und den Figuren 244, 228 und 224 das ovatum und ovale noch eiförmig und oval genannt und beide Ausdrücke ganz in unserm Sinne genommen. Ob die Aenderung des Ausdrucks eiförmig in eirund in der zweiten Ausgabe des Werks eine Verbesserung sei und dadurch sich rechtfertige, daß eiförmig nur von eiförmigen Körpern gesagt werden soll, nicht von Flächen, möchte ich bezweifeln; denn wenn von Körpern die Rede ist, so wird bei eiförmig Niemand an eine Fläche, und umgekehrt bei eiförmig genannten Flächen Niemand an einen Körper denken, so daß derselbe Ausdruck eben so bezeichnend bei Flächen als bei Körpern ist.

Ist somit die Differenz nicht bedeutend, so glaube ich doch auf die stattfindende Verschiedenheit bei einigen Kunstausdrücken hier hinweisen zu müssen, damit Jeder wisse, in welchem Sinne sie in den Obstbeschreibungen des Einen und des Andern zu nehmen sind, worauf es ja nur ankommt. Eben so glaubte ich auf die Bedeutung mehrerer von Liegel gebrauchter Kunstausdrücke hier hinweisen zu müssen, wenn sie auch zunächst im Handbuch nicht vorkommen sollten, da eine Beschrei-

bung mancher Pflaumensorten von untergeordnetem Werthe, welche die
Redactoren des Handbuchs wegen Beschränktheit ihrer Gärten nicht selbst
besitzen, demnächst vielleicht möglichst treu mit Liegels Worten zu geben
sein wird. Vielleicht trägt auch die Bemerklichmachung der Verschiedenheiten dazu bei, daß möglichst bald einmal ein neues Werk über die
pomologische Kunstsprache, vielleicht nach einer Vereinigung der Pomologen über einzelne noch stattfindende Differenzen, ans Licht trete. Vorerst werde ich meinerseits mich bemühen, wenn ich Beschreibungen von
Birnen liefere, bei denjenigen Ausdrücken, welche nach der Einleitung
zu den Birnen in einem andern Sinne genommen werden, zu meinem
Kunstausdrucke den nach dem ersten Birnenhefte zu adoptirenden in
Klammern hinzuzufügen, sobald dies, um Irrungen zu vermeiden,
nöthig scheint.

Die Kirsche.

Die Kirsche ist schon als früheste Obstfrucht des Jahres geschätzt,
ist gesucht auf dem Markte und für die Tafel, und nicht weniger brauchbar für den Haushalt, sowohl zu Compoten und Confitüren, als auch
zum Welken, zur Anfertigung von Kirschgeist ꝛc. Sie darf selbst von
dem Kranken genossen werden, und wird auch im Allgemeinen weit mehr
angebaut, als die Pflaume (mit Ausnahme der Hauszwetsche), ja ist
selbst schon hin und wieder an Landstraßen angebaut, wohin auch der
Baum recht paßt. Dennoch wird sie immer noch weniger angebaut, als
sie es verdiente. Nur in einzelnen Gegenden gibt es ausgedehntere
Pflanzungen, die, wie reich auch die Kirschenjahre ausfallen mögen, für
ihre Besitzer sehr einträglich werden. In Norddeutschland können da die
Vierlande und besonders das Alteland in der Nähe von Hamburg und
Bremen, die Gegend von Wietzenhausen bei Göttingen, von Werder bei
Potsdam und von Guben ꝛc. genannt werden (woher auch so manche
treffliche neue Samensorte uns zukam), und so finden sich auch am
Bodensee, sowie in den Albthälern in Württemberg und im Remsthale,
z. B. in Neuffen, Frickenhausen, Linsenhofen, Unter- und Oberlenningen,
Glems ꝛc. ausgedehnte, für die gedachten Ortschaften sehr einträgliche
Kirschenpflanzungen, wo Eine Gemeinde schon öfter für 20,000 Gulden
Kirschen in demselben Jahre verkaufte.

Daß man den Kirschenbaum nicht häufiger pflanzt, daran ist theils Schuld, daß man, vorzüglich in Norddeutschland, gar nicht gewohnt ist, andere Kirschen zu trocknen, als Weichseln von milder Säure, ja auch diese nur in kleinen Quantitäten, um davon einmal etwas Kirschsuppe zu kochen, während doch recht reife Herzkirschen und Knorpelkirschen sich mit noch mehr Vortheil trocknen lassen, und während des Dörrens durch sanften Druck ausgesteint und etwas zusammengedrückt, Rosinen geben, die den levantischen an Güte nicht nachstehen, ja gemacht von helleren Kirschen ihnen selbst ganz ähnlich sind. Ueberhaupt ist manche Verwen= dung der Kirsche zu Haushaltszwecken noch gar nicht bekannt oder beachtet. Welche gewaltige Massen von Weichselbäumen (z. B. der Bettenburger Ratte, Erfurter Augustkirsche, Henneberger Grafenkirsche) würden nicht gepflanzt werden können, ehe die Weinhändler es müde werden würden, die Früchte gut zu bezahlen, um deren Saft für den Rothwein zu be= nutzen. Ich weiß, daß ein Oekonom, der in seinem Garten wohl 40 Weichselbäume hatte, ganze Waschkörbe voll das Pfund zu 2½ Silber= groschen an Weinhändler verkaufte, und nennt man von dieser Benutzungs= art bei uns wie auch im Württembergischen die gewöhnliche, allgemeiner verbreitete Weichsel selbst Weinkirsche; dennoch weiß ich nicht, daß irgend Jemand darauf gedacht hätte, für diese Benutzungsart eine größere Weichselnpflanzung anzulegen. — Hauptsächlich aber liegt die Ursache, warum man Kirschen weniger pflanzt, auch mit in der Furcht vor den zweibeinigen Dieben mit und ohne Flügel, die von den Früchten für den Eigenthümer doch nichts übrig lassen würden. Ein gutes Mittel dagegen wäre wohl schon, daß wer eine Kirschenpflanzung machen will, diese so ausgedehnt mache, daß einiges Wachehalten dabei sich bezahlt macht, und die Vögel verhältnißmäßig nur einen kleinen Theil nehmen können, unter denen eigentlich nur der schlaue und so gewaltig sich ver= mehrende Sperling zu fürchten ist. Nimmt die Bastard=Nachtigall, Mo- tacilla hippolaris, mit ihren Jungen einmal ein paar Früchte, so bringt das wenig, * und die Kernbeißer, die man bald hört, sowie die Staare hält man wohl noch genügend mit Schießgewehr im Zaume; letztere gehen auch, wo sie hinreichend Insecten und Würmer finden können, die Kirschenbäume nicht an, an denen ich sie in hiesiger Gegend noch nicht fressen sah, obwohl ich in Sulingen und Nienburg ihnen zum Nisten Holzkloben in die Bäume hing und am Hause unter dem Dache befestigte.

* Jahn bemerkt jedoch, daß gerade dieser Vogel, der aus der ganzen Gegend in seinem Garten zur Kirschenzeit sich versammle, ihm viele Kirschen verderbe.

Wir bedürfen indeß, wenn die Kirsche auch im Kleinen in Gärten mehr angebaut werden soll, wirksameren Schutz gegen Gartenfrevel, sowie Erneuerung der Gesetze über Lieferung von Sperlingsköpfen. Ich habe wohl schon bei früherer Gelegenheit nicht zu viel gesagt, daß die Sperlinge, welche nach allen meinen Beobachtungen (namentlich bei öfterer Untersuchung der Kröpfe und Mägen von Jungen und Alten im Sommer, wo ich letztere oft schoß, wenn sie in den Obstbäumen eben recht beschäftigt gewesen waren) nur wenig Insecten fressen, an Korn, Kirschen, Wein, Erbsen dagegen jährlich solche Massen verzehren und vernichten, daß das wohl den Staatsökonomen aufmerksam machen möchte, und da Mathematiker darüber wohl in ihren Rechenbüchern neuerdings einmal ein Exempel mit eingestreut haben, welches in die Augen leuchtete, mag es gekommen sein, daß wenigstens in hiesiger Gegend das Liefern von Sperlingsköpfen seit einigen Jahren wieder verlangt ist. Um der Maikäfer willen, die der Sperling gern verzehrt, braucht man ihn nicht zu schonen; diese haben in letteren 10—20 Jahren, trotz aller Legionen von Sperlingen, bereits mehrmals ganz arge Verwüstungen angerichtet, und werden, seitdem durch Benutzung von Fleisch und Knochen aller gefallenen Thiere zu technischen und ökonomischen Zwecken, Krähen und Elstern im Winter nicht mehr hinreichend zu leben haben und merklich abnehmen, auch nach den Verkoppelungen die Schweine nicht mehr nach ihrer Lieblingsspeise, den Engerlingen, die Aecker durchwühlen, und die Oekonomen die Maulwürfe durch die Personen, die aus dem Fangen der Maulwürfe ein Gewerbe machen, allzusehr wegfangen lassen, noch weiter so zunehmen, daß ohne Zweifel bald die Nothwendigkeit sich herausstellen wird, sie durch Menschen in Massen sammeln zu lassen (eine gute Arbeit für die Armen und deren Kinder), und sonst wirksamere Schutzmittel gegen sie aufzusuchen, als durch Schonung der Sperlinge gegen sie Krieg zu führen.

Auf den Boden ist der Kirschenbaum im Allgemeinen nicht eigen, wenn irgend Obstbäume darin wachsen, und kommt hauptsächlich nur in zu feuchtem nassen Boden nicht fort, wenngleich er auch wieder allzu trockenen Boden nicht liebt, und in den zu trockenen Böden des Muschelkalkes (z. B. zu Hessigheim bei Besigheim) in letzteren 6 Jahren ganze Massen von Kirschbäumen abgestanden sind.

In freier luftiger Lage, und so namentlich auch auf Anhöhen, bleibt der Baum am gesundesten und tragbarsten, indem er da weniger an Harzfluß leidet, als in der Ebene, wenn daselbst der Boden ein zu trockener ist, oder oft zu trocken wird, imgleichen auf Anhöhen die Blüthe weniger durch Nachtfröste leidet, die in stillen Nächten tiefer im Thale sich weit fühlbarer machen, und endlich die jungen Früchte auf Anhöhen nicht so leicht durch heiße Tage Ende Mai und Anfangs Juni getödtet werden, durch welche in der Ebene oft der größte Theil derselben vergilbt und abfällt.

Mehr vielleicht als der Boden hat auf Gesundheit und Tragbarkeit der Kirschenstämme der Grundstamm Einfluß, auf welchen man sie veredelt, und sollte man nach meinen Erfahrungen Süßkirschen immer nur veredeln auf Wildlinge von Süßkirschen, besonders solche, die aus Steinen der leider fast verloren gegangenen Wilden rothen Süßkirsche gezogen sind,* worauf sie am gesundesten sind und weniger an Harzfluß leiden, als auf Wildlingen von schwarzen Herzkirschen; — so wie andererseits die Sorten aus dem Sauerkirschenbaumgeschlechte, mit Ausnahme der meisten Süßweichseln und einiger Glaskirschen, nur auf Wildlinge, die aus Steinen von Weichseln und Glaskirschen gezogen sind, veredelt werden sollten. Die Süßkirsche auf Wildling von Sauerkirsche gebracht, kümmert und trägt sich bald todt; das Umgekehrte gibt nach meinen mehrfaltigen Beobachtungen zwar schöne und größere, aber wenig tragbare Bäume, und erkläre ich mir daher die Unfruchtbarkeit, die manchen Weichseln und Amarellen (unter diesen z. B. den Großen Gobet) nachgesagt ist, ich auch genug an ihnen bemerkt habe, während meine auf Sauerkirschenwildlinge veredelten Stämme dieser Sorten früh und sehr reichlich trugen. Auch auf der Bettenburg wurden derartige Sorten nach Truchseß Angaben besonders oft als wenig fruchtbar bezeichnet; kam das davon, daß sie auf Wildlinge von Süßkirschen veredelt waren? Er sagt zwar, daß er auch alle Sorten in Vereblung auf Grundstamm von Sauerkirschen versuchte, aber es wurden, wie er berichtet, doch stets mehrere Stämme von jeder Sorte auf Süßkirschenwildling erzogen, und vielleicht waren gerade diese die ausgepflanzten. Truchseß selbst bringt schon einige Wahrnehmungen bei, daß Sorten, die auf Süßkirschenunterlage unfruchtbar blieben, trugen, nachdem sie auf Unterlage von Sauerkirschen gebracht wurden, z. B. S. 428 bei der Königlichen Süßweichsel. Es wäre an der Zeit, über den hier beregten Punkt, der noch Widerstreit findet, ausgedehntere, absichtliche Versuche zu machen,

* In Herrnhausen finden sich jedoch noch einige große Bäume davon, und werden wenigstens Sämlinge zur Anzucht von Mutterbäumen für die Kernzucht noch zu haben sein.

wobei jedenfalls einzelne Ausnahmen sich finden dürften, wie es mir z. B. bisher scheint, daß die Bettenburger Glaskirsche auf Süßkirschen-wildling besser gedeihe (meine Erfahrungen darüber sind aber noch schwan-kend). So theilen auch Herr Garteninspector Lucas und Jahn mir mit, daß in Hohenheim und Meiningen schöne, sehr tragbare, auf Süßkirsche veredelte Stämme der Königlichen Amarelle stehen, von der ich meiner-seits wieder in Nienburg einen außerordentlich voll tragenden jungen Stamm auf Weichselunterlage hatte.

In wieweit die Mahalebkirsche eine zu empfehlende Unterlage für Kirschen sei, namentlich auch für feuchten Boden, darüber sind gleichfalls die Acten noch nicht geschlossen, und während diese Unterlage neuerdings wieder sehr empfohlen ist, wird von anderer Seite widersprochen. Auch dieses Kapitel wird nicht eher klar werden, als bis man absichtlich Bäume auf verschiedene Unterlagen in größerer Zahl und in verschie-denem Boden neben einander pflanzt.

Unter den Krankheiten der Kirschbäume mag hier nur noch des leichteren Verdorrens der jüngsten Sommertriebe durch kalte Winde, bald nach der Blüthezeit und dem Ausbrechen der Blätter, gedacht werden. Ich habe in meiner „Anleitung ꝛc.“, namentlich durch Erfahrungen an einem Probebaume, darzuthun gesucht, daß es nur einzelne Sorten sind, die an diesem Uebel leiden, und wo die Lage dazu gefährlich ist, muß man solche Sorten nicht pflanzen.

Daß Dünger den Kirschen schade, — es sei denn, daß frischer Stalldünger in nächste Nähe der Wurzeln gebracht werde, davon ist man in neuester Zeit wohl genügend zurückgekommen. Dünge man nur zweckmäßig, und der Erfolg wird sich zeigen!

Daß die neueren, oft so trefflichen Obstsorten durch die Samenzucht gewonnen seien, ist schon mehrmals in diesem Werke angemerkt, und auch unter den Kirschen besteht ein Theil unserer schätzbarsten Sorten aus neueren Sämlingen; ja man hat bei dem Steinobste die Bemerkung gemacht, daß es durch die Kernsaat leichter und häufiger, als das Kern-obst, edle Früchte liefere, weßhalb man schon anfangen wollte, lauter unveredelte Sämlinge zu ziehen. Daß dies für kleinere Anlagen nicht praktisch sei, wo nur die Anpflanzung veredelter Stämme durchweg Gutes und das Gewünschte und Zweckmäßige liefert, ist hinreichend nachge-wiesen. Wer indeß Raum hat, mag immerhin probiren, was auch aus Kernen edler Sorten gezogene Kirschenwildlinge tragen, und während

die fallenden mittelmäßigen und schlechten, nachdem die Früchte sich ge=
zeigt haben, — wenn auch mit etwas größerer Mühe durch Aufsetzen
mehrerer Reiser und wo möglich nicht auf alle Zweige in demselben
Jahre, — immer noch umgepfropft werden können, behalte er das ge=
fallene wirklich Edle. Solche Stämme werden um so gesunder und
tragbarer sein.

Um eine Kirschenfrucht gehörig zu untersuchen oder richtig zu be=
schreiben, soll man sie erst recht reif werden lassen, auch ein günstiges
Kirschenjahr dazu benutzen, wo die Kirschen in Mehrzahl reichlich tragen,
indem in weniger günstigen Jahren sie oft einzelne Abweichungen zeigen.
Reif ist eine Kirsche, wenn sie sich gehörig und nach ihrer Eigenthüm=
lichkeit gefärbt und die vollkommene Güte ihres Geschmacks erlangt hat.
Wann dieser Punkt eingetreten sei, lehrt mehrere Erfahrung, besonders
aber die Bemerkung, daß und wann bei einer Kirsche die Ueberreife
eintritt, was am Einschrumpfen des Stiels, oder auch schon der Frucht
selbst, und Abnahme des guten Geschmacks sich bemerklich macht. Ge=
wöhnlich wird der Fehler gemacht, daß man aus Furcht vor Vögeln die
Kirschen nicht lange genug hängen läßt. — Bei der großen Aehnlichkeit
vieler Kirschensorten bleibt eine richtige Angabe der Reifzeit ein Haupt=
unterscheidungsmerkmal. Da aber die Reifzeit nicht nur in nördlichen
Gegenden gar merklich später, als in Süddeutschland, oder gar in
Frankreich eintritt, ja in derselben Gegend, je nach der Jahreswitterung
und der früheren oder späteren Entwicklung der Blüthe, um 12—14 Tage
abändert, so fühlte schon Truchseß, daß die Angabe der Reifzeit nach
Monaten und Tagen nicht nützen könne, sondern man zu beobachten
suchen müsse, in welcher Reihenfolge die einzelnen Sorten in dem
Reifwerden auf einander folgen. Da er aber die Reihenfolge der Sorten
in jeder Classe, ja selbst in den einzelnen in jeder Classe gemachten
Rubriken von völlig festgestellten und noch nicht hinlänglich untersuchten
Sorten immer wieder von vorn anfing, ohne zu sagen, wann und mit
welchen andern Sorten die erste Sorte derselben Classe in späten oder
in frühen Jahren zeitigte, so kommt man darin mit seinem Buche selbst
noch etwas weniger weit, als bei angegebener Reifzeit nach Kalenderzeit.
Ich habe daher bereits in meiner „Anleitung“ versucht, die Kirschen,
so viele ich deren kannte, in ihrer Reihenfolge nach Wochen und halben
Wochen in gemeinsamer Uebersicht zusammenzustellen, und da diese
Zusammenstellung keineswegs bereits so vollkommen und umfassend ist,
um als eine endgültige und genügende betrachtet zu werden, werde ich

die Beobachtungen und jährlichen Aufzeichnungen in guten Kirschenjahren, die mir leider seit 1852 erst 1859 und 60 wieder wurden, fortsetzen, und bitte auch Andere, die umfassende Kirschencollectionen besitzen, Gleiches zu thun, um die Tabelle einmal vollkommener, vielleicht schon am Schlusse dieses Werkes zu geben. Vorerst soll die Reifzeit der Kirschen so angegeben werden, daß gesagt wird: reift in der ersten, zweiten, dritten 2c. Woche der Kirschenzeit. Diese Angabe wird in heißen Sommern dadurch modificirt, daß die Kirschenzeit dann um reichlich eine Woche sich abkürzt, und ist dabei noch zu beachten, daß namentlich die bunten Knorpelkirschen, wenn sie auch schon gehörig gefärbt sind, doch noch ziemlich länger hängen müssen, um süßen gewürzreichen Geschmack zu bekommen, was die Angabe ihrer Reifzeit nach Tagen oder halben Wochen erschwert. Hat nun Jemand beobachtet, wann die frühesten Sorten, die wir kennen, oder die gleich nach ihnen kommenden sehr bekannten (als die überall gebaute Rothe Maikirsche, auch Doppelte Maikirsche genannt) in seiner Gegend in dem Jahre zeitigten, so kann er daraus die Zeit, wann eine spätere Sorte, falls er die rechte erhielt, zeitigen müßte, ziemlich berechnen, und gewinnt, wer bloß Sorten für eine zu machende Pflanzung aussuchen will, hinreichenden Anhalt, um Sorten früherer und späterer Reife zu wählen.

Es bleibt noch übrig, das Truchseß'sche Kirschensystem, das genügendste Obstsystem, welches wir bisher haben, auseinander zu setzen, welches theils auf richtige Kenntniß der verschiedenen Baumarten des Kirschengeschlechts, theils auf übersichtliche und konstantere Merkmale an der Frucht sich gründet.

Eine Eintheilung der Kirschen nach den verschiedenen Baumarten unter den Kirschen zu machen, hatte schon Duhamel versucht, und machte folgende Classen:

I. Kirschbäume mit herzförmiger Frucht;

II. Kirschbäume mit runder Frucht.

Bei Classe I. unterschied er wieder:

1) den Waldkirschenbaum, Merisier (den wilden Süßkirschenbaum), mit 3 Sorten;

2) den Gartenkirschenbaum, Cerasus hortensis, bei dem er folgende Unterabtheilungen machte:

a) Guignier, Herzkirschenbaum, mit weichfleischiger Frucht;

b) Bigarreautier, dem Wortsinne nach: Kirschenbaum, der bunte, marmorirte Kirschen trägt, wobei er jedoch zugleich festes Fleisch, als Classenmerkmal, annahm, und den Namen wählte, weil er schwarze Knorpelkirschen noch nicht kannte, vielmehr nur 6 Sorten bunter Knorpelkirschen hatte. Der Name ist aber später Anlaß geworden, daß die Franzosen nicht selten auch bunte weichfleischige Kirschen Bigarreau nennen.

In Classe II. machte er die Abtheilungen:

1) solche runde Kirschen, die man in Paris Cerises nenne;

2) solche, die mit den herzförmigen etwas gemein hätten;

gab jedoch die Unterscheidungskennzeichen dieser Abtheilungen nicht an, nahm auf sie bei Aufzählung der einzelnen Sorten keine Rücksicht, und benannte nur 3 Sorten der Classe II. nicht Cerisier, sondern Griottier, so daß Griotte vielleicht der Name für die zweite Abtheilung sein sollte.

Das Ungenügende und Unlogische dieser Classification erhellet bald; doch sind bisher die Franzosen und Belgier, selbst nachdem Truchseß Systen da ist, nicht über Duhamels Classification hinausgekommen (siehe Annales I. p. 25).

Nicht viel besser ist die Eintheilung, welche die Engländer bisher bei ihren Kirschen annehmen, welche man am Genügendsten aus Downings Werke (Fruits and fruit trees of America) ersieht, während der Londoner Catalog, der doch bei den Pflaumen wenigstens Etwas über Eintheilung derselben sagt, bei den Kirschen darüber gar nichts bemerkt. Downing führt auf (S. 165):

I. Herzkirschen (Heart Cherries), wo die Wilde Vogelkirsche und Schwarze Herzkirsche als Typen angeführt werden könnten. Baum groß, hoch in die Luft gehend, mit hellgrünen, etwas hängenden (waved) Blättern. Frucht mehr oder weniger herzförmig, mit gewürzreichem (rich), weichen, süßen Fleische, meist schwarz von Farbe. Enthalte die Merisiers und Guigniers der Franzosen.

II. Bigarreau Cherries, was, trotz des Wortsinnes des Namens, bei den Pomologen jetzt Kirschen mit festem Fleische bedeute. Baum wie bei Nr. I. Typus davon sei Common Bigarreau (unsere Holländische Prinzessinkirsche). Diese Classe enthalte die Bigarreaux der Franzosen.

III. Duke Cherries. Frucht gerundet, zarthäutig, saftreiches, schmelzendes Fleisch; Geschmack vor voller Reife gewöhnlich sub-acid, in der Reife erhaben (rich) und nahezu süß. Mai Duke (unsere Rothe Maikirsche) sei Typus und enthalte die Classe die Cerisiers der Franzosen. Baum in der Jugend aufrecht wachsend, werde nicht so groß, als der von Nr. I., und werden weiter bei den Blättern so ziemlich die Kennzeichen der Blätter am Truchseß'schen Süßweichsel- und Glaskirschenbaume angegeben. Dennoch werden, so viel ich bis jetzt schließen kann, auch Amarellen und einzelne recht mild säuerliche Weichseln in dieser Classe vorkommen, und habe ich z. B. unter Late Duke, in Vegetation und Frucht unsern Großen Gobet (eine Amarelle), bekommen, während ich unsere Späte Herzogenkirsche (Wahre Englische Kirsche) erwartete. Es deutet darauf auch der Zusatz hin, daß der Baum in der Jugend aufrecht wachse.

IV. Morello Cherries. Common Kentish (wohl unsere Kleine Glaskirsche von Montmorench) und Morello seien Typen. Frucht meist rund, zarthäutig, saftreich, zartfleischig und ganz acid, hauptsächlich geschätzt für die Küche und zum Einmachen. Baum sei mehr klein und breitkronig (spreading growth), mit dünnen Zweigen und fast dunkelgrünen Blättern. Enthalte Griottiers und Cerisiers der Franzosen. Diese Classe wird also hauptsächlich Weichseln enthalten, und führt er bei Morello als Synonym auch an: Griotte du Nord, was unsere Große lange Lothkirsche (Doppelte Schattenmorelle) ist.

Es bedarf wieder keiner langen Ueberlegung, um das Ungenügende auch dieses Systemes, für welches die Natur selbst ein besseres gegeben hat, zu erkennen.

Was Sickler und Christ in Classification der Kirschen leisteten, übergehen wir hier, da sie wenig Eigenes gaben, und in späteren Jahren Christ durch Truchseß System geleitet war.

Weit näher dem Richtigen trat schon Stiftsamtmann Büttner zu Halle, in einem Aufsatze im T.O.G. Bd. VII. S. 293—308 und 361—389, der den Grund zu dem Systeme legte, welches Truchseß weiter entwickelte.

Truchseß hatte durch längere Aufmerksamkeit auf den Wuchs der Kirschenbäume und durch die vom Garteninspector Schwarzkopf zu Cassel und in weit größerer Ausdehnung von ihm selbst gemachten Aussaaten von Kirschsteinen erkannt, daß es 4 verschiedene Geschlechter des Kirschenbaums gebe:

I. Süßkirschenbaum, Linné's Prunus avium, mit großem, gerade in die Höhe gehenden Stamme und meist wirtelförmig (quirlförmig) angesetzten Aesten, besonders aber kenntlich durch große länglichovale, blaßgrüne, etwas runzelige, herunterhängende, tief doppelt

gezähnte, unten mit feinen Härchen besetzte Blätter, und durch
seine auf der Fruchtknospe aufsitzenden (nur mit unbedeutendem,
ganz kurzem gemeinschaftlichen Stiele für mehrere einzelne Blüthen
versehenen) Dolbenblumen, deren länglich löffelförmige Blumenblätter sich nicht auf den Blumenkelch zurücklegen, sondern beim
Blühen mehr geschlossen bleiben.

II. Der Große Sauerkirschenbaum mit gleichfalls gerade aufrecht wachsendem, doch nicht ganz so großen Stamme, als bei
Nr. I., aber aufrecht stehenden starken Aesten, und zwar auch
großen, aber dunkelgrünen glatten (nicht behaarten), mit der
Spitze in die Höhe gerichteten, oder wenigstens wagerecht
liegenden und nicht hängenden, auch am Rande weniger tief, aber
regelmäßiger doppelt gezähnten Blättern; auch von Nr. I. durch
manchmal gestielte Blumendolben verschieden, deren Blumenblätter
rundere, schaumlöffelförmige Blätter haben, die nach der Entfal-
tung sich auf den Kelch zurücklegen (mehr wagerecht ausbreiten).

III. Der Kleine Sauerkirschenbaum, dem sub II. gleichend
durch die manchmal gestielten Blumendolben, sowie Form und
Lage der Blätter und Blumenblätter, sich aber von demselben
unterscheidend durch kleineren Stamm, dünne, lange, unregelmäßig
angesetzte und bei mehrerem Wachsthume herabhängende Zweige
und um die Hälfte kleinere Blätter.

IV. Der Blüthensprossende Sauerkirschenbaum. Zweige und
Blätter wie bei Nr. III.; unterscheidet sich aber durch zwergartigen
Wuchs und besonders durch die Eigenheit, daß er nicht unmittelbar
Blüthen, sondern Sprossen (junge Zweige) treibt, an denen sich
Blüthen und Früchte erst im Sommer nach und nach, und fast
den ganzen Sommer hindurch entwickeln. Nur die Allerheiligen-
kirsche repräsentirt bis jetzt diese Classe.

Von zahlreichen Sorten aus jeder dieser Classen, deren Bäume
auf den ersten Blick richtig zu erkennen man sich unschwer gewöhnt,
machte Truchseß unter genauer Bezeichnung Kernsaaten, und war das
Resultat, daß die gewonnenen Stämme durchgehends dasselbe Baum-
geschlecht, aus dem die Kerne genommen waren, wiedergaben, die Allerheiligenkirsche zugleich auch lauter Zwergstämme, während von andern
zwergartigen Sauerkirschen auch große Stämme fielen. Truchseß findet
hierin, und wohl mit Recht, das sicherste Kennzeichen, daß man die 4 gedachten Kirschbaumarten als 4 verschiedene Geschlechter (genauer wäre

wohl gesagt: Arten) betrachten dürfe, zumal sie in den weiter folgenden Unterabtheilungen des Systems durch die gemachte Kernsaat häufig in einander übergingen, Süßweichseln z. B. Glaskirschen, — schwarze Herz-kirschen bunte, — Weichseln Amarellen, und umgekehrt gaben, während nie aus dem Stein einer Weichsel oder Amarelle eine Glaskirsche oder Süßweichsel oder gar Herzkirsche, und umgekehrt, hervorging. Auch meine, wenngleich nicht weit ausgedehnten Beobachtungen an Kirschen-sämlingen, stimmen damit überein, und hat man neuerdings 6 Arten von Kirschbäumen, Schwarzkirsche, Lichtkirsche, Weichselkirsche, Ammer-kirsche, Strauchkirsche, Immerblühende Kirsche, — oder gar, wie M. J. Römer, 20 Arten annehmen wollen, so ist das willkürlich und entbehrt alles zureichenden Grundes.

Die weitern Abtheilungen im Systeme nahm Truchseß nun her von Farbe der Frucht, Beschaffenheit des Fleisches und Geschmack, und so entstand die auf umstehender Seite angegebene Classification.

Nach diesem Systeme lernt man ziemlich sicher und leicht, sobald man Frucht und Baum hinreichend kennt, die Classe bestimmen, in welche eine Kirschenfrucht gehört, und wäre höchstens die Ausstellung zu machen, daß jede der schließlich sich ergebenden letzten Unterabthei-lungen zu einer Classe erhoben ist, deren Zahl bei neu entstehenden Früchten sich selbst noch vermehren und die jetzige Classenzahl ändern konnte, weßhalb man wohl lieber die 4 Baumgeschlechter als Classen betrachtet und das Uebrige als Ordnungen und Unterordnungen einreiht. Ist dies System getadelt, daß man, um zu wissen, wohin eine Kirsche gehöre, immer auch erst den Baum kennen müsse, der sie gab, so ist es in zu sanguinischer, vom Schöpfer nicht gewährleisteter Hoffnung geschehen, es dahin bringen zu können, jede Sorte schon nach den in der Frucht sich findenden Merkmalen hinreichend zu bestimmen und sicher aufzufinden. Ja, wenn man auch die ersten Classen auf Kennzeichen an der Frucht selbst gründen wollte, so kann man in zweiter Instanz dennoch wieder den Baum nicht los werden, was zuletzt ganz auf Eins hinauskommt. Ohne längeren Aufwand von Zeit und Mühe lernt man das Obst nicht kennen, und sollten wir es vielmehr dankbar erkennen, wenn uns in dem Baum noch sichere Unterscheidungsmerkmale gegeben sind. Wollte Gott, das Kernobst böte in seinen Bäumen eben so sichere Unterscheidungsmerkmale dar, die Pomologie stände dann auf festeren Füßen!

Es kann die Frage entstehen, ob nicht vielleicht schon jetzt durch

Die Kirſche.   40

I. Kirſchen aus dem Süßkirſchenbaumgeſchlecht.						II. Kirſchen aus dem Großen Sauerkirſchenbaumgeſchlecht.		III. Kirſchen aus dem Kleinen Sauerkirſchenbaumgeſchlecht.		IV. Kirſchen aus dem Blüthenſproſſenden Sauerkirſchenbaumgeſchlecht.	
A.		**B.**		**C.**		**A.**	**B.**	**A.**	**B.**	**A.**	**B.**
Mit färbendem Safte, einfarbig ſchwarzer oder dunkler Haut.		Mit nicht färbendem Safte, bunter, oder nur in Roth nüancirter Haut.		Mit nicht färbendem Safte und einfarbig gelber Haut, ohne das mindeſte Roth.		Mit färbendem Safte, ſchwarzer oder dunkler Haut.	Mit nicht färbendem Safte, hellrother, durchſichtiger Haut.	Mit färbendem Safte, ſchwarzer oder dunkler Haut.	Mit nicht färbendem Safte, hellrother, faſt durchſichtiger Haut.	Mit färbendem Safte, ſchwarzer oder dunkler Haut.	Mit nicht färbendem Safte und hellrother Haut.
a)	b)	a)	b)	a)	b)						
m. weichem Fleiſche.	mit feſtem Fleiſche.	m. weichem Fleiſche.	mit feſtem Fleiſche.	m. weichem Fleiſche.	mit feſtem Fleiſche.						
Schwarze Herzkirſchen.	Schwarze Knorpelkirſchen.	Bunte Herzkirſchen.	Bunte Knorpelkirſchen.	Gelbe Herzkirſchen.	Gelbe Knorpelkirſchen.	Süßweichſeln.	Glaskirſchen.	Weichſeln.	Amarellen.	Noch unbekannt.	Stets blühende rothe Kirſchen.
1. Cl.	2. Cl.	3. Cl.	4. Cl.	5. Cl.	6. Cl.	7. Cl.	8. Cl.	9. Cl.	10. Cl.	11. Cl.	12. Cl.

die Bastardkirsche von Laeken (Königin Hortense, Bavay's große Herz-kirsche 2c.), der vielleicht auch noch die mir bisher noch unbekannte Chatenay's Schöne und noch 1—2 andere hinzu kommen können, Anlaß zu einer Erweiterung des Truchseß'schen Systemes und Einschie-bung einer ganz neuen Classe, oder wenigstens neuen ersten Unterab-theilung zwischen Süßkirschen und Süßweichseln vorliege. Man hat die Kirsche Königin Hortense deßhalb als Bastardkirsche bezeichnet, weil sie in Etwas das Mittel zwischen Süßkirschen und Glaskirschen hält, und man geneigt war, zu glauben, daß sie durch Vermischung von bunter Herzkirsche, nach andern von Süßweichsel mit Glaskirsche entstanden sein möchte. — Es beruht indeß die Annahme von der Bastarderzeugung dieser Kirsche durchaus nicht auf sicherer Erfahrung oder irgend zuver-lässiger Nachricht, und wäre, wie man angenommen hat, die Mai Duke (Rothe Maikirsche) der Vater, so wäre auch keine wirkliche Bastardirung da, da Süßweichsel und Glaskirsche derselben Baumart angehören. Die Geschichte der hier fraglichen Kirsche, die man wegen ihrer Größe und Schönheit immer wiederholt in neuen Auflagen verbreitete, verliert sich bereits jetzt ziemlich in frühere Zeit und ins Dunkle zurück. Man hat die wiederholte neue Verbreitung derselben unter einem andern Namen damit rechtfertigen und erklären wollen, daß sie gewöhnlich in gleicher Güte aus dem Kerne nacharte, und somit diejenigen, die sie unter neuem Namen verbreiteten, sie auch wohl neu erzogen hätten. Doch muß die Behauptung, daß sie constant nacharte, erst durch sichere Erfahrungen noch erwiesen werden, und selbst dies Nacharten als factisch angenom-men, erklärt und rechtfertigt doch die öftere Verbreitung der Frucht unter neuem Namen noch nicht gehörig, da dieser und jener unter den späteren Verbreitern doch wohl gewußt haben müßte, eine gleiche Kirsche schon gehabt und deren Stein gesäet zu haben. Ueberhaupt aber wäre die nur auf Vermuthung basirende Annahme von der Bastarderzeugung dieser Kirsche gegen die eben so zahlreichen, als mit Sorgfalt von Truchseß gesammelten Erfahrungen, und müßte durch absichtlich und mit Ge-nauigkeit angestellte Versuche wohl erst noch erwiesen werden, daß Bastar-birungen zwischen den von Truchseß aufgestellten Kirschenbaumgeschlechtern sich ausführen lassen. An sich sollte man bei Aehnlichkeit der Bäume an Kreuzungen wohl glauben, aber auch bei den in ihren Bäumen eben so ähnlichen Pflaumen macht man doch schon immer zahlreicher die Er-fahrung, daß gewisse Sorten sich aus ihrem Steine constant forterzeugen und die Bestäubung von andern nahestehenden Pflaumenbäumen also nicht annehmen. Außerdem steht nach meiner Ansicht die Königin Hortense doch in Baum und Frucht den Glaskirschen weit näher, als den Süßkirschen; das Blatt ist an jungen Bäumen wohl groß, auch stark gezahnt und mit starken Drüsen versehen, ja unten ziemlich eben so stark behaart, als das Blatt der Herzkirschen; aber die Frucht gleicht in Farbe und Gestalt den Glaskirschen, und hat nur nicht völlig so zartes, ganz in Saft sich auflösendes Fleisch, als die Süßweichseln und Glaskirschen, hauptsächlich aber hat der erwachsene Baum das kleinere stehende Blatt der Süßweichseln und Glaskirschen, und findet man auch bei jungen triebigen Bäumen anderer Glaskirschen oft eben so große, stark gezahnte, mit stärkeren Drüsen versehene Blätter, welche Drüsen ganz auch den Weichseln nicht fehlen. Vielleicht hat hauptsächlich nur der Umstand zu der Annahme einer Erzeugung durch Kreuzung mit Süßweichsel Anlaß gegeben, daß die Blüthendolden dieser Kirsche sehr häufig wie die der Süßweichseln gestielt sind. Dieser Umstand allein aber berechtigt, so viel mir scheint, noch nicht zu der Annahme einer Bastarderzeugung, da ein Ansatz zu einem gemeinschaftlichen Stiele der Blüthendolbe sich auch bei den Herzkirschen und Glaskirschen findet; und wenn dieser Stielabsatz bei einer neu erzeugten Art Glaskirsche, die in der Regel ohne Stielabsatz sind, etwas länger wurde, so beweist das nur, daß die Natur nicht nach den von uns aufgestellten Classenmerkmalen schafft. Ist die Nachricht über den Ursprung der Reine Hortense richtig, welche Dittrich III. S. 267 nach den Annalen der Pariser Societät, Juli 1838, gibt, so erzog der Gärtner Larose zunächst aus den Steinen der Cerise nouvelle d'Angleterre (einer Süßweichsel) die Cerise Larose, welche ich wohl ächt habe und eine schon mit langem Stielabsatz versehene spät reifende Glaskirsche ist, und aus den Steinen dieser Frucht dann wieder die Königin Hortense. Für jetzt hat mir die Aufstellung einer neuen Classe daher noch als verfrüht erscheinen wollen, die bis zu weiteren Erfahrungen verschoben werden mag, und habe ich für jetzt die Königin Hortense unter die Glaskirschen gesetzt, um etwaige demnächstige Rückschritte zu meiden, zumal auch andere Pomologen sie dahin zählen und Dittrich, Liegel und Dochnahl sie schon als solche aufführen.

Herr Kammerherr von Carlowitz zu Dresden fand Truchseß System wegen seiner vielen Classen in Baumschulen nicht recht anwendbar (wo man ja aber nach Classen nicht zu pflanzen braucht), auch schwerer behältlich (was, da sich Eins aus dem Andern natürlich entwickelt, mir nicht der Fall scheint), und wollte es auf folgende Weise vereinfachen, welche Ordnung auch Dittrich in seinem Handbuche annahm:

I. Geschlecht. Süßkirschen.

    Cl. 1. Mit färbendem Safte und einfarbiger Haut.

        1. Ordn. Schwarze Herzkirschen.

        2.   „   „   Knorpelkirschen.

    Cl. 2. Mit nicht färbendem Safte und bunter Haut.

        1. Ordn. Bunte Herzkirschen.

        2.   „   „   Knorpelkirschen.

    Cl. 3. Mit nicht färbendem Safte und einfarbiger Haut.

        1. Ordn. Wachskirschen. *

        2.   „   Wachsknorpelkirschen.

II. Geschlecht. Sauerkirschen.

    Cl. 1. Mit färbendem Safte und einfarbiger Haut.

        1. Ordn. Mit dem großen Sauerkirschenblatt: Süßweichseln.

        2.   „   „   kleinen   „   Weichseln.

    Cl. 2. Mit nicht färbendem Safte und hellrother Haut.

        1. Ordn. Mit dem großen Sauerkirschenblatt: Glaskirschen.

        2.   „   Mit dem kleinen Sauerkirschenblatt und hängenden Zweigen: Amarellen.

Die Blüthensprossende Kirsche (Allerheiligenkirsche) wird hier mit zu den Amarellen gezählt sein, und konnte man es auch zweckmäßig finden, aus dieser noch ganz allein stehenden Kirschenart keine eigene Classe zu bilden, da man wenigstens etwas Aehnliches auch bei dem Kernobste, namentlich den sogenannten zweimal tragenden Sorten findet, die im Laufe des Sommers aus den jungen Trieben oft auch noch wieder Blüthen entwickeln. Da indeß die Allerheiligenkirsche dies immer thut, und ihre Blüthen nie gleich aus den vorigjährigen Knospen treibt, so scheint mir die Absonderung dieser Kirsche als eigene Classe doch so lange wenigstens angemessen, als nicht durch sichere Erfahrungen erwiesen ist, daß sie auch mit den übrigen Kirschenarten Kreuzungen mache, und nicht blos ganz gleiche und stets zwergartig bleibende Stämme aus ihren Steinen fallen.

Daß auch diese von Herrn von Carlowitz gegebene Anordnung passend und übersichtlich sei, mag nicht geleugnet werden, doch scheint sie

---

* Schon Truchseß hat mit Recht erinnert, daß, da es auch weißes Wachs und manche fast weiße Kirsche gebe, es besser sei, den Namen Wachskirsche, der außerdem auf die Gelbe Knorpelkirsche eben sowohl paßt, statt Gelbe Herzkirsche nicht zu gebrauchen.

mir eigentlich nur ein anderes, nicht ein besseres als das Truchseß'sche
System zu sein, und vor demselben nicht solche Vorzüge zu haben, daß
man darüber in einer Wissenschaft, wo, wegen der Schwierigkeiten, die
sie darbietet, mehr, als in irgend einer andern, Stabilität geboten ist,
und man ohne bringende Ursache nichts ändern sollte, von Truchseß
System abgehen möchte, das, indem es auf die 4 von der Natur gegebenen Baumarten sich gründet, doch zuletzt das naturgemäßere sein
möchte. Auch kann ich hinzusetzen, daß man größere Bäume von Weichseln und Amarellen doch weit sicherer an dem hängenden jüngeren Holze,
als an dem kleineren Blatte unterscheidet, welches wichtigere Merkmal
in obiger Classification nur als Nebenmerkmal bei der 2. Ordnung
der letzten Classe erscheint.

Auch Herr Dr. Liegel entwarf eine in der Monatsschrift Jahrgang I. S. 307 mitgetheilte Zusammenstellung der Kirschen, in welcher
er alle Classen auf die Frucht und deren Kennzeichen zu gründen sucht.
Es ist die folgende:

I. Cl. **Die Süßkirsche**, mit süßem Fleische.

   1. Ordn. Schwarzkirsche, mit dunkler oder schwarzer Haut und
     färbendem Safte.

       a) Schwarze Weichkirsche (Weiche), mit weichem Fleische;

       b) Schwarze Knorpelkirsche (Feste), mit festem Fleische.

   2. Ordn. Weißkirsche, mit nicht färbendem Safte und bunter
     oder rother Haut.

       a) Weiße Weichkirsche (Weiche), mit weichem Fleische;

       b) Weiße Knorpelkirsche (Feste), mit festem Fleische.

   3. Ordn. Gelbkirsche, mit nicht färbendem Safte und einfarbiger
     gelber Haut.

       a) Gelbe Weichkirsche (Weiche), mit weichem Fleische;

       b) Gelbe Knorpelkirsche (Feste), mit festem Fleische;

II. Cl. **Die Sauerkirsche**, mit saurem Fleische.

   1. Ordn. Schwarze Sauerkirsche (Schwarze), mit färbendem
     Safte und dunkelrother oder schwarzer Haut.

       a) Süßweichsel, mit säuerlich süßem Safte;

       b) Weichsel, mit saurem Safte.

   2. Ordn. Rothe Sauerkirsche (Rothe), mit nicht färbendem
     Safte und einfarbiger, meistens hellrother Haut.

       a) Glaskirsche, mit fast durchsichtiger Haut und angenehm
       säuerlichem Safte;

b) Amarelle, mit etwas trüber Haut und etwas bitterlich saurem Fleische.

Anm. Die Süßweichsel und Glaskirsche haben große Blätter und gerade stehende Zweige; die Weichsel und Amarelle kleine Blätter und hängende Zweige." —

Herr Dr. Liegel fügt diesem Systeme noch folgende Bemerkungen bei: Jede fehlerfreie Obstclassification müsse die Merkmale in der Frucht allein suchen. Es gebe in der Botanik nur Ein Geschlecht Kirschen; Truchseß habe zwei angenommen. Bei jeder Eintheilung müsse die Classe obenan stehen, während Truchseß die letzten Unterabtheilungen zu Classen erhoben habe. Dann habe er die Herzkirsche als Gegensatz zu der Knorpelkirsche, die auch herzförmig sei, und verbinde, indem die Herzkirschen zugleich weichfleischige sein müßten, mit dem Worte einen Begriff, der im Worte nicht liege.

Es kann für den, der die Kirschen bereits ziemlich kennt und darnach mit ihrer Einreihung in verschiedene Classen leichter fertig wird, scheinen, als ob dies System wirklich beträchtliche Vorzüge habe. Indeß erinnert man doch wohl schon nicht mit Unrecht, daß es doch allzu mißlich sei, das erste Theilungsprincip auf ein so schwankendes und so schwer genau zu bezeichnendes Merkmal, wie den Geschmack, zu gründen. Es gibt manche Schwarze Herzkirschen, die eben so süßsäuerlichen Geschmack und saftreiches Fleisch haben, als die Süßweichseln (z. B. Späte Maulbeerkirsche, Spitzens schwarze Herzkirsche 2c.), und würde der Unkundige bald nicht wissen, ob er diese unter den Süßweichseln, oder die Süßweichseln unter den Süßkirschen suchen solle; ja recht reife Süßweichseln würde er am ersten wohl unter den Süßkirschen suchen, während vor vollster Reife manche Herzkirsche süßsäuerlich, oder bei den bunten Knorpelkirschen und Herzkirschen fade schmeckt. Muß ich aber die Frucht so lange am Baume lassen, um von ihrer vollendeten Reife mich selbst zu überzeugen und darnach ihren rechten Geschmack zu beurtheilen, nun! so muß ich ja eben zugleich auch noch den Baum haben, und kann nach Anschauung desselben schon sicherer meine Frucht im Systeme suchen. — Selbst manche Weichsel ist, gehörig reif, nicht im Mindesten sauer, und hat nahezu eben so lieblichen Geschmack, als die Süßweichseln, so daß der Unkundige diese zwei Classen häufig durch den Geschmack allein gar nicht würde unterscheiden können. Wo aber bleiben gar die völlig süßen, von Säure freien Glaskirschen, z. B. Schöne von Choisy und noch mehr Rothe Oranienkirsche!? Es kann ferner die Amarelle durch

trübere Haut schwer von der Glaskirsche unterschieden werden, da ihre
Haut vor voller Reife eben so hell ist, und nur ein Geringes früher
trübe wird, als bei der Glaskirsche, und im Geschmack mancher Amarelle
mag man irgend etwas Bitteres nicht finden, ja einige, wie die Süße
Amarelle, sind im Geschmacke wohl noch milder, als manche Glaskirschen.
Vielleicht hat Herr Dr. Liegel dies selbst gefühlt und deßhalb doch noch
eine kleine nachträgliche Hinweisung auf die Bäume nöthig gehalten. —
Daß der Truchseß'sche Begriff von Herzkirsche etwas enthält, was im
Wortlaute nicht liegt, ist wahr; aber es läßt sich ja doch gar leicht thun,
das weitere Kennzeichen des weichen Fleisches damit zu verbinden, und
man kann der obigen Benennung Weichkirsche denselben Vorwurf machen,
daß sie nicht alle Kirschen umfasse, die weiches Fleisch haben. Daß es
in der Botanik eigentlich nur Ein Kirschengeschlecht gebe, kann man selbst
als gegründet betrachten, ohne Truchseß System deßhalb zu verwerfen;
denn unsere Pomologie, die es mit Varietäten derselben botanischen
Species zu thun hat, wird in alle Ewigkeit keine Botanik werden, und
in ihr ist richtig und selbst geboten, was zum Zwecke führt, da sie zunächst gänzlich eine praktische Wissenschaft bleibt.

Wir wollen dieses Kapitel nicht verlassen, ohne auch noch des von
ein paar Botanikern, den Herrn Schübler und Martens, in der Flora
Würtembergensis entworfenen Kirschensystems wenigstens zu gedenken,
die in dieser Schrift ein Obstsystem für jede der vier Hauptclassen des
Obstes entwarfen. Es scheint, daß man von Botanikern, die durch ihre
Wissenschaft im Classificiren und Auffassen charakteristischer Merkmale
am meisten geübt sind, Vollkommeneres werde erwarten dürfen, als von
Pomologen; doch will es mir scheinen, daß die eigentlichen Botaniker
in Aufstellung von Obstsystemen bisher am wenigsten Glück gehabt haben,
eben weil sie keine Pomologen waren und zu sehr nach Kenntniß des
Wenigen gingen, was aus der Obstkunde ihnen bekannt war. Für
Pomologen wird es immer Interesse haben, auch mit den hier gedachten
Obstsystemen sich bekannt zu machen, deren Mängel dem Pomologen sich
bald darstellen werden. Nur so viel wird hier noch zu bemerken zweckmäßig sein, daß das bei den Weichseln von ihnen angegebene Kennzeichen,
daß deren Blätter drüsenlos seien, nicht richtig ist, weßhalb Truchseß
auch diesen Unterschied nicht mit angibt. Man kann nur sagen, daß
die Drüsen an den Blättern dieser Bäume generell kleiner und weniger
entwickelt sind, als an den Süßkirschen, und daß, wie sie hin und
wieder auch an manchen Blättern eines Süßkirschenbaums mangeln, so

einzelne Weichselarten oder Glaskirschen (hier z. B. Schöne von Choisy), an der Mehrzahl ihrer Blätter keine Drüsen haben, während ein andermal auch Blätter von Sauerkirschen sehr entwickelte Drüsen zeigen. Es scheint dabei, und selbst hinsichtlich der Form der Blätter, Vieles von Jahreszeit und Witterung ꝛc. abzuhängen, und habe ich z. B. 1859 bemerkt, daß während im Mai wohl die Mehrzahl der Blätter der Kirschen umgekehrt-eiförmig oder langeiförmig mit aufgesetzter kürzerer oder längerer Spitze war, diese Form bei den später treibenden Blättern sehr verschwand, und sie oval oder langoval nach der Spitze verjüngt waren, welche Verjüngung oft schon in der Mitte des Blattes, meist erst mehr nach der Spitze hin anhub. (Der Botaniker würde die Form wohl noch als Folia ovato lanceolata bezeichnen.)

Wir unsererseits haben daher in Rücksicht auf alle diese Darlegungen geglaubt, in unserm Handbuche die Kirschen nur nach dem Truchseß'schen Systeme classificiren zu müssen. Zieht aber Jemand eines der gegebenen andern Systeme vor, so wird es nach der Einreihung einer Frucht im Truchseß'schen Systeme ihm möglich werden, seine Kirschen in die andere Ordnung zu bringen. Auch auf die Vegetation der Bäume soll bei den nachfolgenden Kirschenbeschreibungen nur Rücksicht genommen werden, wenn diese irgend etwas Eigenthümliches darbietet, da die Vegetation im Allgemeinen schon durch die Classe, wohin eine Frucht gesetzt wird, hinlänglich bezeichnet ist, und die Verschiedenheit der Vegetation der Bäume aus derselben Classe, wenn man auch durch eigene Anschauung wohl noch Unterschiede sieht, doch selten so groß ist, daß sie sich mit Worten hinlänglich bezeichnen ließe.

Wegen der nachfolgenden Kirschenbeschreibungen werde hier noch bemerkt, daß die von mir selbst gegebenen Umrisse von Kirschen mit Hülfe eines paßlichen Instruments (siehe Monatsschr. 1859, S. 288) und so entworfen sind, daß das Auge gerade auf der Mitte des Bauches der Frucht ruhte, was mir nützlich schien, damit auch die Wölbung der Frucht am Stempelpunkte, die oft charakteristisch ist, in der Figur sich darstelle. Bei Pflaumen drückt die gegebene Seitenansicht der Frucht das Charakteristische derselben häufig stärker aus, als die Bauchansicht, doch wird es bemerkt werden, wenn solche Seitenansicht gegeben ist.

Schließlich müssen wir noch inniges Bedauern darüber aussprechen, daß der von Truchseß nach und nach ausgearbeitete große Bettenburger Kirschencatalog, sowie alle von der pomologischen Gesellschaft zu Guben (wo eine Anzahl Pomologen sich besonders dem Studium der Kirschen und der Erziehung neuer werthvoller Kirschensorten gewidmet hatte) zusammengetragenen Notizen und Beschreibungen als verloren gegangen betrachtet werden müssen. Die Papiere der Gubener Societät waren an Baron Mascon zu Grätz gesandt, von dem man viel hoffte, und den Truchseß zu seinem pomologischen Adoptivsohne ernannt hatte, weßhalb wahrscheinlich auch der Bettenburger Kirschencatalog an ihn gekommen sein wird; nach Mascons leider schon bald erfolgtem Tode sind diese Papiere von seinen Erben nicht wieder zu erlangen gewesen.

Oberdieck.

Bemerkung.

Durch eine Irrung ist auf der ersten Formentafel die S. 16 unten allegirte Fig. 1 (Pflaumenstein), die jedoch entbehrlich sein wird, weggeblieben, und fanden sich dadurch auf der ersten Formentafel mehrere Figuren anders bezeichnet, als sie in dem schon fertigen ersten Bogen allegirt sind, wo es nun S. 16, Zeile 14 von oben statt Fig. 5 heißen muß Fig. 11; ferner ebendaselbst Zeile 8 von oben statt Fig. 4, Fig. 4 a. und b. (wo b. langelliptisch bedeutet) und Zeile 9 von unten statt Fig. 6 Fig. 6 b. Man bittet, diese Druckfehler zu verbessern.   Oberdieck.

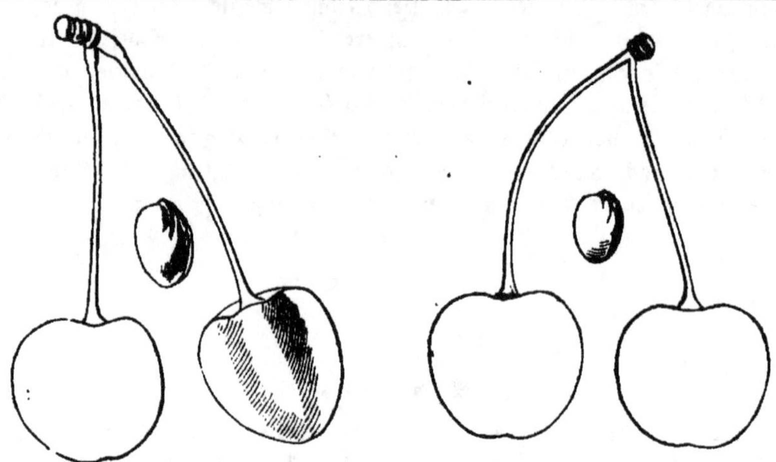

Frühe Maiherzkirsche. ** † 1. W. b. K.Z.

Heimath und Vorkommen: Ursprung nicht mehr bekannt. Empfiehlt sich sehr baburch, baß sie nebst 2 anbern bisher die früheste Kirsche des Jahres ist. Ist weit verbreitet, leiber unter sehr vielerlei Namen.

Literatur und Synonyme: Truchseß S. 140; Dittrich II. S. 21. Kraft, von dem sie Truchseß erhielt, hat sie P. A. I. T. 1 als Große frühe Maiherzkirsche (Guignier hatif de Mai à gros fruit noir), jeboch mit zu großer Abbilbung, bie auch nicht bie rechte Form hat. Truchseß ließ das „Große" mit Recht weg, boch finbet es sich noch wieder in Diels Catalog. Christ, wie gewöhnlich, mit mehreren Abänberungen des Namens unb ber Beschreibung als Frühe Maikirsche, Frühe Maiherzk. Rößler, S. 183, Nr. 65. In ber Pariser Nationalbaumschule (bie wohl nicht mehr existirt) hieß sie nach Truchseß Grande guigne de Mai précoce. Im Lonb. Cat. Nr. 49 unb bei Downing finbet sie sich wahrscheinlich als Bigarreau de Mai, wie sie auch in Deutschlanb öfter, z. B. in Herrnhausen, heißt. Die Early pourple Guigne trug 1860 unb ist sicher eine anbere. Downing ibentificirt Bigarreau de Mai mit Wilders Bigarreau de Mai unb Baumanns Mai, welche Sorte von Baumann nach Amerika kam, bilbet biese zwar etwas kleiner ab, beschreibt sie aber wie obige. Nach Dochnahls Führer S. 19 wäre jeboch Bigarreau de Mai unb Baumanns Mai bie Coburger frühe schwarze Herzkirsche (Hanbbuch Coburger Maiherzk.). Von ber Societät zu Prag erhielt ich obige als Guigne nouvelle hative (Neue frühe Maiherzk. in meiner Anleitung), Prager Frühkirsche, Hallas große frühe schwarze Herzkirsche (aus Rößlers Collection); bekam sie auch als Straßburger frühe Maiherzkirsche, welche alle ich von ber Obigen, wie ich sie von Diel hatte, burch regelmäßig mehrere Tage früher eintretenbe Reife unterscheiben wollte, was boch nicht wesentlich gewesen sein wirb, ba, nachbem ich Diels Sorte verlor unb sie von Liegel wieder habe, hier (größtentheils auf bemselben Baume) alle zugleich reifen. Auch Liegels Süße Maiherzk., wie sie zu mir und nach Meiningen kam, ist (nach viermaligem Tragen) ganz dieselbe, kann jedoch nicht die rechte Süße Maiherzk. sein, da Truchseß diese nicht nur merklich später zeitigen läßt, sondern auch den Stein dickbackig und kugelrund nennt. Meine Süße Maiherzk. von Diel konnte ich von der Großen süßen Maiherzk. nicht unterscheiden. Die Abbildung, die Truchseß im T.O.G. 22, T. 14 von der Süßen Maiherzk. gibt, so wie deren Name in der Wetterau Erste- und Frühkirsche, spricht wohl für obige, doch steht die Form des Steins zu sehr entgegen. Vielleicht ist auch die Rothe Maiherzk. des Hohenheimer Catal. (Dittrich II. S. 24) die Obige, und hat die Angabe der spätern Reifzeit etwa nur ihren Grund darin, daß die Reifzeit meist nach Monaten angegeben wird. Endlich erhielt ich sie noch unter dem wohl verfälschten Namen Blaßrothe Anatolische Herzk., bei der ich schrieb: „falsch, ist schwarz und Frühe Maiherzk.," sie jedoch nicht länger beobachtete. Jahn unterscheidet eine Anatolische schwarze Herzk. von Obiger durch mehr Größe, was, wenn es sich constant zeigt, dieser Sorte viel Werth gäbe.

Gestalt: Größe mittelmäßig, variirt nach den Jahren; vollkommene Früchte haben die Größe obiger Figur. In ungünstigen Jahren entstellen Höcker und Beulen oft die Form. Gestalt etwas veränderlich, stumpfherzförmig, am Stiele merklich, am Stempelpunkte, der in starkem Grübchen steht, etwas gedrückt. Andere werden hochaussehend, oder wirklich etwas höher als breit, nach dem dann fast nicht vertieften Stempelpunkte mehr spitz zulaufend, während andere etwas breiter als hoch sind. Die etwas gedrückte Bauchseite zeigt flache Furche; die Rückenseite dagegen nur Linie oder allermeist eine aufgeworfene höckerartige Erhöhung, die bei der Stielhöhle am stärksten ist und am meisten bei voller Reife hervortritt, so daß, von der Stielhöhle ab angesehen, die Frucht oft merklich dreieckig erscheint.

Stiel: mäßig stark, oft auch stärker, $1^1/_2$—$1^3/_4''$ lang, grün, in ziemlich tiefer, etwas enger Höhle.

Haut: glänzend, in der Reife sehr dunkelbraun und bei voller Reife fast schwarz.

Fleisch: zart, saftreich, und so wie der Saft dunkelroth. Geschmack bei voller Reife gewürzreich süß und sehr angenehm, aber schon, wenn sie erst dunkelbraun ist, süß mit feiner, erfrischender Säure.

Der Stein löset sich gut vom Fleische, ist länglich, meist fast oval, nicht dickbackig, ziemlich glatt, mit nur kleinen Afterkanten. Bei den spitz zulaufenden Früchten liegt seine größte Breite mehr nach dem Stielende hin, und ist er langeiförmig. Einzeln verschmälert er sich auch nach dem Stielende hin. Ich machte die Bemerkung, daß in manchen Jahren die Steine recht merklich kleiner waren, als in andern.

Reifzeit und Nutzung: zeitigt ziemlich zugleich mit der frühesten bunten Herzkirsche, vor allen andern Kirschen, und übertrifft letztere an Geschmack. Für Tafel und Markt! Nach den verschiedenen Jahren, sowie in Süd- und Norddeutschland, variirt die Reife nach Kalenderzeit sehr. In hiesiger Gegend reift sie zwischen 15. bis 30. Juni.

Der Baum wächst stark und gesund und trägt reichlich.

Oberdieck.

Coburger Maiherzkirsche. * * † 1. W. b. K.Z.
Coburger frühe schwarze Herzkirsche. Dittrich.

Heimath und Vorkommen: stammt vielleicht aus Frankreich, scheint jedenfalls neueren Ursprungs zu sein. Ist wohl noch wenig verbreitet, verdient aber die häufigste Anpflanzung, da sie mit der Frühen Maiherzkirsche und oft noch etliche Tage früher zeitigt. Das Reis erhielt ich als Coburger frühe schwarze Herzkirsche aus Meiningen und von Urbanek überein.

Literatur und Synonyme: Truchseß kannte sie noch nicht; Dittrich II. S. 22 Frühe schwarze Herzkirsche aus Coburg, welcher zu lange Name zweckmäßig wie oben abgeändert wurde. Sie hat nach Dittrich den Namen nur davon, daß sie ohne Namen bei einem Bäckermeister Wittich zu Coburg sich fand, der den Baum von den Gebrüdern Baumann zu Bollweiler erhalten hatte. Nach Dochnahls Führer kommt der Name als Synonym vor von seiner Wahren frühen Herzkirsche Nr. 9 (welchen Namen ich nicht passend finde), die er als identisch angibt mit Bigarreau Mai, Baumanns Mai, Noire hative de Coburg und Trempée précoce und abstammend aus Frankreich. Leider stehen bei der großen Kürze des Dochnahl'schen Werkes derartige Angaben immer nur als Behauptungen da, deren Richtigkeit erst wieder nachgeforscht werden muß. Im Lond. Cat. ist Obige im Nachtrage bloß genannt. Early pourple Guigne des Lond. Cat. ist nach etlichen Früchten wahrscheinlich Obige.

Gestalt: sie ist durchschnittlich ein wenig größer als die Frühe Maiherzkirsche, etwas stumpfherzförmig, meist hochaussehend und bildet

oft ein längliches, am Stiel und Stempelpunkt abgestumpftes Oval, so
daß die größte Breite in der Mitte liegt. Zu beiden Seiten und oft
auch nur auf der Bauchseite ist sie etwas breitgedrückt mit flacher Furche,
die auf der Rückenseite nur durch eine Linie angedeutet wird. Der starke
Stempelpunkt steht in einem schönen Grübchen, oft auch etwas zur Seite
der ein wenig sich erhebenden Spitze der Frucht.

Der **Stiel** ist lang und dünn, meist 2 bis 2¼" lang und sitzt in
ziemlich tiefer und weiter Höhle. An dem kleinen gemeinschaftlichen
Stielabsatze hängen meistens mehrere Früchte.

Die **Farbe** der glänzenden Haut ist schwarzbraun, in voller Reife
fast schwarz.

Das **Fleisch** ist zart, saftreich und so wie der Saft sehr dunkelroth; der Geschmack ist angenehm süß, durch eine feine Säure gewürzt.

Der **Stein** ist in der Mehrzahl breiteiförmig, ziemlich dickbackig
und merklich mehr gerundet und dickbackiger auch mit etwas stärkeren
Rückenkanten als der der Frühen Maiherzkirsche, der mehr länglich und
oval ist. Durch den Stein, sowie den durchschnittlich längeren Stiel
und etwas mehr, doch liebliche Säure im Geschmack, vielleicht auch noch
durch durchschnittlich etwas frühere Reife, unterscheidet sie sich von der
Frühen Maiherzkirsche.

Reifzeit und Nutzung: zeitigt ganz zu Anfänge der Kirschenzeit
mit und oft noch etwas vor der Frühen Maiherzkirsche. Vielleicht übertrifft sie diese noch an Güte, was weiter beobachtet werden muß, und ist
für die Tafel und den Markt sehr schätzbar. Seit die Eisenbahnen
die Früchte rasch weit verfahren, sind freilich sehr frühe und zugleich
weniger große Kirschen, wenn sie zu Markt gebracht werden sollen,
hauptsächlich nur in Süddeutschland in der Nähe von Bahnen anzupflanzen, dann aber auch gar sehr rentabel. 1859 sah ich von der
Frühen Maiherzkirsche in Hannover am 26. Mai ganze Körbe voll schon
stark brauner Früchte, das Schock zu 4 Silbergr., und kommend aus
der Gegend von Frankfurt, während diese Sorte hier erst am 20—23.
Juni wirklich reif war.

Der Baum wächst gut und ist fruchtbar.

Oberdieck.

No. 3. **Werder'sche frühe Herzkirsche.** I, A a. Truchseß; Schwarze Herzkirschen.

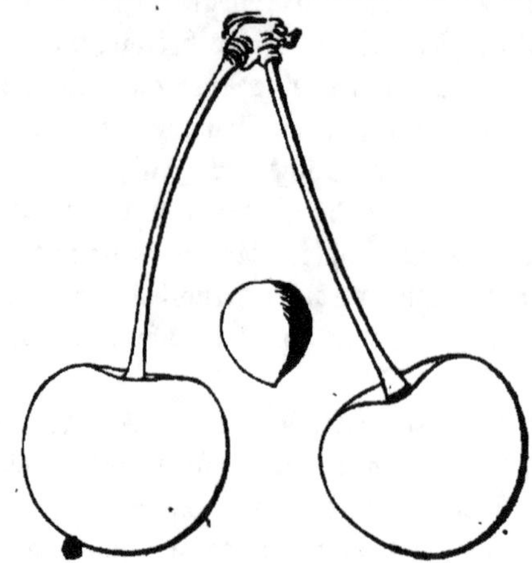

Werder'sche frühe Herzkirsche. ** † 2. W. b. K.Z.

Werber'sche frühe schwarze Herzkirsche. Truchseß.

Heimath und Vorkommen: Christ erhielt sie vom königl. preuß. Plantagengärtner Sello zu Sanssouci unter dem Namen Werber'sche allerfrühste schwarze Herzkirsche und sandte sie an Truchseß 1794. Sie wird bereits in den meisten Kirschenpflanzungen als eine der frühsten guten Kirschen zu finden sein.

Literatur und Synonyme: Christ Hdb. III. Aufl. S. 675, Nr. 5; Dessen Vollst. Pom. S. 178, Nr. 6. Weil Christ bereits früher reifende kennen gelernt hatte, nannte er sie Werber'sche frühe schwarze Herzkirsche. Im Hdwb. hat er sie ganz weggelassen. — Truchseß beschreibt sie S. 109 und beginnt damit überhaupt sein vortreffliches Werk. — Synon.: Guigne précoce de Werder in Cat.

Gestalt: stumpfherzförmig, mit einer tiefen Furche auf der einen Seite, an deren Ende sich ein Stempelgrübchen mit einem grauen Punkte findet. Die Kirsche ist sehr groß (siehe unten Bemerkungen).

Stiel: kurz und stark, auffallend lichtgrün, sitzt in einer tiefen Höhlung.

Haut: glänzend schwarz, stark und zähe.

Fleisch: mehr hart als weich, doch nicht knorpelig, sondern beim Essen zerfließend.

Stein: groß, eiförmig (eirund, Jahn), am Stielende etwas abgestumpft und auf der breiten Kante am Fleische festhängend.

Reife und Nutzung *: sie reift nach der Frühen Maiherzkirsche

____

* Reife gleich nach den frühesten, 2te Woche der Kirschenzeit.

(nach Dittrich Anfangs oder Mitte Juni, in Meiningen aber oft später und zu Ende Juni, wie denn hier auch die Frühe Maiherzkirsche, die Anatolische schwarze Herzkirsche und Dochnahls rosenrothe Maiherzkirsche, auch Frühste Bunte mehrmals schon auch erst um diese Zeit zur Reife kamen — die aber immer 8—10 Tage früher als die Werber'sche sind) und verdient wegen ihrer Größe, wozu jedoch ein günstiges Jahr erforderlich ist, weil sie in einem ungünstigen klein bleibt, wegen ihrer frühen Reife und wegen ihres guten Geschmacks, welcher selbst bei anhaltendem Regenwetter gewürzhaft bleibt, häufig angepflanzt zu werden.

Eigenschaften des Baumes: derselbe wächst gut und wird ziemlich stark, seine Aeste trägt er stark aufrecht und seine Blätter zeichnen sich vor vielen Sorten durch ihre scharfe Bezahnung aus, sie sind auffällig scharf gesägt. Auch seine Tragbarkeit ist gut, leider erhält man aber im Freien, weil die Kirschen sich schon lange vor der Reife färben, durch den Besuch der Vögel nur geringe Ernbte, wie dies in kleineren Pflanzungen mit allen frühen Kirschen geschieht.

Bemerkungen: von der Frühen Maiherzkirsche ist sie nach Truchseß, dessen Beschreibung wir oben unverändert wiedergaben, durch spätere Reife, von der Süßen Maiherzkirsche dadurch, daß sie größer, stärker herzförmig oder weniger rund ist, und von Büttners schwarzer Herzkirsche, mit welcher sie viele Aehnlichkeit hat, durch um 10 bis 12 Tage frühere Zeitigung verschieden. — Dittrich meint, sie könnte mit der letztgenannten wohl eine und dieselbe Sorte sein, da sich die Früchte täuschend ähnlich sähen; diesem muß man aber widersprechen. Beide sind sowohl in der Form, wie in der Größe und Reifzeit verschieden, die Büttners schwarze ist fast 14 Tage später, wird hier alljährlich bedeutend größer, ist überhaupt viel edler und schöner und bildet sich stets vollkommen aus, während die Werber'sche sehr oft noch unter der oben abgebildeten Größe bleibt und, worüber auch Oberd. klagt, bei alledem öfters ungleich rund und beulig wird. Dieselbe muß auf der Bettenburg einen besonders günstigen Stand gehabt haben, denn daß sie auf dem Jerusalem bei Meiningen, wohin sie Truchseß gab und woher ich sie bekam, nicht ächt oder verwechselt gewesen sei, läßt sich durchaus nicht annehmen.   Jahn.

Anm. In dem oft beuligen Ansehen der Frucht und den meist vorhandenen Furchen fand ich nicht sowohl Mangel an Güte, als vielmehr nur einen kleinen Zweifel, ob ich von Diel die rechte Sorte erhalten hätte, was doch der Fall sein wird. In den allermeisten Jahren wurde die Frucht bei mir merklich größer, als obige Zeichnung, und wirklich groß, und gehört jedenfalls zu den höchst schätzbaren; doch bin auch ich schon geneigt gewesen, anzunehmen, daß sie von Knights schwarzer Herzkirsche (Knights carly black), die zugleich reift und auch höchst tragbar ist, an Güte noch übertroffen werde, zumal die Obige in anhaltendem Regen aufspringt. Q.

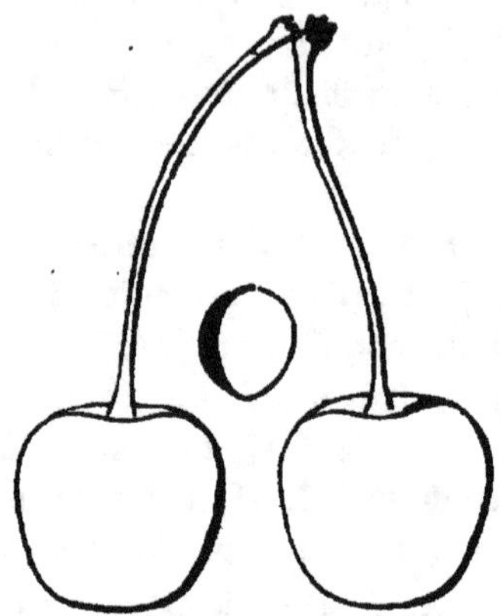

Die Rosenrothe Maikirsche. Dochnahl. * † Mai, Juni.

Heimath und Vorkommen: ich erhielt sie von Hrn. Friedr. Jak. Dochnahl, damals in Neustadt a. d. Haardt, der die Rheinpfalz als ihre Heimath angibt. Ich fand bald, daß es eine schwarze Herzkirsche sei, die in ihrem rothen Zustande schon etwas genießbar, doch von fabem bitterlichen Geschmack war, und namentlich blieb in solchem Zustande der Stein immer am Stiele haften.

Literatur und Synonyme: Dochnahl beschrieb sie in s. Führer III. Bd. S. 18 mit den Beinamen: Frühkirsche, Frühe Maikirsche, Kleine frühe rothe Herzkirsche, Guigne rose hative in Cat. und Samml., Guigne à fruit rose hatif, Lipp, Frühe rosenfarbene Süßkirsche, Nois. Qb.

Gestalt: klein oder mittelgroß, ungleich, besonders am Stiel höckerig, rundherzförmig, unten am Stiele mehr als oben abgeplattet, auf beiden Seiten etwas gedrückt. Von einer Furche ist wenig zu erkennen, der Stempelpunkt steht seicht, ist klein.

Stiel: ziemlich stark, grün, 1¼, selten 1½" lang, steht schwach vertieft.

Haut: in Mitte Mai schon rosenfarbig, später rothschwarz (wurde hier dunkelbraunroth oder dunkelrothbraun).

Fleisch: nicht zu weich, die Kirsche aber doch noch eine Herzkirsche, auch nach Dochnahl härtlich, später aber weich. Der Saft ist ziemlich färbend. Der Geschmack rein süß, ohne Erhabenheit.

Stein: ziemlich groß, eiförmig oder etwas eirund (oval oder etwas eiförmig, Oberd.), ziemlich dickbackig.

Reife und Nutzung: sie reift nach Dochnahl zu Ende Mai oder Anfang des Juni, hier in Meiningen jedoch meist Ende des Juni (24. Juni). Ist besonders wegen Frühreife als Marktfrucht zu empfehlen.

Eigenschaften des Baums: derselbe wird mittelgroß, macht Hängäste, ist sehr früh fruchtbar.

Bemerkungen: Sie ist mit der Anatolischen schwarzen Herzkirsche und auch mit der frühen Maiherzkirsche nahe verwandt und zu gleicher Zeit zeitig. Die Anatolische ist die größte und beste von diesen drei Sorten. Von den beiden andern unterscheidet sich die vorliegende durch ihre mehr rundliche, fast plattrunde Gestalt und durch den etwas mehr länglichen Stein. Sie hat besonders nur für den Sortensammler Interesse, denn zur Anpflanzung wegen Frühzeitigkeit ist die Anatolische schwarze Herzkirsche vorzuziehen, denn auch andernorts wird diese ebenso früh reifen.

Jahn.

No. 5. **Schöne von Marienhöhe. I, A a. Truchseß; Schwarze Herzkirschen.**

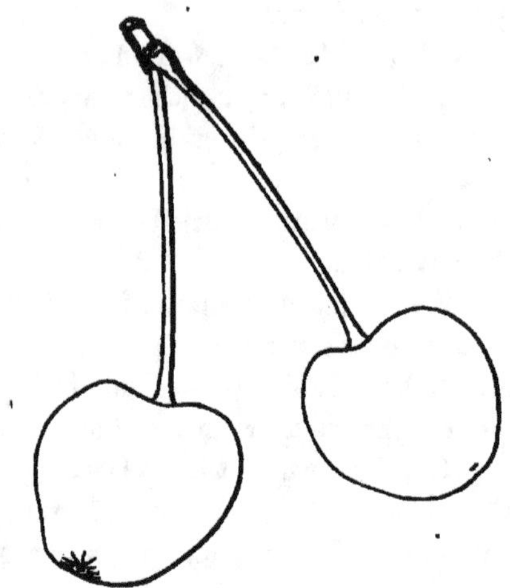

Schöne von Marienhöhe. v. Emmighaus. ** † Anf. Juli.

Vorkommen und Verbreitung: diese gute Frucht wurde in der Großherzogl. Landesbaumschule Marienhöhe bei Weimar aus einem 1836 gelegten Kerne erzogen; der junge Stamm lieferte 1843 ausgezeichnete Früchte. Ist wohl nur erst in der Gegend von Weimar verbreitet.

Literatur und Synonyme: ist noch nicht beschrieben.

Gestalt: mittelgroße schöne Herzkirsche, ³/₄" breit und ¹/₂''' höher etwas veränderlich, die eine Seite gewölbter als die andere. Naht kaum bemerkbar.

Stempelpunkt: gelbbräunlich, in kleiner Einsenkung in der Mitte der Spitze stehend.

Stiel: 1³/₄" lang, dünn, grün, unpunktirt, in einer ansehnlichen Vertiefung stehend.

Schale: glänzend, schwarzroth, ganz gleichfarbig, dünn.

Fleisch: dunkelroth, gegen den Stein heller, weich, doch sich an die Knorpelkirsche annähernd; Saft dunkelroth; Geschmack sehr gut, süß.

Stein: langeiförmig, mittelgroß, glatt, ohne Endspitzen, stark gewölbt; sehr groß und vollkommen.

Reife und Nutzung: 1—8. Juli 1857 mit der frühen K. Amarelle, der Hedelfinger Riesenkirsche u. a. Vorzüglich gute Tafelfrucht und sehr gut zum Dörren.

Eigenschaften des Baumes: wächst stark, ist gesund und sehr fruchtbar. Der Wildling übertraf an starkem Wuchse sehr alle andern Sorten, die auf der Marienhöhe cultivirt werden.

Lucas.

No. 6. **Büttner's schwarze Herzkirsche.** I, A a. Truchseß; Schwarze Herzkirschen.

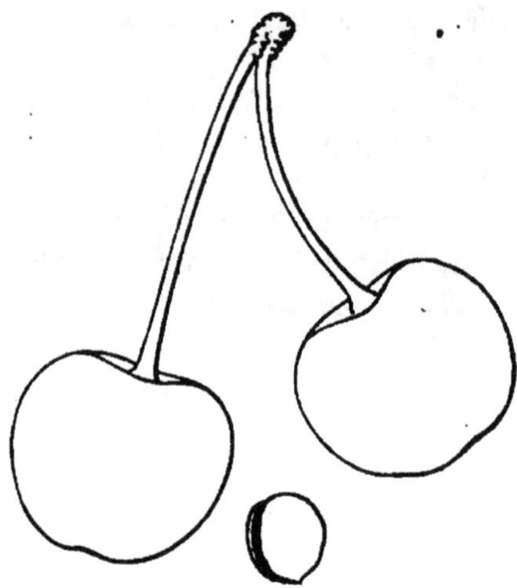

Büttner's schwarze Herzkirsche. ** † Anf. 3. W. b. K.Z.

Heimath und Vorkommen: der Stiftsamtmann und Justizrath Büttner zu Halle an der Saale, dem wir im Kirschen= und Hasel= nußfache so viele neue und treffliche Sorten verdanken, erzog diese schöne Kirsche aus Samen und gewann 1795 von dem jungen Baume die ersten Früchte. Es ist eine der vorzüglichsten Sorten, die immer mehr verbreitet zu werden verdient.

Literatur und Synonyme: Truchseß beschrieb sie bereits im T.O.G. XXII. S. 201, Taf. 19, unter dem Namen Büttner's neue schwarze Herzkirsche, weil er sie vom Erzieher als „Neue schwarze Herzkirsche" bekam. Ziemlich eben so hat er sie in s. Kirschenclassification S. 122 beschrieben und zwar unter dem oben überschriebenen Namen. — Vergl. Christ Hdwb. S. 275: Büttner's schwarze neue Herzkirsche; Dittrich II. S. 25: Büttn. schw. Herzk., Guigne noire de Büttner; Catal. Lond.: Black Heart, Büttners. — Im N. Obstcab., Jena 1855, ist sie in der Rundung zu ungleich, weil wahrscheinlich die Kirsche welk dort ankam, gezeichnet.

Gestalt: an den Stielen sind diese Kirschen dick und vollständig, auf der einen Seite besonders, doch auch auf der andern breitgedrückt und an den Enden abgerundet. Sie sind auf beiden Seiten gefurcht, auf der mehr gedrückten Seite jedoch stärker; die Furchen laufen unten in dem schwachen Stempelgrübchen zusammen. Sie gehört zu den größten Kirschen ihrer Classe.

Stiel: meist sehr kurz, selten 1½" lang, in tiefer an beiden Seiten der Kirsche aufgeworfener Höhle.

Haut: glänzend schwarz (oder dunkelschwarzbraun), auf den Seiten, wo die stärkeren Furchen sind, gewöhnlich in einen rothen Streif übergehend.

Fleisch: nicht ganz weich, dabei saftig, sehr dunkelroth und der Saft stark färbend. Der Geschmack ist süß und vorzüglich angenehm.

Stein: fast rund, zum Oval neigend, es bleibt wenig Fleisch an ihm hängen.

Reise und Nutzung: die Kirsche reift auch in Meiningen wie bei Büttner und Dittrich in Mitte Juli, oft aber auch 8 Tage früher, nach Dittrich ungefähr gleichzeitig mit der Großen süßen Maiherzkirsche, die aber meines Wissens immer noch etwas früher reift, und kann als vortreffliche Tafelfrucht angelegentlichst empfohlen werden.*

Eigenschaften des Baumes: derselbe wächst in der Jugend freudig und schön stumpf-pyramidal, wird aber hier nur mittelstark und ist recht tragbar. Das Blatt ist eines der größten und hat verschiedene Formen, bald ist es in der Mitte, bald am Ende oder auch am Stiele am breitesten, die Bezahnung ist stark, ordentlich und besteht in größern und kleineren Zähnen. Die Blattstiele sind sehr lang.

Bemerkungen: von den mit ihr gleichzeitig reifenden ihrer Classe ist die vorliegende nach Truchseß durch mehr Dicke am Stiele, vorzügliche Größe und geröthete Furchen verschieden, und es dürften dies, wie Oberd. angibt, etwa: Fraser's tartarische, Fromm's und Kronberger schwarze Herzkirsche sein. — Sehr ähnlich sind ihr in Form und Größe Krüger's und Spitzen's schwarze Herzkirsche, doch sind beide etwas stärker am Kopfe abgerundet und auch etwas später reif. — Eine Haupttugend der vorliegenden ist, daß sie sich auch in ungünstigen Jahren doch immer gut ausbildet, während viele andere Sorten dann kaum zu erkennen sind.

Jahn.

* Reifzeit Anfangs der 3. Woche der Kirschenzeit. O.

No. 7. Schwarze Tartarische. I, A a. Truchseß; Schwarze Herzkirschen.

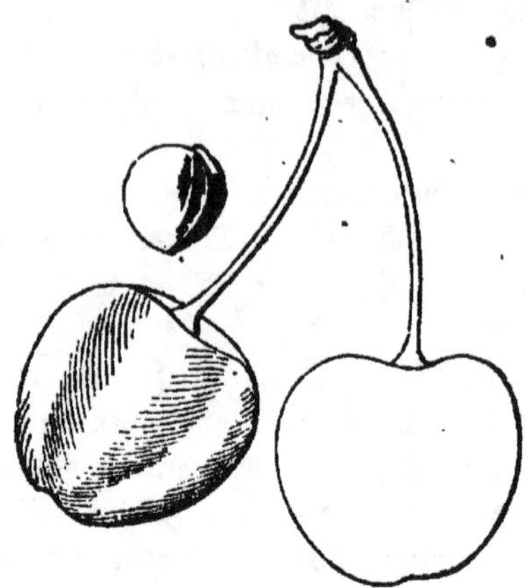

Schwarze Tartarische. ** †† Anf. d. 3. W. d. K.Z.

Frasers Tartarische schwarze Herzkirsche. Truchseß.

Heimath und Vorkommen: stammt aus Taurien. Truchseß erhielt diese höchst schätzbare Sorte aus der von Laffert'schen Baumschule zu Leesen im Mecklenburgischen unter der Benennung Frasers Tartarische schwarze Herzkirsche, und bemerkt, daß sie weder dem Namen noch der Beschreibung nach in irgend einer pomologischen (müßte heißen deutschen pomologischen) Schrift sich finde, er sich jedoch erinnere, in einem Journale von einer schwarzen und einer rothen Tartarischen Kirsche gelesen zu haben, die ein Engländer aus Taurien mitgebracht haben solle. Daß sie zuerst in England eingeführt ist, ist richtig; denn nicht nur hat sie der Londoner Catalog als Black Tartarian, und kommt sie auch bei andern engl. Schriftstellern vor, sondern Downing, der sie unter demselben Namen hat, bemerkt auch näher, daß sie russischen oder westasiatischen Ursprungs sei, und um 1796 nach England, sowie 20 Jahre später nach Amerika gebracht sei, wo sie bereits in allen Gärten beliebt sei. Fraser wird sie zuerst in England verbreitet haben. Mein Reis erhielt ich von Diel und aus Meiningen überein.

Literatur und Synonyme: Truchseß S. 150, Frasers Tartarische schwarze Herzkirsche. Nach dem Vorgange des Londoner Catalogs und ähnlichen Namen, z. B. Weiße Spanische, wird es erlaubt sein, den zu langen Namen wie oben abzukürzen. Dittrich II. S. 26; Lond. Catal. S. 64, Nr. 72 und Downing S. 170 Black Tartarian, beide mit den Synonymen: Tartarian, Frasers black, Frasers Tartarian, Frasers black Tartarian, Frasers black heart, Ronalds black heart, Ronalds heart, Ronalds large black heart, Circassian, Black Circassian, Superbe Circassian, Black Russian, Frasers Tartarische schwarze Herzkirsche. Downing bemerkt noch, daß sie Black Russian in englischen, aber nicht in amerikanischen Gärten heiße. Auch in Frankreich kommt sie als Circassienne und Guigne noire de Russie vor. Bivorts Album bildet sie III. S. 107 recht gut ab, mit der Benennung Noire de Tartarie, Tartarian black. Auch die Annales VI. S. 59 geben ziemlich gute Abbildung.

Gestalt: die Frucht ist groß, und hatte ich sie schon noch etwas größer, als obige Figur, so wie Downing sie merklich größer darstellt, wie ich sie jedoch eben so groß bisher nicht hatte. Am Stiele ist sie stark abgestumpft und ein wenig herzförmig eingezogen. Nach dem Stempelpunkte nimmt sie stumpfherzförmig, oft auch mit erhoben gerundeten Linien ab und steht der Stempelpunkt nur sehr flach vertieft. Die Rückenseite ist stark breitgedrückt und zeigt meist nur eine Linie ohne Furche, oder nur stellenweise Spuren einer Furche. Die Bauchseite erhebt sich zu einer stumpfen, gegen den Stiel hin am stärksten und breitesten hervortretenden Schneide (wie dies durch einige Schattirung in obiger Figur nur angedeutet ist), deren beide Seitenflächen fast ganz flach sind, wodurch die Kirsche, besonders vom Stielende ab angesehen, eine merklich breieckige Form annimmt, was die Frucht charakterisirt, wenngleich manche und namentlich kleinere Früchte diese Form auch wieder weniger haben.

Stiel: mittelstark, lichtgrün, mehr kurz als lang, sitzt in flacher Höhlung.

Haut: glänzend, in voller Reife fast schwarz.

Das Fleisch ist zart, und so wie der reichlich vorhandene Saft sehr dunkelroth; der Geschmack angenehm süß und vorzüglich.

Der Stein ist stumpfherzförmig, ziemlich dickbackig, am Stielende ziemlich stark abgestumpft mit ziemlich starken Rückenkanten.

Reifzeit und Nutzung: zeitigt etliche Tage nach Büttners schwarzer und Winklers weißer Herzkirsche, oft mit diesen ziemlich gleichzeitig zu Anfang der 3. Woche der Kirschenzeit, gehört also noch zu den ziemlich frühen Sorten. Für Tafel und Haushalt brauchbar.

Der Baum wächst rasch und gesund und trägt sehr reichlich. Die Frucht steht im Werthe den besten schwarzen Herzkirschen gleich und unterscheidet sich von den gleichzeitig reifenden durch ihre eigenthümliche Form.

Oberdieck.

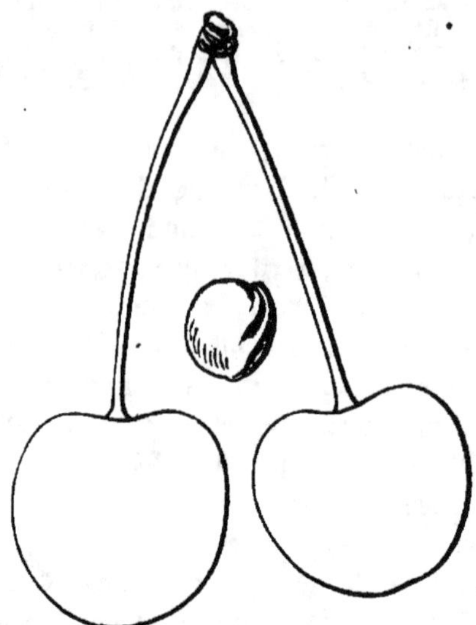

Fromms Herzkirsche. ** †† Anf. b. 3. W. b. K.Z.

Fromms schwarze Herzkirsche. Truchseß.

Heimath und Vorkommen: diese schätzbare Frucht gehört zu den in Guben gewonnenen trefflichen Samensorten, und wenn sie auch nicht die Größe erlangt, wie im fruchtbaren Gubener Boden, wo die Gubener von ihr angegeben haben, daß sie die Größe der Lauermannskirsche erlange (vielleicht war dies nur auf dem Mutterstamme der Fall), so ist sie doch, wenn der Baum nicht allzu voll trägt, groß. Sie empfiehlt sich durch jährliche reiche Tragbarkeit, Brauchbarkeit für den Haushalt und vorzüglichen Geschmack zu recht häufiger Anpflanzung, ist aber wohl noch wenig verbreitet. Mein Reis erhielt ich aus Meiningen und von Bödiker in Meppen überein.

Literatur und Synonyme: Truchseß S. 164 und Nachtrag S. 674. Dittrich II. S. 24, Nr. 6. Dittrich sagt selbst von ihr, daß in einem nassen Jahre, wo andere Kirschen aufsprangen und verbarben, obige sich gut gehalten habe und ihren guten Geschmack behielt.

Gestalt: wenn der Baum nicht allzu voll hängt, erlangt sie die Größe obiger Figur; bleibt auch bei vollster Tragbarkeit mehr als mittelgroß. Sie ist stumpfherzförmig, meist hochaussehend, nur sehr einzeln breiter als hoch; am Stiele ist sie stark, am Stempelpunkte nur wenig

abgeſtumpft, mehr gerundet, zu beiden Seiten etwas breitgedrückt, am
ſtärkſten auf der Rückenſeite; die Bauchſeite zeigt eine merkliche, doch
flache Furche, die Rückenſeite gewöhnlich nicht, oder nur nach dem Stiele
oder nach dem Stempelpunkte hin, während in der Mitte der Frucht,
oft ſelbſt vom Stiele bis zum Stempelpunkte, hier häufig eine aufge=
worfene Linie ſich findet, oder ein breiter Fleiſchhöcker etwas vortritt.
Ueberhaupt haben große Früchte etwas Beuliges. Der Stempelpunkt
ſitzt oben auf der ein Geringes vorgeſchobenen Spitze; ſeltener ſteht er
in einem Grübchen und iſt die Spitze dann ein Geringes eingezogen.

Stiel: mittelſtark, gelblich grün, ſelten etwas geröthet, 1½—2"
lang, ſitzt in weiter und tiefer, auf den Seiten etwas aufgeworfener
Höhlung. Mehrere Früchte, gewöhnlich 2, ſitzen an einem kurzen ge=
meinſchaftlichen Stiele.

Färbung: dunkelſchwarzbraun, bei voller Reife faſt glänzend ſchwarz.

Das Fleiſch und der reichlich vorhandene Saft ſind ſehr dunkel=
roth; der Geſchmack iſt vorzüglich, gewürzreich ſüß, durch feine Säure
erhaben.

Der Stein iſt mittelmäßig groß, dickbackig, ziemlich breiteiförmig,
mit breiten, meiſt ſtarken Rückenkanten und mehreren Afterkanten.

Reifzeit und Nutzung: ſie reift bald nach den noch früheſten
Kirſchen, als der Werder'ſchen frühen ſchwarzen Herzkirſche, Knights
ſchwarzer Herzkirſche ꝛc., noch etwas vor Krügers ſchwarzer Herzkirſche,
Anfangs der 3. Woche der Kirſchenzeit. Dittrich ſetzt die Reife Mitte
Juni. Nach Truchſeß zeitigten etliche erſte Früchte erſt Mitte Juli, was
Spätlinge geweſen ſein müſſen, falls Juli nicht Schreibfehler ſtatt Juni
iſt. Für Tafel und Haushalt ſchätzbar.

Eigenſchaften des Baumes: dieſer wächſt in der Baumſchule
raſch und geſund, zeichnet durch ſtarke lange Triebe ſich aus und ver=
ſpricht recht groß zu werden. Die Probezweige trugen mir ſelbſt in
ungünſtigen Jahren voll.

Oberdieck.

Anm. 1860 hatte ich an einem Baumſchulenſtamm 2 Früchte, noch merklich
größer als obige Figur, breiter als hoch, von Form der Figur rechts, und einer Lauer=
mannskirſche an Größe wirklich ziemlich gleich.

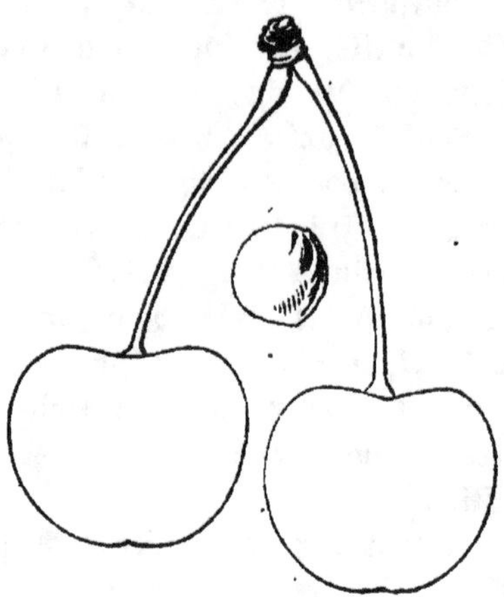

Bettenburger Herzkirsche. * * † † s. W. b. K.Z.
Bettenburger schwarze Herzkirsche. Truchseß.

Heimath und Vorkommen: diese treffliche, durch recht merk-
liche Süßigkeit ausgezeichnete Sorte entstand aus der Kernsaat, die
Truchseß 1794 machte und zwar von dem Steine einer schlechten schwarzen
Herzkirsche. Ist wohl schon ziemlich verbreitet, verdient auch häufige
Anpflanzung. Das Reis erhielt ich von Diel, auch von Dresden, und
zeigte sich ächt.

Literatur und Synonyme: Truchseß S. 115, Bettenburger schwarze Herz-
kirsche; Dittrich II. S. 24 nur nach Truchseß. Da es keine andere Bettenburger
Herzkirsche gibt, so wird das Beiwort schwarze im Namen wegfallen können. T.O.Cab.
3. Lief. Nr. 2 gibt leiblich gute Abbildung. Herr Medicinalassessor Jahn fand (nach
Monatsschr. I. S. 162) unter den von Papeleu erhaltenen Kirschensorten eine Guigne
Tabascon, die mit der Obigen sich überein zeigte. Da die Sorte den Weg ins
Ausland wohl noch kaum fand, um unter einem anderen Namen wieder zu erscheinen,
so möchte die Guigne Tabascon wohl nur als zu ähnlich, nicht gerade als dieselbe
zu betrachten sein.

Gestalt: ist nach Truchseß sehr groß, auch hatte ich sie mehrmals noch merklich größer als obige nach Früchten eines noch nicht stark
wachsenden Baumes gezeichnete Figur, konnte sie in andern Jahren aber
auch wieder bloß groß nennen. Gestalt stumpf, häufig etwas gerundet
herzförmig und breiter als hoch, am Stiele stark abgestumpft und etwas
eingezogen, am Stempelpunkte, der in merklichem Grübchen steht, etwas

gedrückt, auf beiden Seiten breit gedrückt, auf der Rückenseite am stärksten. Die Bauchseite zeigt flache Furche, die Rückenseite meist eine Linie, zuweilen Naht. Die Oberfläche ist oft etwas beulig.

Stiel: kurz, lichtgrün, in flacher Höhlung.

Die Haut zähe, tief dunkelbraun, mit lichteren Stellen; in voller Reife fast ganz schwarz.

Das Fleisch weich, saftreich, dunkelroth, in gehöriger Reife von stark süßem, vorzüglichen Geschmacke.

Der Stein ist mittelgroß, fast klein, ziemlich dickbackig, nach Truchseß beinahe rund, genauer breit eiförmig, oft zu kurzoval neigend, am Stielende abgestumpft, mit flachen, breiten Rückenkanten.

Reifzeit und Nutzung: reift nach Truchseß noch etwas vor Büttners schwarzer Herzkirsche, bei mir ziemlich zugleich mit derselben, der großen süßen Maiherzkirsche, und Frasers Tartarischer schwarzer Herzkirsche in der 3. Woche der Kirschenzeit. Der Urstamm zeitigte wohl etwas früher.

Der Baum wächst gesund und ist sehr tragbar, hat in seinem Wachsthume etwas Sperrhaftes und bildet keine schöne Krone. Dadurch und durch stärkere Süßigkeit unterscheidet sie sich besonders von andern gleichzeitig reifenden.

Oberdieck.

No. 10. Krügers Herzkirsche. I, A a. Truchseß; Schwarze Herzkirschen.

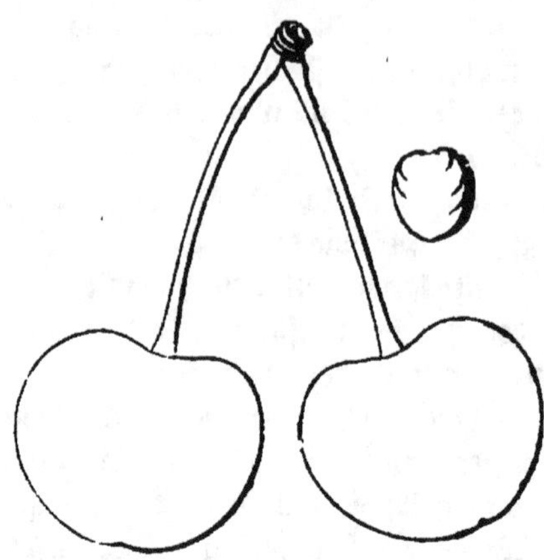

Krügers Herzkirsche. * * † † Ende der 3. W. b. K.Z.

Krügers schwarze Herzkirsche. Truchseß.

Heimath und Vorkommen: auch diese besonders schätzbare Sorte, die man fast als die beste schwarze Herzkirsche betrachten darf, wurde erzogen in Guben, woher sie Truchseß 1810 erhielt, ihre Güte jedoch noch nicht erkannte. Ist noch wenig bekannt, verdient aber allgemeinste Verbreitung. Mein Reis erhielt ich aus Meiningen.

Literatur und Synonyme: Truchseß S. 161, Krügers schwarze Herzkirsche. Da es keine Krügers weiße Herzkirsche gibt, so wird das Beiwort schwarze im Namen wegfallen können. Dittrich II. S. 35 hat, wie in der Regel, nur Truchseß wiederholt. — Ist erst in meiner „Anleitung" S. 502 mehr empfohlen, und durch Herrn Baumschulenbesitzer Liebe zu Hildesheim im Hannover'schen viel verbreitet, wie sie auch bei Meiningen gleiche Güte zeigte. Der Londoner Catalog führt sie S. 60 Nr. 57 dem Namen nach als Krügers Herzkirsche zu Frankfurt mit auf, hat aber nach den beigesetzten Merkmalen nicht die Rechte, sondern wohl eine bunte Knorpelkirsche.

Gestalt: die Frucht ist groß, oft noch größer als obige Figur, stumpfherzförmig, meist rundherzförmig, etwas breiter als hoch, am Stiele stark, am Stempelpunkte nur wenig abgestumpft und mehr gerundet, manche etwas mehr stumpfspitz zulaufend; an Bauch und Rücken etwas gedrückt, auf der Bauchseite flache Furche, auf der Rückenseite nach dem nur flach, oft gar nicht vertieft stehenden Stempelpunkte hin oft selbst eine Naht oder Linie.

Stiel: dick, kurz, 1¼—1½" lang, lichtgrün; in mäßig tiefer Höhle.

Die Farbe der wenig glänzenden Frucht ist vor voller Reife, ge=
nauer besehen, stark roth gestrichelt, in der Reife fast schwarzroth.

Das Fleisch ist zart und, sowie der reichlich vorhandene Saft,
sehr dunkelroth, der Geschmack süß gewürzreich, fast süß weinartig. In
manchen Jahren ist das Fleisch consistenter und nähert sich etwas dem
der Knorpelkirsche.

Der Stein ist verhältnißmäßig klein, rundlich, zum Oval neigend,
mäßig dickbackig, Rückenkanten flach, doch breit, die Nebenkanten etwas
vorstehend.

Reifzeit und Nutzung: zeitigt gegen Ende der 3. Woche der
Kirschenzeit. Für Tafel und Haushalt schätzbar.

Der sehr fruchtbare Baum wächst besonders kräftig und zeichnet
durch gerade aufstrebenden Wuchs und starke, nach oben wenig abnehmende
gerade und steife Sommertriebe sich aus. Hiedurch, sowie durch Größe
und mehr Rundung ist sie unter andern gleichzeitig reifenden schwarzen
Herzkirschen kenntlich.

Oberdieck.

No. 11. Die Ochsenherzkirsche. I, A a. Truchseß; Schwarze Herzkirschen.

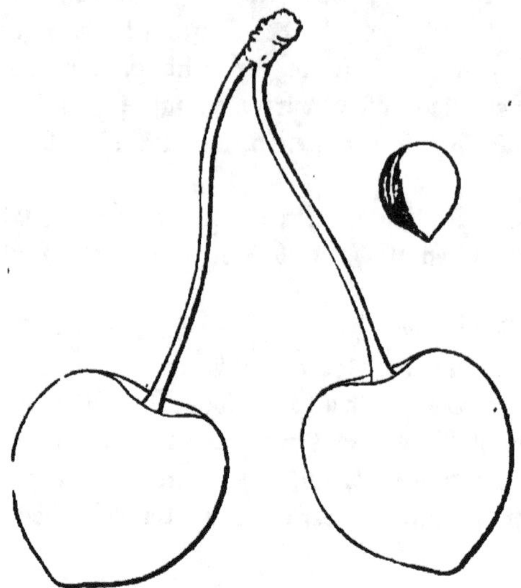

Die Ochsenherzkirsche. * * † † ! 3. W. b. K.Z.

Heimath und Vorkommen: Truchseß erhielt sie 1785 aus der Herrnhauser Baumschule unter demselben Namen, welcher wegen ihrer Größe und herzförmigen Gestalt recht passend ist, und durch welche letztere sie sich vor vielen anderen Kirschen auszeichnet.

Literatur und Synonyme: Truchseß S. 132. Wie derselbe bemerkt, sind von Anderen, selbst von Christ, bunte Knorpelkirschen unter dem Namen Ochsenherzkirsche ausgegeben worden, aber Christ hatte sie später nach empfangener Belehrung durch den Freiherrn von Truchseß im Hbb., 2. Aufl., S. 663, Nr. 15 richtig, jedoch unter der 3fachen Benennung: Große schwarze Herzkirsche, Ochsenherzkirsche und Schwarzes Taubenherz (unter welchen Beinamen aber 2 ähnliche andere Kirschen von Truchseß beschrieben sind). Im Wörterbuch hat sie dann Christ einfach als Ochsenherzkirsche, S. 275, aufgezählt. — In der Pariser Nat. Baumschule nannte man sie nach Truchseß Guigne des Boeufs, im Lond. Cat. hat sie die Namen Ox Heart, Lions Heart, Bullocks Heart, Very Large Heart. — Vergl. noch Dittr. II. S. 30, Oberd. S. 508, Lieg. Anl. S. 152. — T.O.G. XVII. S. 237 Taf. 12 scheint nach der Abbildung eine andere Frucht zu haben.

Gestalt: lang, spitzherzförmig, auf der einen Seite mehr als auf der anderen breitgedrückt und auf der breitgedrückten mehr oder weniger gefurcht. Am Stiele ist sie am breitesten; der Stempelpunkt steht oben auf der Spitze in einem kleinen Grübchen, was aber bei manchen Früchten kaum bemerkbar ist. — Die Kirsche ist sehr groß, eine der größten ihrer Classe.

Stiel: lang, oft über 2″, etwas gebogen, lichtgrün mit röthlichen Flecken, die mit der Ueberreife und beim Liegen der abgenommenen Kirschen an Röthe zunehmen, nicht tief- aber fest auf der Frucht aufsitzend.

Haut: stark und zähe, bei vollkommener Reife glänzend schwarz.

Fleisch: etwas fester als bei anderen ihrer Classe, schwarzroth, voll eines ebenso färbenden Saftes, von etwas pikantem, vortrefflichen Geschmack; nur im noch nicht völlig reifen Zustande bemerkt man daran etwas Bitteres, welches aber die Süßigkeit bei vollkommener Reife erhaben macht, und wodurch bei längerem Hängen der Frucht der Geschmack um so pikanter wird.

Stein: breitherzförmig, unten mit einer merklichen Spitze; an der 3fachen Kante desselben, die stark aufgeworfen ist, bleibt viel Fleisch sitzen.

Reife und Nutzung: die Kirsche reift auch hier wie bei Dittrich in Mitte des Juli, oft aber je nach der Witterung auch etwas später und verdient nach Truchseß wegen ihrer Größe und späten Reife recht häufig angepflanzt zu werden. *)

Eigenschaften des Baumes: derselbe wächst stark, geht hoch und ist unter meinen vielen Süßkirschenbäumen einer der größten, auch trägt er recht gut. Freilich müssen es gute Kirschenjahre sein, wenn die Früchte ihre gehörige Größe erlangen sollen.

Bemerkungen: die Ochsenherzkirsche unterscheidet sich, wie Truchseß noch hinzufügt, von allen andern ihrer Classe theils durch ihre Größe, spitzherzförmige Gestalt und glänzend schwarze Farbe, theils durch ihr festes Fleisch und ihre späte Reife (sie scheint demnach bei ihm gewöhnlich später als oben angegeben gereift zu sein). Truchseß machte an dieser Kirsche besonders die Bemerkung, daß an nicht gehörig ausgebildeten Früchten die Furchen größer und tiefer werden, und selbst auf den Seiten entstehen, wo bei vollkommener Größe keine sind, wie dieß auch bei anderen Sorten vorkommt. — Ich selbst will noch bemerklich machen, daß ich von Hrn. Oberförster Schmidt die Große schwarze Herzkirsche besitze, welche auf dem Jerusalem nicht mehr vorhanden war. Diese ist aber von der vorliegenden in keiner Weise (auch in der Reifzeit und in der Form des Steines nicht) verschieden und wohl kann es deshalb sein, daß Christ nicht Unrecht hatte, beide zusammenzufassen. Doch wird das Schwarze Taubenherz, die zwar ebenfalls ähnlich aber früher, mit der Werber'schen zugleich reifend ist, und sich besonders durch ihre starken Furchen auszeichnete, getrennt bleiben müssen. Man vergleiche die Abbildung und Beschreibung der Großen schwarzen Herzkirsche im T.O.G. IV., S. 303, Taf. 15. Ihre Reife fällt, wie sich Sickler ausdrückt, mehrentheils in den Juli und Truchseß gibt als einzigen Unterschied zwischen ihr und der vorliegenden die frühere Reife derselben an. Ueberhaupt aber scheint die Ochsenherzkirsche bei Truchseß später als hier und in Gotha gereift zu sein, denn den darüber niedergeschriebenen Bemerkungen zur Folge hatte ich sie in dem kühleren Sommer 1855 ziemlich gleichzeitig mit der Großen glänzenden schwarzen Herzkirsche reif.   J.

Anmerkung. Auch ich habe bisher das Schwarze Taubenherz wie ich es von Dittrich erhielt, und die Große glänzend schwarze Herzkirsche von der Ochsenherzkirsche nicht unterscheiden können. 1860 zeigte sich weiter auch die Große schwarze Herzkirsche (Truchseß S. 142, und T.O.G. IV., Taf. 15) mit derselben ganz unverkennbar in reicher Früchtezahl identisch. Christ nennt auch sowohl die Ochsenherzkirsche als die Große schwarze Herzkirsche Schwarzes Taubenherz, sowie wieder Mayer sein Schwarzes Taubenherz zugleich Große schwarze Herzkirsche nannte. Die Sorte macht sich besonders auch dadurch kenntlich, daß sie schon ziemlich lange vor der Reife sich färbt, und in manchen Jahren anfangs aus nicht viel mehr als Haut und Stein zu bestehen scheint, worauf sie denn sich auch zu rechter Größe nicht entwickelt.   O.

---

*) Reift in der 3. Woche der Kirschenzeit.   O.

No. 12. **Spitzens Herzkirsche.** I. A a. Truchseß; Schwarze Herzkirschen.

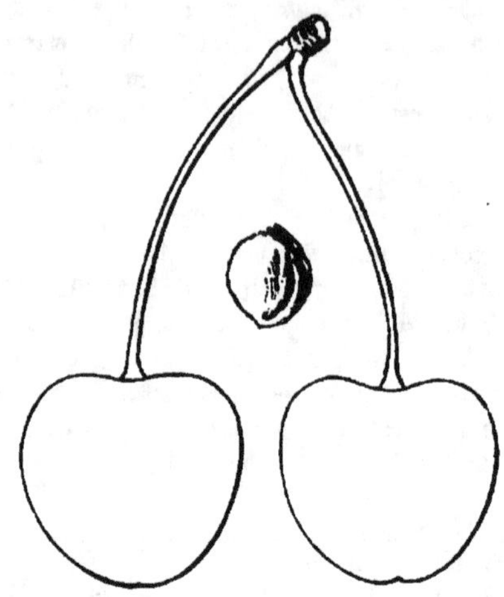

Spitzens Herzkirsche. * * † † Ende der 3. W. b. K.Z.
Spitzens schwarze Herzkirsche. Truchseß.

Heimath und Vorkommen: stammt aus den Kernsaaten in Guben, wo sie nach ihrem Erzieher benannt ist, und gehört zu den schätzbarsten Gubener Sommersorten. Ist noch längst nicht so verbreitet, als sie durch ihre Güte es verdient. Kam 1810 an Truchseß, der sie nur erst so weit beobachten konnte, daß er wenigstens ihre Güte erkannte. Das Reis erhielt ich von Diel.

Literatur und Synonyme: Truchseß S. 160 und Nachtrag S. 673 Spitzens schwarze Herzkirsche. Dittrich II. S. 32 beschrieb sie schon vollständiger. Nach einer Mittheilung Jahns ist die Abbildung im N. Obst-Cab. nicht gerathen.

Gestalt: stumpfherzförmig, zu beiden Seiten etwas, doch auf der Rückenseite stärker, breitgedrückt, am Stiele merklich, meistens selbst stark abgestumpft und nach dem nicht ganz in der Mitte sitzenden gelbgrauen, nur wenig und oft wirklich nicht vertieften Stempelpunkte in etwas erhabener Cirkellinie zugerundet und meist nur wenig, oft auch ziemlich abgestumpft. Sitzt der Baum nicht allzu voll, so ist die Frucht wirklich groß; Dittrich nennt sie sehr groß, was ich nicht fand, vergleicht sie aber auch nur in Größe mit der Großen schwarzen Knorpelkirsche, die an Größe von manchen Andern noch übertroffen wird. Die Bauchseite zeigt flache Furche, die Rückenseite häufig nur Linie oder selbst Naht.

Stiel: mittelstark, 2'' lang, hellgrün, an seiner Basis oft etwas röthlich, in weiter flacher Höhlung.

Haut: glänzend, nicht stark, läßt sich jedoch abziehen; Farbe dunkelschwarzbraun, mit lichteren Stellen an den Furchen, bei voller Reife fast schwarz.

Das Fleisch, wie der reichlich vorhandene Saft, sind dunkelroth, und der Geschmack des zarten, fast zerfließenden Fleisches ,schon in der Zeit der Braunröthe zuckersüß und sehr angenehm, in voller Reife gewürzreich süß, durch eine feine erquickende Säure erhaben und dem des Schwarzen Adlers ziemlich ähnlich.

Der Stein ist für die Frucht nur mittelmäßig groß, glatt, ziemlich dickbackig, eiförmig oder fast oval, mit feiner Spitze. Es bleibt beim Genusse ein Weniges Fleisch an ihm hängen. In obiger Figur ist er etwas zu groß dargestellt.

Reifzeit und Nutzung: zeitigt mit der Ochsenherzkirsche und etwas vor der Späten Maulbeerkirsche, Ende der 3. Woche der Kirschenzeit. Daß sie zu den früh zeitigenden gehöre, wie Truchseß im Nachtrage angibt, ist ein Irrthum, der dadurch entstanden sein wird, daß die Sorte allerdings, was schon die Gubener bemerkt haben, etwas Folgerartiges hat, was jedoch bei mir nicht stärker hervortrat als bei mehreren andern Herzkirschen, so daß das Reifen der Früchte doch häufig ziemlich gleichzeitig eintritt. Für Tafel und Haushalt sehr schätzbar und verdient in jedem Garten eine Stelle.

Der Baum wächst rasch und gesund, bildet eine schöne, reichverzweigte, aber nicht in die Breite gehende, sondern mit den Aesten rasch in die Luft strebende Krone, und ist früh und äußerst fruchtbar. Durch die starke Abstumpfung am Stiel, ihr zartes, saftreiches Fleisch und die erquickend feine, süße Säure im Geschmack, wie auch durch den Wuchs des Baumes unterscheidet sie sich von andern gleichzeitig reifenden.

Oberdieck.

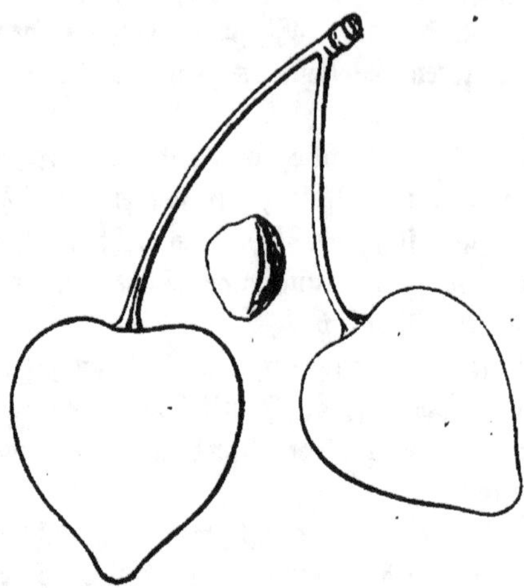

Neue Ochsenherzkirsche. * * † 4. W. d. K.Z.

Heimath und Vorkommen: ich erhielt sie aus Herrnhausen unter dem Namen Große schwarze Herzkirsche aus Samen, und fand sie auch wohl in recht großen Bäumen in Pflanzungen, zu welchen die Stämme wahrscheinlich aus Herrnhausen bezogen waren. Da der verstorbene Plantagenmeister Metz gegen mich die Vermuthung aussprach, daß sie in Herrnhausen aus Samen entstanden sein werde, nannte ich sie Herrnhauser neue Ochsenherzkirsche, welcher Name passend wie oben abgekürzt wird. — Die Frucht würde durch Größe und Schönheit, auch Güte des Geschmacks die allgemeinste Verbreitung verdienen, wenn der sehr groß werdende Baum noch etwas tragbarer wäre. Vielleicht ist das indeß in andern Gegenden mehr der Fall, und wo nicht, paßt die Frucht doch sehr in große Gärten, um für den Obstkorb auf der Tafel eine durch Größe und Gestalt ausgezeichnete Frucht zu liefern.

Literatur und Synonyme: ist nur erst in meiner „Anleitung" S. 508 erwähnt, und finde ich in Schriften nichts ihr Aehnliches.

Gestalt: die Frucht gehört zu den Großen, und ist durch ihre spitzherzförmige Figur sehr leicht kenntlich. Am Stiele ist sie ziemlich stark abgestumpft, nimmt an Dicke gegen die Mitte der Frucht meist noch etwas zu, so daß die größte Breite etwas mehr nach dem Stiele hin liegt, und nimmt dann sanft und nach der Spitze hin immer rascher ab, wobei die eigentliche oberste Spitze oft wie aufgesetzt erscheint. Der Stempelpunkt steht ohne, oder in geringer Vertiefung auf der Spitze. Zu beiden Seiten ist die Frucht nur etwas, und auf der Rückenseite am stärksten breitgedrückt. Die Bauchseite zeigt eine flache, die Rückenseite häufig eine stärkere Furche mit gerundet und ziemlich rasch aufgeworfenen Seiten und einer starken im Grunde der Furche hergehenden Linie. Häufig ist aber auch die Furche auf der Rückenseite durch Fleischbeulen verdrängt, so daß sich daselbst nur eine Linie zeigt, und hat überhaupt die Frucht nach der Spitze hin gern etwas Beuliges.

S t i e l: gegen 2" lang, dünn, hellgrün, sitzt in fast weiter und tiefer Höhlung.

Die F a r b e der ziemlich glänzenden Haut ist dunkelbraun, zuletzt schwarzbraun.

Das F l e i s c h ist dunkelroth, zart und saftreich, der Saft stark gefärbt und der Geschmack sehr angenehm, wenig süß und wirklich vorzüglich.

Der S t e i n ist spitz- und ziemlich langeiförmig, mit starken, ziemlich breiten Rückenkanten. Er ist in obiger Figur nicht recht kenntlich dargestellt.

R e i f z e i t u n d N u t z u n g: die Reife tritt in der 4. Woche der Kirschenzeit, ziemlich zugleich mit der eigentlichen Ochsenherzkirsche ein.

E i g e n s c h a f t e n d e s B a u m e s: dieser wird groß und ist gesund. Was die Ursache seiner geringern Tragbarkeit ist, ob etwa die Blüthe leicht durch Nachtfröste leidet, habe ich noch nicht ermittelt, da eine geraume Zeit hindurch ich die Kirsche aus meinem Sortimente wieder verloren hatte.

Oberdieck.

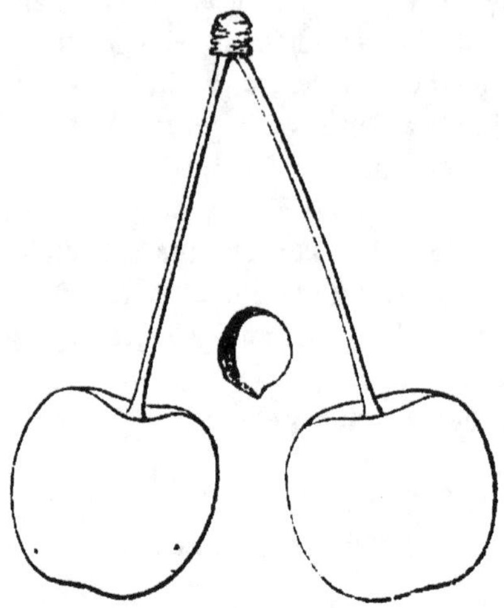

Späte Maulbeerkirsche. * * † † 4. W. d. K.Z.

Späte Maulbeerherzkirsche.   Truchseß.

Heimath und Vorkommen: Truchseß erhielt sie von Pastor Winter in Gunsleben im Halberstädtischen, der sie aus Paris empfing. Doch zweifelt Truchseß, daß sie wirklich eine französische Kirsche sei, weil sich in Duhamel und im Catal. der Carthäuser der Name nicht findet.

Literatur und Synonyme: Truchseß S. 135, Späte Maulbeerherzkirsche; Dittr. II. S. 34; Christ, Hdwb. S. 276, dessen Hdb. 3. Aufl. S. 709 Nr. 83; Oberd. S. 522. — Synonyme: Späte Maulbeerkirsche aus Paris, Maulbeerkirsche aus Paris, La Guigne mure de Paris. — Ist nicht Mayers Kleine Maulbeerkirsche in Pom. Francon II. S. 28 tab. 7, auch nicht die Maulbeerkirsche Büttners im T.O.G. VII. S. 366 Nr. 5. — Doch hat sie Truchseß im T.O.G. Bd. XXII. S. 204 beschrieben. Auch ist sie im Neuen Obstcab. v. Mauke, III. Sect., 2. Lief., nach Früchten von mir abgebildet. Leider blieben die Kirschen in jenem Jahre ungewöhnlich klein und sind so nicht recht kenntlich. — Da es nicht nöthig ist, im Namen zugleich die Classe der Frucht auszudrücken, so ist er wie oben abgekürzt, wodurch er auch leichter auszusprechen ist.

Gestalt: sehr ausgezeichnet, am Stiele wie abgeschnitten, oben mehr platt als abgerundet, auf beiden Seiten sehr breitgedrückt, so daß die Kirsche breit viereckig erscheint, in Form der Rothen Molkenkirsche ähnlich. In Größe verschieden, nicht alle groß, zum Theil auch klein. Auf der breitgedrückten Seite bemerkt man vom Stiele ausgehende und um die Frucht herumlaufende Furchen. Stempelgrübchen schwach.

Stiel: stark, gerade, oft über 1½" lang, hellgrün, meist röthlich angelaufen, in weiter flacher Höhlung.

Haut: etwas zähe, sehr schwarz, aber nicht stark glänzend.

Fleisch: sehr weich, saftvoll, dunkelschwarzroth, der Saft stark färbend. Der Geschmack ist ganz eigenthümlich und vorzüglich; die Süßigkeit ist mit einer erhabenen pikanten Säure verbunden, wie er nicht den Süßkirschen, sondern nur den Süßweichseln eigen ist, und daher die Kirsche in den ersten Rang erhebt.

Stein: klein dickeiförmig, fast rund, mit einer kleinen Spitze, gut vom Fleische löslich.

Reife und Nutzung: die Kirsche reift meist Ende Juli, bisweilen früher (so hatte ich einzelne 1858 schon den 12. Juli reif), bisweilen auch später, so daß Anf. Aug. herauskömmt.*) Sie zeitigt überhaupt ungleich, und neben völlig reifen findet man oft noch welche, die weit zurück sind. Sie färbt sich auch gewöhnlich lange vor der Zeitigung schwarz, schwillt aber erst zuletzt noch recht an und erlangt dann ihre volle Vortrefflichkeit, die sie zum rohen Genuß und zu allen häuslichen Zwecken sehr geeignet macht. Man darf sie daher nicht zu früh ernbten.

Eigenschaften des Baumes: dieser wächst kräftig, doch im Ganzen geht er weniger hoch als andere veredelte Süßkirschen und er macht eine mehr breite Krone. Die Tragbarkeit ist sehr reichlich und der Baum liefert oft noch Ernbten, wenn andere Sorten fehlschlagen.

Bemerkungen: durch ihre eigenthümlich breitgedrückte, fast 4eckige Gestalt und durch die pikant erhabene Säure im Geschmack, der aber erst dann zu würdigen ist, wenn die Kirsche ihre völlige Reife erlangt hat, unterscheidet sich die vorliegende Sorte vor vielen andern und auch die Fruchtbarkeit des Baumes empfiehlt diesen zur häufigen Anpflanzung. Weil sie schon etwas später reift, sind die Früchte auch nicht den Nach-stellungen der Vögel so stark ausgesetzt. Jahn.

Anmerkung. Wenngleich die obige Frucht Truchseß Lieblingskirsche war, so blieb sie — während ich an Aechtheit meiner von Diel erhaltenen Sorte nicht zweifeln kann, — doch in meiner Gegend nicht nur fast klein, sondern waren die kaum ein paar Tage vorangehenden Sorten, Spitzens schwarze Herzkirsche und schwarzer Adler, nach meinem Geschmacke auch merklich delikater. Das säuerlich Maulbeerartige im Geschmacke der Obigen sagt mir nicht zu. Bei Andern mag es aber Anders sein.

D.

*) Auch bei mir erst in der 4. Woche der Kirschenzeit. D.

No. 15. Hedelfinger Riesenkirsche. I, A b. Truchseß; Schwarze Knorpelkirschen.

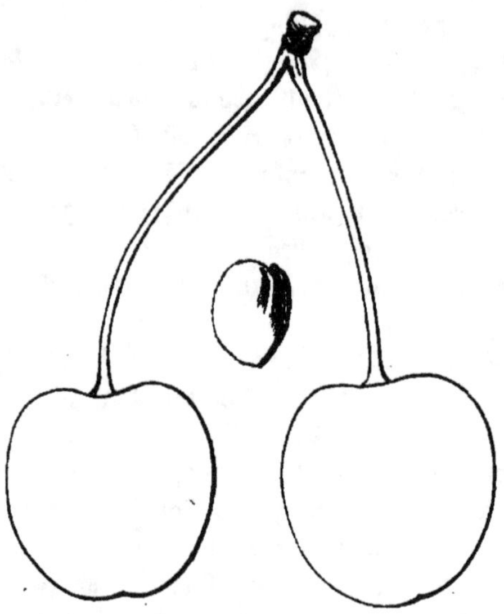

Hedelfinger Riesenkirsche.　* * † † Ende der 2. W. d. K.Z.

Heimath und Vorkommen: diese sehr große ausgezeichnet gute Kirsche, die eine wirkliche Bereicherung der Pomologie ist, kam aus Hedelfingen an Lucas, unter dem Namen Wahlerkirsche, und ist sie aus Hohenheim unter obiger Benennung schon mehrfach versandt. In pomologischen Schriften findet sich nichts ihr Aehnliches und ist sie sicher eine deutsche Samensorte neuern Ursprungs. Sie wird die früheste große schwarze Knorpelkirsche des Jahres sein und noch merklich vor der Seckbacher und selbst der schon durch Größe schätzbaren Lampens schwarzen Knorpelkirsche zeitigen. 1858 war sie in Hohenheim 4. Juli reif, und zeitigt dort gewöhnlich Anfang bis Mitte Juli, was nach Zeinser Kirschenreifzeit mit dem Ende der 3. Woche der Kirschenzeit corresponbiren möchte.

Literatur und Synonyme: ist noch nirgens beschrieben. Syn. Wahlerkirsche.

Gestalt: gehört zu den sehr großen, ist nahezu 1″ breit und hoch, hochaussehend und neigt stärker zu einem an beiden Enden abgestumpften Oval, als zur stumpfen Herzform. Am Stiele ist sie abgestumpft, an dem nur flach vertieften, oft nicht vertieften Stempelpunkte, der auf oder häufig ein Weniges neben der eigentlichen Spitze steht, mehr flach gerundet, zu beiden Seiten merklich, auf der Rückenseite am stärksten breitgedrückt; die Bauchseite zeigt flache Furche, die Rückenseite allermeist nur Linie, oder eine Furche entsteht erst nach dem Stiele hin.

Stiel: hellgrün, fast 2" lang, mittelstark, bei sehr besonnten oft etwas röthlich angelaufen, steht in ziemlich tiefer aber nicht weiter, verhältnißmäßig enger Höhlung, deren Rand nach der Rückenseite hin stark abfällt. Es hängen oft mehrere Früchte an einem ganz kurzen Stielabsatze.

Haut: glänzend, zähe, dunkelbraun, in voller Reife fast schwarz; sie zeigt durchschimmernde hellerrothe feine Punkte.

Das Fleisch ist dunkelroth, mit hellern Fibern durchzogen, um den Stein herum fast schwarzroth, etwas weicher als bei manchen andern Knorpelkirschen, doch noch so consistent, daß sie völlig zu den Knorpelkirschen zu zählen ist. Der reichlich vorhandene Saft ist dunkelroth, der Geschmack vorzüglich, gewürzt etwas weinartig süß.

Der Stein, an dem beim Genusse Fleisch sitzen bleibt, ist groß und lang, häufig mehr etwas langoval als langeiförmig, am Stielende etwas abgestumpft. Die Rückenkanten sind flach.

Reifzeit und Nutzung: zeitigt unter den Knorpelkirschen mit am frühesten, etwa in der dritten Woche der Kirschenzeit; ist für die Tafel sehr schätzbar und wird eben so brauchbar für den Haushalt sein. Die Frucht hält sich fast 3 Wochen auf dem Baume. In anhaltendem Regen springt sie, wie so manche andere gute Kirsche, auf.

Der Baum wird sehr groß und ist fast jährlich sehr fruchtbar. Seine stark belaubten Aeste stehen in spitzen Winkeln ab.

Lucas. Oberdieck.

No. 16. **Tabors schwarze Knorpelkirsche.** I. Ab. Truchseß; Schwarze Knorpelkirschen.

Tabors schwarze Knorpelkirsche. Dittrich ** Ende Juni. C. b. 2. W. b. K.Z.

Heimath und Vorkommen: ich erhielt die Pfropfreiser durch die Güte des Hrn. Oberförsters Schmidt in Blumberg. Dieselben lieferten 1858 die ersten Früchte, durch deren Schönheit, Güte und frühe Reife ich angenehm überrascht worden bin.

Literatur und Synonyme: Dittrich führt die Sorte Bd. II. S. 48 nur dem Namen nach als aus Frauendorf stammend auf. — Hr. Schmidt hat sie in seinem Verzeichniß unter Nr. 26, und citirt dabei auch nur Dittrich, gibt ihr zwar I. Rang, aber sonst nichts über ihre Reifzeit an. — Anderes habe ich nicht über sie gefunden.

Gestalt: wie oben gezeichnet schön herzförmig, etwas stumpfspitz, auf beiden Seiten gedrückt, auf der einen mehr als auf der andern und auf dieser ist auch eine kleine, doch schwache Furche, oft nur als Strich bemerklich. Der Stempelpunkt ist ziemlich groß, gelbbraun, steht etwas eingesenkt. Die Kirsche ist von guter mittlerer Größe.

Stiel: bis 1½" lang, nicht stark, grün in einer weiten, mehr oder weniger vertieften Höhlung.

Haut: schön glänzend, dunkel rothbraun.

Fleisch: nicht zu hart, dunkelblutroth, Saft stark färbend. Der Geschmack ist recht gut, erhaben süß.

Stein: klein, rundlich, sehr wenig breitgedrückt, stumpfspitz, fast rund wie eine Erbse.

Reife und Nutzung: die Kirsche reifte 1858 in den letzten Tagen des Juni, zugleich mit der Flamertiner, wonach sie eine sehr frühe Kirsche und wahrscheinlich die jetzt bekannte frühste schwarze Knorpelkirsche ist. Die ungleich kleinere, bis jetzt nach der Seckbacher als frühste noch angenommene Frühe schwarze Knorpelkirsche wurde erst 6 Tage später zeitig und wird durch die vorliegende entbehrlich, welche auch weit besser ist.

Eigenschaften des Baumes: einige junge Bäume in der Baumschule wachsen kräftig und schön aufrecht. Ueber die Tragbarkeit kann ich vor der Hand jedoch nicht urtheilen, da ich die Sorte zeither nur mit andern auf einem Probebaum hatte, auf welchem andere Sorten allerdings schon öfter als die vorliegende trugen, woraus aber im Allgemeinen doch kein richtiger Schluß gezogen werden kann, indem sehr oft ein Ast mehr als der andere gesund ist und so seinen Zweigen auch vermehrte Nahrung zuführt. Hoffentlich wird sie auf einem selbstständigen Baume gegen andere in der Ergiebigkeit nicht nachstehen.

Bemerkungen: Die Seckbacher Kirsche ist kleiner und früher reif, die Frühe schwarze Knorpelkirsche ist ebenfalls kleiner, nach oben noch stärker stumpfspitz, auch um den Stiel mehr plattrund und ihr Stein sehr groß und länglich rund. Die später in der Reife folgende Thränenmuskateller aber ist stärker plattrund, am Stiele wie abgeschnitten und der Stein bickeiförmig. Ihr Baum ist durch seine hängenden Zweige charakteristisch, wenn andere Merkmale nöthig werden sollten.

J.

No. 17. **Thränen=Muskateller.** I, A b. Truchseß; Schwarze Knorpelkirschen.

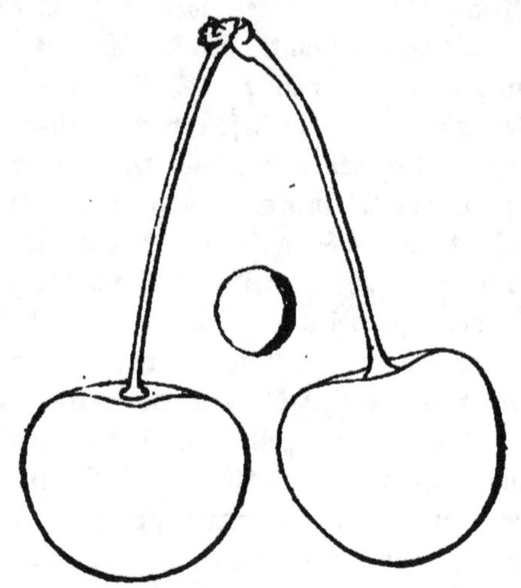

Thränen-Muskateller. Chrift. ** † Anf. b. 4. W. b. K.Z.

Thränenmuskateller aus Minorka. Truchseß.

Heimath und Vorkommen: Chrift erhielt sie vom Landrath von Schulenburg zu Angern bei Magdeburg 1798 mit der Nachricht, daß sie aus der Insel Minorka nach Deutschland gebracht worden sei. — Sie ist durch die hängenden Zweige des Baumes ausgezeichnet, woher die Sorte auch den Namen hat.

Literatur und Synonyme: Truchseß S. 174. — Chrift, Hbb. S. 683 Nr. 94, deffen Hbwb. S. 276. — Oberd. S. 523. — Dittr. II. S. 39. — Syn. Guigne muscat des larmes de l'Isle de Minorque, Dittrich; Thränen Muskateller aus Minorka, Cat. Lond., wo der deutsche Name falsch gelesen ist, Guignier à rameaux pendants, Bon Jard.; Süßkirschenbaum mit hängenden Zweigen, Noif. Gartenb.

Gestalt: ansehnlich groß, der Form nach am Stiele wie abge= schnitten, auf beiden Seiten nicht stark, doch auf der einen mehr, als auf der andern breitgedrückt und gefurcht.

Stiel: lang, oft über 2½", ziemlich stark, gekrümmt, auf der oberen Seite braunröthlich, in glatter seichter Höhlung.

Haut: völlig reif dunkelbraunroth.

Fleisch: fest, doch nicht ganz so hart, wie bei andern Knorpelkirschen, aber saftig und wie der Saft dunkelroth. Der Geschmack ist vorzüglich.

Stein: dickeirund (eiförmig D.).

Reife und Nutzung: sie reift öfters schon Anfangs, oder bis Mitte Juli, bisweilen aber verzögert sich die Zeitigung etwas länger, so daß der 18—20. Juli herankömmt. Es ist eine der allervorzüglichsten Kirschen, die sich durch ihr weniger hartes Fleisch und durch ihre braunrothe Farbe von andern schwarzen Knorpelkirschen unterscheidet.

Eigenschaften des Baumes: vom Baume bemerkt Truchseß Folgendes: derselbe ist, auch wenn er keine Früchte trägt, sehr kenntlich, sowohl an seinen Zweigen, wie an seinen Blättern. Die Blätter sind sehr lang und schmal und ähneln den Pfirsichblättern. Die Zweige hängen, so lange der Baum noch jung ist, herabwärts; wenn er aber älter wird, gehen sie mehr in die Höhe, bleiben jedoch meist in einer wagerechten Stellung, wie bei der Oranienkirsche, so daß der Wuchs immer sperrhaft ist. Nicht nur wegen dieses sonderbaren Wuchses, sondern auch wegen der Größe und Güte der Frucht verdient die Sorte Verbreitung. Der Baum trägt auch früh und reichlich, nur ist es Schade, daß er, je älter er wird, desto empfindlicher gegen die Witterung ist und deshalb von keiner großen Dauer zu sein scheint.

Bemerkungen: das Gesagte trifft Alles zu, nur finde ich nicht, daß der Baum, wenn er älter wird, weniger hängende Zweige macht, denn wenn er durch einige sich vertical erhebende Zweige auch höher wächst, so zeigen die sich bildenden Seitenzweige doch immer das Bestreben, sich zur Erde zu neigen und ich finde auch nicht, daß er gegen unsere Winter empfindlicher, als die meisten andern guten Süßkirschen ist.

Jahn.

No. 18. **Winklers schwarze Knorpelkirsche.** I, A b. Truchseß; Schwarze Knorpell.

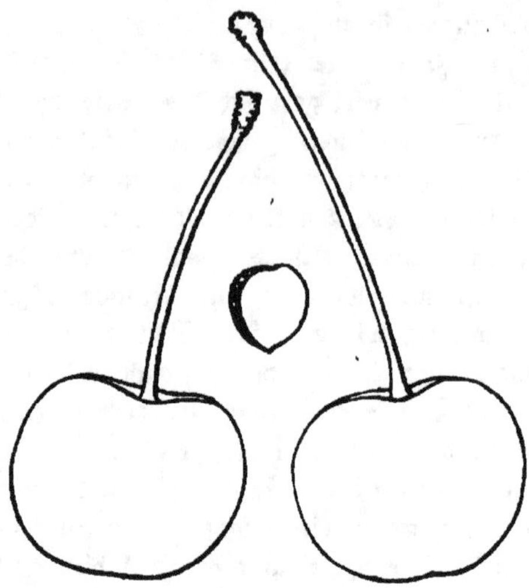

Winklers schwarze Knorpelkirsche. Dittrich. * * † 4. B. d. K.Z.

Heimath und Vorkommen: eine Samenfrucht der pomologischen Gesellschaft zu Guben. Sie fand sich in dem Truchseß'schen
Sortiment auf dem Jerusalem bei Meiningen und ist mit diesem in
meinen Besitz gelangt.

Literatur und Synonyme: Truchseß beschrieb sie nicht mehr, sondern gab
nur kurze Nachricht über sie S. 206, und im Nachtrag S. 676, daß sie nämlich keine
Herzkirsche, wofür er sie aus Guben empfing, sondern eine Knorpelkirsche sei, die sich
nach den Mittheilungen über sie durch ihre langen Stiele auszeichne. — Dittrich
(II. Bd. S. 40) lieferte nach den von ihm erzogenen Früchten eine Beschreibung, die
ich mit einigen Worten vervollständige. — Vergl. Oberd. S. 518; Liegel, Anl. von
1825 S. 154.

Gestalt: breit- und stumpfherzförmig, am Stiele breit abgeschnitten,
oben stumpf abgerundet, mit einem kleinen Eindruck auf der Spitze, in
welcher der Stempelpunkt nicht ganz auf der Mitte der Spitze steht. Die
Kirsche ist groß (hier sehr groß, etwas über ³/₄" hoch, 1" breit und
etwas über ³/₄" dick), auf beiden Seiten ist sie etwas, doch nur wenig
gedrückt und somit fast rund, auf einer Seite jedoch mit einer flachen
Furche versehen, so daß sie hier doch etwas gedrückter als auf der andern
aussieht.

Stiel: allerdings an manchen Früchten, wie ihn die Gubener bezeichneten, sehr lang, bis 2", doch ist dies nicht bei allen, an mehreren

ist er auch nur 1", 3 bis 6''' lang. Er sitzt etwas flach, in einem kleinen Grübchen, ist grün, ohne Röthe oder Flecken.

Haut: etwas stark, glänzend braunroth oder schwarzbraun.

Fleisch: ziemlich fest, dunkelroth, etwas lichter, wie bei der Großen schwarzen Knorpelkirsche, der Saft ebenso und nur wenig färbend, von angenehmem, süßlichsauren, etwas gewürzhaften Geschmack (ich habe mir ihn als sehr süß und angenehm notirt).

Stein: oval, da, wo der Stiel gesessen, etwas weniges breiter abgerundet, als nach dem entgegengesetzten Ende; die breite Kante hat etwas Fleischanhang, ist in der Mitte erhaben, mit einer feinen Rinne, auf beiden Seiten mit flachen Furchen begrenzt, die Gegenkante ist eine feine erhabene Linie. — Ich habe mir den Stein als verhältnißmäßig klein, etwas breitgedrückt, mit einer stumpfen Spitze niedergeschrieben.

Reife und Nutzung: Truchseß hatte schon am 3. Juli einige völlig reife Früchte, hier reift sie später, 1858 den 14. Juli, 1855 aber erst den 25. Juli; sie war aber immer noch etwas vor der Großen schwarzen Knorpelkirsche reif. Ist eine große vortreffliche Tafelfrucht.

Eigenschaften des Baumes: derselbe zeichnet sich gerade in Nichts vor andern edlen Süßkirschenbäumen aus, geht ziemlich hoch, ist aber leider bis daher wenig tragbar gewesen, woran vielleicht der Standort, der etwas düster und schattig ist, Ursache ist.

Bemerkungen: der Freiherr Truchseß hat diese Kirsche, wie es scheint, nicht in ihrer Vollkommenheit gesehen und erkannt, denn sie ist, wie ich sie hier 1857 erzog, in guten Sommern die größte von allen schwarzen Herz- und Knorpelkirschen, und es fiel diese Sorte auch in einem Sortimente von 80 Sorten, das ich in jenem Sommer zu einer landwirthschaftlichen Ausstellung nach Gotha sandte, nächst der Lauermann und einigen anderen größeren Kirschen am meisten in die Augen.

Jahn.

Anmerkung. Die nicht hinreichende Tragbarkeit des bei mir schon ziemlich großen Baumes bestätigte sich in den letzten 2 günstigen Kirschenjahren auch bei mir.

D.

No. 19. **Purpurrothe Knorpelkirsche. I, A b. Truchseß; Schwarze Knorpelkirschen.**

Purpurrothe Knorpelkirsche. * * † † 5. W. b. K.Z.

Heimath und Vorkommen: diese sehr gute Kirsche erhielt Truch=
seß durch Burchardt aus der Baumschule des Pfarrers Thiel zu Glasow,
und scheint über ihre Herkunft weiter nichts bekannt zu sein. Burchardts
Angabe, daß sie bei sehr dunkler Färbung dennoch nicht färbenden Saft
behalte, hat sich nicht bestätigt. Sie bildet jedoch einigermaßen einen
Uebergang von den schwarzen zu den bunten Herzkirschen. Verbreitet ist
sie wohl noch wenig, verdient aber häufige Anpflanzung.

Literatur und Synonyme: Truchseß S. 340 und 683. Dittrich II. S. 41.
Das T.O.Cab. Lief. 3 Nr. 4 gibt eine Abbildung, die so ziemlich die Frucht darstellt.
Nach Monatsschr. I. S. 162 wäre die Cerise belle de Ribeaucourt, welche Herr
Medicinalassessor Jahn aus Wetteren erhielt, ihr sehr ähnlich und vielleicht mit ihr
identisch. Sehr viele Aehnlichkeit mit obiger scheint auch die von Kraft T. 7 abge=
bildete Große dunkle braunrothe Kramelkirsche, Bigarreau à gros fruit rouge très
foncé, zu haben.

Gestalt: die Frucht ist groß, rundherzförmig, am Stiele merklich
abgestumpft, auf beiden Seiten oft sehr merklich, am stärksten auf der
Rückenseite breitgedrückt, auf der Bauchseite breitgefurcht. Die Rücken=
seite ist nicht gefurcht und findet sich hier eher eine kleine Erhöhung.
Der Stempelpunkt steht nicht vertieft oder in einem unmerklichen Grübchen.

Stiel: dünn, lichtgrün, 1½—2" lang, sitzt in recht weiter, ziem=
lich flacher Höhlung, die nach der Rückenseite merklich abfällt. Es sitzen
meistens mehrere Früchte an demselben kleinen Stielabsatze.

Die Farbe der glänzenden, starken Haut ist in voller Reife dunkel braunroth, fast ins Schwärzliche gehend, und paßt insofern der Name nicht recht, den indeß Truchseß beibehalten hat. Sie ist vor andern schwarzen Knorpelkirschen daran kenntlich, daß sie in manchen Jahren schon ziemlich lange vor der Reife, so wie die Haut sich merklicher röthet, zahlreiche dunkelrothe Fleckchen hat und wie gesprenkelt erscheint, und so wie die allgemeine Röthe dunkler wird, auch diese Fleckchen noch dunkler werden, bis die allgemeine Färbung von den Flecken wenig mehr absticht.

Das Fleisch ist mäßig hart, heller roth, als die Haut; der Saft färbend, doch nicht so dunkel, als bei andern schwarzen Knorpelkirschen; der Geschmack vorzüglich, etwas weinig süß und gewürzt.

Der Stein ist verhältnißmäßig klein, breitgedrückt, mehr oval als eiförmig, mit mäßig starken Rückenkanten.

Reifzeit und Nutzung: zeitigt etwas vor der Großen schwarzen Knorpelkirsche, in der 5. Woche der Kirschenzeit. Für Tafel und Haus=halt brauchbar.

Der Baum ist gesund und recht fruchtbar, wächst auch rasch und dürfte groß werden.

Oberdieck.

No. 20. **Schwarze Spanische.** I, A b. Truchseß; Schwarze Knorpelkirschen.

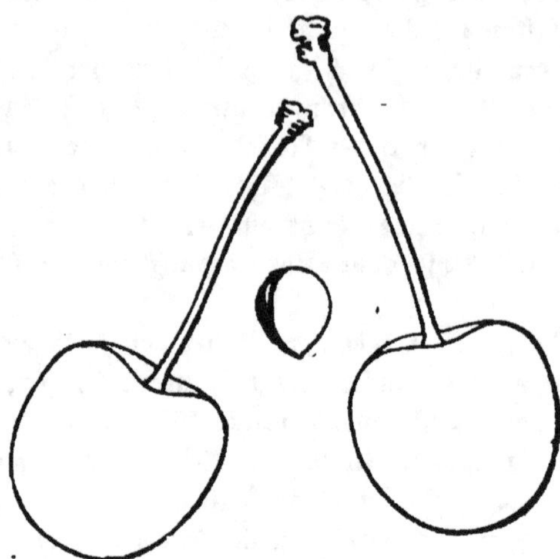

Schwarze Spanische. * * ! † 5. W. b. K.Z.
Schwarze spanische Knorpelkirsche. Truchseß.

Heimath und Vorkommen: sie stammt vom Pastor Henne im Halberstädtischen, der aber nicht angibt, woher er sie bekam. Sie ist eine der edelsten Kirschen im Truchseß'schen Sortiment und verdient allgemeine Verbreitung.

Literatur und Synonyme: Truchseß S. 177; Henne, Anweisung ıc., Halle, 1796, S. 346. Dieser nannte sie Späte Herzkirsche, Schwarze Spanische, Knupperkirsche. — Vergl. noch T.O.G. VII. S. 368 Nr. 6, doch führt sie Sickler, resp. Büttner, der sie darin beschrieb, wie Truchseß bemerkt, als Große schwarze Knorpelkirsche auf. — Christ nannte sie im Hbwb. S. 276 die Große schwarze Herzkirsche mit festem Fleisch, und vermengte sie mit der Großen schwarzen Knorpelkirsche. — Dittrich II. S. 46; Liegel Anl. S. 154; Oberdieck S. 517. — R. Obstcab. 1855, III. Sect., 2. Lief.

Gestalt: am Stiele dick, auf beiden Seiten plattgedrückt, doch auf der einen mehr als auf der andern, hüben und drüben auch gefurcht, doch nicht stark, oft auch nur auf der breiter gedrückten Seite; um das Stempelgrübchen stumpf zugerundet. Die Kirsche ist groß.

Stiel: kurz, durchaus grün, in bald tieferer, bald flacherer Höhlung.

Haut: ungleich gefärbt, von Dunkelbraunroth bis zum Schwarzen, in den Furchen stets lichter.

Fleisch: weicher als bei andern Knorpelkirschen, schwarzroth, der

Saft ebenſo gefärbt, ſtark färbend. Der Geſchmack ſüßer als bei andern ihrer Abtheilung.

Stein: nach Verhältniß der Größe der Kirſche ſehr klein, eirund (eiförmig O.), ſehr breitgedrückt und feſt am Fleiſche hängend.

Reife und Nutzung: die Kirſche reift Mitte Juli, bisweilen gegen Ende des Monats, ſo 1855. Im Jahre 1858 war ſie zwiſchen dem 15. und 20. Juli zeitig. — Es iſt eine ſehr vorzügliche Frucht und zu allen Zwecken recht brauchbar.

Eigenſchaften des Baumes: dieſer wächst ſehr ſtark, geht hoch und breitet ſeine Aeſte weit aus, er iſt der ſtärkſte geworden unter allen meinen mit ihm gleichzeitig gepflanzten vielen übrigen Süßkirſchen. Er iſt in der Blüthe nicht empfindlich und trägt deshalb immer fleißig.

Bemerkungen: durch ihren durchaus grünen Stiel, durch das gegen andere Knorpelkirſchen nicht ganz feſte Fleiſch, auch durch den breitgedrückten kleinen Stein und ihre vorzügliche Süßigkeit unterſcheidet ſie ſich, wie Truchſeß bemerkt, von allen andern dieſer Claſſe, vorzüglich aber von der Großen ſchwarzen Knorpelkirſche, der ſie ähnlich iſt ſowohl in Form wie Färbung, aber ſie wird auch immer etwas früher als die Ebengenannte reif.

Jahn.

No. 21. **Große schwarze Knorpelkirsche.** I, A b. Truchseß; Schwarze Knorpelkirschen.

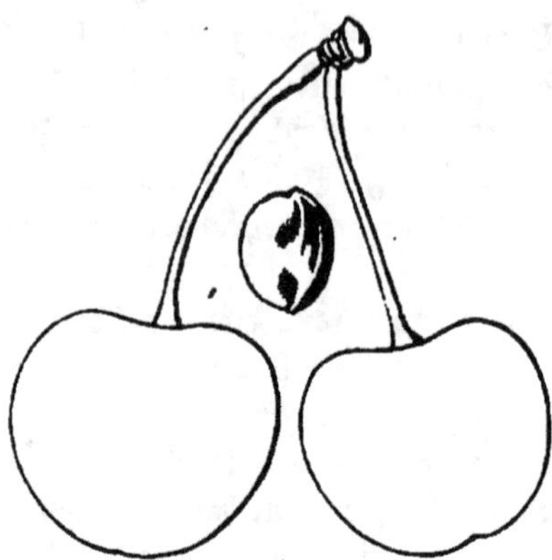

Große schwarze Knorpelkirsche. * * † † Ende der 3. W. b. K.Z.

Heimath und Vorkommen: ist durch ihren besonderen Werth bereits weit verbreitet, leider wieder unter gar mancherlei Benennungen, und verdient die allgemeinste Anpflanzung. — Mein Reis erhielt ich von Diel.

Literatur und Synonyme: Truchseß S. 180 Große schwarze Knorpelkirsche; Dittrich II. S. 43. Die vielen Irrungen, welche über diese Kirsche stattgefunden haben, müssen bei Truchseß nachgelesen werden, und lassen wir die völlig falschen Namen ganz weg. Er bekam sie aus Herrnhausen als Knorpelkirsche, Späte braune spanische Herzkirsche und Gaderopse Kers; von Christ als Schwarze Lothkirsche, auch Prinzenkirsche, Späte braune harte Septemberkirsche und Schwarze bitterliche Herzkirsche; von Mayer als Große schwarze Glanzkirsche (Pomon. Franc. S. 34 Nr. 6 und Taf. 12 nicht recht kenntlich abgebildet), als Blutherzkirsche (die richtiger eine Bunte Herzkirsche ist); von Sickler als Knorpelkirsche, Große schwarze Herzkirsche mit festem Fleische (unter welchem Namen sie im T.O.G. VI. S. 212 steht und Taf. 25 ganz gut abgebildet ist; vom Handelsgärtner Perthier in Wien als Große schwarze Kramell. Christ hat sie in seinen frühesten Schriften vielleicht als Lederkirsche, wie sie auch im Hannover'schen häufig genannt wird, doch eigentlich alle schwarzen Knorpelkirschen so bezeichnet werden. Da Truchseß die Obige zuerst für die rechte Gaderopse hielt (die wohl eine Bunte Herzk. ist) und sie Christ so mittheilte, so hat er Obige als Gaderopse Handb. 1. Aufl. S. 549, 2. Aufl. S. 662, aber da Büttner aus Herrnhausen eine andere Gaderopse erhalten hatte, die er im T.O.G. VII. S. 371 beschrieb, hat Christ seine Beschreibung der Gaderopse darnach modificirt Handbuch 3. Aufl. S. 709 und Wörterb. S. 277. Ferner hat sie Christ Handb. 3. Aufl. S. 677 als Große Knorpelk., Große schwarze Herzk. mit festem Fleisch (vgl. oben T.O.G.) und vollst. Pomol. S. 178 Nr. 12 mit Truchseß Benennung. Büttner hat sie nach den Truchseß mitgetheilten Reisern im T.O.G. VII. S. 371 als Braune Knorpelk., während er unter dem Namen Große schwarze Knorpelk. daselbst S. 368 Nr. 6 die Schwarze spanische Knorpelk. hatte. Rößler hat sie wohl S. 170 als Schwarze Lothk. und S. 180 als Gaderopse. Die Pariser Nationalbaumschule nannte sie nach Fouil. du Cultiv. 1804 S. 137 Guigne noire cartilagineuse, der Lond. Cat. S. 54 Nr. 20 und Downing S. 188 werden sie haben als Tradescants black heart, mit ben Synonymen Elkhorn, Elkhorn of Maryland, Large black Bigarreau, Bigarreau gros noir, Große schwarze Knorpelk. mit saftigem Fleische, (wohl verlesen statt festestem Fleische). Gewisseres kann man ohne Reiserbeziehung nicht sagen, da der Lonb. Cat. Größe, Güte und Tragbarkeit tabelt, während Downing dies Alles sehr rühmt. Gewiß ist, baß das von Dittrich angeführte Synon. Hertfortshire heart cherry nicht· auf Obige geht (vgl. Lonb. Cat. Nr. 38). — Das T.O.Cab. 3. Lief. Nr. 5 gibt schlechte ober falsche Abbildung. Eine von Urbanek erhaltene Szucser schwarze Knorpelkirsche, bie Urbanek mir als eine ungarische Nationalfrucht sanbte, war 1860 mit Obiger überein.

Gestalt: ist nach Truchseß Bemerkungen mehr als anbere nach ben Jahren in Größe unb Gestalt, selbst Geschmack veränberlich, gut gewachsen: groß, am Stiele stark abgestumpft, bie größte Breite etwas nach bem Stiele hin, auf beiben Seiten unb am stärksten auf ber Rückenseite breitgebrückt; auf ber Bauchseite meistens Furche, auf ber Rückenseite oft nur Linie. In guten Kirschenjahren sind bie Furchen minber groß unb verschwinden auf ber Bauchseite ganz, wo vielmehr ber Bauch als stumpfe Schneibe sich erhebt, so baß bie Frucht bann eine etwas breieckige Gestalt annimmt. Am Stempelpunkte runbet sie sich stumpf zu unb hat ein Stempelgrübchen, neben bem oft noch 1—2 anbere Grübchen sich finben.

Stiel: kurz, selten über 1½", grün, etwas braun angelaufen, sitzt in nicht tiefer Höhle, beren Ranb nach bem Rücken etwas abfällt.

Haut: je nach bem Grabe ber Reife ober stärkern Besonnung bunkelbraunroth bis zum Schwarzen. Die Stempelgrübchen haben oft etwas schmutzig weiße Bestäubung.

Fleisch: fest, boch nicht so stark als bei einigen bunten Knorpelkirschen, saftreich, nebst bem Safte schwarzroth. Geschmack vorzüglich, sehr süß unb burch etwas Säure unb feine, kaum merkliche Bitterkeit pikant.

Stein: klein, etwas länger als breit, mäßig bickbackig, eiförmig, meist mehr zum Oval neigenb, am Stielenbe nur wenig abgestumpft, Rückenkanten breit aber flach, erheben sich ein Geringes nach bem Stielenbe hin.

Reifzeit unb Nutzung: zeitigt spät, Enbe ber 5. ober in ber 6. Woche ber Kirschenzeit, Enbe Juli ober Anf. August. Für Tafel unb Haushalt gleich schätzbar.

Der Baum wirb groß, ist gesunb unb sehr tragbar.

Anmerkung. Durch ben etwas röthlichen Stiel, bas festere Fleisch unb ben weniger breitgebrückten Stein unterscheibet sie sich von ber Schwarzen Spanischen, bie auch etwas vor ihr reift, burch bas nicht ganz so feste Fleisch von ber Großen schwarzen Knorpelkirsche mit bem festesten Fleische.

, Oberbieck.

No. 22. **Sauvigny's Knorpelkirsche.** I, A b. Truchſeß; Schwarze Knorpelkirſchen.

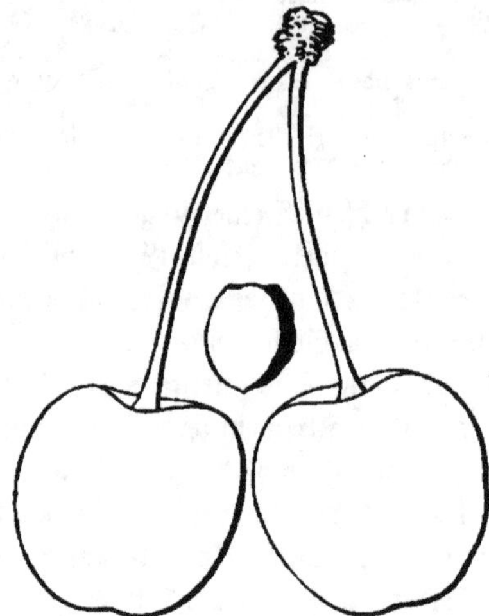

Sauvigny's Knorpelkirſche. Papeleu. * * 5. W. d. K.Z.

Heimath und Vorkommen: ſie befand ſich in dem von Hrn. Papeleu in Wetteren (Belgien) vor mehreren Jahren hieher gelangten Sortimente. Der junge Baum trug bereits mehrmals recht große und vollkommene Früchte, wonach ich ihre Beſchreibung liefern und auch die Sorte als eine neue ſehr große, gute, ſpäte, dunkelbraunrothe Knorpel= kirſche empfehlen kann.

Literatur und Synonyme: in Papeleu's Catalog wird ſie nur dem Namen nach aber als Herzkirſche aufgezählt unter der Benennung Guigne Sauvigny. Alle weitere Nachricht über ſie fehlt und vergeblich habe ich mich in andern Catalogen und Schriften nach einem Anhaltspunkte umgeſehen. — Im Album v. Bivort III. S. 129 ſind unter dem Namen Cerise tardive du Mons und als Bigarreau d'Octobre 2 ſpäte dunkelgefärbte Knorpelkirſchen beſchrieben. Beide ſind aber nur kleine Früchte, auch anders geſchildert und können nicht die vorliegende Kirſche ſein. Zu beiden ſind, wie ich nebenbei bemerken will, rieſig große Blätter, zu der Bigarreau d'Octobre eines von 8" Länge und über 3" Breite, alſo noch größer als das Blatt der Kirſche 4 auf 1 Pfd., hinzugemalt, wodurch aber die Luſt zu der kleinen Kirſche nicht größer wird.

Geſtalt: wie oben gezeichnet, länglich, ſtumpfherzförmig. Die Kirſche iſt auf der Furchenſeite beſonders, doch auch auf der andern Seite breit= gedrückt. Die Furche iſt deutlich ſichtbar, doch iſt ſie nicht ſehr tief. Der Stempelpunkt ſteht auf der Spitze der Frucht in einer kleinen Vertiefung.

Stiel: hat verſchiedene Länge, bis 1¼", iſt ſtark, ſteif und grün. Er ſitzt in einer engen und ziemlich tiefen Höhle.

Haut: ſtark, glänzend, dunkelbraunroth, dazwiſchen etwas lichterroth marmorirt.

Fleiſch: ſehr feſt, dunkelblutroth, ſaftreich. Der Saft iſt ſtark färbend. Der Geſchmack iſt recht gut.

Stein: nicht zu groß, länglich eirund (ei=oval O.) mit einer ziemlich kleinen Spitze. Er löst ſich ziemlich gut vom Fleiſche.

Reife und Nutzung: die Kirſche begann 1858 zu reifen gleichzeitig mit der Meininger ſpäten bunten Knorpelkirſche zu Ende Juli, in weniger warmen Sommern dürfte ihre Reife meiſt erſt Mitte Auguſt ſein und an einem ſchattigen Standorte wird ſie ſich ſicherlich lange am Baume halten, ſo daß ſie wohl die ſpäteſte in der Claſſe der ſchwarzen Knorpelkirſchen ſein dürfte*) und man ſie der Hildesheimer ganz ſpäten bunten Knorpelkirſche u. ſ. w. zugeſellen kann. Hieburch wird ſie, da ſie nebenbei ſchön, groß und gut iſt, ſehr ſchätzbar.

Eigenſchaften des Baumes: der junge Baum, welchen ich früher als Topfbaum hatte, in welchem Zuſtande er aber nicht weiter wachſen wollte, beweiſt ſich jetzt ausgetopft ſehr ſtarkwüchſig und hat in dieſem Sommer Sommerſchoße von 1½ Ellen Länge getrieben, an welchen, verhältnißmäßig zu der Größe der Kirſche, die Blätter in der Mitte des Zweiges ſehr groß 3″ breit und 5½″ lang ſind. Reichlich getragen hat derſelbe unter den zeitherigen Verhältniſſen zwar noch nicht, doch iſt anzunehmen, daß er, wenn er ſein hauptſächliches Wachsthum beendigt hat, andern ſeiner Claſſe in der Fruchtbarkeit nicht nachſtehen werde.   J.

*) Die Obige reifte bei mir auch ſpät, doch zeitigen eine Große ſpäte ſchwarze Knorpelkirſche, welche ich habe, und die zu kleine Kochs ſpäte ſchwarze Knorpelkirſche noch merklich ſpäter.   O.

No. 23. **Früheste bunte Herzkirsche.** I, B a. Truchseß; Bunte Herzkirschen.

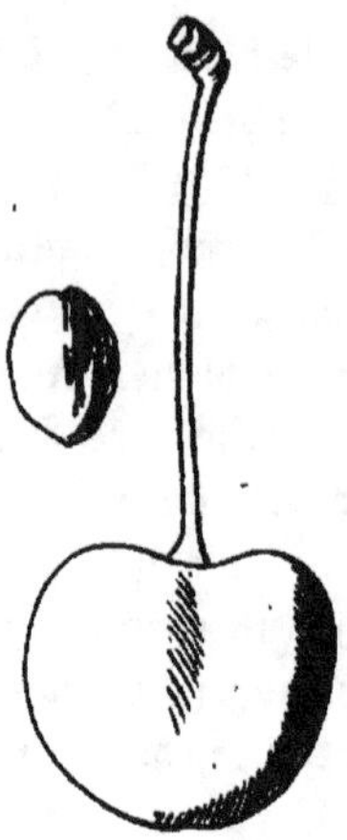

Früheste bunte Herzkirsche. * * 1. W. b. K.Z.

Heimath und Vorkommen: diese zwar nur mittelgroße, aber durch ihre Frühzeitigkeit schätzbare Kirsche, die mit der Frühen Maiherzkirsche und in den meisten Jahren selbst noch ein paar Tage früher reift, so daß sie dann die erste Kirschenfrucht des Jahres ist, erhielt Truchseß von Kraft zu Wien. Sie scheint so verbreitet nicht zu sein als die Frühe Maiherzkirsche, die auch meistens noch etwas süßer und gewürzreicher ist, verdient jedoch Anpflanzung, besonders da, wo man Verkauf auf Märkten beabsichtigt.

Literatur und Synonyme: Truchseß S. 209 unter obigem Namen. Dittrich II S. 48. Kraft Taf. 3 Fig. 1 als Weiße und rothe große Herzkirsche, Guigniér à gros fruit blanc et rouge. Die Abbildung ist zu groß, zu roth und hat nicht ganz die rechte Form. T.O.Cab. 3. Lief. Nr. 7 zu klein und wenig kenntlich. T.O.G. II. Taf. 9. Abbildung auch wenig gut. Christ Wörterb. S. 277, Vollst. Pom. S. 181 und an andern Orten als Früheste weiße und rothe Herzkirsche. Rößler S. 185 Nr. 76 unter Krafts Benennung. In der Pariser Nationalbaumschule führte sie, wie Truchseß nach Feuille du Cultivat 1804 p. 137 bemerkt, den Namen Guigne rouge et blanche tiquetée precôce. Downing hat sie höchst wahrscheinlich S. 173 als Early white Heart mit den Synonymen Ardens early white Heart. White Heart (Coxe, Princès Pom. et Man.). Der Lond. Cat. scheint sie nicht zu haben und hat Nr. 78 eine erst Ende Juli reifende White Heart, weshalb Downing auf diese und ihre Synonyme bei seiner Frucht mit einem Fragezeichen hinweist. — Muß nicht verwechselt werden mit der Frühen bunten Herzkirsche, die zum Unterschiede besser ihren älteren Namen Frühe lange weiße Herzkirsche behält.

Gestalt: mittelmäßig groß, stumpfherzförmig, am Stiele etwas gebrückt, am Stempelpunkt, der in einem schönen Grübchen steht, mehr gerundet, zu beiden Seiten breitgebrückt und etwas gefurcht.

Stiel: mittelmäßig lang, gewöhnlich 1½″, oft etwas kürzer, grün und nur bei langem Hängen der Kirsche am Baume etwas geröthet, sitzt in einer engen, tiefen Höhlung, deren Rand nach dem Rücken hin meist merklich abfällt.

Haut: weißgelb mit Roth; das Roth ist nach dem Stiele hin mehr fein und verwaschen gestrichelt, nach dem Stempelpunkte hin mehr fein punktirt aufgetragen.

Das Fleisch ist weißgelb, der Saft helle, der Geschmack bei rechter Reife süß und angenehm. Hängt die Frucht zu lange, so wird sie un=schmackhaft.

Stein: ziemlich klein, fast eiförmig, etwas zum Oval neigend mit flachen Rückenkanten; hängt auf den Kanten ziemlich mit dem Fleische zusammen.

Reifzeit und Nutzung: zeitigt, wie schon obgedacht, in den meisten Jahren vor allen andern Kirschen; ist dadurch von allen andern bunten Herzkirschen zu unterscheiden. Besonders gute Marktfrucht. Gleich=zeitig mit ihr scheint jedoch jetzt noch eine neuere und gerühmte Frucht, Coës Transparent, zu zeitigen, die mit ihr auch in dieselbe Classe ge=hört und an Geschmack noch vorzüglicher schien, mir aber erst Einmal etliche Früchte trug, so daß auch über die Unterschiede unter beiden sich noch nicht genau urtheilen läßt.

Der Baum wächst stark, wird groß und ist sehr fruchtbar.

Oberdieck.

No. 24. **Flamentiner.** I, B a. Truchseß; Bunte Herzkirschen.

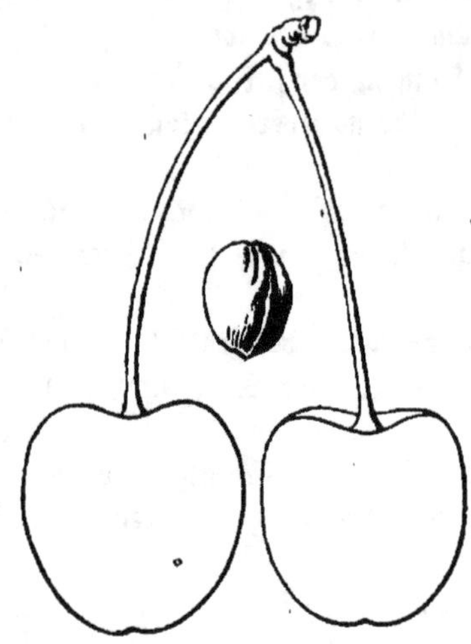

Flamentiner. * * † 2. W. b. K.Z.

Heimath und Vorkommen: gehört zu den sehr guten, schon lange bekannten Sorten. Ueber ihre Herkunft, falls nicht etwa der Name darauf hinweist, läßt sich nichts mehr sagen. Truchseß erhielt das Reis von Christ. Ist noch längst nicht so verbreitet, als sie es verdient.

Literatur und Synonyme: Truchseß S. 211 unter obigem Namen; Dittr. II. S. 49. Das D.O.Cab. gibt 3. Lief. Nr. 6 gute Abbildung. Christ hat sie in seinen verschiedenen Schriften als Flamentiner, Flämische Kirsche, aber auch unter dem falschen Namen Gesprenkelte Weichsel. Der T.O.G. hat sie durch eine von Christ ausgehende Reiserverwechslung Bd. XV. S. 154 als Turkine (vgl. Truchseß S. 213), welche Letztere eine ganz andere Kirsche ist. Die Abbildung ist leiblich gut. Auch in der Pariser Nationalbaumschule hatte sie, wie Truchseß nach Feuille du Cultivat 1804 p. 137 bemerkt, den Namen Le Flamentin. Der Londoner Catalog und Downing werden sie nicht kennen und ist deren Flemish der Grosse Gobet.

Gestalt: die Frucht ist von guter Größe, schön, doch etwas stumpf herzförmig, am Stiele mäßig abgestumpft, am Stempelpunkte fast gerundet, häufig hochaussehend. Auf beiden Seiten ist sie breitgedrückt, auf der einen Seite stärker als auf der andern und ist sie dadurch etwas breiter als dick. Auf beiden Seiten findet sich eine Furche. Der Stempelpunkt steht in einem schönen Grübchen oder einer Art von Spalt, welcher durch die herablaufende Furche gebildet wird.

Stiel: grün, nimmt selbst wenn die Kirsche schon einige Tage abgenommen ift, keine Röthe an, 1½ bis 2″ lang, und ſitzt in einer engen Höhlung, deren Rand nach der Rückenſeite, hin abfällt.

Färbung: Grundfarbe gelb, bei recht ſtark reifen Früchten iſt davon nur auf der Schattenſeite etwas zu ſehen und die Frucht über den größeren Theil der Oberfläche geröthet mit ziemlich dunklem Roth, welches in die Grundfarbe mehr punktirt als lavirt verläuft, aber nichts Geſtricheltes hat; bei nicht überreifen aber doch ſchon zeitigen, ſchmackhaften Früchten iſt die rothe Farbe lichter und das Gelbe mehr ſichtbar.

Das Fleiſch iſt weich, ſaftreich, der Saft hell, der Geſchmack ſüß und angenehm, gewürzreich jedoch nur in guten Kirſchenjahren.

Der Stein iſt groß, ziemlich dickbackig, neigt ſtark zum Oval und hat ſchöne Afterkanten. An den Kanten deſſelben bleibt beim Genuſſe etwas Fleiſch ſitzen.

Reifzeit und Nutzung: ſie zeitigt gleich nach den früheſten Sorten Ende der 2. Woche der Kirſchenzeit mit Tilgeners rother Herzkirſche und der ihr ſehr ähnlichen Vorbans frühen weißen Herzkirſche. Schätzbar für Tafel und Markt, auch brauchbar im Haushalt.

Der Baum wächst ſtark und trägt ſehr reichlich. Er macht eine buſchige gut verzweigte Krone und dies, ſo wie durchſchnittlich etwas längere Form der Frucht unterſcheidet ſie von Vorbans gleichzeitig reifender früher weißer Herzkirſche, die runder iſt und deren Baum mehr eine etwas ſperrige Krone macht. Beide Sorten ſind gleich ſchätzbar. Obige leidet nach meinen Bemerkungen etwas leicht durch Hitze Ende Mai und Anfangs Juni, doch ſetzt ſie ſo voll an, daß immer noch eine gute Erndte bleibt.

Oberbieck.

No. 25. **Bordans Herzkirſche.** I, B a. Truchſeß; Bunte Herzkirſchen.

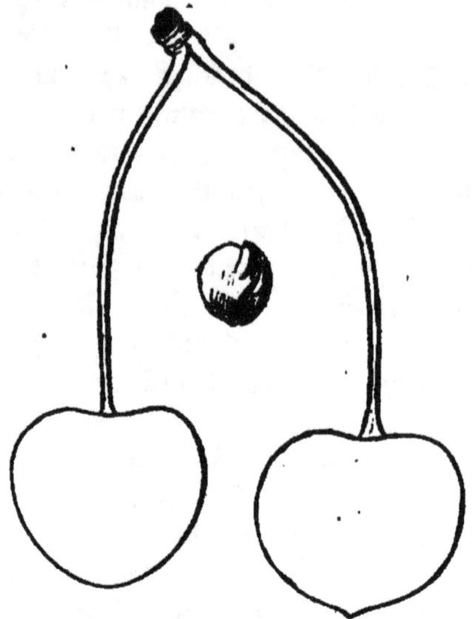

Bordans Herzkirſche. * * † 2. W. b. K.Z.

Heimath und Vorkommen: wurde von einem Herrn Bordan in Guben erzogen, und gehört zu den vorzüglich ſchätzbaren ſehr frühen bunten Herzkirſchen. Reift gleichzeitig mit der Flamentiner, der ſie an Werth gleich ſteht, und vielleicht dieſelbe an Tragbarkeit noch etwas übertrifft. Das Reis erhielt ich von dem ſel. Juſtizrath Burchardt zu Landsberg an der Warthe, der die Sorte aus dem nahe liegenden Guben hatte.

Literatur und Synonyme: iſt nur erſt in meiner Anleitung S. 198 beſchrieben als Bordans frühe weiße Herzkirſche, und finde ich ſie ſonſt nicht. Der Bericht über die Naumburger Ausſtellung gedenkt eines Kaufmanns Bordan aus Guben, und habe ich vielleicht den von Burchardt etwas undeutlich geſchriebenen Namen nicht ganz richtig geleſen gehabt. Da es keine zweite von Bordan erzogene Kirſche gibt, kann derſelbe wie oben abgekürzt werden.

Geſtalt: gehört zu den großen und iſt oft noch etwas größer als obige Figur. Form ſtumpfherzförmig, oder noch öfter am Stiele abgeſtumpft, am Stempelpunkte mehr gerundet; an den Seiten nur wenig breitgedrückt. Bauch und Rücken, oft nur letzterer, zeigen flache Furchen. Der Stempelpunkt ſitzt faſt oben auf.

Stiel: mittelstark, 1½" lang, grün, selten mit etwas Röthe, sitzt in weiter, ziemlich tiefer Höhle, deren Rand zu beiden Seiten sich etwas erhebt, und nach Bauch und Rücken etwas abfällt.

Haut: glänzend, gelblich, mit Roth stark punktirt und gestrichelt, zuweilen so stark, daß die Grundfarbe roth zu sein scheint, und das Gelb nur in punktirter oder gestrichelter Manier sich darstellt. Be=schattete nehmen indeß nur wenig Röthe an.

Fleisch: weich, gelblich; Saft farblos; Geschmack schwach weinig süß, sehr angenehm.

Stein: mittelgroß, eiförmig, rundbackig; Rückenkanten breit, nicht vorstehend, erheben sich jedoch etwas nach dem Stielende hin.

Reifzeit und Nutzung: zeitigt gleich nach den frühesten Kirschen, zugleich mit der Flamentiner, in der 2. Woche der Kirschenzeit.

Der Baum wächst freudig, scheint nach dem jungen Stamme, den ich in Nienburg hatte, eine lichte, nicht reich verzweigte Krone zu machen, und ist früh und sehr fruchtbar. Durch den mehr sperrigen Wuchs des Baums und mehr Rundung der Frucht unterscheidet sie sich hinreichend von der Flamentiner.

Oberdieck.

No. 25 b. Adams Herzkirsche. I, B a. Truchseß; Bunte Herzkirschen.

Adams Herzkirsche. ** 2. W. b. K.3.

Heimath und Vorkommen: scheint neuern englischen Ursprungs zu sein und finde ich sie nur im Londoner Catalog Nr. 1. Das Reis erhielt ich von J. Booth zu Flotbeck und ist die Sorte nach den Angaben des Londoner Catalogs ächt. Ist nur mittelgroß, hat indeß doch durch äußerst reiche Tragbarkeit, sehr zartes Fleisch und recht merkliche Süßigkeit ohne Säure, Werth. Gleicht darin der älteren Dankelmannskirsche, auch der Perlherzkirsche. Sie zeitigt nur wenige Tage nach der Frühen Maiherzkirsche.

Literatur und Synonyme: Lond. Cat. Nr. 1. Adams Crown. Ist noch nicht beschrieben. Downing hat sie nicht. Den englischen Namen durch Adams Kronkirsche zu übersetzen, trug ich Bedenken, da die Kronkirschen ganz anderer Art sind. Vielleicht sollte er uns andeuten, daß obige die beste unter Herrn Adams Sämlingen sei. — Die von Hrn. J. Booth zu Hamburg erhaltene Bowyers frühe Herzkirsche (Lond. Cat. S. 54 Nr. 22) fand ich mit Obiger identisch.

Gestalt: mittelgroß, rundherzförmig, am Stiele ziemlich stark abgestumpft, am Stempelpunkte, der in einem schönen Grübchen steht, ein Geringes eingezogen; an beiden Seiten nur etwas breitgedrückt; die Bauchseite zeigt sehr flache Furche, die Rückenseite meist nur Linie.

Stiel: dünn, 2" lang, gelbgrün, und hängen häufig mehrere Früchte an einem ganz kurzen Stielabsatze.

Haut: glänzend, dünn, stellenweise sehr durchscheinend, daß man die Fibern des Fleisches sehen kann. Grundfarbe weißlich gelb und haben beschattete Früchte wenig Röthe; besonnte sind an der ganzen Sonnenseite kirschroth punktirt und gestrichelt, oft fast getuscht.

Fleisch: mattgelb, sehr zart, der reichlich vorhandene Saft wasser= hell. Geschmack anfangs angenehm süß, ohne gerade vorzüglich zu sein, doch gewinnt er an recht merklicher Süßigkeit bei voller Reife der Frucht und wird vorzüglich. Die bewährten Gutschmecker, die Sperlinge, gehen nach ihr selbst unter Netze.

Der Stein ist eiförmig, am Stielende etwas abgestumpft, ziemlich dickbackig mit starken Rückenkanten.

Reifzeit und Nutzung: zeitigt noch vor der Winklers weißen Herzkirsche, Rothen Maikirsche und Andern, wenigstens wird sie rascher süß, Anfangs der 2. Woche der Kirschenzeit. Ist wohl nur Tafelsorte.

Der Baum wächst stark und hat mir schon früh in der Baum= schule und sehr reichlich getragen. Er sitzt alljährlich voll.

Oberdieck.

No. 26. **Winklers weiße Herzkirsche.** I, B a. Truchseß; Bunte Herzkirschen.

Winklers weiße Herzkirsche. * * † † 2. W. b. K.Z.

Heimath und Vorkommen: diese schätzbare Sorte wurde erzogen von Herrn Winkler in Guben, und trug auf der Bettenburg zuerst 1816. Hat sich durch Größe und Schönheit schon sehr verbreitet und verdient die häufigste Anpflanzung. Von der gleichfalls aus Guben stammenden Tilgeners rothen Herzkirsche ist sie in der Frucht sehr schwer oder nicht zu unterscheiden; im Baume scheint der Unterschied zu sein, daß die Tilgener eine breite mit den Aesten sich etwas hängende Krone macht, Obige dagegen besser in die Luft geht und zwar eine breite doch mehr emporstrebende Krone macht. Ich habe beide Sorten sowohl von Diel als aus mehreren andern guten Quellen und habe immer dasselbe erhalten. Eine von beiden kann zweckmäßig nur bleiben.

Literatur und Synonyme: Truchseß S. 278 und Nachtrag S. 678. Dittrich S. 67.

Gestalt: die Frucht ist groß, in manchem Boden recht groß, schön- und ziemlich spitzherzförmig, am Stiele ziemlich abgestumpft und herzförmig eingezogen, zu beiden Seiten etwas breitgedrückt; Furchen finden sich nicht oder erscheinen erst nach dem Stempelpunkte hin als kleine flache Vertiefung auf der einen Seite; über die Rückenseite läuft eine feine Linie; der Stempelpunkt sitzt ohne Grübchen oben auf der Spitze oder ein Weniges neben derselben.

Der Stiel ist verhältnißmäßig dünn, 1½ bis 2" lang, gewöhnlich etwas gekrümmt, oft etwas roth angelaufen und sitzt in weiter und tiefer Höhlung.

Die Färbung der glänzenden Haut ist gefällig und schön. Grund-farbe gelb, welche aber bei den meisten Früchten über den größeren Theil der Oberfläche mit einem schönen freundlichen Roth punktirt ist, welches an den stärksten Sonnenstellen fast getuscht zusammen läuft, so daß die Grundfarbe als gelbe Pünktchen und Strichelchen darin erscheint. Nach den helleren Stellen verläuft das Roth fein punktirt.

Das Fleisch ist zart, saftreich, mattgelb und der Saft hell. Der Geschmack bei gehöriger Reife süß, durch etwas Säure gewürzt und vor-züglich.

Der Stein ist verhältnißmäßig nicht groß, dickbackig, zur Eiform neigend, einzeln völlig eiförmig mit ziemlich starken und breiten Rücken-kanten und häufigen, starken Afterkanten.

Reifzeit und Nutzung: zeitigt bald nach den frühesten Sorten wenig nach der Flamentiner, Werber'schen frühen schwarzen Herzkirsche und Andern, Anfangs der 3. Woche der Kirschenzeit. Die Reife hat Truchseß, der die Frucht noch zu wenig beobachtete, und nach ihm Dittrich zu spät angegeben, doch erlangt sie, wie fast alle bunten Herz- und Knorpelkirschen, vorzüglichen Geschmack erst, wenn man sie etwas lange, nachdem sie schon völlig gefärbt ist, hängen läßt. Für Tafel und Haushalt schätz-bar und anlockende Marktfrucht.

Der Baum wächst schön und gesund und ist früh und jährlich sehr fruchtbar. Seiner Kronenbildung, so weit ich diese bis jetzt beobachten konnte, ist schon oben gedacht.

Oberdieck.

No. 27. **Tilgeners Herzkirsche.** I. B a. Truchseß; Bunte Herzkirschen.

Tilgeners Herzkirsche. **†† 2. W. b. K.Z.

Tilgeners rothe Herzkirsche. Truchseß.

Heimath und Vorkommen: diese höchst schätzbare, zu Guben von einem Herrn Tilgener erzogene Kirsche hat Truchseß nach Größe und Werth noch nicht gehörig gekannt. Sie hat die größte Aehnlichkeit mit der gleichfalls zu Guben erzogenen Winklers weißen Herzkirsche, scheint sich aber von ihr dadurch zu unterscheiden, daß sie in voller Reife noch mehr Röthe hat und fast roth wird, während die Winkler eine wirklich bunte Herzkirsche bleibt, und besonders daß der Baum der obigen eine breite Krone mit etwas hängenden Aesten macht, während der der Winkler zwar auch eine etwas breite, kugelartige Krone macht, aber mit den Aesten besser in die Luft geht. Durch Größe und Güte hat sie sich schon ziemlich verbreitet.

Literatur und Synonyme: Truchseß S. 254. Christ, vollst. Pom. S. 184. Tilgeners weißgesprengte rothe Herzkirsche. Dittrich II. S. 52 gibt nur das von Christ und Truchseß Gesagte wieder. Auch der Londoner Catalog hat sie als Tilgers white Heart mit dem Syn. Tilger's rothe Herzkirsche.

Gestalt: die Frucht gehört zu den sehr großen. Gute Exemplare haben nicht selten 1" Breite und ist die Frucht ziemlich so breit als hoch, und nebst der Winklers weißen Herzkirsche gegen andere bunte Herzkirschen kenntlich durch ihre spitzherzförmige Gestalt. Am Stiele ist sie stark abgestumpft; der Stempelpunkt sitzt oben auf der Spitze oder gleich neben derselben. Zu beiden Seiten ist sie breitgedrückt und hat flache Furchen, oft nur auf der Bauchseite.

Stiel: hellgrün, verhältnißmäßig nicht stark, bald nur 1½", bald gegen 2" lang, häufig etwas gekrümmt, sitzt bei guten Früchten in weiter, ziemlich tiefer Höhlung. Gewöhnlich sitzen mehrere Früchte an einem kurzen, gemeinschaftlichen Stielabsatze.

Die Farbe der glänzenden Haut ist ziemlich gelb, über welche Grundfarbe punktirt und gestrichelt und bei zunehmender Reife immer stärker und lavirt ein schönes Roth sich verbreitet, so daß die Frucht zuletzt fast ganz roth ist. Hat die Röthe schon zugenommen, so scheint die Grundfarbe als hellerrothe oder gelbliche Fleckchen und Strichelchen durch.

Das Fleisch ist mattweiß, saftreich, zart; der Saft farblos und der Geschmack bei voller Reife gewürzt, süß und vorzüglich.

Der Stein ist etwas zugespitzt eiförmig, dickbackig, mit ziemlich starken Rückenkanten und merklichen Afterkanten.

Reifzeit und Nutzung: die Reifzeit tritt ein bald nach den frühesten Kirschen, wenig nach der Werder'schen schwarzen Herzkirsche, Flamentiner ꝛc., in der 3. Woche der Kirschenzeit. Man muß, was von den meisten bunten Herzkirschen gilt, die am Baume sich gut haltende Frucht nicht zu früh pflücken, wenn sie ihren guten Geschmack haben soll.

Eigenschaften des Baumes: der Baum wächst gesund, ist sehr tragbar und macht eine breite Krone mit etwas sich hängenden Aesten.

Oberdieck.

No. 28. **Eltonkirſche.** I, B a. Truchſeß; Bunte Herzkirſchen.

Eltonkirſche. * * † 3. W. b. K.Z.

Heimath und Vorkommen: iſt engliſchen Urſprungs und wurde um 1806 erzogen durch Eſq. Knight, Präſidenten der Londoner Gartenbaugeſellſchaft, durch künſtliche Befruchtung, indem er die Bigarreau sive Graffion (unſere Holländ. Prinzeſſin) mit der White heart (welche nach Dochnahls Führer die Frühe Bernſteinkirſche wäre, jedoch vielleicht eine Herzkirſche sein dürfte) beſtäubte. Gehört zu den recht ſchätzbaren Sorten, iſt in England und Amerika ſehr geſchätzt und kann bei uns die zu leicht durch den kleinſten Druck fleckig werdende Süße Spaniſche erſetzen. Mein Reis erhielt ich durch Hrn. Pfarrer Urbanek von der Lond. Gartenb.=Geſellſch., und durch Herrn Behrens in Trevemünde (auch wohl weiter aus London herſtammend) überein.

Literatur und Synonym: Dittrich III. S. 255 Eltons bunte Knorpelkirſche. Dittrich, der die Frucht nicht in der Natur kannte, vermuthet nach den Angaben engl. Autoren, daß die Benennung Knorpelkirſche unrichtig sein möge, die auch etwa nur daher rührt, daß im Auslande auch bunte Herzkirſchen nicht ſelten als Bigarreau bezeichnet werden. Lond. Catal. S. 56 Nr. 34 Elton; ebenſo Downing S. 186; Pomologic Magaz. II. Nr. 92; Londons Encyclopädie S. 948 Nr. 13; Hookers Pomona S. 9. Die Annales 1858 S. 23 geben zwar kenntliche Abbildung, aber in einer Größe und Schönheit, wie die Frucht vielleicht wohl in Belgien vorkommen mag (colorirt faſt ganz getuſcht lachend roth, nach der Spitze heller) bei uns indeß ſich ſchwerlich findet.

Geſtalt: die Frucht ſoll ſehr groß sein; ich hatte ſie bisher nicht größer als obige Zeichnung angibt, und auch Downing zeichnet ſie kaum etwas größer. Es ist mehreren Sämlingen auch des Herrn Knight so gegangen, daß sie, auf andern Stämmen fortgepflanzt, nicht ganz die Größe behielten, die sie am Urstamme hatten. Die Gestalt ist länglich herzförmig, etwas zugespitzt, meist höher als breit. Am Stiele ist sie etwas abgestumpft, zu beiden Seiten nur wenig breitgedrückt, die Bauchseite zeigt nur flache kleine Furche, die Rückenseite meist nur Linie; der Stempelpunkt sitzt oben auf der Spitze und steht etwas vor.

Stiel: 1³/₄—2" lang, mittelstark, gelbgrün und sitzt in flacher Höhlung, deren Rand nach der Rückenseite stark abfällt.

Haut: glänzend, mäßig stark; die ziemlich hochgelbe Grundfarbe ist mit einem schönen freundlichen Kirschroth in ziemlich langen Strichelchen und punktirt verlaufend über den größeren Theil der Frucht gezeichnet, und nur stellenweise, und besonders nach dem Stempelpunkte hin, ist die Grundfarbe reiner.

Das Fleisch ist nach dem Pomological Mag. zwar ziemlich fest, aber nicht so fest als das der Weißen Knorpelkirsche, nach Lond. Cat. aber weich, süß und saftreich, und von köstlichem Geschmack. Downing sagt, es sei Anfangs etwas fest, werde aber später zart. Eben so wie Downing urtheilen die Annales und habe auch ich das Fleisch bei gehöriger Reife zart und weich gefunden und nur 1859, in dürrer Zeit, wo die Frucht auch kleiner blieb, blieb es ziemlich fest. Den Geschmack fand ich sehr süß, durch ein Weniges Säure erhaben; Downing sagt, daß die Frucht in Geschmack und Güte durch keine andere übertroffen werde.

Der Stein, an dem Fleisch sitzen bleibt, ist langeiförmig, am Stielende etwas abgestumpft, mit ziemlich starken doch nicht breiten Rückenkanten und einigen Afterkanten. Manche sind nach der Spitze noch ziemlich breit und neigen etwas zum Oval, die Mittelkante tritt allermeist merklich vor.

Reifzeit und Nutzung: zeitigt bald nach Winklers weißer Herzkirsche, etwa gleichzeitig mit Büttners schwarzer Herzkirsche und der Süßen Spanischen in der 3. Woche der Kirschenzeit. Für die Tafel schätzbar und wird auch für den Haushalt sehr brauchbar sein.

Der Baum wächst nach dem Urtheile der englischen Pomologen stark, wird groß und ist sehr dauerhaft. Downing stimmt dem bei und bemerkt noch, daß die Sorte an den stark dunkelrothen Stielen der Blätter kenntlich sei. Die jungen Bäume sind mir gut gewachsen, und Probezweige, so wie ein hiesiger junger Baum zeigen an, daß die Krone nicht reich verzweigt ist und sperrhaft wächst. Recht reiche Fruchtbarkeit bestätigte sich auch bei mir.

Oberdieck.

No. 29. Lucienkirſche.   I, B a. Truchſeß; Bunte Herzkirſchen.

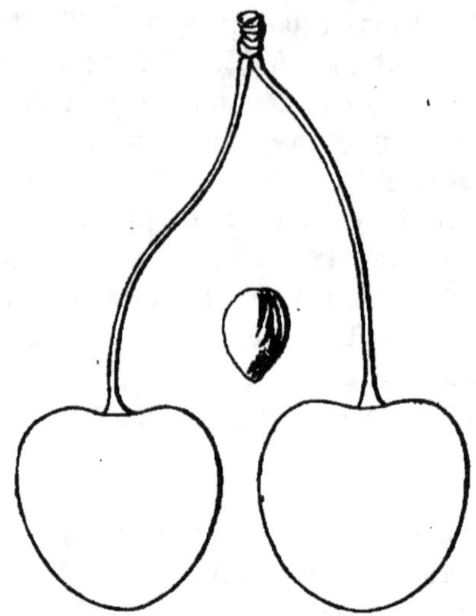

Lucienkirſche.   * * † 3. W. d. K.Z.

Heimath und Vorkommen: dieſe treffliche Sorte, welche zu den beſten und delikateſten Kirſchen gehört, und in keinem Garten fehlen ſollte, da ſie durch ſehr zartes Fleiſch und ſüßen, vorzüglichen Geſchmack ſich auszeichnet, erhielt Truchſeß 1806 von dem Rentmeiſter Uellner auf dem von Scheuter'ſchen Gute Alt Lüneburg im Herzogthum Bremen, der ſie in der dortigen Gegend aufgefunden hatte. Im Auslande ſcheint ſie noch gar nicht bekannt, und ſelbſt im Inlande nur wenig verbreitet zu ſein. Mein Reis erhielt ich von Diel.

Literatur und Synonyme: Truchſeß S. 228 Lucienkirſche; Dittrich II. S. 58 nur nach Truchſeß. Sonſt gedenkt ihrer noch Liegel lobend in der Anl. S. 157.

Geſtalt: die Frucht iſt von anſehnlicher Größe, oft noch etwas größer als obige Figur, ſtumpfherzförmig, meiſt hochausſehend, auf beiden Seiten, doch auf der Rückenſeite etwas ſtärker, breitgedrückt. Der Stempelpunkt ſteht meiſtens oben auf, oder nur in einem ſehr kleinen Grübchen. Auf der Bauchſeite, die Truchſeß als ungefurcht bezeichnet, fand ich doch meiſt eine flache Furche; die Rückenſeite zeigt allermeiſt nur Linie.

Stiel: nach Truchſeß kurz, war bei mir doch immer ziemlich lang, 1³/₄—2", ziemlich dünn, gelbgrün, nur zuweilen an ſeiner Baſis etwas roth, und steht in fast seichter Höhlung, deren Rand nach dem Rücken hin etwas stärker abfällt.

Haut: glänzend, zart doch zähe, trüb weißgelb, nach Truchseß stark mit einem trüben Roth vermischt, das gegen den Stiel gestrichelt, auf dem übrigen Theile der Frucht etwas marmorirt (d. h. nach Truchseß mehr gefleckt) ist. Ich notirte, daß eine etwas trübe Röthe gestrichelt und punktirt, und später stärker mit durchscheinenden Punkten und Strichel= chen der Grundfarbe, stärker besonnte Früchte fast rundum überziehe, während beschattete heller gefärbt bleiben und stellenweise die Grundfarbe fast rein zeigen.

Das Fleisch ist äußerst zart, voll lieblichen Saftes, am Durch= schnitte etwas gelbgrau; der Saft nicht färbend; der Geschmack süß, fast pikant, ohne Bitterkeit, und vorzüglich.

Der Stein ist klein, langeiförmig, theils dick, theils breitlich, am Kopfe mit schwacher Spitze, am Stielende nur wenig abgestumpft mit nicht breiten, aber ziemlich starken Rückenkanten und etlichen Afterkanten. Es bleibt ein Weniges Fleisch an ihm sitzen.

Reifzeit und Nutzung: zeitigt ziemlich gleichzeitig mit Fromms schwarzer Herzkirsche, kurz nach Winklers weißer Herzkirsche in der 3. Woche der Kirschenzeit. Hauptsächlich wohl Tafelfrucht, doch werden mit dem Dörren noch keine Versuche gemacht sein.

Der Baum wächst rasch und gut und ist reich tragbar. Bildet mit der Zeit etwas hängende Aeste. Von der Perlkirsche, die eben so zartes Fleisch hat, unterscheidet sie sich leicht durch etwas frühere Reife, mehr Größe, und weniger stark herzförmige Gestalt.

Oberdieck.

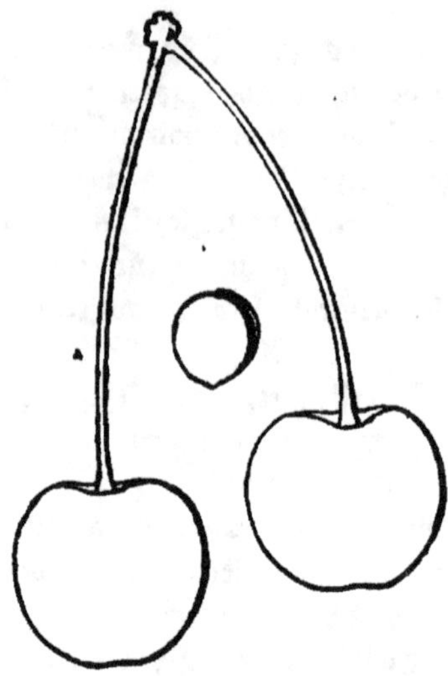

Die Türkine. * † † Ende Juli, bisweilen früher; 3. W. b. K.Z.

Heimath und Vorkommen: sie kam vom Plantagengärtner Sello in Sanssouci unter dem obigen Namen und mit dem Beinamen Runde weiße späte Kirsche an Christ, der sie 1795 wieder an Truchseß abgab.

Literatur und Synonyme: Christ beschrieb sie in seinen sämmtlichen Werken, am genauesten in s. Vollst. Pomol. S. 193 Nr. 28, welche Beschreibung Truchseß S. 266 wörtlich aufgenommen hat. Vergl. Dittr. II. S. 55. Im L.O.G. XV. S. 154 ist statt der Türkine (die Sello auch Türkische Kirsche nannte und welche in der Pariser Nationalbaumschule La Turkine, nach Dittrich auch La Turquine heißt) die Flamentiner beschrieben und abgebildet, und es geht die letztere aus diesem Grunde in der Gegend von Gotha noch als Türkine. — Aus Wetteren empfing ich unter dem Namen Cerise Mazard blanc dieselbe Kirsche, glaubte aber erst, es sei die Dankelmannskirsche, weil sie mir an einem Topfbaume ungewöhnlich klein blieb. (The Mazard ist übrigens eigentlich, wie noch bemerkt werden muß, nach Sickler, Christ und auch Cat. Lond. ein Synon. der Wilden Vogelkirsche.)

Gestalt: sehr breitherzförmig mit unmerklicher Furche, mittelgroß.

Stiel: mittel lang, nach Truchseß Zusatz meist über 2" lang, dünn, gebogen, in nicht tiefer, oft aber ungleicher Höhle.

Haut: hellroth und gelb getüpfelt, öfters ganz roth, auf der Schattenseite dagegen gelb, darinnen roth punktirt, manchmal ganz weißlich gelb.

Fleisch: weniger weich als bei andern Herzkirschen (wodurch die

Kirsche den Uebergang zu den Knorpelkirschen macht), mit weißem süßen Saft von sehr gutem Geschmack.

Stein: nach der Beschreibung ist er dick, rundlich eiförmig, oben und unten fast gleich abgestumpft. — Ich fand ihn wie oben gezeichnet fast rund mit einer kleinen Spitze und die Hauptkante stark vortretend.

Reife und Nutzung: die Kirsche reift in Meiningen (wie in Gotha) in warmen Sommern Mitte Juli, 1859 war sie schon den 10.,* 1855, wo der Sommer kühler war, den 21. Juli zeitig, so daß dann in andern Jahren, wie Truchseß nach Christ angab, auch Ende Juli herauskömmt. Die Kirsche ist zwar kleiner als viele andere Süßkirschen, der Geschmack ist aber recht gut und wegen ihres nicht zu weichen Fleisches erträgt sie gut den Transport auf die Märkte, wo sie ihrer Schönheit wegen guten Abgang findet.

Eigenschaften des Baumes: bei Truchseß hatten die Bäume kein gutes Wachsthum, kränkelten und trugen selten. — Nach Dittrich zeichnet der Baum sich durch sperrhaften wagerechten Wuchs der Zweige, die sich durch ihre Steifheit vor andern ähnlichen Süßkirschen kenntlich machen, aus und trägt nicht reichlich. — Mein Baum dagegen wuchs auf Süß-kirschen-Urterlage in der Jugend kerzengerade in die Höhe und zwar mehr als mir lieb war, so daß ich seinen Gipfel abgestutzt habe. Wenn er seine Nebenzweige aber auch etwas wagerecht trägt, so ist dies doch nicht mehr als bei vielen andern seiner Art. Ueber seine Tragbarkeit kann ich mich aber gar nicht beschweren, er trägt gewöhnlich reichlicher als andere, aus welchem letzteren Grunde ich die Sorte zur Anpflanzung hauptsächlich empfehlen will.

Bemerkungen: durch ihr weniger weiches Fleisch, durch ihre breitherzförmige Gestalt, ihr getüpfeltes Ansehen, was aber in warmen Jahren durch starke Abwechslung von lebhaftem Roth mit noch vorhandenem Gelb recht bunt wird, und durch ihre spätere Zeitigung unterscheidet sie sich von anderen ähnlichen Kirschen; durch letztere besonders von der ihr in der Form ähnlichen nur weit kleineren Dankelmanns-kirsche, die 1857 mit der Rothen Maikirsche und Winkler'schen weißen Herzkirsche gleichzeitig schon zeitig wurde. J.

* Gibt die 3. Woche der Kirschenzeit. O.

Perlkirsche. ** Ende der 3. W. b. K.Z.

Heimath und Vorkommen: stammt zunächst aus Herrnhausen. Gehört zu den schon länger bekannten Sorten und ist ziemlich verbreitet. Empfiehlt sich zur Anpflanzung durch Schönheit, reiche Tragbarkeit und den bei gutem Wetter süßen Geschmack.

Literatur und Synonyme: Truchseß S. 237 unter obigem Namen. Dittrich II. S. 61. Da es auch eine Perlknorpelkirsche gibt, wird obige häufig Perlherzkirsche genannt, indeß sind Perlkirsche und Perlknorpelkirsche, wie schon Truchseß bemerkt, zwei wohl zu unterscheidende Namen. T.Obst.G. XXI. Taf. 24. Perlherzkirsche ist nicht die Obige, sondern die Perlknorpelkirsche; richtig findet sie sich aber im T.O.G. VII. S. 363 Nr. 8 von Büttner beschrieben. Truchseß erhielt sie aus Herrnhausen als Lange weiße Herzkirsche und Perlkirsche die verschieden sein sollten (wie es denn auch eine Frühe lange weiße Herzkirsche [Frühe bunte Herzkirsche Truchseß] gibt), sich aber überein zeigten. Christ nahm, wie gewöhnlich voreilig, im Handbuche S. 542 und Handbuch 2. Aufl. S. 667 beide Sorten als verschieden auf. In der 3. Aufl. des Handbuchs S. 681 und im Wörterbuch S. 278 sowie Vollst. Pomol. S. 192 hat er sie richtiger als Perlkirsche oder Perlherzkirsche. Gotthard S. 147, Rößler S. 185, Heineken S. 186 folgen der Büttner'schen Beschreibung. Die Pariser Nationalbaumschule benannte sie nach Feuille du Cultiv. 1804 p. 138 Guigne de Perle. Der Londoner Catalog und Downing scheinen sie nicht zu kennen. Auch die Dankelmannskirsche wird kleine weiße Perlkirsche genannt.

Gestalt: Truchseß zählt die Kirsche zu den größeren; bei mir hatten in Nienburg und Barboweik nur die vollkommensten Exemplare die Größe obiger Figur. Form sehr schön herzförmig; auf beiden Seiten ist sie breitgedrückt und gefurcht, auf der einen Seite stärker als auf der andern.

Nach dem Stempelpunkte läuft sie sanft abnehmend etwas spitzig zu, so daß man sie als die Mutter der spitz zulaufenden Sorten Tilgeners und Winklers weißer Herzkirsche betrachten möchte. Durch die starken Furchen wird sie wie in zwei Hälften getheilt, die sich am Stiel in dicke Backen ausdehnen, und über die Stielhöhle erheben. Der Stempelpunkt steht in schwachem Grübchen. Kleinere, nicht recht vollkommene Früchte sind oft etwas höckerig.

Der Stiel ist 1½" lang, lichtgrün, etwas gebogen und sitzt in flacher Höhlung, wenig fest auf der Frucht.

Die Farbe der porzellanartig glänzenden Haut ist ein helles Weißgelb, welches am Stiele und auf der Sonnenseite mit einem hellen Roth in feinen verwaschenen Strichen überzogen ist. Die Spitze und die Schattenseite sind oft ganz weiß, während recht besonnte mehr Röthe annehmen.

Das Fleisch ist sehr zart, saftreich, weißgelb, der Saft helle. Der Geschmack bei nasser Zeit fade, bei günstiger Witterung dagegen und rechter Reife süß und erhaben. Durch ihre sanfte, gefällige Färbung, die schöne Herzform und den süßen, von Säure freien Geschmack unterscheidet sie sich von andern gleichzeitig reifenden.

Der Stein ist verhältnißmäßig groß, lang- und spitzeiförmig, am Stielende etwas abgestumpft, ziemlich dickbackig und löset sich gut vom Fleische.

Reifzeit und Nutzung: zeitigt etwas vor der Holländischen Prinzessinkirsche zu Ende der 3. Woche der Kirschenzeit. Bei ihrem weichen Fleische hauptsächlich nur Tafelfrucht.

Der Baum wächst gesund und trägt sehr reichlich.

Oberdieck.

No. 32. **Blutherzkirsche.**   I, B a. Truchſeß; Bunte Herzkirſchen.

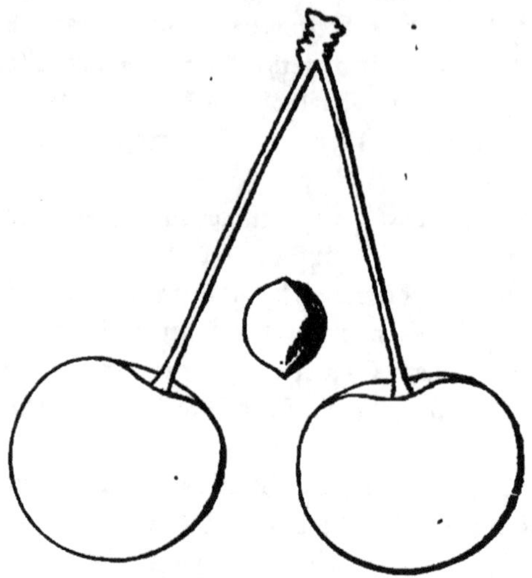

Die Blutherzkirſche.   * * ! † 4. bis 5. W. b. K.Z.

Heimath und Vorkommen: ſie kam von Herrnhauſen 1785 mit den Benennungen Heart-Cherry Bleeding und Blutherzkirſche an Truchſeß und iſt ſonach wahrſcheinlich eine engliſche Frucht.

Literatur und Synonyme: Truchſeß S. 224; Dittrich II. S. 53; Chriſts Obwb. S. 278; deſſen Handb. II. Aufl. S. 667 Nr. 26. — In der Pariſer Nationalbaumſchule führte ſie den Namen: La Guigne Sanguinole. — Im Lond. Cat. hat die Bleeding Heart zum Hauptnamen Gascoigne's Heart und zu Synon. noch Red Heart (of some), Herefordshire Heart, Guigne rouge hâtive, doch iſt zweifelhaft, ob dieſe unſere Blutherzkirſche iſt, da ſie als mittelgroß, langherzförmig, dunkelroth und an der Spitze wie in einem Tropfen ſich endigend beſchrieben wird. — Im Obſtcab. v. Maule iſt ſie in III. Sect. 3. Lief. von 1856 ziemlich gut, doch ebenfalls zu klein abgebildet.

Geſtalt: am Stiele dick und breit, doch in der Mitte noch ſtärker, auf der entgegengeſetzten Seite mit breiter Spitze endigend. Mittelgroß. — Auf der einen Seite iſt eine Furche, ziemlich der ganzen Kirſche entlang. Auf der andern Seite iſt ſtatt der Furche oft nur ein erhabener Strich, eine Naht, bemerklich. Das Stempelgrübchen fehlt oder iſt ſehr flach.

Stiel: mittellang, ſelten über 2″, dünn, auf der einen Seite röthlich, in ungleich eingebogener Höhlung, die nach der Rückenseite stark abfällt.

Haut: incarnat= oder blutroth auf weißgelbem Grunde, auf der breitgedrückten Seite und an der Spitze ist das Roth heller und gleich= sam in zerflossenen Punkten aufgetragen. In der Ueberreife wird es ringsum dunkler und der gelbliche Schimmer fehlt öfters fast. Be= schattete dagegen, besonders künstlich durch Papier beschattete, nehmen nur an den Seiten eine leichte, punktirt aufgetragene Röthe an, und sind größtentheils gelb.

Fleisch: weißgelb, weich und saftig. Geschmack süß, mit etwas Säure gemischt, doch ohne Erhabenheit.

Stein: nicht groß, breiteiförmig und an den Kanten bleibt Fleisch sitzen. Die Mittelkante erhebt sich nach dem Stielende etwas.

Reife und Nutzung: die Kirsche reift angeblich zu Ende Juni oder Anf. Juli und sie war auch 1858 in Meiningen am 8. Juli zeitig, 1855 dagegen erst den 20. Juli,* so daß sich bei ihr wie bei andern die Reifzeit doch auch oft weit hinausschiebt. — Es ist übrigens eine sehr schöne Kirsche, auf welche der Gärtner Egers zu Jerusalem immer ein großes Stück hielt und wenn sie gehörig ausgezeitigt ist, so kann man den Geschmack so erhaben, wie an andern ihrer Classe nennen.

Eigenschaften des Baumes: derselbe wird mittelgroß, hat etwas Neigung, seine Aeste wagerecht zu tragen, ist recht fruchtbar, doch gegen hohe Kältegrade empfindlich.

Bemerkungen: die Kirsche unterscheidet sich nach Truchseß von andern ähnlichen durch das Eigne ihres Rothes, das mehr Gestricheltes als Punktirtes hat und durch die ihrem süßen Safte beigemischte Säure. — Sehr ähnlich ist ihr die Punktirte Süßkirsche mit festem Fleische, ebenso auch die Gottorper Kirsche, doch wenn auch das Fleisch der Blut= herzkirsche (auch nach dem Lond. Cat.) nur halbweich ist, so ist doch das der Gottorper besonders, schon ungleich fester und sie (die Gottorper) hat etwas frühere Reifzeit, einen kürzern Stiel, und auch die Färbung ist weniger roth. Jahn.

* Die Sorte, welche ich aus Meiningen habe, reifte auch bei mir spät, z. B. 1859 erst 16.—18. Juli, Ende der 4. und Anfangs der 5. Woche der Kirschenzeit. Truchseß setzt die Reife noch vor die der Lucienkirsche. Auch die Reifzeit meiner von Dittrich erhaltenen Blutherzkirsche, die mir wieder einging, fiel in die 2. Hälfte des Juli. O.

No. 33. Prinzeßkirsche. I, B a. Truchseß; Bunte Herzkirschen.

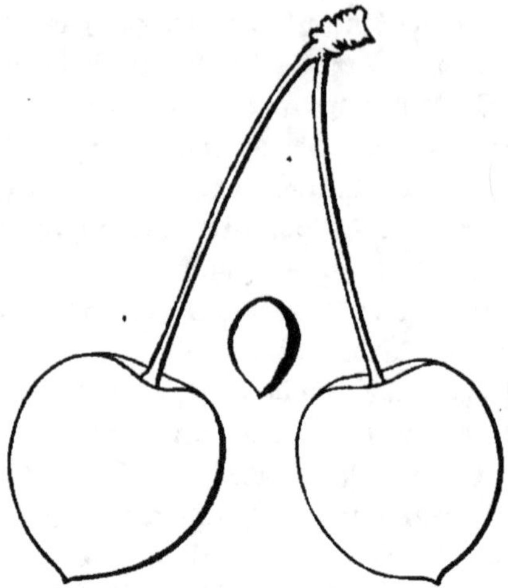

Prinzeßkirsche. Büttner. * † 4. W. b. K.Z.

Heimath und Vorkommen: sie stammt aus Herrnhausen. Büttner sandte sie 1798 an Truchseß.

Literatur und Synonyme: Büttner beschrieb sie im T.O.G. VII. S. 364 Nr. 10. — Truchseß nahm diese Beschreibung in sein Kirschenwerk S. 261 auf. Vergl. Christs Hdwb. S. 279; Dittr. II. S. 58. — Ich hielt die Kirsche längere Zeit für identisch mit der Lucienkirsche, denn sie reift fast gleichzeitig und ist fast ebenso groß und gut und wollte in solcher Hinsicht nicht mit der Beschreibung stimmen. Die Lucienkirsche ist nach neueren Beobachtungen aber doch verschieden und die vorliegende jedenfalls die richtige. Man weiß, daß Größe und Geschmack gar sehr durch Zufälligkeiten abändern. Schon Truchseß fand einiges an ihr gegen Büttners Beschreibung anders und ich werde die von mir beobachteten Abweichungen von Büttners Beschreibung ebenso dem Texte mit einfügen.

Gestalt: am Stiele ist sie breit und dick, auf beiden Seiten platt (breit) gedrückt, und läuft spitzig aus, so daß sie recht herzförmig erscheint. Sie gehört zu den kleinen Kirschen (was aber nach obiger Zeichnung in Meiningen nicht der Fall ist). Die Furche ist nicht sehr bemerklich — bei Truchseß hatten die Kirschen jedoch eine merkliche Furche (die an meinen Früchten ebenfalls wenig hervortrat, dagegen fiel mir besonders der auf einer kleinen vorgeschobenen Spitze stehende Stempelpunkt auf.

Stiel: sehr lang. Auf der Bettenburg hatten aber die Früchte keine besonders langen Stiele, wie auch bei mir nicht.

Haut: in völliger Reife färbt sie sich ganz roth, jedoch schimmert die gelbliche Grundfarbe überall durch. (In dem sonnigen Sommer 1858 war sie ziemlich ringsum licht purpurroth marmorirt.)

Fleisch: ganz weiß, voll weißen Saftes, der anfänglich bitterlich und unangenehm ist, nachher aber sehr süß und angenehm wird. (Saft nicht färbend, sehr gut, erhaben süß, wenigstens 1858.)

Stein: eirund zugespitzt (spitzeiförmig O.), wie oben gezeichnet.

Reife und Nutzung: sie muß sehr lange am Baume hängen, ehe sie einen recht süßen Saft bekommt. Daher sie fast 4 Wochen dauert von der ersten Hälfte des Juli an. (Im gen. Jahre war sie in Meiningen am 21. Juli zeitig.) — Ist nach Büttner eine gute einträgliche Kirsche, doch nie besonders delicat.

Eigenschaften des Baumes: derselbe bleibt in meinem Garten nur mittelgroß, macht ziemlich dieselben hängenden Zweige wie die Lucienkirsche, trägt auch wie diese reichlich. — Nach Büttner trägt er erstaunlich voll und schlägt nie fehl, welches letztere aber Truchseß in Abrede gestellt hat und wohl auch nur in ganz geschützter Lage vorkommen wird.

Bemerkungen: sie zeichnet sich zwar nach B., wenn man sie gegen andere Kirschen hält, sehr deutlich aus, aber ihre Unterschiede sind schwer auszudrücken. Ihr langer Stiel, ihre schöne, helle Röthe und ihre mehrere Kleinheit machen sie kenntlich; doch bleibt von diesen Merkmalen nach oben wenig übrig. Sie sieht der Lucienkirsche unter allen am meisten ähnlich, doch reift die Prinzeßkirsche meist etwas später und ich konnte an der Lucienkirsche zeither die kleine vorgeschobene Spitze, worauf der Stempelpunkt steht, nicht bemerken. *

Jahn.

* Auch bei mir hat die Lucienkirsche ein solches vorgeschobenes Spitzchen nicht und rundet sich am Stempelpunkte mehr zu.   O.

No. 34.   Die Speckkirsche.   I, B b. Truchseß; Bunte Knorpelkirschen.

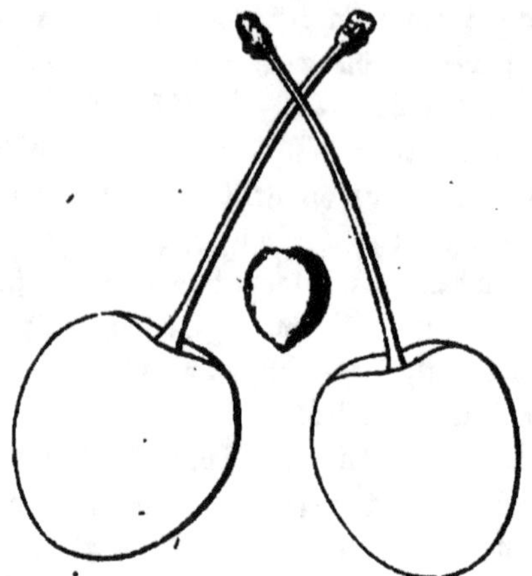

Die Speckkirsche. * * † 3. W. b. K.Z.

Heimath und Vorkommen: Truchseß erhielt sie 1785 aus Herrnhausen unter der Benennung Cerise Caron. Unter diesem Namen hatte aber Büttner im T.O.G. VII. S. 368 die von Truchseß S. 149 beschriebene Englische schwarze Kronherzkirsche abgehandelt und Truchseß hielt es für gut, sie unter dem deutschen Namen Speckkirsche zu beschreiben, da Caron auf Französisch ebenfalls Speck bedeutet. Auch diese Kirsche gehört mit zu den besten, und verdient wegen ihrer reichen Tragbarkeit in jedes Kirschensortiment aufgenommen zu werden.

Literatur und Synonyme: Truchseß S. 287; Dittrich II. S. 71; Liegels Anl. S. 158; Oberd. S. 527. — In der Pariser Nationalbaumschule nannte man sie, wie Truchseß (nach Feuille du Cultiv. 1804 p. 138) mittheilt, Bigarreau du Lard (was Speckknorpelkirsche ausdrückt).

Gestalt: sie ist nicht gleich. Auf einem und demselben Baume finden sich viele Früchte von beträchtlicher Größe, andere viel kleiner und letztere haben auch eine andere Form. Die größeren sind breitgedrückt, doch auf der einen Seite mehr als auf der andern und runden sich unten stumpfherzförmig zu. Die kleineren dagegen sind beinahe kugelrund, nur am Stiele ein wenig platt, auf der einen Seite aber kaum merklich breitgedrückt.

Stiel: gegen 1½“ lang, gelblich grün, ohne Roth, sitzt in flacher Höhlung auf der Frucht.

Haut: dunkelblutroth, mit hellrothen und unten an der Spitze mit gelblichen Flecken, worin sich in dem Roth schwache gelbweiße und in dem Gelb ganz weiße Punkte befinden.

Fleisch: bei noch nicht völliger Reife ist es noch etwas weich und nur die Haut fest und zähe. Die Härte des Fleisches nimmt aber zu, je vollkommener sie reift, wie es bei allen Knorpelkirschen der Fall ist. Es ist weißgelblich und läßt wenig Saft fahren, wenn man die Frucht durchschneidet. Der Geschmack hat bei völliger Reife etwas Süßsäuerliches und erhält dadurch eine gewisse Erhabenheit.

Stein: ziemlich groß, langeirund (langeiförmig O.), mit schönen feinen Afterkanten, für eine hartfleischige Kirsche gut ablöslich.

Reife und Nutzung: die Kirsche reift Mitte Juli* und ist wegen ihres harten Fleisches zur weiten Versendung besonders geeignet, worauf besonders bei größeren Kirschenpflanzungen Rücksicht zu nehmen ist.

Eigenschaften des Baumes: derselbe zeichnet sich in meinem Garten besonders durch seinen vertikal aufstrebenden Wuchs aus, ist gesund, ziemlich stark und reichlich tragbar.

Bemerkungen: die Speckkirsche unterscheidet sich, wie Truchseß noch bemerkt, von der Rothen Maiknorpelkirsche, die ihr in seinem Kirschenwerke vorausgehend abgehandelt ist, durch vermehrte Größe und spätere Reife und von andern bunten Knorpelkirschen durch die veränderliche Gestalt der Früchte an dem nämlichen Baume. — Der Gärtner Egers auf Jerusalem hat auf diese Sorte wegen ihrer großen Fruchtbarkeit stets ein großes Stück gehalten. — Ihr sehr ähnlich ist Eltons bunte Knorpelkirsche, wie ich sie als Bigarreau d'Elton aus Wetteren besitze. Doch war diese letztere etwas früher zeitig und das Fleisch schien etwas weniger fest. Diese kommt als Eltonkirsche im Handbuche vor.

Jahn.

* 3. Woche der Kirschenzeit.   O.

No. 35. **Gottorper Kirsche.** I, B b. Truchseß; Bunte Knorpelkirschen.

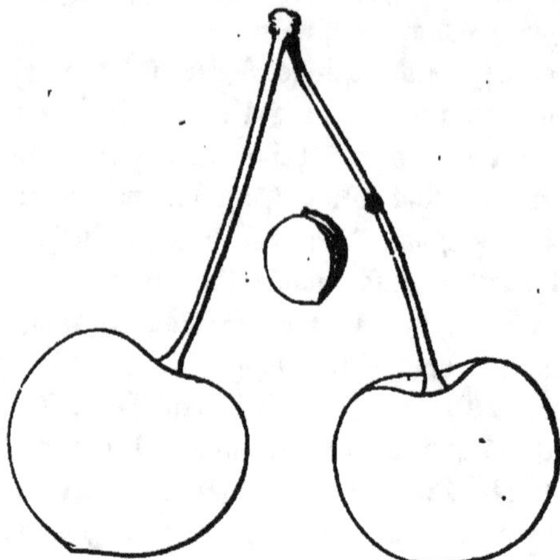

Gottorper Kirsche. * * ! † 4. W. b. K.Z.

Heimath und Vorkommen: sie stammt nach ihrem Namen wahrscheinlich aus dem Herzogthum Holstein, doch bekam sie der Freiherr Truchseß nicht von dorther, sondern durch den Rath Uz zu Coburg aus der Fantasie bei Bayreuth. Schon Truchseß machte darauf aufmerksam, daß sie eine der vorzüglichsten ihrer Classe ist, und empfiehlt deren fleißige Anpflanzung, weil sie häufig und selbst in Mißjahren vollträgt.

Literatur und Synonyme: Truchseß beschrieb sie S. 289. Danach haben sie auch Dittrich II. S. 72 und Liegel Anl. S. 159. — In andern pomol. Schriften findet man nichts über sie. Bei Salzmann kommt S. 48 Nr. 16 eine Ganz rothe große harte spanische Knorpelkirsche mit dem Beinamen Gottorper vor, doch kann diese schon nach ihrer Benennung „ganz rothe" nicht die vorliegende sein.

Gestalt: die Früchte haben auf einem und demselben Baume eine verschiedene Form und Größe. Die größeren sind breitgedrückt, auf einer Seite mehr als auf der andern und runden sich nach dem Stempelpunktende sehr stumpfherzförmig zu; die kleineren dagegen sind fast kugelrund, nur am Stiele ein wenig platt, auf der Seite aber kaum merklich breitgedrückt.

Stiel: kurz, 1½'' lang, dünn, ganz gerade, weißlich grün, sitzt in flacher, nur an der breitgedrückten Seite der Frucht ein wenig erhabener Höhle.

Haut: sehr zähe, nicht leicht zerreißend, man kann bis zum Steine einbeißen, ehe sie berstet; die Farbe ist meistens lebhaftes Lichtroth mit Gelb marmorirt; auf der Schattenseite, welches die breitere Seite ist, ist die Farbe lichtgelb, manchmal weißlich, um die Stielhöhlung herum fast ganz roth, zuweilen mit gelblichen Punkten. Doch nimmt die Kirsche nicht alle Jahre so viel Röthe an, das Gelb ist dann lichter, manchmal weiß, auch das Roth ist dann oft matt und schmutzig.

Fleisch: mehr weiß als weißgelblich, nicht sehr fest, aber besungeachtet saftiger als bei andern Knorpelkirschen, und der ausgedrückte Saft ist krystallhelle. Geschmack sehr süß, wenn auch weniger erhaben als bei andern dieser Classe; bei Mangel an Sonne zur Zeit der Reife ist er sogar fast wässerig und unschmackhaft.

Stein: klein, breiteirund (eiförmig D.), gut vom Fleische löslich.

Reife und Nutzung: die Kirsche reift meistentheils in Mitte des Juli,* bisweilen wie 1859 etwas früher, in kühleren Jahren auch etwas später. Es ist immer eine der schönsten Kirschen des Truchseß'schen Sortiments und wenn es möglich ist, sie recht reif werden zu lassen, so ist sie in guten Sommern auch recht delicat.

Eigenschaften des Baumes: derselbe wird nicht sehr groß, trägt aber selbst in ungünstigen Jahren außerordentlich reich. Er blüht so stark, daß der Baum nicht alle Früchte ernähren kann, weshalb von ihnen viele, selbst schon ausgebildete abfallen, ehe sie zur Reife kommen, wozu auch das beiträgt, daß der Baum vom Rüßelkäfer, der die Fruchtsttele durchsticht, sehr heimgesucht wird. Im Regenwetter, wenn es gerade kurz vor der Reife einfällt, springt sie stark auf, doch geschieht dies auch bei den meisten andern Knorpelkirschen.

Bemerkungen: durch ihr weicheres Fleisch, aber desto festere Haut, durch welche sie vorzüglich zu den Knorpelkirschen gehört, wie Truchseß noch bemerkt, durch ihre blässere Farbe, durch die Breite der größeren und die Rundeder kleineren Früchte, wie auch durch die glattweg schmeckende Süßigkeit unterscheidet sie sich von allen andern dieser Classe und durch ihre spätere Reife noch besonders von der Speckkirsche und Rothen Maiknorpelkirsche. — Ihr sehr ähnlich, doch etwa 6 Tage später reif, auch stärker geröthet und länger gestielt ist die Blutherzkirsche, die mit der ihr fast gleichen Punktirten Süßkirsche mit festem Fleische die Eigenschaft hat, nicht ganz weiches Fleisch zu besitzen, wo sie gerade der vorliegenden nach den von mir 1855 darüber niedergeschriebenen Bemerkungen so nahe rückt, daß man bei nicht genauer Beobachtung beide für einerlei halten könnte.   J.

* 4. Woche der Kirschenzeit.   D.

No. 36. **Dunkelrothe Knorpelkirſche.** I. B b. Truchſeß; Bunte Knorpelkirſchen.

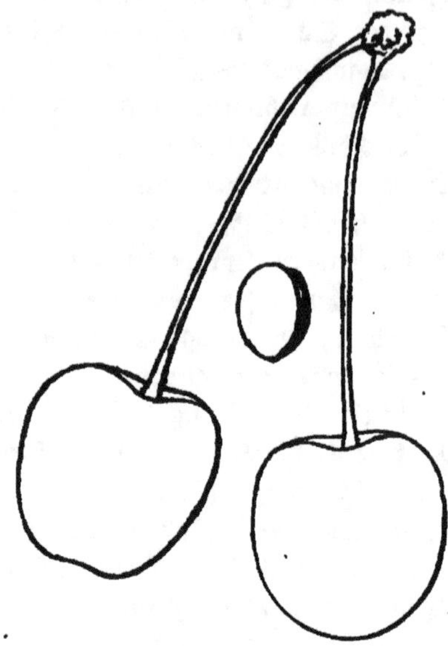

Dunkelrothe Knorpelkirſche. Truchſeß * * † ! 4. W. b. K.Z.

Heimath und Vorkommen: ſie kam als eine franzöſiſche Sorte unter dem Namen Bigarreau violet aus Herrnhauſen, 1790 an Truchſeß und trug 1797 bei ihm zum erſten Male, jedoch eine längere Reihe von Jahren hindurch nur ſparſam und er hat erſt ſpät noch ihre Vortrefflichkeit erkannt, weshalb er ſie im Nachtrag noch beſchrieb. Sie war aber keineswegs violett gefärbt, weshalb derſelbe den Namen in den obigen umwandelte. Sie iſt ebenfalls eine der ſchönſten und edelſten des Truchſeß'ſchen Kirſchenſortiments.

Literatur und Synonyme: Truchſeß S. 680; Dittrich II. S. 72. — Synonyme außer dem obengenannten ſind nicht bekannt.

Geſtalt: am Stiele breit, in der Mitte länglich, unten ſtumpf=herzförmig. Auf der einen Seite iſt ſie ſehr ſtark, auf der andern kaum merklich breitgedrückt. Auf der breiteren Seite läuft vom Stiele bis zum Stempelgrübchen eine breite, oft tiefe Furche herunter, welche am Stiele ſo ſtark iſt, daß ſie die Kirſche daſelbſt in 2 Hälften zu theilen ſcheint. Auf der weniger breiten, mehr runden Seite iſt die Furche kaum merk=

lich, oft gar nicht vorhanden. — Die Kirsche ist ansehnlich groß (in guten Kirschenjahren wie oben gezeichnet).

Stiel: verschieden, überhaupt lang, meistens über 2″, nicht ganz grün, etwas braunfleckig. Die Höhlung, worin er auf der Frucht sitzt, ist bei sehr reifen Früchten ziemlich flach, bei minder reifen tief und eng.

Haut: stark, doch nicht zähe, durchaus roth, überhaupt sehr dunkelroth und nur auf der starkgefurchten Seite und an der Spitze etwas heller.

Fleisch: gelblichweiß und fest, der ausgedrückte Saft weiß, hell und häufig. Der Geschmack ist vortrefflich.

Stein: klein, nach Truchseß im Umfang rund, unten mit einer kleinen Spitze und löst sich gut vom Fleische. (Ich fand ihn wie nebenan gezeichnet, oval, fast walzenförmig, wenig breitgedrückt, was wahrscheinlich auch das „rund im Umfang“ sein wird.)

Reife und Nutzung: die Kirsche reift in Mitte des Juli (1858 war sie den 18. Juli reif* und verdient wegen ihrer Größe und trefflichen Geschmacks mehr bekannt und häufig angepflanzt zu werden, wozu wir sie, in der Hoffnung, daß der Baum, wenn er älter wird, reichlicher tragen werde, hiemit bestens empfehlen. So beschreibt sie Truchseß und kann ich seine Hoffnungen in Betreff des Baumes bestätigen.

Eigenschaften des Baumes: derselbe wächst stark, geht hoch und beweist sich in meinem Garten auch recht tragbar. In einem der letzten kalten Winter litt er zwar ziemlich und es wurden ganze Aeste an ihm dürr, indessen kam dies auch an einheimischen Sorten vor und liegt es wohl also nicht an seiner südlichen Abkunft.

Bemerkungen: von der Speckkirsche, mit der die vorliegende zugleich reift und die sich auch sehr roth färbt, unterscheidet sie sich durch ihr dunkleres Roth, von Büttners später rother Knorpelkirsche, welche auch ein dunkles Roth hat, durch frühere Reife (auch ist das Fleisch der letztgenannten fester), von allen andern durch längere Stiele, durch das Starkgefurchte der breiteren Seite und durch das Pikante im Geschmack. Diesen Bemerkungen des Freiherrn Truchseß will ich nur noch hinzufügen, daß sich die Kirsche vor allen andern ähnlichen durch ihre gleichsam viereckige Form, wenn man sie auf der Furchenseite, mit dem Stiele etwas nach sich geneigt betrachtet, auszeichnet. Die Kirsche ist nemlich an ihrer Spitze auf der Furchenseite immer etwas eingedrückt und auf der Furchenseite selbst abgeplattet. Die Furche selbst ist oft stark ausgeprägt und gegenüber eben auch etwas angedeutet, wodurch die eckige Form entsteht. Hierauf, als auf ein charakteristisches Merkmal, hat mich schon der Gärtner Egers zu Jerusalem, der sorgsame Pfleger des Truchseß'schen Sortiments aufmerksam gemacht. Jahn. •

* Nach der Zeitigung mit der Speckkirsche fällt die Reife in die 3. Woche der Kirschenzeit. 1860 zeitigte sie mir erst Ende der 4. Woche. O.

No. 36 b. **Gemeine Marmorkirsche.** I, B b. Truchseß; Bunte Knorpelkirschen.

Gemeine Marmorkirsche. Fast * * und † † Ende der 3. W. b. K.Z.

Heimath und Vorkommen: diese gute Sorte erhielt Truchseß 1796 von Mayer in Würzburg. Da Truchseß sie noch nicht hinreichend beobachtete und den Baum nicht tragbar genug fand, auch Dittrich, der sie sehr richtig und genauer beschreibt als Truchseß, die Tragbarkeit gleichfalls nicht genügend fand, ist sie wenig verbreitet. Das Reis erhielt ich von Dittrich und trugen meine Probezweige in Nienburg fast jährlich voll, auch kamen die schönen Früchte an Größe der Großen Prinzessinkirsche (Lauermanns Kirsche) sehr nahe; da sie indeß im Ganzen dieser zu ähnlich und nicht besser ist, bleibt sie aus einem engeren Sortimente vorerst doch lieber weg.

Literatur und Synonyme: Truchseß S. 301 unter obigem Namen; Dittrich II. S. 73. Das D.O.Cab. gibt 4. Lief. Nr. 38 Abbildung, die zu klein und nicht kenntlich ist. Mayer nannte sie Große gemeine Marmorkirsche, Gros Bigarreau commun, fälschlich auch Rocmonter Kirsche (Belle de Rocmont) und Buntes Taubenherz (Coeuret ou Coeur de Pigeon) und sagt, daß sie die größte, beste und schönste Art unter den Marmorkirschen sei. In seiner Abbildung Taf. 16 hat er aber, wie auch Truchseß anmerkt, den Fehler gemacht, daß er zwei offenbar ganz verschiedene Arten von Kirschen darstellt, unter denen nur die zu beiden Seiten abgebildeten einzelnen großen Früchte die obige ziemlich gut, nur etwas zu groß darstellen. Mayer verweiset auf Duhamels Bigarreautier commun (S. 124 der deutschen Uebersetzung), welches obige Sorte immerhin sein kann. In Hessen heißt sie, nach Dochnahls Führer, Gemeine Knorpelkirsche.

Gestalt: in guten Jahren und günstigem Boden groß, etwas länglich herzförmig, am Stiele breit, in der Mitte zugerundet und nach der
Spitze herzförmig abnehmend. Auf beiden Seiten etwas breitgedrückt,
auf der Rückenseite läuft in einer unbedeutenden Furche, die oft ganz
fehlt, eine rothe Linie zu dem nicht vertieft auf der Spitze stehenden
Stempelpunkte hin; auch auf der Bauchseite ist die Furche nur flach und
meist nicht über den Bauch hin gehend.

Stiel: mittelmäßig stark, gelbgrün, 1½″ lang, selten etwas roth
punktirt, sitzt in ziemlich tiefer und weiter Höhlung.

Die Färbung der glänzenden Haut ist sehr schön. Auf der hell
wachsgelben Grundfarbe sind stark besonnte Früchte auf beiden Seiten mit
einem etwas dunklen Roth punktirt und gestrichelt gezeichnet, das punktirt
in die Grundfarbe verläuft und an den stärksten Sonnenstellen so zusammen
läuft, daß die Grundfarbe nur als gelbe Pünktchen und Strichelchen
durchscheint. Oft sieht man auch dunklere rothe Kreischen oder Fleckchen in der Röthe. Beschattete Früchte sind nur auf einer Seite geröthet und die Grundfarbe wird daselbst nur etwas goldartiger.

Das Fleisch ist fest, gelblich weiß, der Saft hell, der Geschmack
nach Dittrich süßlich und nicht ausgezeichnet, nach meinen Wahrnehmungen
bei rechter Reife etwas weinig süß und sehr gut. Auch Truchseß fand
den Geschmack gut.

Der Stein ist langeiförmig, etwas breitgedrückt, am Stiele breit
abgestumpft, am Kopfe zugespitzt, mit feiner Spitze. Die Rückenkanten
sind ziemlich stark.

Reifzeit und Nutzung: zeitigt noch etwas vor der Großen
Prinzessinkirsche, Ende der 3. oder Anfangs der 4. Woche der Kirschenzeit, ziemlich gleichzeitig mit der Speckirsche, von der sie sich durch
lichtere Färbung unterscheidet. Wird für Tafel und Haushalt sehr brauchbar sein.

Der Baum wird nach Dittrich groß und soll etwas kleineres Blatt
haben als andere Süßkirschenbäume, was ich wenigstens an den kräftig
wachsenden Stämmen in der Baumschule nicht bemerkte.

Oberdieck.

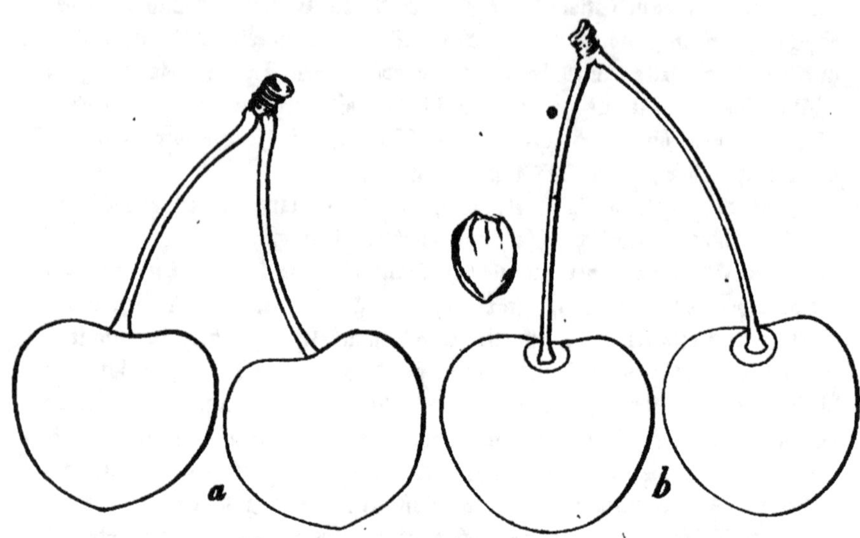

Große Prinzessinkirsche. * * † † 4. W. b. K.Z.
Holländische große Prinzessinkirsche. Truchseß.

Heimath und Vorkommen: zur Empfehlung dieser, nicht mit der Prinzessinkirsche schlechtweg zu verwechselnden Frucht darf nichts mehr gesagt werden, da sie bereits die weiteste Verbreitung gefunden hat, auch selten in einer etwas beträchtlicheren Kirschenpflanzung fehlt. Sie empfiehlt sich eben so sehr durch ihre Schönheit und Größe (Truchseß hatte in Grasboden Früchte von 14′′′ Breite und 13′′′ Höhe!) als bei gehöriger Reife durch vorzüglichen Geschmack und Brauchbarkeit zu verschiedenen Haushaltszwecken, wozu sie noch lange nicht genug verwandt wird. Sie gehört zu den alten Früchten, deren Ursprung nicht mehr bekannt ist.

Literatur und Synonyme: Truchseß S. 295 Holländische große Prinzessinkirsche, welchen Namen man ohne Nachtheil wie oben abkürzen kann, wie sie auch in Holland Groote Prinzess heißt. Allgem. T. Gartenmagazin 1804 S. 378 mit guter, von Truchseß selbst gegebener Abbildung, deren Größe indeß die Frucht in wenigen Gegenden ganz erreichen wird. Dittrich S. 81; Christ vollst. Pomol. S. 200; T.O.Cab. 3. Lief. Nr. 11 Abbildung, zu klein und im Colorit zu grün. Die Synonyme sind zahlreich. Im Hannover'schen ist sie neuerdings irrig als Graf Münsters Kirsche viel verbreitet und ist als Lauermannskirsche daselbst schon lange bekannt, die auch Labermannskirsche heißt. Truchseß unterscheidet zwar die Lauermannskirsche von obiger, jedoch nur in Größe, und diese ist nach dem Standorte des Baumes sehr verschieden. Beide Früchte, die auch das T.O.Cab. von gleicher Größe und Gestalt, nur beide zu klein gibt, wurden mir auf demselben Probebaum von gleicher Größe, und da ich beide Sorten allein von Diel hatte, bezog ich die Lauermann auch aus Meiningen, wo man jetzt die Identität beider auch anerkennt, und war auch diese 1860 mit obiger gänzlich überein. Es ist noch sub b. oben eine von Herrn Hofgartenmeister Borchers gefertigte Umrißzeichnung der Herrnhäuser Lauermann neben die sub a. gegebene Zeichnung der Obigen gestellt. In der Pariser Nationalbaumschule hatte sie nach Feuille du cultivat. 1804 p. 138 den Namen Le gros Bigarreau de Princesse d'Hollande, und ist neuerdings wohl von Frankreich her auch als Bigarreau Napoleon verbreitet, die jedoch in der Abbildung in den Annales 1853 p. 25 anders dargestellt ist und um 1820 von Parmentier erzogen sein soll; dabei ist freilich anzumerken, daß eine in Herrnhausen sich findende Bigarreau Parmentier unsere obige Frucht ist, und auch der Lond. Cat. bei Bigarreau Napoleon (Nr. 12) die Synonyme Bigarreau Lauermann, Lauermannskirsche, Lauermanns Herzkirsche gibt. Die Große Prinzessinkirsche hat der Lond. Cat. als Bigarreau schlechtweg (Nr. 8) mit den Synonymen: Groote Princess, Bigarreau de Hollande, Gros Bigarreau de Princess de Hollande, Holländische große Prinzessinkirsche, Bigarreau royal, Bigarreau tardif, Bigarreau gros, Turkey Bigarreau, Italian Heart, Harrisons Heart, West's white Heart, Transparent (of some) und Graffion. Truchseß führt unter den nicht hinlänglich untersuchten Kirschen S. 338 eine Craffion als Bunte Knorpelkirsche auf, die Uellner aus England erhalten hatte und der Meinung war, daß sie mit Forsyths Graffion und einer gleichfalls aus England erhaltenen Turkey Heart identisch sei, was nach den Synonymen des Lond. Cat. sich bestätigt. — Nach Downing S. 170, der die meisten Synon. des Lond. Cat. mit aufführt, und so auch den Holländ. große Prinzessink., heißt sie in Amerika fast allgemein Yellow Spanish, bei Manning und Kenrick White Bigarreau, bei Coxe Amber or Imperial. Downing hat aber neben der Bigarreau S. 33 noch eine Holland Bigarreau, von Noisette im Jardin Fruitier aufgeführt und aus Frankreich nach Amerika gekommen, die er von der Bigarreau unterscheiden will durch etwas frühere Reife, die indeß doch dieselbe und obige sein wird. Jahn erhielt sie endlich noch von Papeleu als Guigne de Fer (Mon. Schr. I. S. 157) vielleicht jedoch fälschlich. Esperens Knorpelkirsche ist ihr sehr ähnlich, zeitigt auch gleichzeitig, ist aber nicht ganz so groß und bei ihr entbehrlich.

Gestalt: sehr herzförmig, doch nicht spitzherzförmig; die größte Breite etwas nach dem Stiele hin; am Stiele stark abgestumpft, am Stempelpunkte herzförmig gerundet; auf beiden Seiten breitgedrückt, auf der Rückenseite meistens am stärksten, wo dann die Furche fehlt, während die Bauchseite eine flache, breite Furche hat. Der starke Stempelpunkt sitzt in einem ganz flachen Grübchen.

Stiel: stark, doch verhältnißmäßig nicht stark, 1½" lang, hellgrün, selten etwas geröthet, und sitzt in weiter, nicht tiefer, nach den Seiten hin etwas aufgeworfener Höhlung.

Haut: stark glänzend, nicht abziehbar, unansehnlich gelb, welche Grundfarbe bei stark besonnten zuweilen fast rundum mit einem schönen Kirschroth, nach dem Stiele hin mehr punktirt und gestrichelt, nach dem Stempelpunkte hin mehr marmorirt überdeckt ist. An den rechten Sonnenstellen wird die Röthe fast ganz getuscht.

Fleisch: weißgelb, saftreich, in voller Reife fest, doch nicht hart; Saft hell; Geschmack der gehörig reifen Frucht gewürzreich süß, mit schwacher Säure gemischt und vorzüglich. Hält sich am Baume lange.

Der Stein ist für die Größe der Frucht klein, lang und ziemlich spitzeiförmig, und löset sich gut vom Fleische.

Reifzeit und Nutzung: zeitigt in der 4. Woche der Kirschenzeit. Für Tafel und Haushalt gleich schätzbar.

Der Baum ist gesund, gedeiht in allerlei Boden, wird groß und ist sehr fruchtbar.

Oberdieck.

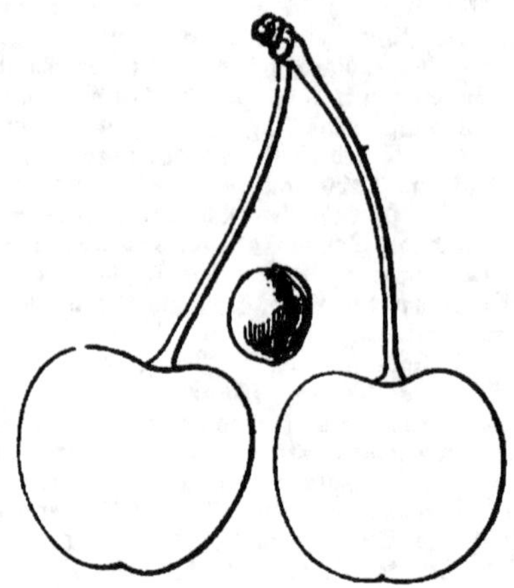

Weiße Spanische. * * † 4. W. b. K.Z.

Heimath und Vorkommen: stammt her aus Pastor Henne's Collection, der sie unter obigem Namen beschrieben hat. Hat sehr viele Aehnlichkeit mit einigen andern zugleich reifenden bunten Knorpelkirschen, namentlich der Gottorper und Gubener Bernsteinkirsche, so daß von diesen Sorten am besten nur eine beibehalten wird. — Hat bereits ziemlich allgemeine Verbreitung gefunden. Mein Reis habe ich von Burchardt (und dieser von Truchseß) sowie aus Meiningen.

Literatur und Synonyme: Truchseß S. 317. Weiße Spanische. Henne, Anweisung S. 349. Bigarreau blanc, Weiße Spanische, T.O.G. VII. S. 365 Nr. 11. Christ, Hbb. 3. Aufl. S. 685 und Vollst. Pom. S. 199; Dittrich II. S. 75. Das T.O.C. gibt Lief. III. Nr. 10 ganz gute Abbildung. — Lond. Cat. Nr. 80 White Spanish.

Gestalt: fast, oder wirklich groß, bald etwas herzförmig, meist mehr gerundet, am Stiele merklich, am Stempelpunkte etwas abgestumpft; zu beiden Seiten etwas breitgedrückt. Der Stempelpunkt sitzt meist wenig oder gar nicht vertieft, bei recht großen Früchten in einem flachen Grübchen.

Stiel: 1½" lang, mittelmäßig stark, oft fast dünn, gelblich grün, in weiter, mäßig tiefer Höhlung, die nach beiden Seiten flach aufge= worfen ist und nach der Rückenseite am stärksten abfällt.

Farbe der glänzenden Haut ein ziemlich reines, helles, wachsartiges

Gelb; dieses Gelb überzieht an den besonnten Stellen ein schönes Kirsch=
roth, welches Roth anfangs mehr getüpfelt und fein gestrichelt erscheint,
bei zunehmender Reife oder an der Sonnenseite mehr zusammenläuft.
Recht besonnte Früchte können zuletzt über den größeren Theil der Ober=
fläche roth mit durchschimmernder Grundfarbe erscheinen, doch bleiben die
meisten auf der Schattenseite gelb und behält die Röthe genau besehen
immer etwas Punktirtes und Gestricheltes.

Das Fleisch ist matt gelblich, bei voller Reife so konsistent, daß
man die Frucht völlig zu den Knorpelkirschen zählen darf; der reichlich
vorhandene Saft ist süß und angenehm.

Der Stein ist mittelmäßig groß, ziemlich eiförmig, zum Oval nei=
gend, und hat ziemlich starke und scharf hervortretende Rückenkanten.

Reifzeit und Nutzung: zeitigt in der 4. Woche der Kirschen=
zeit und muß nicht zu früh gepflückt werden (wie fast alle bunten Herz=
und Knorpelkirschen), um ihren guten süßen Geschmack zu haben. Hält sich
am Baume mehrere Wochen. Daß, wie Henne will, die abgenommenen
Früchte sehr rasch fleckig würden, habe ich nicht bemerkt, was vielleicht
in Verwechslung mit der Süßen Spanischen gesagt ist.

Der Baum wächst rasch und gesund, wird aber nach Dittrich nicht
groß. Daß er in der Blüthe besonders empfindlich wäre, habe ich nicht
bemerkt, und trug die Sorte gern und voll.

Oberdieck.

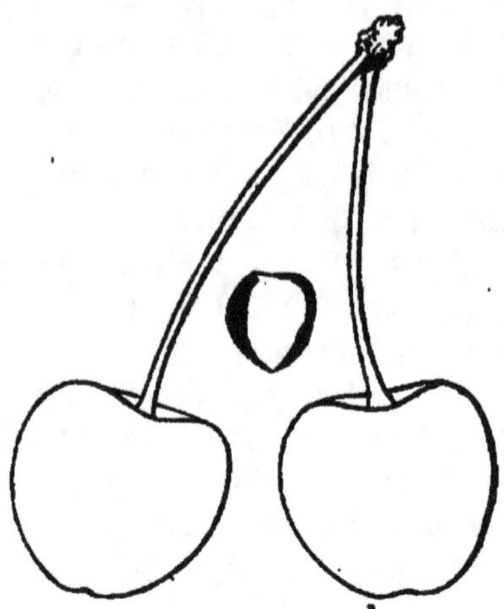

Die **Perlknorpelkirsche.** * † 4. W. b. K.Z.

Heimath und Vorkommen: Sickler bekam sie aus der Baum-schule von Nebrig zu Naschwitz und theilte sie wieder dem Freiherrn Truchseß mit.

Literatur und Synonyme: Truchseß S. 305. — Sickler hat sie im T.O.G. XXI. S. 277 Nr. LVII. unter dem Namen Perlherzkirsche beschrieben, welche Benennung Truchseß aber, weil es eine Knorpelkirsche ist, und weil auch Büttner be-reits im T.O.G. VII. S. 363 Nr. VIII. eine Herzkirsche als Perlkirsche beschrieben hatte, in den obigen umzuwandeln für gut fand. — Vergl. Dittr. II. S. 80; Oberb. S. 524.

Gestalt: etwas breiter wie hoch, 10‴ breit, 9‴ hoch und dick. Auf der einen Seite sieht man nur bei einigen eine haardünne Linie vom Stiele nach dem andern Ende gehen und wo sie aufhört, ein graues Pünktchen ohne Grübchen. (Ich habe mir bei ihrer Zeichnung ange-merkt, daß sie auch öfters noch stärker spitzherzförmig, als sie oben vor-liegt, sich baut. Die Furche ist sehr stark und tief und auch auf der gegenüberstehenden Seite noch etwas sichtbar.)

Stiel: in geräumiger flacher (doch wie ich dieselbe vom Jerusalem besitze, oft auch in sehr tiefer) Einsenkung, dünn, grün, kaum 2 Mal so lang, als die Kirsche hoch ist.

Haut: straff über das Fleisch gespannt, ziemlich zähe und stark glänzend. Grundfarbe wachsgelb, auf der Sonnenseite hellroth, unter welchem das Gelb in den zartesten Pünktchen hervorleuchtet, so daß sie, besonders an hellen Stellen, ganz damit besprengt zu sein scheint.

Fleisch: fest, weißgelb, und eine Linie tief unter der Haut nach dem Steine zu befindet sich ein weißer Kranz von ziemlich starken Fibern. Der Stein scheint aus dem Fleische röthlich hervor. — Der Saft farblos, von sehr angenehmem, süßen Geschmack.

Stein: nach Truchseß länglich, unten stumpfspitz abgerundet und oben etwas breiter. (Nach meinen Bemerkungen ist er ziemlich groß, herzförmig, wie oben abgebildet.) Er ist von Farbe etwas röthlich.*

Reife und Nutzung: die Kirsche reift Ende Juli und ist eine sehr gute Tafelkirsche. — In Meiningen war sie 1858 den 18. Juli zeitig.

Eigenschaften des Baumes: mein Baum macht kein starkes Gewächs und läßt es auch mit dem Blühen und Tragen an sich kommen, so daß von Zeit zu Zeit einige Früchte an ihm etwas Seltenes sind. Doch steht er von andern etwas unterdrückt und macht sich wohl unter bessern Verhältnissen auch anders.

Bemerkungen: wie Truchseß zu der von Sickler verfaßten Beschreibung bemerkt, muß man die Kirsche bei scheinbar völliger Reife noch einige Tage hängen lassen, wenn man das Knorpelartige des Fleisches verspüren will (und es ist dann, wie ich selbst finde, das Fleisch selbst ziemlich hart). Von der ihr am nächsten stehenden Frühen Bernsteinkirsche ist sie durch mehrere Röthe unterschieden. — Wenn übrigens sich aus meinen obigen Mittheilungen auch einige Differenzen gegen Sickler ergeben, so zweifle ich doch nicht, daß ich die Sorte richtig habe, indem sie sonst mit dessen Beschreibung trifft.

Jahn.

---

* Sickler schildert ihn weiter: die breite Kante hat in der Mitte eine ziemlich dicke Erhöhung und auf beiden Seiten eine flache schmale Vertiefung, die durch scharfe aufgeworfene Linien nach den Backenseiten begrenzt werden. Die kleine Kante besteht nur aus einer zarten aufgeworfenen Linie.

No. 40. **Gubener Bernsteinkirsche.** I, B b. Truchseß; Bunte Knorpelkirschen.

Gubener Bernsteinkirsche. * * † 4. W. b. K.Z.

Heimath und Vorkommen: stammt, wie schon der Name besagt, aus den Gubener Kernsaaten. Gehört durch Fruchtbarkeit und Haltbarkeit am Baume zu den recht guten Sorten, wenngleich ich sie gerade nicht besser nennen kann als die Weiße Spanische, die Perlknorpelkirsche und Gottorper, die ihr so ähnlich sind, daß die Unterschiede schwer anzugeben sind. Es scheinen durch die Kernsaat überhaupt besonders leicht bunte Herz= und Knorpelkirschen zu fallen. Mein Reis erhielt ich von Dittrich und aus Meiningen überein.

Literatur und Synonyme: Truchs. führt sie S. 342 und Nachtrag S. 685 nur erst kurz auf, und konnte bloß bestätigen, daß sie schätzbar sei und zu den bunten Knorpelkirschen gehöre. Dittrich II. S. 77 gibt schon vollständige Beschreibung nach Früchten die er erndtete. Sonst wird sie in pomologischen Werken nicht vorkommen, als nur in meiner Anleitung.

Gestalt: gehört zu den großen, wenngleich bei recht vollem Tragen des Baumes die Früchte mir öfter noch ein Geringes kleiner blieben als obige Figur. Die Form ist stumpfherzförmig oder mehr rundherzförmig, am Stiele ist sie stark abgestumpft, nach dem Stempelpunkte rundet sie sich mehr zu, ist aber auch da oft stark gedrückt. Nach Dittrich ist sie nur auf der Rückenseite breitgedrückt, wo sich eine Linie findet; bei mir zeigte sich häufig auch noch auf der Bauchseite eine flache Furche. Der Stempelpunkt ist flach, oft fast nicht vertieft.

Stiel: ziemlich stark, 1½—2" lang, hellgrün mit einzelnen braunen Pünktchen und sitzt in flacher, weiter Höhlung.

Haut: glänzend, etwas stark; Grundfarbe ein schönes Weißgelb, oft auch etwas unansehnliches Gelb, welches auf der Sonnenseite etwas dunkler wird, und an der Sonnenseite, bei voller Reife aber über gut ⅔ der Oberfläche der Frucht mit einer hellen Karminröthe fast getuscht überzogen ist, die nach der Schattenseite schwächer wird und wie lavirt sich verliert, so daß größere Stellen der Grundfarbe rein bleiben. Auf der Sonnenseite scheint die Grundfarbe noch in feinen gelblichen Punkten und Strichelchen durch.

Das Fleisch, welches Dittrich sehr hart nennt, fand ich nicht härter als bei vielen andern Knorpelkirschen; es ist unansehnlich hellgelb mit starken Fibern durchzogen, saftreich und der Geschmack angenehm süß mit etwas Säure gemengt. Die Frucht, welche sich schon ziemlich früh röthet, muß indeß lange am Baume hängen, wenn der Geschmack wirkliche Güte erlangen soll, was man in nassen Jahren und wo die Kirschen den Nachstellungen der Vögel ausgesetzt sind, einen Fehler nennen, im gegentheiligen Falle als lange Haltbarkeit der Frucht am Baume betrachten kann.

Der Stein neigt zur Eiform, ist aber oft fast oval, am Stielende ein Wenig abgestumpft; die breiten, aber flachen Rückenkanten stehen nach dem Stielende hin etwas vor.

Reifzeit und Nutzung: zeitigt mit der Holländischen Prinzessinkirsche und ähnlichen in der 4. Woche der Kirschenzeit und erhält rechte Güte des Geschmacks eigentlich erst noch etwas später als die gedachte größere Sorte. Ist für die Tafel angenehm und auch im Haushalte brauchbar.

Der Baum wächst lebhaft und gut, und wenn Dittrich meint, daß er nicht voll zu tragen scheine, so kann ich das Gegentheil bestätigen.

Genügende, durch Worte hinreichend ausgedrückte, konstante Unterschiede unter den obgedachten ähnlichen Sorten weiß ich zur Zeit noch nicht gehörig anzugeben. Es würde zweckmäßig nur Eine etwa beizubehalten sein. Die Gottorper wird sich indeß noch genügend durch frühere Reife unterscheiden.

Oberdieck.

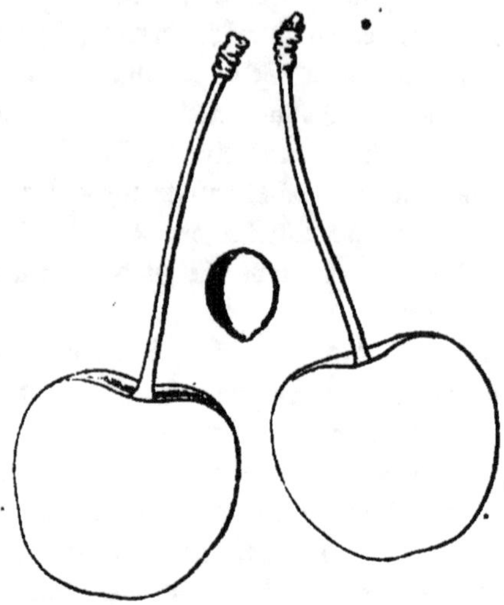

Büttners rothe Knorpelkirsche.   * * ! † Anf. b. 5. W. b. K.Z.

Heimath und Vorkommen: der verstorbene Stiftsamtmann Büttner in Halle, ein großer Kirschenfreund und Kenner, erzog sie aus Samen. Ist als eine der besten und schönsten Kirschen bereits in den meisten Kirschensammlungen zu finden.

Literatur und Synonyme: Büttner beschrieb sie selbst im T.O.G. VII. S. 388 Nr. 53 als Neue rothe Knorpelkirsche, doch ergänzte Truchseß S. 299 diese Beschreibung. — Christ hat sie im Hbb. 3. Aufl. S. 686 Nr. 35 Rothe Knorpelkirsche aus Samen, und Büttners rothe neue Knorpelkirsche, in der Vollst. Pom. S. 203 Nr. 35 Rothe neue Knorpelkirsche aus Samen genannt. — Gotthard S. 147 Nr. 1 nannte sie Große rothe Knorpelkirsche. — Die Pariser Nationalbaumschule nannte sie, wie Truchseß nach Feuille du Cultiv. p. 138 bemerkt, Le Bigarreau cartilagineux de Büttner rouge. — Vgl. noch Lieg. Anl. von 1825 S. 161; Oberd. S. 512.

Gestalt: sie ist auf beiden Seiten, doch auf der Rückenseite mehr als auf der andern breitgedrückt, am Stiele stumpf oder platt abgeschnitten, oben, wo sich ein graues Stempelgrübchen befindet, ebenso platt abgerundet. Die Furchen auf den breitgedrückten Seiten sind nur an den unreifen Kirschen sichtbar. Die Kirsche gehört zu den größten. Die Höhe und Dicke derselben ist gleich groß, aber ihre Breite ist um 1/3 größer.

Stiel: mehr kurz als lang, gegen 1½", nicht stark, etwas gebogen, beinahe ganz flach stehend.

Haut: hellroth, doch schimmert die gelbe Grundfarbe vorzüglich auf der einen Seite durch, und das Roth ist mit feinen gelben Strichen gezeichnet, welche am Stiele in längeren Linien zusammenlaufen.

Fleisch: hart und sowie der Saft, der wegen des harten Fleisches nicht häufig ist, von weißlicher Farbe. Der Geschmack ist bei völliger Reife erhaben süß oder pikant.

Stein: nach Truchseß dickherzförmig (doch möchte ich ihn, wie er hier vorliegt: eirund [eiförmig O.], kurz zugespitzt nennen).

Reife und Nutzung: die Kirsche reift zu Ende Juli oder zu Anfang des August. Wenn zur Zeit der Reife kein Regenwetter eintritt, bei welchem die Früchte wie alle Knorpelkirschen leicht aufspringen und unbrauchbar werden, so hält sie sich mehrere Wochen am Baume und nimmt an trefflichem Geschmack immer mehr zu. Aus dieser Ursache und wegen ihrer ansehnlichen Größe verdient sie allgemein bekannt und häufig angepflanzt zu werden.

Eigenschaften des Baumes: derselbe wächst ziemlich gemäßigt, er läßt wenigstens nach einiger Zeit im Wachsthum nach und scheint überhaupt gegen höhere Kältegrade empfindlicher als andere ähnliche Sorten zu sein. Es gingen mir bereits schon 2 ziemlich starke Stämme wieder zu Grunde. Im Uebrigen trägt derselbe, wenn die Blüthe, wie es vorkommt, im Spätfrost nicht leidet, in guten Kirschenjahren eben so voll wie andere Sorten und kann ich mich über sparsamen Ertrag nicht wie Liegel beschweren.

Bemerkungen: von der Lauermanns Kirsche, mit welcher die Kirsche in Farbe und Größe Aehnlichkeit hat, unterscheidet sie sich dadurch, daß ihr Stiel flach aufsitzt und daß sie oben und unten mehr plattgedrückt ist, und von der Holländischen Prinzeß ist sie nach Truchseß durch ihre geringere Größe und gelbgestrichelte Röthe verschieden. — Schließlich will ich noch darauf aufmerksam machen, daß ich dieselbe Kirsche früher mehrmals als Bigarreau marbré versendet habe, unter welchem Namen ich sie vom verstorbenen Bornmüller empfing, und weiter verbreitete, denn die vorliegende war mir damals noch nicht bekannt.

Jahn.

No. 42. **Grolls Knorpelkirsche.** I. B. b. Truchseß; Bunte Knorpelkirschen.

Grolls Knorpelkirsche. * * † † 5. W. b. K.Z.

Grolls bunte Knorpelkirsche. Truchseß.

Heimath und Vorkommen: auch diese sehr gute Frucht stammt aus den Samenzuchten der Societät zu Guben, und ist benannt nach ihrem Erzieher. Verbreitet ist sie wohl noch wenig. Ihr Werth besteht darin, daß sie erst etwas nach der Großen Prinzessinkirsche zeitigt. In anhaltendem Regen springt die Frucht, wie die meisten Knorpelkirschen, gern auf. — Mein Reis erhielt ich von Dittrich.

Literatur und Synonyme: Truchseß S. 328. Dittrich II. S. 77. Christ, vollst. Pomol. S. 185, wo sie fälschlich unter die bunten Herzkirschen gesetzt ist und den unpassenden Namen Lauermannskirsche aus Samen mit weichem Fleische hat. Heißt auch bloß Grolls große, oder vollständig Grolls große bunte Knorpelkirsche.

Gestalt: die Frucht ist groß, oft noch ein Geringes größer wie obiger Umriß. Gestalt theils stumpf-, und am Stempelpunkte gerundet herzförmig, theils etwas spitzherzförmig, ähnlich wie die Purpurrothe Knorpelkirsche oder Tilgeners rothe Herzkirsche. Am Stiele ist sie ziemlich stark abgestumpft, am Stempelpunkte nicht, der meistens etwas zur Seite der eigentlichen Spitze der Frucht nach der Rückenseite hin sitzt und als feines Spitzchen vorsteht. Zu beiden Seiten ist sie merklich breitgedrückt, am stärksten auf der Rückenseite. Die Bauchseite hat eine häufig sehr flache Furche, die Rückenseite eine breite und flache häufig auch eine tiefere aber sehr breite Furche, die nach dem Stiele hin an

Breite und Tiefe zunimmt und in deren Grunde sich eine Linie herzieht. Die spitzere Herzform unterscheidet sie schon hinlänglich von der ihr ähnlichen Lauermanns Kirsche (Großen Prinzessinkirsche). Truchseß gibt zum Unterschiede außerdem noch einen breitlicheren Stein an und eine lichtere Färbung. Letzterer Unterschied ist nicht hinreichend sicher; allerdings ist sie häufig heller und mehr nur sanft roth lavirt, doch färbt sie sich oft auch ziemlich dunkel.

Der Stiel ist gelblich grün, zuweilen etwas röthlich angelaufen, ziemlich stark, 1²/₃ bis 2″ lang und sitzt in weiter flacher Höhlung, deren Rand zu beiden Seiten am stärksten aufgeworfen ist, nach der Bauchseite etwas, am stärksten nach der Rückenseite hin abfällt.

Die Färbung ist der der Großen Prinzessinkirsche ähnlich, häufig zwar etwas heller gefärbt, doch nimmt die Frucht bei guter Witterung auch mehr Röthe an und sind besonnte oft fast rundum mit schönem Kirschroth punktirt und gestrichelt überdeckt, welche Färbung an den stärksten Sonnenstellen fast getuscht wird, oder als noch dunklere Zeichnung in der allgemeinen Röthe erscheint.

Das Fleisch ist gelber als bei vielen andern bunten Knorpelkirschen und nicht zu hart; der reichlich vorhandene, nicht färbende Saft bei voller Reife gewürzreich, etwas weinartig süß.

Der Stein ist ziemlich schön eiförmig, am Stielende fast nicht abgestumpft, gegenüber in ein feines Spitzchen endigend, mäßig dickbackig. Die Rückenkanten verbreitern sich nach der Spitze hin merklich und erheben sich nach dem Stielende hin nur wenig; die Nebenkanten treten markirt hervor, die Mittelkante steht nur flach vor.

Reifzeit und Nutzung: zeitigt in der 5. Woche der Kirschenzeit und hält bei gutem Wetter sich lange am Baume. Für Tafel und Haushalt brauchbar.

Der Baum wächst rasch und gesund und ist früh und sehr fruchtbar.

Oberdieck.

No. 43. **Meininger späte Knorpelkirsche.** I, B b. Truchseß; Bunte Knorpelkirschen.

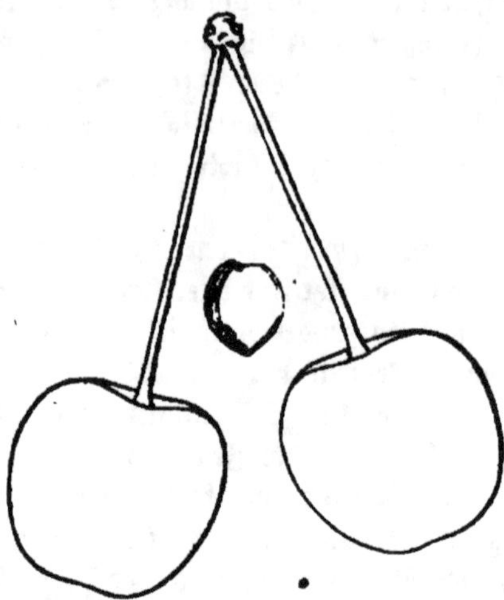

Meininger späte Knorpelk. Zahn. * (öfters **) ††! Aug. oft Spt. 6. W. b. K.Z.

Heimath und Vorkommen: diese Kirsche kam nach Meiningen aus Frauendorf als Goldgelbe Herzkirsche. Die Kirsche dieses Namens fehlte nemlich in dem sonst ziemlich vollständigen Sortimente des Freiherrn Truchseß auf dem Jerusalem und wir suchten sie von dort aus zu ergänzen. Sie stimmte aber nicht mit Truchseß Beschreibung der Genannten S. 350, welches eine früher reifende dunkelgelbe Kirsche mit weichem Fleische ohne das mindeste Roth hätte sein müssen, die, wie es scheint, auch anderwärts gänzlich verloren gegangen ist.* Ich erkannte die Kirsche indessen als eine sehr schätzenswerthe späte bunte Knorpelkirsche und habe sie mehrfach unter dem obigen Namen, früher auch als Goldgelbe Herzkirsche aus Frauendorf versendet und in meinem Verzeichniß unter Nr. 87 aufgezählt.

Literatur und Synonyme: im Neuen deutschen Obstcabinet Jena 1858 III. Sect. 5. Lief. ist sie als Späte bunte Knorpelkirsche aus Frauendorf leider nicht recht kenntlich und etwas klein, weil das Jahr nicht günstig war, abgebildet, auch gab ich einige Notizen zur Beschreibung, die ich hier vervollständige.

Gestalt: herzförmig, nach dem Stiele zu ziemlich stark abgeplattet, an dem entgegengesetzten Ende stumpf abgerundet, auf beiden Seiten

* Ich besaß die Goldgelbe Herzkirsche von Dittrich wohl ganz ächt, habe sie aber, als zu klein und nicht werthvoll, eingehen lassen.   O.

etwas gedrückt, doch auf der Furchenseite stärker. Die Furche ist deutlich bemerklich, doch nicht tief, geht aber bis zum Stempelpunkt und die Kirsche ist hier am meisten gedrückt, so daß der kleine braune Stempelpunkt in einer kleinen Vertiefung etwas seitwärts steht. In ungünstigen Jahren ist die Frucht kleiner und erscheint dann etwas länglich herzförmig; sonst ist sie gut mittelgroß.

Stiel: verschieden lang, dünn, weißlichgrün, in einer engen, nicht tiefen Höhlung.

Haut: weißlichgelb, in völliger Reife blaßgoldgelb, an der Sonnenseite lackartig dunkelcarmoisinroth, an den anderen Stellen lichter und mit blasserem Roth marmorirt, so daß oft von der Grundfarbe nichts zu erkennen ist.

Fleisch: sehr fest, weißgelb, unter der Haut röthlichweiß, durchscheinend, saftreich, Saft nicht färbend, von recht angenehmem, süßen, in guten Jahren auch erhabenen Geschmack.

Stein: etwas groß, doch wenn die Kirsche sich gut ausbildet, verhältnißmäßig, rundlich herzförmig, gewöhnlich mit etwas Fleischanhang.

Reife und Nutzung: die Kirsche reift in warmen Sommern wie 1858 zu Ende des Juli, meist aber erst im August und die Reifzeit verzögert sich oft bis September, so daß ich vor einigen Jahren den 18. Sept. noch einen Teller voll hatte. Sie hält sich am Baume, wenn kein Regen einfällt, sehr lange gut.

Eigenschaften des Baumes: derselbe wächst stark, wird groß und ist recht fruchtbar, was besonders auch darin seinen Grund hat, daß der Baum spät, unter allen Süßkirschenarten am spätesten zum Blühen kommt und somit den so oft noch bei uns vorkommenden Spätfrösten entgeht. Aus diesem Grunde besonders will ich die Sorte, welche an einem schattigen Orte wahrscheinlich ihre Früchte eben so spät zur Reife bringt, wie die Belle Agathe de Novembre und deshalb am Ende gleichen Werth mit dieser in den Verzeichnissen jetzt viel Genannten hat, auch zu recht vielfacher Anpflanzung empfehlen. Eben so spät wie sie zeitigt auch die Hildesheimer ganz späte bunte Knorpelkirsche, doch trägt diese weniger reich, und ihr Fleisch ist noch härter als das der vorliegenden.

Jahn.

No. 44. **Hildesheimer späte Knorpelkirsche.** I, B b. Truchseß; Bunte Knorpelk.

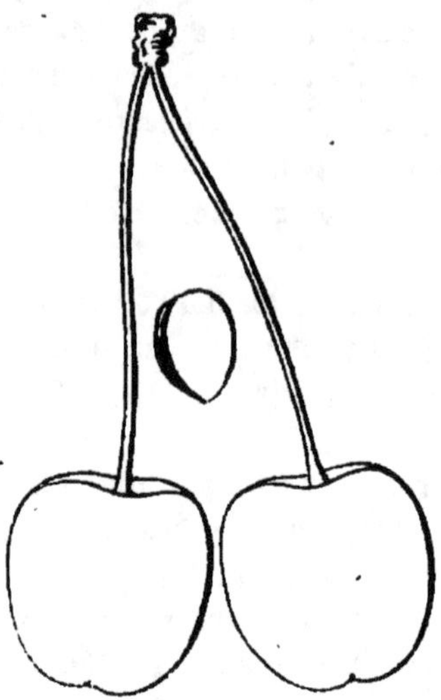

Hildesheimer späte Knorpelkirsche. * * Ende Aug. oft Sept. u. später.
Hildesheimer ganz späte Knorpelkirsche. Truchseß.

Heimath und Vorkommen: sie wurde vom Superintendenten Clubius zu Hildesheim, als theologischer und ästhetischer Schriftsteller rühmlichst bekannt, zur Kenntniß des pomologischen Publikums gebracht. Durch Christ, an den sie Clubius zunächst sandte, erhielt sie 1798 auch Truchseß.

Literatur und Synonyme: Clubius beschrieb sie selbst im T.O.G. XIX. S. 181 und Tab. 11 ist sie recht treffend abgebildet, und zwar unter dem von Clubius gebrauchten Namen Die Späte Hildesheimer Marmorkirsche. (Eine Abbildung nach Früchten von mir im Neuen Obstcab. Jena 1858 ist wenig gelungen. Das Jahr 1857 war zu trocken.) Vergl. auch Truchseß S. 321 und Dittrich S. 84. Dieser nennt sie Hildesheimer ganz späte bunte Knorpelkirsche. Oberd. S. 515 besitzt unter dem Namen Krato's Knorpelkirsche zwar nicht dieselbe, doch eine ähnliche späte Frucht. In Christs Hdwb. S. 281 heißt sie mit Unrecht, weil sie nicht gelb oder weiß ist, Hildesheimer ganz späte weiße Knorpelkirsche und nach dem Lond. Cat. Bigarreau Tardif de Hildesheim, Bigarreau blanc Tardif de Hildesheim.

Gestalt: herzförmig, meist auf beiden Seiten etwas gedrückt, auf der einen ist die Furche ziemlich bemerklich, auf der andern ist auch die Naht entweder als schwache Vertiefung oder als dunkler gefärbter Strich zu erkennen. Der Stempelpunkt steht gewöhnlich in einer ziemlichen Vertiefung.

Stiel: 2" lang (im T.O.G. ist er allzulang abgebildet), dünn, oft etwas gebogen, in einer schwachen Vertiefung stehend.

Haut: glänzend hellroth, auf der Sonnenseite dunkelblutroth, dazwischen sehr fein weiß gestrichelt, in dem helleren Roth der Schattenseite finden sich dunkelrothe Punkte. Nur ganz beschattete oder noch unreife Früchte sind noch gelb und mehr oder weniger mit Roth marmorirt.

Fleisch: sehr fest und hart, gelb, nicht übrig saftig, aber sehr süß und von vortrefflichem Geschmack.

Stein: ziemlich groß, länglich, plattgedrückt, stumpfspitz, die breite Kante ist wenig gefurcht und die Gegenkante bildet eine nur wenig erhabene Linie. Am Stein bleibt gewöhnlich etwas Fleisch hängen.

Reife und Nutzung: die Kirsche reift Ende August bis Anfangs September, in beschatteter Lage aber erst im October und hält sich bis zum November, so daß man die schönsten Süßkirschen noch neben Pflaumen, Pfirschen, Weintrauben u. s. w. haben kann, wie sich Clubius ausdrückt, wodurch sie für herrschaftliche Tafeln sehr schätzbar wird.

Eigenschaften des Baumes: dieser wächst stark aufwärts strebend und setzt auch die Aeste spitzwinkelig an. Seine Sommertriebe sind stark, die Blätter groß, an ausgewachsenen Bäumen jedoch nicht größer als an vielen andern Süßkirschen, er trägt auch nach Clubius jährlich und fast immer voll.

Bemerkungen: nach Dittrich hat die Kirsche nur wegen ihrer späten Reife Werth und konnte derselbe ihre große Tragbarkeit damals noch nicht rühmen. Truchseß erhielt auch nur wenig Früchte von seinem Baume. Wahrscheinlich war der Stamm bei beiden noch im zu starken Wachsen begriffen, denn ich finde hier gegen viele andere Sorten in der Tragbarkeit keinen Unterschied. — Die Besorgniß des Freiherrn Truchseß, daß es schwer halten werde, die Kirsche bis zur Erlangung ihrer späten Reife vor allen Zufällen zu bewahren, finde ich unbegründet, denn die später reifenden Sorten, besonders die hartfleischigen, werden, weil es schon Birnen und anderes Obst giebt, von Vögeln und Insecten bei weitem nicht so arg heimgesucht. — Zu damaliger Zeit war dies die einzige so spät reifende Süßkirsche, doch haben wir inzwischen mehrere kennen gelernt. Es sind dies z. B. Hefters ganz späte bunte Knorpelkirsche (Dittr. I. S. 85; leider konnte ich sie z. Z. nicht ächt bekommen, 2 Mal erhielt ich dafür die Große schwarze Knorpelkirsche), Fürsts schwarze Septemberherzkirsche (Liegels Anm. S. 111; ist nur nach Oberd. S. 627 nicht größer als gewöhnliche Vogelkirschen), Meininger späte bunte Knorpelkirsche (Beschreibung folgt in diesem Hefte) und sehr gespannt bin ich auf Belle Agathe de Novembre (Ann. de Pom. III. p. 9; ich erhielt sie aus Brüssel, sah aber z. Z. noch keine Früchte) aber auch auf die von Hrn. Alfred Topf in Erfurt als Neuheit angezeigte Merveille de Septembre werden wir unser Augenmerk richten müssen.

Jahn.

Anmerkung: die Belle Agathe de Novembre habe ich von der Societé van Mons und von Freund Jahn im Wuchse überein. Jene trug 1859 4 Früchte, die schon Anf. Aug. sehr dunkelroth waren, klein wie Vogelkirschen und Mitte Oct. noch ganz eben so waren; die Zukunft muß mehr lehren. Die Merveille de Septembre, wie Hr. Topf sie in Gotha am Zweige ausgestellt hatte, war mittelgroß, aber sehr gut.

D.

No. 45. **Gelbe Herzkirsche.**   I, C a. Truchseß; Gelbe Herzkirschen.

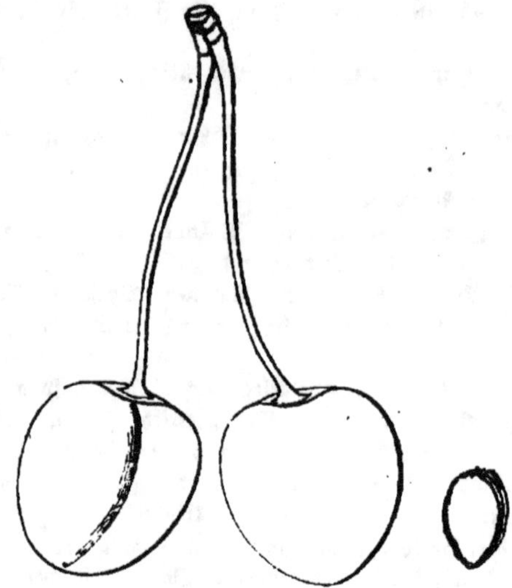

Gelbe Herzkirsche.   ∗ ∗ Ende der 3. W. d. K.Z.

Heimath und **Vorkommen:** eine besonders in Franken und Schwaben altbekannte, durch ihre gelbe Farbe schon verbreitete und nach meinem Urtheile durch diese Farbe und ihren guten Geschmack zur Anpflanzung in jedem größeren Garten, vorzüglich auch als Zierde für die Tafel zu empfehlende Frucht.

Literatur und **Synonyme:** Truchseß S. 342; Dittrich II. S. 86; T.O.G. VII. S. 362 Nr. 35, VIII. S. 281 Taf. 13 Nr. 10, Abbilb. gut; Pomon. Franc. Taf. 11 sehr gut, T.O.Cab. Nr. 12 gleichfalls kenntlich abgebildet. Zink hat sie wahrscheinlich in der Uebersetzung von Knoops Pomologie S. 41 Taf. 11 Nr. 103 als Weiße spanische Herzkirsche, Pomona Austr. Taf. 4 Fig. 1 als Große weiße glänzende Herzkirsche, Abbilb. etwas klein. Christ: von Pflanzung 2c. Theil 1 S. 270 Nr. 7 Schwefelkirsche, Gelbe Herzkirsche, Handb. 2. Aufl. S. 666 Nr. 23 Gelbe Herzkirsche, Wachskirsche, Vollst. Pomol. S. 205 Nr. 37 und in andern seiner Schriften. Rößler S. 186 Nr. 77 2c. Ihre Synonyme sind mithin Schwefelkirsche, Wachskirsche, Gelbe Kirsche, Gelbe oder weiße Herzkirsche, auch Goldkirsche (bei Mayer) Gelbe spanische Herzkirsche 2c.; doch sind wegen der mehrern gelben Kirschen wenige darunter genau bezeichnend. In Frankreich heißt sie Guigne jaune de Duhamel, Cerise à soufre. Der Londoner Catalog hat sie ohne Nummer und Bemerkung jedoch wohl sicher als Guigne jaune. Downing kennt sie nicht, sondern nur Büttners gelbe Knorpelkirsche und eine Lady Southamptons Yellow, die amerik. Ursprungs scheint, jedoch nicht gelobt wird.

Gestalt: bei günstiger Witterung gehört sie zu den Größeren.

Gestalt sehr herzförmig, auf beiden Seiten. etwas und meistens auf der Rückenseite am stärksten breitgedrückt und zugleich schwach gefurcht. Oft findet sich flache Furche auch auf der Bauchseite. Am Stempelpunkte, der in einem nur kleinen Grübchen steht, läuft sie herzförmig zu.

Stiel: lang, meistens über 2", etwas gebogen, lichtgrün, ohne Röthe, sitzt in flacher Höhlung.

Die Färbung der glänzenden, ziemlich feinen Haut ist hellgelb, ohne Röthe, auf der Sonnenseite nur etwas gelber.

Das Fleisch ist etwas heller gelb als die Haut, saftreich, ziemlich zart, der Saft hell, der Geschmack vor voller Reife fade, in voller Reife angenehm süß, bei der Ueberreife wieder fade.

Der Stein ist nicht groß, langeiförmig, am Kopfe mit einer Spitze und löset sich gut vom Fleische.

Reifzeit und Nutzung: zeitigt zu Ende der 3. oder Anfangs der 4. Woche der Kirschenzeit. Hauptsächlich nur für die Tafel.

Der Baum wächst gut und zeigte sich auch bei mir recht fruchtbar. Seine Triebe sind, wie die von Büttners gelber Knorpelkirsche, etwas gelblicher als die andrer Herzkirschen, und treibt der Baum im Frühling ziemlich am frühesten unter allen. Von der auch viel kleineren Goldgelben Herzkirsche unterscheidet sie sich durch helleres Gelb und herzförmigere Gestalt. Von der Gelben Wachskirsche dadurch, daß auch diese bemerklich später reift und etwas festeres Fleisch hat. Werth hat unter den Gelben Herzkirschen nur Obige.

Oberdieck.

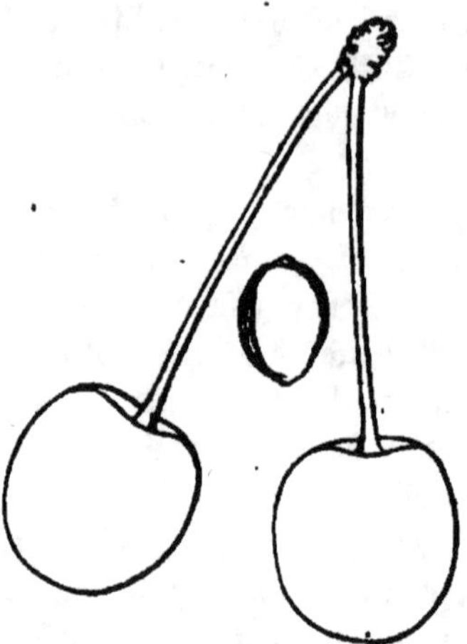

Jahns Durchsichtige. Jahn. * † Anf. Juli.

Heimath und Vorkommen: mein verstorbener pomol. Freund, der Haushofmeister Remde hies., erzog sie aus Samen. Da der junge Baum sich unter mehreren von ihm gleichzeitig erhaltenen Sämlingen durch bleichgrüne Blätter auszeichnete, ließ ich denselben unveredelt stehen.

Literatur und Synonyme: in den Verhandlungen des Vereins für Pomol. und Gartenb. in Meiningen Heft V. S. 55 gab ich bereits Nachricht von dieser Kirsche und sandte auch Früchte an Hrn. Mauke in Jena, der sie im R. Obstcab. III. Sect. 5. Lief. 1858 abgebildet hat. — Sehr interessant ist es mir gewesen, in Downing S. 177 unter dem Namen Transparent Guigne mit Bezugnahme auf Foryth und Prince's Pomol. Manual mit dem Synonym Transparent Gean, Transparent eine der Beschreibung nach ganz ähnliche Frucht zu finden, die er als köstliche kleine Kirsche, welche von allen Liebhabern bewundert werde, lobt.

Gestalt: runblich herzförmig, am Stiele nur schwach abgeplattet, an dem gegenüberstehenden Ende ziemlich breit abgerundet; die Furche ist nur durch eine dunklere Linie angedeutet. Der Stempelpunkt ist ziemlich bemerklich, steht auch öfters etwas erhöht. Die Kirsche ist klein.

Stiel: grün, ziemlich stark und lang; er sitzt in einer engen, nicht tiefen Höhlung.

Haut: dünn, durchscheinend, von Farbe weder gelb noch roth, sondern ein Mittelding zwischen beiden, chamois oder isabellgelb.

Fleisch: gelblichweiß mit röthlichem Schimmer, weich, saftreich unb von recht angenehmem Geschmack, nur in schlechten Sommern unb nicht gehörig reif hat es etwas Bitteres. Saft nicht färbenb.

Stein: eiförmig (oval O.), mit flachen Furchen, er ist verhältniß= mäßig groß, löset sich aber gut vom Fleische.

Reife unb Nutzung: die Kirsche reift in gewöhnlichen Jahren Mitte Juli; 1858 war sie aber schon zu Anfang des Juli zeitig. *

Eigenschaften des Baumes: derselbe wächst gut, macht einen aufrechten hohen Stamm unb ist recht tragbar. Das Laub besselben hat den bleichen Schimmer der Büttners gelben Knorpelkirsche.

Bemerkungen: nach ihrem weichen Fleische unb nach der immer mehr gelben als rothen Farbe der Haut, auch nach der lichten Belaubung des Baumes muß man die Sorte zu den Gelben Herzkirschen stellen. Die Kirsche unterscheidet sich durch ihre Färbung von allen andern unb ein Träubel bavon zwischen schwarzen, bunten unb gelben Kirschen sieht recht hübsch aus. Die Haut unb das Fleisch sind so burchsichtig, baß man, gegen das Licht gehalten, den Stein in der Frucht erkennen kann. Aus biesem Grunde, unb weil bieselbe boch immer noch einmal so groß als eine gewöhnliche Vogelkirsche ist, wirb biese interessante Varietät in einem Kirschensortimente immerhin beibehalten zu werben verbienen.

Jahn.

Anmerkung: ba es mehrere Kirschen mit dem Namen Durchsichtige gibt, z. B. auch Coës Transparent, eine sehr schätzbare, gleichzeitig mit der Frühesten bunten Herzkirsche zeitigenbe bunte Herzkirsche, so habe ich mir erlaubt, burch Beisetzung des Namens ihres eigentlichen Erziehers unb ersten Beschreibers biese Frucht von andern gleichnamigen zu unterscheiben.

Oberbieck.

* Würbe die 3. Woche der Kirschenzeit geben.   O.

No. 47. Döniſſens gelbe Knorpelkirſche. I, C b. Truchſeß; Gelbe Knorpelkirſchen.

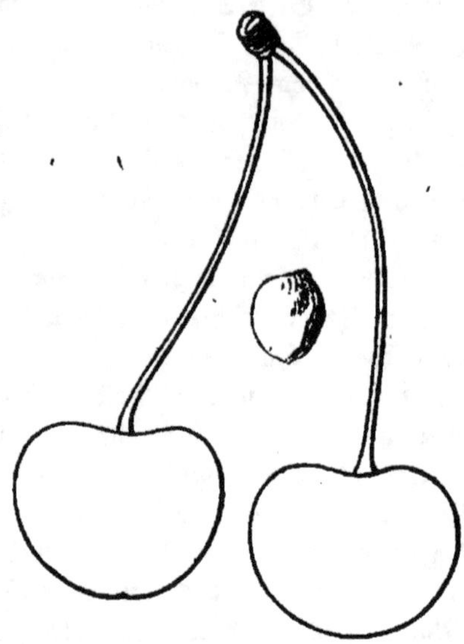

Döniſſens gelbe Knorpelkirſche. ✻ ✻ † 5. W. b. K.Z.

Heimath und Vorkommen: die Herkunft iſt nicht ganz beſtimmt bekannt, ſtammt indeß wahrſcheinlich her aus den Kernſaaten zu Guben und iſt nach ihrem Erzieher benannt. Jedenfalls iſt ſie deutſchen Urſprungs. Sie hat ſich durch Dittrich ſchon etwas verbreitet, iſt jedoch noch längſt nicht genug bekannt. Unter den gelben Kirſchen iſt ſie wohl die beſte, und ſind die gelben Kirſchen, namentlich mit andern gemengt, eine wahre Zierde des Obſtkorbes. Mein Reis erhielt ich überein von Dittrich und aus Meiningen.

Literatur und Synonyme: Truchſeß kannte ſie noch nicht; Dittrich beſchrieb ſie unter obigem Namen II. S. 89. Außerdem findet ſie ſich nur noch aufgeführt in Liegels ſyſtemat. Anl. zur Kenntniß der vorzügl. Obſtſ. S. 162 und in meiner Anleitung S. 512. Den Namen könnte man noch kürzer faſſen: Die Döniſſen.

Geſtalt: ſtumpfherzförmig, häufig ſelbſt nach dem Stempelpunkte faſt gerundet, zu beiden Seiten etwas, oft merklich und auf der Rückenſeite am ſtärkſten breitgedrückt. Die Bauchſeite zeigt flache Furche, der Rücken eine Linie oder ganz flache, breite Furche. Am Stiele iſt ſie ſtark abgeſtumpft, nach dem Stempelpunkte gerundet, oder, wenn der

Stempelpunkt in einem Grübchen steht, ein Weniges eingezogen und etwas abgestumpft.

S t i e l : mäßig dick, hellgrün, von verschiedener Länge, 1½—2" lang, und selbst oft darüber, sitzt in weiter und flacher Höhlung, deren Rand nach Bauch und Rücken etwas abfällt und niedriger ist als an den Seiten.

H a u t : glänzend, straff angezogen etwas durchscheinend, schön gelb, nähert sich bei voller Reife etwas dem Hochgelben, so daß wenigstens die Sonnenseite intensiver oder wie etwas goldgelb erscheint. Schwachen Schimmer von eigentlicher Röthe, dessen Dittrich gedenkt, sah ich noch nicht, als nur bei einiger Ueberreife. Bei starken Winden erhält die Schale leicht etwas Fleckenartiges und verliert die Kirsche an Schönheit.

Das F l e i s c h ist schön gelb, etwas weicher wie bei manchen andern Knorpelkirschen, der Saft wasserhell und der Geschmack bei gehöriger Reife süß, mit etwas Säure gewürzt und sehr angenehm.

Der S t e i n , an dem beim Genusse etwas Fleisch sitzen bleibt, ist ziemlich eiförmig, mäßig dickbackig; die ziemlich flachen Rückenkanten erheben sich etwas nach dem Stiele hin, wo der Stein ein Wenig abgestumpft ist. Afterkanten sind nur klein.

R e i f z e i t u n d N u t z u n g : zeitigt ziemlich zugleich mit der Großen schwarzen Knorpelkirsche sowie mit Büttners gelber Knorpelkirsche in der 5. Woche der Kirschenzeit. Ist wohl hauptsächlich nur für die Tafel schätzbar; doch sind mit dem Trocknen der Kirsche, um Rosinen zu bereiten, noch keine Versuche gemacht.

Der B a u m wächst rasch und gesund, bildet eine schöne, reichverzweigte Krone und wenn Dittrich bemerkt, daß er bei ihm noch nicht reichlich getragen habe, so kann ich sowohl durch die Probezweige in Nienburg, als meinen hiesigen jungen Baum dessen frühe und reichliche Tragbarkeit bestätigen. Durch mehrere Größe unterscheidet sie sich hinreichend von Büttners gelber Knorpelkirsche, und ist selbst wieder etwas weniger groß als Drogans gelbe Knorpelkirsche, die auch die hellgelbste unter den Dreien ist.

Oberdieck.

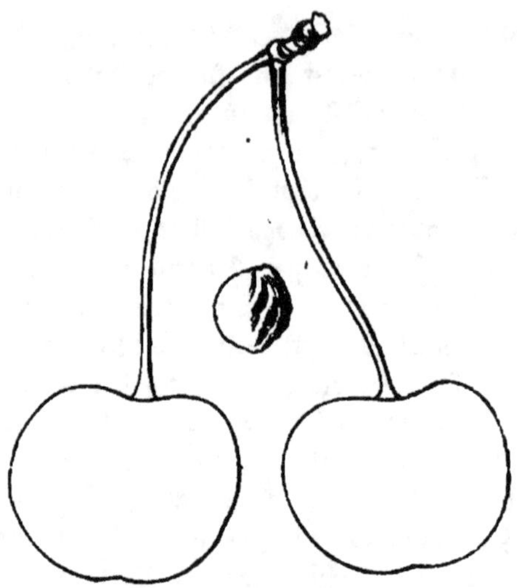

Drogans gelbe Knorpelkirsche. * * † 5. W. b. K.3.

Heimath und Vorkommen: auch diese schätzbare Frucht, die nur den einen Fehler hat, daß sie, wie manche andere, bei anhaltendem Regenwetter ziemlich leicht aufspringt, und sonst sich durch Größe und Schönheit auszeichnet, stammt aus den Gubener Kernsaaten, und wurde von einem Herrn Drogan erzogen, dem wir auch eine höchst schätzbare weiße Knorpelkirsche und eine schwarze Knorpelkirsche verdanken.

Literatur und Synonyme: Truchseß kannte sie noch nicht; Dittrich gedenkt ihrer II. S. 91 nur in 2 Zeilen. Außerdem kommt sie vor in Diels Catalog als Drogans große gelbe Knorpelkirsche und erhielt ich das Reis von Diel. Beschrieben ist sie noch nirgends.

Gestalt: kann sehr groß genannt werden, ist oft noch größer als obige Figur, und mißt die Breite nicht selten 14‴ und die Höhe 1″. An beiden Seiten ist sie etwas gedrückt, am Stiele ziemlich abgestumpft, am vertieft stehenden Stempelpunkte gleichfalls etwas, und hier ein Weniges eingezogen. Die Bauchseite zeigt flache Furche, die Rückenseite häufig nur eine Linie.

Stiel: ziemlich stark, hellgrün, 1³⁄₄—2″ lang, sitzt in ziemlich tiefer und weiter Höhle, deren Rand nach dem Rücken hin etwas abfällt.

Haut: ziemlich glänzend, straff angezogen, hellgelb und etwas heller als bei Büttners und Döniſſens gelben Knorpelkirſchen, doch nehmen beſonnte Früchte bei anhaltend trockener Witterung und längerem Hängen am Baume gleichfalls eine mehr goldartige Färbung an der Sonnen=ſeite an.

Das Fleiſch iſt ziemlich feſt, hellgelb, der Saft waſſerhell, der Geſchmack ſehr angenehm, ſüß jedoch erſt bei vollkommener Reife der Frucht.

Der Stein gleicht dem der Döniſſen, iſt jedoch mehr kurzoval als eiförmig, ziemlich dickbackig, am Stielende wenig abgeſtumpft. Die Rückenkanten treten merklich hervor, am meiſten die Mittelkante, und erheben ſich etwas nach dem Stielende hin. Mehrere markirte After=kanten gehen von den Rückenkanten aus.

Reifzeit und Nutzung: zeitigt ein paar Tage nach der Döniſſen und Großen ſchwarzen Knorpelkirſche in der 5. Woche der Kirſchenzeit.

Der Baum wächſt faſt ſtark, ſo daß er groß werden dürfte, und trugen Probezweige, ſowie ein junger Baum in Sulingen, mehrmals klettevoll.

Die Frucht unterſcheidet ſich von den beiden andern gelben Knorpel=kirſchen durch mehr Größe, etwas hellere Farbe und dadurch, daß obige die größte Breite meiſtens in der Mitte hat, während dieſe bei der Döniſſen ſich etwas mehr nach dem Stiele hin findet.

Oberdieck.

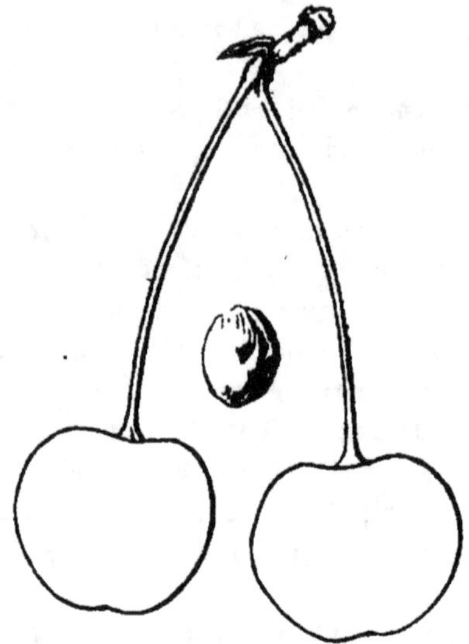

Spanische Frühkirsche. * * † † 2. W. b. K.Z.
Schwarze spanische Frühkirsche. Truchseß.

Heimath und Vorkommen: diese außerordentlich schätzbare Sorte, deren Herkunft nicht näher bekannt ist, ist, wie es scheint, ziemlich verbreitet, wird aber häufig mit der Rothen Maikirsche, der sie sehr ähnlich ist, verwechselt, mit der sie auch Herr Dochnahl in seinem Führer zusammenwirft. Sie unterscheidet sich aber von derselben 1) durch etwas frühere auch rascher eintretende Reife und noch dunklere Färbung in voller Reife, 2) durch merklich längeren, nicht gerundeten, sondern fast ovalen Stein, nach welchem auch die Frucht selbst häufig etwas Ovales hat und ihre größte Breite fast in der Mitte liegt, während bei der Rothen Maikirsche die größte Breite allermeist etwas nach dem Stiele hin liegt, 3) dadurch, daß sie in der Reife nichts Folgerartiges hat, vielmehr die Früchte weit mehr gleichzeitig sich röthen und reifen, was, wo man Berkauf auf Märkten beabsichtigt, und zu sehr die Nachstellungen von Sperlingen, Staaren ꝛc. zu fürchten hat, selbst ein Vorzug ist, während bei der Rothen Maikirsche, wo man diese Rücksichten nicht zu nehmen hat, das Folgerartige in Privatgärten den Genuß verlängert. Sehr ähnlich ist beiden gedachten Sorten auch noch die gleichfalls gleichzeitig reifende Frühe von der Matte, unterscheidet sich aber von beiden dadurch, daß sie auch im Reifen nichts Folgerartiges hat, nicht ganz so dunkelroth wird, in Gestalt häufig mehr ein abgerundetes Viereck bildet und der Stein fast so gerundet ist als der der Rothen Maikirsche, wie denn auch ihr Baum unter den Kirschen mit am spätesten blühet. Das Reis der Obigen erhielt ich von Böbiker in Meppen und aus Meiningen überein, habe sie also sicher ächt.

Literatur und Synonyme: Truchfeß S. 410 Schwarze spanische Frühkirsche; da sie nicht wirklich schwarz, sondern nur so dunkelroth wird als die Rothe
Maikirsche, scheint das Beiwort schwarze füglich wegbleiben zu können und unterscheidet
sie auch so noch im Namen sich von der Spanischen Frühweichsel, die gleichfalls unpassend das Beiwort schwarze hatte. Dittrich II. S. 96. Truchfeß erhielt sie aus
Schweinfurth als Mai-Amarelle und von Christ als Schwarze spanische Frühherzkirsche, welcher Name aber so wenig paßt als der erste, da sie keine Herzkirsche
ist. Christ beschrieb sie zuerst als Spanische Herzkirsche (von Pflanzung 2. Th.
S. 160) im Handbuch S. 541 als Schwarze spanische Frühherzkirsche und
setzt sie unter die schwarzen Herzkirschen. Im Wörterbuch S. 282 und Vollst.
Pom. S. 211 Nr. 42 hat er sie unter richtigerem Namen; Heineken hat sie S. 193
als Schwarze span. Frühkirsche, Rößler S. 182 noch als Herzkirsche. Die Pariser
Nationalbaumschule nannte sie, nach Truchfeß, Cerise hative d'Espagne
noire. Ob sie unter den englischen Dukes vorkomme, bezweifle ich.

Gestalt: in guten Jahren von ansehnlicher Größe, überhaupt an Größe der
Rothen Maikirsche gleich, stumpf, fast gerundet herzförmig, am Stiele mäßig abgestumpft
und etwas herzförmig eingezogen, am Stempelpunkte mehr gerundet, zu beiden Seiten
merklich breitgedrückt; auf der Bauchseite flache Furche, oft nur Linie, auf der Rückenseite häufig tiefere und weite Furche, die sich bis zum Stempelpunkte hinzieht und die
Kirsche, ähnlich wie bei der Rothen Maikirsche, in 2 Hälften zu theilen scheint. Stempelpunkt sitzt in schönem Grübchen und ist die Kirsche bei ihm etwas eingezogen.

Stiel: dünn, 1½ bis 1¾" lang, grün, in ziemlich flacher und enger Höhlung.

Die Farbe der glänzenden, feinen und doch zähen, gegen Druck haltbaren Haut
ist in voller Reife sehr dunkelroth, fast schwarzroth. Vor voller Reife zeigen die Furchen
meist eine etwas lichtere Färbung.

Das Fleisch ist zart, saftreich, beim Genusse zerfließend, der Geschmack dem der
Rothen Maikirsche ganz ähnlich, schon wenn sie braunroth ist sehr angenehm und erquickend, in voller Reife süß, durch eine erquickende, feine Säure erhaben.

Der Stein ist länglich, von Form ziemlich oval, nicht dickbackig und ziemlich
eben, mit feinen Afterkanten.

Reifzeit und Nutzung: zeitigt gleich nach den frühesten Kirschen mit der Flamentiner, Werder'schen frühen schwarzen Herzkirsche ꝛc., noch ziemlich mit der Rothen
Maikirsche, der sie jedoch in der Reife etwas voraneilt.

Der Baum wächst kräftig und gesund, ganz wie der der Rothen Maikirsche,
und zeigte sich sowohl in Meppen bei Hrn. Obergerichtsdirektor Böbiker, als auch in
Meiningen und bei mir äußerst fruchtbar. Nach Christ wird er wegen außerordentlicher Fruchtbarkeit nicht groß.

Anmerkung: nach einer Nachricht des Herrn Medicinalassessors Jahn trägt dort
der Baum wohl in manchen Jahren voll, ist aber gegen starken Frost in den Winter-
monaten noch empfindlicher als der der Rothen Maikirsche, und leiden gewöhnlich die
Blüthenknospen so, daß später sie sich nicht entfalten, übrigens nennt auch er die obige
eine der delikatesten Kirschen. Bei mir hat der Baum ohne bemerkten Schaden Win-
terfröste ausgehalten, in denen manche Birnpyramiden zu Grunde gingen und wie
auch Böbiker die Sorte mir sehr lobte, so möchte sich hier wieder zeigen, daß der Frost
in den Berggegenden oft verderblicher wirkt, und einzelne Obstarten mehr angreift, als
im Flachlande.

Oberdieck.

Rothe Maikirsche. * * † 2. W. b. K.Z.

Heimath und Vorkommen: Ursprung nicht mehr bekannt; gehört zu den schon sehr alten Früchten, die durch Gesundheit und Tragbarkeit des Baumes die Theorie von dem allmähligen Veraltern der Obstforten widerlegen. Wie unter den Kirschen die Süßweichseln im Allgemeinen die meisten Liebhaber finden, so hat unter den Süßweichseln mit Recht die obige durch Frühzeitigkeit und Güte noch wieder die allgemeinste und weiteste Verbreitung gefunden. Wer diese Kirschen liebt, pflanze, um Reisefolge zu haben, mit obiger besonders noch die Folgerkirsche und Rothe Muskateller. — Mein Reis erhielt ich von Diel und Dittrich überein.

Literatur und Synonyme: Truchseß S. 377; Dittr. S. 93; das T.O.Cab. liefert Nr. 13 eine in Form richtige, nur zu dunkel colorirte Abbildung. Findet sich bei den meisten Autoren, doch häufig unter unrichtiger Benennung. Ich selbst erhielt sie noch als Berliner Maikirsche, Preßburger Maiweichsel, Doppelte Maikirsche (wie sie im Hannover'schen allgemein und auch anderwärts genannt wird) und Cerise précôce. Letzterer Name wird mehreren Kirschen gegeben, und bezeichnet nach Truchseß und Duhamel zunächst eine merklich später reifende Amarelle, den Cerisier hativ auch Cerise précôce de Mai genannt (Truchseß S. 657 und 574). Auch Doppelte Maikirsche werden mehrere andere Früchte genannt, z. B. bei Christ die Süße Maiherzkirsche und die Große süße Maiherzkirsche. Truchseß behielt daher als Namen, der unsere Frucht allein bezeichnet, den obigen, uuter dem sie schon haben Büttner, Rößler (S. 168 Nr. 2), Gotthard (S. 149 Nr. 2), Christ nach Büttner, Handb. 2. Aufl. S. 669 Nr. 33, Vollst. Pom. S. 210 Nr. 41; Truchseß weiset aber S. 384 nach, daß Christ diese Frucht noch unter mancherlei andern Namen wiederholt beschrieben habe, ein Artikel, der zeigt, wie ungenau Christ arbeitete; (in den Beitr. zur 2. Aufl. des Hbb. S. 212 hat Christ seine mannigfaltigen Irrthümer über diese Frucht berichtigt). Duhamel hat unsere Sorte S. 145 nur erwähnt als Royale hative, Duc de Mai, und kommt sie bei Noiseth als Angleterre hative vor; der T.O.G. hat sie II. S. 205 Taf. 9 als Große Maikirsche; Hirschfelb (S. 11 Nr. 2) als Doppelte oder Große Maikirsche, und so wohl auch Salzmann; Kraft (Taf. 14 Fig. 2, wo die Abbildung aber zu lang und zu hell colorirt ist) als Herzkirschweichsel, Cerise Guigne. Truchseß erhielt sie noch unter den wirklichen Synonymen Cerise d'écarlate, Scharlachkirsche (Herrnhausen, aus Frankreich stammend), Große rothe Messlerkirsche (Nebrig'sche Baumschule), Rothe Lothkirsche (Uellner), Wanfrieber rothe Frühkirsche (Christ), Successionskirsche (Henne), sowie unter den ganz andern Früchten zukommenden Benennungen Cerise a vin (Herrnhausen), Holländ. Weichsel und Coularde (Mayer), Pragische Muskateller (Henne S. 333), Royale, Royale ancienne (Christ), Royal muscat (Wilhelmshöhe), Arch. Duke (Uellner aus England bezogen). Die Pariser Nationalbaumschule nannte sie, nach Truchseß, Grosse Cerise de Mai. Der Londoner Catalog und Downing (S. 191) haben sie ohne Zweifel (besonders nach Downings Beschreibung, nach der sie auch in Amerika überall sich findet) als May Duke mit einer ziemlichen Anzahl wirklicher, sowie auch unrichtiger Synonyme, und wird Arch. Duke mit dem Synon. Late Duke und bei Downing noch Griotte de Portugaleine später reifende Kirsche sein. Als Mai Duke erhielt Truchseß auch seine Frühe Maikirsche (S. 391). Was aber die Engländer unter ihren verschiedenen Dukes haben, ist mir noch nicht vollständig bekannt. Late Duke ist nach Vegetation und Frucht unser Großer Gobet; Arch. Duke eine herrliche, der Rothen Maikirsche ähnliche, etwas später zeitigende, vielleicht mit unserer Folgerkirsche zusammentreffende Frucht; Royal Duke sehr ähnlich der Le Mercier, Downing theilt die im Londoner Catalog bei Mai Duke angegebenen Synonyme in solche, die in Frankreich, und solche, die in England üblich seien. Zu jenen zählt er: Royale hative, Cerise Guigne, Cherry Duke (of some) Coularde, de Hollande, d'Espagne, Griotte grosse noire, Griotte d'Espagne (of some), Griotte précôce (of some). — Zu diesen rechnet er: Early Duke, Large Mai Duke, Morris Duke, Morris early Duke, Benhams fine early Duke, Thomsons Duke, Portugal Duke, Buchanans early Duke, Millets late heart Duke. Der Londoner Catalog hat außer diesen Synon. noch Early Mai Duke und Anglaise.

Gestalt: die Frucht zählt in günstigen Jahren zu den großen. Am Stiele ist sie etwas plattgedrückt (abgestumpft); nach dem Stempelpunkte, der in einem häufig ziemlich tiefen Grübchen sitzt, ist sie zugerundet und durch das starke Stempelgrübchen allermeist merklich eingezogen, so daß sie wie etwas gespalten erscheint. Auf beiden Seiten, und auf der einen mehr als auf der andern, ist sie etwas breitgedrückt. Furchen finden sich nicht immer, doch häufig auf der stärker breitgedrückten Seite, und zeigen meist lichtere Färbung der Haut. In ungünstigen Jahren ist die Frucht weniger breitgedrückt, mehr rundlich, auch gern weniger breit, als hoch.

Der Stiel ist von verschiedener Länge und Stärke, selten über 2" lang. An einem kurzen gemeinschaftlichen Stiele, der häufig 1—2 kleine Blättchen hat, sind allermeist mehrere Früchte mit ihren Stielen befestigt, welche auf der Frucht in enger, nicht tiefer Höhlung sitzen.

Die Farbe der glänzenden, ziemlich feinen Haut ist bei voller Reife dunkelbraunroth.

Das Fleisch zart, und, sowie der reichlich vorhandene Saft, dunkelroth, der Geschmack weinartig süß, gewürzreich und erfrischend.

Der Stein ist meistens nicht groß, gerundet und etwas breitgedrückt, andere sind dickbackiger. Die Rückenkanten sind mäßig breit und flach; Afterkanten gehen hauptsächlich vom Stielende aus.

Reifzeit und Nutzung: die volle Reife tritt ein Anfangs der 3. Woche der Kirschenzeit oder Ende der 2.; aber schon wenn sie noch kirschroth ist, was gleich nach Reife der allerfrühesten Kirschen der Fall ist, ist sie zum Genusse brauchbar. Es reifen nicht alle Früchte zugleich und hat sie im Reifen etwas Folgerartiges. So schätzbar für die Tafel als zu manchen Haushaltszwecken.

Der Baum kommt überall gut fort, wird ziemlich groß und zeichnet durch Gesundheit, Dauerhaftigkeit und Tragbarkeit sich aus.

Oberdieck.

No. 51. **Frühe von der Natte.** II, A Truchſeß; Süßweichſeln.

Frühe von der Natte. * * † Ende der 2. W. b. K.Z.

Frühe von der Natte aus Samen. Truchſeß.

Heimath und Vorkommen: dieſe ſehr gute Süßweichſel kam unter dem Namen Frühe von der Natte aus Samen aus Sansſouci an Chriſt, der es, und wohl mit Recht bezweifelt, daß ſie aus dem Steine einer Natte entſtanden ſein möge, da die Natten zu den Weichſeln gehören und hängende Zweige haben. Der Beiſatz aus Samen iſt daher zur Abkürzung oben weggelaſſen. Verbreitet iſt ſie wohl noch wenig, ſteht indeß an Güte und Tragbarkeit der Rothen Maikirſche ziemlich gleich, wenngleich ſie bei dieſer und der Spaniſchen Frühkirſche wegen großer Aehnlichkeit vielleicht lieber wegfallen möchte. — Das Reis erhielt ich von Dittrich und aus Prag überein.

Literatur und Synonyme: Truchſeß S. 413; Dittr. S. 99; Chriſt Hdwb. S. 283; Vollſt. Pom. S. 214 Nr. 46 und in andern ſeiner Schriften; Heineken S. 199 Nr. 25. Gute Beſchreibung lieferte bisher nur Chriſt, da die Sorte auf der Bettenburg wenig trug.

Geſtalt: Größe mehr als mittelmäßig, oft ziemlich abgeſtumpft herzförmig, doch noch öfter bildet ſie, wie die Rothe Molkenkirſche, ziemlich ein abgeſtumpftes Viereck und unterſcheidet ſich beſonders dadurch, ſowie durch den Mangel des Folgerartigen in der Reife und ſpätere

Blüthe des Baumes von der Rothen Maikirsche; durch die späte Blüthe des Baumes, runderen Stein, mehr herzförmige Gestalt und nicht ganz so dunkle Färbung auch von der Spanischen Frühkirsche, die etwas früher reift. Am Stiele ist sie stark abgestumpft, am Stempelpunkte ziemlich stark, und steht der Stempelpunkt in einem schönen Grüb= chen, wodurch die Kirsche an der Spitze merklich eingezogen erscheint. Auf beiden Seiten ist sie breitgedrückt, auf der Rückenseite am stärksten; die größte Breite liegt meistens etwas nach dem Stiele hin, und ist sie meistens breiter als hoch. Die Furche auf der Bauchseite ist flach, auf der Rückenseite häufig tief und rasch abfallend, so daß die Frucht wie etwas gespalten erscheint.

Stiel: grün, verhältnißmäßig stark und lang, fast gerade, 1½ bis 1¾" lang, sitzt in ziemlich weiter und tiefer Höhlung. Mehrere Früchte sitzen an einem starken, ziemlich langen, gemeinschaftlichen Stiel= absatze.

Die Farbe der glänzenden, feinen Haut ist dunkelkirschroth, zuletzt dunkelbraun; der Geschmack erquickend, säuerlich süß und vorzüglich.

Der Stein ist ziemlich eiförmig, oft fast gerundet, verhältnißmäßig nicht groß und hat ziemlich starke und scharfe Rückenkanten, von denen die Mittelkante nach dem Stielende hin etwas scharf vortritt.

Reifzeit und Nutzung: die Reifzeit fällt etwas nach der Rothen Maikirsche ans Ende der 2. Woche der Kirschenzeit. Ist für Tafel und Haushalt sehr brauchbar.

Der Baum wächst in der Baumschule gut und gesund und zeigt sich die Sorte bei mir fruchtbar. Ein junger, erst fünf Jahre stehender Hochstamm trug sowohl 1858, wo fast alle Kirschen wenig oder nichts lieferten, als auch 1859 wieder voll, scheint in der Blüthe nicht em= pfindlich und selbst in heißen Tagen Ende Mai und Auf. Juni scheint die Sorte nicht stark zu leiden. Er blühet mit unter den spätesten und hat noch zahlreiche Dolden noch nicht geöffneter Knospen, wenn andere Kirschen schon ausgeblühet haben.

Oberdieck.

No. 52. **Folgerkirſche.** II, A Truchſeß; Süßweichſeln.

Folgerkirſche. * * † † 3. W. b. K.Z.

Heimath und Vorkommen: dieſe ſehr ſchätzbare Sorte erhielt Truchſeß 1785 aus Herrnhauſen. Die auf die Schreibart Volgerkirſche von Einigen gegründete Vermuthung, daß ſie aus Holland abſtammen möge, iſt wohl irrig. Hirſchfeld, der ſie deshalb Holländiſche Folger- kirſche nennt, und bei ſeiner Rothen Maikirſche II. S. 11 ihrer gedenkt, erklärt den Namen daher, daß die Früchte noch mehr als die der Rothen Maikirſche folgerartig reiften. Daß dies in einem beſondern Grade der Fall ſei, beſtätigt Truchſeß wenigſtens nicht, der dieſe Kirſche erſt in ſeiner 2. Rubrik aufführt, und habe ich darunter etwas Ungewöhnliches bei ihr noch nicht wahrgenommen, ja einmal, wo ich einen ziemlich großen, volltragenden Baum, aus meiner Baumſchule entnommen, ſah, wollte es mir ſcheinen, daß ſie die gedachte Eigenſchaft weniger habe als die Rothe Maikirſche. Der Name kann, wie ſchon Truchſeß bemerkt, etwa auch von einem Manne Volger herrühren, und noch wahrſcheinlicher ſcheint es mir, daß man ganz analog mit Folgererbſe ſie Folgerkirſche genannt hat, weil ſie in der Reifzeit gleich auf die Rothe Maikirſche folgt, der ſie ganz gleich und nur durch ſpätere Reife und langſam eintretende dunkle Färbung, vielleicht auch durch noch etwas mehr Größe sich von ihr unterscheidet. — Mein Reis erhielt ich von Diel.

Literatur und Synonyme: Truchſeß S. 415 Folgerkirſche. Schon Knoop S. 15 hat eine Volgerkers, die nach der Beſchreibung, namentlich den Angaben, daß ſie wäſſerig ſei nnd der Baum hängende Zweige habe, obige nicht iſt. — T.O.G. VII. S. 386 von Büttner beſchrieben. Chriſt Hdb. 2. Aufl. S. 675 Holländiſche Folgerkirſche, wo das Beiwort, nach der Bemerkung über Knoops Volgerkers nicht richtig iſt, das er daher Wörterb. S. 283, 3. Aufl. des Handb. S. 691 und Vollſt. Pom. Nr. 45 wegließ. Gotthard S. 151 und Rößler S. 171 haben ſie, mit Büttners Beſchreibung als Volgerkirſche. Die Pariſer Nationalbaumſchule nannte ſie nach Feuille du Cultiv. 1804 p. 138, weil man Voglerkirſche geleſen haben mochte, Cerise de l'oiseleur. Iſt das ſtark Folgerartige der Sorte richtig, ſo hat ſie Duhamel vielleicht S. 247 und Taf 16 Nr. 2 als Cerise Guigne varieté. Ob die Engländer ſie kennen, weiß ich noch nicht, vielleicht iſt es deren Arch. Duke, die ich nur erſt 1859 und 60 beobachtete; doch zeichnet dieſe ſich durch tiefe, oft ſpaltartige Furche auf der Rücken=ſeite aus.

Geſtalt: groß, in günſtigen Jahren ziemlich rund, am Stiele ab=geſtumpft und auf der Rückenſeite etwas gedrückt, in weniger günſtigen Jahren auch am Stempelpunkte etwas und zu beiden Seiten ſtärker gedrückt mit merklichen Furchen. Stempelpunkt in ſchönem Grübchen.

Stiel: ziemlich ſtark und kurz, doch auch $1^{3}/_{4}''$ lang, in ziemlich weiter Höhlung; daß er, wie Büttner will, mit dem Steine feſt zuſam=menhänge, bemerkte ich nicht.

Haut: glänzend, ziemlich zart, Anfangs glaskirſchenroth, färbt ſich, wenn man die Frucht lange genug am Baume läßt, eben ſo dunkelroth als die Rothe Maikirſche, und hat dann denſelben delikaten, ſüßen, durch feine Säure pikanten Geſchmack.

Stein: kurz und dick, eiförmig· rund; am Stielende treten die Rückenkanten merklich vor und verſchieben etwas die Rundung. Andere Steine ſind etwas länger und neigen ſtark zum Oval.

Reifzeit und Nutzung: färbt ſich etwas ſpäter als die Rothe Maikirſche; iſt 8 Tage nach dieſer, in der 3. Woche der Kirſchenzeit, ziemlich als reif zu betrachten, hält ſich aber dann noch länger am Baume und gewinnt noch an Geſchmack. Für Tafel und Haushalt.

Der Baum gleicht ganz dem der Rothen Maikirſche und iſt eben ſo geſund und fruchtbar.

Oberbieck.

No. 53. **Frühe Lemercier.** II, A Truchfeß; Süßweichfeln.

Frühe Lemercier. * * † 3. W. d. K.Z.

Cerise Lemercier. Noifette.

Heimath und Vorkommen: diese delikate und sehr schätzbare Kirsche ist neuerlichst in Frankreich erzogen, und kam von Noisette zu Paris zuerst nach Meiningen, woher ich das Reis habe. Sie steht einigermaßen zwischen den Glaskirschen und Süßweichseln in Geschmack und Färbung in der Mitte; sie ist schon sehr schmackhaft, wenn sie glaskirschenroth ist, wird aber zuletzt so dunkel als eine reife Rothe Muskateller, und hat dann auch so stark gefärbten Saft, daß man sie völlig zu den Süßweichseln zählen muß. — Ist nur erst von Meiningen aus und durch mich in Deutschland verbreitet und noch sehr wenig bekannt, verdient aber allgemeine Anpflanzung.

Literatur und Synonyme: ist in deutschen pomol. Schriften noch nicht beschrieben. In den Annales de Pomologie 1854 p. 19 ist eine Cerise Lemercier abgebildet und von Hrn. Aug. Hennau beschrieben, deren Erzieher Hr. M. C. Jamain zu Paris sei, welche zwar mit der Obigen manche Aehnlichkeit hat und bei der namentlich über die Vegetation des Baumes Aehnliches bemerkt wird, als hier weiter unten, die indeß doch schwerlich dieselbe sein kann, da sie zuletzt fast schwarz werden und selbst in Belgien erst um die Mitte des August zeitigen und sich bis Ende August am Baume halten soll. Ich habe diese Lemercier der Annales bisher noch nicht bekommen können. Aus Hrn. Papeleus Collection zu Wetteren erhielt Hr. Medicinalassessor Jahn eine Bigarreau Lemercier, in der er Winklers weiße Herzkirsche erkannte (Mon. Schr. I. S. 120 und 162); dies mag jedoch auf einer Reiserverwechslung beruhen, da in Papeleus Catalog die Sorte als dunkel schwarz angegeben ist. — Außerdem kommt aber Lemercier auch noch hin und wieder (z. B. im Catalog von Jamain Durand zu Bourg la Reine) als Synonym von Reine Hortense und Monstreuse de Bavay vor. Man wird also den berühmten Namen wohl mehreren guten Kirschen beigelegt haben und kann vor der Hand über Obige noch nichts weiteres gesagt werden, doch wird es zweckmäßig sein, um sie von andern Sorten des Namens, und namentlich den spät zeitigenden zu unterscheiden, sie die Frühe Lemercier zu nennen. Nach freilich nur wenigen 1860 geernbteten Früchten wollte die Royal Duke der Engländer mir mit Obiger identisch scheinen.

Gestalt: die Frucht ist groß, vor rechter Reife einer doppelten Glaskirsche etwas ähnlich, doch etwas größer und mit längeren Stielen. Am Stiele und am Stempelpunkte ist sie stark abgestumpft und erscheint oft etwas wie ein abgerundetes Viereck. Zu beiden Seiten ist sie etwas und auf der Rückenseite am stärksten breitgedrückt. Auf der Bauchseite ist eine flache Furche, die häufig aber auch sehr wenig bemerklich ist; auf der Rückenseite zeigt sich meistens nur eine dunkler rothe Linie und erst gegen den Stempelpunkt hin feine Furche. Der starke Stempelpunkt sitzt in weitem, flachen Grübchen.

Farbe der glänzenden, feinen Haut Anfangs glaskirschenroth, so daß sie einer Glaskirsche sehr ähnlich sieht, und zeigt dabei dann sehr feine Pünktchen und Strichelchen; bei längerem Hängen der Kirsche am Baume wird sie aber dunkelroth.

Das Fleisch ist blaßroth, zart, mit weitmaschigen Adern durchzogen; der reichlich vorhandene Saft ist Anfangs fast hell, später aber fast eben so dunkel gefärbt als bei einer Rothen Muskateller. Der schon früher süß weinartige, erquickende Saft gewinnt in voller Reife noch merklich an Süßigkeit und Gewürz, und ist dann sehr delikat.

Der Stein, welcher selbst im schon ganz reifen Zustande der Frucht sich noch mit dem Stiele aus der Kirsche herausziehen läßt, ist fast umgekehrt eiförmig, nach dem Stielende etwas verjüngt und abgestumpft, wo sich auf der abgestumpften Kante eine runbliche, flache Höhlung findet. Die Mittelkante tritt unter den breiten und flachen Rückenkanten etwas vor und wirft am Stielende sich etwas auf.

Reifzeit und Nutzung: ist schon sehr schmackhaft Anfangs der 3. Woche der Kirschenzeit, völlig reif aber in der 4., einige Tage vor der Großen schwarzen Knorpelkirsche und Dönissens gelber Knorpelkirsche.

Der Baum wächst gut, scheint jedoch auf Wildlingen von Sauerkirschen nicht gut fortzukommen. Er ist dadurch kenntlich, daß die Zweige der Krone in ziemlich spitzen Winkeln dicht neben einander in die Höhe gehen, so daß die Krone sich erst nicht recht ausbreiten will und man mit dem Messer nachhelfen muß. Die Sommertriebe sind stark, sehr gerade und nehmen an Dicke nach oben wenig ab. In der Blüthezeit gehört er zu den spät blühenden Kirschen und färbt die Blüthe im Abblühen sich etwas roth. Nach den bisherigen Fruchtproben ist der Baum früh und recht fruchtbar.

Oberdieck.

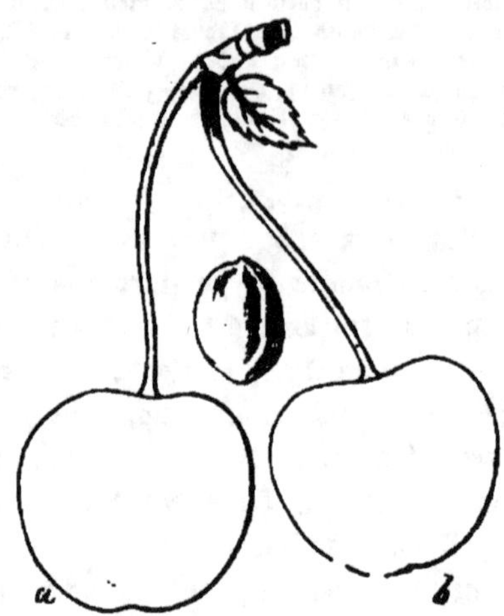

Rothe Muskateller. * * † † Anf. b. 4. W. b. K.Z.

Heimath und Vorkommen: diese an Geschmack, Güte und Brauchbarkeit der Rothen Maikirsche und Folgerkirsche gleichstehende Frucht, welche allgemeine Verbreitung verdient aber noch wenig bekannt scheint, erhielt Truchseß aus der Herrnhauser Baumschule. Ihre Herkunft ist nicht weiter bekannt. — Mein Reis erhielt ich von Diel.

Literatur und Synonyme: Truchseß S. 389 Rothe Muskateller; Dittrich S. 94 Nr. 117; Christ Hbb. S. 534 Nr. 2, 2. Aufl. S. 672 Nr. 44, 3. Aufl. S. 690; Wörterb. S. 283, Rößler S. 169 Nr. 14 nach Christ. Die im T.O.G. XIII. S. 358 beschriebene und Taf. 19 abgebildete Späte Maikirsche ist nach Truchseß Beobachtungen höchst wahrscheinlich die Obige, die man in der Abbildung auch wohl erkennt. In der Pariser Nationalbaumschule wurde sie nach Feuille du cultiv. 1804 p. 139 Muscat rouge genannt. Duhamel hat sie vielleicht S. 246 Taf. 16 als Cerise Guigne, reift Mitte Juni, deren Stein er als oval bezeichnet, und sie mit dem Royale der Gärtner und der Cerise nouvelle d'Angleterre überein hält. Ob der Lond. Cat. und Dowxing sie unter den verschiedenen Dukes haben, ist ungewiß, und bezweifle ich es. Dochnahl im sichern Führer wirft sie irrig mit der Rothen Maikirsche zusammen und führt sie als eigene Sorte nicht auf.

Gestalt: ist in guten Jahren groß, oft größer als die Rothe Maikirsche, die Form nach Truchseß rund, am Stiele etwas eingezogen, am Stempelpunkte, der in starkem Grübchen steht, zugerundet, auf beiden Seiten etwas, oft merklich breitgedrückt. Von der Seite angesehen erscheint sie häufig breiter als hoch, ist aber nach meinen Beobachtungen besonders dadurch kenntlich, daß sie ebenso wie die Spanische Frühkirsche häufig ein etwas abgestumpftes Oval darstellt und selbst hochaussehend ist. Die Vorderseite zeigt flache Furche, die Rückenseite bald nur Linie, bald starke Furche, besonders nach dem Stiele hin.

Stiel: mittelstark, von verschiedener Länge, 1¼—2" lang, sitzt in weiter und bei den mehr ovalen in enger Höhlung, deren Rand nach der Rückenseite merklich abfällt. Der Stielabsatz ist nicht selten stark und lang.

Haut: glänzend, in der Reife dunkelbraunroth, ganz wie bei der Rothen Maikirsche. An den Furchen ist häufig lichtere Farbe.

Das Fleisch ist am Durchschnitte blutroth, zart, saftreich; der Geschmack bei guter Witterung delikat und dem der Rothen Maikirsche ganz ähnlich.

Der Stein, an dem bei rechter Reife wenig Fleisch sitzen bleibt, ist von dem der Rothen Maikirsche sehr verschieden, länglich, höher als breit, fast oval, flachbackig, nach dem Stielende hin meist noch flacher als nach der Spitze hin, oder der Bauch liegt auch in der Mitte. Die Rückenkanten sind schmal und verbreitern sich nach der Spitze hin, während sie nach dem Stielende des Steins hin schmäler werden, wo der Stein ein Weniges abgestumpft ist. Die Nebenkanten treten nach der Spitze hin stärker hervor.

Reifzeit und Nutzung: zeitigt etwas nach der Rothen Maikirsche und selbst oft noch nach der Folgerkirsche, in der 3. oder Anf. der 4. Woche der Kirschenzeit. Zu jedem Gebrauche.

Der Baum wächst eben so rasch und schön als der der Rothen Maikirsche und ist eben so fruchtbar. Von der Rothen Maikirsche unterscheidet sie sich nicht nur durch spätere Reife, sondern von dieser und der Folgerkirsche besonders durch Gestalt der Frucht und noch mehr des Steines; von der Herzogskirsche, die ihr in Gestalt der Frucht und des Steines ähnlich ist, und allermeist merklich später reift als Truchseß angibt, durch mehr Größe.

Oberdieck.

No. 55. **Belſerkirſche.** II. A Truchſeß; Süßweichſeln.

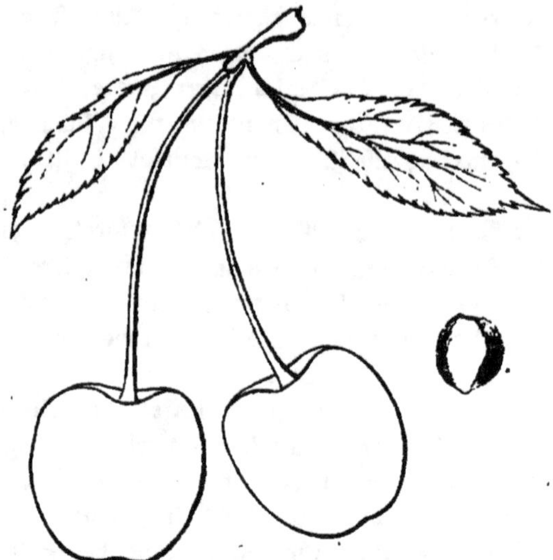

Belſerkirſche. * * † † ! 4. W. b. K.Z.

Heimath und Vorkommen: ſtammt wahrſcheinlich aus der Rhein=
pfalz (wo ſie auch ziemlich verbreitet ſein ſoll), denn ſie heißt auch
Pfälzer Kirſche, wovon Obiges ein verſtümmelter Name iſt. Verdient
die allgemeinſte Verbreitung, denn die Kirſche iſt ſehr ſchön, recht gut
und der Baum trägt ſehr reich.

Literatur und Synonyme: Truchſeß S. 594; Henne, von welchem ſie Truch=
ſeß bekam, hat ſie in ſ. Ann. S. 336—38 Nr. II. zuerſt beſchrieben. — Vgl. Chriſt
Hdwb. S. 283, Lieg. Anl. S. 165, deſſen Ann. S. 117, L.D.G. VII. S. 382
Nr. 26, Oberd. S. 528. — Ihre Synon. ſind ſchon nach Truchſ.: Wanfrieber Weich=
ſel, Verworfene (d. h. ausgeartete) Maikirſche in der Saalgegenb, Welſer
Kirſche, Velser Kers. In neueren Cat. findet man ſie als Cerise douce du
Palatinat.

Geſtalt: einer Herzkirſche ähnlich, am Stiele ſtumpf, auf beiden
Seiten etwas breitgebrückt, oben (dem Stiele gegenüber) ſich ſtumpf=
herzförmig endigenb. Sie iſt auf beiden Seiten gefurcht, doch auf der
einen mehr als auf der andern, am Stempelgrübchen am ſtärkſten, ſo
daß ſie daſelbſt geſpalten erſcheint. Die Größe iſt mehr als mittel.

Stiel: meiſt bis 2″ lang, gebogen, lichtgrün, ohne Roth, in einer weiten, nicht tiefen Höhlung. Dadurch, daß die Blüthendolde gestielt ist, haben die Stiele einen Absatz mit 1—2 Blättchen.

Haut: färbt sich spät, ist Anfangs nur lichtroth, bei völliger Reife schwarzroth, meist jedoch noch mit lichteren Stellen auf den breitgedrückten Seiten.

Fleisch: dunkelroth, das Fasergewebe ist etwas stark, doch vollsaftig, der ausgedrückte Saft lichtblutroth. Geschmack süß, mit so viel Säure gemischt, um angenehm, erhaben, ja vortrefflich zu werden.

Stein: klein, aber sehr breiteirund, (breiteiförmig) und löset sich nicht gut vom Fleisch; am Stiele hängt er so fest, daß er bei völliger und übermäßiger Reife sich an demselben aus der Kirsche ziehen läßt.

Reife und Nutzung: Dittrich gibt wahrscheinlich nach Liegel die Reife zu Anfang des Juli an. Hier in Meiningen reift sie meist zu Ende des Juli,* nur 1858 hatte ich sie schon den 18. Juli zeitig. — Sie hat viele Vorzüge, sagt Truchseß, ihr vortrefflicher Geschmack auch in ungünstigen Jahren, ihre große Tragbarkeit und ihre Dauer am Baume empfehlen sie zum ausgebreiteten Anbau. In dieser Würdigung stimmen alle Pomologen überein, die von ihr geschrieben haben.

Eigenschaften des Baumes: derselbe wächst gut, wird auf Süßkirschenunterlage ziemlich groß und ist darauf nicht weniger tragbar, weßhalb seine Anpflanzung besonders in solcher Form sehr anzurathen ist.

Bemerkungen: sie unterscheidet sich von allen andern Süßweichseln durch ihre herzförmige Gestalt, ungleiche Farbe der Haut und den kleinen, herzförmig breitgedrückten Stein. Truchseß. — Diesem will ich anfügen, daß die Englische schwarze Kronherzkirsche, wie ich sie vor mehreren Jahren von Hrn. Oberförster Schmidt empfing, nach meinen Beobachtungen 1858 in nichts von der Belser Kirsche zu unterscheiden war. Truchseß S. 149 beschreibt sie nach Büttner als sehr breitgedrückt, sehr klein, sie habe eine tiefe Rinne und sei sehr höckerig, glänzend schwarz, Fleisch weich, Saft sehr färbend und süß, gegen Mitte August reif. — Das Höckerige kömmt bei der Belser oft vor, wenn sie sich nicht recht ausbildet, und auch ihre Reife kann sich bis Mitte August verschieben. Bei ihrer herzförmigen Gestalt kann sie leicht für eine wirkliche Herzkirsche gehalten werden und auch ihre Belaubung ist den Süßkirschen ähnlich.

Jahn.

* Mein Reis stammt von Liegel und habe auch ich die Reifzeit in warmen Jahren Mitte Juli (1 Mal noch früher), in kälteren gegen Ende Juli notirt, in der 4. Woche der Kirschenzeit, so daß die Reifzeit mit der von Truchseß angegebenen stimmte, der sie zwischen die Rothe Muskateller und Prager Muskateller setzt. Der Stein meiner Sorte hat aber andere Form und ist langoval, flachbackig, mit schmalen Rückenkanten, so daß etwas ungewiß wird, ob meine Sorte die Truchseß'sche ist.　　O.

No. 56. **Doppelte Glaskirsche.** II, B Truchseß; Glaskirschen.

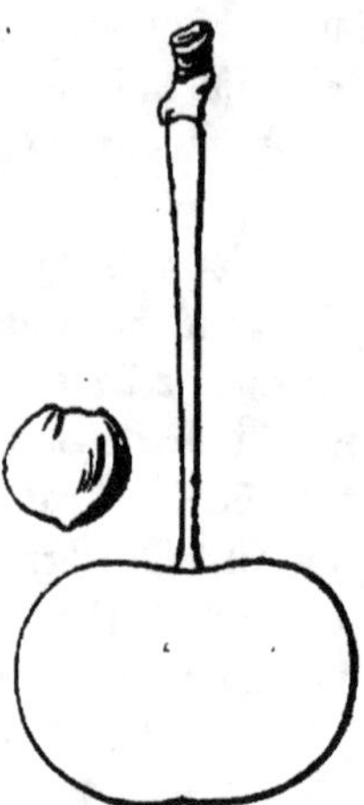

Doppelte Glaskirsche. * * † Ende der 3. W. d. K.Z.

Heimath und Vorkommen: auch bei dieser Kirsche zeugen ihre weite Verbreitung und ihre mancherlei Benemungeu für ihren großen Werth. Gehört zu den älten Früchten, über deren Ursprung nichts mehr bekannt ist. Mein Reis habe ich überein von Diel und aus Meiningen.

Literatur und Synonyme: Truchseß S. 440 Doppelte Glaskirsche; Dittrich S. 145; Christ Hdwb. S. 292; Vollst. Pom. S. 243; T.O.G. IV. S. 298 Taf. 14 als Große Amarelle, Abbildung nicht recht gelungen; das D.O.Cab. Nr. 36 gibt leiblich gute Abbildung. Wirkliche Synon., unter denen sie vorkommt und ich selbst sie erhielt, sind: Polnische Kirsche, Polnische große Weichsel * (Kraft Taf. 20, Abbildung zu klein), Amerikanische Gewürzkirsche, Rothe Glanzkirsche (beide Letzteren erhielt ich von Dittrich und gaben ganz die Obige), Roi de Prüsse (so bekam ich sie aus Metzgers Collection von Prag); Truchseß erhielt sie weiter als Volgers Swolse, Zwolsekers (Pastor Winter zu Gunsleben), Christ Wörterb. S. 292, Vollst. Pom. S. 238 Nr. 68, Knoop S. 15, Salzmann S. 46. In der Pariser Nationalbaumschule hatte sie, wie Truchseß nach Fenille du Cultiv. 1804 S. 149 bemerkt, den Namen Cerise double de Verre, heißt auch Double Transparente und Guindolière. Der Name Glaskirsche von der Matte entstand nur durch Reiserverwechslung (Truchseß S. 470). Falsche, richtiger andern Früchten zukommende Benennungen, unter denen Truchseß sie erhielt, sind: Große Frühkirsche, Englische Erzherzogskirsche (Christ; man muß wieder bei Truchseß S. 448 nachlesen, welche Verwirrung in Christs Schriften über unsere Frucht herrscht), Große Amarelle, Cerisier à gros fruit rouge pâle (Sickler; nach Dittrich wird sie noch jetzt in Thüringen allgemein die Große Ammer genannt), Frühe rothmelirte Amarelle (Nebrig'sche Baumschule), Cerise à courte queue, (Reichart zu Weimar), Große Glas-

* Der Name, unter dem auch ich sie von Urbanek bezog, rührt daher, daß sie in Polen und namentlich der Bukkowina sich in den Wäldern von selbst fortpflanzen soll; doch wird Polnische Weichsel auch die Griotte de Kleparou genannt.

kirſche (Henne, Anweiſung S. 341; die Große und die Doppelte Glaskirſche werden noch jetzt öfters gegenſeitig verwechſelt und iſt die Abbildung im T.O.G. XXII. Taf. 7 eher die Große Glaskirſche). Der Londoner Catalog ſcheint Obige ſo wenig als die Große Glaskirſche zu haben, es ſei denn im Nachtrage S. 10 als De Prusse, Roi de Prusse. Auch Downing kennt ſie nicht.

Geſtalt: die Frucht iſt groß, am Stiele ſtark, am Stempelpunkte etwas weniger plattgebrückt, zu beiden Seiten etwas und auf der Rücken⸗ ſeite am ſtärkſten breitgebrückt. Der Stempelpunkt ſitzt in einem ſchönen Grübchen, meiſtens nicht ganz auf der Spitze der Frucht, ſondern etwas nach der Rückenſeite hin, und läuft von der Stielhöhle zu ihm herab allermeiſt eine Furche, die oft raſcher abfällt, tiefer wird und die Kirſche wie in 2 Hälften theilt. Die Bauchſeite iſt mehr gerundet.

Stiel: ſtark, gerade, lichtgrün, meiſt nur $1\frac{1}{4}''$, doch auch $1\frac{1}{2}''$ lang, bei recht großen Früchten gewöhnlich am kürzeſten, ſitzt in weiter, ziemlich tiefer Höhlung. Er iſt an den Zweig nur mit einem kurzen Abſatze befeſtigt, und ſitzen die Früchte an dieſem Abſatze theils einzeln, theils gepaart.

Die Farbe der glänzenden, durchſichtigen Haut, die ſich abziehen läßt und unter der man die Fleiſchfibern liegen ſieht, iſt Anfangs licht⸗ roth, bei voller Reife ziemlich dunkelroth und iſt alsdann der Saft auch ſchwach geröthet und das gelbliche Fleiſch nach der Haut hin ſchwach röthlich. Die Furche behält immer eine etwas lichtere Farbe.

Das Fleiſch iſt zart, ſehr ſaftreich, und hat in voller Reife eine zwar noch ſehr merkliche, doch milde, erfriſchende, von Vielen beſonders geliebte Säure.

Der Stein iſt ziemlich groß, gerundet, mit einem feinen Spitz⸗ chen am Kopfe und einer Vertiefung am Stielende; die Rückenkanten ſind flach, doch tritt die Mittelkante merklich vor. Vor voller Reife bleibt er beim Genuſſe der Frucht am Stiele hängen, läßt aber in voller Reife leicht davon ab.

Reifzeit und Nutzung: die Reifzeit tritt ein gleich nach der Bouquetamarelle, gegen Ende der 3. Woche der Kirſchenzeit. Für Tafel und Haushalt ſehr ſchätzbar. Die Frucht hält ſich lange am Baume, kann auch leicht ausgeſteint und ſo mit Zucker eingemacht oder gedörrt werden.

Der Baum wird groß, kommt überall, wo Kirſchen wachſen, gut fort, iſt geſund und fruchtbar.

Oberdieck.

No. 57. **Große Glaskirsche von Montmorency.** II, B Truchseß; Glaskirschen.

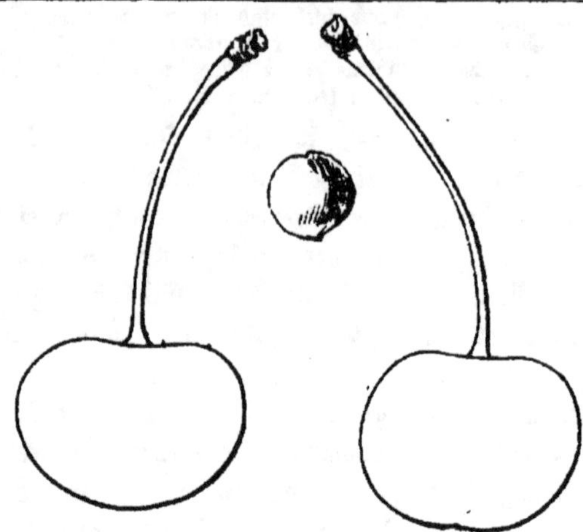

Große Glaskirsche von Montmorency. Truchſ. ** † Ende b. 3. W. d. K.Z.

Heimath und Vorkommen: ſchon bei Duhamel finden ſich 2 Cerisiers de Montmorency, 1) S. 134 Cerisier de Montmorency à gros fruit ou Gros Gobet, welches unſer Großer Gobet (auch Kurz-ſtielige Montmorency, bei den Engländern Flemish genannt,) iſt, und 2) S. 136 ein Cerisier de Montmorency ohne Beiſatz. Truchſeß ſucht zu erweiſen, daß die ſpäteren Autoren, die eine Montmorency an-führen, entweder eine ganz falſche Frucht, oder ſeine Kleine Glaskirſche von Montmorency haben, die er wohl mit Recht für die zuletzt gedachte Duhamel'ſche Frucht hält. Seine Große Glaskirſche von Montmorency erhielt Truchſeß von Sickler, und dieſer von Braun in Tiefenthal und erhellet, daß Duhamel dieſe Große Glaſk. von Montmor. nicht kannte, die irgendwo nur, weil ſie in Form und Größe dem Großen Gobet gleicht, den Namen Montmorency erhalten hat, jedoch ſehr verdient er-halten zu werden, da die Sorte groß und gut iſt. Mein von Diel be-zogenes Reis verlor ich wieder und habe viele Jahre mich vergeblich bemüht, die Sorte wieder zu erhalten, bis ich ſie endlich bei Herrn Organiſten Müſchen in Belitz wieder bekam, der die von Truchſeß er-haltenen Kirſchenſorten zu bewahren geſucht hat und mir 1859 auch Früchte ſandte, nach denen obige Zeichnung gemacht iſt.

Literatur und Synonyme: Truchſ. S. 465 unter obiger Benennung; Dittr. S. 157, der jedoch die ganz falſche Angabe hat, daß ſie Ende Juli zeitige. L.D.G. XI. S. 340 Taf. 18 Weichſel von Montmorency, Cerise de Montmorency,

Common red· Kentish Cherry. Die Abbildung ist ziemlich gut, nur zu dunkel gehalten. Die Synonyme aber sind insofern unrichtig, als Duhamels Cerisier de Montmorency ohne Beisatz die Obige nicht sein kann, und auch die Kentish der Engländer (Lond. Cat. S. 60, die daselbst zu Synonymen hat Common Red, Kentish red,
Flemish [of many] Virginian Mai, Early Richmond, Pic Cherry, Sussex, de
Montmorency, Montmorency à longue queue, commune à trochet, commune,
und ganz irrig auch noch Muscat de Praque) weit eher die Kleine Glaskirsche von
Montmorency ist (möglich auch der Frühe Gobet), da sie auch nach dem Lond. Cat.
rund und von 2. Größe ist, so daß also die sämmtlichen gedachten Synonyme auf
Obige nicht passen. Nach Abercrombic in Lübers Uebersetzung S. 661 soll die Kirsche
von Kent selbst schwarzroth werden. Kraft Taf. 15 Fig. 1 ist gleichfalls die Kleine
Glask. v. Montmor.; Pom. Franc. S. 39 Nr. 17 die Kleine Glask. v. Montmor.
oder eine Weichsel. Die in der Pom. Franc. S. 38 Nr. 16 vorkommende Engl. Weichsel
oder Montmorency, die Truchseß von Mayer erhielt, ist der Frühe Gobet. Truchseß
weiset S. 468 nach, wie Christ auch bei den von ihm beschriebenen Montmorency's sich
mancherlei Unrichtigkeiten hat zu Schulden kommen lassen, und die Obige richtig nur
habe Wörterb. S. 292, wo er die im T.O.G. XI. S. 340. gegebene Beschreibung
wieder gibt, aber dabei alles citirt und durcheinanderwirft, was nur irgend den Namen
Montmorency enthält, und Hbb. 3. Aufl. S. 702 Nr. 71, und Vollst. Pom. S. 242
Nr. 73. Ob unter Salzmanns 2 Montmorency's S. 45 Obige sei, läßt sich nicht
entscheiden. Rößler S. 175 hat die Kleine Montmor. In der Pariser Nationalbaumschule wurde Obige, wie Truchseß nach Feuille du Cultiv. 1804 S. 146 bemerkt,
La cerise de Montmorency genannt. — Ob die Cerisier de Montmorency T.O.Cab.,
31. u. 32. Lieferung, Obige ist, steht dahin.

Gestalt: ist groß und nach Mülschen durchschnittlich größer als die Doppelte
Glaskirsche, breiter als hoch und nicht so dick als breit; am Stiele stark gedrückt, oft wie
abgeschnitten, am Stempelpunkte weniger stark gedrückt, ja weil der kleine, flach vertiefte
Stempelpunkt mehr nach der Rückenseite hin sitzt, wölbt sie sich, von der Bauchseite
angesehen, nach der Spitze ziemlich flach gerundet zu; zu beiden Seiten etwas gedrückt,
auf der Rückenseite meist stark, wo bei der Mehrzahl sich eine breite flache oder tiefere
Furche zeigt.

Stiel: mittelstark, grün, in flachet bei großen Früchten weiter Höhlung.

Haut: glänzend, fein, von Farbe einer Doppelten Glaskirsche ganz ähnlich.

Fleisch: mattgelblich, zart und saftreich, doch etwas consistenter als das der
Doppelten Glask.; Saft hell; Geschmack von sehr milder Säure, bei recht reifen fast süß.

Stein: löset sich gut vom Fleische, doch fand ich an Mülschens Früchten nicht
bestätigt, daß er mit dem Stiele sich aus der Frucht ziehen lasse; er ist fast kugelrund,
am etwas abgestumpften Stielende zeigt sich eine flache, längliche Vertiefung; Rückenkanten breit; die Mittelkante steht flach vor und am stärksten nach der Spitze hin.
Die Steine der Großen Glask. und Doppelten Glask. sind weniger groß und dickbackig und tritt die Mittelkante stärker und am stärksten nach dem Stiele hin vor.
Hieburch, sowie durch etwas spätere Reife und mehr Süßigkeit unterscheidet sie sich
von der kurz vor ihr reifenden Doppelten Glaskirsche.

Reifzeit: 3. Woche Ende, oder Anf. der 4. Woche der Kirschenzeit. Für Tafel
und Haushalt.

Der Baum, der bei Truchseß wenig trug, trägt auch bei Mülschen nicht eigentlich voll, doch ziemlich gut, ist aber auf Süßkirschenunterlage veredelt, und ist zu versuchen, ob die Sorte auf Unterlage von Sauerkirschen nicht tragbarer wird. Die mir
gesandten kurzen, steifen, wenig abnehmenden Reiser mit dicker Spitzenknospe glichen
benen der Prager Muscateller. Oberdieck.

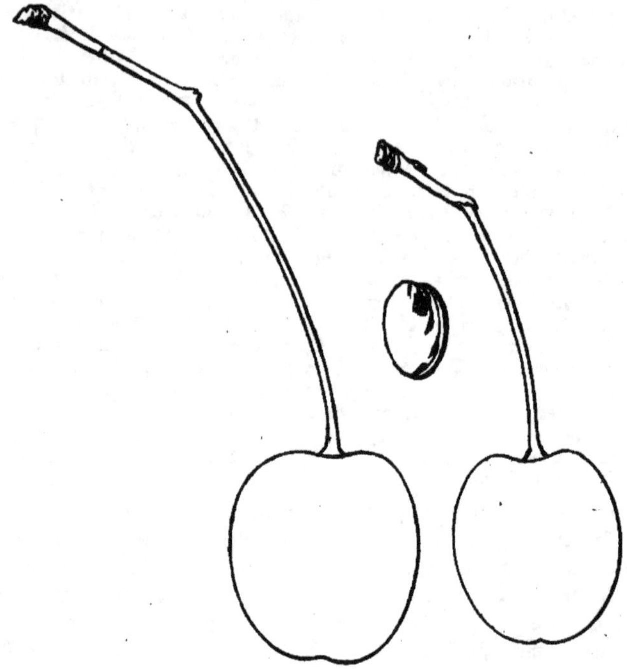

Königin Hortensia. * * 4. W. d. K.Z.

Heimath und Vorkommen: diese treffliche Frucht, deren Alter sich nicht über 1812 hinaufdatirt, ist in Belgien oder Frankreich erzogen. Wo? und von wem? ist bereits unsicher. Sie hat sich rasch weiter verbreitet und hat, theils weil man den rechten Namen nicht kannte, theils auch wohl durch Gewinnsucht der Handelsgärtner, eine ziemliche Anzahl Namen erhalten. Data über Ursprung und Geschichte dieser Kirsche geben die Annales de Pomologie 1853 S. 26 und die Annales der Pariser Societät August 1841. Nach letzteren wäre sie ursprünglich um 1816 von einem Winzer Louis-Gros-Jean, im Thale von Montmorency in seinem Weinberge aufgewachsen gefunden, der sie Louis XVIII. nannte; man hätte aber bei ihrer ersten Bekanntmachung durch die Annales de Flore et Pomone unter dem Namen Reine Hortense, als Erzieher betrachtet Herrn Girault, genannt Larose, Gärtner der Kaiserin Josephine, der sie denn aus einem Steine der zuerst von ihm gewonnenen Cerise Larose (einer Glaskirsche, siehe diese,) erzogen und der bekannten Königin Hortense zu Ehren benannt haben sollte. In den Annales bemerkt dagegen Herr L. de Bavay, daß die Monstreuse de Bavay, welche im Carmeliterkloster zu Vilvorbe aufgefunden sein werde, schon um 1812 im Besitze seines Vaters gewesen sei, und sich von da nach Laecken verbreitet habe. Man will die verschiedenen Angaben dadurch vereinigen, daß diese Frucht sich constant aus dem Kerne reproducire, und so wohl an mehreren Orten wirklich erzogen sei, daß aber unter den mehrmaligen Reproductionen ein wesentlicher Unterschied nicht stattfinde. Vergl. Einleitung S. 41.

Literatur und Synonyme: die Annales am a. O. unter Namen Reine

Hortense geben gute Abbildung und zwar recht große Frucht vom Zwergbaume 14''' breit und 15''' hoch. Ich selbst erhielt sie unter den unbestrittenen Synonymen: Belle Hortense, Monstreuse de Bavay, Hybride de Laeken und Louis Philippe (der diese Frucht besonders gern gegessen hat). Sie heißt aber auch noch Louis XVIII., Reine des cerises, Monstreuse und Belle de Jodoigne, Belle de Laeken, Seize à la livre (Lond. Cat.), Morestin Rouvroy (Thierry zu Haelen schreibt Bouvroy), Guigne de petit Bric. Herr Medicinalassessor Jahn erhielt sie (Mon.-Schr. I. S. 162) aus Papeleus Collection als Guindoux de la Rochelle und Cerise de Stavelot. Sie kommt ferner als Donna Maria und De Spaa, nach Dochnahls Pomona 1856 auch als Grosse de Wagnelee und Belle Audigeoise vor. Unter den 3 ersten Namen haben jedoch die Cataloge von Jamain et Durand zu Bourg-la-reine und von Thierry zu Haelen eigene Früchte neben der Obigen. Der Catalog von Jamain Durand hat auch das Synonym Lemercier, unter welchem Namen ich durch Jahn aus Paris eine ganz andere köstliche Frucht habe (siehe diese), und die Annales II. S. 19 noch wieder eine andere Frucht abbilden. Die Mon.-Schr. 1860 S. 360 gibt einen Auszug aus einer Beschreibung der Frucht von Robert Hogg, der Belle Audigeoise, Grosse de Wagnelee, Belle suprême, Belle de Trapeau Cerise d'Aremberg Fischbach sowie auch Lemercier außer den schon gedachten als Synon. angibt. — Vergl. noch Dittrich III. S. 267.

Gestalt: sehr groß, und erlangt sie selbst bei mir auf Hochstamm 1'' oder etwas mehr Breite und Höhe. Meistens hochaussehend; einzeln abgestumpft herzförmig, meistens aber ein Oval bildend, dessen stärkste Breite in der Mitte oder nur etwas mehr nach dem Stiele, zuweilen auch etwas mehr nach dem Stempelpunkte hin liegt. Am Stiele ziemlich stark, am starken, bald gar nicht, bald wenig vertieft stehenden Stempelpunkte etwas abgestumpft oder mehr zugerundet, auf beiden Seiten, und auf der Rückenseite am stärksten breitgedrückt. Bauchseite zeigt meistens flache Furche, Rückenseite dagegen nur Linie, oder die Furche zeigt sich erst etwas in der Nähe des Stempelpunktes.

Stiel: verhältnißmäßig dünn, 1½'' meist 2'' und selbst darüber lang, lichtgrün, oft etwas geröthet, sitzt in ziemlich tiefer und weiter Höhlung, deren Rand nach der Rückenseite hin beträchtlich stärker abfällt. Die Blüthe treibt, wie bei den Süßweichseln, meistens eine stark gestielte Blumendolbe; doch bleibt fast immer nur 1 Frucht an jeder Dolbe sitzen.

Färbung: die feine, sehr glänzende, ziemlich durchsichtige Haut hat mattgelbe Grundfarbe, die vor voller Reife noch etwas zu sehen ist, während in voller Reife eine der Röthe der Glaskirschen ganz ähnliche Röthe, die zuerst nur gestrichelt und punktirt auftritt, die ganze Frucht überzieht, wobei an weniger besonnten Stellen die Grundfarbe noch durchscheint.

Fleisch: ist mattgelb, sehr zart und saftreich, ein Geringes consistenter als bei andern Glaskirschen; Saft nicht färbend; Geschmack süß, durch milde Säure erfrischend und delikat.

Stein: bildet ziemlich ein längliches Oval, oder ist nach dem Stielende hin etwas verjüngt und abgestumpft; die Backen sind flach, die Rückenkanten flach und nicht breit.

Reifzeit und Nutzung: zeitigt in der 4. Woche der Kirschenzeit. Eine vorzügliche Tafelfrucht.

Der Baum, über dessen Vegetation schon in der Einleitung S. 42 das Nähere gesagt ist, wächst rasch und gesund. Seine Fruchtbarkeit will man indeß selbst in Belgien jetzt schon nicht mehr genügend loben, und sind auch in Deutschland die Urtheile darüber getheilt. Nach meinen Erfahrungen setzt er freistehend allermeist wenig an und liebt den Schutz einer Wand. Selbst in dem äußerst günstigen und reichen Kirschenjahre 1860, wo die Blüthezeit erst 8. Mai war, trug mein dicht am Hause westlich stehender, 10 Fuß hoher, 8 Fuß breiter Zwergbaum, der nicht mehr stark treibt, nach reichster Blüthe nicht 150 Früchte. Hr. Director Schnittspahn zu Darmstadt machte jedoch nach Mon.-Schr. 1860 auf einer Anhöhe entgegengesetzte Beobachtung. Die Sorte bleibt sehr schätzbar, doch ist sie bisher etwas zu viel gepriesen. Siehe auch Monats.-Schr. 1860, S. 317.   Oberdieck.

No. 59. **Herzogin von Paluau.** (Palüo.) II, B Truchseß; Glaskirschen.

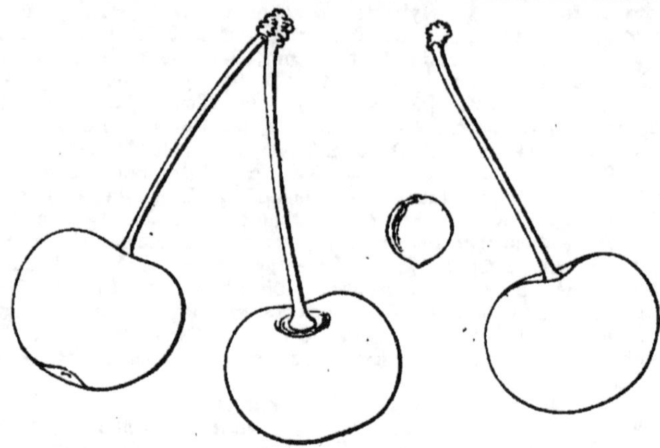

Herzogin von Paluau. Papelen. (Bretonneau.) * * 4. W. b. K.Z.

Heimath und Vorkommen: ich erhielt sie von Papeleu in Wetteren, in dessen früherem Verzeichnisse sie nur dem Namen nach angegeben war. — Lichtkirschen sind, wie mir Hr. Freiherr von Lotzbeck, Kön. bair. Kämmerer in München, ein wackerer Freund und Kenner der Kirschen, schreibt, auf den Tafeln der höheren Stände angenehmer, als solche mit färbendem Safte, weshalb es auch angemessen ist, die auftauchenden Sorten dieser Classe auszubeuten und die besseren bekannt zu machen.

Literatur und Synonyme: in Papeleus neuerem Verzeichniß ist sie nicht mehr fortgetragen, so viel ich mich jedoch erinnere, war der Name Duchesse de Paluau gedruckt. Anderwärts finde ich sie nur im Catalogue general des Pepinieres royales de Vilvorde für 1856/7, hier heißt sie Duchesse de Paluau und es ist nebenbei Docteur Bretonneau eingeschlossen, so daß dieser also wohl der Erzieher oder Entdecker ist. Die Frucht wird als sehr groß, prächtig, rundlich, dunkelroth, I. Qual., Mitte Juni reif, der Baum als lebhaft, für alle Formen geeignet geschildert. — Ich erzog sie wie folgt:

Gestalt: plattrund, auf beiden Seiten etwas gedrückt, stärker jedoch auf der Furchenseite. Die Furche ist schwach, und meist nur an den nicht ganz reifen Kirschen sichtbar. Der Stempelpunkt steht etwas eingesenkt neben der Spitze der Frucht. Die Kirsche hält in der Größe die Mitte zwischen Glaskirschen und Amarellen, man kann sie wohl schon groß nennen.

Stiel: 1 bis 1³/₄" lang, ziemlich stark und besonders da, wo er auf der Kirsche aufsitzt, sehr dick, grün, er steht in weiter, aber seichter Einsenkung.

Haut: dünn, ziemlich durchscheinend und glänzend, von Farbe lichtpurpurroth, etwas dunkler als die von Glaskirschen oder Amarellen, doch färben sich die letzteren in der Ueberreife ähnlich.

Fleisch: röthlich gelb, durchscheinend, weich, saftvoll, der Saft ist schwach röthlich weiß und klar. Geschmack säuerlich süß, weniger süß und auch nicht so pikant wie der mancher Glaskirschen, doch immer mehr süß als sauer, und doch noch recht gut, also mehr dem der Glaskirschen, als dem der Amarellen nahestehend.

Stein: verhältnißmäßig klein, rundlich, mit kleiner, sehr stumpfer Spitze, er löset sich völlig vom Fleische, nur, wenn die Kirsche noch nicht ganz reif ist, bleibt er am Stiele hängen.

Reife und Nutzung: die Frucht reifte 1858 den 20., 1859 den 15. Juli, also später als von ihr angegeben ist, was wohl der Unter= schied des Climas bedingt. Zu ihrer Zeit waren bereits alle Amarellen 1859 vorüber; mit noch vorhaudenen andern Glaskirschen hatte die vorliegende keine Aehnlichkeit.

Eigenschaften des Baumes: derselbe ist auf Mahalebkirsche veredelt, wächst darauf gut und ist gesund, trug auch bereits einige Mal ziemlich voll, doch scheint die Sorte gerade keinen großen Baum zu machen und hat mehr die Vegetation der Amarellen, aber doch schon etwas breitere Blätter.

Bemerkungen: es ergibt sich aus Obigem, daß die Kirsche mehr zu den Glaskirschen als Amarellen gehört, oder man kann sie als ein Mittelding zwischen beiden betrachten. Ich erinnere mich nicht, unter den mir bekannt gewordenen Glaskirschen eine ähnliche, die sich durch den etwas säuerlichen Geschmack und durch die etwas dunkler rothe Hautfarbe auszeichnet, in welchem letzteren Punkte sie aber der ebenfalls für mich neuen Schönen von Chaux noch keineswegs gleich kömmt (die schon ungleich mehr zu der Farbe der Weichseln hinneigt), gesehen zu haben, und halte sie, wie die ebengenannte, für eine neue eigenthüm= liche Sorte.

Jahn.

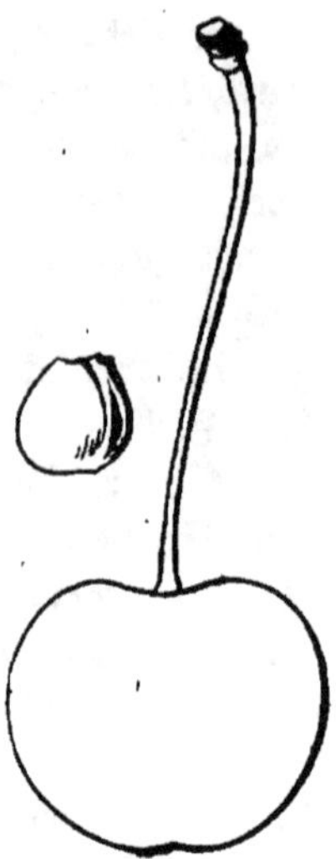

Bettenburger Glaskirsche. *.* † 4. W. d. K.Z.

Heimath und Vorkommen: ist ein Bettenburger Sämling und fiel aus der Kernsaat, welche Truchseß 1794 mit sorgfältig bezeich-neten Steinen vornahm, aus einem Steine der Prager Muscateller, also einer Süßweichsel mit färbendem Safte. Vielleicht kommt es von dieser Abstammung, daß mir die jungen Bäume auf Weichselwildlingen bisher nicht recht fortwollten, und an Weichselbäume gesetzte Probezweige, die gleichfalls klein blieben, voll großer schöner Früchte saßen, aber sich nach etlichen Jahren todttrugen. Es sind darüber noch weitere Versuche zu machen. Mein Reis habe ich von Diel und Burchardt überein. Ist noch sehr wenig verbreitet, aber werthvoll.

Literatur und Synonyme: Truchs. S. 455 Bettenburger Glaskirsche; Dittrich S. 147; Liegels Anl. S. 167. Im Auslande wird sie noch gar nicht be-kannt sein.

Gestalt: die Frucht ist groß, hat nach Truchseß mit der Doppelten Glaskirsche viele Aehnlichkeit; Liegel hat jedoch richtig beobachtet, wenn er bemerkt, daß nicht nur ihr Stiel gewöhnlich etwas länger sei, sondern sie auch größer ist, am Stempelpunkte weniger gedrückt und mehr zu-gerundet, und die Rückenseite zwar merklich gedrückt ist, aber nicht so starke Furchen hat als die Doppelte Glaskirsche und oft nur Linie. Der etwas nach dem Rücken hin stehende Stempelpunkt steht sehr wenig vertieft.

Stiel: mittelstark, meistens 2" lang, oft an der Basis etwas röthlich, sitzt in flacher Höhlung.

Haut: glänzend, zähe, daß sie sich abziehen läßt, weniger durchsichtig und in der Reife etwas dunkler roth als bei der Doppelten Glaskirsche.

Fleisch: weißgelb, saftreich, der Saft nicht färbend, der Geschmack merklich süßer als bei der Doppelten Glaskirsche, doch immer noch süßsäuerlich.

Der Stein ist mäßig groß, fast kugelrund, dickbackig, am Stielende ein Wenig vorgeschoben und etwas abgestumpft. Rückenkanten breit, aber flach. Am Stielende zeigt er eine starke runde Vertiefung.

Reifzeit und Nutzung: zeitigt um 8—10 Tage später als die Doppelte Glaskirsche, in der 4. Woche der Kirschenzeit. Für Tafel und Haushalt brauchbar. 1860, wo auch die Rothe Oranienkirsche wenig Geschmack hatte, war obige selbst am 12. Aug. noch von wenig gutem Geschmack, während dagegen die späten Amarellen, namentlich der Große Gobet, rechte Güte des Geschmacks erlangten.

Der Baum wird nach Truchseß groß, ist tragbar und hat, wie die Muttersorte, von der er abstammt, ein geschlossenes Wachsthum und starke Belaubung mit großen, breiten Blättern. — Durch mehr Größe, dunklere Farbe und spätere Reife, auch etwas in der Gestalt unterscheidet sie sich von der Doppelten Glaskirsche, mit der sie gleichen Werth hat.

Oberdieck.

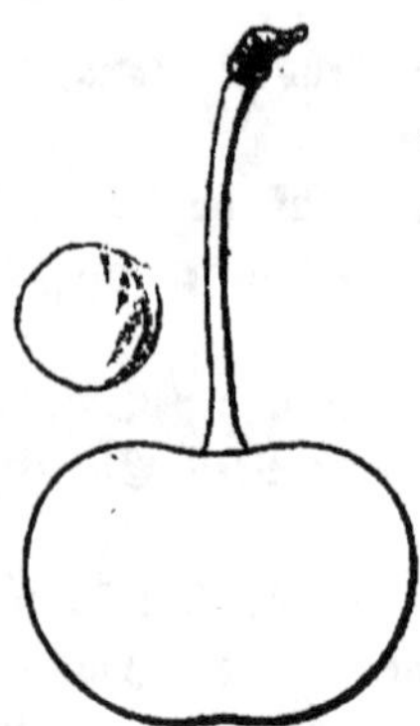

Große Glaskirsche. * * † 5. W. b. K.Z.

Heimath und Vorkommen: diese schätzbare, der Doppelten Glaskirsche an Werth gleichstehende, doch größere und etwas später zeitigende Sorte, erhielt Truchseß 1796 von Büttner mit der Bemerkung, daß er sie vom Pastor Henne habe, und sie von·dessen Großer Glaskirsche (bei Truchseß Doppelte Glaskirsche) verschieden sei. Büttner beschrieb sie im T.O.G. VII. S. 371 Nr. 9 als Große Glaskirsche, welcher Name sehr paßt, da sie merklich größer als die Doppelte Glaskirsche ist. Sie ist ziemlich verbreitet, z. B. auch im Hannover'schen, wird aber, wie schon bei der Doppelten Glaskirsche gezeigt ist, mit Letzterer häufig verwechselt. Mein Reis erhielt ich von Hrn. Dr. Liegel, und dieser von Truchseß.

Literatur und Synonyme: Truchseß S. 473 Große Glaskirsche; Dittrich II. S. 156; T.O.G. VII. S. 371; Liegels Anl. S. 168; Christ 2. Aufl. des Hdb. S. 678 Nr. 6 nach Büttners Beschreibung, setzt aber irrig als gleichbedeutend Doppelte Glaskirsche hinzu. Im Wörterbuch S. 292, wo Christ die Große Glaskirsche beschreiben wollte, verwickelte er sich in Widersprüche, worüber Truchseß S. 445 nachgelesen werden muß. Mit Christs Fehlern hat sie auch Heineken S. 214 Nr. 44. Auch der Große Gobet wird zuweilen irrig Große Glaskirsche benannt, gewöhnlicher jedoch Kurzstielige Glaskirsche, sowie Unkunbige auch die Obige wieder Kurzstielige Glaskirsche nennen.

Gestalt: die Frucht ist groß, oft selbst sehr groß, am Stiele und am Stempelpunkte stark gedrückt; die Bauchseite ist meist ohne alle Furche und rund, die Rückenseite merklich gedrückt und zeigt eine Furche. Der Stempelpunkt steht in weiter, flacher Vertiefung.

Stiel: stark, kurz, sitzt in geräumiger Höhlung. Truchseß bestätigt nicht Büttners Angabe, daß auch bei rechter Reife der Stiel so fest am Steine hänge, daß er den Stein mit aus der Frucht herausziehe.

Haut: glänzend, ziemlich stark, Anfangs hellroth, wird zuletzt, so wie die Doppelte Glaskirsche, ziemlich dunkelroth.

Fleisch: mattgelblich, zart und zerfließend; der reichlich vorhandene Saft hat in gehöriger Reife der Frucht eine milde, pikante und angenehme Säure, und wird zuletzt etwas färbend.

Der Stein ist fast kugelrund, dickbackig, am Stielende wie abgeschnitten mit einer flachen Höhlung, wo der Stiel inserirt war, gegenüber fühlbares Spitzchen. Rückenkanten ziemlich breit, die Mittelkante steht merklich vor.

Reifzeit und Nutzung: fängt erst an, sich zu färben, wenn die Doppelte Glaskirsche fast reif ist, färbt sich dann ziemlich schnell und zeitigt 8—10 Tage nach der Doppelten Glaskirsche. Für Tafel und Haushalt schätzbar. 1860 fiel die rechte Zeitigung erst in den August, über 14 Tage nach der Doppelten Glaskirsche.

Der Baum wächst rasch, wird groß und trägt nach Büttner nie ganz voll, was ich auch an hiesigen auf Süßkirschenwildlingen veredelten Bäumen der Obigen und der Doppelten Glaskirsche wohl bemerkte (wobei indeß bei der Größe der Früchte die Ernbte doch immer eine ganz gute ist), während beide Sorten auf Unterlage von Sauerkirschen mir schon in der Baumschule jährlich voll, oft sehr voll trugen und ebenso die Probezweige an gewöhnlichen Weichseln. Die Früchte sitzen gewöhnlich einzeln. — Von der Doppelten Glaskirsche unterscheidet sie sich durch kürzeren Stiel, mehr Größe und spätere Reife; vom Großen Gobet dadurch, daß diese nicht so groß ist, noch kürzeren Stiel und noch stärkere Säure hat und die Zweige des Baumes des Großen Gobet mit dem Alter sich hängen; die Große Glaskirsche von Montmorency ist theils in der Form, theils durch mehr Süßigkeit, theils durch den größeren und noch dickeren Stein von ihr verschieden (siehe Letztere).

Oberdieck.

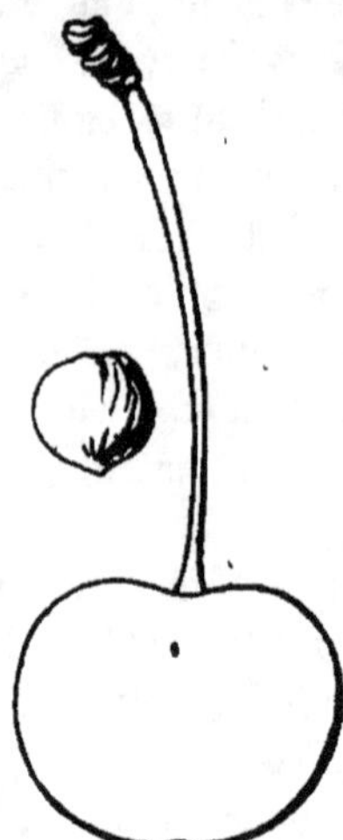

Rothe Oranienkirſche. * * † Ende der 5. W. d. K.Z.

Heimath und Vorkommen: ſtammt vielleicht aus Holland; iſt noch längſt nicht ſo verbreitet, als ſie durch ihre Fruchtbarkeit, Geſund⸗ heit des Baumes, Schönheit der Frucht und den ſüßen Saft, der, ſo bald die Frucht völlig geröthet iſt, keine Säure mehr hat, es verdient. Wird für Viele eine Lieblingsfrucht werden. Mein Reis habe ich von Diel.

Literatur und Synonyme: Truchſeß S. 456 Rothe Oranienk.; Dittrich S. 153; Chriſt, Hdwb. S. 293; Vollſt. Pom. S. 244 Nr. 76; T.D.G. IX. S. 335 Taf. 15 Abbild. ziemlich gut unter dem Namen Holländiſche Kirſche; D.D.Cab. Nr. 15 in Form gut, das Colorit gibt nur nichts von der Durchſichtigkeit der Haut. Heißt auch bei Knoop S. 14 Oranje Kers und die Pariſer Nationalbaumſchule nannte ſie nach Truchſeß Cerise rouge d'Orange. Die erſte richtige Beſchreibung unter obigem Namen gibt Henne (Anw. S. 339 Nr. 3), ihm folgt Büttner im T.D.G. VII. S. 374 Nr. 28. Wirkliche Synonyme ſind noch: Fleiſchfarbige Kirſche, Car⸗ nation, Altenborfer Kirſche (Chriſt, Hdb., 1. Aufl. S. 534 Nr. 7 und 537 Nr. 8, Rößler S. 170), Große ſpaniſche gewürzte Kirſche (Sickler), Weiße Malvaſierkirſche (Chriſt). Unrichtige Benennungen, unter denen Truchſeß ſie er⸗ hielt, ſind: Doppelte Glaskirſche (Herrnhauſen). Holländiſche Kirſche, Cerise de Hollande, ou Coularde (T.D.G. IX. S. 335 Taf. 15), Gelbe Oranienkirſche (Chriſt, Hdb., 2. Aufl. S. 678), Brüſſel'ſche rothe, auch Prinzeſſinkirſche (Salzmann S. 48). Im Allgem. T. Gartenmagazin 1808 Heft 9 S. 338 Taf. 20 findet ſich eine Rothe Oranienkirſche, welche eine Herzkirſche, alſo falſch benannt iſt, und mit Obiger nicht verwechſelt werden darf. Der Lond. Catalog und Downing (S. 194) haben ſie als Carnation, mit den meiſt unrichtigen Synonymen: Wax Cherry, Crown, Cerise nouvelle d'Angleterre, Cerise de Portugal, Grosse Cerise rouge pâle, Griottier rouge pâle, Griotte de Villènes, English bearer (of some). Als Cerisier à gros fruit rouge pâle, Weichſelbaum mit bleichtrother Frucht (Pomona Austriaca S. 5 Taf. 14 Fig. 1), erhielt Truchſeß von Kraft die Bleichrothe Glas⸗

kirſche (Truchſeß S. 475), welche er geneigt iſt, für Duhamels Sorte des Namens zu halten (Duhamel S. 186 Nr. 12), und aus der Pariſer Nationalbaumſchule als Cerisier à gros fruit rouge pâle ou Cerise de Vilaines auch eine andere, dem Großen Gobet ähnliche Frucht (S. 487). Man vergleiche jedoch, was Truchſ. S. 482, 484 ff. über die große Unzuverläſſigkeit der franzöſiſchen Kirſchenbenennungen nach der Revolution ſagt, wo er z. B. eine mit der Rothen Oranienkirſche wohl übereinſtimmende Frucht aufführt, die er aus der Pariſer Nationalbaumſchule als Royale ou Cherry Duke, ou Royale hative, ou Duc de Mai, ou Royale tardive, ou Holmanns Duke erhalten hatte, in welchen Benennungen offenbar alle Kritik aufgehört hat.

Geſtalt: die Frucht gehört zu den großen und iſt in manchen Jahren mehr rund, in andern mehr breit, am Stiele ziemlich ſtark abgeſtumpft, am Stempelpunkte, der in einem Grübchen, etwas nach der Rückenſeite hin ſteht, weniger und oft faſt gerundet, auf beiden Seiten nur etwas breitgedrückt, am meiſten auf der Rückenſeite, wo eine Linie herabläuft. Furchen finden ſich nicht, oder ſind unbedeutend.

Der Stiel iſt von verſchiedener Länge, 1—2" lang, ziemlich ſtark, oben meiſt nur mit einem kleinen Abſaße, nimmt bei ſtark reifen Früchten am Baume Röthe an und ſitzt in nicht tiefer, ziemlich weiter Höhlung.

Farbe der glänzenden Haut Anfangs lichtroth und durchſichtig, bei zunehmender Reife dunkler, bleibt aber immer durchſichtig.

Fleiſch: weißlich gelb, ſehr ſaftreich und zart; Saft farblos, Geſchmack ſüß, durch Beimiſchung von etwas Säure hinreichend gewürzt. Truchſeß ſagt, man finde nicht die minbeſte Beimiſchung von Säure, und könne doch der Kirſche einen beſondern Wohlgeſchmack nicht abſprechen. Dieſe Süßigkeit hat ſie mit der Schönen von Choiſy gemein, unterſcheidet ſich aber von dieſer durch mehr Größe, ſpätere Reife, auch andere Färbung.

Stein von mittlerer Größe, ziemlich gerundet, mit ſchwacher Spitze und wenig ſtarken Kanten. Am Stielende iſt eine flache, gerundete Höhlung.

Reifzeit und Nutzung: reift gegen Ende der 5. Woche der Kirſchenzeit, in heißen Jahren jedoch auch ſchon Ende der 4. Woche. Zeitigt auf dem Baume ziemlich raſch, ſo daß die Vögel ihr nicht viel anhaben können; nach dem Brechen hält ſie ſich wegen zarter Haut nicht ſo lange, als andere Glaskirſchen. Hauptſächlich Tafelfrucht, wird indeß auch im Haushalte brauchbar ſein.

Der Baum wächst raſch und geſund, und zeigte ſich auch bei mir ſehr fruchtbar. Er macht eine ſchöne, auch im Innern reich verzweigte Krone. Die Blüthe tritt erſt ſpät ein, wenn die meiſten Kirſchen abgeblühet haben.

Oberdieck.

No. 63. **Larofes Glaskirsche.** II, B Truchseß; Glaskirschen.

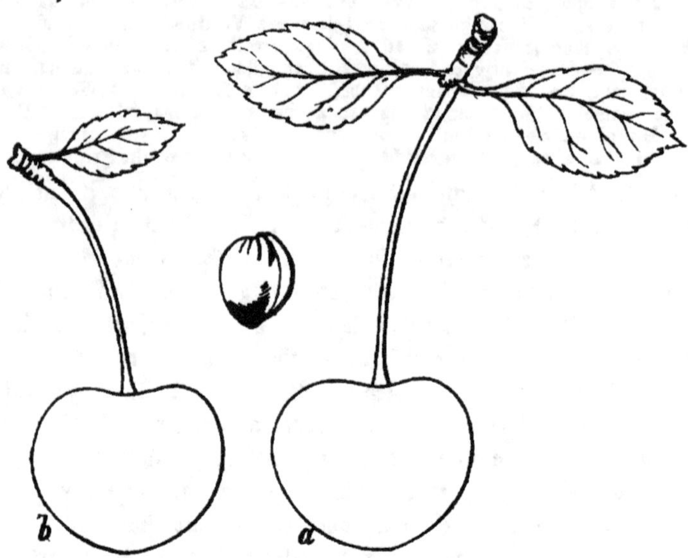

Larofes Glaskirsche. * * † 7. W. b. K.Z.

Cerise Larose.   Noisette.

Heimath und Vorkommen: Dittr. III. S. 267 bei der Kirsche Königin Hortensia, gibt nach den Annales de la Société Royale d'Hortic. de Paris Juli 1838 die Nachricht, daß der Gärtner Larose zu Neuilly im Jahre 1826 eine gute Kirsche aus dem Steine der Cerise nouvelle d'Angleterre gezogen habe, die im Wuchs des Baumes und in den Eigenschaften der Frucht von der Cerise nouvelle d'Angleterre verschieben war, und aus deren Steinen er später wieder die köstliche Reine Hortense erzogen hatte. Es ist nun wahrscheinlich, daß wir in Obiger diese Cerise Larose haben und spricht für diese Vermuthung wenigstens noch, daß sie wie die Königin Hortense fast immer einen langen mit Blättern besetzten Stielabsatz hat, wenngleich sie sonst von derselben gar sehr verschieden ist. Die Sorte kam von Noisette in Paris als Cerise Larose nach Meiningen, ist also jedenfalls französischen Ursprungs, und erhielt ich von daher das Reis. Sie ist durch späte Reifzeit, Größe und Güte eine schätzbare Frucht, und zeigte sich bisher bei mir besser, als die zugleich mit ihr reifende gerühmte Amerikanerin Coës late Carnation.

Literatur und Synonyme: ist wenigstens in deutschen pomolog. Werken noch nicht näher beschrieben und ist derselben hauptsächlich nur in meiner Anleitung S. 597 gedacht. Nach Mon.-Schr. I. S. 158 wäre eine Cerise de Saxe, welche Herr Medic.-Assessor Jahn aus Papeleus Collection erhielt, von Obiger nicht verschieden, doch fand derselbe nach briefl. Mittheilung in neuerer Zeit noch größere Aehnlichkeit der de Saxe mit Chatenay's Schöner, die der vorliegenden ähnlich ist, aber zeither nach Jahn nichts von deren Säure zu erkennen gab, die sich in Meiningen in mehreren auf einander gefolgten kühlen Sommern an der Larose so bemerklich machte, daß man die Frucht dort weiter zu verbreiten nicht für rathsam hielt. Vermuthlich hat Obige in Meiningen einen schlechten Stand gehabt, oder ist noch nicht gehörig reif gewesen, denn vor gehöriger Reife hat Obige auch bei mir sehr merkliche Säure.

Gestalt: gehört in guten Jahren zu den großen und haben bei vollem Tragen selbst die kleineren Früchte noch immer eine schöne Größe. Am Stiele ist sie stark abgestumpft, nach dem Stempelpunkte meist etwas stumpfherzförmig, oft auch mehr gerundet gewölbt. Die größte Breite liegt allermeist nach dem Stiele hin; zu beiden Seiten ist sie etwas breitgedrückt, die Bauchseite meist sehr wenig, die Rückenseite stärker; Furchen auf beiden Seiten sind schwach oder fehlen ganz und zeigt die Rückenseite eine Linie. Der Stempelpunkt sitzt in einem kleinen, flachen Grübchen, etwas unter der eigentlichen Spitze und mehr nach der Rückenseite hin.

Stiel: grün, ziemlich stark, von verschiedener Länge, theils nur 1¼″, meist 1½ bis 1¾″, und sitzt in weiter, ziemlich tiefer Höhlung. Er hat an seinem Ende einen ziemlich langen Absatz, an dem allermeist 2 kleine Blättchen sitzen. Von der Blüthendolde bleibt meist nur 1 Frucht sitzen, wie bei manchen andern Glaskirschen, doch setzt der Baum so gut an, daß er dennoch reichlich trägt.

Haut: glänzend, fein, doch zähe, ziemlich abziehbar, ist Anfangs bleichroth, die Röthe sich meist punktirt verbreitend, in voller Reife dunkel glaskirschenroth, wie eine recht reife Doppelte Glaskirsche.

Fleisch: fein, saftreich, gelblich; der Saft hell und zuletzt nur schwach geröthet. Der Genuß ist schon angenehm, doch noch stark säuerlich, wenn die Frucht völlig geröthet ist, gewinnt aber sehr bei längerem Hängen der Frucht und wird zuletzt süß, durch milde Säure gehoben. 1859 gingen ihr selbst die Wespen sehr nach.

Stein: ziemlich groß, dickbackig, nach der Form der Frucht bald ein Geringes höher als breit, bald so breit als hoch, am Stiele etwas abgestumpft, wo sich eine flache Höhlung findet; Rückenkanten ziemlich breit, Nebenkanten klein und flach; die Mittelkante tritt stärker hervor, doch nicht scharf, und erhebt sich gegen das Stielende hin merklich, so daß die Form des Steins dadurch merklich verschoben ist. Mehrere scharfe Afterkanten ziehen sich vom Stielende bis gegen den Bauch hin.

Reifzeit und Nutzung: zeitigt spät, noch merklich nach der Rothen Oranienkirsche, meist erst im August, selbst 1858 erst 28. Juli, und hält sich ziemlich lange am Baume. Für Tafel und Haushalt schätzbar.

Der Baum wächst rasch und zeigt sich fast jährlich tragbar. — Von der Rothen Oranienkirsche unterscheidet sie sich theils durch etwas spätere Reife und mehr Säure, hauptsächlich aber durch ihre mehr herzförmige Figur. Coës late Carnation brachte mir erst wenig Früchte und scheint merklich dunkler gefärbt, auch stärker säuerlich.

Oberdieck.

No. 64. Chatenay's Schöne. II, b. Truchseß; Glaskirschen.

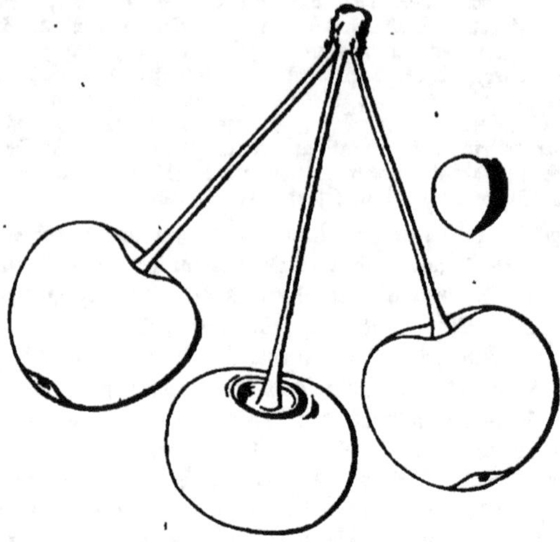

Chatenay's Schöne. (Chatenay.) * * ! Ende Juli bis Mitte Aug. auch später.

Heimath und Vorkommen: sie wurde in Vitry-sur-Seine, nach seinen vielen Baumschulen auch Vitry-aux-Arbres genannt, im Arrondissement von Sceaux, von dem Baumzüchter Chatenay mit dem Beinamen le Magnifique im Jahre 1795 erzogen, wie L. de Bavay in den Ann. der Pom. I. 61 mittheilt.

Literatur und Synonyme: die Kirsche, welche aus Obigem erklärlich in Catalogen bald Belle de Chatenay, bald Belle de Sceaux, oder auch Belle de Magnifique und Belle magnifique genannt wird, ist in dem genannten Bande der Ann. kurz beschrieben als rund, dunkelroth und glänzend, etwa 1" 2''' hoch und 3½—3¾" im Umfang (haut d'environ 3 centimetres et d'une circonference de 9 a 10), Fleisch gelblich, süß, ersten Ranges, Ende Juli bis Aug. reif, und abgebildet 1" 2''' breit und gut 1" hoch. — Dochnahl im Führer III. S. 55 nennt sie Prächtige Glaskirsche und gibt außer obigen Syn. noch hinzu: Cerise de Spa (daraus abgeleitet wahrscheinlich de Spaa, Cerise d'Espa, Belle de Spa, d'Espagne), auch Cerise d'Agen und Creve's Kirsche. Als Cerise de Spa, welcher Name von Einigen auch der Königin Hortense gegeben wird, während Andere sie von dieser trennen, besitze ich indessen von Papeleu eine andere sehr kleine rundliche späte Amarelle* und als Creve's K. habe ich von Dochnahl, wie sie jetzt noch in meinem Besitze ist, vielleicht durch Reiserverwechslung, eine von der Ostheimer nicht zu unterscheidende Kirsche erhalten. — Als Identitäten oder doch nicht wohl zu unterscheidende Kirschen aus Papeleu's Sortiment, worin auch

* Die allerdings nicht mit den Angaben in Papeleus Catalog über sie trifft, worin sie als I. Ranges, groß, dunkelroth, Ende Juli reif geschildert ist, was schon mit der Chatenay ziemlich stimmen dürfte.

diese war, kann ich jedoch nennen (nach mehrjährigen Beobachtungen): Angleterre hative, Angleterre tardive, Cerise de Saxe, Cerise de Planchoury. Dittrich hatte übrigens die obige schon als Cerise la Belle magnifique, Gros de Seaux, nannte aber II. S. 176 blos ihren Namen.

Gestalt: rundlich, schwach herzförmig, am Stiele abgeplattet, auf den Seiten etwas, doch wenig gedrückt, und ebenso ist die Furche bemerklich, doch nicht stark vertieft. Der Stempelpunkt steht etwas seitwärts, nicht ganz auf der Spitze der Frucht. Die Kirsche ist ziemlich groß, wurde aber in M. doch nicht größer als oben, das in den Ann. angegebene Maaß kann sie wohl nur in sehr gutem Boden erlangen.

Stiel: verschieden lang und stark, oft geröthet in sehr weiter, tiefer oder auch seichter Senkung.

Haut: etwas stark, im unreifen Zustande weißgelb mit rothen Backen, später schön hellroth, aber eigenthümlich, fast brennend scharlachroth,) anders als das Roth der Glaskirschen und Amarellen) mit kleinen dunkelrothen Flecken und Punkten hie und da auf manchen Stellen der Haut.

Fleisch: schwach röthlichweiß, durchscheinend, Saft häufig vorhanden, nicht färbend, gehörig reif sehr angenehm süß, im Geschmack dem der Süßkirschen nahestehend, weßhalb die Vögel auch sehr lüstern nach dieser Frucht sind.

Stein: breit, rundlich, schwach herzförmig, durch starkes Vortreten der Hauptkante, die sich aber nicht bis zur Spitze des Steins fortsetzt, gleichsam eckig. Es bleibt an ihm gewöhnlich etwas Fleisch hängen, auch hängt derselbe öfters noch fest mit dem Stiele zusammen.

Reife und Nutzung: die Kirsche zeitigte in den letzten 3 warmen Sommern auch in M. zu Ende des Juli, in kühleren Jahren verzögert sich die Reife jedoch oft sehr, so daß selbst Mitte bis Ende August herbeikommt und bei alledem erlangt sie dann selten ihre gute Ausbildung, weßhalb man derselben einen besonders sonnigen Stand geben muß. Gehörig reif ist sie eine der besten von allen Kirschen. Im Regen springt sie wie die Süßkirschen auf.

Eigenschaften des Baumes: derselbe wächst nicht stark, macht unter allen Namen, unter welchen ich sie besitze, auf Prunus Mahaleb einen kleinen Baum mit in der Jugend aufrechtstehenden, später hängenden Zweigen. Die Tragbarkeit ist gut, besser als die der Belle de Chaux, die ähnlich, aber kleiner ist, und etwa 14 Tage früher reift. Der Baum der Chatenay hat die breiten Blätter der Glaskirschen und auch seine Blüthen sind ihnen gleich. Man wird die Sorte also diesen anreihen können.

J.

No. 65. Frühe Zwergweichsel. III, A. Truchseß; Weichselkirschen.

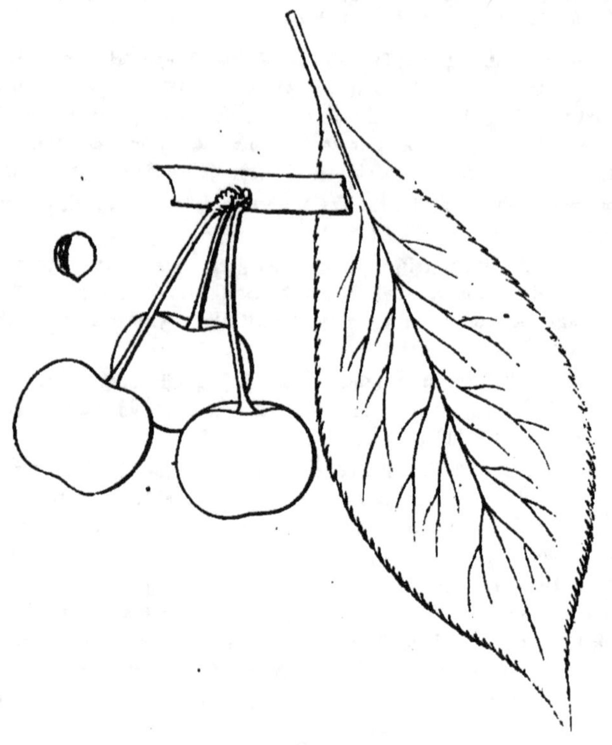

Die Frühe Zwergweichsel. Ende Mai — Anf. Juni. Ende b. 1. W. b. K.Z.

Heimath und Vorkommen: ist wahrscheinlich eine alte französische Kirsche und auch in Deutschland schon länger bekannt. Die Frucht macht den Uebergang von den Weichseln zu den Amarellen.

Literatur und Synonyme: Truchseß S. 492 Frühe Zwergweichsel. — Mayer in Pom. Franc. II. S. 36 Nr. 11 Tab. XVII. hat sie als Amarelle, Weiße Sauerkirsche, Petite Cerise rouge précoce, wogegen sie Duham. I. S. 125 Tab. III. Cerisier nain à fruit rond précoce, Zwergkirschbaum mit runder frühzeitiger Frucht (b. Ueberf.) nennt. Die von Beiden beschriebenen Früchte sind jedenfalls gleich; wenn Duham. die seinige auch mit kleinen Abweichungen schildert, so deutet die angegebene Vegetation und Frühreife doch wohl auf dieselbe Kirsche hin. Auch an Mayers Beschreibung tadelt Truchseß, daß M. die Kirsche im unreifen Zustande vor sich gehabt und als Lichtkirsche betrachtet habe, was aber bei der Eigenthümlichkeit der Färbung verzeihlich ist. Christ im Hdwb. S. 285 nennt sie Rothe runde frühe Zwergweichsel Petite Cerise rouge précoce unb schilbert sie wie Mayer. Vergl. noch Liegels Ann. S. 169; Dittrich II. S. 110 — Im Lonb. Cat. unb in Downing wirb sie als Early May, mit ben Syn. Small May, Griottier nain précoce, Hative, Précoce, Nain Précoce, Nain à fruit rond précoce, Petite Cerise rouge précoce, Frühe kleine runbe Zwergweichsel, auffälliger Weise auch noch mit bem Syn. Königliche Amarelle aufgezählt, welche letztere man also irriger Weise bort bamit für gleich hält. Ich selbst bekam sie als Cerise Indulle von Papeleu unb finbe im Catal. von Jamin u. Duranb in Paris zu bieser bas Syn. Précoce dé Montreuil. — In ber Parif. Nationalbaumschule hieß sie: La Petite Cerise ronde précoce.

Gestalt: in guten Jahren sowohl am Stiele wie am Stempelgrübchen sehr plattgebrückt, in Mißjahren aber mehr runb unb auf ben Seiten etwas eingezogen. Eine Furche ist nicht vorhanben, boch bas Stempelgrübchen fehlt nicht. — Die Frucht ist klein, höchstens mittelgroß. Die zuerst reifenben sinb größer, bie später reifenben kleiner unb runber unb bie Kirschen werben auf Sauerkirschenunterlage größer, als auf Süßkirschenstämmen, wie bies bei anbern Arten meist umgekehrt ist.

Stiele: nicht immer von gleicher Länge, meist sehr kurz, kaum ¹/₂" lang, zu einer anberen Zeit länger, oft bis zu ⁵/₄" lang, ihre Farbe ist grün uub sie sitzen in einer glatten Höhlung ziemlich fest in ber Frucht.

Haut: färbt sich frühzeitig glänzenb roth, so baß man bie Frucht für eine Amarelle halten könnte, boch ist ber Geschmack bann noch sehr sauer unb etwas bitter unb ber Saft wenig färbenb. Später wirb bie Haut nach unb nach bunkelroth unb ber Saft wirb, (wenn auch nicht stark) färbenb.

Fleisch: weich unb saftig, in völliger Reife von recht angenehmem süßsäuerlichem Geschmack.

Stein: sehr klein, fast ganz runb unb löst sich ziemlich gut vom Fleische.

Reife unb Nutzung: bie Kirsche reift zu Anfang bes Juni, nach Papeleu schon im Mai, ziemlich zugleich mit ber ebenfalls erst im Juni zeitigenben Schwarzeu Maiweichsel, zu ber sie gleichsam bas Seitenstück, boch mit heller rother Farbe abgibt, so baß mir ihre erste Bekanntschaft viel Freube machte.

Eigenschaften bes Baumes: berselbe bleibt klein unb heißt Zwergweichsel, weil er selten über 5' Höhe erreicht unb nach ber Erbweichsel bie kleinsten Blüthen treibt, bie mit ben Schlehenblüthen Aehnlichkeit haben. Die Blüthen sinb so zahlreich, baß selbst bie einjährigen Zweige bis an bie Spitzen bamit besetzt sinb. Die Früchte reifen nach unb nach, so baß sie bisweilen bis Anfang bes Juli bauern. Wer kleine Bäume unb ben Geschmack ber Weichseln liebt, bem ist ber Bau bieser Sorte auf Weichselwilblinge gepfropft, mit Grunb zu empfehlen. Doch schlägt bas Verebeln wegen ber Feinheit ber Zweige meist nicht gut an, auch haben bie Bäume keine lange Dauer unb man muß sich beßhalb Mühe geben, bie Sorte nicht zu verlieren.

Bemerkungen: Die Kleinheit bes Baumes, bie eigenthümlichen schmalen lanzettförmigen Blätter mit schwacher unter sich gebogener Bezahnung unb bie kurzstieligen, sehr früh reifenben Früchte unterscheiben biese Weichsel hinlänglich von anbern. Sie macht ben Uebergang zu ben Amarellen, benn, obgleich sie nach Obigem zu ben Weichseln gehört, so trägt sie boch auch Merkmale ber Amarellen an sich, wie ben kurzen Stiel (ben übrigens, wie oben erwähnt, nicht alle Früchte haben), bie plattgebrückte Gestalt unb bie nicht ganz bunkele, sonbern immer noch halblichte unb burchscheinenbe Farbe ber Haut, so baß man bas burch sie gebilbete Zwischenglieb nicht verkennen kann. Jahn.

Süße Frühweichsel. * †† Ende d. 2. W. d. K.Z.

Heimath und Vorkommen: diese höchst werthvolle Kirsche ist zuerst von Mayer in der Pomona Franconica aufgeführt und Taf. 18 ziemlich gut abgebildet. Da Truchseß sie nicht empfiehlt, weil sie wenig trage, wäre die Sorte vielleicht bereits verloren gegangen, wenn Hr. Dr. Liegel, von dem ich das Reis bekam, sie nicht erhalten, und auf ihren Werth aufmerksam gemacht hätte. Verdient sehr häufige Anpflanzung.

Literatur und Synonyme: Pomon. Francon. loc. cit., Truchseß S. 536; Christ. Wörterbuch S. 288 mit der Mayer'schen Beschreibung. T. Obst.=Cabin. Nr. 18 gibt gute, jedoch ein Weniges zu kleine Abbildung. Dittrich S. 112. Ich erhielt diese Frucht auch als Mühlfelder Weichsel von Urbanek. Hr. Dr. Liegel erhielt sie von Herrn Justizverwalter Fuchs in Brannenburg mit dem Bemerken: „wird Wunder erregen," und sagt (Beschreib. neuer Obstsorten II. S. 128), daß sie zwischen Würzburg und Schweinfurth häufig auf Saatfeldern angepflanzt sei. Da Dittrich die Süße Frühweichsel des Freiherrn Truchseß und die Liegel'sche unterscheidet, habe auch ich in meiner Anleitung S. 534 und S. 601 die obige als Liegels Süße Frühweichsel aufgeführt. Ich überzeuge mich indeß, daß die Unterschiede in der Beschreibung, welche sich bei Truchseß finden, unwesentlich sind und vielleicht nur davon herrühren, daß Truchseß Baum einen schlechten Standort hatte, weßhalb das Beiwort „Liegels" oben weggelassen ist. — Mit obiger Frucht darf die im T. O.=G. XX, S. 175 aufgeführte Süße Frühweichsel nicht verwechselt werden, welche den Namen Weichsel mit Unrecht führt und eine schwarze Herzkirsche ist, die Truchseß S. 154 als Süße Frühherzkirsche aufführt und ohne allen Werth fand.

Gestalt: Größe stark mittelmäßig, bei recht voller Tragbarkeit nur mittelgroß; am Stiele ist die Frucht ziemlich stark, am flach vertieften, in einem kleinen Grübchen stehenden Stempelpunkte meist nur wenig gedrückt, auch an beiden Seiten nur wenig breit gedrückt. Die Furchen auf beiden Seiten sind schwach, oder fehlen bei guter Größe der Frucht ganz.

Stiel: ziemlich dünn, hellgrün, 1¼ bis 1⅓" lang, oft selbst nur 1 Zoll lang und dann stärker, (was nach Boden oder Witterung zu variiren scheint; in Nienburg fand ich die Stiele kürzer als hier;) er steht in flacher, ziemlich enger Vertiefung auf der Frucht, und sitzen häufig mehrere Früchte, meist 2, nicht selten aber auch 4—5 an einem etwas verlängerten, dickern, gemeinschaftlichen Stielabsatze.

Haut dunkelbraunroth, bei voller Reife schwarzroth.

Das Fleisch und der Saft sind dunkelroth und stark färbend; der Geschmack hat schon, wenn die Haut dunkelbraun ist, eine ziemlich milde Säure, und wird bei voller Reife angenehm und erfrischend, süß-säuerlich, so daß die Frucht ihren Namen mit Recht trägt.

Der Stein, der beim Genusse vom Stiele abläßt, ist ziemlich gerundet, nach dem Stiele hin ein Weniges verjüngt und etwas abgestumpft, und hat nur flache Rückenkanten.

Reifzeit und Nutzung: zeitigt schon zu Ende der 2. oder Anfangs der 3. Woche der Kirschenzeit, noch vor der Bettenburger Ratte, die auch merklich größer ist; ist selbst für den frischen Genuß angenehm und durch Frühzeitigkeit und reiche Tragbarkeit für den Haushalt sehr schätzbar, springt auch bei Regenwetter nicht leicht auf. Von der Straußweichsel, die die ähnliche Form hat, unterscheidet sie sich dadurch, daß letztere noch etwas süßer ist, in passendem Boden etwas größer wird, in ihr unpassendem aber viel kleiner und schlechter bleibt. Von der Spanischen Frühweichsel, die auch zugleich reift, unterscheidet sie sich dadurch, daß diese länger und weniger platt gedrückt ist, merklich mehr Säure behält, und langsamer und etwas später die dunkle Färbung erhält, so daß diese sich am Baume länger hält. Auch im Baume sind beide Sorten leicht zu unterscheiden, da die Spanische Frühweichsel ein längeres, schmaleres, mehr hellgrünes Blatt hat, dem des Großen Gobet ähnlich.

Der Baum der obigen wächst rasch, ist gesund und hat die von Mayer angegebene Eigenschaft, daß er sehr fruchtbar ist, und feine merklich hängende Triebe macht.

Oberdieck.

No. 67. **Frühe Morelle.** III, A. Truchseß; Weichseln.

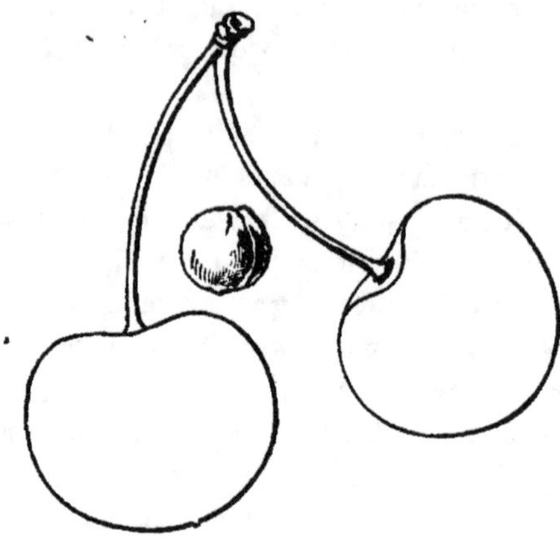

Frühe Morelle. **† Anf. b. 4. W. b. K.Z.

Heimath und Vorkommen: findet sich unter obigem Namen in Herrnhausen, ohne weitere Nachricht über ihre Herkunft. Ich glaube in ihr endlich eine seit vielen Jahren von mir gesuchte, höchst schätzbare Frucht wieder gefunden zu haben, die in meiner Eltern Garten als Spalier an einer Südwand stand, und ich als Knabe stets als das non plus ultra unter den Kirschen an Größe und Trefflichkeit bewunderte. Kann zu allgemeiner Anpflanzung empfohlen werden.

Literatur und Synonyme. Ich finde nichts ihr Aehnliches bei Truchseß oder in andern pomologischen Werken. Sie trägt in Herrnhausen von alter Zeit her obigen Namen, der ihr bleiben möge, wird auch noch daselbst Lothkirsche genannt, mit welchem Namen aber schon eine spät reifende Weichsel (Truchseß S. 595) und noch mehrere andere große Kirschen, selbst Süßkirschen benannt werden. Obige Sorte muß nicht verwechselt werden mit der in meiner „Anleitung" aufgeführten, von mir oft versandten Frühen Schattenmorelle, die spät reift und ich nur Frühe nannte in Beziehung auf einige noch später reifende Schattenkirschen, so daß der Name nicht paßt, wie ich vielleicht auch noch den rechten Namen zu dieser Frucht finde.

Ueber den Namen Morelle sagt Truchseß bei der Späten Amarelle, die er aus Herrnhausen als Späte Morelle erhalten hatte, daß der Name Morelle, welcher nicht mit Mörelle zu verwechseln sei, den man in Holland schwarzen saftreichen Sauerkirschen gebe, im Hannover'schen und Brandenburgischen Kirschensorten beigelegt werde, die man in Süddeutschland Amarellen nenne. Dies ist wenigstens, was das Hannover'sche betrifft, nicht richtig, und bezeichnet man hier vielmehr mit dem Namen Morelle, (der einer Amarelle unrichtig beigelegt gewesen ist,) gleichfalls schwarze saftreiche Kirschen aus der Classe der Weichseln, die, wenn sie an Nordwände taugen, Schattenmorellen genannt werden, zu welcher Verwendung auch Obige taugen dürften. Downing leitet den Namen bei seiner Morello her von Morus, da der sehr dunkle Saft dem der Maulbeere gleiche, oder nach Andern, von dem französischen Worte moirelle Negerin.

Gestalt: gehört zu den großen, ja wohl zu den sehr großen Kirschen; gute Exemplare messen stark 1'" in der Breite und 2'" weniger an Höhe. Am Stiele ist sie stark abgestumpft, am Stempelpunkte wenig und fast zugerundet; zu beiden Seiten nur wenig breitgedrückt, etwas merklicher noch auf der Rückenseite. Furchen fehlen fast ganz. Der Stempelpunkt sitzt in einem sehr flachen Grübchen und häufig nicht auf der Mitte der Spitze, sondern etwas mehr nach der Rückenseite hin, so daß die Bauchseite stärker ist als diese.

Der Stiel ist lichtgrün, verhältnißmäßig dünn, 1⅛" lang und sitzt bei großen Früchten in einer engen flachen Höhlung, die indeß bei andern Exemplaren auch wieder weiter und tiefer ist. Der gemeinschaftliche dickere Stiel für mehrere Früchte ist kurz wie bei Süßkirschen.

Die Farbe der feinen glänzenden Haut ist schwarzbraun und zuletzt fast schwarz.

Das Fleisch ist zart, sehr saftreich und sehr dunkelroth, der Saft gleichfalls sehr dunkelroth und der Geschmack sehr vorzüglich, erquickend süßsäuerlich, dem Geschmacke der Süßweichseln nahestehend.

Der Stein ist rund und dickbackig, und hat ziemlich starke Rückenkanten; die Mittelkante tritt nach dem Stielende hin merklich vor; am Stielende ist eine flache längliche Höhlung, wo der Stiel inserirt war.

Reifzeit und Nutzung. Die Reifzeit tritt ein in der 4. Woche der Kirschenzeit, etwas nach der doppelten Glaskirsche, etwas vor oder mit der beträchtlich kleinern Großen Morelle. Nach dem Pflücken muß man die Frucht vor Druck verwahren und verträgt sie wegen Zartheit der Haut und des Fleisches weite Versendung weniger.

Der Baum wird groß und ist sehr tragbar, bedarf aber nach der Bemerkung des Herrn Hofgartenmeisters Borchers zu Herrnhausen, wenn er älter wird, einer successiven Verjüngung der Zweige, wenn die Früchte ihre besondere Größe behalten sollen. Das Fruchtholz der Krone ist fein und stark hängend.

Oberdieck.

No. 68. Ostheimer Weichsel. III. A. Truchseß; Weichseln.

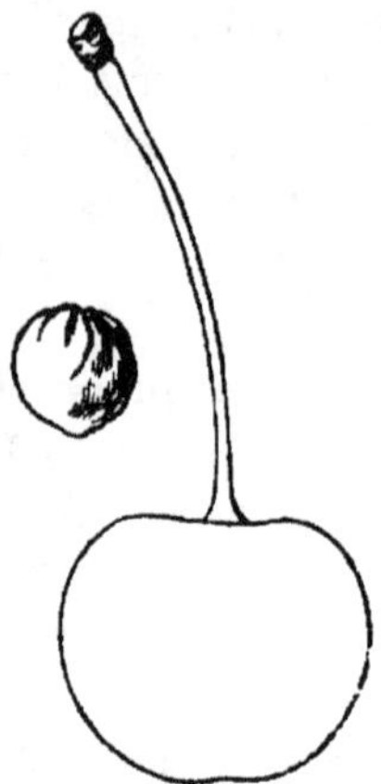

Ostheimer Weichsel. • • † 4. W. b. K.Z.

Heimath und Vorkommen: diese allgemein geschätzte Frucht ist benannt nach dem Orte Ostheim vor der Rhön in Franken, wo sie in größter Ausdehnung gebaut wird, und wohin sie zur Zeit des Successionskrieges durch einen Arzt, Dr. Klinghammer aus der Sierra Morena in Spanien gebracht sein soll. So gerühmt sie indeß ist, scheint sie sich dennoch an wenigen Orten ächt zu finden, wenigstens sah ich bisher nur in Meiningen ächte Stämme, woher ich sie bezog, bin auch aus den verschiedensten Gegenden um wurzelächte Stämmchen oft angegangen. Möglich hat man sie öfter durch Pfropfreiser als durch Wurzelausläufer angezogen, so daß sie in Hochstämmen sich vorfinden könnte, wie ich einen solchen unter dem Namen Ostheimer Kirsche in Nienburg fand. Wie indeß gute Reinetten häufig zur Reinette von Sorgvliet gemacht werden, so mag man auch wohl gute Weichseln durch den Namen Ostheimer gern empfehlen.

Literatur und Synonyme: Truchseß S. 512; Dittrich S. 120; T.O.G. VI. S. 224. Taf. 27. Abbildg. etwas groß und zu braun im Colorit, sonst gut. Auch das T.O.Cab. gibt Nr. 20 ganz gute Abbildung. — Christ führte sie zuerst in seinem Werke „von Pflanzung" ꝛc. als Fränkische, kleine Ostheimer Kirsche und auch in andern seiner Schriften als Ostheimer Kirsche auf, hat aber im Handb. 1. Aufl. S. 536 Nr. 6 noch eine Große späte Ostheimer Weichsel, die man eine Zeitlang für eigene Sorte hielt, von der aber Truchseß S. 514 nachweiset, daß sie nur die Obige sei. Rößler S. 173; Gotthard S. 152 Nr. 16 ꝛc. In der Pariser National-Baumschule bekam sie den etwas verstümmelten Namen Cerise d'Olsheim. Der Londoner Catal. hat sie Nr. 64 als Ostheim mit dem Synonym Fränkische Wucherkirsche (wie man sie in Hannover nannte). Dochnahl gibt im Führer als Synonyme auch bei obiger Frucht an Erdkirschenstrauch, Erd- und Zwergweichsel, C. Chamaecerasus und ähnliche, die sich bei Autoren allerdings etwa auch von obiger finden mögen, jedoch richtig nur der Erdweichsel (Truchseß. S. 524) zukommen, wo sie Truchseß anführt.

Gestalt: Größe stark mittelmäßig, oft fast groß, und fällt sie ziemlich rund ins Auge; doch ist sie am Stiele ziemlich stark, und auch an dem in einem Grübchen ſtehenden Stempelpunkte etwas plattgebrückt, auch zu beiden Seiten, häufig nur auf der Rückenſeite wahrnehmbarer, etwas breitgebrückt, ſo baß ſie etwas breiter als hoch iſt. Furchen an ben Seiten ſinb flach, bei rechter Reife oft kaum bemerkbar.

Stiel verhältnißmäßig ſtark, 1¹⁄₈—1¹⁄₂" lang, ſteht in flacher, ziemlich weiter Höhlung unb iſt oft etwas braun angelaufen. Die Früchte ſitzen theils gepaart an einem kurzen bickern Stiele, theils einzeln, bas gemeinſchaftliche Stielenbe hat oft bei ber Theilung in 2 Stiele 1—2 kleine Blättchen.

Die Farbe iſt in voller Reife ſchwarzroth, an ben Furchen meiſt etwas lichter.

Das Feiſch iſt zart, ſehr ſaftreich, ber Geſchmack angenehm von ſehr milber erfriſchenber Säure.

Der Stein iſt klein, ziemlich runb, mit ziemlich ſtarken Rückenkanten. Es bleibt beim Genuſſe wenig Fleiſch an ihm ſitzen.

Reifzeit unb Nutzung: reift in ber 4. Woche ber Kirſchenzeit, faſt gleichzeitig mit ber Erfurter Auguſtkirſche, Ochſenherzkirſche unb anbern, für Tafel unb Haushalt ſchätzbar unb hält ſich ziemlich lange am Baum.

Der Baum, welcher ſich burch Wurzelausläufer ächt fortpflanzt, was bie Anlage größerer Pflanzungen von bieſer Kirſche erleichtert, wächst nur ſtrauchartig, kommt auch in etwas magerem Boden an Bergabhängen gut fort, verträgt ſelbſt bas Beſchneiben mit ber Heckenſcheere, wie ich in Meiningen ſah, unb liefert in angemeſſener Lage reiche Ernbten. Truchſeß bemerkt, baß auf ber Bettenburg bie Bäume immer nach ber Blüthezeit burch Verborren ber Zweige in kalten Winben gelitten hätten. Letzteres mag nach beſonberer Oertlichkeit ber Fall ſein; in Rienburg unb auch hier bemerkte ich es nicht, obwohl hier 2 Stämme auf einer mit Gras bewachſenen Terraſſe an ber Norbweſtſeite bes hochgelegenen Hauſes ben kalten Frühlingswinben ſehr exponirt ſtehen, wo ſie, obwohl zugleich ber Boden ſchwer iſt, ſchon im 3. Jahre zu tragen anfingen unb ſich fruchtbar zeigten, was bie Sorte auch in Meiningen war. Man kann bie Oſtheimer auch hochſtämmig auf Kirſchenwilblinge verebelt erziehen, wobei Differenz iſt, ob Süßkirſchen- ober Weichſelwilblinge bazu genommen werben ſollen. Herr Dr. Liegel erhielt auf jenen burch Vereblung zur Krone gute Hochſtämme; baß ſie auf Weichſelwilbling nicht gebeihe, habe ich nicht bemerkt. Im T.Obſt.-G. Bb. 16. S. 333 unb in Chriſts Vollſt. Pomol. S. 226 Note, iſt bie Art unb Weiſe angegeben, wie größere Pflanzungen ber Oſtheimer an Bergabhängen anzulegen unb zu behanbeln ſinb. Auch in ben Frauenborfer Blättern von 1855 hat ein Herr Wagus aus Tittling Anweiſung bazu gegeben. Die Hauptſache wirb ſein, bie Stämmchen im Herbſte an ſonnigen Abhängen (man gibt an Süb ober Oſt) 6 Fuß von einanber entfernt im Quincunx in ben gut umgearbeiteten Boden, ber mager unb ſelbſt etwas kieſig ſein kann, zu pflanzen, vor Wilb zu ſchützen, ben Boden öfter aufzulockern unb von Unkraut unb Wurzelausläufern rein zu erhalten, bamit bie Pflanzen nicht verwilbern, nach 8—10 Jahren (bei zweckmäßiger Düngung wirb bieſe Periobe ſich wohl noch merklich verlängern laſſen,) bie zu alt unb unfruchtbar geworbenen Stämme ſucceſſiv ober nach Schlägen auszuſchneiben unb burch junge Wurzelausläufer zu erſetzen. Nach 20 Jahren ſoll bie Pflanzung nach gehörig umgearbeitetem Boden ganz erneuert unb bie Setzlinge babei ſo geſetzt werben, baß ſie in bie Mitte ber bisherigen Reihen zu ſtehen kommen. Dies wirb nicht viel helfen, ba bie Wurzeln ſich überall verbreiten, unb wirb es beſſer ſein, bie Anlage auf einer ganz friſchen Stelle zu machen, benn wenn jetzt in Oſtheim bie Pflanzungen in ſehr ſchlechtem Zuſtanbe ſein ſollen, (Mon.-Schr. III. S. 88.) ſo wirb bies hauptſächlich baher rühren, baß bieſelben Bobenflächen ſchon zu lange für bie Pflanzungen genutzt ſinb.

Oberbieck.

No. 69. **Braunrothe Weichsel.** III, A. Truchseß; Weichseln.

Braunrothe Weichsel. * † † 4. W. b. K.Z.

Heimath und Vorkommen: diese schätzbare Sorte hatte Bütt- ner im Bernburgischen gefunden, und theilte sie 1798 Truchseß mit unter dem Namen Braunrothe Sauerkirsche. Die Frucht ist wohl noch wenig verbreitet, aber obwohl sie nur von stark mittelmäßiger Größe ist, ist sie doch durch zartes Fleisch, sehr milde Säure und reiche Trag- barkeit sehr schätzbar. Ihr ähnlich ist die Herzförmige Weichsel, die mit ihr reift, diese ist jedoch mehr herzförmig und deren Baum wächst in der Baumschule sehr schön pyramidal, ähnlich wie der der Jerusalems- kirsche. Mein Reis erhielt ich von Dittrich und aus Meiningen überein.

Literatur und Synonyme; Truchseß S. 544; Dittrich S. 129; Christs Hbwb. S. 298. T. Obst.G. VII. S. 382 Nr. 23, wo sie Büttner beschrieben hat als Braunrothe Sauerkirsche. Gotthard S. 151 Nr. 12. mit abgekürzter Beschrei- bung nach Büttner.

Gestalt: nach Büttner gehört sie zu den großen Kirschen, bei mir war sie bisher an starken Probezweigen stark mittelgroß, fast groß, wie obige Figur zeigt. Die Form ist ziemlich rund, am Stiele etwas stär- ker, als am Stempelpunkte, abgestumpft, auf beiden Seiten nur sehr wenig breitgedrückt. Der Stempelpunkt liegt flach vertieft.

Stiel lang, meist 2", verhältnißmäßig stark, steht in ziemlich weiter und tiefer Höhlung. Die Früchte hängen oft büschelweise.

Die Farbe der etwas feinen glänzenden Haut bleibt lange braunroth und wird erst spät schwarzbraun, fast schwarz. Durch ihre lange braunroth bleibende Farbe und ihre angenehme, höchst milde Säure, auch sehr zartes Fleisch ist sie von andern zugleich reifenden Weichseln verschieden, durch den Wuchs des Baums von der Herzförmigen Weichsel.

Das Fleisch ist zart, saftreich, dunkelroth, der Geschmack angenehm und mild säuerlich.

Der Stein ist eiförmig, oft fast oval, mit ziemlich starken Rückenkanten und mehreren vom Stielende ausgehenden Afterkanten. Am Stielende findet sich eine rundliche Höhlung.

Reifzeit und Nutzung: zeitigt mit der Herzförmigen Weichsel, Henneberger Grafenkirsche, Großen Morelle und andern in der 4. Woche der Kirschenzeit. Zu jedem Gebrauche im Haushalte.

Der Baum wächst gut, wird aber nach Büttner nicht groß, und zeigte sich bei Büttner, Truchseß und so auch bei mir sehr fruchtbar.

Oberdieck.

Inhalt des ersten Kirschenheftes.

Die Pflaume.

Ueber die Heimath der Pflaumen, sowie über das, woburch sie sich von anderem Steinobste unterscheiden, ist schon in der Einleitung zu dem Steinobste überhaupt S. 4—6 die Rede gewesen. Das Wort Pflaume kommt zuerst vor bei Theophrast, der diese Frucht κοκκυμηλία (Apfel mit einem Stein) und προυνή nannte, welches Wort den asiatischen Sprachen entnommen sein wirb, wo die Pflaume Prunaon genannt sein soll. Auch in alten pomologischen Werken heißen die Pflaumen Pruimen, Prümen, woraus das plattbeutsche Wort Plümen und unser hochbeutsches geworden sind. Einige haben das Wort prunus von pruina, Reif, also bem die Pflaumen überziehenden Dufte, herleiten wollen; es ist aber passender, auch die lateinische Benennung nur als Nachbildung der griechischen zu betrachten.

Auch die Pflaume ist ein von Vielen werthgeschätztes Obst, wird jedoch noch nicht so häufig angebaut, als sie es wegen Schönheit, da sie in allen Farben und dem gefälligsten Colorit prangt, sowie wegen Vorzüglichkeit des Geschmacks der bessern Sorten dieser Classe und wegen großer Brauchbarkeit zu so manchen Haushaltszwecken, zu Compoten, Confitüren, Kuchen, Muß (Marmelade, Kraut) und besonders zum Welken verbient. Nur die Gemeine Zwetsche (Hauszwetsche) hat, und allerbings mit Recht, eine allgemeine Verbreitung und ben ausgebehntesten Anbau in Deutschland gefunden, und wenn man nicht auch andere gute Pflaumen häufiger, als es ber Fall ist, pflanzt, so geschieht es, theils, weil man bie vielen schätzbaren Sorten, die es jetzt auch in bieser Obst- klasse gibt, nicht kennt, theils weil man nicht gelernt hat, sie zu manchen ökonomischen Zwecken zu verwerthen, und nicht im Besitze des bazu nöthigen Apparates ist. Unsere Catharinenpflaumen beziehen wir noch immer aus dem Auslande, und könnten doch recht wohl eben so gute bereiten. Christ berichtet, daß bei Kronberg an der Höhe allein in einem

einzigen Amtsgarten nicht selten 200 Gulden in Einem Jahre aus getrockneten Früchten der Gelben Mirabelle erlöset wurden; doch glaube
ich, an den meisten Orten würde, wenn auch eine Anzahl dieser Bäume
im Garten stände, die Hausfrau es schwerlich recht versuchen, sie zu
trocknen, — weil es eben kein Anderer thut und sie es bisher nicht gesehen hat. Bei Städten kann selbst der frische Verkauf der Pflaumen
sehr einträglich werden, und weiß ich, daß in Barbowick von einem
Baume der Kleinen gelben Eierpflaume und einem andern der Rothen
Eierpflaume, die man per Pfd. zu 2¹⁄₂ Sgr. absetzte, mehrmals in
Einem Jahre 20 Thlr. erlöst wurden. Wird jetzt aus der Baumschule eine
Pflaume verlangt, so ist es allermeist die Große Reineclaube; nun bleibt
allerdings diese die Königin der Pflaumen, dennoch kann es in leichtem
Boden oft gar nicht helfen, diese Sorte zu pflanzen, weil die Pflaumenwespe (Tenthredo pruni) für deren Vermehrung leichter, sandiger Boden
sehr günstig ist, gerade die Reineclaubenbäume hauptsächlich aufsucht
und die jungen Früchte von deren Maden oft fast sämmtlich vernichtet
werden. In Nienburg hatte ich im Garten in der Stadt 4 ziemlich
herangewachsene Reineclaubenbäume, und wandte selbst die Kosten daran,
die angestochenen jungen Früchte, wenn sie erbsengroß waren, durch einen
Tagelöhner sämmtlich abpflücken zu lassen, damit die noch gesunden Früchte
nicht auch von den Maden vernichtet werden möchten, die in der ersten
Frucht, welche sie bewohnen, noch nicht ihre halbe Größe erlangen, und
nachher noch in mehrere Früchte sich hineinbeißen, bei welchem Ge-
schäfte ich sie oft träf; dennoch habe ich von den 4 Bäumen durchschnittlich kaum jährlich 1 Schock Früchte erhalten, und bekam in
Barbowick, wo das Abpflücken der gestochenen kleinen Früchte noch nicht
geschah, von 2 jüngeren Bäumen in 5—6 Jahren, trotz des vollsten
anfänglichen Ansatzes, gar nichts, während im hiesigen schweren Boden
die Reineclaubenbäume gut tragen.

Daß Pflaumen nicht häufiger gepflanzt werden, daran ist hauptsächlich mit das Vorurtheil schuld, daß ihr Fleisch unverdaulich und
ungesund sei. Durch den Genuß, und namentlich zu häufigen Genuß
schlechter Pflaumen mag in früherer Zeit dies Vorurtheil entstanden
sein; doch muß ich Herrn Dr. Liegel darin beistimmen, daß gute reife
Pflaumen sehr leicht zu verdauen seien, und habe ich in der Pflaumen-
zeit, wenn süßere Pflaumen da waren, oft mehrere Tage hintereinander
hauptsächlich von Pflaumen gelebt und befand mich sehr wohl dabei.

Auch die Pflaume ist im Allgemeinen auf den Boden nicht eigen, kümmert jedoch in zu trockenem Boden, wo selbst die Früchte der Hauszwetsche klein und schlecht werden, und verlangt, zumal bei ihren nahe unter der Oberfläche der Erde laufenden Wurzeln, mehr Feuchtigkeit im Boden, ja gedeiht selbst trefflich am Ufer von Bächen oder in ziemlich feuchtem Boden, der für den Apfelbaum schon etwas zu naß wäre. Die schönsten Pflaumen hatte ich im feuchten Boden des Sulinger Gartens, wo die Bäume den umgebenden, etwas moorigen Wiesen nahe standen, und der Boden schon etwas mit Moortheilen gemengt war. Die Hauszwetsche habe ich nirgends größer und schmackhafter gefunden, als dort; die Violette Jerusalemspflaume war dort sehr groß und köstlich, dagegen in dem trockenen Nienburg nicht halb so gut und groß, und ist selbst hier in meinem hochgelegenen, etwas trockenen Garten, trotz des schweren fruchtbaren Bodens, geringer an Größe und Güte als in Sulingen. — Liegel gibt an, daß seine Pflaumenbäume am gesundesten und tragbarsten in seinem von Gebäuden eingeschlossenen Garten in der Stadt gewesen seien, schon merklich weniger in dem auch noch in der Stadt gelegenen, aber nach Osten nicht ganz geschlossenen Garten, wo die Zeitigung der Früchte auch später erfolgt sei, obwohl im ersten Garten die Bäume einen Theil des Tages hindurch von Gebäuden beschattet waren, — am wenigsten tragbar in dem dritten, auf dem Festungsterrain angelegten, gegen Ost und Nord ganz offenen und dem freien Windzuge des Innstromes preisgegebenen Garten. Diese Erfahrung ist für Pflanzer wichtig, und erklärt sich durch das südliche Vaterland des Pflaumenbaums; auch mag es von der warmen Lage des ersten Gartens kommen, daß Liegel manche Pflaumenarten mit ablösigem Fleische hatte, und die Güte ihres Geschmacks rühmt, die bei mir nicht ablösig und von schlechtem Geschmack waren (z. B. Sharps Kaiserpflaume, welche freilich selbst in meinem von Gebäuden eingeschlossenen, nur von der Kirche her dem Westwinde stärker zugänglichen Garten in Nienburg keine Güte hatte). Indeß habe ich doch auch in hiesiger Gegend in offenen, dem ungehinderten Luftzuge ausgesetzten Gärten gar verschiedene Pflaumensorten häufig sehr voll tragen sehen, und fand den Geschmack der Früchte vorzüglich, — wie denn gleich mein Garten hier vor dem Orte, wo die Pflaumen gut tragen, ganz frei liegt; ja ich habe umgekehrt die von Gebäuden ganz eingeschlossene Lage meines mit leichtem Boden versehenen Nienburger Gartens insofern für ungünstig gehalten, als

Blattläuse und Pflaumenwespe sich zu sehr darin vermehrten, und die noch jungen Früchte häufig durch Hitze im Juni vergilbten. Es sind gewiß in den hier beregten Beziehungen noch gar manche Erfahrungen zu sammeln und fehlen zu sehr aus der früheren Zeit, da erst mit Liegels Werke die Epoche anhebt, wo die Namen der Pflaumensorten sich mehr fixiren werden.

Auch der Pflaumenbaum nimmt einige Düngung gar nicht übel, und hat Liegel die Düngung mit Malzkeim am wirksamsten gefunden, der nach weggenommenem Rasen 2—3" hoch auf die aufgelockerte Erde 6 Fuß weit um den Stamm herum ausgestreut wurde, worauf Erde und Malzkeim noch 5—6 Wochen hindurch öfter aufgelockert wurden.

Hinsichtlich der dem Pflaumenbaume schädlichen Insekten, wofür insbesondere auch die schon gedachte Tenthredo pruni (Tenthredo morio *Linné*,) sowie Pyralis nigricana gehört, deren röthliche Raupen in den schon reifenden Früchten sich finden, und die Mittel zu deren Vertilgung muß ich des Raums wegen mich auf Schmidtbergers Beiträge zur Obstbaumzucht und zur Naturgeschichte der den Obstbäumen schädlichen Insekten, auf Liegels Pflaumenwerk, Heft I. S. 29 ff., und hinsichtlich der Pflaumenwespe auf meine „Anleitung" 2c. von 1852 beziehen. Zur Vertilgung der Pflaumenwespe wird schwerlich etwas Anderes helfen, als Aufsuchen der angestochenen abgefallenen, schon etwas größeren jungen Pflaumen, was indeß gleich nach dem Schütteln des Baumes, oder recht früh Morgens geschehen muß, weil, sobald die abgefallene Pflaume etwas gelegen hat, ehe sie noch welkt, der Wurm sie verläßt und in die Erde kriecht. Doch auch dies Mittel hilft nicht, und schadet fast mehr, sobald nicht alle Nachbarn dasselbe thun, und muß man meistentheils auf die Hülfe der Natur warten, die das Insekt dadurch zerstört, daß, wenn es allzuhäufig geworden ist, die Maden schon alle vorhandenen Pfläumchen ausgefressen haben, wenn sie noch klein und zur Verwandlung noch nicht reif sind, worauf dann, da der Pflaumenbaum alle Jahre neue Blüthen macht, unter sonst günstigen Umständen, wieder einige Pflaumenernbten folgen. Downing führt als ein in Amerika die kleinen Pflaumenfrüchte sehr zerstörendes Insekt einen Rüsselkäfer auf (S. 266, Rhynchaenus Nenuphar), der seine Eier in die junge Frucht lege, die von der Made ausgefressen werde, welche sich dann in der Erde verwandle und im nächsten Frühlinge als Insekt wieder erscheine; bei uns sah ich dies Insekt noch nicht.

Hinsichtlich des Ursprungs der an der Hauszwetsche oft in großer Menge sich findenden sogenannten Taschen ist man bisher der Ansicht (vid. Liegel Heft I. S. 28), daß sie von der Taschen-Blattlaus (Aphis bursae) herrührten, die ihre Eier an Zweige und Knospen lege. Sobald die Pflaumenbäume blüheten, erschienen auch diese Blattläuse, und setzten mehrere lebendige Junge in die Fruchtknoten der jungen Früchte ab, die sich dann bald darin vermehrten, und durch ihre Stiche die Monstrosität der jungen Frucht hervorriefen. Allein abgesehen davon, daß ich nicht einsehe, wie eine junge Blattlaus, die doch nicht mikroskopisch klein ist, mit ihrem weichen Rüssel und ohne alle Freßzangen, in die junge Frucht sollte hineinkommen, oder, da diese innen doch nicht hohl ist, darinnen sollte leben und schon nach wenigen Tagen sich vermehren können, — oder wie die Mutter ohne allen Legestachel sie sollte dahinein bringen können, so ist doch diese Ansicht in der Erfahrung wohl eben so wenig gegründet, als die andere, daß die Monstrosität von einer in der jungen Frucht nagenden Made herrühre. Ich habe hunderte von Taschen mit der Loupe untersucht, und fand zwar nicht selten eine Made der Pflaumenwespe darin, die schon an ihrem eigenthümlichen, unangenehmen Geruche leicht kenntlich ist, die ja aber auch schon vor dem Beginn des monströsen Anschwellens der Frucht darin gewesen sein konnte, wie in tausend andern jungen Pflaumen, die davon nicht monströs auswachsen, fand aber auch eben so oft keine Spur von einer Made oder sonstigen Insekten, Blattläuse aber, und zwar die gewöhnliche Pflaumenblattlaus, fand ich nur dann darin, wenn die Tasche durch anhaltenden Regen aufgesprungen war, wo das vor Regen geschützte Innere der Frucht diesen Thieren dann ein erwünschter Schlupfwinkel geworden war. Dagegen habe ich in Nienburg ein paar Mal bemerkt, daß vor der Stadt die Taschen an den Zwetschenbäumen sehr zahlreich sich fanden, während man in den Gärten in der Stadt, wo es immer um ein paar Grade wärmer ist, deren sehr wenige sah, und möchte ich daraus den Schluß ziehen, daß die Witterung, vielleicht kalte Nächte, am Entstehen der monströsen Anschwellung vieler jungen Früchte Schuld seien, indem sie die gehörige Bildung des Kerns und Steins stören, der in der Tasche sich nicht findet. Rührte die Tasche von einer Blattlaus her, so hätte sie weit eher in den geschützten Gärten in der Stadt am zahlreichsten sich finden müssen, könnte auch bei der gewaltigen Vermehrung der Blattläuse nicht so nur in Intervallen, zwischen

benen oft ziemlich viele Jahre liegen, oder so sporadisch sich finden, als
es der Fall ist. Liegel selbst z. B. hatte, wie er bemerkt, in seinen
Gärten und dortiger Gegend die Taschen noch nicht wahrgenommen
und in hiesiger Gegend sah ich wenigstens seit 8 Jahren keine wieder.

Hinsichtlich der besten Unterlage für die einzelnen Pflaumensorten,
so wie für Pfirschen und Aprikosen, die man auf Pflaumen okulirt,
mangelt es noch sehr an hinreichenden und wirklich zuverläßigen Erfahrungen. Gewöhnlich wird die Haferpflaume, Haferkrieche, meist mit
dem Beisatze Prunus insititia *Linné*, (welche eine rundliche blaue
Frucht ist, während man jedoch als Haferpflaume auch eine etwas längliche, ovale blaue Frucht aufgeführt findet, und auch die Rothe Frühdamascene Haferkrieche heißt,) dazu gerühmt; doch mag man schon aus
der Verschiedenheit der Früchte, die man mit dem Namen Haferkrieche
bezeichnet, schließen, daß in dieser Angabe Ein Autor dem Andern
häufig nur nachgeschrieben habe. Andere haben auch die Kirschpflaume
zur Unterlage sehr empfohlen. Dittrich empfiehlt die Kernwildlinge des
Gelben und Blauen Spillings, der Gelben Eierpflaume, der Haferpflaume oder Krieke, die die Vereblung sämmtlicher Pflaumenarten gut
annähmen; so wie die Wildlinge der Gelben Eierpflaume und Ausläufer von Pflaumen mit wolligen Trieben auch gern die Oculation mit
Pfirschen annähmen, während die Aprikose sich besser auf Zwetschenwildlinge okuliren lasse; auch will er erfahren haben, daß die Große
Reineclaude, auf Zwetschenwildlinge veredelt, weit kleinere und weniger
edle Früchte bringe, als auf Pflaumenwildlingen. Dennoch räth er, halb
sich widersprechend (da die Gelbe Eierpflaume und sein Blauer Spilling kahle Sommerzweige haben), an, die guten Pflaumen auf stark
treibende geradeauf wachsende Wildlinge mit wolligen Trieben zu
veredeln, und nur die schlechtern Pflaumen, so wie sämmtliche Zwet-
schenarten auf Zwetschenwildlinge. Mir selbst gingen Pflaumen, Pfirschen und Aprikosen besonders gut an auf den Ausläufern und Sämlingen der hier verbreiteten Bunten Frühpflaume, die auch ein Gärtner,
der viele Pfirschen und Aprikosen zog, mit Vorliebe dazu benutzte; doch
fand ich auch die Sämlinge der Reineclaude der Rothen Eierpflaume
und andere sehr brauchbar, und wenn es gleich im Allgemeinen wahr
ist, daß Einzelnes auf Einzelnem nicht gedeihen will*), so darf man

*) So fand ich dies Jahr zum zweiten Male, daß 4 Reiser der großen Glas-
kirsche von Montmorency, auf Weichselwildlinge gesetzt, zuerst zwar etwas schoben,

doch im Allgemeinen schließen, daß das meiste gedeihen wird, wenn auch, wie gewöhnlich, in den Baumschulen zu Unterlagen genommen wird, was man eben hat. Nach der Natur der Bäume mag es am passendsten erscheinen, was auch Liegel anräth, Pflaumen der Zwetschenartigen Bäume auf ähnliche Wildlinge und die Pflaumen mit behaarten Trieben gleichfalls auf dergleichen Wildlinge zu bringen. Zur Unterlage von Pfirschen hat Herr Schamal zu Jungbunzlau, als geübter und glücklicher Baumzüchter bekannt, neuerlichst sehr den gemeinen Schlehdorn empfohlen, und auch Liegel sagt, daß sie darauf gedeihen, empfiehlt diese Unterlage jedoch nur zu Zwergen und zur Topfbaumzucht, was auch wohl das Richtige ist.

Ueber Zulässigkeit der Pflaumenausläufer in Baumschulen ist pro und contra gestritten; ganz wird man, bei der Schwierigkeit, Pflaumenwildlinge in hinreichender Zahl anzuziehen, sie schwerlich entbehren können, und ist es wahr, daß auch auf Wildling veredelte Pflaumen, wenn sie anfangen im Wuchse nachzulassen, zuletzt Ausläufer machen. Da man aber schon manche Pflaumenart hat, die durch Wurzelausläufer sich ächt fortpflanzt, so sollte man dergleichen Wurzelausläufer von allen neu entstandenen edlen Sämlingen, sobald der Mutterstamm anfängt, Ausläufer zu treiben, zu gewinnen und fortzupflanzen suchen, um dadurch der im Erfolge bei den Pflaumen am meisten unsichern Veredlung immer mehr überhoben zu werden, zumal solche Ausläufer später sehr tragbare Bäume geben, und man selbst jährlich entstehende Ausläufer an seinen Bäumen doch ohne große Mühe entfernen kann.

Ueber die wilden Urarten, aus denen die verschiedenen Pflaumenvarietäten entstanden sind, schwebt man noch sehr im Dunkeln, und wird dies Kapitel vielleicht nie hinreichend aufgehellt werden, da zwar die Kernsaaten bereits gelehrt haben, daß manche Pflaumenarten, z. B. Große Reineclaude, Gelbe Mirabelle, Johannispflaume, Königspflaume, Rothe Eierpflaume, Gelbe Eierpflaume, Aprikosenpflaume, Hauszwetsche, Grüne italienische Zwetsche ꝛc., aus Kernen sich gern der Mutterfrucht höchst ähnlich, wenn auch in Größe, Güte und Reifzeit davon verschieden, nacherzeugen, jedoch auch wieder Beispiele vorkommen, daß sie einzeln in den Typus anderer Pflaumen ausarten (wie z. B. die gelbe Langens Aprikosenpflaume vom Normannischen Perdrigon einer blauen

<hr>

dann aber, trotz des dem Anschlagen günstigen Jahres, sämmtlich abstarben, während ein Reis auf Süßkirschenwildling gesetzt sogleich gut anschlug.

Frucht fiel). Man hat bisher eben nur ermittelt, daß manche Pflaumenart durch Sämlinge gern nachartet, und müssen noch zahlreichere und
recht genaue Versuche, unter Zuhülfenahme künstlicher Befruchtung, im
Weiteren ergeben, ob mehrere Stammarten unter den Pflaumen und
welche? anzunehmen sind. Bei dem häufig sich findenden Nacharten
der Pflaumen durch die Kernzucht ist man einzeln bereits fast schon zu
der Annahme geneigt gewesen, alle unsere Pflaumensorten würden
durch die Kernzucht nacharten, und wo es nicht geschehe, könne nur eine
Hybridation daran schuld sein. Allein wie die Erfahrungen, namentlich
sichere Erfahrungen in diesem Punkte noch viel zu wenig zahlreich sind,
so wird man doch nicht alle unsere Pflaumensorten als ebenso viele
selbstständige Arten (species) betrachten können. Auf der andern Seite
weiß ich es ebenso wenig genügend zu erklären, warum Hybridationen
bei Pflaumen mindestens sehr selten vorkommen und bei Kirschen zwischen den 4 von Truchseß angenommenen Baumarten der Kirsche vielleicht noch gar nicht bestimmt erwiesen sind,*) während sie bei dem
Kernobste häufig sich finden. Liegel sagt über diesen Punkt Heft I.
S. 56: „Ich will nicht behaupten, daß überhaupt nicht neue Sorten
durch die Kernzucht erzielt werden könnten; daß dies aber äußerst selten
geschieht, beweist der Umstand, daß wir noch so wenig verschiedene
Pflaumen haben. Ich habe von der Pflaume große Kernaussaaten ge-
macht, theils von mehreren Sorten schon vor vielen Jahren, und das
Resultat war immer eine dem Mutterstamme ähnliche, unverkennbare
Frucht. Es scheint ein besonders glücklicher Zufall zu sein, eine ganz
neue Sorte Pflaumen, ganz verschiedener Größe, Form, Farbe und
Geschmack der Frucht und der Vegetation des Baums zu erhalten.
Wenn sich auch viele der durch Cultur vergrößerten edlen Sorten unserer
Gärten nicht ächt durch den Stein fortpflanzen, so sind es doch wieder
mehrere, die sich als Arten beweisen, vorzüglich die in den Gärten der
Landleute vorkommenden gleichsam wildwachsenden Früchte."

Linné und nach ihm die meisten Botaniker, selbst Decandolle,

---

*) Man hat allerdings bei den Kirschen neuerlichst schon eine eigene Classe von
Hybriden errichten wollen, wohin z. B. die Königin Hortensia, die Chatenays Schöne rc.
gehören sollten. Wie man indeß über die Eltern dieser Früchte eben doch nur Ver-
muthungen hat, so wird z. B. bei der Königin Hortensia meistens angenommen, sie
sei von der Rothen Maikirsche und einer Glaskirsche gefallen; diese gehören aber beide
dem Geschlechte des großen Sauerkirschenbaums an, und derartige Hybridationen gibt
es viele und fand auch Truchseß unter seinen Samenzuchten mehrere.

nahmen von den einheimischen Pflaumen drei Arten an, die gemeine Zwetsche (Prunus domestica), die Schlehenpflaume (Prunus insititia) und die Schlehe (Prunus spinosa) und stellen unter die erstere alle unsere Garten- und theils wild wachsenden Pflaumen und Zwetschen als Varietäten. Wie man aber diesen Arten gewiß schon die aus Nordamerika abstammende Kirschpflaume, bei deren eigenthümlicher Vegetation, als weitere Art hinzufügen müßte, und Downing S. 263 noch drei andere in Amerika wild wachsende eingeborne Pflaumen aufführt, Chicksan Plum, Wild red, or yellow Plum und Beach Plum or sand Plum, von denen man nach der kurzen Beschreibung allein nicht beurtheilen kann, inwiefern sie eigenthümliche species begründen, so bemerkt Liegel (Vorrede zum 2. Heft, S. VIII) schon mit Recht, daß die Hauszwetsche erst später bekannt wurde, nachdem schon lange früher die von Damaskus benannte Pflaume bekannt war, und daß die Pflaumen wahrscheinlich mehrere Stammväter haben, worauf denn auch schon die Verschiedenheit der Bäume theils mit kahlen, theils mit behaarten, oft stark weichhaarigen Sommertrieben hinweiset. Liegel gibt in der gedachten Vorrede an, auf welche Weise ein junger Pomologe, der sich zunächst dies Kapitel zum Vorwurf seiner Forschungen nehmen wollte, theils durch öfteres Umsetzen, theils durch Abstoßen größerer Wurzeln, theils durch Wegnahme der oberen Rinde an Stamm und Zweigen in der Breite eines oder mehrerer Zolle, besonders aber durch Copulation der jungen Sämlinge auf schon in Töpfen ein paar Jahre festgewurzelte Wildlinge seine Forschungen würde beschleunigen, und in 16—18 Jahren es bis zur 4ten Generation würde bringen können.

Um die verschiedenen Pflaumensorten bald kennen zu lernen empfiehlt auch Liegel für den, der nicht alle Sorten in Hochstämmen anpflanzen kann, besonders die Topfbaumzucht, da die Pflaumen in Töpfen gern trügen, wenn man sie nur vor Frost, Regen und andern schädlichen Einflüssen zu sichern suche. Mir hat es mit der Topfbaumzucht nie so gut gelingen wollen, als mit Probebäumen. Die Topfbäume erfordern viele Wartung, wenn etwas dran wachsen soll, ließen mir noch leichter, als junge Hochstämme, in heißen Tagen im Juni die Früchte fallen, und trugen, da ich kein Glashaus, oder sonstigen geschützten Ort hatte, wo ich sie, wenn es nöthig war, vor schädlichen Einflüssen der Witterung hätte sichern können, viel weniger, als Probebäume, die, wenn sie fertig sind, keine besondere Pflege mehr verlangen. Dazu

sind, wie auch Liegel bemerkt, die Früchte in Töpfen oft größer und
schöner, als an Hochstämmen, und geben so kein stets sicheres Ergebniß,
was ein Hochstamm leisten werde. Auch meine Probebäume von Kirschen
und Pflaumen sind jetzt so ziemlich mit allen meinen Sorten versehen,
soweit ich die Sorten nicht in einzelnen Hochstämmen anpflanzen konnte,
und obwohl noch ein beträchtlicher Theil der Probezweige nicht zur
Tragbarkeit gelangt ist, da die Ungunst der Witterung beim Veredeln
in den letzten 3 Jahren für Pflaumen und Kirschen zu groß war, so
daß noch dieses Jahr (1860) wieder 60—70 Sorten Kirschen und 56
Sorten Pflaumen neu aufgesetzt werden mußten, die nun alle größtentheils angegangen sind, habe ich doch dieses Jahr, während ich nun
erst 6 Jahre hier am Orte bin, schon den Erfolg, daß circa 150
Kirschensorten und nicht viel weniger Pflaumensorten hinreichenden,
größtentheils sehr reichlichen Fruchtertrag liefern. Auch voriges Jahr
schon sah ich etwa 100 Kirschensorten und 130 Pflaumensorten. Wer
Probebäume von Steinobst machen will, der nehme womöglich keine
älteren Bäume dazu, da diese durch das Abwerfen der Zweige leicht in
Saftstockung gerathen und dann ganze Zweige verlieren, oder selbst eingehen. Wenigstens muß ein größerer Baum nur sehr nach und nach
mit Probezweigen in mehreren Jahren hintereinander versehen werden.
Auch vom bloßen Umpfropfen, so geschickt ich es auch machte, und wenn
ich auch ein Dutzend und noch mehr Reiser auf einen im Stamm nur
2½" dicken Baum setzte, sind mir häufig Bäume eingegangen und
starben 1 oder 2 Jahre nachher ab, nachdem die aufgesetzten Reiser angegangen waren. Ich nehme zu Probebäumen für Steinobst, so viel
wie möglich, noch junge Bäume, veredle sie mit den neuen Sorten an
den Sommerlatten oder dünnen Zweigen, nehme, wenn der Stamm
schon etwas größer ist, im ersten Jahre nur deffen eine Hälfte, im
nächsten die zweite vor, lasse bis die Probezweige etwas größer geworden sind, von den ursprünglichen Zweigen noch hinreichend viel stehen,
die nur so im Zaume gehalten werden, daß sie die aufgesetzten Zweige
nicht überwuchern, setze auf den Stamm, je nach seiner Größe, nur
6—12 Sorten und erhalte so wuchshafte, gesunde Probebäume. Sie
stehen hier allermeist zwischen den in 24—26 Fuß Entfernung gepflanzten Stämmen von Kernobst und werden ihre Dienste gethan haben,
wenn diese letzteren größer geworden sind. Doch hatte ich in Nienburg
auch einen schönen gesunden mit circa 60 Sorten, aber sehr nach und

nach bepfropften Zwetschenbaum als Probebaum, und in Sulingen einen dergleichen Kirschenbaum, während hier von zwei abhibirten, schon etwas größeren Zwetschenbäumen nur der eine mit etwa 20 Sorten ganz gedieh, der andere mit circa 36 Sorten in letzten dürren Jahren die Hälfte der Zweige verloren hat.

Zur vollkommenen Güte einer Pflaume fordert Liegel sehr richtig:

1) Daß sie vor oder nach der Hauszwetsche zeitige, indem, sobald diese reif ist, sie andere Pflaumen an Güte des Geschmacks und Brauchbarkeit überstrahlt;

2) daß sie fest am Baume hänge und nicht leicht abfalle;

3) daß sie im Regen nicht oder doch nicht leicht aufspringe;

4) daß sie ein etwas festes, nicht weiches oder schmieriges Fleisch habe, auch reichlichen Saft besitze und nicht trocken sei;

5) daß sich das Fleisch gut vom Steine löse;

6) daß sie von Geschmack süß, edel und aromatisch sei.

7) Großen Früchten und früh reifenden gibt man den Vorzug vor kleineren und später reifenden, und Spätpflaumen sind wieder vorzüglich, sobald die Hauszwetsche passirt ist. Es mag diesen Qualitäten noch 8) und 9) Gesundheit und reiche Tragbarkeit des Baumes hinzugefügt werden.

Liegel hat danach Heft VI. S. 52 selbst eine Anweisung gegeben, welche Sorten Jemand pflanzen möge, und räth denen, die neben der Hauszwetsche nur 1 bis zu 9 Bäume pflanzen könnten, je nach der Zahl der zu pflanzenden Bäume folgende Sorten in der ihnen hier gegebenen Reihenfolge zu wählen: 1) Königspflaume von Tours, 2) Johannispflaume, 3) Wahre Frühzwetsche, 4) Große Reineclaude, 5) Lucas Königspflaume, 6) Italienische Zwetsche, 7) Pflaume von St. Etienne, 8) Braunauer Aprikosenartige Pflaume, 9) Violette Jerusalemspflaume. — Solche Anweisungen, wenngleich sie dem Pflanzer, der noch keine Pflaumensorten kennt, erwünscht sein werden, behalten indeß nicht bloß immer wenigstens Etwas Subjectives, sondern werden doch auch nach Gegend, Klima und Boden sich sehr abändern. So finde ich hier die Johannispflaume, selbst nachdem ich von Liegel die rechte habe (die von Diel erhaltene Sorte, die ich in meiner „Anleitung" als in hiesiger Gegend unbrauchbar verwarf, paßte zwar ganz gut auf die Beschreibung, war aber doch eine andere), wenigstens nicht tragbar genug, und von Geschmack zwar gut, aber doch nicht ausgezeichnet; vielmehr zu säuer=

lich, würde auch, wenn es nicht Verkauf auf Märkten gälte, nicht unter
9 Bäumen die Wahre Frühzwetsche pflanzen, von der auch Liegel sagt,
daß sie merklich weniger tragbar sei, als die Hauszwetsche und finde
selbst die Königspflaume von Tours, die ich bisher von Liegel nur durch
Jahn hatte, und, obwohl ich an ihrer Aechtheit gar nicht zweifeln kann,
1860 nochmals direct kommen ließ, keineswegs von solcher Güte, daß
ich ihr den nächsten Platz nach der Hauszwetsche einräumen möchte, so
daß ich lieber, als die hier beanstandeten Sorten, pflanzen würde eine
Weiße Jungfernpflaume, Rothe Eierpflaume, (oder noch lieber Nienburger Eierpflaume, die im Regen nicht aufspringt), Esperens Goldpflaume,
Washington, Merolodts gelbe Reineclaude, Rangheris Mirabelle, Jefferson von Hartwiß gelbe Zwetsche, und als früheste Sorte etwa die
Durchsichtige oder Frühe Reineclaude, und ein Herr Professor Hochhuth
zu Kiew in Rußland, dem ich viel Reiser sandte, schreibt mir, die Rothe
Eierpflaume sei dort von solcher Köstlichkeit gewesen, daß er sie unbe-
dingt allen andern außer der Großen Reineclaude vorziehe. Man ist
mit Rathschlägen, wie die hier gegebenen, auch dadurch in Verlegenheit,
daß die Zahl der sehr edeln und zugleich sehr tragbaren Sorten jetzt so
groß geworden ist, daß man in der That häufig nicht weiß, welche man
vor andern anempfehlen soll.

Die Zahl der vorhandenen Pflaumen war bis auf die neuere Zeit
gering, und hängt es damit wohl zusammen, daß auch nur sehr ungenügende Versuche gemacht wurden, die Pflaumen systematisch zu ordnen.
Erst in neuerer Zeit hat sich die Sortenzahl auch in dieser Obstklasse
durch amerikanische Früchte, so wie durch die in Belgien, Frankreich,
England und Deutschland gewonnenen neuen Sorten beträchtlich vermehrt; aber wie Liegels Pflaumencollection bei Weitem die größeste ist,
welche bisher existirt hat, und seiner Collection von fast 300 beschriebenen und noch ziemlich vielen noch ungeprüften Früchten, selbst die im
Londoner Cataloge sich findende längst nicht an die Seite gesetzt werden
kann, so hat auch Liegel allein durch seine Kernzuchten die Classe der
Pflaumen um 49 neue, größtentheils sehr schätzbare Sorten vermehrt,
von denen weiter unten ein Verzeichniß zusammengestellt werden soll, um
seine Verdienste auch in dieser Hinsicht anschaulicher zu machen. Wir
wollen hier nur zunächst eine Uebersicht einiger früheren, so wie der von
Liegel selbst entworfenen Classificationen der Pflaumen geben, und da
bei der für das Handbuch gebotenen Kürze ausführlichere Auseinander-

setzungen nicht statthaft sind, wollen wir diejenigen, welche noch weitere Aufschlüsse suchen, auf das verweisen, was Liegel selbst über diesen Gegenstand Heft I. S. 62—79, Heft II. S. 276—289, auch Heft III. S. 160—168 und Heft IV. S. 64 ff. gesagt hat. Wir übergehen die ganz unvollkommenen Eintheilungen bei den Alten und den Pomologen der mittleren Zeit, und wollen nur darlegen, was in neuerer Zeit zur Classification der Pflaumen versucht ist.

Da kommen zunächst Versuche vor, die Pflaumen, ähnlich wie bei den Aepfeln nach dem Diel'schen Systeme, nach gewissen Familien einzutheilen. Einen solchen, aber sehr unvollkommenen Versuch machte Decandolle in seinem botanischen Werke Prodromus systematis naturalis regni vegetabilis Paris 1825. Pars II. p. 532. Nachdem er 9 in- und ausländische Arten der Pflaume statuirt und charakterisirt hat, gibt er von der Hauszwetsche (Prunus domestica *Linné*) folgende Varietäten an:

I. Aprikosen-Pflaumen, Pr. domest. Armenioides. Früchte zugerundet, gelb oder grüngelblich; Mandel fast stumpf (z. B. Gelbe Mirabelle, Aprikosenpflaume);

II. Reineclauden, Pr. d. Claudiana. Früchte etwas flach gedrückt-zugerundet, grün, oft roth gefleckt, selten roth; Fleisch grüngelb mehr oder weniger gezuckert, Nabel (Stempelpunkt) kaum merklich niedergedrückt; Stein kurz, etwas scharf zugespitzt, z. B. Große Reineclaude, Violette Reineclaude, Aprikosenartige Pflaume.

III. Myrabolanen, Pr. d. Myrabolana. Früchte roth, rund, an der Basis flach gedrückt; Nabel niedergedrückt, Mandel etwas scharf zugespitzt, Kelchblättchen schmal (Kirschpflaume).

IV. Damascener Pflaumen, Pr. d. Damascena. Früchte flach gedrückt-rund, violett; Mandel kurz, etwas kielförmig vorragend, oben stumpf (z. B. Herrnpflaume, Königspflaume, Vakanzpflaume, Damascene von Maugerou).

V. Tourser Pflaumen, Pr. d. Touronensis. Früchte umgekehrt eiförmig oder umgekehrt eiförmigrund; Mandel oben stumpf oder etwas scharf gespitzt, kurz, breitrunzlig, etwas kielförmig vorragend (z. B. Frühe Herrenpflaume, Königspflaume von Tours, Normännischer Perdrigon, Rother Perdrigon).

VI. Julians Pflaumen, Pr. d. Juliana. Früchte klein, eiförmigrund, dunkelblau oder violett; Nabel nicht niedergedrückt; Furche kaum

sichtbar; Mandel am Halse etwas vorragend, oder etwas scharf
gespitzt (z. B. St. Julians Pflaume, Frühe von Tours, Spanische Damascene, Rothe Jungfernpflaume).

VII. Catharinen Pflaumen, Pr. d. Catharinea. Früchte umgekehrt
eiförmigrund, oder fast rund, wachsgelb; Nabel erhoben; Fleisch
wenig süß; Mandel fast stumpf, an der Basis oft etwas vorgeschoben abgestutzt, (z. B. Gelbe Catharinenpflaume, Brisette,
Weißer Perdrigon).

VIII. Alberts Pflaumen, Pr. d. Aubertiana. Frucht eiförmig stumpf,
von außen auf beiden Seiten gelb, Nabel niedergedrückt; Mandel
an der Basis kaum merklich vorgeschoben, (z. B. Gelbe Eierpflaume, Hahnenhode, Weißer Kaiser).

IX. Zwetschenförmige Pflaumen, Pr. de Pruneauliana. Aeste pyramidenförmig, Früchte eiförmig, mehr oder weniger stumpf oder
verlängert, violett, selten grün; Nabel erhoben, Mandel stark zusammengedrückt, verlängert, an der Basis etwas vorgeschoben,
oben mehr und weniger spitzig (z. B. Violette Kaiserin, Violette
Diapre, Violette Kaiserpflaume, Hauszwetsche, Inselpflaume,
Weiße Diapre).

Es bedarf für den, der viele Pflaumensorten kennt, keiner langen
Prüfung, um zu erkennen, daß nach diesem Systeme und den für die
einzelnen Classen angegebenen Merkmalen es sehr schwierig, häufig nicht
möglich sein würde, eine Frucht aufzufinden, da die Formen der Frucht
des Steines und seiner Mandel in einander übergehen und dies um so
öfter der Fall ist, je mehr die Sortenzahl sich mehrt, auch die gegebenen Unterschiede häufig auf einer zu wenig ins Auge fallenden Differenz
beruhen und endlich die öfter vorkommenden Ausdrücke: fast, etwas,
kaum, viel Unsicheres in die Sache bringen. Liegel hat dies System
zu verbessern gesucht und wirklich merklich verbessert in seinem auf ver
angefügten Tabelle dargelegten Systeme V. (in Liegels Werke als 6.
Classification bezeichnet, da er die Classification Decandolles als 5. auf-
führte.) Er macht Heft II. S. 283 bemerklich, weshalb er öfter die
Bezeichnung von Gestalt, Farbe ꝛc. genauer gefaßt oder mit diesem oder
jenem Ausdrucke vermehrt habe. Allein auch in der verbesserten Gestalt möchten, der logischen Unvollkommenheit dieses Systems nicht zu
gedenken, die Unterschiede, die dasselbe aufstellt, doch zu wenig scharf
und durchgreifend sein, um dieses System praktisch gehörig brauchbar

zu machen. Die faſt runden Früchte aus Claſſe III. würden wohl ſchwer von denen in Claſſe VIII. gehörig zu unterſcheiden ſein; die rothen Früchte aus dieſer Claſſe würden ſehr in die violetten aus Claſſe V. übergehen; ebenſo möchten die eiförmigrunden und umgekehrt eiförmigrunden Früchte aus Claſſe VI. und VII. zu wenig verſchieden ſein, und wie es bei den Myrabolanen auch eine Gelbe Kirſchpflaume gibt, ſo hat die zu den Zwetſchen gehörende Violette Kaiſerin einen Baum mit breiter, ſehr ſperriger Krone, die Große Engl. Zwetſche und andere nicht viel weniger, und kann man ſelbſt den Wuchs der Hauszwetſche, auch wenn der Baum ohne Schnitt ſich ſelbſt überlaſſen bleibt, wenig pyramidal nennen, wenn auch die Aeſte — was aber bei manchen andern Pflaumen ebenſo der Fall iſt, gut in die Luft ſtreben. Außerdem ſcheint mir ein Hauptmangel dieſes und aller ähnlichen Syſteme zu ſein, daß es zu wenig leicht behaltbar iſt, und das Gedächtniß mit Merkmalen überladet, ſo daß man, wenn man einfachere Syſteme haben kann, dieſe billig vorziehen muß.

Nicht anders kann ich auch urtheilen über das von den Herren Schübler und Martens in der Flora Würtembergensis aufgeſtellte Syſtem. Sie nehmen folgende Claſſen an:

I. **Prunus insititia, Pflaume**, mit elliptiſchen, geſägten, unten etwas wolligen Blättern, zu zweien ſtehenden Blüthenſtielen und runden Früchten.

1) Prunus insititia avenaria Haferſchlehe. Frucht rund, ſchwarz, blau beduftet, Geſchmack zuſammenziehend, (dieſe Ordnung umfaßt darnach wohl nur Eine Frucht).

2) Pr. ins. Juliana. Faſt runde, dunkelviolette, bereifte Früchte; Nabel vorragend; Stein ſtachelſpitzig. (z. B. Gemeinſte Pflaume, Sickler.)

3) Pr. ins. Touronensis. Tourſer Pflaume. Früchte faſt herzförmig, kugelig, purpurroth, punktirt, blau bereift; Stein breit und runzlig (z. B. Königspflaume von Tours).

4) Pr. ins. Claudiana. Reineclauben, mit runden gedrückten Früchten, die ein grünlichtes, zuckerreiches Fleiſch und einen kurzen, ſtumpfſpitzen Stein haben.

5) Pr. ins. Armenioidis. Aprikoſenpflaumen, mit gelben, weiß bereiften, kugeligen, etwas gedrückten Früchten, deren

Fleisch goldgelb und der Stein stumpf ist. (Gelbe Aprikosenpflaume, Rothe Aprikosenpflaume.)

6) Pr. ins. Cerea. Mirabellen. Niedrig von Wuchs und
sehr fruchtbar. Früchte gelb, klein, länglich rund, weiß bereift; Fleisch gelb und gut vom Steine abgehend, (man bemerke, daß, wie zu Familie 5, nach den angegebenen Kennzeichen, die Rothe Aprikosenpflaume gar nicht zu zählen wäre,
so es auch rothe und bunte Mirabellen gibt).

II. **Prunus domestica, Zwetsche.** Baum mit elliptischen, ge-
kerbt-gesägten (crenato-serratis) etwas runzlichen, unten feinhaarigen
Blättern, mit zu zweien stehenden Blüthenstielen und länglichen
Früchten.

1) Pr. dom. Germanica. Zwetsche. Baum hochwachsend
mit pyramidenförmigen Aesten; Früchte dunkelpurpurroth, blau
bereift, an beiden Enden abgestumpft (z. B. Gemeine Zwetsche).

2) Pr. dom. mammillaris. Tillespflaumen. Von Wuchs
kleiner; Frucht purpurroth, weißblau bereift, an der Basis verschmälert (z. B. die kleinste Frühzwetsche).

3) Pr. dom. hungarica. Dattelpflaume. Mit purpur-
rothen, weiß bereiften, keulenförmigen, an der Basis schmäleren
Früchten, deren Stein lang und fast gekrümmt erscheint (z. B.
Dattelpflaume, Sickler).

4) Pr. dom. indica. Weiße Zwetsche. Mit länglichen,
keilförmigen, verkehrt eirunden Blättern, weiß bedufteten keulenförmigen Früchten und sehr spitzem Steine (z. B. Sickler XV. 4.
Reizensteiner gelbe Zwetsche und Weiße Indische Pflaume).

5) Pr. dom. damascena. Kaiserpflaume. Mit purpur-
rothen, sehr großen, grau bedufteten, verkehrt eiförmigen, gegen
den Stiel etwas verschmälerten Früchten; (z. B. Sickler VIII. 10.
Rothe Eierpflaume.)

6) Pr. dom. Aubertiana. Eierpflaume. Mit sehr großen
Blättern und goldgelben, weiß bedufteten, elliptischen, saftreichen
Früchten, (z. B. Sickler XI. 3. Gelbe Eierpflaume).

7) Pr. dom. Catharina. Zipparte. Mit verkehrt herzförmig-
eirunden Früchten, die gelb sind und roth punktirt, Stein runzlig.
(z. B. Sickler IV. 12, Weißer Perdrigon.)

Man sieht es diesem Systeme schon an manchen Benennungen und

Bezeichnungen von Sorten ꝛc. an, daß seine Urheber eben keine Pomologen waren, und wie der Kundige bald erkennen wird, daß nach den angegebenen Kennzeichen manche Frucht, die in eine der gegebenen Familien gehören würde, sich da nicht unterbringen ließe, so getraue ich mir nicht einmal, ohne Hinzunahme der Frucht als lange oder runde, die Bäume der zwei Hauptclassen zu unterscheiden, glaube auch, daß Botaniker mehr Rücksicht auf den Baum hätten nehmen mögen.

Christ theilte im Handbuche, 3. Auflage 1804, die Pflaumen ein in Zwetschen, Damascenerpflaumen, Mirabellen, Diaprees und Perbrigons mit Einschluß der Reineclauden. Diese unbestimmte Eintheilung verwarf er in der Vollständigen Pomologie von 1812, und theilt daselbst die Pflaumen ein in 1) Zwetschen und zwetschenartige Pflaumen, 2) Pflaumen und pflaumenartige Pflaumen, 3) Mirabellen und mirabellenartige Pflaumen. Liegel bemerkt über das Ungenügende dieses Systems ganz richtig: „die erste Classe hat, neben einigen unbestimmten Merkmalen, glatte Sommertriebe, ohne Wolle; die zweite Classe hat gewöhnlich und allermeist feinwollige Sommertriebe, die Bäume der dritten Classe haben sperrigen Wuchs, sehr gemäßigten Trieb, kleine krause Blätter und kleine Früchte. Ueberdies wirft Christ in jeder Classe lange und runde Früchte willkürlich durcheinander, und so ebenfalls die Bäume mit glatten und weichhaarigen Sommertrieben." Letzteres wäre nun wohl nur ein Fehler Christs, veranlaßt durch sein flüchtiges Arbeiten und den Umstand, daß er gar viele von ihm beschriebenen Früchte in der Natur nicht kannte, nicht aber ein Fehler des Systems, wenn dieses sonst brauchbar wäre. Wie aber die übrigen Kennzeichen (ad Cl. 1.: in der Jugend Stacheln; Blätter grob, spröde, rauh, Früchte länglich, Fleisch fest, grob, kräftig; ad Cl. 2.: wenig oder keine Stacheln, Sommertriebe grün, Blätter glänzend, weich, Früchte rund und länglich, Fleisch weich; ad Cl. 3. Wuchs sperrig, schwach; Blätter klein, kraus, Früchte klein, rund oder herzförmig,) nicht hinreichen, die Classen gehörig zu scheiden, da es auch runde Pflaumen mit glatten Sommertrieben gibt, und wieder manche Mirabellen weichhaarige Sommertriebe haben, auch in der Jugend Stacheln zeigen, die Sommertriebe der Bäume aus Cl. 2. gar nicht immer grün und die Blätter eben nicht glänzender sind als bei vielen Bäumen aus Cl. 1. ꝛc., (wie dergleichen Ausstellungen sich noch manche andere machen ließen) so finde

ich nicht, daß die Bäume der Mirabellen gerade einen sperrigen Wuchs
hätten, den nur einzelne zeigen, und ist endlich Kleinheit des Baumes
ein zu unsicheres Kennzeichen, da es dabei zu viele Uebergänge gibt und
ein an sich groß werdender Baum durch Umstände auch klein bleiben
kann. Es fehlt dem Systeme an einem einheitlichen und durchgehen-
den Theilungsprincip.

Verbessert erscheint das Christsche System im Cataloge der systematischen Obstbaumschule im Großen Garten zu Dresden und im Hohenheimer Cataloge von Walker und ist in diese Gestalt gebracht von dem
Herrn von Carlowitz, welcher die Aufsicht über die Baumschulen im
Großen Garten zu Dresden führte. Es ist folgendes:

1. Cl. Zwetschen und längliche Pflaumen. Form der
Frucht länglich; Baum macht wildes Gewächs mit Dornen; Sommertriebe
glatt, nie wollig; Fasern des Holzes ziemlich grob; Blätter stark gezahnt
gelbgrün.

2. Cl. Damascener-Pflaumen. Frucht rund; Wuchs des
Baumes üppig ohne Dornen; Sommertriebe sammtartig und sehr wollig;
Holz zart; Blatt dunkelgrün.

3. Cl. Mirabellen und Reineclauben. Frucht rund und
herzförmig, Trieb des Baumes schwach ohne Dornen, Sommertriebe fein
und nur mit wenig Wolle bedeckt. Liegel bemerkt zu diesem Systeme
sehr richtig: „diese drei Classen stehen schön und abgemessen auf dem
Papier, sind aber für alle Pflaumen nicht hinreichend. Die Charaktere
der ersten zwei Classen sind in jenen Kennzeichen, die den wesentlichsten
Unterschied machen sollen, ganz unrichtig; die langen Früchte der
Bäume der Zwetschen sollen ganz glatte, und die runden Früchte der
Damascener-Pflaumen stark wollige Sommerzweige haben. Allein es gibt
viele Bäume der Zwetschen, die auch weichhaarige Sommertriebe haben,
und von jenen der runden Früchte haben ebenfalls mehrere kahle Sommerzweige. Die Kennzeichen der dritten Classe sind ebenfalls nicht genügend; die Rothe Mirabelle, Violette Diapre, Weiße Perdrigon 2c.
sind keine runden und keine herzförmigen Früchte; die Rothe und Gelbe
Mirabelle, die Brisette haben in der Jugend Dornen; die Gelbe Mirabelle, Violette Diapre, Zweimal tragende Pflaume, Violetter Perdrigon
haben stark weichhaarige Triebe und die der Rothen Diapré, des Weißen Perdrigons, der Kirschpflaume, der Unvergleichlichen 2c. sind ganz
kahl, so daß dieses System in allen wesentlichen Classen-Kennzeichen

mangelhaft ift." Ich darf hinzusetzen, daß die Bäume der Reineclauben, namentlich der der Großen Reineclaube und ihrer schon mehrfältigen Sämlinge keinesweges schwach treiben und zu den großen gehören: daß manche Bäume aus Cl. 1. ein eben so dunkelgrünes Blatt haben als die Bäume aus Cl. 2. und aus dieser manche Blätter eben so stark gezahnt sind als aus Cl. 1., ich mir auch nicht getraue, grobe und feine Fasern des Holzes hinreichend leicht und sicher zu unterscheiden.

Man muß es daher Herrn Dr. Liegel sehr Dank wissen, daß er sich besondere und erfolgreiche Mühe gegeben hat, bessere und haltbarere Pflaumensysteme aufzustellen, und wie viel und lange er darüber nachgedacht hat, beweisen die verschiedenen, von ihm aufgestellten Classificationen, wie sie nachstehend dargelegt sind.

Uebersicht der von Liegel entworfenen Classifikationen der Pflaumen.

Classifikation I.,

nach welcher die Pflaumen in seinen Heften geordnet sind.

I. Cl. Zwetschen

mit länglich eiförmigen Früchten — mit einzelnen und gepaarten Blüthenstielen, stark gedrücktem, oben und unten mehr oder weniger spitzig verlängertem Steine.

1. Wahre Zwetschen

mit kahlen Sommertrieben — meistens etwas wilder Vegetation des Baums, mit Dornen in der Jugend, mit zähem, sehr harten Holze und härtlichem süßem, etwas weinsäuerlichem Fleische der Frucht.

   a) blaue Früchte,
   b) rothe   „
   c) gelbe   „
   d) grüne   „
   e) bunte   „

2. Damascenenartige Zwetschen

mit weichhaarigen Sommerzweigen; meistens mehr zahme, damascenenartige Ve-getation des Baums, und zarteres weicheres Fleisch der Frucht.

   a)
   b)
   c) } wie ad. I. 1.
   d)
   e)

II. Damascenen

mit runden und rundlichen Früchten — mit gepaarten, selten einzelnen Blüthenstielen, gedrücktem, oben und unten abgerundet stumpfspitzigem, bisweilen aber kurz sein zugespitztem Steine.

1. Zwetschenartige Damascenen. mit kahlen Sommerzweigen. — a, b, c, d, e, wie ad. I. Die Vegetation des Baums nähert sich jener der wahren Zwetsche.

3. Eigentliche Damascenen mit weichhaarigen Sommerzweigen, mit meistentheils großen, dunkelgrünen, behaarten dicken, grobadrigen, steifen Blättern.

a, b, c, d, e, wie ad. I. 1.

Classifikation II.

I. Classe Pflaumen mit kahlen Sommerzweigen.

1. Zwetschen
mit länglich eiförmigen Früchten.

 a) blaue Früchte,
 b) rothe　„
 c) gelbe　„
 d) grüne　„
 e) bunte　„

2. Zwetschenartige Damascenen.
mit runden Früchten.
Unterordnungen wie ad. I. 1.

II. Pflaumen mit weichhaarigen Sommertrieben.

1. Damascenenartige Zwetschen
mit langen Früchten.

2. Damascenen
mit runden Früchten.
Unterordnungen bei beiden wie ad. I. 1.,
nach der Farbe.

Classifikation III.

I. Pflaumen mit kahlen Sommerzweigen.

1. Mit kahlen Blättern.

A. Zwetschen, mit langen Früchten.
a blau, b roth, c gelb, d grün, e bunt.
B. Damascenen, mit runden Früchten.
 a. b. c. d. e. wie oben.

2. Mit oben kahlen, unten haarigen Blättern.

A. Zwetschen, mit langen Früchten.
a, b, c, d, e wieder nach der Farbe.
B. Damascenen, mit runden Früchten,
a, b, c, d, e, nach den gedachten Farben.

3. Mit unten und oben behaarten Blättern.

A. Zwetschen,
B. Damascenen, } wie oben.
a, b, c, d, e, bei beiden nach obigen Farben.

II. Pflaumen mit weichhaarigen Sommertrieben.

Ordnungen, Unterordnungen ꝛc. ganz
wie oben ad. I.

Classifikation IV.

I. Zwetschen.
Kennzeichen wie früher.

1. Mit auf dem Rücken mehr erhobenen Früchten.

2. Mit auf dem Bauche mehr erhobenen Früchten.

3. Mit auf Rücken und Bauch gleich erhobenen Früchten.

Die weiteren Unterabtheilungen nach kahlen oder haarigen Fruchtstielen, oder auch nach den Farben der Frucht.

II. Damascenen,
Ordnungen und Unterordnungen wie ad. I.

Classifikation V.,

das System Decandolles verbessert.
Die Hauszwetsche. Prunus domestica.
Linné.

A. Gelbe, selten grüne Früchte.

I. Classe Albertinische Pflaumen.

Früchte länglich eiförmig oder umgekehrt länglich eiförmig, stumpf, gelb, Nabel niedergedrückt; Mandel an der Basis kaum merklich vorgeschoben.

1. Mit kahlen Sommerzweigen.
2. Fehlt noch.

II. Classe Aprikosen-Pflaumen.

Frucht zugerundet, gelb oder grün-gelblich, Mandel fast stumpf.

1. Mit kahlen Sommerzweigen.
2. Mit weichhaarigen Sommerzweigen.

III. Katharinen-Pflaumen.

Frucht umgekehrt eiförmig-rund oder faſt rund, gelb, Nabel erhoben, Mandel faſt ſtumpf, an der Baſis oft etwas vorgeſchoben, abgeſtutzt.

1. Mit kahlen Sommerzweigen.
2. Mit weichhaarigen Sommerzweigen.

B. Blaue und rothe Früchte.

IV. Die Myrabolanen.

Frucht rund, an der Baſis flach gedrückt, roth; Mandel etwas ſcharf geſpitzt, Kelchblättchen ſchmal.

1. Mit kahlen Sommerzweigen. (Kirſchpflaume.)
2. Fehlt noch.

V. Damascenen-Pflaumen.

Frucht flachgedrückt-rund, violett oder dunkelblau; Mandel kurz, etwas kielförmig vorragend, oben ſtumpf.

1. Mit kahlen Sommerzweigen.
   a. blaue Früchte,
   b. rothe Früchte.

2. Mit weichhaarigen Sommerzweigen.
   a. blaue Früchte,
   b. rothe Früchte.

VI. Sultaniſche Pflaumen.

Frucht klein, eiförmig-rund, dunkelblau oder violett, Nabel nicht niedergedrückt, Furche kaum ſichtbar; Mandel am Halſe etwas vorragend, oben etwas ſcharf geſpitzt.

1. Mit kahlen Sommerzweigen.
   a. blaue Früchte,
   b. rothe Früchte.

2. Mit weichhaarigen Sommerzweigen.
   a. blaue Früchte,
   b. rothe Früchte.

VII. Tourſer Pflaumen.

Frucht umgekehrt eiförmig oder umgekehrt eiförmig-rund, dunkelblau oder violett; Mandel oben ſtumpf oder etwas ſcharf geſpitzt, kurz, breit-runzlig, etwas kielförmig vorragend.

1. Mit kahlen Sommerzweigen.
   a. blaue Früchte,
   b. rothe Früchte.

2. Mit weichhaarigen Sommerzweigen.
   a. blaue Früchte,
   b. rothe Früchte.

C. Verſchieden gefärbte Früchte.

VIII. Reineclauden.

Frucht etwas flachgedrückt-zugerundet, grün, auch gelb, oft roth gefleckt, ſelten roth, Fleiſch mehr oder weniger gezuckert Nabel kaum merklich niedergedrückt; Stein kurz, etwas ſcharf geſpitzt.

1. Mit kahlen Sommerzweigen.
   a. rothe Früchte,
   b. gelbe Früchte,
   c. grüne Früchte.

2. Mit weichhaarigen Sommerzweigen.

IX. Zwetſchen.

Aeſte pyramidenförmig, Früchte länglich eiförmig oder umgekehrt länglich eiförmig, mehr oder weniger ſtumpf oder verlängert, dunkelblau oder violett, ſelten grün oder gelb; Nabel erhaben; Mandel ſtark zuſammengedrückt, verlängert, an der Baſis vorgeſchoben, oben mehr oder weniger ſpitzig.

1. Mit kahlen Sommerzweigen.
   a. blaue Früchte,
   b. rothe Früchte,
   c. gelbe Früchte,
   d. grüne Früchte.

2. Mit weichhaarigen Sommerzweigen.
  a. blaue Früchte,
  b. rothe Früchte,
  c. gelbe Früchte,
  d. grüne Früchte.

Claffifikation VI.

Siehe sein Heft III. S. 166 und Monats-Schr. 1855, S. 306.

I. Zwetsche
mit länglich eiförmigen Früchten.
1. Blaue Früchte;
  A. Große, a mit kahlen, b mit behaarten Sommerzweigen.
  B. Mittelgroße, a mit kahlen, b mit
behaarten Sommerzweigen.

C. Kleine, a mit kahlen, b mit behaarten Sommerzweigen.

2. Rothe Früchte;
Unterordnungen wie ad. 1.

3. gelbe Früchte;
Unterordnungen wie ad. 1.

4. grüne Früchte;
Unterordnungen wie ad. 1.

5. bunte Früchte;
Unterordnungen wie ad. 1.

II. Damascenen
mit runden Früchten. — Ordnungen und
Unterordnungen wie ad. 1.

Man kann auch bei diesen Classifikationen einzelne Ausstellungen machen, aber keiner wird dies thun, der durch längere Erfahrung zu der Ueberzeugung gelangt ist,* daß wir bei den Obstsorten, die nur Varietäten derselben Species oder einzelner weniger ursprünglicher Species sind, die durch zahlreiche Uebergänge und Aehnlichkeiten sehr ineinander laufen und bei deren Erzeugung die Natur, zumal sie in ihrem Wirken durch den Einfluß der Cultur noch modificirt ist, sich nicht nach unsern aufgestellten Schablonen richtet, ja die manchen Veränderungen nach Klima, Boden und Unterlage ausgesetzt sind, so lange es nicht gelingt, die anzubauenden Obstfrüchte auf wenige, in ihren Kennzeichen möglichst verschiedene Sorten zu reduciren, in alle Ewigkeit kein System erhalten werden, das der gehegten Anforderung und Erwartung entsprechen möchte, mit seiner Hülfe allein und sicher jede einzelne Frucht aufzufinden, mithin wir mit dem relativ und in den von der Natur selbst gezogenen Grenzen Vollkommensten uns werden begnügen müssen, auch um so mehr begnügen sollten, ohne fortwährend auf Neuerungen zu denken, als in keiner Wissenschaft so sehr Stabilität zu wünschen ist, wie in der so schwierigen und zum Fortkommen so viele Zeit erfordernden Pomologie. Mängel, die man etwa an den Liegelschen Systemen noch bemerklich

* Ich will mir auch bei dieser Gelegenheit die Bemerkung erlauben, daß gerade junge und angehende Pomologen in Deutschland am geschäftigsten gewesen sind, neue Obstsysteme zu entwerfen, während dies die letzte Arbeit schon sehr kundiger Pomologen sein sollte.

machen könnte, wären z. B. folgende: 1) daß, da Liegel (siehe I., pag. 85) eine Frucht schon zu den Zwetschen, resp. damascenenartigen Zwetschen rechnet, wenn bei großen Früchten die Höhe die Breite um mehr als 1 Linie übersteigt und bei kleineren Früchten das Augenmaaß ergiebt, daß sie merklich höher als breit sind, der gewöhnliche Sprachgebrauch viele Früchte, die so zu den Zwetschen zählen, aber der Hauszwetsche nicht an Form ähnlich sind, nicht als Zwetschen, sondern als Pflaumen bezeichnen werde. Wie indeß das System zunächst ja nicht für das große Publikum, sondern für den Pomologen da ist, so kann es diesem nicht schwer fallen, mit dem Worte Zwetsche einen etwas modificirten Begriff zu verbinden, wie dies z. B. auch bei dem Kirschenfysteme des Freiherrn Truchseß mit dem Worte Herzkirsche geschieht; und für das Publikum ist Genügendes geschehen, wenn der Specialname einer solchen Frucht sie nicht als Zwetsche, sondern als Pflaume gibt (z. B. gelbe Eierpflaume).

2) Daß die zur Untereintheilung gebrauchten Farben mehrfältig in einander übergehen. So wird die schwarzblaue Farbe nach und nach violett und geht ins Rothe über. Auch in naßkalten Jahren bleiben die dunkelblauen Früchte etwas röthlich und nehmen überhaupt die dunkelblaue Farbe erst bei voller Reife an. Die gelbe Farbe, die schon bestimmter erscheint, geht auch ins Weißliche oder mehr Grünliche über, und die noch bestimmtere grüne Farbe erhält bei vollster Reife oft an der Sommerseite eine gelbliche Mischung. Wird indeß eben dies gehörig beachtet, und festgehalten, daß Liegel die violette Farbe (rothblaue) zu den rothen rechnet, und überhaupt eine Frucht zu den rothen zählt, wenn, sobald sie ganz reif ist, die Farbe auf der Schattenseite, nach abgewischtem Dufte roth erscheint, während ebenso bei den schwarzblauen und dunkelvioletten Früchten, wenn sie ganz reif sind, die blaue Farbe sich bestimmt aussprechen muß, endlich daß die Farbe erst nach abgewischtem Dufte zu bestimmen ist, und daß bunt eine gelbe oder grüne Frucht noch nicht genannt wird, wenn sie etwa zugleich rothgefleckt ist, oder an der Sonnenseite etwas Röthe annimmt, sondern daß bunt eine Frucht erst heißt, wenn sie bestimmt zwei oder mehrere verschiedene Farben angenommen hat (z. B. Bohns Mirabelle, Bunter Perdrigon, Rothe Jungfernpflaume, Marmorirte Eierpflaume, Jefferson), so wird man durch das System schon gut geleitet werden. Es treten wenigstens die Farben bei den Pflaumen weit bestimmter und scheidender auf als bei dem Kernobste.

3) Daß das Behaartsein der Sommertriebe an manchen Sorten sich nicht deutlich genug erkennen lasse, und es auch da Uebergänge zu dem ganz Kahlen gebe. Liegel sagt darüber (I. pag. 83): „die weichen Haare der Sommerzweige sprechen sich bei den meisten Sorten entscheidend aus, sie werden aber auch bei einigen so dünn und kurz, daß man sie nur mehr unter dem Glase bemerken kann. Solche Zweige nannte ich kahl. Wenn man aber mit freiem Auge die Haare nur schwer oder nur stellenweise bemerkt, so nannte ich sie fast kahl, als die der Großen Reineclaude; sind aber die Haare zwar kurz, aber doch deutlich über das ganze Reis verbreitet, so heißen sie etwas haarig. Bisher sind mir solche Fälle nur wenige vorgekommen." Nun sind allerdings die Augen verschieden und mag es Manchem gehen, wie mir, daß nachdem ich bei zunehmendem Alter kleine Dinge in der Nähe nicht mehr deutlich genug erkennen konnte und z. B. zum Lesen kleiner Schrift einer Brille bedurfte, ich auch an den Pflaumenzweigen das Behaarte zuweilen mit bloßen Augen nicht finden konnte, wo es Liegel angibt. Indeß mit Hülfe eines Glases, namentlich einer Loupe, fand ich hinsichtlich der Behaarung mit ganz geringen Ausnahmen, alle seine Angaben ganz entsprechend, und glaube, daß auch Andere, deren Auge nicht scharf genug für nahe Dinge ist, durch dies Hülfsmittel sicher gehen werden.

4) Daß Liegel nicht auch Ablöslichkeit oder Unablöslichkeit des Fleisches vom Steine und überhaupt die Beschaffenheit des Steins zu weiteren Unterabtheilungen mit benutzt hat, da er selbst (I. pag. 85) von dem Steine sagt: „der Stein ist zur Kenntniß der Pflaumen äußerst wichtig. Viele ähnliche Früchte erkennt man leicht durch ihren Stein, was oft durch ihre inneren und äußeren Merkmale schwierig wird. Die obere und untere Spitze oder Abrundung desselben, die Verschiedenheit der Form, der Bauch und Rückenkanten, ihre verschiedenen Ausbiegungen, die Angabe der Lage, der größten Dicke und größten Breite des Steins, das Ausmaaß desselben, die glatten, rauhen oder afterkantigen Backen bezeichnen viel schärfer, als die Form, Farbe und das Fleisch die Frucht."

Was die Ablöslichkeit oder Unablöslichkeit des Fleisches betrifft, so hat vielleicht Liegel dies Merkmal zur Eintheilung nicht mit herangezogen, weil auch er bemerkte, daß nach Vollkommenheit oder Unvollkommenheit der Frucht, Jahreswitterung, Boden und Klima diese Eigen-

schaft — ähnlich wie das Schmelzende der Birnen — mehrfältig ab=
wechselte und nicht constant genug war. Der Stein aber mag mehr
zur richtigen Diagnose einer einzelnen Frucht Material bieten, als gerade
sich eigene größere Abtheilungen auf seine verschiedene Beschaffenheit
gründen lassen. Wenigstens habe ich bisher noch nicht Zeit und Gelegen=
heit gehabt, eine beträchtliche Anzahl Pflaumensteine auf den hier frag=
lichen Punkt genauer anzusehen, auch kann man den Stein, da er sich
trocken aufbewahren läßt, doch gar sehr zur Diagnose benützen, wenn
man sich Sammlungen von Pflaumensteinen zu verschaffen sucht oder
wenigstens selbst anlegt.

Fragt man, weßhalb Liegel mehrere Pflaumensysteme entworfen
habe, und es nicht bei dem ersten, welches er auch seinen Pflaumenbe=
schreibungen zum Grunde legte, und von dem er sagt, daß es in den
meisten Baumschulen und Obstkatalogen bereits angenommen sei, habe
bewenden lassen, so ist die richtige Antwort nicht die, daß er die
später entworfenen Systeme gerade als vollkommener und als Verbesse=
rung des ersten angesehen hätte und von andern angesehen wissen wollte,
sondern er wollte damit nur verschiedene Systems=Entwürfe fremder und
späterer Beurtheilung vorlegen, ob etwa eins derselben mehr ansprechen
möchte als das andere, und erblicke ich darin halb ein Mitgehen mit
dem in den pomologischen Kreisen herrschenden Zeitgeiste, da nach Diels
Tode, als man erkannte, daß nach dessen Systeme, auf welches man sich
früher so sehr verlassen hatte, die Früchte doch nicht mit Sicherheit auf=
gefunden werden könnten, ein besonderer Drang unter den Pomologen
entstand, nach verbesserten und genügenden Obstsystemen zu suchen. —
Vergleichen wir die verschiedenen Classifikationen miteinander, so ist
II vielleicht logisch concinner als I, letztere aber vielleicht prak=
tisch brauchbarer, insofern bei einzelnen Sorten das Glatt= oder Behaart=
sein der Triebe sich nicht völlig so leicht möchte erkennen lassen, als ob
die Frucht zu den langen oder runden zu zählen sei. Classifikation III
wäre wohl ein Fortschritt, wenn das Behaartsein der Blätter auch zur
Zeit der Reife der Früchte sich noch mit voller Sicherheit erkennen ließe.
Mir hat es aber nach meinen bisherigen, wenn gleich noch nicht genü=
genden Beobachtungen scheinen wollen, als ob wenigstens von der Ober=
seite des Blattes die Haare leicht abfielen, oder abregneten, und fand
ich sie im Herbste (September) an der untern Seite des Blattes oft
auch nur deutlicher an den stärkeren Rippen, die obere Seite von

Blättern, bie Liegel als auch oben behaart angibt, aber faft burchweg
kahl, unb konnte höchftens Spuren auffinden, baß früher vielleicht einzelne Haare, namentlich an ben Rippen bagewefen fein möchten. Nur
bie Syfteme IV unb VI verbanken ihr Entftehen bem Umftanbe, baß
in fpätern Jahren auch bei Liegel bie Anficht fich feftfeßte, ein vollkommenes Obftfyftem müffe bie unterfcheibenben Merkmale allein an
ber Frucht auffuchen. Dem vermöchte ich nur beizuftimmen, wenn
wir auf biefe Weife wirklich ein genügenbes unb ficher leitenbes Syftem
gewinnen könnten, weiß auch nicht, wie biefes Beftreben, fich allein auf
bie Frucht zu befchränken, bamit übereinftimmt, baß man fo laut unb
wieberholt jeßt forbert, bie Pomologie, bie nur ein Zweig ber Botanik
fei, müffe botanifch verfahren, benn ber Botaniker würbe gewiß ben
Baum, wenn er leitenbe Kennzeichen barbietet, nicht unbeachtet laffen
unb auch ber Lonboner Catalog unb Downing, bie freilich nur fehr
oberflächlich unb kurz etwas über bie Claffifilation ber Pflaumen fagen,
ftellen als erftes Theilungsprinzip glatte ober behaarte Sommertriebe
auf,* fowie jener auch auf behaarte unb unbehaarte Blätter Rückficht
nimmt. Meiner Anficht nach follen wir es bankbar erkennen, wenn bie
Natur auch in bem Baume uns fichere ober felbft nur ziemlich ficher
leitenbe Kennzeichen gegeben hat, unb follten, ba in ber Pomologie mir
alles zweckmäßig unb felbft geboten fcheint, was zum Ziele führt,
unfere Hauptabtheilungen immer auf bas grünben, was am ficherften
leitet. Vergleiche ich bie Claffifilationen IV unb VI, fo weiß ich zur
Zeit mich noch nicht für bie eine ober bie anbere unter biefen beiben
zu entfcheiben, fie möchten beibe ihre Vorzüge unb Mängel haben, wenn
gleich es mir fcheinen will, baß bie Eintheilung nach großen, mittelgroßen unb kleinen Früchten fehr burch Uebergänge unb burch bie Veränberlichkeit ber Früchte in ihrer Größe nach Witterung, Güte bes Bobens unb Wuchshaftigkeit bes Baums fchwankenb werbe. Es werben fchon
bie nachfolgenben Befchreibungen zeigen, baß Früchte bei mir unb Jahn
häufig größer waren als bei Liegel unb wir gar manche Frucht zu ben
großen zählen müffen, bie Liegel zu ben mittelgroßen rechnete unb wirb
überhaupt bies Merkmal nach Umftänben beträchtlich fchwankenber als
bas ber Behaarung ber Triebe ober ihres Kahlfeins.

    Auch Herr Dochnahl hat in feinem „Führer" fich allein auf bie

---

* Hogg, im Fruit Manual gleichfalls.

Frucht beschränkt, indem er alle Pflaumen eintheilt in lange oder Zwetschenartige und rundliche, zu denen gehören die Damascenenartigen, Schlehen-
artigen und Kirschpflaumenartigen, die Zwetschenartigen und Damascenenartigen aber wieder eintheilt nach der Farbe und theils auch nach
der Größe, jede in 5 Familien als ad. I. Frucht blau 1) Hauszwetsche;
Frucht groß oder mittelgroß, roth, 2) Kaiserzwetsche; Frucht groß oder
mittelgroß, gelb 3) Eierzwetsche; Frucht grün oder gelblichgrün 4) Weinzwetsche; Frucht klein, 1" und weniger, gelbroth oder bunt, 5) Spilling;
ad. II.: Frucht blau 6) Damascene; Frucht groß oder mittelgroß, roth,
7) Königspflaume; Frucht groß oder mittelgroß, gelb 8) Aprikosenpflaume; Frucht grün oder gelblichgrün 9) Reineclaube; Frucht klein,
gelbroth oder bunt 10) Mirabelle. Mir will nun scheinen, daß dies
nichts Besseres oder Vollkommeneres gebe, als was Liegel schon gegeben
hat, und dann eine Neuerung hätte vermieden werden mögen, um die
Pomologie nicht mit noch mehr Benennungen und Gedächtnißwerk
zu überladen, was überhaupt durchweg ohne erlangten wesentlichen Nutzen durch den „Führer" geschieht. Dazu sind die Benennungen der Pflaumen nach Familien noch wenig im Volke eingebürgert,
und wie die Familien der Diaprées und Perbrigons in obiger Eintheil-
lung gar nicht berücksichtigt sind, so hat man bisher auch blaue Wein-
zwetschen (z. B. Dochnahls Englische Weinzwetsche oder Yorkshire
winesour plum), ferner rothe, weiße oder gelbe Damascenen (z. B.
Große weiße D., Kleine weiße D.), rothe Aprikosenpflaumen, blaue und
rothe Reineclauden, die dann wieder aus diesen Familien herausgewor-
fen werden müssen, während deren Benennungen doch stehen bleiben,
die billig dann auch geändert werden müßten, und so die Masse der
Aenderungen noch größer würde. Kämen noch ein paar Pomologen, die,
wie Herr Dochnahl alles änderten und umwürfen, so würde kein Gedächtniß mehr hinreichen, die Unzahl der Benennungen zu behalten,
und möchten Viele von der Pomologie unzufrieden sich abwenden, die
schon jetzt die gewaltige Menge der Synonyme völlig niederbrückend
finden.

Wir unsrerseits rechnen es uns daher wieder als Ehre und Verdienst an, so lange nicht ein ganz entschieden Besseres gegeben
ist, bei dem Bisherigen zu bleiben und so namentlich Liegels Classifikation I, die er selbst seinem Werke zum Grunde legte, auch als Haupt-
Classifikation für das Handbuch zu benutzen. Da indeß Liegel schon um

1851 brieflich sich gegen den Concipienten dieser Einleitung dahin aussprach, daß er sich, um alles nur auf die Frucht zu gründen, am meisten
für die 7. in den Frauendorfer Blättern von 1848 S. 115 vorgelegte
Classifikation entscheide (auf unserer Tabelle die VI.) so soll bei jeder
Frucht, deren Stelle im Systeme zugleich auch nach dieser Classifikation
mit angegeben werden, wo dann z. B. I. 1. A. a. bedeutete I längliche,
1 blaue, A große Frucht, deren Baum a kahle Sommerzweige hat.
Es wird nothwendig sein, dabei für groß, mittelgroß, klein ein bestimmtes Maaß festzusetzen und alles, was nicht über 1″ oder 13‴ mißt,
klein, von 1″ bis 1½″ mittelgroß, von 1½″ bis 2″ und drüber groß
zu nennen, wobei indeß schmale Früchte, die beträchtlich weniger dick
sind als hoch, noch zu der nächst niederen Abtheilung gehören mögen,
wenn sie das angegebene Maaß in der Länge um 2‴ übertreffen, da
solche Früchte doch nicht größer ins Auge fallen als breitere, die um
2‴ niedriger sind.

WiII Jemand eine der übrigen gegebenen Classifikationen vorziehen,
so wird es ihm nicht schwer werden, nach jeder gegebenen Beschreibung,
die Stelle der Frucht in der ihm mehr zusagenden Classifikation selbst
zu bestimmen.

Zusammenstellung der von Herrn Dr. Liegel aus Kernen erzogenen Pflaumen, mit Beisatz der Nummern Liegels.

417. Bancalaris rothe Damascene.	211. Dochnahls Damascene.
332. Bazaliszas große blaue Zwetsche.	210. Eugen Fürsts Frühzwetsche.
314. Behrens Königspflaume.	449. Firbas Königspflaume.
253. Berlets Frühdamascene.	415. v. Flotows früheste Mirabelle.
370. Bionbecks rothe Frühzwetsche.	125. Friedheims rothe Damascene.
416. Blaue Frühzwetsche.	394. Graf Gustav von Egger.
176. Braunauer neue Aprikosenpflaume.	374. Haffners Königspflaume.
101. Braunauer aprikosenartige Pflaume.	130. v. Hartwiß gelbe Zwetsche.
339. Braunauer neue Johannispflaume.	68. Hofingers rothe Mirabelle.
344. Buhl Eltersbofen.	126. Hlubecks Aprikosenpflaume.
315. Burchbarbts gelbe Frühzwetsche.	349. Jahns gelbe Jerusalemspflaume.
259.* Dieffenbachs schwarze Damascene.	258. Keinbl's Frühdamascene.

* Diese Frucht hat Heft 3. S. 129 irrig die Nummer 289, welche Buels Lieb-
lingszwetsche zukommt.

461. Reindl's violette Königspflaume.
320. Kleine blaue Frühzwetsche.
278. Kochs gelbe Spätdamascene.
409. Dr. Carl Kochs Königspflaume.
351. Kooks neue Diapré.
341. Lallingers Königspflaume.
328. Lange's Aprikosenpflaume.
257. Lucas Frühzwetsche.
 74. Mayers rothe Damascene.
323. Mayerböcks rothe Zwetsche.
267. Onberkas Damascene.
367. Porschs rothe Zwetsche.
263. Rablkofers rothe Damascene.

297. Rangheris frühe gelbe Mirabelle.
399. Rossys Frühzwetsche.
418. Rothe Frühdamascene.
448. Royers Aprikosenpflaume.
255. Rubens Burgunderzwetsche.
406. Siebenfreunds Königspflaume.
380. Schmidts rothe Zwetsche.
419. v. Trapps Königspflaume.
115. v. Trautenbergs Aprikosenpflaume.
266. Trummers violette Damascene.
283. Urbanecks schwarze Damascene.
345. Zahlbruckners violette Damascene.

Litterarische und andere nöthige Vorbemerkungen.

Dem ganzen Handbuche der Pomologie oder dem ersten Bande jeder Obstklasse sollte billig ein Verzeichniß der bei den Obstbeschreibungen benutzten Schriften, nebst Angabe, wie sie abgekürzt allegirt werden, vorangeschickt sein. Da indeß das Handbuch von einer größeren Anzahl Pomologen bearbeitet wird, und man im Voraus nicht wissen konnte, welche Schriften diese benutzen würden und benutzen könnten, so wird ein vollständiges Verzeichniß der benutzten Schriften sich erst später, etwa am Schlusse des Handbuches, geben lassen und hoffe ich, daß die bisher im Handbuche vorgekommenen abgekürzten Allegirungen von Schriften den Besitzern desselben doch werden verständlich gewesen sein. Hier ist indeß für die Hefte über Pflaumen zum Verständniß der vorkommenden Citate und zur Bezeichnung der größeren oder geringeren Brauchbarkeit früherer Schriften noch Mehreres zu bemerken.

Liegel publicirte bisher über die Pflaumen 4 Hefte, zwei unter dem Titel „Systematische Anleitung zur Kenntniß der Pflaumen, oder das Geschlecht der Pflaumen in seinen Arten und Abarten", Passau bei Winkler 1838 und Linz 1841, von denen das erstere die Vorkenntnisse und Einleitungen enthält, das zweite sehr ausführliche und genaue Pflaumenbeschreibungen gibt; dann zwei andere unter dem Titel „Beschreibung neuer Obstsorten" erstes Heft und drittes Heft, Regensburg bei Manz 1851 und 1856. Da es sehr umständlich sein würde, diese Hefte, die zusammengehören, nach ihrem verschiedenen Titel stets zu allegiren, so scheint es angemessen, wie geschehen wird, sie bloß ihrer Reihenfolge nach mit Liegel I. II. III. IV. und Angabe der Pagina zu citiren.

Unter den früheren Werken, die zugleich Abbildungen geben, wobei Duhamel wacker vorangeht, ist in Christs Schriften wenig brauchbar (dessen Arbeiten zu ungenau und dessen Abbildungen zu winzig klein und schlecht sind), etwas mehr im Teutschen Obstgärtner und Allgemeinen T. Garten-Magazin und dessen Fortsetzung. Die von Mayer in der Pomona Franconica gegebenen Abbildungen scheinen gut, haben aber doch verhältnißmäßig geringen Werth, und nach den mehreren vollständig falschen Abbildungen, die Truchseß bei den Kirschen ihm eingeständlich nachgewiesen hat, kann es nicht Wunder nehmen, wenn auch unter den Pflaumen solche Abbildungen sich finden. Weit besser schon sind Krafts Abbildungen in der Pomona austriaca. Das beste frühere Werk über Pflaumen mit fast durchweg guten und kenntlichen Abbildungen von freilich nur 36 Pflaumensorten, lieferten von Gunderobe und Borkhausen, Darmstadt 1804 und 1805. Es wird abbreviirt allegirt werden: Günderobe.

Ein 1831 in Nürnberg erschienenes Werk von C. H. G. Meyer, Pastor zu Weißenstadt vor dem Hof, unter dem Titel: „die Obstfrüchte in vergleichender Zusammenstellung und in ihren charakteristischen Unterschieden, erste Abtheilung, die Zwetschen und Pflaumen,“ gibt 36 aber artistisch höchst schlechte und wenig kenntliche, theils auch falsch benannte Pflaumen-Abbildungen und ist in den Beschreibungen sehr kurz und ungenau, so daß es für die Wissenschaft kaum zu beachten ist. Es wird allegirt werden unter der Bezeichnung: Pastor Meyer. Die Belgischen Annales de Pomologie geben gute, fast zu schöne Abbildungen und auch Decaisne in seinem Werke: Jardin fruitier du Museum. Paris etc. hat schon einige gebracht und gibt vielleicht deren bald mehrere; doch haben beide Werke bisher nur erst wenige Abbildungen von Pflaumen gegeben. Downings bekanntes Werk ist zur näheren Aufklärung über manche Englische und Amerikanische Sorten sehr schätzbar, und es ist sehr zu bedauern, daß dieser sorgfältige Pomologe so früh durch Untergang eines Dampfschiffes seinen Tod hat finden müssen. Auch Hoggs kürzlich in der Monatsschrift angezeigtes „Fruit Manual“ London 1860 gibt viele schätzbare Nachrichten, und wird allegirt werden: Hoggs Manual.

Das zu Jena bei Maule erschienene Teutsche Obstkabinet habe ich schon früher in der Monatschrift seinem Werthe nach bezeichnet. Es liefert, in den früheren Heften besonders, manche Frucht nicht kenntlich oder falsch benannt, doch sind gerade die Pflaumen noch am besten dargestellt und zwar nach Früchten, welche die Herren Liegel und Jahn lieferten. Nur hat der Blick des Malers das Entscheidende nicht immer aufgefunden, aber es werden in Zukunft schon mehr gute Abbildungen folgen, da Med.-Assessor Jahn auf die Herausgabe einigen Einfluß erlangt hat. Es wird wie bisher unter der Bezeichnung T.O.C. allegirt werden.

Auch die Nachbildungen in Papiermasse, welche Dittrich lieferte, führen, wie aus den in 4., ohne Angabe der Jahreszahl, erschienenen tabellarischen guten Beschreibungen erhellet, den Titel: „Deutsches Obstkabinet, D. Pflaumen, 1. bis 12. Lieferung.“ Es enthält von Pflaumen circa 72 Nachbildungen. Als ich 1857 in Gotha bei der Pomologenversammlung war, fiel es mir auf, daß die ausliegenden Dittrich'schen Pflaumennachbildungen, so weit ich die Sorten kannte, weit genauer und von Irrungen freier waren, als die Nachbildungen von Kernobst. Dieß rührt daher, daß Jahn sehr viele Früchte dazu sandte und auch Liegel dabei mit thätig gewesen ist. Es mag daher zweckmäßig sein, bei den von Dittrich nachgebildeten Pflaumen auch die Nummer, die seine Nachbildung in dem Obstkabinet trägt, mit anzuführen, damit die Besitzer dieses Cabinets nachsehen können, und wenngleich ich bei jeder einzelnen Nachbildung nicht bestimmter sagen kann, ob sie richtig und kenntlich sei, da mir diese Nachbildungen nicht nochmals zur Hand sind, so haben sie doch die Präsumtion der Richtigkeit im Allgemeinen für sich. Zum Unterschiede von dem Jenaer T. Obst-Cabinete sollen diese Nachbildungen als Dittrichs Obst-Cabin. (Dittr. O.C.) bezeichnet werden.

Auch Herr Commerzienrath Arnoldi zu Gotha bringt nach und nach in seinen Obstnachbildungen mehr Pflaumen, zu denen ich die Früchte lieferte und die fertigen Nachbildungen nachsah, und soll gleichfalls die Nummer, die die Früchte in diesem Obst-Cabinete haben, mit angeführt und das Cabinet als Arnold. O.C. bezeichnet werden.

Liegel gab jeder seiner Pflaumen eine Nummer, durch welche er sie für sich am bestimmtesten bezeichnete, und gestattete sich deshalb in seinen verschiedenen Pflaumenverzeichnissen und sonstigen Werken manche kleine Abänderungen des Namens, den eine Frucht in seinen Heften trägt, als z. B. Braunauer Aprikosenartige Pflaume und Braunauer Aprikosenartige Damascene; Rangheris frühe gelbe Mirabelle, Rangheris frühe Mirabelle, Rangheris Mirabelle u. bergl. Es wird daher nützlich sein, seine Nummer bei den zu beschreibenden Pflaumensorten mit anzuführen.

Außer den von den Herausgebern dieses Werkes angefertigten, schon ziemlich zahlreichen Silhouetten von Pflaumen hat auch Herr Dr. Liegel deren uns recht viele nebst den zugehörenden Steinen geliefert, und zugesagt von solchen Sorten, die die Herausgeber nicht selbst besitzen, deren in diesem Sommer noch möglichst viele anfertigen zu wollen, für welche freundliche Unterstützung bei Herausgabe des Handbuchs ihm hier öffentlich herzlicher Dank dargebracht werden muß. Seine Zeichnungen werden als solche bezeichnet werden. Es ist bei denselben zu bemerken, daß Liegel seine Zeichnungen bisher immer so machte, daß die Frucht auf den Rücken gelegt wurde, was ich bei Kirschen und bei rundlichen Pflaumen auch immer that, jedoch wo bei Pflaumen Bauch und Rücken bemerklichere Ausbiegungen machen, die Figur der Frucht kenntlicher darzustellen glaubte, wenn ich deren Seitenansicht gäbe, zu der, wo es nöthig ist, die Bauchansicht beigefügt werden kann.

Als ich im vorigen Sommer die Vegetation von circa 80 Pflaumensorten im August und September hintereinander nochmals nachsah und mit Liegels Angaben verglich, machte ich die Bemerkung, daß die Zahnung des Blattes der Pflaumen im Allgemeinen wenig Verschiedenheit darbietet und fast immer so ist, daß stumpfe, gerundete Zähne sich etwas nach der Spitze des Blattes hinrichten. Ob man die Zahnung tief oder seicht nennen will, darin schien mir bei der Kleinheit der Dimensionen, auf die es ankommt, und da dabei viel auch vom stärkeren oder schwächeren Wuchse des Baumes resp. Blattes abzuhängen schien, viel Subjectives, wenigstens zu wenig genau Bestimmbares zu liegen. Auch das Entferntstehen oder Gedrängtstehen der Augen schien häufig sehr vom Wuchse des Baumes abzuhängen, und fand ich nicht selten gedrängt stehende Augen, wo Liegel sie als entfernt angibt. Nicht weniger bot der Blattstiel sehr wenig bestimmbare Verschiedenheiten dar; seine Länge variirte etwas nach größerer oder geringerer Wuchshaftigkeit der Bäume von derselben Sorte, er war ferner fast durchweg röthlich, meist unten glatt und oben behaart und gerinnelt, und schien mehr oder weniger Röthe von geringerer oder stärkerer Besonnung abzuhängen. Etwas mehr verdienen die Drüsen an Blatt und Blattstiel beachtet zu werden. Bei der für das Handbuch gebotenen Kürze wird es daher zweckmäßig sein, in den hier beregten Punkten nur anzugeben, was die Vegetation einer vorliegenden Sorte darin etwa Eigenthümliches und mehr Bemerkbares hat. Schließlich werde noch erwähnt, daß zur Beschreibung des Blattes immer die Blätter aus der Mitte eines guten Sommertriebes genommen sind, indem auch Liegel der Ansicht ist, daß diese in ihrer Form bei Pflaumen constanter seien, als die in Gestalt oft ganz abweichenden und mehr variirenden Blätter des Fruchtholzes. Allerdings fand ich im vorigen Jahre auch bei den Blättern der Sommertriebe, manche Abweichungen von Liegels Angaben, selbst wenn ich seine Terminologie dabei ins Auge faßte, und habe ganz dieselben Abweichungen gefunden, als ich Ende August und im Sept. 1860 die Vegetation von fast 100 Pflaumensorten nochmals nachsah. Da ich indeß Liegel nie der ungenauen Beobachtung zeihen werde, dessen Genauigkeit im Beobachten vielmehr aus seinem ganzen Werke überall zu Tage tritt, so läßt sich wohl nur annehmen, daß das Blatt des Pflaumenbaumes mehr als das anderer Obstarten nach Boden, Gegend ꝛc. in seiner Form einigen Veränderungen unterworfen ist, was auch darin seine Bestätigung finden möchte, daß die von mir bemerkten Abweichungen häufig eine gewisse Regel darlegen, und z. B. wo Liegel das Blatt eiförmig nennt, ich es allermeist elliptisch fand. Es werden solche Abweichungen in der Vegetation, wie in der Größe der Frucht in den nachfolgenden Beschreibungen immer mit Liegels Angaben zusammengestellt werden, wodurch das Handbuch so wie die Kenntniß der Pflaumen nur gewinnen kann, und die Beschreibungen sich nicht mehr auf das beschränken, was an einem einzelnen Orte vorkam.

Auch in der Länge des Fruchtstiels fanden sich manche kleine Abweichungen, was nicht auffallen kann, da auch der Stiel der Kirschen in seiner Länge manchen Veränderungen nach den Umständen unterworfen ist. Sehr constant scheint dagegen die Behaarung oder das Kahlsein des Fruchtstiels zu sein, so daß man vielleicht darauf die Unterscheidung von Ordnungen gründen könnte, wenn nicht bei der merklich größeren Mehrzahl der Pflaumen die Fruchtstiele behaart wären.

Jeinsen, im Sept. 1860.

Oberdieck.

Ueberſicht der von Liegel beſchriebenen Pflaumen,

nach der Reifzeit geordnet, wie ſie Liegel Heft IV. S. 64 und III. S. 163 gegeben hat. Mehrere andere in der Monatsſchrift von Liegel charakteriſirte oder ſonſt der Redaktion bekannte Sorten ſind gleich mit eingereiht. Liegels Nummer iſt beigeſetzt.

I. Cl. Zwetſchen

mit länglich-eiförmigen Früchten.

I. 1. Wahre Zwetſchen

mit kahlem Sommerzweig.

A. Blaue Früchte.

162. Aechte Haferpflaume, M. Aug.
 93. Nikitaer blaue Frühzwetſche, M. Aug.
100. Wahre Frühzwetſche, E. Aug.
261. Wangenheims Pflaume, E. Aug.
240. Alibuchari, E. Aug.
288. Große blaue Nikitaer-Zwetſche, E. Aug.
344. Buhl Eltershofen, E. Aug.
  2. Violette Dattel-Zwetſche, M. Sept.
160. Dörrells neue große Zwetſche, M. Sept.
155. Auguſt-Zwetſche, M. Sept.
 94. Coopers große rothe Pflaume, M. Sept.
402½. Robts blaue Zwetſche, M. Sept.
104. Italiäniſche Zwetſche, M. Sept.
116. Große Engliſche Zwetſche, M. Sept.
207. Große blaue Zwetſche von der Worms, M. Sept.
 97. Nikitaer Spät-Zwetſche, M. Sept.

140. Dunkelblaue Eierpflaume, M. Sept.
270. Große Frühzwetſche, M. Sept.
383. Glocke, M. Sept.
213½. Donauers Zwetſche, ⅔ Sept.
190. Neue Agener Pflaume, E. Sept.
364. Ungariſche Dattelzwetſche, E. Sept.
 71. Siebenbürger Zwetſche, E. Sept.
396. Roſſys frühe gemeine Zwetſche, E. Sept.
 11. Gemeine Zwetſche (Hauszwetſche), E. Sept.
309. Dollaner Zwetſche, E. Sept.
334. Wieſinger'ſche Zwetſche, E. Sept.
 96. Engliſche Zwetſche, E. Sept.
369. Balaszky's Spätzwetſche, E. Sept.
 60. Unvergleichliche, Okt.

B. Rothe Früchte.

288 Rother Spilling, M. Aug.
357. Liegels Zwetſche, M. Aug.
 98. Nikitaer Dattelzwetſche, M. Aug.
298. Purpurzwetſche, M. A.
 25. Spitzzwetſche, M. Aug.
  8. Rothe Kaiſerpflaume, M. Aug.
367. Porſchs rothe Zwetſche, M. Aug.
123. Rothes Zeiberl, E. Aug.
136. Wahre Hahnenhode, E. Aug.
 32. Rothe Eierpflaume, E. Aug.

227. Rothe ſüße Königspflaume, E. Aug.
   (Liegel ſetzt ſie IV. S. 64 Mitte
   Aug., III. S. 81 nach der Rothen
   Eierpflaume, Anf. Sept.; ſie zeitigt aber bei mir ſtets ganz gleichzeitig mit der Rothen Eierpflaume.)
 73. Dörells neue Purpur-Zwetſche,
   E. Aug.
226½. Gartenzwetſche, E. Aug.
147. Agener Pflaume, E. Aug.
133. Rother prachtvoller Huling, E. Aug.
   (nicht dieſelbe, als weiter unten
   der Prachtvolle Huling.)
121. Geiſepflaume, E. Aug.
350. Schmidts rothe Zwetſche, E. Aug.
277. Berlepſch's violette Zwetſche, E. Aug.
255. Rubens Burgunder-Zwetſche, E. Aug.
313. Schamals Frühzwetſche, E. Aug.
166. Nikitaer Hahnenhode, A. Sept.
137. Violette Kaiſerpflaume, A. Sept.
 13. Rothe Diapré, A. Sept.
119. Mailändiſche Kaiſerpflaume, M. Sept.
 57. Violette Jeruſalemspflaume, M. Spt.
206. Hackels Große Zwetſche, M. Sept.
293. Donauers zuſammengedrückte
   Zwetſche, M. Sept.
169. Ponds-Sämling, M. Sept.
164. Nienburger Eierpflaume, M. Sept.
 33. Blaue Eierpflaume, E. Sept.
 56. Violette Kaiſerin, E. Sept.
403. Abruzzen-Zwetſche, E. Sept.

C. Gelbe Früchte.

 88. Scanarda, A. Aug.
 45. Gelbe Frühzwetſche, M. Aug.
177. Gelbe Prünelle, E. Aug.
 21. Gelbe Eierpflaume, A. Sept.
117. Dörells neue weiße Diapré, A. Sept.
114. Wahre weiße Diapré, A. Sept.
130. v. Hartwiß gelbe Zwetſche, A. Sept.
 66. Gelbe Marunke, A. Sept.
 27. Gelbe Jeruſalemspflaume, M. Sept.
849. Jahns gelbe Jeruſalemspflaume,
   M. Sept.
371. Waterloopflaume, M. Sept.

229. Pomeranzenzwetſche, M. Sept.
895. Topas, E. Sept.
220. Coös rothgefleckte Pflaume, E. Sept.
 84. Phiolenartige gelbe Zwetſche, E. Sept.
 59. Große gelbe Dattelzwetſche, Okt.
355. Gelbe Spätzwetſche, Okt.

D. Grüne Früchte.

307. Frühe grüne Zwetſche, A. Aug.
202. Große grüne Weinpflaume, M. Aug.
 80. Grüne Inſelpflaume, A. Sept.
  3. Italiäniſche grüne Zwetſche, A. Sept.
156. Kleine grüne Zwetſche, A. Sept.
200. Holländer Zwetſche, M. Sept.
   (verſchieden von der Holländiſchen
   Zwetſche weiter unten).

E. Bunte Früchte.

302. Oberdiecks geſtreifte Eierpflaume,
   A. Sept.

I. 2. Damascenenartige Zwetſchen
mit weichhaarigen Sommertrieben.

A. Blaue Früchte.

257. Lucas Frühzwetſche, M. Aug.
320. Kleine blaue Frühzwetſche, M. Aug.
262. Rablkofers Frühzwetſche, M. Aug.
274. Engl. Frühzwetſche, M. Aug.
337. Blaue Kaiſerin, M. Aug.
407. Robts frühe große Zwetſche,
   E. Aug.
228. Jeſum Erik, E. Aug.
388. Donauers Pflaumenzwetſche,
   A. Sept.
332. Bazaliczas große blaue Zwetſche
   E. Aug.
124. Violette Diapré, E. Aug.
  9. Große Zuckerzwetſche, E. Aug.
146. Pflaume ohne Stein, E. Aug.
450. Rieſenzwetſche, A. Sept.
118. Melnicker Zwetſche, A. Sept.
210. Eugen Fürſts Früh-Zwetſche, M. Spt.
 64. Kleine Zuckerzwetſche, A. Sept.

326. Wilbling von Shropshire, A. Sept.
67. Diamantpflaume, A. Sept.
275. Biſchofsmütze, M. Sept.
85. Ranslebens Zwetſche, E. Sept.
111. Brünner-Zwetſche, E. Sept.
51. Dunkelblaue Kaiſerin, E. Sept.

B. Rothe Früchte.

408. Marokkopflaume, E. Jul.
370. Biondecks rothe Frühzwetſche, A. Aug.
260. Rothe Dattelzwetſche, A. Aug.
411. Walthers Pflaume, M. Aug.
47. Rothe Zwetſche, M. Aug.
35. Rothe Reineclaube, E. Aug.
323. Mayerböcks Zwetſche, E. Aug.
81. Burgunder Zwetſche, E. Aug.
294. Sharps Kaiſerpflaume, E. Aug.
224. Iſabella, A. Sept.
392. Prinzens Kaiſerreineclaube, A. Sept.
181. Violette Kaiſerpflaume mit bunten Blättern, A. Sept.

C. Gelbe Früchte.

41. Cataloniſcher Spilling, E. Jul.
65. Gemeiner gelber Spilling, A. Aug.
315. Burcharots gelbe Frühzwetſche, M. Aug.
168. Gisbornes Zwetſche, M. Aug.
384. Bleekers gelbe Zwetſche, (Bleekers yellow Gage) M. Aug.
351. Kooks neue Diapré, M. Aug.
172. Doppelter Spilling, E. Aug.
10. Gelbe Zwetſche, E. Aug.
342. Binghams Pflaume, E. Aug.
373. Rudolphs Pflaume, E. Aug.
398. Bernſteinzwetſche, E. Aug.
394. Graf Guſtav von Egger, A. Sept.
329. Prachtvoller Huling, M. Sept.
43. Reizenſteiner Zwetſche, E. Sept.

D. Grüne Früchte.

392. Georgswalder Diapré.
289. Buels Lieblingszwetſche, M. Sept. (Buels Favorite.)

217. Traubenpflaume, M. Sept.
92. Grüne Dattelzwetſche, M. Sept.
23. Grüne geſtreifte Zwetſche, M. Sept.
200½. Holländiſche Zwetſche, M. Sept.

E. Bunte Früchte.

203. Marmorirte Eierpflaume. M. A.
38. Zweimaltragende Pflaume, A. Sept.
209½. Graugrüne Zwetſche, E. Aug.

II. Cl. Damascenen
Runde Früchte.

II. 1. Zwetſchenartige Damascenen
mit kahlen Trieben.

A. Blaue Früchte.

89. Schlehenpflaume, M. Aug.
87. Freudenberger Pflaume, M. Aug.
159. Lange violette Damascene, E. Aug.
248. Blaue Krieche mit halbgefüllter Blüthe, A. Sept.
322. Kirke, A. Sept.
299. Blaue Weinpflaume, A. Sept.
175. Hauptmann Kirchhoff, M. Sept.
410. Haußers Königspflaume, M. Sept.
340. Lepine, E. Sept.
306. Herbſtpflaume, Okt.
382. Meerſtrandspflaume.

B. Rothe Früchte.

103. Rothe Nectarine, A. Aug.
314. Behrens Königspflaume, M. Aug.
345. Zahlbruckners violette Damascene, M. Aug.
253. Berlets Frühdamascene, M. Aug.
74. Mayers rothe Damascene, M. Aug.
1. Rothe Kirſchpflaume, M. Aug.
19. Rothe Mirabelle, M. Aug.
252. v. Trauttenbergs Zuckerſüße, M. Aug.
211. Dochnahls Damascene, E. Aug.
184. Ballonartige rothe Damascene, E. Aug.
28. Schieblers rothe Damascene, E. Aug.
449. Firbas Königspflaume, E. Aug.
205. Königin Viktoria Nr. 2, E. Aug.

301. Prinzens rothe Reineclaube, (Princes red Gage), E. Aug.
266. Trummers violette Damascene, E. Aug.
236. Kölniſche Pflaume, A. Sept.
251. Liegels Zwillingspflaume.
7. Damascene von Maugerou, E. Aug.
303. Haffners Königspflaume, E. Aug.
241. Nikitaer frühe Königspflaume, A. Sept.
188. Galiſſonière, A. Sept.
115. v. Trauttenbergs rothe Aprikoſenpflaume, A. Sept.
? Bleekers rothe Pflaume, A. Sept. (Bleekers Scarlet.)
14. Rother Perbrigon, M. Sept.
49. Violette Reineclaube, M. Sept.
109. Große Roßpaule, M. Sept.
86. Schamals Herbſtpflaume, E. Sept.
185. Schöne des September, Sept. Okt.
61. Schweizer-Pflaume, Okt.

C. Gelbe Früchte.

297. Rangheris gelbe Mirabelle, M. Aug.
239. Gelbe Kirſchpflaume, M. Aug.
375. Pflaume von St. Etienne, M. Aug.
52. Frühe Gelbe Reineclaube, M. Aug. (= Durchſichtige.)
161. Aprikoſenartige Mirabelle, E. Aug.
292. Prinzens gelbe Reineclaube, E. Aug. (Princes yellow Gage.)
139. Ottomaniſche Pflaume, E. Aug.
82. Große weiße Damascene, E. Aug.
361. Duhamels große weiße Damascene, E. Aug.
20. Gelbe Aprikoſenpflaume, E. Aug.
126. Hlubecks Aprikoſenpflaume, E. Aug.
448. Royers Aprikoſenpflaume, E. Aug.
296. Chenectady, Catherine, E. Aug.
72. Dörells neue Aprikoſenpflaume, E. Aug. (zeitigte in Meiningen und Nienburg ſpäter, nach Mitte Sept.)
79. Kleine gelbe Eierpflaume, E. Aug.
26. Weißer Perbrigon, E. Aug.
421. Esperens Goldpflaume, A. Sept.
184. Weiße Kaiſerpflaume, A. Sept.

22. Weiße Jungfernpflaume, A. Sept.
101. Braunauer aprikoſenartige Pflaume, A. Sept.
285. Monroe, A. Sept.
254. Gelbe Reineclaube mit halbgefüllter Blüthe, A. Sept.
83. Kleine weiße Damascene, A. Sept.
242. Ballonartige gelbe Damascene, A. Sept.
168. Prunus Cocomilia, M. Sept.
232. Geperlte Mirabelle, A. Sept.
209. Arks doppelte Mirabelle, A. Sept.
24. Aprikoſenartige Pflaume, M. Sept.
42. Weiße Diapré, M. Sept.
44. Weiße Kaiſerin. M. Sept.
404. Merolbts Reineclaube, E. Sept. (zeitigt jedoch ſtets gleichzeitig mit der aprikoſenartigen Pflaume O.)
48. Gelbe Catharinenpflaume, E. Sept.
397. Gelbe Catharinenpflaume mit bunten Blättern, E. Sept.
105. Downtons Kaiſerin, Okt.
278. Kochs gelbe Spät-Damascene, Okt.

E. Grüne Früchte.

106. Graugrüne Frühpflaume, M. Aug.
165. Grüne Weinpflaume, E. Aug.
153. Durchſichtige, E. Aug.
281. Admiral Rigny, E. Aug.
54. Baſſeurs Reineclaube, E. Aug.
30. Kleine Reineclaube, A. Sept.
4. Aechte Große Reineclaube, A. Sept.
325. v. Berlepſch grüne Reineclaube, A. Sept.
324. Gonnes grüne Reineclaube, A. Sept.
330. Reineclaube extra, A. Sept.
99. Van Mons Reineclaube, A. Sept.
276. Reineclaude de Guigne, A. Sept.
95. Jaspisartige Pflaume, A. Sept.
243. Reineclaube von Joboigne, M. Sept.
29. Bavays Reineclaube, M. Sept.
167. Weißes Zeiberl, E. Sept.
63. St. Clara, E. Sept.

E. Bunte Früchte.

269. Bunte Frühpflaume, M. Aug.

36. Bunter Perbrigon, E. Aug.
108. Rothe Aprikoſenpflaume, A. Sept.
191. Bunte Pflaume, A. Sept.
305. Jefferſon, M. Sept.
327. Bohns geſtreifte Mirabelle, M. Sept.
 91. Briſette, Okt.

II. 2. Wahre Damascenen

mit weichhaarigen Sommertrieben.

A. Blaue Früchte.

 15. Johannispflaume, E. Jul.
311. Rivers Frühpflaume, E. Jul.
354. Frühe Schwarze, A. Aug.
428. Firbas frühe Schüttenhöferin,
    A. Aug.
416. Blaue Frühbamascene, A. Aug.
186. Belgiſche Damascene, M. Aug.
 89. Herrenpflaume, M. Aug.
 34. Große Damascene von Tours,
    M. Aug.
258. Keinbls Frühbamascene, E. Aug.
419. b. Trapps Königspflaume, E. Aug.
198. Domina, E. Aug.
 90. Späte ſchwarze Damascene.
127. Blaue Dronet, E. Aug.
369. Lenné's blaue Dronet, E. Aug.
303. Smiths Orleanspflaume, E. Aug.
263. Chriſts Damascene, E. Aug.
 55. Italiäniſche Damascene, E. Aug.
 70. Schwarze Muskateller, A. Sept.
141. Lukas Königspflaume, A. Sept.
283. Urbanecks ſchwarze Damascene,
    A. Sept.
267. Onderka, A. Sept.
317. Wahre Caledonian, A. Sept.
 69. Normänniſcher Perbrigon, M. Sept.
259. Dieffenbachs ſchwarze Damascene,
    M. Sept.
346. Später Perbrigon, M. Sept.
201. September-Damascene, E. Sept.
    (Bakanzpflaume.)
107. Norberts Pflaume, Okt.
226. Weichhaariger Schlehborn, Okt.
11½. Schlehborn, Okt.

B. Rothe Früchte.

125. Friedheims rothe Frühbamascene,
    E. Jul.
197. Frühe Leipziger Damascene, E. Jul.
338. Rothes Taubenherz, A. Aug.
418. Frühe Königspflaume, A. Aug.
 68. Hofingers rothe Mirabelle, A. Aug.
365. Rothe Frühbamascene, A. Aug.
417. Bancalaris rothe Frühbamascene,
    A. Aug.
331. Hoheitspflaume, A. Aug.
137. Waran Erik, A. Aug.
 40. Königspflaume von Tours, M. Aug.
 53. Königspflaume, E. Aug.
 35. Rothe Reineclaube, E. Aug.
 46. Mayers Königspflaume, E. Aug.
 50. Pflaume von Montfort, E. Aug.
286. Thomaspflaume, E. Aug.
409. Carl Kochs Königspflaume,
    E. Aug.
149. Procureur, E. Aug.
406. Siebenfreunds Königspflaume,
    E. Aug.
341. Braunauer Königspflaume, A. Sept.
    (auch Buchners Königspflaume ge-
    nannt.)
110. Blaue Reineclaube, A. Sept.
143. Valenciennes, A. Sept.
304. Columbia, A. Sept.
205. Königin Viktoria Nr. 1., A. Sept.
 31. Hyazinthpflaume, A. Sept.
  5. Violetter Perbrigon, A. Sept.
341. Lallingers Königspflaume, A. Sept.
300. Späte Königspflaume, M. Sept.
280. Spaniſche Damascene, M. Sept.
152. Neue Herrenpflaume, M. Sept.
234. Prinz von Wales, M. Sept.
148. Schöne von Riom, E. Sept.
316. Rothes Herbſt-Zeiberl, Okt.
235. Späte von Chalons, Okt.
223. Coës ſpäte rothe Pflaume, Okt.
208. Violette Oktoberpflaume, Okt.
    (Die beiden letzten hat Liegel ſpä-
    ter für identiſch erklärt.)

C. Gelbe Früchte.

416. v. Flotows allerfrüheſte Mirabelle,
     E. Jul.
282. Hudſons gelbe Frühpflaume, A. Aug.
396. Mamelonnee, A. Aug.
     (= St. Etienne.)
  6. Goldpflaume, M. Aug.
176. Braunauer neue Aprikoſenpflaume,
     E. Aug.
102. Morillenpflaume, E. Aug.
221. Lucombes Unvergleichliche, E. Aug.
387. Chenectady, E. Aug.
 12. Gelbe Mirabelle, E. Aug.
158. Weiße Königin, (Reine blanche)
     E. Aug.
325. Oberdiecks frühe Aprikoſenpflaume,
     E. Aug.

328. Lange's Aprikoſenpflaume, A. Sept.
135. Washington, A. Sept.
132. Peters große gelbe Pflaume,
     M. Sept.
134. Reineclaude Diaphane, ²/₃ Sept.

D. Grüne Früchte.

121. Frühe Reineclaube, M. Aug.
219. Grüne Mirabelle, E. Aug.
259. Grüner Schlehdorn, Okt.

E. Bunte Früchte.

170. Verlorner Sohn, M. Aug.
 17. Rothe Jungfernpflaume, M. Sept.
264. Neuer Perbrigon, E. Sept.

No. 1. **Wangenheims Frühzw.** 1: — I, 1. A.; **Wahre Zw., blaue Fr.** 6: — I, 1. B a.

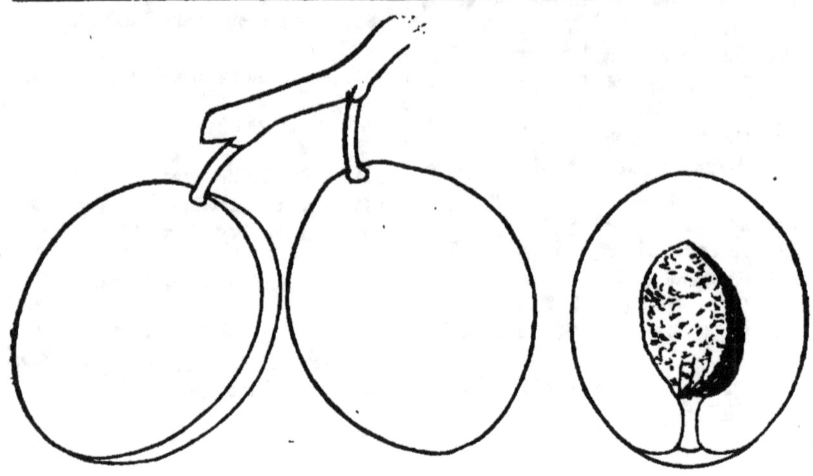

Wangenheims Frühzwetsche. Dittrich. * ††! Ende Aug. b. Anf. Sept.

Heimath und Vorkommen: wuchs im Garten des Haus-Ober-stallmeisters und Kammerherrn von Wangenheim in Beinheim bei Gotha, wahrscheinlich aus Samen der Reineclode neu auf. Dittrich nannte sie nach dem Entdecker von Wangenheims Pflaume, wofür ich den obigen, der zugleich ihre Haupteigenschaft genauer bezeichnet, wählte.

Literatur und Synonyme: Dittr. II. S. 199; Liegel II. S. 9, Nr. 261. Von Wangenheims Pflaume, nur kurz erwähnt; im Heft III. S. 16 hat er sie ebenfalls Wangenheims Frühzwetsche genannt und ausführlicher beschrieben. Er bezeichnet sie als sehr ähnlich seiner Wahren Frühzwetsche, doch ist letztere nach m. Erfahrungen identisch mit Diels Augustzwetsche, die schon besser und edler, deren Baum aber wenig' tragbar ist. Heft IV. S. 52 erwähnt Liegel die Wangenheim auch unter den sehr tragbaren Früchten. — Vergl. noch Verhandlungen des Vereins für Pom. und Gartenbau in Meiningen II. S. 41 und Jenaer Obstkabinet IV. Sekt. 5. Lief., wo sie ziemlich gut. nach von mir erzogenen Früchten abgebildet ist; ferner Dittr. O.-Cab. Nr. 11, das T.O.-Cab. 7. Lieferung Nr. 11 gibt ziemlich gute Abbildung.

Gestalt: eiförmig, (oval, Oberb.) in der Mitte am breitesten, etwas unregel-mäßig in der Abrundung, bisweilen mehr rund, bisweilen mehr breitgedrückt, oft nach dem Stiele zu abnehmend, was besonders hervortritt, wenn man die Frucht auf der schmalen Seite betrachtet, an dem oberen Ende mehr oder weniger stumpf abge-rundet. Die Furche theilt meist ungleich, drückt den Rücken wenig, bisweilen aber auch stärker, besonders nach dem Stiele und Stempelpunkte zu, und schneidet in der Nähe des letzteren, der klein ist und oft etwas erhaben steht, gewöhnlich noch etwas stärker ein, wodurch sie nicht selten am Stempelpunkte regelmäßig etwas eingezogen erscheint.

Die Frucht ist mittelgroß, 1¹/₂" hoch, 1¹/₄" breit und ebenso oder 1''' weniger dick; ihre größte Breite hat sie in der Mitte.

Stiel: ziemlich stark, fein behaart, meist ³/₄" lang, grün, braun gefleckt, er steht schwach vertieft oder obenauf.

Haut: etwas stark, im recht reifen Zustande leicht abziehbar, schwarzblau, bisweilen etwas röthlich, es finden sich hie und da Rostfleckchen und feine gelbliche Punkte und Stichelchen. Der Duft ist stark, hellblau und gibt der Frucht ein reizendes Ansehen.

Fleisch: grünlichgelb, unter der Haut goldgelb, härtlich aber weniger fest, als das der Gewöhnlichen Zwetsche, und besonders in der Ueberreife wird es weich und hat dann auch mehr Pflaumengeschmack. In richtiger Reise schmeckt die Frucht jedoch sehr angenehm, erhaben weinigsüß, und kommt der Gewöhnlichen Zwetsche sehr nahe, ja ist fast noch süßer.

Stein: ganz gut vom Fleische löslich, von Form wie von mir gezeichnet, nach dem Stielende zu etwas breit abgestumpft, am anderen Ende meist sehr stumpf zugespitzt. Die Mittelkante des Rückens tritt nach dem Stielende zu sehr stark und scharf hervor, wodurch der Stein ein verschobenes Ansehen erhält. Längs dieser Kante laufen auf beiden Seiten doppelte flache Furchen; die Bauchkanten sind wenig erhaben, stehen aber weit auseinander und sind rauh. Auch die Backenseiten des Steins sind ziemlich rauh.

Reife und Nutzung: die Frucht reift Anf. September nach und nach, bisweilen auch schon zu Ende des Aug., 14 Tage bis 3 Wochen früher als die Gewöhnliche Zwetsche und erhält durch diese frühe Reise und durch ihre Brauchbarleit zum Dämpfen und zum Kuchenbacken ganz besonderen Werth, sindet auch auf den Märkten stets sehr guten Abgang.

Eigenschaften des Baumes: Derselbe wächst in der Jugend lebhaft, wird aber, wie es scheint, weniger stark und hoch als der Baum der Hauszwetsche, ist früh und außerordentlich tragbar. Das Blatt des Tragholzes ist verkehrt eirund, (umgekehrt langeiförmig, Oberb.), nach dem Stiele zu jedoch oft stark verschmälert, nach dem oberen Ende hin stumpfspitz, dunkelgrün, fein gezahnt-gekerbt, oben kahl, unten schwach behaart, selten drüsig. Die Blätter der Sommerzweige sind größer und breiter, nach der Spitze des Zweigs hin ziemlich rundlich oder eirund mit halbaufgesetzter Spitze und es finden sich meist am Grunde der Bl. kleine Drüschen. Die Farbe der Sommerzweige ist violettroth, auf der Schattenseite grün oder bräunlichgrün; sie sind glatt, (unbehaart).

Bemerkungen: Als Unterschiede von der Wahren Frühzwetsche gibt Liegel die frühere Reise der letzteren, ihre vertiefte Stielhöhle, ihr mehr gelbes Fleisch und den edleren Geschmack an, auch ihr Stein sei mehr spitz nach oben zu und der Baum treibe in spitzigen, jener der Wangenheims in stumpfen Winkeln, was ich bestätigen kann. — Die Anpflanzung dieser schönen und guten Frühzwetsche ist angelegentlichst zu empfehlen, besonders auch, weil ihr Baum sehr fruchtbar ist und ich habe mich bereits bestrebt, sie möglichst zu verbreiten. Sie ist die nutzbarste unter allen mir bekannten Frühzwetschen, steht zwar in Güte der Wahren Frühzwetsche nach, welche süßer ist und den edlen Geschmack der Hauszwetsche in ausgezeichnetem Grade hat, aber man erntet von dieser immer nur einzelne Früchte, weil der Baum in der Blüthe sehr empfindlich ist, und sie ist mehr für den Sortensammler als zur allgem. Verbreitung geeignet. Oberb. stimmt diesem Urtheile gleichfalls bei.

Jahn.

Anm. Die vorstehende Frucht hat auch bei mir gleiche Güte entwickelt, reifte jedoch in dem kühlen Jahre 1860 kaum vor der hier verbreiteten Varietät der Hauszwetsche, Mitte Sept., in andern Jahren allerdings früher. In den trockenen Jahren 1858 und 1859 blieb ihr Fleisch etwas trocken; 1860 war der Geschmack wieder sehr vorzüglich.

D.

No. 2. **Die Augustzwetsche.** 1: — I, 1. A a; **Wahre Zw.**, **blaue Fr.** 6: — I, 1. B a.

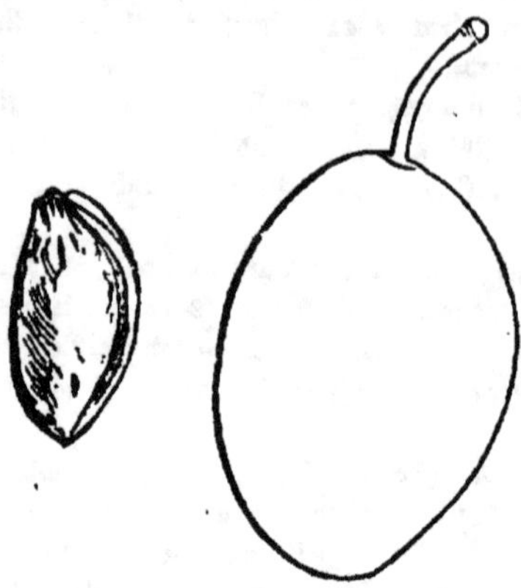

Die Augustzwetsche. * † Nach Mitte Sept.

Heimath und Vorkommen: Liegel erhielt diese Frucht von Commanns in Cöln und bemerkt, daß unter dem Namen Frühzwetsche, Frühe gemeine Zwetsche, Wahre Frühzwetsche, Augustzwetsche er mehrere Sorten erhielt, wovon mehrere die Wahre Frühzwetsche trugen, die also mit obiger Frucht oft verwechselt wird. Auch Diel hatte die Wahre Frühzwetsche als Augustzwetsche, wie ich sie von ihm erhielt. Obige Sorte, deren Reis ich von Liegel bekam, trägt auch bei mir voller als die Wahre Frühzwetsche, steht aber dieser und noch mehr der Hauszwetsche an Geschmack und Güte merklich nach, und zeitigt nur ganz unbedeutend früher, als die Hauszwetsche, oft selbst erst mit ihr, so daß sie eine völlig überflüssige Sorte ist.

Literatur und Synonyme: Liegel II. S. 271 Nachtrag; noch genauer beschrieben III. S. 9 Nr. 155. Heft II. S. 9 hat er kurz erwähnt eine Nikitaer schwarze Augustzwetsche Nr. 237, die von der Wahren Frühzwetsche kaum verschieden war und weder mit obiger, noch mit Nr. 93 der Nikitaer blauen Frühzwetsche verwechselt werden muß.

Gestalt: mittelgroß, nach Liegel 1" 4''' hoch, 11''' breit und dick, an Form der Hauszwetsche ähnlich. Letzteres ist auch bei mir richtig, wie obige Seitenansicht zeigt, doch erlangt die Frucht bei mir die Größe obiger Figur (Seitenansicht) 17''' hoch, 12—13''' breit, etwas weniger dick, und war nicht immer nach dem Stiele etwas spitz, der Rücken aber, wie Liegel angibt, gegen den Stiel etwas aufgeworfen. Furche sehr flach,

oft fehlend, theilt faſt gleich. Stempelpunkt klein, liegt auf der ſich etwas zugeſpitzt rundenden Spitze etwas mehr nach dem Rücken hin.

Stiel: nach Liegel 10''' lang, war bei mir oft etwas kürzer, iſt
nur kurz behaart, oft faſt kahl, ſchön grün mit Roſtflecken, ſitzt faſt unvertieft; Stielſpitze läuft häufig ſchräg gegen den Rücken ab.

Farbe der dünnen geſchmackloſen, abziehbaren Haut iſt im ganz
reifen Zuſtande faſt ſchwarzblau mit ſehr feinen goldartigen Punkten.
Der ſtarke Duft iſt blau.

Das Fleiſch iſt etwas grünlich gelb, feſt, ſaftreich, von einem der
Hauszwetſche ähnlichen, aber merklich weniger vorzüglichen Geſchmacke.

Stein ablöslich, 11''' lang, 6 breit, 3 dick, zwetſchenartig, nach
dem Stielende etwas verjüngt und etwas abgeſtumpft. Die größte Breite
liegt mehr nach dem Stielende hin; der Rücken wirft nach dem Stielende, der Bauch oft nach der Spitze hin ſich etwas auf. Bauchfurche
ſeicht, zackig; Mittelkante des Rückens nach dem Stielende hin ſcharf
vorſtehend; Backen flach, rauh, etwas afterkantig.

Reifzeit und Nutzung: zeitigt nach Liegel mit der Wahren
Frühzwetſche Ende Auguſt, oft noch früher. Bei mir hatte ſie 1859,
wo der Baum vollſaß, die volle Reife nur wenige Tage vor der Hauszwetſche, 1860 in einem ſpäten Jahre, wo der Baum wieder gut trug,
hätten ſogar vor der Hauszwetſche die Vorläufer ſchon zu Markte gebracht
werden können, ehe an dem ſonnig und günſtig ſtehenden Baume der
obigen Eine Frucht eßbar war, die die erſten eßbaren Früchte erſt
Mitte Sept. brachte. Es hat mir aus mehreren Umſtänden ſcheinen
wollen, daß die hier überall ſich findende Hauszwetſche nicht bloß größer
ſei, ſondern auch früher zeitige, als die, welche Liegel hat.

Der Baum gleicht ſehr dem der Hauszwetſche, und iſt recht fruchtbar. Triebe
etwas ſtufig kahl, braun, nach unten ſtark ſilberhäutig. Blatt nach Liegel eiförmig,
zugeſpitzt, nach meiner Wahrnehmung breitelliptiſch, mitunter zur umgekehrten Eiform
neigend, oben kahl oder unmerklich behaart. Blattſtiel faſt immer drüſenlos. Augen
dick, ſtumpfſpitz, etwas abſtehend.

Anm. Die Wahre Frühzwetſche unterſcheidet ſich von ihr durch edleren Geſchmack,
geringere Tragbarkeit, und kann man in der Natur die Verſchiedenheit des weniger
hauszwetſchenartigen, mehr pflaumenartigen Triebes junger Bäume der Wahren Frühzwetſche leicht wahrnehmen. Wangenheims Frühzwetſche zeitigt früher, iſt gleichfalls
beſſer, hat auch nicht die zwetſchenförmige Geſtalt. Andere frühe Zwetſchen unterſcheiden ſich durch merklich mehr Größe (als Bazalicjas große blaue Zwetſche ꝛc.) die
Große Zuckerzwetſche iſt nicht nur größer, ſondern hat behaarten Trieb.

Oberdieck.

No. 3. **Coopers große Pflaume.** 1: — I, 1. A; Wahre Zw., blaue Fr. 6: — I, 1. A a.

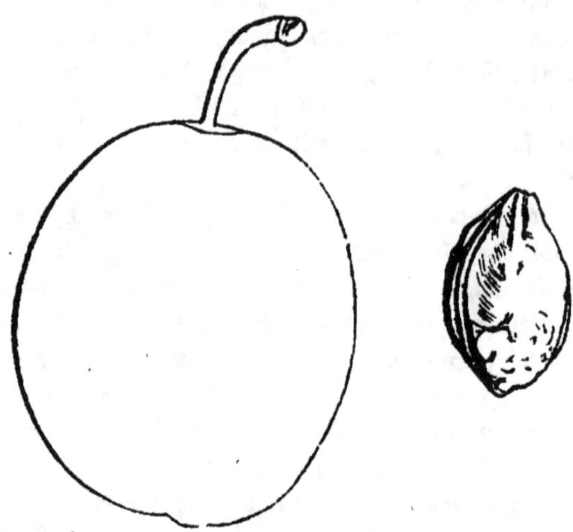

Coopers große Pflaume. Faſt ** Gegen Mitte Sept.

Heimath und Vorkommen: Wurde nach Liegels Nachricht erzogen durch einen Herrn Joseph Cooper in Neu-Jerſey in Amerika aus einem Steine der Herrnpflaume. Iſt auch in Amerika noch nicht verbreitet, da man ſie bald nach ihrem Aufkommen beſchuldigte, leicht am Baume zu faulen, was indeß bei allen ſehr volltragenden Pflaumen in naſſen Jahren leicht der Fall iſt, wenn der Wind ſie ſehr aneinanderſchlägt. In meinem Garten bemerkte ich in 6 Sommern, wo ſie trug, dieſen Fehler nicht, wie auch Liegel bemerkt, daß ſie im Regen nicht leicht aufſpringe, und iſt die Frucht wegen Größe als Marktfrucht ſchätzbar. Mein Reis erhielt ich von der Londoner Societät durch Hrn. Pfarrer Urbaneck und von mir kam die Sorte an Liegel.

Literatur und Synonyme: Liegel Mon.-Schr. 1856 S. 409, Nr. 94. Coopers Große rothe Zwetsche. Da die Frucht nicht die eigentliche Zwetschenform hat, ſcheint es beſſer, ihr die Benennung Pflaume zu laſſen. Coxe in „View of the Cultivation of fruit Trees in the United States" 1817 beſchreibt ſie zuerſt. Downing S. 291 Coopers large mit den Synonymen Coopers large red, Coopers large American. Downing bemerkt, daß Lindley eine Pflaume La Delicieuse beſchrieben habe, herſtammend und um 1815 aus New-Jersey nach England gekommen, welche Kirke den jungen Stamm für eine Guinee verkaufte, und die Herr Thomſon für identiſch mit Coopers large gehalten habe. Da indeß die Delicieuse nach Lindleys Beschreibung an der Schattenſeite blaßgelb ſein ſoll, kann ſie die obige nicht wohl ſein, wenn

diese letzte Angabe genau ist. Der Londoner Catal. S. 162 Nr. 22 und Hogg im
Manual S. 234 führen Obige auf mit den obgedachten Synonymen, denen La Delicieuse ohne Fragezeichen beigesetzt wird. Die Annales geben 1854 S. 99 eine zu
kleine sonst ganz gute Abbildung und setzten La Delicieuse gleichfalls als Synonym
hinzu.

Gestalt: groß, ich hatte sie selbst sehr groß, 2 1/3" hoch, 2" breit
und 2''' weniger dick. Bei sehr vollem Tragen fällt sie kleiner aus,
22''' hoch, 4 Linien weniger dick. Downing und der Londoner Catal.
bezeichnen sie als mittelgroß, doch war sie auch bei Liegel groß. Form
oval, die größte Breite liegt in der Mitte, nach dem Stiele nimmt sie
nur selten etwas stärker ab und stumpft sich etwas ab. Bauch und
Rücken sind etwas gedrückt; die breite flache Furche zieht den Rücken
etwas nieder und theilt meistens nur etwas ungleich. Stempelpunkt
sitzt flach vertieft oder obenauf, oft nicht ganz in der Mitte der Spitze,
indem die eine Seite der Frucht sich etwas über ihn erhebt.

Stiel stark, stark rostig, sparsam, oft kaum merklich behaart, 7—9''' lang, sitzt
in ziemlich weiter und tiefer Höhlung, deren Rand nach dem Rücken hin abfällt.

Farbe der säuerlichen, ziemlich leicht abziehbaren Haut rothblau, meistens fast
schwarzblau; wo jedoch Blätter auflagen, behält sie grünliche Stellen, die mit Röthe
nur leicht überlaufen sind (was etwa Lindleys blaßgelbe Farbe auf der Schattenseite
sein könnte). Goldartige Punkte sind nur zerstreut und fein, doch finden sich größere
rostfarbige Flecken. Der Duft ist hellblau, ziemlich reichlich aufgelegt.

Fleisch nähert sich dem Goldgelben, saftreich, zart, doch nicht weichlich, von angenehm süßem, hinreichend gewürztem Geschmacke. Es ist nach dem Londoner Catal.
ablösig vom Stein und war auch bei Liegel so; bei mir zeigte es sich jedoch in kälteren Jahren unablösig.

Stein 11''' bis 1" lang, 6—7''' breit, 4 dick, etwas verschoben oval, ziemlich
flachbackig, rauh mit starken, über ihn hinlaufenden Afterkanten. Der Bauch tritt
nach der Spitze, der Rücken mehr nach dem Stielende hin stärker hervor. Oft ist er
auch oval, nach dem Sielende etwas stärker abnehmend. Die größte Breite liegt in
der Mitte, Bauchfurche stark, grob gekerbt; Rückenkanten stark und breit, die Mittelkante tritt nach dem Stielende hin nur etwas und ziemlich scharf vor; die Stielspitze
ist merklich abgestumpft.

Reifzeit und Nutzung: zeitigt Ende Sept., für Tafel und Markt schätzbar,
hängt in Stürmen fest am Baum und zerspringt im Regen nicht.

Der Baum wächst rasch und gesund und ist sehr fruchtbar. Sommertriebe stark
und lang, nur etwas gekniet, mit vielen feinen gelblichen Punkten, die nach unten
häufige größere silberhäutige Flecken bilden, unten ganz kahl, nach der Spitze hin etwas
fein behaart. Blatt ziemlich groß, flach ausgebreitet, stark runzlig, doch weich von
Gewebe, breiteiförmig, nach oben fast rundlich, unten am Zweige oft recht groß und breitelliptisch; Blattstiel hat ungleich stehende Drüsen, und starke Afterblätter; Augen stumpfspitz, anliegend.

Oberdieck.

No. 4. **Zwetsche von der Worms.** 1: — I, 1. A.; Wahre Zw., blaue Fr. 6: — I, 1. A a.

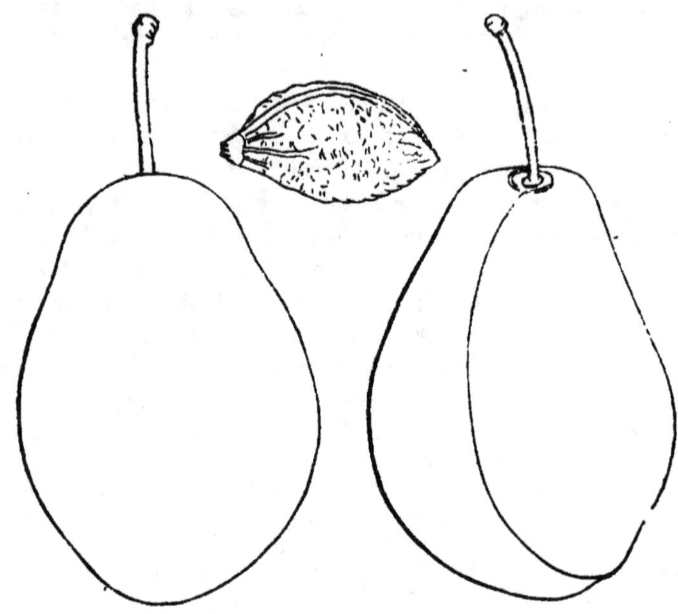

Zwetsche von der Worms. Liegel. * Mitte Sept.

Heimath und Vorkommen: Liegel bekam sie unter dem erwähnten Namen von dem Handelsgärtner Commanns in Cöln ohne weitere Angabe. Obgleich wegen ihres unlöslichen Steines nur II. Ranges, verdient sie doch als große schöne Frucht Fortpflanzung und die Aufnahme ins Handbuch.

Literatur und Synonyme: Liegel beschrieb sie Heft III. S. 17 Nr. 207 als Große blaue Zwetsche von der Worms. Synonymen sind nicht bekannt.

Gestalt: sie ist nach Liegel umgekehrt eiförmig, was ich umgekehrt eirund nenne, oben dicker als am Stiele, um welchen die Frucht stark abgestumpft ist. Größte Breite ²/₃ nach Oben, manche Früchte sind auch oval (eiförmig) oben und unten ziemlich gleich, dann in der Mitte am breitesten. Die Frucht ist dem Ansehen nach stets mißgestaltet, Rücken und Bauch sind gleich erhoben, doch tritt die eine Seite des Rückens oft weit stärker hervor. Die meist stark vertiefte Furche drückt den Rücken stark, theilt ungleich, wodurch eben die eine Seite stark schief

wird. Der Stempelpunkt ist bräunlich, ziemlich groß, steht niemals auf
der Spitze, sondern meistens seitwärts. Die Frucht ist sehr groß, 1" 9'''
hoch, 1" 4''' breit und 1" 3''' dick.

Stiel: bis 10''' lang, dünn, kurzbehaart, berostet, in tiefer, schüs-
selförmiger Höhle.

Haut: dick und zäh, geschmacklos, gut abzuziehen, von Farbe schwarzblau, doch meist mit etwas violettblauem Schimmer, dick und bläulich
beduftet. Ueber die ganze Oberfläche sind röthliche Punkte aufgestreut,
auch finden sich öfters Leberflecken und Rostfiguren.

Fleisch: grünlichgelb, zwetschenartig fest, saftig, von zuckersüßem,
recht angenehmem Geschmack.

Stein: löst sich nicht vom Fleische, 1" lang, 6''' breit, 4''' dick,
von Form wie oben gezeichnet, oben spitz, unten vorgeschoben stumpfspitz,
bei 4 Früchten, die ich aufschnitt, hatte sich nach der im Fleische vorhandenen Höhle die Spitze des Steins freiwillig losgetrennt und habe
ich sie später noch hinzugezeichnet. Die Mittelkante des Rückens tritt
nach unten stärker hervor und wird scharf. Bauchfurche seicht und enge,
mit meist zackigen Kanten. Größte Breite in der Mitte. Backen rauh
und afterkantig.

Reife und Nutzung: die Frucht reift Mitte September, in Meiningen 1859
schon zu Anfang des Monats, in früheren kühleren Sommern bisweilen auch erst gegen das Ende desselben. — Es ist, wie Liegel sagt, eine ungestaltete, aber große, gute
und noch frühe Zwetsche, die einen Platz im Garten verdient, und deren Baum in
Meiningen öfters noch Früchte brachte in Jahren, wo die mit ihr zugleich reifende
Italiänische Zwetsche, weil diese im Froste gelitten hatte, fehlschlug; auch dient sie immer
zur Zierde der Obstschale.

Eigenschaften des Baums: Dieser wächst stark, wird groß, ist gesund und
recht tragbar. Sommerzweige rothbraun, aber stark silberhäutig und deßhalb stellenweise weißgrau, kahl. Blätter ziemlich groß, nach der Spitze des Zweiges hin eirund,
(eiförmig, O.) oft auch mehr elliptisch, mäßig zugespitzt, oberseits kahl, unterseits behaart, stumpfgesägt. Die Bl. am Grunde des Zweigs sind oft weit größer und breitelliptisch oder verkehrt eirund (verkehrt eiförmig, O.) nach dem Stiele zu keilförmig,
stumpfgezahnt gekerbt. Blattstiele dünn behaart, roth, drüsenlos oder mit 2 Drüsen
am Grunde des Blattes.

Bemerkungen: Die Große blaue Zwetsche von der Worms macht sich
kenntlich durch ihre violettblaue, fast schwarze Farbe, bedeutende Größe,
lange Form und durch die charakteristisch stumpfe Stielspitze. Die mit ihr
reifenden Italiänische und Große Englische Zwetsche (welche beide von einander nach Liegel durch eine andere Vegetation und die Behaarung des Stiels der letzteren verschieden sind, unterscheiden sich durch regelmäßigere Zwetschenform und
ihren ablöslichen Stein.

Jahn.

No. 5. **Violette Dattelzw. 1: — I, 1. A.; Wahre Zw., blaue Fr. 6: — I, 1. B (A) a.**

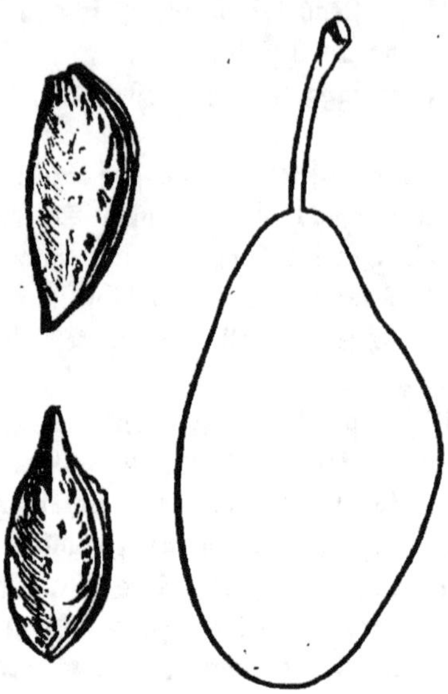

Violette Dattelzwetsche. Fast ** Mitte Sept.

Heimath und Vorkommen: nach den Synonymen Ungarische Zwetsche, Türkische Zwetsche, Oesterreichische Pflaume mag man schließen, daß sie etwa aus Ungarn oder der Türkei abstamme. Ist bereits allgemein verbreitet und verdient, da sie früher als die Hauszwetsche reift, auch voll trägt, zum Rohgenuß und als Marktfrucht häufige Anpflanzung. — Mein Reis erhielt ich von Liegel und Jahn überein.

Literatur und Synonyme: Liegel II. S. 10, Nr. 2 Violette Dattelzwetsche Prune datte violette; Arnold O.-C. VII. Lief. Nr. 4. Dittr. II. S. 200; Dittr. O.-C. Nr. 21, nach Liegels Urtheile zu roth gehalten; Pomona Francon. T. 11 Nr. 17 etwas zu groß, ziemlich gut, als Synonym Prune d'Autriche; Kraft I. T. 189 F. 1, Blaue Dattelpflaume, ist nicht hinreichend gut getroffen; Christ Vollst. Pomol. S. 89. T. O.-Cab. 8. Lief Nr. 21 mit dem Synonym. Späte Dattelpflaume wird wohl die rechte sein, da die Form richtig ist, auch sub. Nr. 3 früher noch eine Lange violette Dattelpflaume vorkommt, ist aber dann irrig roth colorirt, Pastor Meyer Nr. 18 ohne Abbildung. Ich erhielt sie auch noch als Virginische Ludwigspflaume, was nach Littr. II. S. 264 vielmehr Synonym von Sicklers glühender Kohle wäre. Der Londoner Catal. hat sie S. 160 Nr. 9 als d'Autriche mit den Synonymen Prune datte, Prune datte violette, und kommt sie vielleicht S. 165 als Hungarian nochmals vor. Im Hannover'schen heißt sie allgemein Ungarische Zwetsche. Dochnahl

im Führer III. S. 81 gibt als Synonyme noch an Säbelpflaume, Ungarische Säbelpflaume, Lange violette Dattelzwetsche, Große und lange Frühzwetsche.

Gestalt: lang zwetschenförmig, länger als die Hauszwetsche; nach
Liegel 2" 1''' lang, 1" 3''' breit, 1" 1''' dick; in meiner Gegend erreicht
sie, wenn der Baum günstig steht, die obige Größe. Größte Breite sitzt
meistens in der Mitte, oft etwas mehr nach der Spitze hin; gegen den
Stiel hin macht sie eine lange, stumpfe Spitze. Bauch sehr wenig erhoben, bildet fast eine gerade Linie; Rücken stark erhoben; die Seiten
stark gedrückt und bildet der Bauch dadurch eine stumpfe Schneide.
Furche flach, theilt ungleich; Stempelpunkt sitzt nicht auf der Spitze,
sondern ist etwas auf die Bauchseite geschoben.

Stiel: 12—13''' lang, gerade, dünn, etwas behaart, meistens
grün.

Haut dick, etwas säuerlich, abziehbar, nicht gut genießbar, ist in voller Zeitigung
etwas weniger blau, als die Hauszwetsche, aber stark mit blauem Dufte belegt.

Fleisch: grünlich gelb, zwetschenartig fest, etwas süßweinig und angenehm von
Geschmack, steht jedoch in edlem Geschmack dem der Hauszwetsche nach.

Der Stein löset sich gut vom Fleische, ist 1" lang, 5—6''' breit, 2½ dick, nach
der Spitze hin ziemlich lanzettförmig, nach dem Stielende hin lang vorgeschoben,
stumpfspitz, bisweilen (wie die obere Fig.) ganz abgestutzt, indem der Stein das
Eigene hat. daß die Spitze des Stielendes beim Auseinanderbrechen der Frucht leicht
abbricht, was eben so auch bei der Marmorirten Eierpflaume sich findet. Bauch fast
gerablinig, Rücken stark gewölbt; die größte Breite fällt in die Mitte oder meistens
⅔ nach der Stielspitze hin. Backen nur fein rauh, flach; Rückenkanten stumpf, Mittelkante tritt nach dem Stielende hin stark vor und wird scharf; Bauchfurche mittelmäßig tief mit scharfen, meistens zackigen Kanten. In der Darstellung des Steins ist
oben die untere Figur mißrathen, und zeigt nur das Vorhandensein der Stielspitze.

Reifzeit und Nutzung: zeitigt im ersten Drittel des September vor der
Hauszwetsche und ist zum Rohgenuß und zum Verkauf auf Märkten schätzbar.

Der Baum wächst rasch, wird groß, ist gesund und recht fruchtbar. Die stark
stußigen, kahlen Sommertriebe sind röthlich, stark mit zersprungenem weißgrauen Silberhäutchen belegt. Augen dick, stumpf spitz, fast anliegend, nicht selten auch stark
abstehend. Blatt mittelgroß, steif, meistens stehend, manche auch hängend, oben fein,
unten stärker behaart, spitz eiförmig (die unteren großen neigen zum breit Lanzettlichen)
etwas wellenförmig, doppelt tief gesägt. Blattstiel meistens drüsenlos.

Anm. Ist leicht kenntlich durch ihre eigenthümliche Form, theilt diese Form
mit der Rothen Dattelzwetsche, die jedoch größer und roth ist, mit obiger aber öfter
verwechselt wird. Ist auch nicht mit der Ungarischen Dattelzwetsche, Liegel Nr. 364
zu verwechseln.

Oberdieck.

No. 6. **Große Engl. Zw.** 1: — I, 1. A a; **Wahre Zw., blaue Fr.** 6: — I, 1. A (B) a.

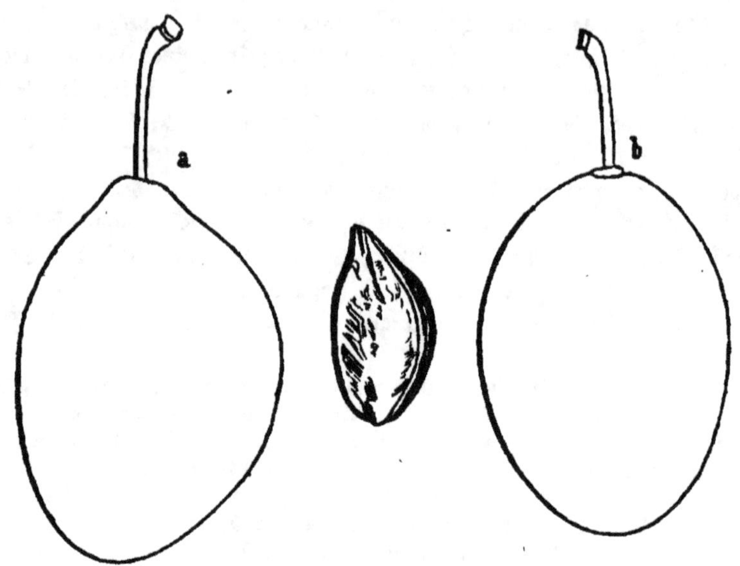

Große Englische Zwetsche. ** ††, ½ Sept.

Heimath und Vorkommen: auch diese höchst werthvolle Frucht, obwohl Liegel sagt, sie auf seinen Reisen oft getroffen zu haben, kommt doch bei älteren Autoren nicht vor. Hat nach meinen Beobachtungen gleichen Werth mit der Italiänischen Zwetsche, der sie auch in der Frucht ganz gleicht. Aus den Bückeburger Baumschulen hat sie auch im Hannover'schen unter dem der Italiänischen Zwetsche zukommenden Namen Schweizer Zwetsche sich mehrfältig verbreitet, und was ich bisher unter diesem Namen häufig versandt habe, ist die obige Frucht, weshalb ich den Namen zu ändern bitte. Es muß weiter beobachtet werden, welche unter den so ähnlichen beiden Sorten noch wieder den Vorzug verdient. Mein Reis erhielt ich von Diel und Liegel.

Literatur und Synonyme: Liegel II. S. 16, Nr. 116 Große Englische Zwetsche; Dittrich II. S. 204 Große Englische Pflaumenzwetsche, ist nach der Beschreibung wohl die obige, und war ich, ebenso wie Dittrich der Ansicht, daß die im T.O.S. XX. Taf. 22 S. 228 vorkommende Große Zwetsche die obige sei; wenigstens stimmen die allermeisten Angaben T.O.C. Lief. 7, Nr. 8 ganz gute Abbildung; Arnold. O.Cab. VIII. L. Nr. 6; Dittr.. O.C. Nr. 2; nach Liegels Ansicht hätte Dittrich nicht die rechte Frucht nachgebildet und beschrieben. Dittrich unterscheidet von ihr noch eine aus Dresden erhaltene Große Ungarische Pflaume (II. S. 205) die auch ich daher hatte und mir leider einging und weder die obige noch die Italiänische Zwetsche zu sein schien. Lond. Catal. Supplem. S. 26, Nr. 99[1]. Quetsche große Englische. Liegel erhielt aus Grätz noch eine andere Frucht unter obigem Namen, die er als Englische Zwetsche beschrieb (II. S. 28, Nr. 96).

Gestalt: ähnlich der der Hauszwetsche, größer, nach Liegel 1″ 9‴ hoch, 1″ 4‴ dick, 1‴ weniger breit. Ich hatte sie gar nicht selten stark 2″ hoch, 1½″ breit und etwas weniger dick, oft wenn die Frucht merklich breit gedrückt ist, stark 2‴ weniger dick. Gestalt nach Liegel umgekehrt eiförmig, am Stiele stark spitzig, am Kopfe schief abgerundet, die stärkste Dicke ⅔ nach der Spitze hin fallend. Die stärkste Breite fand ich auch bei dieser Frucht wie bei der Italiänischen Zwetsche meistens in der Mitte und die Gestalt häufig so, wie oben gezeichnet, wo a die Seitenansicht, b die Bauchansicht darstellt. Oft trat auch der Rücken stärker hervor, wie bei der Italiänischen Zwetsche gezeichnet ist. Rücken und Bauch sind meistens ziemlich gleich erhoben, jener ist nach Liegel gegen den Stiel stark niedergedrückt, dieser umgekehrt erhoben. Die meistens flache Furche drückt nach Liegel den Rücken stark, bei mir nicht stark, theilt ungleich und spaltet öfters die Spitze in zwei ungleich erhobene Hälften. Stempelpunkt klein und gelblich, meistens unvertieft, bisweilen in einer Furche, sitzt nie ganz auf der Spitze.

Stiel: 10‴ lang, mäßig dick, etwas gebogen, rostig, kahl, sitzt in einer seichten, meistens schräg liegenden Höhlung, die nach dem Rücken hin abfällt.

Farbe der zähen, geschmacklosen, leicht abziehbaren Haut ist dunkelblau, fast schwarz, mit starken gelblichen Punkten meistens gedrängt übersäet. Duft hellblau, mäßig dick.

Fleisch etwas grünlich gelb, nach meinen Wahrnehmungen, wenn die Ueberreife eintreten will, etwas röthlich gelb, zwetschenartig, ganz von dem edlen, weinartig süßen Geschmacke der gut gewachsenen Hauszwetsche.

Stein ablöslich, nach Liegel 11‴ hoch, 6‴ breit, 4 dick, bei mir 1″ hoch, 6 bis 6½‴ breit, stark 3 dick. Den sich stark erhebenden Rücken weggedacht, ist er ziemlich oval, am Stielende verjüngt zu einer wenig abgestumpften Spitze, die sich nur wenig nach der Bauchseite überbiegt. Größte Breite liegt ziemlich in der Mitte, Backen flach, rauh, Bauchfurche tief, Rückenkanten breit und stark, unter denen die Mittelkante sich häufig nach dem Stielende hin scharf erhebt.

Reifzeit und Nutzung: Zeitigt um den halben September, etwas vor der Hauszwetsche. Zu allem Gebrauche, wie diese.

Der Baum treibt stark, wird groß, macht einzelne zerstreute Aeste und dadurch eine lichtere, auch breitere Krone, als die Italiänische Zwetsche, und ist durch das große Blatt dicht und schön belaubt. Die langen, starken, geraden, nur wenig stuhigen Triebe, die, wenn sie nicht zu lang sind, nach oben oft wenig abnehmen, und den Trieben der Großen Reineclaude gleichen, sind schmutzig dunkelbraun, auf der Schattenseite gelblich oder grünlich braun, kahl, glänzend, stark mit Silberhäutchen gefleckt, das zweijährige Holz fast ganz damit belegt. Blatt auffallend groß, mein junger Baum hat sie häufig von 3″ Breite und 6—6¼″ Länge; an älteren Bäumen wird es die von Liegel angegebene Größe haben, 4—5″ lang, 1″ 10‴ breit, es ist meistens langelliptisch oder etwas breit lanzettlich, auch umgekehrt eilanzettlich, glänzend, merklich hängend, ziemlich flach ausgebreitet, fast runzellos, nach Liegel ganz behaart, während ich es wieder schon im August oben glatt oder nur stellenweise oder an einer Rippe noch etwas behaart fand, am Rande grob und tief doppelt gesägt. Blattstiel meistens zweidrüsig. Augen kurz, spitzig, an der Basis erweitert, nur etwas abstehend, sitzen auf starken, wulstigen, rippenlosen Trägern.

Anm. Durch die angegebene Vegetation, schon durch das größere, flach ausgebreitete, glänzendere Blatt unterscheidet sie sich von der Italiänischen Zwetsche. Vom Baume sagen Liegel und Dittrich, daß er selten voll trage, während ich ihn hier volltragend fand.

Oberdieck.

No. 7. **Italiänische Zw.** 1: — I, 1. A. a; **Wahre Zw., blaue Fr.** 6: — I, 1. A (B) a.

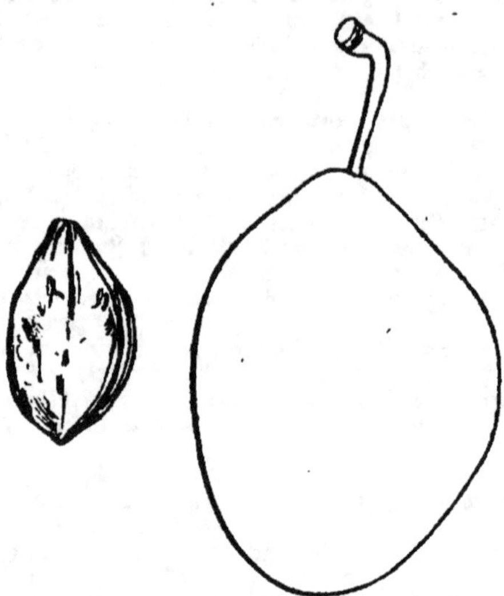

Italiänische Zwetsche. **†† ⅔ Drittel Sept.

Heimath und Vorkommen: ist eine neuere Frucht, die ihrem Namen nach vielleicht in Italien entsprungen ist. Kam nach Deutschland wohl zunächst aus der Schweiz von einem Herrn Fellenberg, und ist daher auch unter dem Namen Schweizerzwetsche, Fellenberger Zwetsche verbreitet, unter welchem Namen Herr Lieutenant Donauer zu Coburg sie viel verbreitet hat. Liegel erhielt die Sorte von Diel als Italiänische Pflaumenzwetsche; diese hatte auch ich von Diel, und war mit der von Liegel und Donauer erhaltenen Frucht überein. Kann nicht genug angepflanzt werden, und übertrifft die Hauszwetsche bei gleicher Güte an Größe, scheint auch eben so tragbar.

Literatur und Synonyme: Liegel II. S. 14 Nr. 104 Italiänische Zwetsche. Dittrich II. S. 202 Italiänische blaue Zwetsche. T.O.C. 7. Lief. Nr. 20 ganz gute Abbildung. Dittr. O.C. Nr. 20. Lond. Cat. Supplement S. 26 Nr. 100[1]. Quetsche d'Italie mit den Synon. Fellenberg (of some) Fellenberg Quetsche Bivort im Album IV. S. 79 und Annales III. S. 17 geben Abbildung, letztere gut, doch liegt für durchschnittlich der Bauch der Früchte zu stark nach der Spitze hin. Liegel erhielt sie nach Heft IV. S. 54 noch als Pflaume mit dem Pfirschenblatt und Blaue Riesenzwetsche, hat jedoch noch eine von ihr verschiedene Riesenzwetsche. Nach Dochnahls Führer käme sie auch noch als Zwetsche von Dätlikon und Große Frühzwetsche vor, welcher letzte Name bei Liegel einer andern Frucht zukommt, während der erstere nach Liegel II. S. 9 wohl richtiger der Wahren Frühzwetsche zugehört, die auch als Italiänische oder Fellenberger Zwetsche geht. — In dem Catal. des Hrn. Thierry zu Haelen hat unsere Frucht den Beinamen Altesse Double und Double Backpruim.

Gestalt: größer als die Hauszwetsche, von gleicher Farbe und ähnlicher Gestalt, jedoch mit stärker aufgeworfenem Rücken, wie obige, die Seitenansicht darstellende Figur zeigt. Nach Liegel 1" 8"' hoch, 1" 3"' dick und eine halbe Linie weniger breit, nicht selten auch auf beiden Seiten gedrückt, so daß die Breite die Dicke übermißt. Ich hatte sie größer, von 2" Höhe und 1½" Breite. Gestalt nach Liegel unregelmäßig oval = umgekehrt eiförmig, und so bilden auch die Annales sie ab; ich hatte sie bisher mehr fast oval mit stark über das Oval hervortretendem Rücken. Am Stempelpunkte ist sie abgerundet, nach dem Stiele hin oft stärker abnehmend; Rücken nach Liegel etwas mehr erhöht, als der Bauch, gegen den Stiel aber weit mehr niedergedrückt als der Bauch; größte Breite meistens in der Mitte, auch etwas nach dem Stiele hin. Letztere Angabe scheint damit zu streiten, daß sie fast umgekehrt eiförmig sein soll, und lag bei den Früchten, die ich bisher jedoch noch nicht zahlreich sah, der Bauch fast immer in der Mitte oder ein Weniges mehr nach dem Stiele hin. Die Furche drückt den Rücken unbedeutend und theilt etwas ungleich. Stempelpunkt klein, fühlbar erhoben, sitzt meistens neben der Spitze und sieht man durch die Loupe um denselben einzelne Haare.

Stiel: behaart, 14"' lang, (bei mir bisher 9—10"' grün, meistens gerade, steht in flacher, schräg liegender, nach dem Rücken hin abfallender Höhlung.

Farbe der dünnen, nicht sauren, leicht abziehbaren Haut schwarzblau, fast schwarz, um die Stielhöhle mehr violettblau, mit vielen goldartigen Punkten übersäet. Der Duft ist dick und blau.

Das Fleisch ist grünlich weißgelb, öfter in der Steinhöhle mit röthlichen Fasern versehen, (am meisten, wenn die Frucht stark reif ist,) zwetschenartig, saftreich, von dem erhaben süßweinigen Geschmacke gut gerathener Hauszwetschen.

Stein: löset sich gut vom Fleische, ist nach Liegel 11"' hoch, 6 breit, 3 dick, bei mir 1"' höher. Er ist dem Steine der Großen Englischen Zwetsche völlig ähnlich. Die Bauchseite ist durch eine flachrunde Linie begrenzt, der Rücken beträchtlich stärker ausgebogen, am Stielende eine vorgeschobene, etwas abgestutzte Spitze. Backen flach, ziemlich rauh, Bauchfurche breit und tief, die breiten Rückenkanten stumpf, die Mittelkante erhebt sich nur etwas und wird zuweilen etwas scharf.

Reifzeit und Nutzung: zeitigt im 2. Drittel des Sept., noch etwas vor der Hauszwetsche. Zu allem Gebrauche, wie diese.

Der Baum wächst gut und gesund und ist fruchtbar. Sommerzweige dünn, gerade, violettbraun, meist ganz mit Silberhäutchen belegt, auf der Schattenseite grünlich, kahl. Blatt mäßig groß, charakteristisch schmal, oft wirklich lanzettförmig oder umgekehrt eilanzettlich oder langeiförmig (woher der Name Pflaume mit dem Pfirschenblatt), meistens hängend, rinnenförmig und zurückgebogen, nach Liegel unten und oben behaart, während ich im Aug. und Sept. es oben glatt fand. Blattstiel schwach, zweidrüsig; Augen klein, stumpfspitz, fest anliegend.

Anm. Unterscheidet sich von der Hauszwetsche und andern früh reifenden Zwetschen durch Größe und das schmale Blatt und durch letzteres auch von der Großen Englischen Zwetsche, von der sie in der Frucht fast nicht zu unterscheiden ist. Siehe diese. Liegel meint Heft III. S. 159, daß der Baum selten voll trage; indeß fand ihn nicht nur Donauer volltragend, sondern auch die Annales rühmen eben so die Güte als die Tragbarkeit dieser Frucht, die sie gleichfalls der Hauszwetsche vorziehen. Sie hat nebst der Großen Englischen Zwetsche vor der Hauszwetsche auch noch das voraus, daß die Früchte nicht zu Taschen auswachsen.

Oberdieck.

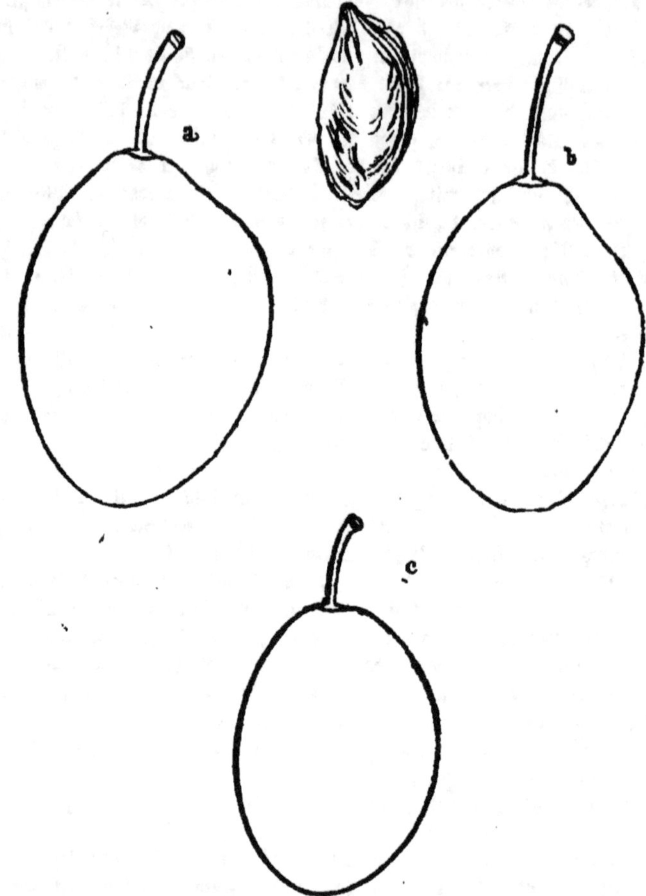

Die Hauszwetsche, Gemeine Zwetsche. ⁎⁎ †† Ende Sept. bis in Okt.

Heimath und Vorkommen: das Wort Zwetsche soll slavischen Ursprungs sein und mag sie aus Nordasien mit den Slaven eingewandert sein. Es findet sich die Nachricht, daß zu Ende des 17. Jahrh. Württembergische Soldaten in Benetianischen Diensten Zwetschenkerne aus Morea nach Deutschland brachten, seit welcher Zeit der Baum in Deutschland sich allgemein verbreitete. Kaum hat eine andere Obstsorte so allgemeine Verbreitung und ausgedehnte Anpflanzung in Deutschland gewonnen. Sie ist auch nach Frankreich, England, Amerika gekommen, und ist es auffallend, daß sie dort nirgend gleichen Beifall erreicht hat. Vielleicht wurde nicht eine eigentlich edle Zwetschenvarietät dort verbreitet; denn da sie häufig aus Kernen nachgezogen und von selbst aufgelaufen ist, gibt es von ihr mancherlei Varietäten mit größeren und weniger edlen Früchten, weßhalb es noch immer gerathen ist, sie durch Veredlung fortzupflanzen, wenigstens zu sorgen, auch durch Ausläufer die große edle Sorte zu erhalten. Passender Boden trägt zu ihrer Größe und Güte sehr viel bei.

Literatur und Synonyme: Liegel II. S. 24 Nr. 11 die Hauszwetsche. Er nennt sie auch eben so oft Gemeine Zwetsche. Dittr. II. S. 206. L.O.G. 13, S. 19 Taf. 3, Teutsche blaue Zwetsche. Christ Vollst. Pomol. S. 83. Deutscher Fruchtgarten IV. S. 66. Bechsteins Forst-Bot. S. 158 und 455. Annales 1855 S. 17 Quetsche commune, Quetsche d'Allemagne, Couetsche. Abbildung stellt ziemlich kleine, ganz ovale Frucht dar. Downing S. 310 Quetsche or German Prune, Common Quetsche, True large German prune, Quetsche grosse, Prune d'Allemagne, Quetsche d'Allemagne Grosse, Sweet prune, Turkish Quetsche, Leipsic (auch in Deutschland wird sie nicht selten Leipziger Zwetsche genannt) und als unrichtige Synonyme noch Imperatice violette und Damas-violet Gros. Lond. Catal. S. 169 Nr. 98 mit fast gleichen Synonymen, denen noch Early Russian und als irrig Damas violet, Damas violet gros beigegeben wird. Bei Quintinye, Duhamel und älteren französischen Autoren findet sie sich nicht. Borckhausen nannte sie Prunus oeconomica und heißt sie auch noch Bauernpflaume, Backpflaume, Große Hauspflaume, Zwespe, Deutsche blaue Herbstzwetsche, nach Dochnahls Führer auch in Frankreich noch Quetsche de Metz, Monsieur tardif, Altesse ordinaire, wie man auch in Herrn Thierry's Catalog zu Haelen die letzten Synonymen nebst Enkelde Backpruim findet.

Gestalt: nach dem bessern oder schlechtern Standorte ist diese etwas veränderlich, wie obige Figuren, von Bäumen auf günstigeren und trockeneren Stellen meines Gartens entnommen, darthun. Große Früchte nähern sich dem Oval, das durch aufgeworfenen Rücken, breitgedrückte Seiten und etwas vorgeschobene Halsspitze etwas entstellt wird, was eben die Zwetschenform gibt. Daß die größte Breite etwas nach der Spitze hin liege und sie dadurch etwas umgekehrt eiförmig werde, wie Liegel angibt, habe ich hier nie bemerkt. Größe nach Liegel 1½" Höhe, 1" 2''' Dicke und 13''' Breite. Ich hatte auf kräftigen, günstig stehenden Bäumen nicht selten Früchte von 2" Höhe, 1½" Breite und 1''' weniger dick, größte Breite stets etwas nach dem Stiele hin liegend. Stempelpunkt flach auf der Spitze, oft etwas unter ihr.

Stiel: nach Liegel 10—11''' lang, hier häufig nur 7—8''' lang, dünn, behaart, sitzt in enger, seichter Vertiefung.

Farbe der dünnen Haut schwarzblau, mit ziemlich zahlreichen, feinen grauen Punkten, wie auch Rostflecken oder Roststreifen sich finden. Duft blau, stark.

Fleisch: etwas grünlich gelb, oft fast goldgelb, fest, saftreich, von erhabenem, süßen, ziemlich süßweinigen Geschmacke.

Der Stein löset bei guten großen Früchten sich ganz vom Fleische, ist nach Liegel 10''' hoch, 6 breit, 3 dick, bei mir 11—12''' lang und bildet ein nach beiden Seiten etwas verjüngtes, mit dem Stielende häufig ein Weniges übergebogenes Oval. Die größte Breite fällt allermeist etwas nach dem Stielende hin, wo der mehr erhobene Rücken am stärksten ausgebogen ist. Bauchfurche ziemlich breit und tief, ihre Kanten scharf und oft zackig; die Mittelkante des Rückens tritt nach dem Stielende etwas vor und wird meistens scharf. Von der Basis des Steins, oft auch vom Rücken aus entspringen einige Afterkanten.

Reifzeit und Nutzung: zeitigt gegen Ende Sept., in warmen Jahren ½ Sept. Gedörrte Zwetschen bilden bedeutenden Handelsartikel und Zwetschenmuß (Kraut, Gesälz) ist schmackhaftes Compot und spart manches Pfund Butter.

Baum wächst rasch, kommt auch in ungebautem ungünstigem Boden fort und liefert reichliche Ernten. In etwas feuchtem, wenigstens frischem Boden werden die Früchte am größten und wohlschmeckendsten. Sommerzw. etwas stutzig, braunröthlich, kahl, nach unten stark mit Silberhäutchen gefleckt. Blatt mittelgroß, stehend, die größesten auch etwas hängend, nach Liegel oben und unten behaart und von Form lanzettelförmig, etwas zugespitzt, während ich es wieder oben kahl und elliptisch oder langelliptisch, zuweilen auch eioval finde. Blattstiel drüsenlos oder mit ganz kleinen, mit dem Blatt verbundenen Drüsen. Augen kurz, dick, etwas abstehend.

Oberdieck.

No. 9. Rothe Kaiserpflaume. 1: — I, 1. B; Wahre Zw., rothe Fr. 6: — I, 2, A a.

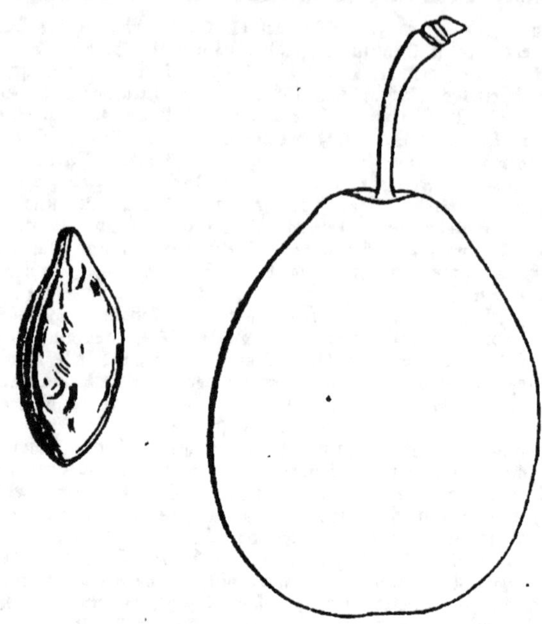

Rothe Kaiserpflaume. ** Mitte Aug.

Heimath und Vorkommen: diese durch Größe ausgezeichnete, sehr gute Frucht, deren Baum nur etwas reichlicher tragbar sein möchte, jedoch jährlich trägt und häufige Anpflanzung verdient, gehört zu den alten Sorten, deren Herkunft nicht bekannt ist. Wird öfter mit der Violetten Kaiserpflaume verwechselt. Ist ziemlich überall verbreitet. Mein Reis erhielt ich von Liegel.

Literatur und Synonyme: Liegel II. S. 35, Nr. 8 Rothe Kaiserpflaume, Günderode S. 27 Nr. 4 Imperiale rouge, etwas zu blau colorirt; Dittrich II, S. 209 und dessen O.-Cab. Nr. 1; der T.O.G. XIII. S. 151 Taf. 9 und der Teut. Fruchtg. IV. S. 104 haben sie durch Verwechslung mit der Violetten Kaiserpflaume unter dem Namen Blaue Kaiserpflaume. Chr. Handb. Nr. 5 unter den falschen Namen Blaue Eierpflaume, Große Frühzwetsche, Große Ungarische Zwetsche; Vollständ. Pomol. S. 9; Pastor Meyer Taf. 1, Nr. 3. Colorit schlecht; Salzmanns Pomol. S. 106. Kommt auch unter dem Namen Rothe Kaiserzwetsche, Frühe Treibzwetsche, in einigen Gegenden Deutschlands als Bockshoden oder Bocksbutten vor. Von Schiebler in Celle erhielt ich sie als Imperiale hative. Durch Verwechslung mit der Rothen Eierpflaume hat sie bei älteren Schriftstellern auch den Namen Bonum magnum. Bei englischen Schriftstellern z. B. Abercrombie kommt sie vor als Red bonum magnum or Great Imperial Plum. Der Londoner Catal. hat sie nicht, und ist auch dessen Red magnum bonum mit den falschen Synon. Imperiale rouge, Red Imperial, Dame Aubert Violette und Florençe eine andere, da sie oval sein, nur für die Küche taugen und im Sept. reifen soll. Duhamel gedenkt unserer Frucht wahrscheinlich kurz bei der Imperiale violette à feuilles punachées.

Gestalt: sehr groß, nach Liegel 2" hoch, 1" 5''' breit, 1" 4½''' dick, ich hatte sie oft noch 2''' höher. Gestalt unbeständig, mitunter regulär oval, meistens aber gegen den Stiel etwas verjüngt und ziemlich umgekehrt eiförmig. Größte Breite fällt ziemlich in die Mitte der Frucht; Rücken und Bauch sind meistens etwas gedrückt. Die breite, oft auch ziemlich tiefe Furche theilt häufig ungleich, so daß eine Seite an der Spitze sich stärker erhebt. Der große, gelblichgraue Stempelpunkt liegt flach neben, oder bei recht regelmäßigen Früchten auf der Spitze, meistens etwas mehr gegen den Bauch hin.

Stiel: nach Liegel 8''' lang und dünn, maß bei mir oft 10''' und war ansehnlich stark; er ist rostfleckig und sitzt in enger, doch etwas vertiefter Höhle.

Farbe der dicken, zähen, abziehbaren, bitterlichsauern Haut ist rothblau, bisweilen ziemlich dunkel, doch bleibt die rothe Farbe vorherrschend, und sind beschattetere Früchte nur dunkel braunroth. Feine goldartige Punkte sind häufig, oft finden sich auch stärkere rostige, heller umringelte Punkte, sowie Lederflecke.

Das Fleisch ist hellgelb, fest, zwetschenartig, etwas gröblich, sehr saftreich, von süßem erhabenem Geschmacke.

Der Stein ist ablösig, 1" 3—4''' lang, stark 6 breit, 3 dick, flachbackig, ziemlich rauh, lanzettförmig, doch an der Spitze etwas abgerundet; die größte Breite ziemlich in der Mitte. Rückenkanten schmal, sehr deutlich hervortretend; die Mittelkante erhebt sich und ist ziemlich scharf. Bauchfurche eng, theilweise verwachsen, mit zackigen Rändern.

Reifzeit und Nutzung: zeitigt im letzten Drittel des August, kurz nach der Königspflaume von Tours, noch etwas vor der Rothen Zwetsche. Für Tafel und Markt.

Der Baum wird groß, treibt seine starken Aeste in spitzen Winkeln, die viele kleine Aeste hervorbringen. Durch seine dunkelgrünen, schmalen, hängenden Fruchtblätter, sowie durch die spitzen abstehenden Augen an den Sommertrieben macht er sich leicht kenntlich. Er bringt nach Liegel früh seine Blüthen, lange vor den Blättern, ist für Kälte empfindlich, dient aber zum Treiben vortrefflich. Liegel, wie Günderobe zogen die Sorte aus den Steinen ächt nach. Sommertriebe ziemlich gerade, violettbraun, kahl, (man findet nach Liegel wohl kaum bemerkbare dünne Härchen; doch konnte ich im Sept. selbst solche nicht finden,) stark mit Silberhäutchen punktirt und gefleckt. Blatt groß, flach ausgebreitet, etwas hängend, oben kahl, mattglänzend, nach Liegel länglich eiförmig, bisweilen lanzettförmig (umgekehrt eilanzettlich), ich fand es theils breitelliptisch und dabei die größte Breite öfter etwas mehr nach der Spitze hin, häufiger aber umgekehrt langeiförmig, mit schöner Spitze. Blattstiel drüsig; Augen konisch, spitz, abstehend, an der Basis dick, Träger hoch, an starken Trieben lang gerippt.

Anm. Die Frucht ist kenntlich durch Größe, Form und frühe Zeitigung.

Oberdieck.

No. 10. **Spitzwetſche.** 1: — I, 1. b; Wahre Zw., rothe Fr. 6: — I, 2. A a.

Spitzwetſche. Faſt * * gegen Ende Auguſt.

Heimath und Vorkommen: dieſe durch Größe und Form ausgezeichnete, gute, bei keinem Pomologen vorkommende Frucht erhielt Liegel als Provinzzwetſche 1816 vom Plantagenmeiſter Grob zu Eichſtedt.
Mein Reis erhielt ich von Liegel. Iſt noch ſehr wenig verbreitet, verdient
aber beſonders als Marktfrucht allen Anbau.

Literatur und Synonyme: Liegel II. S. 33 Nr. 25 Spitzzwetſche. Nach
Liegels Bemerkung hat Noiſette S. 237 Nr. 35 eine ähnliche Frucht, auch bezieht er
ſich auf die Jeruſalemspflaume Nr. 53 in Diels Catal. Dieſe hatte ich indeß auch
von Diel und war die Violette Jeruſalemspflaume. Spitzpflaume wird auch die Rothe
Zwetſche genannt.

Geſtalt: größer als die Hauszwetſche, nach Liegel 1" 8''' hoch,
1" 2''' breit, 1" 3''' dick, war bei mir ſelbſt an volltragendem Probezweige
größer, ſtark 2" lang, oft nach etwas größer, 1½" dick und 1½'''
weniger breit. Geſtalt nach Liegel eiförmig, war bei mir in der Bauchanſicht (oben a) eine lange Eiform, der am Stielende eine vorgeſchobene,
ſchräg abgeſtumpfte Spitze aufgeſetzt war, die oft noch kürzer iſt als

oben in der Figur, in der Seitenansicht (wie oben unter b) noch mehr zwetschenförmig. Die größte Breite fällt mehr nach dem Stiele hin, oft auch ziemlich in die Mitte. Rücken und Bauch sind ziemlich gleich weit erhoben, doch zieht die flache, meistens gleich theilende Furche den Rücken etwas nieder. Der graue fühlbare Stempelpunkt sitzt in der Mitte der Spitze unvertieft.

Stiel 10‴ lang, dünn, etwas gebogen, dünn behaart, ist nach Liegel meistens ganz grün, zeigte jedoch bei mir ziemlich viele Rostflecken und sitzt in enger seichter Höhle auf der vorgeschobenen Stielspitze.

Farbe der zähen, abziehbaren, etwas saueren Haut ist in voller Reife bläulichroth, an der Sonnenseite manchmal schwarzblau. Graue Punkte sind über die Frucht weitläufig vertheilt, und Leberflecken fehlen selten. Der Duft ist weißbläulich und nicht stark.

Das Fleisch ist gelb, ziemlich fest, zwetschenartig, sehr saftreich, von angenehmem, etwas weinsäuerlich süßen Geschmacke.

Der Stein löset sich nicht vom Fleische, ist 1″ 3‴ bis zu 1″ 5‴ hoch, 5½ bis 6‴ breit, 4 dick, lanzettförmig, oft jedoch liegt die größte Breite auch etwas mehr nach dem Stielende hin, und ist der Rücken dann dort ein wenig stärker ausgebogen. Er ist von Farbe fast hellgelb. Die Rückenkanten bilden feine Linien, von denen nach der Spitze hin mehrere sanft gekrümmte erhöhte Linien ausgehen, und bis in die Mitte des Bauches zurücklaufen. Die Mittelkante steht vor und wird nach dem Stiele hin scharf. Die Bauchfurche ist eng, seicht und stark zackig.

Reifzeit und Nutzung: zeitigt im letzten Drittel des August, ist für die Tafel angenehm und eine gute Marktfrucht.

Der Baum wird mäßig stark, treibt viele Zweige, ist kenntlich durch seine dunkelgrüne Belaubung, ist auf den Standort nicht empfindlich und trägt fast jährlich reichlich, was sich auch bei mir bestätigt hat. Triebe nur wenig stufig, stark braunroth, kahl, mit gelben Punkten und Flecken belegt und nach unten stärker gelblich silberhäutig. Blatt mittelgroß, flach, etwas zurückgebogen, oben kahl, stark runzlich, dunkelgrün, breit eiförmig, manche fast oval; Blattstiel hat dicht an das Blatt geheftete Drüsen. Augen lang, dünn, konisch, abstehend; Träger stark, mit langen Mittelrippen.

Anm. Kann bei Größe, Gestalt, Geschmack, unablösigem, charak= teristisch lanzettförmigem Steine nicht leicht verwechselt werden.

Oberdieck.

No. 11. **Nikitaner Hahnenpfl.** 1: — I, 2. B; **Wahre Zw. rothe Fr.** 6: — I, 2. A a.

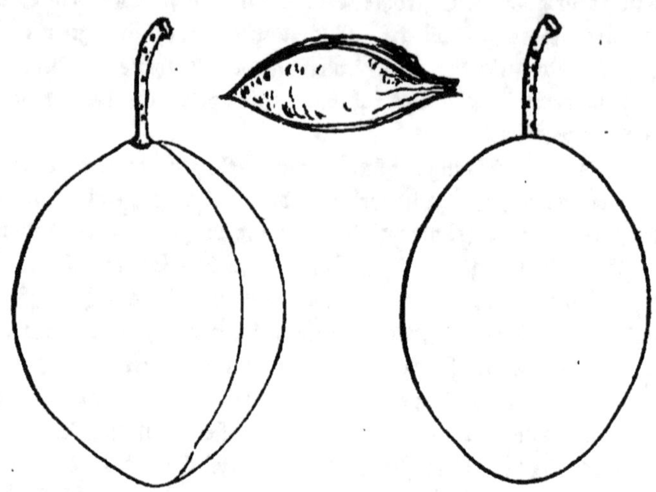

Nikitaner Hahnenpflaume. Liegel * * ¹/₂ Sept. oder etwas später.

    Heimath und Vorkommen: Liegel empfing sie aus der Central-Obstbaumschule in Grätz mit Angabe, daß sie aus Nikita in der Krim abstamme. Als eine schöne und gute, rothe, zwetschenartige Frucht mit recht tragbarem Baume verdient sie in weitern Kreisen immer bekannter zu werden.

    Literatur und Synonyme: sie wurde von Liegel in s. Pflaumenwerke II. S. 46 Nr. 146 zuerst unter dem einfachen Namen Hahnenhode beschrieben. Nachdem ihm aber die wirkliche Hahnenpflaume, Rognon de Coq Günberodes ꝛc. (deren Pflaumen-Werk S. 51. Tab. 9) bekannt geworden war, beschrieb er die letztere (die er aus Vollweiler auch als Bonaparte empfing) Heft III. S. 26 als Wahre Hahnenhode und machte über die hier vorliegende ebendaf. S. 127 die weitere Mittheilung, daß sie eine sehr edle Frucht I. Ranges (weit besser als die Wahre Hahnenhode) sei, schlug auch den Namen Nikitaner Hahnenhode für dieselbe vor und bemerkte, daß man sie wegen ihres gelben Fleisches Pomeranzenzwetsche nennen könne. — Später hat Liegel jedoch als Pomeranzenzwetsche, Orange in Heft IV. S. 9 eine andere, ihm durch Papeleu zugegangene Amerikanische Frucht beschrieben. — Im Jenaer Obstcab. Sect. IV. 2. Lief. ist die Nikit. Hahnenhode nach Früchten von mir gut, nur in jenem Jahre etwas klein und in ihrer oftmals auch vorkommenden, mehr eiförmigen Gestalt abgebildet.

    Gestalt: nach Liegel nicht immer beständig, meistens fast oval (mein eiförmig), oben charakteristisch vorgeschoben spitzig, fast wie zitzenförmig, nach dem Stiele zu verlängert spitz — (doch findet sich, wie ich sie oft schon in M. erzog, die zitzenförmige Verlängerung nicht immer und nur bei einem Theile der Früchte). — Die größte Breite fällt in die Mitte, der Rücken ist mehr aufgeworfen. Die Furche schneidet etwas ein und theilt meist gleich. Der etwas fühlbare Stempelpunkt steht in der Mitte, meist auf der Spitze. Die Größe gab früher Liegel zu gering an, später bezeichnete er die Frucht als mehr als mittelgroß, ich erzog die Frucht schon öfters von 1³/₄" Höhe, 1¹/₄" Breite und etwa 1¹/₂''' mehr in der Dicke. In gedeihlichen Jahren und wenn der Baum nicht zu voll trägt, wird sie gerne so groß.

Stiel: 9''' lang, dünn, behaart, rostig, obenaufstehend.

Haut: dick, zähe, etwas säuerlich, abziehbar, braunröthlich, mit etwas weißlichgelben Punkten, weißbläulich beduftet.

Fleisch: goldgelb, weich, saftig, von weinigsüßem, recht angenehmen Geschmack.

Stein: löst sich nicht immer gut vom Fleische, hat die oben gezeichnete Form und Größe. Er ist oben lang und scharfspitz, unten vorgeschoben spitz. Der Rücken ist mehr ausgebogen, die Mittelkante desselben tritt nach dem Stielende hin stark und scharf hervor, die Bauchfurche ist seicht und enge, die Backen sind ziemlich rauh.

Reife und Nutzung: die Frucht zeitigt im ersten Drittel des September, und im Jahre 1859 war dies auch in Meiningen der Fall, in andern Jahren verzögerte sich die Reife bisweilen bis zur Mitte und selbst bis zum 20. des Monats. Liegel selbst hat die Güte der Frucht erst später erkannt, und sagt in Heft III. S. 158 „Verdient wegen ihrer Schönheit, Größe und wegen ihres delikaten Geschmackes und der Fruchtbarkeit des Baumes häufige Vermehrung.

Eigenschaften des Baumes: der Baum wurde in Meiningen groß und stark, treibt in spitzigen Winkeln und ist recht fruchtbar, blüht frühe. — Sommerzweige auf der Sonnenseite violettbraun, auf der Schattenseite grünbraun, stark silberhäutig, kahl. Blätter ziemlich groß, rundlich eiförmig, (rundlich oval, O.), mit aufgesetzter Spitze, unterseits behaart, tief doppelt scharfgesägt. Blattstiele bis 9''' lang, behaart, meist drüsenlos, violettbraun.

Bemerkungen: die Frucht macht sich kenntlich durch ihre (bei vielen Exemplaren vorkommende) beiderseitige Spitze vorzüglich nach Oben, durch ihre rothe Farbe und durch ihr pomeranzenfarbiges Fleisch, wie man es schwerlich bei andern Pflaumen findet, weßhalb man sie eben Pomeranzenzwetsche genannt hat.

Jahn.

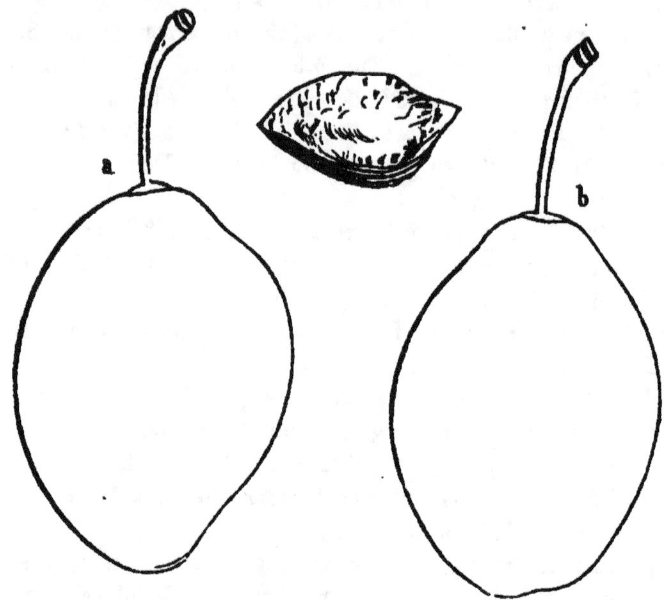

Violette Jerusalemspflaume. * * wohl auch †, Mitte Sept.

Heimath und Vorkommen: findet sich bei älteren Autoren noch nicht, und mag neueren Ursprungs sein, doch ist ihr Ursprung nicht bekannt. Ist eine treffliche Frucht, die durch ihren vorzüglichen Geschmack und die ganz besondere, auch von Liegel gerühmte Tragbarkeit des Baums die häufigste Anpflanzung verdient. Mein Reis erhielt ich von Diel und Liegel überein, welcher letztere es gleichfalls von Diel bezog, bekam die Sorte von Diel aber auch als Blaue Eierpflaume, und stimmte Liegel später vollkommen meinem Urtheile bei, daß beide Sorten identisch seien, nennt auch obige die Wahre blaue Eierpflaume. Da Liegel aber noch eine andere Blaue Eierpflaume hat, behält man besser obigen Namen.

Literatur und Synonyme: Liegel II. S. 54 Nr. 57; Dittrich III. S. 349. Dittr. O.-Cab. Nr. 53; Diels System. Verz. S. 144. Außerdem hat sie nur Noisette Nr. 35. Der Lond. Cat. hat S. 166 Nr. 69 eine Jerusalem, die zwar als pourple bezeichnet wird, aber rund, 2. Größe und vom Steine nicht ablösig sein soll, also eine andere ist. Synon. wäre Blaue Eierpflaume, Wahre blaue Eierpflaume.

Gestalt: Größe ist nach dem Boden merklich verschieden, da sie am besten in etwas feuchtem, wenigstens frischem Boden gedeiht. In meinem jetzigen trockenen Garten mit schwerem Boden hat sie die Größe obiger Figur, wo a die Seitenansicht, b die Bauchansicht darstellt; in Nienburg war sie noch etwas kleiner, in dem für alle Pflaumen besonders geeigneten Eulinger Garten noch größer und auch an Geschmack delikater. Liegel hat sie nicht vollkommen gehabt, da er ihre Größe nur zu 1″ 8‴ Höhe, 1″ 3‴ Dicke und ebensoviel Breite angibt. Gestalt nach Liegel fast eiförmig, man bezeichnet diese Art Gestalt vielleicht am besten als zwetschenförmig, der stärkste Durch-messer fällt mehr nach dem Stiele hin. Der Bauch ist etwas gedrückt, der Rücken merklich erhoben, am Kopfe ist sie stumpfspitz, am Stiele hat sie eine kurze vorgeschobene Spitze, die jedoch manchmal auch fast fehlt, so daß die Frucht sich am Stiele rundet. Furche ziemlich stark, theilt meistens ungleich. Stempelpunkt klein, sitzt oben zwar in der Mitte, aber nicht auf der Spitze.

Stiel: lang, ziemlich gerade, meistens grün, kurz behaart, sitzt in flacher Höhle, die häufig schräg steht.

Farbe der zähen, abziehbaren, säuerlichen Haut ist violett, an der Sonnenseite dunkler und kann dunkelviolett werden, während beschattete Früchte viel Rothes behalten.

Das Fleisch ist gelblich, wo sie passenden Boden hat, goldgelb, zwetschenartig fest, saftreich von süß weinartigem, in gutem Boden dem Geschmack guter Hauszwetschen sehr ähnlichen Geschmacke, in trockenem Boden an Geschmack etwas geringer und weniger erhaben, als die Hauszwetsche.

Der Stein löset sich nach Liegel ziemlich, in passendem Boden aber, und selbst in meinem jetzigen ganz vom Fleische, ist 12‴ hoch, fast 7‴ breit. 4 bis, flachbackig, doch rauh; die Bauchseite bildet eine flach ovale Linie. Der Rücken biegt nach dem Stielende hin sich stark aus und läuft von da zur Spitze in ziemlich gerader Linie; die Stielspitze verjüngt sich stark und ist kaum etwas abgestumpft, einige Afterkanten ziehen sich von ihr herab. Bauchfurche stark mit fast scharfen Kanten, die Mittelkante des Rückens erhebt sich etwas, nach dem Stiele hin oft stark und scharf.

Reifzeit und Nutzung. Zeitigt gegen Mitte, in warmen Jahren schon Anf. Sept. ist treffliche Tafel- und Marktfrucht, (zumal sie recht großen Zwetschen ähnlich ist), und ist sicher auch im Haushalte sehr brauchbar. Wenn der Baum stark im Schatten steht, erhält die Frucht ihre rechte Güte nicht.

Der Baum wächst stark und gesund, bildet eine etwas breite, Anfangs dicht verzweigte, später sich mehr zerstreuende Krone, und ist äußerst fruchtbar. Das Urtheil II. S. 55, daß der Baum zwar fast jährlich, aber selten strotzend trage, hat Liegel Heft IV. S. 52 berichtigt, und schrieb mir, daß er zu den tragbarsten unter allen gehöre. Sommerzweige stark, fast gerade, kurze nach oben wenig abnehmend, steif und dicht mit Augen besetzt; meistens sind die Triebe stark silberhäutig, oben violettbraun, unten grünlich, und zu Ende Sommers kahl; jedoch habe ich an meinem 7 Jahre stehenden Baume 1860 nach 24. Sept. die kürzeren Triebe überall und die stärkeren, wenigstens zum großen Theile ihrer Oberfläche, ganz kurz behaart gefunden, und weiß nicht, ob das feuchte Jahr oder der etwas schattige Stand des Baumes Ursache davon war. Ein junger Baum in der Baumschule hatte ganz kahle Triebe. Blatt groß, bis selbst zu 4″ Länge, bald stehend, bald mehr hängend, etwas rinnenförmig, oben kahl, dunkelgrün, nach Liegel eiförmig oder länglich eiförmig, während ich dasselbe elliptisch oder breitelliptisch und am Fruchtholze schmal, ziemlich breit lanzettlich fand, sowie sich auch häufig Blätter finden, die umgekehrt-eiförmig oder eilanzettlich sind. Blattstiel hat nicht immer Drüsen, die bald am Stiele bald an der Basis des Blattes stehen. Augen stark, spitz, etwas bauchig, konisch, fast anliegend, Augenträger hoch und wulstig.

Anm. Nach Liegel ist ihr sehr ähnlich die jedoch früher reifende Spitzzwetsche, die ich wieder beträchtlich größer haben werde und durch ihre starke Zuspitzung nach beiden Enden hin sich von obiger leicht unterscheidet, auch weit früher reift.

Oberdieck.

No. 13. **Rothe Eierpflaume.** 1: — I, 1. B; **Wahre Zw., rothe Fr.** 6: — I, 2. A. a.

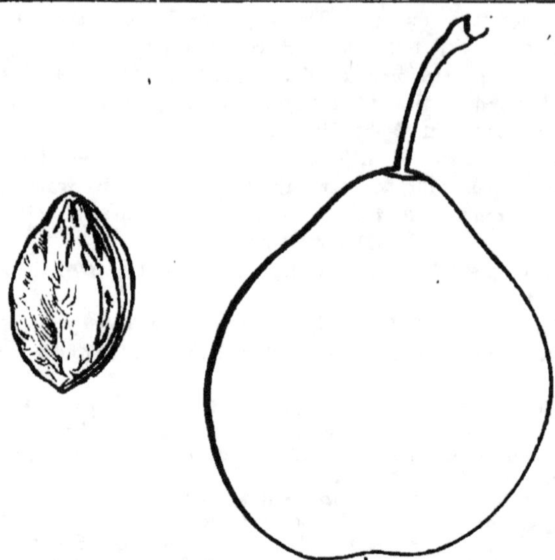

Rothe Eierpflaume. ** Ende Aug., meist Anf. Sept.

Heimath und Vorkommen: altbekannte Frucht, die bei reicher Tragbarkeit, Größe, Schönheit, überfließender Saftfülle und gutem Geschmack in jedem Garten eine Stelle verdient, einträgliche Marktfrucht ist, und nur den Fehler hat, daß wenn zur Reifzeit anhaltendes Regenwetter eintritt, sie gern aufspringt, fade wird oder fault. Hat sich schon ziemlich überall verbreitet. Mein Reis habe ich von Diel.

Literatur und Synonyme: Liegel II. S. 40 Nr. 32 Rothe Eierpflaume, Prune de Chypre, mit Bemerken, daß sie auch Cyprische Pflaume und Rothe Marunke heiße, bisweilen auch Amaliapflaume, Hoheitspflaume, Prinzessinpflaume und Dame Aubert rouge. — Es muß jedoch bemerkt werden, daß Duhamel S. 112 eine Prune de Chypre hat, die nach dem, was er über deren grünes Fleisch und herben Saft sagt, kaum die Obige sein kann. Auch Kraft hat II. Taf. 187 eine blaue, fast runde Frucht als Prune de Chypre, nicht weniger der Lond. Cat. S. 161 eine De Chypre, die als 2. Größe, rund, pourple und 2. Qualität bezeichnet wird, mit den Synonymen De Malthe und Damas Musqué, welche Damas musqué Duhamel S. 108 aufführt mit der Synon. „bei Einigen" De Malthe und De Chypre. Dagegen kommt Lond. Cat. S. 166 Nr. 77 eine Red magnum bonum vor von erster Größe oval und pourple, die auch Downing hat S. 312 und sie an Form und Größe der Großen gelben Eierpflaume gleichsetzt und Emmons Taf. 1 und 3 so und ganz violettblau abbildet, welche offenbar eine andere Frucht als obige und auch Liegels Blane Eierpflaume nicht ist. Als deren Synon. geben der Lond. Cat. und Downing an: Pourple Egy, Red Imperial, Imperial Pourple, Magnum bonum, Florençe, Prune d'Oeuf, Dame Aubert Violette, Imperiale, Imperiale rouge und Imperiale violette, welcher letzte Name jedenfalls falsches Synon. ist. Unsere Frucht findet sich Dittr. II. S. 210, Cyprische Pflaume, Rothe Eierpflaume, Rothe Marunke; dessen Obst-Cab. Nr. 5; T.O.G. 8 Taf. 10 (ziemlich) Teut. Fruchtgarten II. S. 102, Taf. 20, Pomona Francon. Taf. 14 Nr. 24 (ziemlich gut); T.O.Cab. Nr. 6 (schlecht) noch unkenntlicher, Garten-Magaz. 1819 Taf. 10; Pastor Meyer Taf. 4 (zu klein, Colorit schlecht). Siehe noch Salz. Pomol. S. 123; Christ Vollst. Pomol. S. 93. Die Annales haben sie als Diademe Imperiale, I. S. 75, wie sie auch Liegel (Mon.-Schr. II. S. 410 als Imperiale Diademe erhielt und so kommt sie auch bei Downing S. 298 unter dem falschen Hauptnamen Diapré rouge und den Synonymen nach Thomson Roche corbon, Mimms und Imperial Diademe vor, wornach auch der Lond. Cat. sie S. 163 Nr. 40 als Diapré rouge mit denselben Synonymen hat. Auch Liegel erhielt sie (Mon.-Schr. am a. O.) als Mimmspflaume. Hogg im Manual S. 237 und 228 gibt jedoch, abweichend von Downing, der Diapré rouge mit den Synon. Mimms und Imperial Diademe, behaarte Triebe, so daß hier noch Manches aufzuklären ist.

Gestalt: groß, nach Liegel 1″ 11‴ hoch, 1″ 7‴ breit, 1½″ dick, doch oft noch etwas größer; Gestalt umgekehrt eiförmig, die eine Seite nach dem Stiele stärker eingezogen, während die andere nach der Spitze hin sich stark aufwirft, phiolenförmig, gegen den Bauch etwas ablaufend. Furche flach, theilt meistens ungleich. Stempelpunkt steht neben der gegen die Bauchseite sich meistens erhebenden Spitze.

Stiel 13‴ lang, dünn, dünn behaart, meistens stark rostig, steht flach auf einer vorgeschobenen Spitze.

Farbe der dicken, zähen, abziehbaren, säuerlichen Haut ist hellroth, und wird bei zunehmender Reife ziemlich dunkel. Nach Liegel bilden in der Grundfarbe sich viele dunkelrothe Streifen und Flecken, die die Frucht an der Sonnenseite dunkelroth geflammt machen. Grauliche Punkte zahlreich. Duft dünn, hellbläulich.

Fleisch: hellgelb, sehr saftreich, consistent, doch schmelzend, von angenehmem, erhabenem, süßweinartigen Geschmacke.

Der Stein löset sich gut vom Fleische, ist bei großen Früchten 1″ hoch, 8‴ breit, 5 dick, bei kleineren Früchten stark 1‴ weniger, oft in allen 3 Dimensionen. Die Form bezeichnet Liegel als umgekehrt eiförmig, wie ich sie jedoch nicht bezeichnen kann, da meistens die stärkste Dicke und Breite etwas mehr nach dem Stiele hin oder in der Mitte liegt. Er ist verschoben breit elliptisch, Bauch nach der Spitze, Rücken nach dem Stielende hin stärker vortretend, Backen dick, rauh, Bauchfurche eng, größtentheils verwachsen; Rückenkanten verbreitern sich nach der Spitze hin, treten stark vor, sind jedoch auf der Oberfläche des Rückens flach, wo die Mittelkante scharf hervortritt und nach dem Stielende sich erweitert.

Reifzeit: zeitigt gegen Ende August oder Anf. Sept.

Der Baum wird groß, und trägt fast jährlich, oft strotzend. Triebe etwas stufig, kahl, an der Basis kaum bemerkbar behaart, grau punktirt und gestrichelt, was unten zu Silberhäutchen zusammenläuft. Blatt groß, etwas hängend, nach Liegel oberseits nur etwas behaart, während ich es oben kahl, jedoch wenig glänzend finde, bald mehr eiförmig bald mehr elliptisch; Augen groß, bauchig, stumpfspitz, abstehend, wollig; Träger ungerippt.

Anm. Aus den Steinen obiger Frucht ist, da sie nachartet, eine Anzahl ganz ähnlicher Früchte entstanden, die größtentheils bei Obiger überflüssig sind. Zu letzteren gehört die von Herrn Schiebler zu Celle erzogene. Schieblers Luisante, welche Liegel Mon.-Schr. 1855 S. 12 als Schieblers rothe Damascene aufführt, auf meinem Baume mit obiger zusammensitzt und höchstens etwas kürzer gebaut ist, auch ebenso aufspringt, und bei mir nicht behaarte Triebe, wie Liegel sie bezeichnet, sondern völlig kahle hat. Auch die Rothe süße Königspflaume (Liegel III. S. 31) gehört dahin, falls sie nicht bloßes Synonym ist, und wahrscheinlich auch die Lange violette Damascene, (Liegel II. S. 122) welche ich von Liegel und Dittrich überein habe und beide höchstens durch etwas weniger Größe von obiger unterscheiden kann. Da die letztere etwas anders beschrieben wird, habe ich sie von Liegel nochmals erbeten. — Nur Dörells neue Purpurzwetsche übertraf in Nienburg obige an Größe und ist möglich vorzüglicher.

Oberdieck.

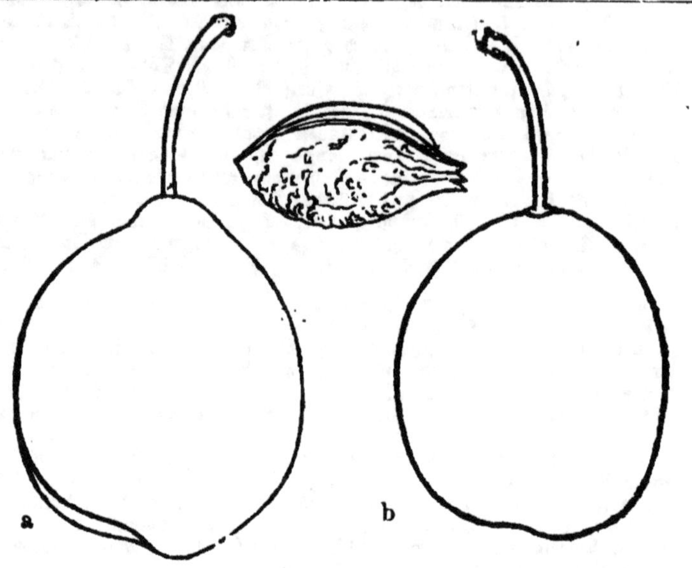

Die Breitgedrückte Zwetsche. Dittrich (Donauer). * E. Sept., auch etwas früher.

Heimath und Vorkommen: Herr Donauer, k. k. Lieutenant a. D. in Coburg, fand diese wegen ihrer breitgedrückten Form merkwürdige Zwetsche in einem dortigen Garten, wo sie wahrscheinlich aus Samen neu entstanden ist. Er sandte dieselbe an Dittrich, der sie als Plattrunde Zwetsche beschrieb.

Literatur und Synonyme: Dittrich II. S. 238. — Liegel IV. S. 54 nennt sie mit Pfarrer W. Koch Donauers zusammengedrückte Zwetsche. — Dochnahl führte sie S. 96 in der von ihm geschaffenen Abtheilung der Kaiserzwetschen, in welcher die Violette und Rothe Kaiserpflaume die Vorhut bilden, als Breitgedrückte Kaiserzwetsche auf. Sie gleicht aber doch am meisten der Gewöhnlichen Zwetsche, und passender wird deshalb der zur Ueberschrift gewählte Namen sein.

Gestalt: Dittrich beschrieb sie als länglichrund, auf beiden Seiten stark plattgedrückt, (muß heißen, wie die Abbildung zeigt, breitgedrückt), fast wie eine getrocknete Feige, 1 ³/₄" hoch, fast ebenso breit und 1 ¹/₄" dick. Auf der einen Seite laufe eine nur bemerkbare Linie, anstatt der Furche vom Stiele bis zum hellgrauen Blüthenpunkte hin, welcher mehr aus einem Spitzchen, als aus einem Punkte bestehe. Viele Früchte mögen sich schon so wie angegeben verhalten; an denen, die ich 1859 in Meiningen erzog, stand der Stempelpunkt, wie auf obiger Zeichnung angedeutet, hinter der oft stark aufgeworfenen Spitze, die sich der meist ungleich theilenden Furche gegenüber am Kopfe der Frucht erhebt. Auch das Verhältniß der Höhe zur Breite mag öfters wechseln, es zeigt sich wenigstens sowohl an der oben gezeichneten größeren Frucht a, wie an der mitabgezeichneten kleineren Frucht b der Breitedurchmesser verschieden. Dagegen trifft die geringe Dicke der Frucht zu und es weiset überhaupt deren auf beiden Seiten stark gedrückte Gestalt nach, daß ich die richtige Sorte besitze, zu welcher ich die Zweige von Hrn. Oberförster Schmidt empfing.

Stiel: mittelstark, ³/₄ bis 1" lang, grün, etwas gekrümmt, in einer kleinen flachen Höhle oder auch obenauf stehend.

Haut: ziemlich stark, läßt sich gut abziehen, ist von der Farbe der Gemeinen Zwetsche, doch etwas mehr braunröthlich, mit vielen ebenso gefärbten, in ihrer Mitte hellgrauen Punkten, auch fein hellblau beduftet.

Fleisch: fest, zwetschenartig, weißgelb, saftig, im Geschmack dem der Gemeinen Zwetsche ähnlich, angenehm süßweinsäuerlich, doch wie mir es vorkam, weniger edel.

Stein: 1¼" lang, nicht ganz ³/₄" breit, zwetschenartig, mit einer ziemlich starken Spitze und mit stark vortretenden Rückenkanten, von welchen die mittlere nach dem Stiele zu sich stark erhebt; die Bauchkanten haben scharfe rauhe Ränder. Er löst sich übrigens gut vom Fleische.

Reifzeit und Nutzung: die Frucht zeitigt Ende September, im Jahre 1859 war sie jedoch in Meiningen schon den 6.—10. Sept. reif. Sie ist hauptsächlich wegen ihrer eigenthümlichen Form interessant und kann, da sie nach Dittrich zu jedem ökonomischen Gebrauche ebenso wie die Hauszwetsche zu verwenden ist, zur Abwechslung mit dieser angepflanzt werden.

Eigenschaften des Baumes: derselbe unterscheidet sich nicht wesentlich von dem der Hauszwetsche. Die Sommertriebe sind nicht stark, violettbraun mit Graubraun schattirt, an der Sonnenseite röthlich angelaufen, unbehaart; die Blätter sind elliptisch, meist oberhalb der Mitte nach vorne hin am breitesten, mit auslaufender oder halb aufgesetzter Spitze, der Rand derselben ist bogenförmig, etwas weniger scharf als der der Blätter der Gewöhnlichen Zwetsche gesägt, oben glatt, unten schwach behaart, am Grunde hie und da mit kleinen Drüschen. Der meist drüsenlose Stiel ist schwach behaart.

Jahn.

No. 15. **v. Hartwiß gelbe Zw.** 1: — I, 1. C.; **Wahre Zw., gelbe Fr.** 6: — I, 3. A a.

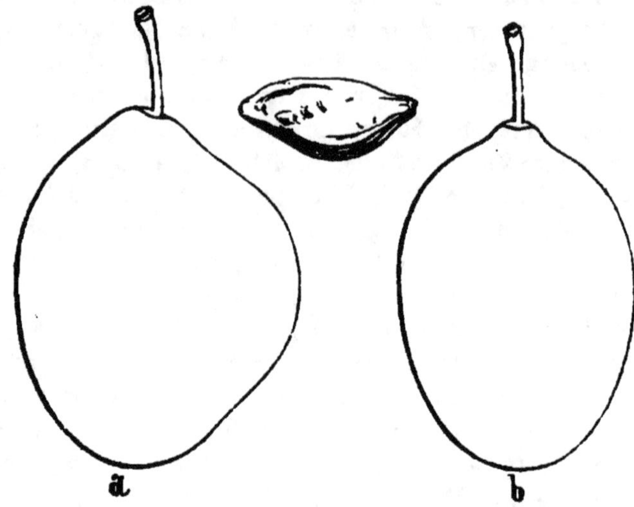

v. Hartwiß gelbe Zwetsche. * * wohl †, Anf. Sept.

Heimath und Vorkommen: diese delikate sehr schätzbare, noch höchst wenig bekannte, aber recht häufigen Anbau verdienende Frucht erzog Liegel aus dem Steine der Gelben Frühzwetsche, und benannte sie nach Hrn. Obersten v. Hartwiß, Direktor der Kaiserlichen Gärten zu Nikita in der Krim. Mein Reis erhielt ich von Liegel.

Literatur und Synonyme: Liegel III. S. 43 Nr. 130 unter obigem Namen.

Gestalt: zwetschenförmig und ziemlich leicht kenntlich durch den recht stark aufgeworfenen Rücken und die stark breitgedrückten Seiten. Größe nach Liegel 1″ 7‴ Höhe, 1″ 3‴ Breite und 1″ 1‴ Dicke. Bei mir waren vollkommene Früchte von 2″ Höhe, stark 1½″ Breite und 2—3‴ weniger Dicke. Vom Bauche ab angesehen erscheint sie ziemlich eiförmig mit etwas vorgeschobener Stielspitze. Der Rücken ist stark erhoben, der Bauch bildet eine stumpfe Schneide, mit flach ovaler Linie begrenzt. Die größte Breite liegt fast in der Mitte oder etwas mehr nach dem Stiele hin; die beiden Seiten sind charakteristisch stark gedrückt. Die Furche theilt ungleich. Der kleine Stempelpunkt liegt unvertieft auf der Mitte der Spitze. Unter obenstehenden Figuren gibt die Figur links die Seitenansicht, die Figur rechts die Bauchansicht.

Stiel: nach Liegel über 1" lang, war an meinen größeren Früchten kürzer, 9—10''' lang, ist dünn, gerade, behaart, und sitzt auf einer zitzenförmigen Spitze, welche mehr dem Bauche zugewendet ist, und nach dem Rücken abfällt, in kleiner seichter Höhle.

Farbe der dünnen, nicht gut abziehbaren Haut ist wachsgelb, mit wenigen kleinen weißlichen Punkten, so wie auch rothe Punkte sich nur selten finden. Der Duft ist weißlich und dünn.

Das Fleisch ist ganz ablöslich, strahlig, zwetschenartig consistent, saftreich, von süßem, durch etwas feine Säure gewürztem, delikaten Geschmacke.

Der Stein liegt hohl im Fleische, ist 10—11''' hoch, stark 5 breit, 3 dick, zwetschenförmig oder mehr eilanzettlich, mit am Kopfe dieser Form vorgeschobener und nach der Bauchseite übergebogener Spitze, flachbackig, nicht rauh; Bauchfurche eng und seicht. Rückenkante ziemlich breit, stumpf; größte Breite liegt mehr nach dem Stielende hin.

Reifzeit und Nutzung: zeitigt nach Liegel im 1. Drittel des Sept., bei mir mehrmals mit der Reizensteiner gelben Zwètsche, etwas später. Für die Tafel höchst schätzbar und wahrscheinlich auch im Haushalte sehr brauchbar.

Der Baum wird nach Liegel groß und ist tragbar. Die Fruchtbarkeit desselben bestätigte sich auch schon bei mir. Sommerzweige fast gerade, kahl, braunroth, an der Schattenseite grün, stärkere unten etwas silberhäutig gefleckt. Blatt klein, stehend, ziemlich flach ausgebreitet, runzlig, nach Liegel behaart und von Form umgekehrt eiförmig. Ich fand es oben kahl und die Form unten am Zweige breitlanzettlich oder elliptisch, weiter hinauf elliptisch mit ziemlich starker Spitze, auch oben oft zur umgekehrten Eiform neigend, am Fruchtholze aber lang und schmal, meist umgekehrt eilanzettlich. Augen groß, bauchig stumpfspitz, aufrecht stehend, oft abstehend. Augenträger an starken Trieben oft hoch, sonst seicht aber langgerippt, wovon der Trieb merklich gestreift erscheint.

Oberdieck.

No. 16. **Wahre weiße Diapré.** 1: — I, 1. C.; **Wahre Zw., gelbe Fr.** 6: — I, 3. B(c)a.

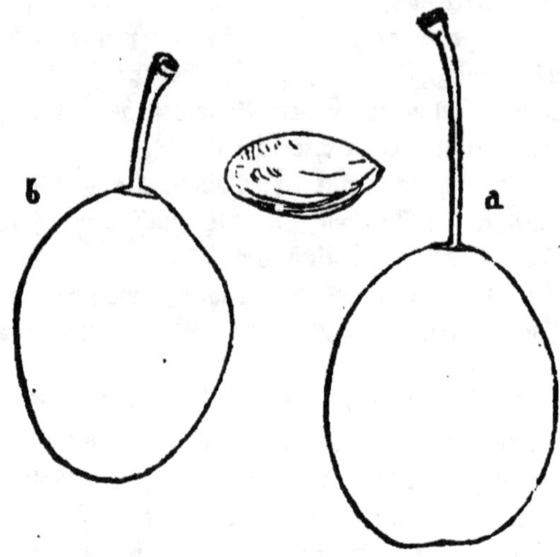

Wahre weiße Diapré. ** und sicher †. Anf. Sept.

Heimath und Vorkommen: diese für die Tafel und sicher auch zum Welken sehr schätzbare Frucht, deren Baum nach Liegel empfindlich ist in der Blüthe, bei mir jedoch fast jährlich reichlich ansetzt, gehört zu den alten, sporadisch schon weit verbreiteten Früchten und verdient recht häufige Anpflanzung. Ich erhielt sie von Liegel und Jahn überein.

Literatur und Synonyme: Liegel III. S. 41, Nr. 114, unter obigem Namen. Das Beiwort „wahre" setzte Liegel hinzu, weil als Weiße Diapré mehrere Früchte bei den Pomologen vorkommen, und er II. S. 178 schon eine andere Frucht als Weiße Diapré beschrieben hatte, die er in jüngster Zeit für den rechten Weißen Perdrigon zu halten geneigt gewesen ist. — Duhamel II. S. 126, Taf. 26 dürfte doch die obige sein. Duhamel gibt den Stiel kurz und die Farbe grüngelb an. Ich habe indeß bemerkt, daß obige auch nicht immer gleich langen Stiel hat, wie die Figuren oben darstellen. — Günderode S. 135, Taf. 27, wird nach der Beschreibung auch wohl Obige sein; Kupfer ist zu breit und kurz oval und zu ockergelb. Kraft II. Taf. 198, Nr. 2 hat, wie schon Günderode bemerkt, nur Duhamels Abbildung copirt. L.O.Cab. Nr. 14 schlecht; Dittr.O.Cab. Nr. 14. Siehe noch Dittr. II. S. 247, Chr. vollst. Pomol. S. 142, Nr. 48, Handb.W.B. S. 369, Lond.-Cat. S. 163. — Von obiger in nichts wesentlich verschieden ist Dörells neue weiße Diapré (Liegel II. S. 66, Nr. 117) von der Liegel meint, daß sie wahrscheinlich aus dem Steine der Duhamel'schen Frucht entstanden sei. Unterschied soll im ganz kahlen Stiele der Dörell'schen, Frucht liegen, indeß sind auch bei Obiger die Stiele nur sehr kurz und wenig behaart, also fast ganz kahl, und hat auch Letztere einzeln etwas behaarte Stiele, und wie bisher fast alle mir bekannte, von Herrn Dörell verbreitete Früchte unter richtigerem Namen sich wiederfanden, so ist etwa auch die Dörells weiße Diapré von Herrn Dörell nur aus Unkunde neu benannt. Wäre Verschiedenheit, so könnte letztere etwa tragbarer sein; eine von beiden ist gänzlich überflüssig.

Gestalt: Größe nach Liegel 14''' hoch, 12 1/2 breit, etwas weniger dick; in fruchtbaren Jahren hatte ich sie bis zu 16''' Höhe und 14 Breite. Gestalt etwas veränderlich, oft ziemlich oval, meist nach dem Stiele etwas stärker abnehmend, mit kurzer oder etwas längerer vorgeschobener Stielspitze (Fig. b oben, als Seitenansicht): Bauch und Rücken gleich erhoben, stärkste Breite meist in der Mitte; Furche unbedeutend oder fehlend, theilt bald gleich, bald ungleich. Stempelpunkt, fühlbar erhoben, liegt bald in der Mitte der Spitze, bald neben derselben.

Stiel: nicht immer von gleicher Länge, aber bei vielen Früchten (oder in manchen Jahren?) charakteristisch lang bis zu 1'', sitzt ganz flach.

Farbe der zähen, leicht abziehbaren, wenig säuerlichen Haut in voller Reife ziemlich hochgelb. Besonnte zeigen zahlreiche, theils feine freundlich rothe, theils größere blutrothe Punkte und Flecken, die selbst zu Figuren zusammenlaufen. Duft weißlich, dünn.

Das Fleisch ist ziemlich hochgelb, saftreich, glänzend, consistent, doch zart, von sehr süßem, erhabenem, delikaten Geschmacke.

Stein: nach Liegel nicht ablöslich, war es bei mir in guten Jahren doch fast, ist 8—9''' hoch, 5 breit, 3 dick, ziemlich oval, Backen flach, ziemlich rauh, etwas afterkantig; Mittelkante des Rückens nur etwas erhoben.

Reifzeit und Nutzung: zeitigt im ersten Drittel des September, mit und noch etwas nach der Großen Reineclaube, hängt fest am Baume und springt nur in der eingetretenen Reife in sehr anhaltendem Regen etwas auf.

Der Baum wird ziemlich stark, und treibt abstehende Aeste. Sommertriebe lang, schlank, wenig stufig, kahl, braunroth und fein gelblich punktirt. Blatt des Fruchtholzes lang, lanzettförmig oder umgekehrt eilanzettlich, in der Mitte des Sommertriebes breitlanzettlich, nach oben mehr elliptisch, flach ausgebreitet einzeln nach dem Stiele hin umgekehrt rinnenförmig, hellgrün, wenig runzlig, Blattstiel hat häufig 4—5 Drüsen. Augen konisch, spitz, stehend; Augenträger flach, wenig gerippt.

Oberdieck.

No. 17. **Die Waterloo-Pflaume.** 1: — I, 1. C.; Wahre Zw., gelbe Fr. 6: — I, 8. A a.

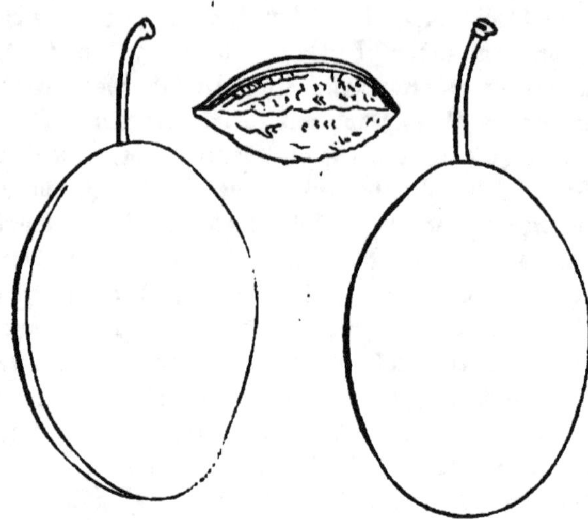

Die Waterloo-Pflaume.   Liegel (Bivort) ** Mitte Sept.

Heimath und Vorkommen: sie wird, wie Liegel und auch Dittrich mittheilen, als von v. Mons erzogen betrachtet, und zwar soll sie aus dem Steine der Gelben Eierpflaume von ihm gewonnen worden sein. Diesem widerspricht indessen Bivort und bemerkt, sie sei im Dorfe Waterloo entstanden, ihr Erzieher habe sie zur Beurtheilung an v. Mons gesendet, welcher dann vielfach Pfropfreiser an seine Correspondenten gesendet und so sei sie dann als von v. Mons herrührend angesehen worden.

Literatur und Synonyme: Liegel beschrieb sie bereits ausführlich in IV. S. 8. Nr. 371 mit Bezugnahme auf Dittrich (der, II. S. 221, eine kurze Nachricht aus den Frauendorfer Blättern, V. Jahrg. S. 101. Nr. 13 über sie in sein Handbuch aufnahm, wonach sie v. Mons für die beste aller Pflaumen erklärt habe, deren Baum aber nur an einem nordwestlichen Spaliere Früchte bringe). Dittrich gibt als französischen Namen Duc de Waterloo hinzu. — Bivort beschreibt sie im Alb. II. als Prune de Waterloo S. 137; er hat sie von Farbe mehr grün als gelb und in der enormen Größe von 2½″ Höhe und 1″ 10½‴ Breite abgebildet. Er fügt seiner Beschreibung hinzu, daß er (und Andere) sie längere Zeit für mittelgut gehalten, sich aber in späterer Zeit von ihrem Wohlgeschmack überzeugt habe, delicat werde sie am mittäglichen Spaliere und ganz vortrefflich, wenn sie Mitte Sept. in ihrer Reife abgenommen, noch einige Tage hingelegt werde, so daß sie um den Stiel welk werde. Der Baum trage aber auch hochstämmig sehr voll und die Frucht sei getrocknet sehr gut. — Jamin und Durand haben eine Reineclaude Coës Golden Drop mit dem Syn. Waterloo, was aber wahrscheinlich die Coës rothgefleckte Goldpflaume ist, denn die Farbe wird als blanc d'oré angegeben.

Gestalt: wie oben gezeichnet, sehr länglich rund, oben flach, meist etwas schief abgerundet, unten stumpfspitz, auf beiden Seiten stark gedrückt; der Rücken ist mehr ausgebogen, der Bauch bildet eine stumpfe Schneide. Größte Breite meist mehr nach Oben. Die Furche drückt den Rücken flach und theilt ungleich. Der Stempelpunkt steht auf der schiefen Spitze, etwas mehr nach dem Rücken zu. — Die Frucht ist nach Liegel mehr als mittelgroß, 1" 8''' hoch, 1" 3''' breit, 1" 1''' dick, und die Abbildung oben zeigt Uebereinstimmung mit diesen Dimensionen, wenn die Frucht bei mir auch ein wenig größer wurde. — Immer erreicht sie aber bei uns Beiden nicht die von Bivort gezeichnete Größe. (S. oben.)

Stiel: oft sehr lang, selbst 14''', dünn, fast kahl, in enger seichter Höhle.

Haut: dick, abziehbar, grünlichgelb, weißlich, dünn beduftet, mit rothen Punkten und rothen Flecken.

Fleisch: weißgelb, härtlich, saftig, von zuckersüßem sehr edlem aromatischen Geschmack.

Stein: liegt nach Liegel hohl im Fleische, — an den von mir erzogenen Früchten war er nicht immer ganz löslich und auch Bivort sagt: „il adhère entièrement à la chair;“ — ist geformt, wie die Abbildung zeigt, 1" hoch, 6''' breit, 3''' dick, oben und unten ziemlich gleich, etwas stumpfspitz; der Rücken ist mehr ausgebogen, die Mittelkante desselben erhoben und stumpf, die Backen rauh, Bauchfurche breit und seicht, ihre Kanten sind rauh.

Reife und Nutzung: die Frucht reift in der Mitte des September und ist auch nach Liegel eine auserlesene Frucht, die Verbreitung verdient, doch meint derselbe dem Lobe, was ihr v. Mons spendete, der sie über die Große grüne Reineclaude erhob, nicht beipflichten zu können, welchem ich mich ebenfalls anschließe.

Eigenschaften des Baumes: derselbe ist auch nach Bivort wenig starkwüchsig und bleibt klein und so verhält sich sowohl ein Baum, den ich aus Liegels Zweigen erzog, wie einer aus Papeleus Reisern, beide sind auch ganz übereinstimmend in Betreff der Frucht und der Tragbarkeit, die etwas größer sein dürfte. Die Sommerzweige sind kahl, a. d. Sonnenseite dunkelbraun, grau gesprenkelt, nach der Spitze hin violettroth, auf der Schattenseite grün. Die Blätter sind theils eirund (eiförmig, O.) mit auslaufender Spitze, meistens breitelliptisch und am Tragholze elliptisch oder verkehrt eirund, nach dem Stiele zu stark keilförmig. Oben sind sie kahl, unterseits behaart. Der Stiel ist geröthet, bis 1" lang, hat eine oder zwei Drüsen an jeder Seite der Blattbasis und ist behaart.

Bemerkungen: Nach Liegel ist die Waterloo kenntlich durch ihre zusammengedrückte Zwetschenform, grünlichgelbe Farbe und durch ihren edlen Geschmack. — Bivort räth nach seinen neuesten Erfahrungen, um die Frucht in ihrer Vorzüglichkeit zu genießen, bei ihr, wie bei Coës Golden Drop (Coës rothgefleckte Goldpflaume) und bei der Babays Reineclaude das Zwischenpflücken (entrecueillir), mit Berücksichtigung des Obengesagten, an, und nach Jamin und Durand in Paris, welche sie sehr empfehlen, hält sie sich etwas vor der Reife gepflückt im Fruchtgewölbe bis November, doch dürften sie am Ende die Coës Golden Drop unter ihr verstehen.

Jahn.

No. 18. **Große gelbe Dattelzw.** 1: — I, 1. C.; Wahre Zw., gelbe Fr. 6: — I, 3. A a.

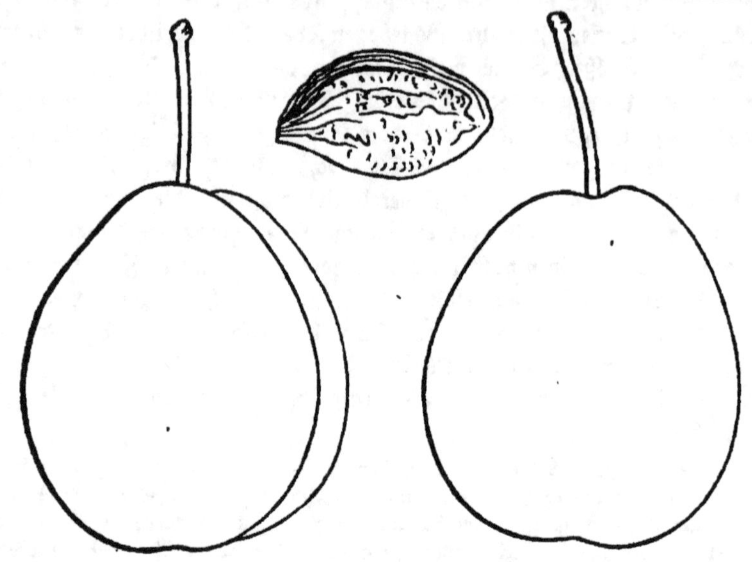

Große gelbe Dattelzwetsche. Liegel (Diel, Duh.,) * Okt., selten M. ob. E: Sept.

Heimath und Vorkommen: diese recht schöne Frucht ist zwar schon länger bekannt und wahrscheinlich französischen Ursprungs, doch hat sie sich in deutschen Gärten wenig eingebürgert, weil sie wegen ihrer späteren Reife nicht immer gut wird und auch in bessern Jahrgängen doch nur II. Ranges ist.

Literatur und Synonyme: schon Duhamel kannte und beschrieb ziemlich ähnlich eine Prune Datte, doch gibt er ihre Größe zu gering und die Reife zu Anf. des Sept. an, was nur in warmen trockenen Sommern, wie in dem von 1859 etwa bei uns eintrifft, denn in diesem Jahre blieb sie meist ungewöhnlich klein und reifte auch ungleich früher. Auch Diel in seinem System. Verzeichnisse von 1818 S. 145 führt sie als Große gelbe Dattelpflaume, Prune Datte, mit Bezugnahme auf Duhamel, ihren Haupteigenschaften nach kurz auf und bemerkt: „In Rum eingemacht ist sie sehr gut." Er nennt sie nebenbei Impériale blanche, was Duhamel nicht that. Genauer beschrieb sie Dittrich (II. S. 215) als Große gelbe Dattelpflaume, Weiße Kaiserin, Imperiale blanche, Prune Datte janne, wobei bemerklich zu machen ist, daß die Namen Weißer Kaiser, Weiße Kaiserin, Weiße Kaiserpflaume auch der Gelben Eierpflaume nebenbei beigelegt werden und daß Liegel als Weiße Kaiserin, Imperatrice blanche, und als Weiße Kaiserpflaume Imperiale blanche 2 andere Früchte und außer diesen auch noch eine Neue weiße Kaiserin beschrieben hat. — Die vorliegende schilderte Liegel ausführlich Heft II. S. 68 Nr. 59 als Große gelbe Dattelzwetsche und gibt als Syn. nach Christs Vollst. Pom. S. 143 Gelbe Marunke, nach dem Deutschen Fruchtg. IV. S. 17 auch Marunke an. Im T.O.G. XII. S. 88 ist unter letzterem Namen auch eine ähnliche Frucht mit den Syn. Malonke und Hammelsack beschrieben und abgebildet. Später hat Liegel jedoch in Heft III. S. 40 unter dem Namen Gelbe Marunke eine vom Pfarrer Koch in Burgtonna erhaltene, Ende Aug. oder Anf. Sept. reifende kleinere

Frucht beschrieben, die um Gotha unter diesem Namen sehr verbreitet ist und in Heft IV. S. 58 kommt er auf die Große gelbe Dattelpflaume (als auf eine von der Gelben Marunke verschiedene größere Frucht) die in Allem ähnlich der Rudolphspflaume sei, zurück, hat sie aber hier als kaum des Erziehens werth bezeichnet, was doch nicht der Fall ist. — Dittr. O.-Cab. Nr. 51.

Gestalt: umgekehrt eirund, (eiförmig, D.), bisweilen fast eiförmig, (oval, D.), am Rücken und Bauche gedrückt, oben ziemlich flach aber schief abgerundet, nach dem Stiele zu stark verjüngt, stumpfspitz, die größte Dicke ist meist ²/₃ nach Oben. Die Furche bezeichnet nach Liegel nur eine Linie, ist gegen den Stiel etwas tiefer, drückt den Rücken etwas nieder und theilt ungleich. An den in M. erzogenen Früchten ist die Furche oft ziemlich stark ausgeprägt. Stempelpunkt flach oder etwas vertieft stehend, meist in Mitte der Frucht, doch nicht auf der gegen den Rücken etwas erhobenen Spitze, er ist klein und grau. — Die Frucht kommt in Größe fast der Gelben Eierpflaume nahe und mißt 1″ 8‴ in der Höhe, 1″ 6‴ in der Dicke und 1″ 5‴ in der Breite.

Stiel: sehr lang, meist bis zu 1″, fast kahl, oder doch sehr wenig behaart, mäßig dick, rostfarbig, gerade, und sitzt in enger, ziemlich flacher Vertiefung, die sich in naß-kalten Sommern jedoch mehr erweitert.

Haut: wachsgelb mit vielen weißlichen Punkten und dünn und weißlich beduftet, bisweilen etwas geröthet um den Stiel, sehr oft aber auch roth punktirt oder gefleckt. Die Haut an sich ist dick, zähe und abziehbar.

Fleisch: gelb, härtlich, saftreich, gut ausgereift von angenehmem, vollkommen süßem Geschmack, in schlechten Sommern bleibt das Fleisch fester und schmeckt fadesüß, weil sie nicht auszeitigt.

Stein: schwer- und nur in manchen Jahren noch ziemlich löslich, 11‴ lang, 7‴ breit, 4 dick, von Form, wie ich ihn oben zeichnete. Backen rauh, etwas afterkantig. Der Rücken hat 3 etwas aprikosenartige Kanten mit erhobener Mittelkante, die gegen die Basis hin breiter und schärfer wird. Bauchfurche ziemlich enge und mäßig tief, bisweilen stellenweise verwachsen.

Reife und Nutzung: die Frucht reift im Okt., doch hatte ich im Jahre 1859 einige Exemplare ungewöhnlich früh, schon den 3. Sept. reif. — Sie hat zwar nicht den Werth der Gelben Eierpflaume, doch wird sie in manchen Jahren recht schön, auch gut und dient immer noch als große Frucht mit anders gefärbten späten Pflaumen vermengt zur Zierde der Obstschale, wenn der Genuß auch nicht jederzeit recht behagt.

Eigenschaften des Baumes: derselbe wächst in Meiningen stark und strebt hoch empor, er blüht, wie auch Liegel bemerkt, frühzeitig mit großen Kronblättern und ist recht tragbar. — Sommerzweige kahl, graugrünlich, auf der Sonnenseite röthlichbraun, etwas silberhäutig. — Blätter groß, am Rande etwas aufwärts gebogen, (mulbenförmig) unterhalb behaart, etwas breit verkehrt eirund, (umgekehrt breit eiförmig, D.) enge und doppelt gesägt. Blattstiele dick, durchaus behaart, etwas röthlich, bisweilen 2drüsig.

Bemerkungen: Liegel bemerkt noch, daß sich die Frucht kenntlich mache durch ihre Größe, wachsgelbe Farbe, durch ihre vorne und hinten gedrückte umgekehrte Eiform, durch die Unlöslichkeit des Steins und die Afterkanten des letzteren. Die Gelbe Eierpflaume und die Gelbe Jerusalemspflaume zeitigen früher und haben einen meist gutablöslichen Stein ohne Afterkanten (die Gelbe Marunke mit schwerlöslichem Steine reift ebenfalls früher. Siehe oben.) Liegel glaubt ferner, daß Duhamels Imperiale blanche und ebenso dessen Prune Datte (zwei von demselben als große gelbe Früchte beschriebene Sorten) von der vorliegenden Großen gelben Dattelzwetsche verschieden seien, weil er ihren Geschmack als sauer bezeichne, während die vorliegende schon im nicht ganz reifen Zustande süßlich schmecke. Fügt man diesem hinzu die geringe Größe und frühe Reife von Duhamels Frucht, so erscheint dessen Prune Datte, die er auch nicht abgebildet hat, allerdings fraglich oder zweifelhaft, wenn man nicht annehmen will, daß sich dieser treffliche Beobachter doch auch einmal geirrt oder eine unausgebildete Frucht beurtheilt habe.

Jahn.

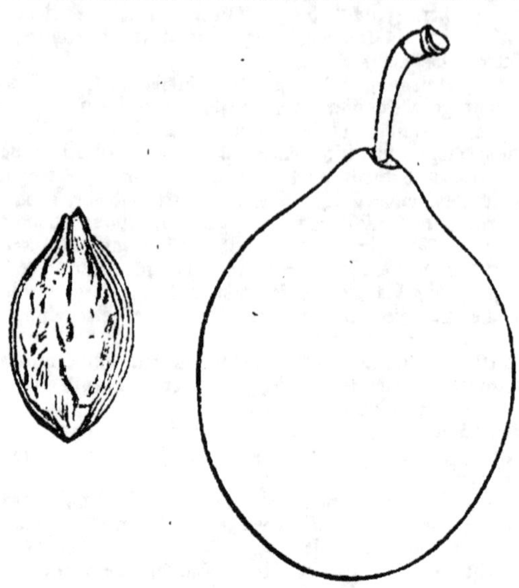

Coë's rothgefleckte Pflaume. ** Ende Sept.

Coë's golden drop.

Heimath und Vorkommen: diese höchst werthvolle, häufige Anpflanzung verdienende Frucht, die sich auch als Marktfrucht auszeichnet, und deren Baum sehr tragbar ist, erzog der Gärtner Coë in Suffolk in England. Mein Reis erhielt ich durch Hrn. Pfarrer Urbaneck von der Londoner Gartenbaugesellschaft.

Literatur und Synonyme: Liegel III. S. 46 Nr. 220 unter obigem Namen. Pomolog.-Magaz. II. Nr. 57. Lond. Catal. S. 162 Nr. 21 mit den Synonymen Coë's, Coë's Imperial, Golden Drop, New Golden Drop, Bury Seedling, Fairs Golden Drop, Golden Gage; Downing S. 273 mit den meisten der genannten Synonyme; Emmons S. 165 Taf. 5, Bivorts Album II. Taf. 11; Annales III. S. 48 mit guter, jedoch zu stark umgekehrt eiförmiger Abbildung.

Gestalt: die Frucht ist sehr groß, nach Liegel 1" 9''' hoch, 1" 7''' dick, 1" fast 6''' breit. Ich hatte häufig Früchte von 2" 2''' Höhe und 1³/₄" Breite, und Downing zeichnet die Frucht von 2¹/₂" Höhe, und sagt, daß sie die Große gelbe Eierpflaume an Größe übertreffe. Die Gestalt ist ziemlich oval mit einer kurzen vorgeschobenen Stielspitze. Die Figur oben zeigt die Seitenansicht, bisweilen ist sie auch umgekehrt ei=

förmig, welcher Form auch Downings Zeichnung nahe kommt. Rücken und Bauch sind fast gleich erhoben, die stärkste Dicke liegt in der Mitte, einzeln auch etwas mehr nach dem Stiele hin. Die ziemlich starke Furche, die meistens gegen den Stiel stärker wird, und den Rücken da stärker drückt, theilt ungleich, und spaltet häufig die Spitze. Die eine Seite der Frucht erhebt sich meistens beträchtlich stärker als die andere, und verdirbt die schöne ovale Form. Der kleine Stempelpunkt sitzt meistens oben in der Mitte der Frucht in der von der Furche gebildeten Spalte.

Stiel: stark 9—10''' lang, etwas gebogen, kahl, rostfleckig, sitzt auf der vorgeschobenen Stielspitze in einer kleinen Vertiefung, die häufig nach dem Rücken schräg abläuft, indem die Bauchseite über die Insertion des Stiels sich etwas erhebt.

Farbe der dicken zähen, geschmacklosen, gut abziehbaren Haut ist gelb, ins Grünliche spielend, in rechter Reife sehr schön gelb. Um den Stiel und auf der Sonnenseite finden sich schöne, oft gedrängt stehende rothe Punkte und Flecken, die nicht selten ganze Stellen überziehen, sich in Streifen und Figuren formiren, und die Frucht malerisch schön machen. Weißgraue Punkte finden sich über die Frucht zerstreut. Der Duft ist weißlich und dünn.

Das Fleisch ist nach Liegel grünlich gelb, war bei mir fast goldgelb, ist zart, überfließend von Saft, von weinartig süßem, erhabenem aromatischen Geschmacke. Man muß jedoch den rechten Reifepunkt beachten, indem vor voller Reife das Fleisch um den Stein etwas säuerlich, überzeitig zu weich ist. Auch Liegel bemerkt, daß man im rechten Reifepunkte die Frucht zu trinken glaube.

Der Stein löset sich nicht gut oder gar nicht vom Fleische, ist 14''' hoch, 7 breit, 5 dick, (nach Liegel 13 hoch, 8 breit) ziemlich dickbackig, breitlanzettlich oder noch näher eiförmig mit einer am Kopfe der Eiform stark vorgeschobenen stumpfspitzigen Spitze. Der Rücken ist nur etwas mehr aufgeworfen und dessen Mittelkante etwas erhoben, die nach dem Stiele hin oft scharf wird. Bauchfurche tief und weit; Backen rauh und stark afterkantig.

Reifzeit und Nutzung: zeitigt gegen Ende Sept. Für Tafel und Markt. Hogg im Manual empfiehlt sie auch zum Einmachen.

Der Baum hat kräftigen Wuchs und ist nach meinen Wahrnehmungen recht fruchtbar. Auch Downing rühmt seine große Fruchtbarkeit und sagt, daß die Sorte sich in Amerika in jedem größern Garten finde. Nach Liegels Bemerkung springt die Frucht in der Reife in anhaltendem Regen gern auf. Triebe stark, etwas stußig, violettbraun, nach unten silberhäutig, kahl. Blatt mäßig groß, etwas hängend, oben kahl, glänzend, dunkelgrün, etwas wellenförmig gebogen, nach Liegel eiförmigrund, spitz, während ich es mehr elliptisch oder breitelliptisch finde. Augen groß, kegelförmig, abstehend; Träger hoch, wulstig, schwach, oft gar nicht gerippt.

Anm. Von der ähnlichen Großen gelben Eierpflaume unterscheidet sie sich durch die häufigen rothen Flecke, edleren Geschmack und die vorgeschobene Stielspitze. Die auch ähnliche Rudolphspflaume hat selten rothe Flecke.

Oberdieck.

No. 20. **Downtons Kaiferin.** 1: — I, 1. C.; Wahre Zw., gelbe Fr. 6: — I, 3. B a.

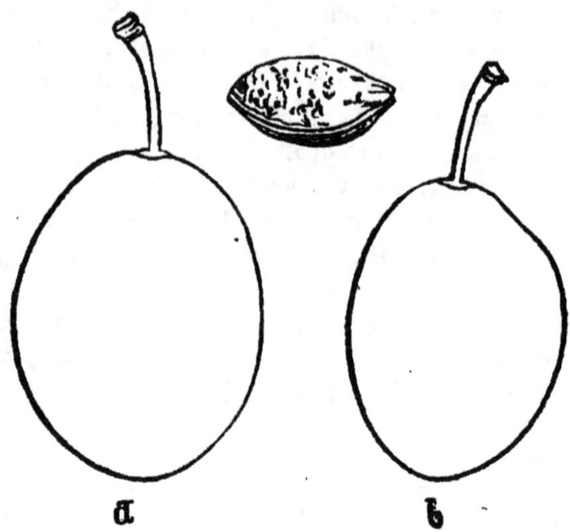

Downtons Kaiserin. ** Ott.

Heimath und Vorkommen: diese sehr gute, noch wenig verbreitete Frucht erzog der bekannte Esq. Knight zu London, indem er die Große gelbe Eierpflaume mit dem Pollen der Blue Imperatrice befruchtete. Downton war Knights Landsitz. Mein Reis erhielt ich von Liegel, der die Sorte von Burchardt bekam. Sie paßt auf Downings Beschreibung.

Literatur und Synonyme: Liegel II. S. 185 Nr. 105 unter obigem Namen; Dittr. III. S. 372; Downing S. 274 ohne Figur. Lond. Catal. S. 165 Nr. 62 Dowton Imperatrice. Synonyme fehlen.

Gestalt: 1" 4‴ hoch, 1" 2‴ dick und fast so breit. Bei nicht stark vollsitzendem Baume hatte ich sie von 1½" Höhe und 1" Dicke, wie obige kleinere Figur, die die Seitenansicht gibt, ja die größesten erreichten die Größe der obigen Figur links, welche die Bauchansicht gibt. Oval, um die Mitte fast zirkelrund, an der Spitze abgerundet, nach dem Stiele etwas verjüngt; Rücken und Bauch gleich erhoben, größte Dicke in der Mitte. Furche oft kaum bemerklich. Stempelpunkt klein, sitzt oben in der Mitte flach.

Stiel: 9''' lang, ziemlich gerade, kaum bemerkbar behaart, sitzt auf der Spitze in seichter Höhle, deren Rand nach dem Rücken oft niedriger ist als nach dem Bauche hin.

Farbe der dicken, zähen, nicht leicht abziehbaren bitterlichen Haut ist gelb. Weißliche Punkte sind zerstreut aufgetragen, röthliche Punkte und Flecken an der Sonnenseite häufig. Leberflecken finden sich nicht selten.

Das Fleisch ist etwas hellgelb, glänzend, strahlig, saftreich, schmelzend, von sehr süßem, edlen Geschmacke.

Der Stein löset sich nicht gut vom Fleische, ist 9''' hoch, 6 breit, 4 dick, oval, an der Spitze zugerundet, etwas spitzig, am Stielende stumpfspitz, größte Breite liegt in der Mitte. Rückenkanten sind stumpf, Bauchfurche seicht und eng, mit stumpfen Kanten, Backen rauh und etwas afterkantig.

Reifzeit und Nutzung: zeitigt gegen Ende Sept. und im Okt. Als späte Frucht für die Tafel aller Anpflanzung werth. Zerspringt im Regen gar nicht leicht und hängt fest am Baume. Hogg im Manual, obwohl er den Stein als ablösig angibt, bezeichnet die Frucht doch nur für die Tafel als 2. Ranges, dagegen als trefflich zum Einmachen.

Der Baum wächst kräftig, wird groß und ist tragbar. Triebe etwas stufig, rothbraun, stark silberhäutig, nach oben fein gelblich punktirt, kahl. Blatt ziemlich groß, elliptisch, auch wohl breitlanzettlich (besonders am Fruchtholze schmal, fast lanzettlich), meistens stehend, etwas rinnenförmig, glänzend, oben kahl, runzelig. Blattstiel zweidrüsig. Augen stumpfspitz, weißlich angelaufen, fast anliegend. Träger hoch mit langen Mittelrippen.

Anm. Zu ihrer Reifzeit gibt es keine Frucht, die leicht mit ihr verwechselt werden könnte. Kochs gelbe Spätdamascene ist runder, ovalrund, und tritt der Bauch am Stielende stärker vor. Die vor ihr zeitigende Waterloopflaume ist beträchtlich größer und mehr langoval, auch deren Stein ablösig. Liegel setzte die Frucht unter die Zwetschenartigen Damascenen, da aber selbst bei Liegel sie 2''' höher war als dick, und bei mir die Höhe die Dicke fast um ½'' übertrifft, so ist sie hier unter die Wahren Zwetschen eingereiht.

Oberdieck.

No. 21. Die Violette Diaprée. 1: — I, 2.A.; Damascart. Zw. bl. Fr. 6: — I, 1.Bb.

Die Violette Diaprée. Liegel. (Duhamel) ** † Ende Aug.

Heimath und Vorkommen: stammt aus Frankreich, ist bei allen Schriftstellern zu finden, die sie sämmtlich loben. Doch eignet sie sich nicht recht für Jedermann, resp. für allgemeine Pflanzung, weil ihr Baum schon zu den zärtlichern Pflaumengattungen gehört.

Literatur und Synonyme: Liegel II. S. 79 Nr. 124 und IV. S. 52 und 61. Die Violette Diaprée, Diapré violette. So nannte sie auch Duham. II. S. 125 Taf. 17; v. Günderode V. S. 127 Nr. 25 und Dittrich II. S. 252. Pomon. Franc. Taf. 15 Nr. 28 zu dick und kurz. Kraft II. Taf. 190 gute Abbild. Christ nannte sie Blaue Diaprée, Kraft: Buntfarbige violette Pflaume, Mayer: Blaue herzförmige Pflaume, Weber: Violette Violenpflaume, Heineken: Beilchenpflaume. — Im Lond. Cat. S. 161 heißt sie, wenn sie die unsrige ist, Cheston und nebenbei auch Matchless, so auch bei Downing S. 290. — Im N. Obstkabinet, Jena 1856, Sect. IV. Lief. 2 ist sie schön, doch etwas zu sehr nach dem Stiele zu abnehmend, nach von mir erzogenen Früchten abgebildet. Vergl. auch Oberdieck S. 454.

Gestalt: eirund, (eiförmig, D.) (nach dem Stiele zu am breitesten), am Rücken gedrückt, der Bauch ist mehr aufgeworfen. Furche ganz flach, theilt ungleich, und ist nur gegen den Stiel hin etwas vertieft. Stempelpunkt klein, grau, steht etwas seitwärts, nicht auf der Spitze und nicht in der Mitte der Frucht. Diese ist fast mittelgroß, 15''' hoch, 12½''' breit und dick.

Stiel: 7''' lang, mäßig dick, meist gerade, dicht behaart, rostfarbig. Stielhöhle flach, auf einer schiefen Spitze.

Haut: dünn, geschmacklos, genießbar, ziemlich leicht abzuziehen. Farbe schwarzblau, mit etwas feinen grauen Punkten. Der Duft ist dick und blau.

Fleisch: gelblich weiß, durchsichtig, härtlich, um den Stein bisweilen röthlich, von süßem, sehr lieblich erhabenem eigenthümlichen Wohlgeschmack.

Stein: liegt frei in seiner Höhle, ist 9''' hoch, 5 breit und 3 dick, von Form wie oben gezeichnet, unten stumpf= oben scharfspitz. Der Rücken ist mehr ausgebogen, die Mittelkante tritt nach dem Stiele zu etwas mehr hervor. Die Nebenkanten sind wenig bemerklich, die Bauchfurche ist enge, theilweise verwachsen. Die Backen des Steins sind wenig rauh.

Reife und Nutzung: die Pflaume reift im letzten Drittel des August und gehört zu den besten Früchten, eignet sich auch zum Trocknen und gibt gute Prünellen. Darf in keiner Pflanzung fehlen. Bleibt wegen strotzender Tragbarkeit des Baumes öfters nur etwas klein, Verdient aber wegen Fruchtbarkeit im Garten den ersten Platz.

Eigenschaften des Baumes: derselbe wird mäßig groß, seine gedrängt stehenden Aeste und Zweige entspringen in stumpfen Winkeln, seine Belaubung ist voll. Er ist nicht empfindlich auf Standort und Boden und trägt oft strotzend. Seine Blüthe entwickelt sich spät, auffallend gedrängt und zahlreich, wird aber durch Kälte und Nässe leicht verborben. Er setzt bald und häufig, früher als andere Arten Blüthen an, oft schon im ersten Jahre nach der Vereblung. Blätter oft ziemlich groß, schmal elliptisch, auch lanzettförmig, mit aufgesetzter Spitze, unter- und oberhalb weichhaarig, dunkelgrün, stumpf= und grobgesägt, oft doppelt gesägt. Blattstiele 9''' lang, stark, ganz weichhaarig, wenig geröthet, bisweilen drüsig. Sommerzweige mäßig stark, stufig, braun, charakteristisch dicht weichhaarig, fast weißwollig, meist schon mit Blüthenaugen besetzt.

Bemerkungen: die Frucht ist kenntlich durch ihre Eiform, schwarzblaue Farbe und frühe Zeitigung; sie wird selten ganz mittelgroß. Die Wahre Frühzwetsche zeitigt etwas später, ist größer, oval, (mehr länglich) und mehr violettblau, ihr Baum hat kahle Sommerzweige. Dieser Schilderung Liegels füge ich nur noch hinzu, daß ich diese an ältern Bäumen allerdings bisweilen etwas kleine sonst aber doch wie sie oben abgebildet ist, schon ziemlich mittelgroße blaue etwas rundliche Frühzwetsche wegen ihres wirklich auch edlen delikaten zwetschenähnlichen Geschmackes ebenfalls sehr hoch schätze. Sie trägt in Meiningen alljährlich, oft sehr voll. Der Baum wird indessen nicht groß und alt, bekommt nach kalten Wintern leicht Brandflecken, und eignet sich nur für geschützte Gärten und für den Liebhaber, der aber, wenn er die Frucht einmal erkannt hat, die Sorte nicht leicht wieder wird missen wollen. In Nienburg und Zeinsen zeigte sich indeß der Baum auch in freier Lage gesund und gegen harten Frost nicht empfindlich.

Jahn.

No. 22. **Große Zuckerzwetsche.** 1: — I, 2. A.; Damascenenart. Zw., blaue Fr.
6: — I, 1. A b.

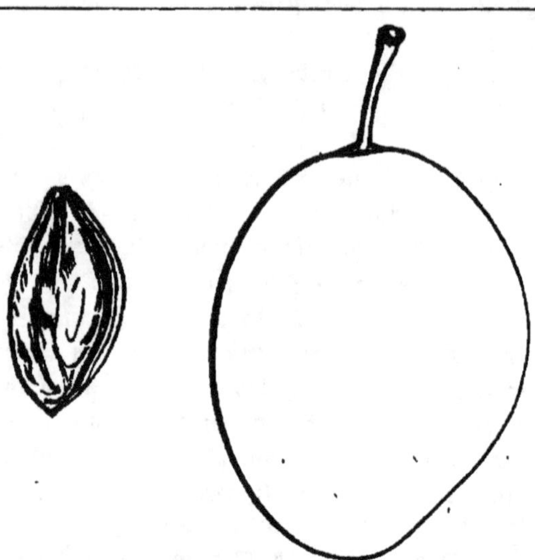

Große Zuckerzwetsche. ** Ende Aug.

Heimath und Vorkommen: obwohl diese Frucht an manchen Orten bereits verbreitet ist, bemerkt Liegel doch mit Recht, daß sie bei keinem Autor vorkomme. Ist im Hannover'schen allgemein verbreitet unter dem sehr passenden Namen Jakobi=Zwetsche, und verdient bei reichlicher Tragbarkeit des Baums sowohl für die Tafel, wie auch als der Hauszwetsche sehr ähnliche, aber früher zeitigende Marktfrucht häufige Anpflanzung. Meinerseits schätze ich sie nebst Fürsts Frühzwetsche mehr als alle andern mir bisher bekannten Frühzwetschen, die, wenn sie groß sind und tragbar, der Hauszwetsche an Reife meistens zu wenig merklich vorangehen. Mein Reis erhielt ich von Liegel.

Literatur und Synonyme: Liegel II. S. 81 Nr. 9 unter obigem Namen. Liegel bemerkt, daß sie auch unter den Namen Belzzwetsche (veredelte Zwetsche) bisweilen auch Ananaszwetsche vorkomme, welcher Name einer anderen Frucht gehört. Nach Heft III. S. 155 erhielt er sie auch als Dörells Große Ungarische Pflaume mit der älteren Nr. 63, die mit Dörells neuer großer Zwetsche Nr. 160 nicht verwechselt werden darf. Imgleichen bekam er sie nach Heft IV. S. 54 als Klabrauer Pflaume. Ich bekam die Frucht zuerst aus Herrnhausen, wo man sie Blaue Eierpflaume früher nannte, und da ich den im Hannover'schen gangbareren Namen damals noch nicht kannte, habe ich sie als Herrnhauser blaue Eierpflaume öfter versandt, unter welchem Namen sie auch Liegel Mon.=Schr. 1858 S. 281 kurz beschreibt. Diese Frucht und die Große Zuckerzwetsche zeigten 1859 und 1860 sich völlig überein.

Gestalt: nach Liegel etwas größer als die Hauszwetsche, 1" 7'''
hoch, 1" 3½''' breit, 1" 2''' dick. Gestalt oval, auch etwas eiförmig.
So habe auch ich früher die Form kleinerer Früchte notirt, (die auch bei
der Hauszwetsche merklich andere Form haben als die großen). Gute Früchte
waren bei mir zwetschenförmig, und nicht selten von der Größe obiger Figur (Seitenansicht) 2" und drüber hoch. Auf beiden Seiten ist die Frucht
merklich gedrückt, gegen den Bauch ablaufend, so daß dieser eine breite
stumpfe Schneide bildet. Der Rücken ist stärker ausgebogen. Der größte Durchmesser fällt nach Liegel mehr nach der Spitze hin, bei mir stets mehr nach
dem Stiele hin; die flache Furche theilt in ungleiche Hälften. Der Stempelpunkt ist groß, gelblich, und steht etwas seitwärts der eigentlichen Spitze.

Stiel: 10''' lang, kahl, dünn, hellgrün, wenig gefleckt, sitzt in
etwas ausgeschweifter Höhle.

Farbe der dünnen, abziehbaren, etwas säuerlichen Haut ist schwarzblau. Gelbe Punkte sind nur weitläufig vertheilt, dagegen finden sich
öfter kleine und größere Rostflecken. Der Duft ist dick und bläulich.

Das Fleisch ist heller gelb, als das der Hauszwetsche, auch nicht
so fest, doch nicht weich, noch consistent, strahlig, etwas durchsichtig, saftreich, von edlem, süßem, erhabenen Geschmacke, nicht ganz so süßweinig
als bei der Hauszwetsche.

Der Stein ist 13''' hoch, stark 6 breit, 4 dick, flachbackig, nicht sehr rauh, fast
lanzettförmig oder durch nach dem Stielende hin stark ausgebogenen Rücken und vorgeschobene, etwas nach der Bauchseite übergebogene und etwas abgestumpfte Stielspitze
dem Steine der Hauszwetsche ähnlich. Bauchfurche ziemlich tief, oft auch flach, etwas
zackig; Rückenkanten nicht breit, die Mittelkante erhebt sich stark, doch stumpf.

Reifzeit und Nutzung: zeitigt Ende Aug., fast 14 Tage vor der Hauszwetsche.
Für Tafel und Markt.

Der Baum wird groß, treibt stark, macht stark abstehende Aeste und belaubt sich
reich. Er ist sehr kenntlich durch seine großen, flach ausgebreiteten hängenden Blätter.
In Belaubung ist er vielleicht am ähnlichsten der Violetten Jerusalemspflaume, hat
aber noch größeres Blatt. Nach Liegel trägt er bei Braunau selten voll, was Liegel
den Zerstörungen der Pflaumenwespe zuschreibt. In meiner Gegend zeigt er sich sehr
fruchtbar und fehlt selten ein Jahr, wenn er auch nicht vollkommen so reich trägt, als
die Hauszwetsche. Triebe gerade, auf der untern Seite violettgrün, oben violett dunkelbraun, bald nur etwas, bald stark silberhäutig, etwas weichhaarig. Blatt sehr groß,
(oft bis 4" Länge), merklich hängend, flach, zuweilen nach unten gekehrt rinnenförmig,
oben kahl, runzlich, nach Liegel länglich-breiteiförmig, zugespitzt, nach meiner Wahrnehmung breitelliptisch, oft zur umgekehrten Eiform neigend. Blattstiel hat meistens
mit dem Blatte verwachsene Drüsen. Augen lang, konisch, abstehend. Träger breit,
hoch, stark wulstig, fast ungerippt.

Anm. Unterscheidet sich von andern frühen Zwetschen durch Form, Größe und das
große Blatt des Baumes. Oberdieck.

No. 23. **Bazalicza's Zwetsche.** 1: — I, 2. A.; Damascenenart. Zw., blaue Fr.
6: — I, 1. A b.

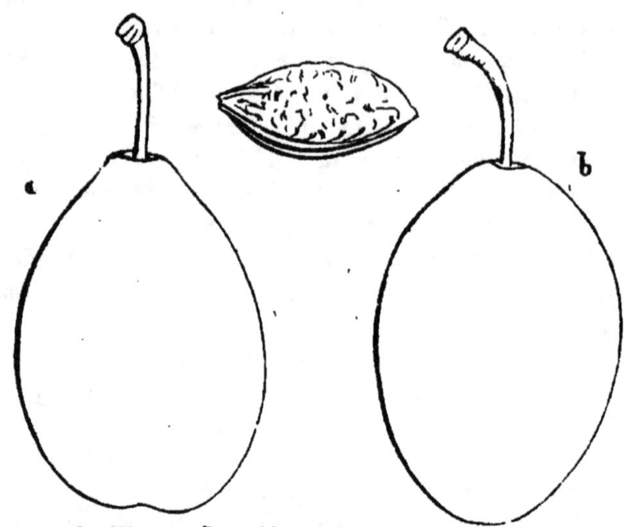

Bazalicza's Zwetsche. Faſt ** Ende Aug.

Heimath und Vorkommen: Liegel erzog dieſe Frucht aus dem Steine der Rothen Kaiſerpflaume und widmete ſie ſeinem pomologiſchen Freunde, dem Hrn. Pfarrer Matthias Bazalicza zu Nitra Persézlény bei Neutra in Ungarn. Da ſie merklich vor der Hauszwetſche zeitigt, die ſie an Größe übertrifft, in Farbe und ſelbſt in Form aber ihr ſehr ähnlich iſt, ſo hat ſie, da zugleich der Baum ſehr tragbar iſt, beſonderen Werth als Marktfrucht. Mein Reis erhielt ich von Liegel.

Literatur und Synonyme: Liegel III. S. 53 Nr. 332. Bazalicza's große blaue Zwetſche. Es wird geſtattet ſein, den Namen wie oben abzukürzen.

Geſtalt: nach Liegel 2″ hoch, 1½″ breit und ½‴ weniger dick; recht vollkommene Früchte erlangten auch bei mir dieſe Größe, die mei=ſten blieben 2—3‴ weniger hoch und verhältnißmäßig weniger dick und breit. Geſtalt oft etwas umgekehrt eiförmig, wie in obiger Figur, wo a die Bauchanſicht, b die Seitenanſicht darſtellt. Recht häufig nimmt ſie indeß auch nach der Spitze ſo ab, daß die größte Breite in der Mitte liegt und ſie eioval wird, oder die Form der Hauszwetſche annimmt, wo dann auch der Rücken nach dem Stiele hin ſich ebenſo rundet, als nach der Spitze hin. Der Rücken iſt ſtärker erhoben als der etwas flache Bauch. Furche flach, theilt meistens etwas ungleich, häufig auch gleich und drückt den Rücken am stärksten nach dem Stiele hin. Der Stempelpunkt sitzt unvertieft ziemlich auf der Mitte der Spitze.

Stiel: 9''' lang, rostfleckig, behaart, sitzt in seichter Höhle, umgeben mit einem knorpelartigen Ringe, der an der grünen Frucht noch mehr ins Auge fällt, als an der reifen und charakteristisch ist.

Farbe der leicht abziehbaren, zähen, wenig säuerlichen Haut ist violettblau, auch schwarzblau; kleine goldartige Punkte sind zahlreich, die sich oft zu Figuren und Streifen gestalten. Auch Leberflecke finden sich. Der Duft ist dick und violettblau.

Das Fleisch ist gelb, faserig, zart, von süßem, mit etwas feiner Säure vermischtem edlen Geschmacke, der jedoch weniger vorzüglich ist als der der Hauszwetsche.

Der Stein ist unablöslich, 13''' hoch, 6 breit, 4 dick, ziemlich lanzettförmig, nach dem Stielende stärker abnehmend, als nach der Spitze; Bauchfurche seicht, Rücken stärker erhoben, dessen stumpfe Kanten mit etwas erhobener, nur wenig scharfer Mittelkante nach der Spitze hin an Breite etwas, oft stark zunehmen. Backen flach, rauh und afterkantig, und deren größte Erhebung liegt allermeist etwas mehr nach der Stielspitze hin, die größte Breite jedoch liegt in der Mitte.

Reifzeit und Nutzung: zeitigt nach Liegel mit der Rothen Kaiserpflaume nach dem halben August, bei mir jedoch merklich später, erst Ende Aug. oder Anf. Sept., ziemlich gleichzeitig mit der Großen Reineclaude.

Der Baum wächst gut und ist früh und reichlich tragbar. Sommerzweige dunkelbraun, gerade, kurz behaart, größtentheils jedoch fast kahl, silberhäutig, gelblich gefleckt. Blatt ziemlich groß, flach ausgebreitet, etwas hängend, dünn, mattgrün, elliptisch, oft langelliptisch, nach Liegel behaart, während ich es oben unbehaart finde. Augen stumpfspitz, stehend; Augenträger niedrig.

Anm. Von andern ähnlichen großen, schwarzblauen Zwetschen unterscheidet sie sich durch ihre Neigung zur umgekehrten Eiform und den gedachten Ring um den Stiel in der Stielhöhle.

Oberdieck.

No. 24. Kleine Zuckerzwetsche. 1: — I. 2. A; Damascenenart. Zw., blaue Fr.
6: — I. 1. B b.

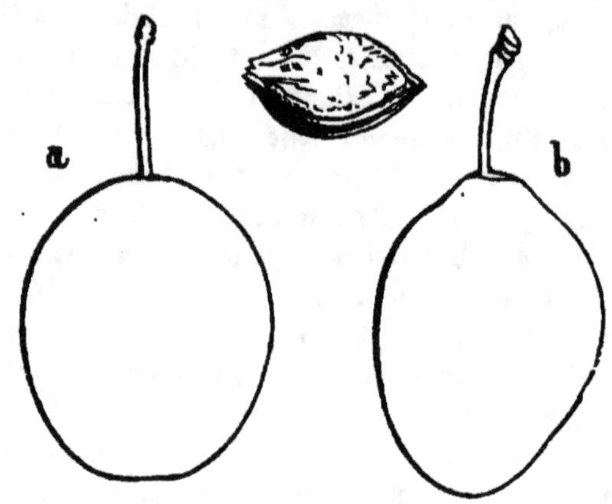

Kleine Zuckerzwetsche.   Liegel (Diel, Dittrich). ** ⅓ Sept.

Heimath und Vorkommen: sie ist schon länger bekannt, doch weiß man nicht, wo sie entstanden ist. Vielleicht ist sie ein Sämling der Violetten Diaprée, die noch älter sein mag, und mit welcher sowohl der Baum, wie auch die Frucht viele Aehnlichkeit hat.

Literatur und Synonyme: Diel hat sie schon in s. Syst. Verzeichniß S. 148, auch Dittrich beschrieb sie II. S. 258, und lieferte sie in seinem Obstcab. Nr. 57, doch ist sie von Liegel, Heft II. S. 88, Nr. 64 am genauesten ins Auge gefaßt worden. Die Frucht soll hie und da, namentlich bei Commans in Cöln, wie die Große Zuckerzwetsche, Ananaszwetsche genannt werden.

Gestalt: der gewöhnlichen Zwetsche etwas ähnlich, aber kleiner, von Form wie oben gezeichnet, in der Mitte am breitesten, Rücken und Bauch sind fast gleich erhoben, gegen den Stiel ist sie etwas verjüngt. Die Furche ist seicht und theilt ungleich, wodurch sich die eine Seite mehr erhebt. Der dunkelgraue Stempelpunkt steht meist in der Mitte auf der Spitze. Die Frucht ist nach Liegel 1″ 3½‴ lang, 1″ dick und fast ebenso breit, doch finde ich viele Früchte von stärkerer Dicke.

Stiel: 10‴ lang, behaart, meist gerade, rostfarbig.

Haut: dunkelviolettblau, fast schwarzblau, dick blau beduftet, dick und zähe, doch genießbar, ohne auffälligen Geschmack.

Fleisch: gelblich, etwas fest, erhaben süß, schwach feinsäuerlich, ganz zwetschenartig.

Stein: gänzlich löslich, von Form wie oben gezeichnet, 9‴ hoch,

5 breit, 3 dick, mit etwas erhobener stumpfer Mittelkante, die sich nach unten erweitert. Backen etwas afterkantig und rauh. Bauchfurche sehr enge, seicht, unausgebildet.

Reife und Nutzung: die Frucht reift im ersten Drittel des September, 3 Wochen vor der Gemeinen Zwetsche, wie Liegel in den Frauendorfer Blättern später noch mittheilte. — Sie verdient demnach als Frühzwetsche schon Fortpflanzung, doch war der Unterschied in Meiningen gegen die Gemeine (Gewöhnliche) Zwetsche zeither nicht so groß und betrug öfters nur 8, höchstens 14 Tage, auch schien mir der Geschmack der letzteren doch edler, als der wenn auch süßeren Kleinen Zuckerzwetsche zu sein.

Eigenschaften des Baumes: derselbe wird groß, belaubt sich stark, ist nach Diel mäßig tragbar. In Meiningen bildete er zeither nur einen kleinen Baum, der viele dichtstehende feine Zweige macht, die oft trocken werden, er trug aber in manchen Jahren schon recht voll. — Sommerzweige nur in der Jugend stark, später fein und schmächtig, schmutziggrau, auf der Schattenseite grünbraun, nach der Spitze hin dunkelviolett, weichhaarig. Blätter mittelgroß, unterhalb behaart, länglich eiförmig (länglich oval, D.) oder eirund (eiförmig, D.), mit meist ziemlich langer auslaufender Spitze, regelmäßig, zum Theil doppelt gesägt. Blattstiele ½" lang, behaart, geröthet, bisweilen mit 2 Drüsen.

Bemerkungen: Liegel vergleicht sie mit der Gemeinen kleinen Zwetsche (doch ist nicht etwa die Gewöhnliche sive Hauszwetsche darunter zu verstehen.) Diese sei ihr in Form, Farbe, Größe und Reife ähnlich, aber kürzer gebaut, habe einen stark aufgeworfenen Rücken, ihr Stein sei unlöslich und sie selbst weit schlechter von Geschmack. Die von ihm noch erwähnte Augustzwetsche ist größer, kürzer gebaut und der Baum hat kahle Sommerzweige. — Von der Violetten Diaprée, auf deren Aehnlichkeit ich selbst hinwies, ist sie durch spätere Reife und weniger edlen Geschmack unterschieden, und auch die in meinem Besitze befindliche Dielsche Augustzwetsche (Liegels wahre Frühzwetsche) ist eine der Gewöhnlichen Zwetsche in Form und Größe ähnliche, aber früher als die vorliegende reifende bessere Frucht, deren Baum leider aber wenig tragbar ist.   Jahn.

Anm. In meiner Gegend ist obige zwar tragbar und an sich gut, der Geschmack jedoch nur *, und da sie zugleich klein ist und mit der Hauszwetsche reift, dürfte sie doch zu den entbehrlichen Früchten gehören.   D.

No. 25. **Fürsts Frühzwetsche.** 1: — I, 2. A.; Damascenenart. Zw., blaue Fr.
6: — I, 1. B b.

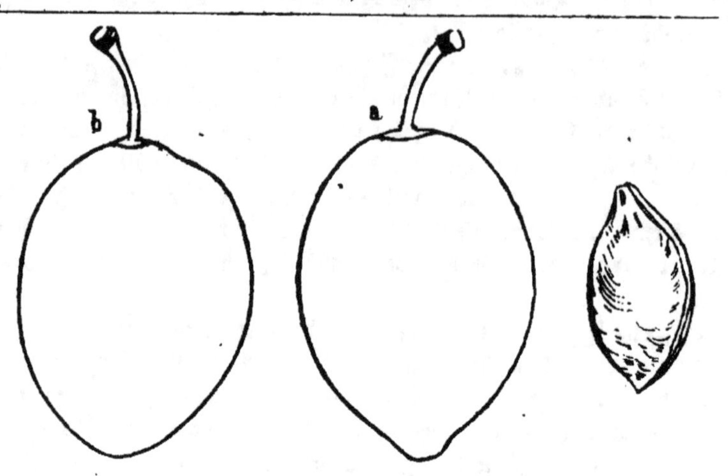

Fürsts Frühzwetsche.   **† oder †† ⅓ Sept.

Heimath und Vorkommen: diese recht sehr werthvolle Frucht erhielt Liegel von dem um die Pomologie verdienten Herrn Baron von Trauttenberg in Prag, als weiter herstammend von Herrn Professor Pater Hackl in Leitmeritz, und benannte sie nach dem bekannten Herrn Eugen Fürst, Redakteur der Frauendorfer vereinigten Blätter, Sohn des Begründers der Pflanzungen und Baumschulen zu Frauendorf. Verdient als frühe Zwetsche die häufigste Anpflanzung. — Das Reis erhielt ich von Liegel.

Literatur und Synonyme: Liegel III. S. 58, Eugen Fürsts Frühzwetsche Nr. 210.

Gestalt: mittelgroß, 1½" hoch, 1" 1‴ dick und 1" 1½" breit, eiförmig, um die Mitte rund; große Früchte sind in der Seitenansicht, auch oft ziemlich der Hauszwetsche ähnlich, und nähern sich in der Bauchansicht dem Oval. Rücken und Bauch sind gleich erhoben; der größte Durchmesser liegt etwas mehr nach dem Stiele hin; am Stempelpunkte macht sie eine bemerkbare Spitze. Die schwache Furche drückt den Rücken fast gar nicht, und theilt ziemlich gleich. Der Stempelpunkt sitzt erhoben. Die Figur a oben gibt die Bauchansicht, b die Seitenansicht.

Stiel: nach Liegel 9" lang, bei mir nur 6—7, mäßig dick, kurz behaart, rostfarbig, sitzt in seichter Höhle in der Mitte der Frucht.

Farbe der zähen, abziehbaren Haut schwarzblau mit weitläufig vertheilten röthlichen Punkten, die gegen den Stiel stärker und häufiger werden, so daß die Frucht da bisweilen röthlich marmorirt oder gestrichelt erscheint. Der Duft ist dick und blau.

Das Fleisch ist grünlich weiß, saftreich, härtlich, wie bei der Hauszwetsche, von süßem erhabenen gewürzreichen Geschmacke, der dem der Hauszwetsche wenig nachgibt, süßer ist, aber nicht vollkommen die weinartige Süßigkeit der Hauszwetsche hat.

Der Stein löst sich gut vom Fleische, ist 11—12''' hoch, 5—6 breit, 4 dick, etwas verschoben langelliptisch, fast lanzettlich; der Bauch nach der Spitze, der Rücken nach dem Stiele hin ein wenig stärker ausgebogen, die Stielspitze etwas abgestutzt. Größte Breite liegt in der Mitte; Backen fein rauh, Bauchfurche tief und weit, Rücken mehr erhoben, dessen Mittelkante stumpf etwas vorsteht.

Reifzeit und Nutzung: zeitigt noch vor der Hauszwetsche gegen die Mitte des Sept., oft früher. Gibt für Tafel und Haushalt der Hauszwetsche wenig nach, zerspringt im Regen nicht, und rechnet Liegel sie mit Recht unter die sehr tragbaren und sehr edeln Früchte.

Der Baum wächst rasch und gesund, wird aber nach Liegel nur mittelgroß. Sommerzweige nach oben schmutzig braun, fein gelb gefleckt und unten oft mit gelblichem Silberhäutchen überlaufen, gerade, stark behaart. Blatt groß, runzlig, dick, steif, oben fast kahl, unten behaart, in Gestalt etwas veränderlich, am meisten elliptisch oder breitelliptisch, mitunter fast kurzoval und nach Liegel stumpf gesägt-gezahnt, während ich die Zähne ziemlich spitz und scharf fand, wenigstens an den meisten Blättern. Blattstiel kleindrüsig, Augen groß, gedrängt sitzend, langspitz, abstehend.

Anm. Von der gemeinen Zwetsche unterscheidet sie sich leicht durch frühere Zeitigung und behaarte Triebe, sowie auch von andern frühen Zwetschen durch ihre eigenthümliche Gestalt.

Oberdieck.

No. 26. Rothe Zwetſche. 1: — I, 2. B; Damascenenart. Zw., rothe Fr.
§: — I, 2. A (B), b.

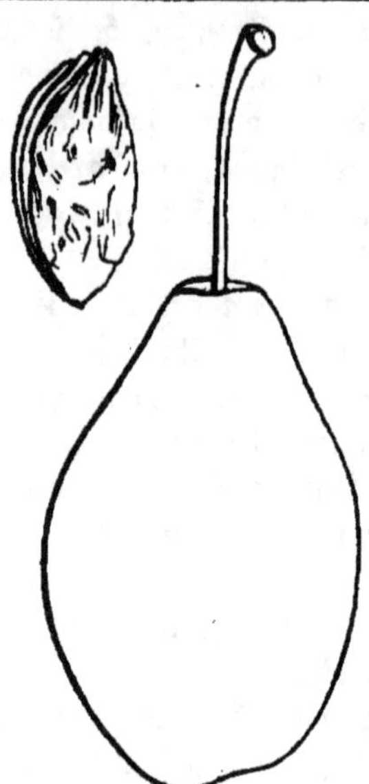

Rothe Zwetſche. Faſt ** Mitte Aug.

Heimath und Vorkommen: die Herkunft dieſer aller Anpflan=
zung werthen, recht guten Frucht iſt unbekannt, und findet ſie ſich nur
beſchrieben in Bechſteins Forſtbotanik S. 159 als Spitzpflaume, Roſinen=
pflaume, Spitzige rothe Pflaume. Sie iſt in Bayern und Oeſterreich
in den Gärten der Landleute viel verbreitet, wo der Baum durch Aus=
läufer ſich fortpflanzt, aber auch aus dem Kerne ächt nachartet und
etwas beſſere und geringere Sorte erzeugt hat. Mein Reis erhielt ich
von Liegel.

Literatur und Synonyme: Liegel II. S. 96, Nr. 47. Dittrich III. S. 383.
Bechſtein am angef. Ort. Synonyme wären darnach Spitzpflaume, Roſinenpflaume; ſie
iſt aber nicht zu verwechſeln mit der weit größeren Spitzzwetſche.

Geſtalt: erlangt nach Liegel in gebautem Boden etwas mehr
Größe als die Hauszwetſche, war bei mir ſo groß als ſtarke hieſige
Hauszwetſchen, und hat eine etwas ähnliche Form. Geſtalt nach Liegel
etwas länglich umgekehrt eiförmig, am Kopfe und auf beiden Seiten
gedrückt, gegen den Stiel mit einer ſanften Einbiegung ſtumpfſpitz aus=
laufend, die größte Breite in der Mitte, bisweilen mehr nach der Spitze

hin. Bei mir litt diese Form darin eine kleine Aenderung, daß häufig die Früchte nach der Spitze doch auch zu sehr abnahmen, um als umgekehrt eiförmig bezeichnet zu werden, welche Bezeichnung nur auf einen Theil der Früchte paßt. Eine Seite der Frucht erhebt sich oft mehr, als die andere. Der Stempelpunkt sitzt auf der Spitze fast unvertieft.

Stiel: 10‴ lang, behaart, dünn, mit einzelnen Rostflecken, sitzt in enger seichter Höhle.

Farbe der dicken, zähen, leicht abziehbaren Haut ist anfangs hellroth, mit etwas durchscheinendem Gelb, in rechter Reife braunroth, worin sehr viele kleine graue Punkte bemerkbar sind.

Das Fleisch ist gelb, nach Liegel trocken, etwas teigig, etwas säuerlich-süßweinig, ohne besondere Erhabenheit, war bei mir zwar nicht sehr saftreich, jedoch nicht trocken, und von recht angenehmem Geschmacke, und nur in nassen Jahren fielen die Früchte vor rechter Reife schon ab.

Der Stein ist dem der Hauszwetsche sehr ähnlich, ziemlich lancettförmig oder vielmehr sehr langgezogen eiförmig, mit einer am Kopfe der Eiform etwas vorgeschobenen und nach der Bauchseite etwas übergedrehten kurzen, etwas abgestumpften Spitze, 11—12‴ lang, 6 breit, 3 dick, flachbackig, rauh. Bauchfurche ziemlich breit mit zackigen Rändern; Rückenkanten schmal; die Mittelkante erhebt sich nach dem Stielende etwas und wird scharf.

Reifzeit und Nutzung: zeitigt nach Liegel im zweiten Drittel des August, bei mir oft etwas früher, und gibt an andern Orten Liegel die Reife auch gleichzeitig mit der Königspflaume von Tours, also Mitte August an. Für den frischen Genuß recht angenehm und gute Marktfrucht.

Der Baum wird nach Liegel höher und stärker, als der der Hauszwetsche, und trägt fast jährlich reichlich, welche besondere Fruchtbarkeit sich auch bei mir bestätigt. Sommertriebe etwas stufig, dunkelviolett, mit Silberhäutchen belegt, dicht weichhaarig. Blatt groß, hängend, flach ausgebreitet, oben und unten behaart, fast runzellos, nach Liegel eiförmig zugespitzt, auch umgekehrt eilancettlich, nach meinen Wahrnehmungen unten am Zweige bis zur Mitte elliptisch oder breit lancettlich, nach oben meist eiförmig. Blattstiel hat ungleich stehende Drüsen. Augen nur etwas abstehend, wollig, kegelförmig; Träger niedrig, ungerippt.

Oberdieck.

No. 27. **Die Burgunder Zwetſche.** 1: — I, 2. B.; Damascenenart. Zw. m. rothen Fr.
6: — I, 2. B b.

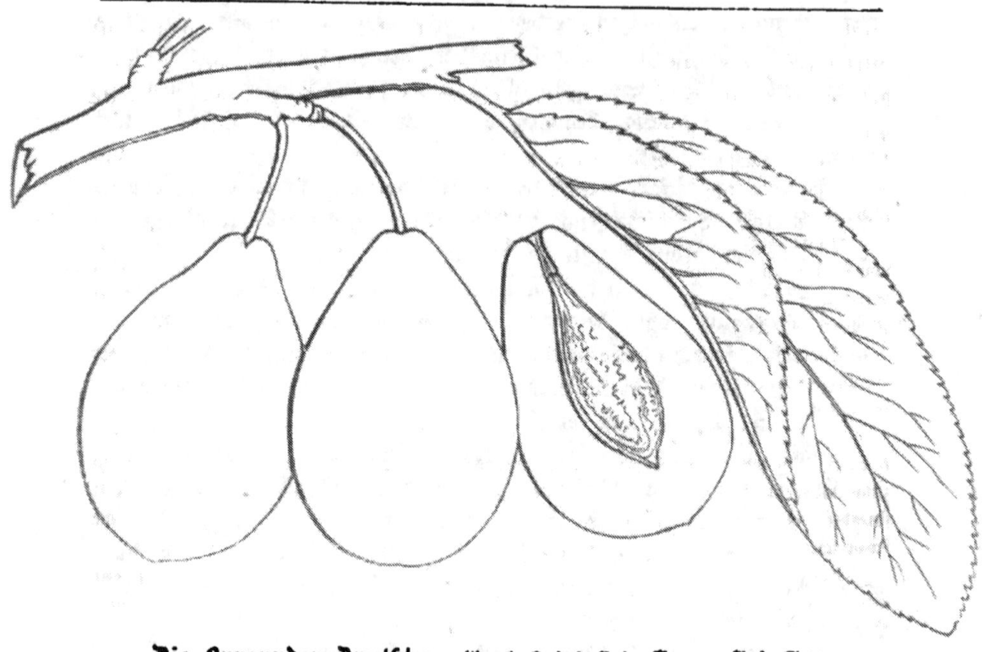

Die Burgunder Zwetſche. Liegel. * † ? Ende Aug. — Anf. Sept.

Heimath und Vorkommen: ſie kam an Liegel aus der Cen-
tral-Obſtſchule in Grätz unter dem unrichtigen Namen Sussina torla
d'uova di Borgogna, aus Monza.

Literatur und Synonyme: Liegel beſchrieb ſie in ſ. ſyſt. Anl. II. S. 98,
Nr. 81. — Im IV. Heft S. 51 ſtellt er ſie wiederholt zu den ſehr eblen Früchten. — Im N. Obſtcabinet von 1857 iſt ſie in Lief. 5 der IV. Sect., doch etwas
zu roth und nach dem Stiele zu etwas zu ſtark verjüngt, nach von mir erzogenen
Früchten, bereits abgebildet.

Geſtalt: Liegel beſchreibt ſie als der Gewöhnlichen Zwetſche etwas
ähnlich in Größe und theilweiſe auch in der Form. Letztere bezeichnet
er noch genauer als umgekehrt eiförmig (wofür ich verkehrt eirund ſage),
oben ſei ſie abgerundet, nach dem Stiele zu ſtumpfſpitz. Die aus ſeinen
Reiſern erzogenen Früchte ſind bei mir immer nach dem Stiele zu ſtark
verjüngt, wie ich ſie oben zeichnete, und ſtehen alſo den Dattelzwetſchen
ſehr nahe. Am Kopfe rundet ſich die Pflaume theils flachrund ab, theils
auch etwas ſtumpfſpitz, und der kleine, graue, fühlbare Stempelpunkt

steht dann auf der meist etwas erhobenen Spitze. Die Furche ist sehr seicht und nur als Strich bemerklich, sie drückt den Rücken wenig und Rücken und Bauch sind deßhalb ziemlich gleich erhoben. Die Frucht ist mittelgroß, je nachdem sie nach dem Stiele zu mehr oder weniger ausgezogen ist, mißt sie 1″ 7—9‴ in der Höhe, 1″—1″ 2‴ in der Breite und ebenso viel, meist aber etwas mehr in der Dicke.

Stiel: lang, oft bis 9‴ dünn, behaart, grün, oft beroftet; er sitzt oben auf der Spitze in einer seichten und engen Höhle (die Riegel als etwas vorgeschoben bezeichnet und womit wohl die Verjüngung nach dem Stiele zu gemeint ist).

Haut: dünn, zähe, läßt sich abziehen. Die Farbe ist blauröthlich, stellenweise schwärzlichblau. Durch zahlreiche goldfarbene über die Frucht gestreute Punkte, die in Streifchen und Figuren übergehen, wird die Frucht schön von Ansehen. Der Duft ist blau und dünn.

Fleisch: gelblich, zwetschenartig, härtlich, saftig und in guten Jahren auch der Beschreibung Riegels entsprechend von zuckersüßem, recht angenehmen feinen Wohlgeschmack.

Stein: nach Riegel nicht ganz löslich, in Meiningen meist unlöslich, 13‴ lang, 6 breit, 3½ dick, von Form wie ich ihn zeichnete, oben kurz und scharfspitz, unten zusammengedrückt und verlängert, stumpfspitz, am Rücken gleichförmig gerundet, mit stumpfen Nebenkanten und etwas rauher, mehr erhobener Mittelkante. Bauchfurche seicht und enge; Backen ein wenig rauh.

Reife und Nutzung: sie zeitigt gegen Ende des August, ist eine recht schöne interessante Frucht und verdient nach Riegel als Frühzwetsche die häufigste Anpflanzung. Hängt auch fest am Baume.

Eigenschaften des Baumes: derselbe hat gemäßigten Wuchs, macht abstehende Aeste, belaubt sich etwas leicht, ist auch recht tragbar. Die Blätter sind groß, breit, eirund (eiförmig, O.), mit etwas aufgesetzter Spitze, unterseits behaart, doppeltgesägt gekerbt. Die Blätter des Tragholzes sind elliptisch, unterseits viel mehr als die der Sommerzweige behaart. Blattstiele stark, bis 9‴ lang, behaart, meist ganz dunkelroth, öfters mit Drüsen am Grunde des Blattes. Sommerzweige weichhaarig, rothbraun, auf der Schattenseite grün, am unteren Theile graubraun gesprenkelt.

Bemerkungen: die Frucht, sagt Riegel, ist kenntlich durch ihre besondere Form, violette, in der Ueberreife fast schwarze Farbe mit goldfarbenen Punkten, durch frühe Reife und edlen Geschmack, auch durch ihren langen Stiel. — Diesem muß ich jedoch anfügen: die in Meiningen gewachsenen Früchte haben die eigenthümliche fast bouteillenartige Gestalt und die beschriebene eigenthümliche Färbung, doch blieb das Fleisch in den meisten Jahren so hart, daß es nur in der Ueberreife, wenn die Frucht am Baume gewelkt war, recht genießbar war, wo es dann in guten (sonnigen) Jahren auch den geschilderten Wohlgeschmack hatte. Da sie jedenfalls zu ihrer Ausbildung ein wärmeres Clima erfordert, auch der Baum sich gegen Kälte empfindlicher als andere zeigte, so habe ich die Sorte in der Baumschule zur Zeit nicht fortgepflanzt, und halte sie eigentlich für ziemlich entbehrlich. Ihr steht die Rothe Dattelzwetsche sehr ähnlich, die letztere ist aber von Form noch mehr länglich, schön purpurroth und von Geschmack schon besser, und obgleich sich der Stein ebenfalls nicht löst, möchte ich ihr doch den Vorzug bei der Pflanzung geben.   Jahn.

Anm. Bei manchen Exemplaren obiger Frucht hat, von der Seite angesehen, der Rücken seine größte Erhebung auch etwas mehr nach dem Stiele hin, so daß solche Exemplare in der Seitenansicht und überhaupt einer Hauszwetsche an Gestalt sehr ähnlich sind.   O.

No. 28. **Violette Kaiserin.** 1: — I, 2. B.; Damascenenart. Zw., rothe Fr.
6: — I, 2. B b. (a).

Violette Kaiserin.　** Gegen Ende Sept.

Heimath und Vorkommen: gehört zu den alten Früchten, findet sich nur sporadisch verbreitet und wird oft mit andern ähnlichen Früchten verwechselt. Ist eine schätzbare Tafelfrucht, wenn gleich es ihren Werth etwas herabdrückt, daß sie fast gleichzeitig mit der Haus-zwetsche reift. Mein Reis erhielt ich von Liegel.

Literatur und Synonyme: Liegel II. S. 104, Nr. 56, Violette Kaiserin. Dittr. II. S. 205; Christs vollst. Pomol. S. 128; Günderode S. 146, Nr. 29 scheint nicht die rechte zu sein, ist wenigstens zu dunkelblau, vielleicht die Blaue Kaiserin? er hält seine Frucht für die Duhamel'sche Sorte; auch Pastor Meyer Nr. 4, Taf. 1, Pomon. Franc. Taf. 10, Nr. 15, Pomona Austriae Taf. 200 haben nicht die rechte Sorte unter obigem Namen. — Quintin. I. Tom. p. 257; Duham. III, S. 127 wird obige sein, doch sagt er, die veritable Imperatrice violette sei fast rund, violett stark bestäubt und eben so spät als die Prinzessinpflaume, wobei er seine vorliegende Frucht eher für eine späte Perbrigon halten will. Bei Günderode findet sich die Bemerkung, daß Tournefort, der den Namen Imperatrice violette zuerst aufführe, eine ähnlich runde Frucht, wie die Weiße Kaiserin habe. Es findet also bei den Autoren viele Unsicherheit über die hier vorliegende Sorte statt, und wird sie auch noch häufig mit der Violetten Kaiserpflaume verwechselt. Es wird nichts übrig bleiben, als den Namen nach Duhamel und Liegel nunmehr nur auf obige Frucht zu fixiren. Synonyme, theils unrichtige, sind noch Prinzessinpflaume, Hoheitspflaume, Fürstenzwetsche, und ist zu merken, daß es auch noch eine Dunkelblaue Kaiserin gibt, von der eine aus England gekommene Blaue Kaiserin noch wieder verschieden sein wird, deren Früchte ich noch nicht sah. Downing S. 290 hat eine Blue Imperatrice, bei der er Imperatrice violette als Synonym anführt, doch nach seiner beigegebenen umgekehrt eiförmigen Figur sicher unrichtig, auch selbst zweifelt, daß die englische und französische Frucht des Namens dieselbe sei. Auch der Lond. Cat. hat nur eine umgekehrt eiförmige Blue Imperatrice mit den Synonymen Imperatrice, Imperatrice violette, und hat Imperatrice violette grosse als Synon. der Hauszwetsche.

Gestalt: die Frucht hat nach Liegel die Größe und Form der

Hauszwetſche, doch ſind gute Zwetſchen hier viel größer, und gibt auch Liegel die Größe an zu 1″ 5‴ Höhe, 1″ 2‴ Dicke und ½‴ weniger breit, wie ſie auch bei mir war. Geſtalt nach der Bauchanſicht (obige Figur a; b gibt die Seitenanſicht) ein nach beiden Enden ziemlich gleichmäßig zugeſpitztes Oval, die ſtärkſte Dicke fällt in die Mitte; der Bauch iſt nach Liegel nach der Spitze hin mehr aufgeworfen als der Rücken, gegen den Stiel hin aber niedriger; ich fand immer den Rücken ſtärker aufgeworfen, am ſtärkſten ein wenig mehr nach dem Stiele hin, und die Seitenanſicht wie obige Figur b, welche die Form der Hauszwetſche wirklich gibt. Viele Früchte ſind gegen die Spitze hin an Rücken und Bauch merklich gedrückt. Die unbedeutende Furche drückt die Frucht meiſtens nicht und theilt ungleich. Der Stempelpunkt ſitzt bald auf der Spitze, bald etwas ſeitwärts.

Stiel: 8‴ lang, mäßig dick, behaart, roſtig, ſitzt häufig auf der Spitze etwas ſchief, bisweilen auch in einer kleinen Höhle.

Farbe der dünnen, doch zähen, abziehbaren Haut dunkelviolett, behielt jedoch bei mir braune Stellen und iſt voll von goldfarbenen Punkten, die ſich zu Streifen und kleinen Flecken geſtalten. Duft blau und dünn.

Fleiſch: goldgelb, feſt, fein, ſehr ſaftreich, vom edelſten reinſten Zuckergeſchmacke.

Stein: klein, ablöslich, 8—9‴ hoch, 5‴ breit, 3 dick, zwetſchenſteinartig, den ausgebogenen Rücken weggedacht mehr lancettförmig als eiförmig, am Stielende etwas abgeſtutzt; die größte Breite fällt etwas nach dem Stiele hin, der Rücken erhebt ſich mehr; die Mittelkante tritt vor und wird nach dem Stielende hin ſcharf. Bauchfurche ſeicht, Backen etwas rauh, auch etwas afterkantig.

Reifzeit und Nutzung: zeitigt etwas vor und mit der Hauszwetſche gegen Ende September. Die Frucht ſpringt im Regen nicht leicht auf und fault nicht, hängt feſt am Baume, wird ſelbſt, wenn ſie einſchrumpft, noch ſüßer, und iſt für die Tafel werthvoll. Getrocknet und gekocht ſtanden die Früchte im Geſchmack jedoch denen der Hauszwetſche nach und waren etwas weichlich.

Der Baum wird mäßig groß, treibt die Aeſte in ſtumpfen Winkeln und macht dadurch eine ziemlich flache, etwas ſperrige Krone, iſt gegen Kälte hart und trägt faſt jährlich ſehr reichlich. Sommerzweige machen in der Jugend oft dornartige Fruchtſpieße, ſind braunroth, unten ſtark ſilberhäutig, ſtufig, etwas und ganz kurz behaart. Blatt faſt klein, nach Liegel oval, bisweilen faſt lancettförmig (unſer umgekehrt ei-lancettlich); ich fand es häufig auch oval mit aufgeſetzter kurzer Spitze, große auch rundlich, viele jedoch auch elliptiſch oder faſt breit eiförmig; es iſt ziemlich flach ausgebreitet, dünn, weich, oben glatt, unten behaart. Augen kurz, dick, ſpitzig, abſtehend, oft ſtark abſtehend.

Anm. Die Engliſche Zwetſche, welche obiger ähnlich iſt, hat ſehr langen Fruchtſtiel und der Baum hat kahle Triebe. Ich muß jedoch bemerken, daß ich die Triebe der obigen Mitte Sept. auch ſchon faſt völlig kahl fand, ſo daß ich kaum mit dem Glaſe hin und wieder etwas ganz kurzes Haar finden konnte, und meinerſeits die obige unbedenklich unter die Wahren Zwetſchen einrangiren würde, wie ſie denn Liegel in der Ueberſicht Heft 44 auch in beiden Ordnungen aufgeführt hat.	Oberdieck.

No. 29. **Graf Gustav v. Egger.** 1: — I, 2. C.; Damascenenart. Zw., gelbe Fr.
6: — I, 3. A b.

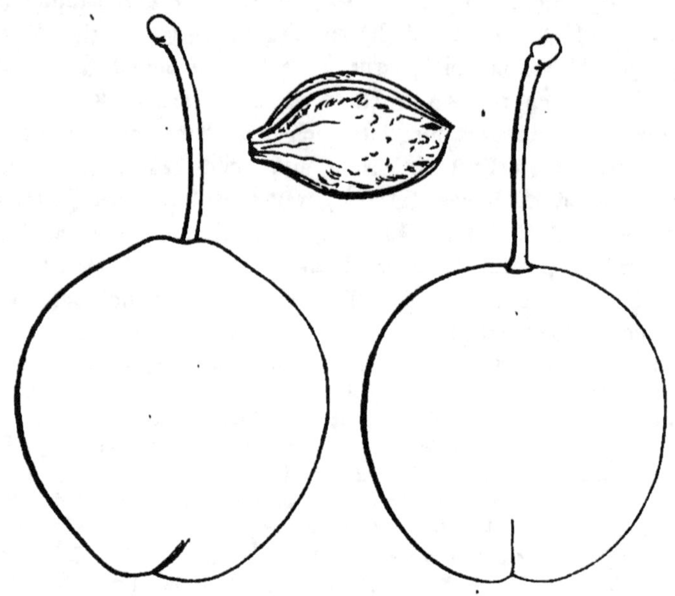

Graf Gustav von Egger. Liegel * ⅓ Sept.

Heimath und Vorkommen: Liegel erzog sie aus dem Steine der Gelben Aprikosenpflaume, und benannte sie nach dem Grafen Gustav von Egger in Kärnten, welcher Liegels ganzes Pflaumensortiment zu Lindheim bei Klagenfurt anzupflanzen gesonnen war.

Literatur und Synonyme: sie findet sich beschrieben von Liegel III. S. 71 Nr. 394. Bei Dochnahl im Führer S. 105 heißt sie Egger'sche Eierzwetsche. In den Annal. de Pomol. VI. S. 85 ist sie als Comte Gustave d'Egger (Liegel) abgebildet und von Royer beschrieben; sie reift bei letzterem an den Ufern der Meuse Ende Aug., ist aber in einer Form abgebildet, die ihr nicht zukommt, wurde auch dort weniger groß als bei mir.

Gestalt: Liegel beschreibt sie als schön eiförmig, (mein Eirund), oben stumpfspitz, unten stark plattrund, größte Breite fast ⅔ nach unten, um die Mitte ziemlich rund, gegen den Bauch jedoch etwas zusammengezogen, eine stumpfe Schneide bildend, Rücken und Bauch gleich erhoben — groß, 1⅔" hoch, 1½" breit und ebenso dick. Die Furche drückt ben Rücken fast gar nicht und theilt oft gleich. Der Stempelpunkt liegt auf der Spitze in der Mitte.

Stiel: 10''' lang, dick, behaart, berostet, in einer seichten, flachen Höhle, in der Mitte der Frucht stehend.

Haut: dick, leicht abziehbar, hellgelb mit einzelnen weißlichen Punkten, auch meist mit rothen Punkten und einigen rothen Flecken, dabei dünn und weißlich beduftet.

Fleisch: weißgelb, sehr saftig, glänzend, strahlig, härtlich, von süßem, erhaben aromatischen, edlen Geschmack.

Stein: liegt hohl im Fleische, hat 10''' in der Höhe, 7 in der Breite, 4 in der Dicke und die von mir gezeichnete Form. Die Mittelkante des Rückens ist erhoben und fast scharf. Die Bauchfurche ist enge und tief. Backen wenig rauh, aus der Basis erheben sich 3—4 kurze Afterkanten.

Reife und Nutzung: die Frucht reift im ersten Drittel des Sept. und ist eine schöne, gut geformte, delikate Frucht, die empfohlen werden kann, nur zerspringt sie gerne im Regen.

Eigenschaften des Baumes: derselbe hat einen gemäßigten Trieb und scheint fruchtbar zu sein. Die Sommerzweige meines Baumes sind behaart, rothbraun, nach der Spitze hin violettroth, auf der Schattenseite grün. Die Blätter sind groß, eiförmig (oval, D.), zum Theil auch elliptisch, meist jedoch in der vordern Hälfte am breitesten mit auslaufender Spitze, unterhalb behaart, etwas seicht und stumpf gesägt; Blattstiele behaart, geröthet, 6''' lang, meist mit 2 kleinen Drüsen besetzt.

Bemerkungen: die Graf Gustav von Egger, sagt Liegel, ist kenntlich durch ihre reguläre Eiform, Größe, gelbe Farbe und durch ihren dicken langen Stiel. Diesem kann ich noch Folgendes hinzufügen. Ich erzog sie 1859 zum erstenmale in einigen Früchten, die recht schön und gut waren, am 6.—8. Sept. reiften, und die von mir gezeichneten 2 Formen hatten (welche sie auch ganz deutlich in den mehrfachen Früchten dieses Jahres zeigt), doch wollte sich der Stein nicht recht lösen. Es mochte dies jedoch von dem trockenen Standorte des Baumes abgehangen haben, und scheint in diesem Sommer (1860) nach einigen halbreifen Früchten, die ich am 3. Sept. entzwei schnitt, schon anders zu sein, wie dieses Merkmal überhaupt etwas schwankend ist und sich nach der Jahres- und Bodenbeschaffenheit richtet. Liegel führt noch an, daß er neben der obigen, die der Mutter, der Gelben Aprikosenpflaume, doch zum Theil noch ähnlich ist (wenn sie, wie Liegel meint, durch Befruchtung mit dem Blüthenstaube der nebenstehenden Gelben Eierpflaume auch eine etwas mehr längliche Form angenommen hat), aus demselben Samen eine runde Frucht, die Glubecks Aprikosenpflaume erzogen habe, woraus also hervorgeht, daß sich durch Samenaussaat von edlen Sorten leicht neue edle Früchte erziehen lassen, die nicht allein in der Form, sondern wie andere Beispiele zeigen, auch selbst in der Farbe variiren können. (So erzog auch hier Herr Canzleiinspektor Fromm aus dem Steine der Gelben Mirabelle eine der Mutter in den meisten Stücken ähnliche, doch violettblau gefärbte Frucht. Jahn.

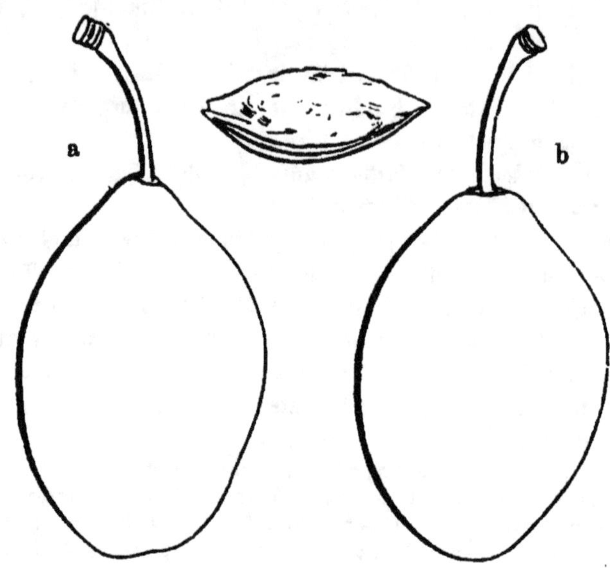

Reizensteiner gelbe Zwetsche. * * 2tes Drittel des Sept.

Heimath und Vorkommen: diese treffliche Frucht soll ein Herr von Reizenstein aus Italien nach Deutschland gebracht haben, und sollte sie daher eigentlich Reizensteins Zwetsche heißen. Ist schön und gut, recht reichlich tragbar und verdient häufige Anpflanzung, ist auch schon ziemlich verbreitet. Mein Reis erhielt ich von Diel und Liegel überein.

Literatur und Synonyme: Liegel II. S. 112 Nr. 43 Reizensteiner Zwetsche. Da ich auch eine Rothe Reizensteiner Zwetsche erhalten habe, habe ich das bei andern Pomologen sich findende Beiwort „gelbe“ wieder hinzugefügt. Dittr. II. S. 216. T.O.G. XV. Taf. 4 wenig kenntlich. T. Fruchtg. IV, S. 146. Christ Wörterb. S. 379. Vollst. Pomol. S. 101. Christ hat sie aber mit der Gelben Spätzwetsche für übereing ehalten, und sind seine Beschreibungen unbrauchbar. Sickler, dem er Reiser von beiden mitgetheilt hatte, fand den Unterschied. Liegel erhielt die Frucht auch unter dem Namen Susina settembrica quialla und in Diels Catal. steht sie als Reizensteiner Pflaume.

Gestalt: zwetschenförmig, hat die Form und Größe der Hauszwetsche, ist nach Liegel 1½" hoch, 14''' dick und breit, war bei mir größer, gar nicht selten 2" hoch und 15''' breit und dick, auch die Gestalt nicht oval, am Stiele etwas verjüngt, wie Liegel sie bezeichnet, und Sickler selbst ohne Verjüngung nach dem Stiele sie abbildet, sondern wie obige Figur, wo a die Seitenansicht, b die Bauchansicht darstellt. Die flache, oft unbedeutende Furche drückt den Rücken etwas und theilt allermeist ungleich, wodurch eine Hälfte der Spitze sich mehr erhebt. Der kleine Stempelpunkt sitzt unvertieft neben dieser stärkeren Erhebung, bisweilen auch auf der Spitze in der Mitte.

Stiel: 10''' lang, stark behaart, gerade, größtentheils roftfarbig, steht in seichter und enger Höhle, die nach dem Rücken häufig schräg abfällt.

Farbe der dünnen, zähen, etwas bitteren, nicht gut abziehbaren Haut ist Anfangs etwas hellgelb, wird aber mit zunehmender Reife dunkler gelb und wird an der Sonnenseite lieblich und sanft hellroth getuscht, in welcher Röthe man schwarzgraue, weißeingefaßte Punkte mitunter findet. Auch rothe Kreise um Punkte, sowie Roftflecken und Roftfiguren finden sich. Der Duft ist weiß und dünn.

Der Stein ist 13—14''' hoch, 6 breit, 3 dick, sehr flachbackig, ziemlich rauh, lanzettförmig, jedoch so, daß die größte Breite etwas mehr nach dem Stiele hin liegt, am Stielende etwas abgestutzt. Bauchfurche breit, zackig; Rückenkanten schmal und stumpf, die Mittelkante steht nur etwas vor.

Reifzeit und Nutzung: zeitigt im zweiten Drittel des Sept., ziemlich gleichzeitig mit der Hauszwetsche, für die Tafel angenehm und bei ihrer Schönheit und Zwetschenform auch für den Markt zu empfehlen.

Der Baum wächst rasch, ist gesund, kommt in jedem, nicht allzutrockenen Boden gut fort, und trägt fast alljährlich sehr voll. Er wird nach Diel nur mittelmäßig groß, nach Liegel groß, treibt seine Aeste in spitzen Winkeln. Sommerzweige gerade, stärkere nach oben merklich abnehmend, violettbraun, unten mit gelblichem Silberhäutchen gefleckt und unterbrochen schwach weichhaarig; doch bemerkt schon Liegel, daß kräftige Sommerzweige an jungen Bäumen fast ganz kahl sind, und nur ältere etwas weichhaarig, weshalb er die Frucht wie oben einreihte. Ich bemerke bisher an meinen allerdings noch jüngeren Bäumen, selbst an kleinen und schwachen Trieben, so wenig Haare, daß ich die Frucht unbedenklich in die 1. Ordnung gesetzt haben würde. Blatt mäßig groß, fast stehend, flach ausgebreitet, auf der oberen Seite kahl, glänzend, hellgrün, fast durchweg schön umgekehrt eiförmig, nach Liegel auch oft länglich eiförmig, was ich bisher nicht fand, stumpf gesägt, fast gekerbt. Die Drüsen des Blattstiels sind klein und meistens mit der Blattsubstanz noch verbunden. Augen anliegend, breitstumpfspitz. Augenträger schmal, ziemlich niedrig, langgerippt.

Anm. Kann zu ihrer Reifzeit mit einer andern Frucht nicht leicht verwechselt werden. Die Gelbe Spätzwetsche ist eiförmig, die Waterloopflaume etwas anders geformt und nicht rosenroth überlaufen, hat auch ganz kahle Triebe.

Oberdieck.

No. 31. **Marmorirte Eierpflaume.** 1: — I, 2. E.; Damascenenart. Zw., bunte Fr.
6: — I, 5. A (B) b.

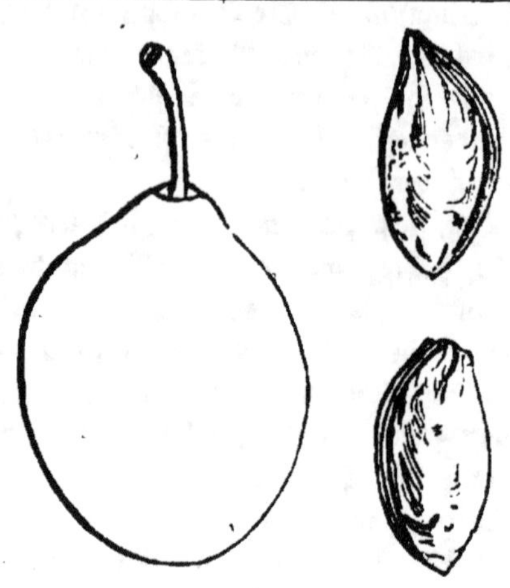

Marmorirte Eierpflaume. ** Ende Aug.

Heimath und Vorkommen: diese schöne für Tafel und Markt häufige Anpflanzung verdienende Frucht, deren Baum außerordentlich tragbar ist, erhielt Liegel von dem um die Pomologie verdienten Herrn Baron von Trauttenberg zu Prag, und bemerkt, daß sie den Namen Eierpflaume wenig verdiene, da sie nicht viel größer sei als ein Taubenei. Meine Früchte von dem von Liegel erhaltenen Reise waren ganz beträchtlich größer, und erhielt ich dieselbe Frucht, als ich mir zum zweitenmale ein Reis erbat.

Literatur und Synonyme: Liegel III. S. 77 Nr. 203. Kommt sonst nirgend vor und ist vielleicht eine neuere böhmische Frucht.

Gestalt: nach Liegel nur 1" 4''' hoch und 1" 1''' dick und breit. Die Frucht scheint nach Jahren oder Vollsitzen des Baumes, an Größe und selbst an Gestalt merklich zu variiren und wie ich in Nienburg, bei ziemlich vollsitzendem Probezweige, schon Früchte von 2" Höhe hatte, so waren sie hier, als der Probezweig so voll trug, daß ich die Hälfte der Früchte ausbrach, doch fast 1¾" hoch. Gestalt ist nach Liegel fast regulär oval, an beiden Seiten gleich abgerundet. Meine größeren Früchte wichen von dieser Form sämmtlich dadurch ab, daß sie nach dem Stiele hin einen kurzen vorgeschobenen Hals bildeten und namentlich der Rücken nach dem Stiele merklich stärker niedergedrückt war, als nach der Spitze hin, einzeln zugleich auch nach der Spitze hin stärker niedergedrückt war, so daß dann eine Zwetschenform mit in der Mitte stark erhobenem Rücken herauskam. Die Dicke betrug bei mir 2‴ weniger als die Breite. Obige Figur gibt die Seitenansicht und ist die gewöhnlichere Form bei Mittelgröße. Die Furche theilt nach Liegel ziemlich gleich, an meinen Früchten theilte sie eben so oft ungleich. Der Stempelpunkt sitzt unvertieft oben auf der Spitze.

Der Stiel ist 9—10‴ lang, behaart, dünn, grün, und sitzt in seichter Höhlung.

Die Farbe der dicken, leicht abziehbaren Haut ist ein etwas helles Gelb, über welche Grundfarbe bald leichter, bald stärker mit weniger durchscheinender Grundfarbe, lavirt und verwaschen, eine bräunliche Röthe sich am größten Theile der Frucht hinzieht, welche an stärker besonnten Stellen die Grundfarbe ganz überdeckt und zuweilen fast schwarzroth erscheint. In dieser Färbung sind dann an den besonnten Stellen um die zahlreichen Punkte noch feinere und stärkere dunkler rothe Punkte und Flecken vertheilt, daß die Frucht ein buntes, marmorirtes Ansehen erhält. Nur beschattete waren bei mir, wie Liegel angibt, leicht roth überlaufen mit rothen Punkten. In der Ueberreife wurden mir einzelne Früchte fast überall schwärzlich roth.

Das Fleisch ist gelb, oft goldgelb, saftreich, nicht brüchig, doch nicht weich, von süßweinartigem, angenehmen Geschmacke, etwas süßer, als bei der Rothen Eierpflaume, der sie in Vollsaftigkeit nachsteht, im Regen aber auch nicht leicht aufspringt. In der Ueberreife wird sie sauer.

Der Stein ist ablöslich, bei großen Früchten 1″ hoch, 7‴ breit, 5 dick, breitlanzettlich oder vielmehr zwetschenförmig, oben rundspitz, am Stielende vorgeschoben, doch ist häufig die eigentliche Spitze des Stielendes abgebrochen und erscheint er stark abgestutzt. Rücken stärker ausgebogen, Backen wenig rauh, stark erhoben, Breite in der Mitte, Bauchfurche seicht, Mittelkante des Rückens stumpf.

Reifzeit und Nutzung: zeitigt nach Liegel im ersten Drittel des Sept. Ich habe 4mal die Reifzeit gleichzeitig mit der Rothen Eierpflaume, Ende Aug. notirt. Für Tafel und Markt.

Der Baum wächst in der Baumschule kräftig und scheint groß zu werden. Triebe behaart, gerade, nicht dick, dunkelbraun, manchmal schmutzig silberhäutig. Blatt elliptisch, mittelgroß, etwas behaart, Blattstiel drüsig; Augen spitz, aufrecht stehend; Träger hoch.   O.

No. 32. **Smiths Orleanspflaume.** 1: — II, 1. A.; Zwetschenart. Dam., blaue Fr.
6: — II, 1. A a.

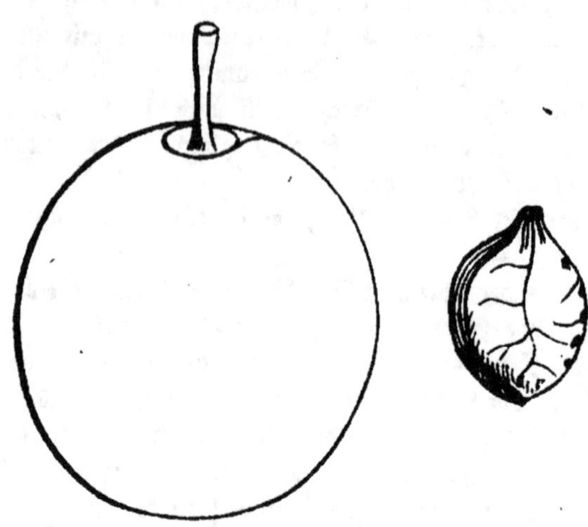

Smiths Orleans-Pflaume. Liegel * † Ende Aug. — Anf. Sept.

Heimath und Vorkommen: stammt aus Amerika. Liegel erhielt sie von Hrn. Heinr. Behrens, Seebadbesitzer zu Travemünde, von welchem auch ich sie als Smiths Orleans empfing. Ist nach des Letztern Verzeichniß in allen amerikanischen Gärten sehr beliebt und nach Downings Geschmack die angenehmste von allen Pflaumen.

Literatur und Synonyme: Liegel Heft IV. S. 24 Nr. 303; Travemünder Baumschulen von Heinrich Behrens S. 27; Downing S. 304. Nach Letzterem wird sie irrthümlich in amerikanischen Gärten oft Violetter Perbrigon und Red Magnum bonum (Rothe Eierpflaume) genannt. Lond. Catal. nennt sie nur. Da nach demselben Nr. 87 Orleans mit Monsieur, Monsieur ordinaire synonym ist, so könnte man die vorliegende Smiths Herrenpflaume nennen. Doch schien es gerathener, den von Liegel gewählten Namen zur Ueberschrift zu behalten. Abbildung geben Annales VII. S. 15.

Gestalt: eiförmig (oval, Oberb.), nach dem Stiele zu nur etwas Weniges mehr abnehmend. Auf der Bauchseite betrachtet erscheint sie wie oben gezeichnet, etwas rundlich, weil der Rücken doch etwas mehr aufgeworfen ist. Die größte Breite liegt in der Mitte. Die Furche drückt den Rücken wenig und ist meist ziemlich stark vertieft; sie theilt etwas ungleich. Die Frucht ist groß, 18''' hoch, 16''' dick, 15 1/2''' breit.

Stiel: 6''' lang, dünn, grün, braunroth getüpfelt, nach Liegel kahl, doch fand ich ihn fein behaart, er steht in enger tiefer Höhle.

Haut: dünn noch abziehbar. Farbe dunkelviolett, fast schwarzblau, mit einzeln vertheilten gelben Punkten. Duft dick und hellblau.

Fleisch: Liegel beschreibt es als goldgelb, saftig, härtlich, von zuckersüßem, parfümirtem Geschmack. Ich fand es ziemlich grobfaserig und auch der Geschmack war etwas matt und nicht gerade ausgezeichnet, obgleich das Jahr doch warm und also den Pflaumen günstig war.

Stein: fest vom Fleische umgeben, gänzlich unablöslich, 10''' hoch, 5''' breit, 4''' dick, von Form wie oben gezeichnet. Die Rückenkanten sind stumpf, auch die Bauchkanten treten wenig hervor, sind halbgeschlossen, ihrer Länge nach mit Vertiefungen besetzt. Backen rauh, etwas afterkantig.

Reife und Nutzung: die Pflaume zeitigte bei Liegel im letzten Drittel des August, in Meiningen 1858 und 1859 zu Anf. des Sept. Die Frucht ist schön und groß, auch wohl noch immer gut, und wird jedenfalls als Marktfrucht guten Abgang finden. Sie sieht in ihrer blauen Färbung am Baume wunderhübsch aus.

Eigenschaften des Baumes: in Meiningen wuchs er zeither nicht stark, blieb bis jetzt klein, brachte aber in den letztern Jahren ziemlich viele Früchte. Die Sommerzweige sind rothbraun, nach oben etwas violettbraun, kahl, die Blätter sind mittelgroß, umgekehrt eirund, (umgekehrt eiförmig, O.) mit aufgesetzter Spitze, nach dem Stiele zu meist etwas keilförmig, oberseits kahl, unten fein behaart, seicht gekerbt, öfters auch schön und regelmäßig gezahnt-gekerbt, ringsum am Rande nach unten etwas umgebogen, Blattstiel meist kurz, bis ³/₄'' lang, meist drüsenlos.

Bemerkungen: die Frucht entspricht nach obiger Schilderung allerdings zur Zeit ihrem schönen Aeußeren nicht und besonders ist die Unlöslichkeit des Steines zu beklagen, wodurch alle Pflaumen sehr verlieren, obschon sie außerdem groß und schön sind. Nach den Annales de Pom. ist der Stein peu adherent à la chair, allein da sie sich bei mir wie bei Liegel in solcher Hinsicht gleich verhielt, so ist schwerlich anzunehmen, daß sich dieser Fehler in anderem Boden ändern werde, wenn auch der Geschmack in etwas feuchteren Jahren edler werden kann. Denn auch die Hauszwetsche war im Jahre 1859 weniger wohlschmeckend und scheint, um vollkommen zu werden, bei aller Wärme einen mäßigen Grad von Feuchtigkeit zu verlangen und somit möchte auch die hier besprochene in künftigen mehr normalen Jahren noch weiter zu prüfen sein.

Jahn.

No. 83. Kirke's Pflaume. 1: — II, 1. A.; Zwetschenart. Damasc., blaue Fr.
6: — II, 1. A a.

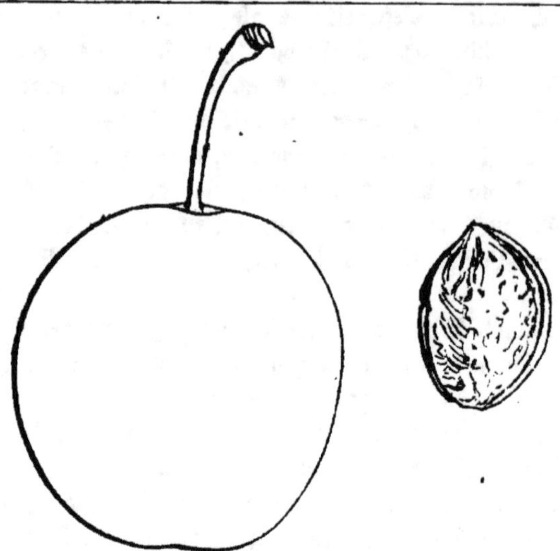

Kirke's Pflaume. ** Anf. Sept.

Heimath und Vorkommen: diese für Tafel und Markt gleich schätzbare neuere Englische Frucht wurde von dem bekannten Baumschuleninhaber Kirke in England auf dem Markte aufgefunden und verbreitet. Da Dittrich die Frucht als röthlichbraun bezeichnet, will ich anmerken, daß ich unter obigem Namen von Hrn. Obergerichtsdirektor Böviker eine röthlichbraune weniger gute Frucht erhielt, da möglich zweierlei Früchte unter obigem Namen gehen. Mein Reis erhielt ich von Liegel und dieser bekam die Sorte von der ökonomischen Gesellschaft zu Wien und ist die Sorte die ächte.

Literatur und Synonyme: Liegel III. S. 34, Nr. 222; Dittrich III. S. 360; Londoner Catal. S. 166, Nr. 72; Annales 1854, p. 105 geben Abbildung und haben unsere Frucht. Lindley Pomolog. britannica p. 111; Pomoloc. Magaz. III. Nr. 111.

Gestalt: groß, 1½'' hoch, ½''' weniger dick und 1''' weniger breit. Gestalt ziemlich rund, am Stiele stark abgestumpft, nach der Spitze etwas abnehmend und stumpf abgerundet, die größte Dicke fällt nach dem Stiele hin. Es gibt jedoch auch oft Früchte, wo die größte Breite in der Mitte liegt, oder die etwas mehr nach dem Stiele abnehmen, und hatte ich unter günstigen Umständen in Nienburg und hier die Frucht schon von fast 2'' Höhe und 1'' 8''' Dicke und fast so viel Breite, wie obige Figur zeigt. Furche flach, oft unbedeutend. Der Stempelpunkt ist nach Liegel meistens mit einem gelblichen Kreischen umgeben und steht bald flach, bald etwas vertieft auf der Mitte der Spitze.

Stiel: sehr lang, meistens über 1'', dünn, rostig, kahl und sitzt flach vertieft.

Farbe der dicken, etwas säuerlichen, gut abziehbaren Haut ist dunkelviolett, röthliche Punkte sind nicht häufig aufgetragen, bilden jedoch an der Sonne manchmal netzartige Streifen. Leberflecken finden sich bei vielen Früchten.

Das Fleisch ist grünlich gelb, strahlig, etwas härtlich, doch schmelzend, überfließend von Saft, von zuckersüßem, erhaben aromatischen delikaten Geschmacke. Auch die Annales rühmen die Güte und meinen, daß die Frucht in jedem Garten neben der Grosse Reineclaude einen Platz verdiene. Zerspringt im Regen nicht leicht.

Der Stein ist ganz ablösig, 10''' hoch, 6 breit, 3 dick, von großen Früchten 1'' hoch, 8''' breit, 4 dick, flachbackig, rauh, oval, am Stielende verjüngt und der Rücken über das Oval daselbst etwas hervortretend, größte Dicke meist etwas mehr nach dem Stielende hin. Bauchfurche breit, stark zackig; Rückenkanten mäßig breit, die Mittelkante erhebt sich in ihrer ganzen Länge scharf etwas. Längs der Rückenkanten zeigt der Stein eine breite Vertiefung.

Reifzeit und Nutzung: zeitigt im ersten Drittel des Sept. Für Tafel und Markt.

Der Baum wächst stark, treibt die Aeste in spitzen Winkeln, belaubt sich stark und ist sehr tragbar. Die Sommertriebe, welche denen der Rothen Kaiserpflaume sehr gleichen, sind lang und stark, stufig, kahl, recht dunkelbraun, gelblich silberhäutig. Blatt groß, nach Liegel bald eiförmig, bald breit lanzettförmig (unser umgekehrt ei-lanzettlich), nach meiner Wahrnehmung elliptisch oder breit elliptisch, einzelne kurz oval, nach unten und am Fruchtholz meist breitlanzettlich; es ist hängend, meist flach ausgebreitet, nach Liegel charakteristisch oben und unten kahl, während ich es namentlich an den Trieben unten ziemlich stark behaart und nur an den allerältesten Blättern besonders am Fruchtholze unten fast kahl finde mit starken Resten von Haar an den unteren Theilen der Rippen. Blattstiel meistens drüsig; Augen lang und spitz, ziemlich abstehend, Augenträger hoch, fast ungerippt.

Oberdieck.

No. 34. **Rothe Nectarine.** 1: — II, 1. B.; Zwetschenart. Dam., rothe Fr. 6: — II, 2. A a.

Rothe Nectarine. Als Zwerg **, hochstämmig kaum * Anf. Aug.

Heimath und Vorkommen: ist neuere englische Frucht, die bei ihrer Güte im vollen Reifpunkt, Größe und frühen Reife die allerhäufigste Anpflanzung verdiente, wenn sie bei uns nicht den Fehler hätte, fast stets vor gehöriger Reife abzufallen, so daß sie zu hart und zu säuerlich bleibt. Wo es an Platz nicht fehlt, lohnt es sich, ein Spalier davon anzuziehen, damit die Frucht von Winden nicht abgeworfen werde. Mein Reis erhielt ich von Liegel.

Literatur und Synonyme: Liegel II. S. 128 Nr. 103 unter obigem Namen. Dittr. O.-Cab. Nr 42. Lond. Catal. S. 167 Nr. 82 und Hogg im Manual S. 247 Nectarine, mit den Synon. Caledonian, Howells Large, Peach, Prune pêche (of some) Jenkins's Imperial, wobei Hogg noch bemerkt, daß sie zuweilen auch Goliath heiße. Hogg hat aber S. 248 noch eine andere Peach plum, die er zwar ähnlich gefärbt, aber als von der Obigen ganz verschieden bezeichnet und mehr lobt. Downing S. 306 Nectarine, ohne Figur mit denselben Synonymen, denen noch Louis Philippe hinzugesetzt wird. Als Peach plum erhielt ich sie von Hrn. Behrens zu Travemünde, sowie auch Liegel von Hrn. Dörell. Es ist zu bemerken, daß auch die Wahre Caledonian oder Goliath, Peach plum, Prune pêche genannt wird, wie Poiteau und Turpin traité des arbres Nr. 107 unter diesem Namen die Goliath haben, und wiederum der Lond. Catal. S. 165 die Goliath auch Nectarine (of some) nennt. Nach Dochnahls Führer ginge auch die Smiths Orleans unter dem Namen Goliath, Caledonian und Nectarine. Das Synon. Peach plum kommt ohne Zweifel nur der obigen zu wegen ihrer Aehnlichkeit mit den Nectarinen unter den Pfirschen.

Gestalt: oft sehr groß, 1" 8''' Höhe und Dicke, 1" 7''' Breite. Gestalt rundlich, dem Oval nähernd, am Stiele stark abgeplattet, nach der Spitze fast eben so abnehmend und nicht viel weniger gedrückt. Rücken etwas mehr erhoben als der Bauch. Furche flach, nach der Spitze gewöhnlich vertieft, theilt meistens ungleich. Der kleine Stempelpunkt sitzt auf der Spitze in flacher Vertiefung, die von der Seite der Furche niebergedrückt ist. In der Figur oben tritt die stärkere Hälfte der Frucht am Stempelpunkte ein wenig zu stark hervor.

Stiel: 6—7''' lang, dick, kahl, gerade, rostig, sitzt in meistens enger und tiefer, bisweilen auch ausgeschweifter Höhlung, die mehr nach der Bauchseite hin liegt.

Farbe der dicken, zähen, geschmacklosen, abziehbaren Haut ist rothbraun. Weißliche Punkte sind mäßig vertheilt. Der Duft ist weißbläulich und dünn.

Das Fleisch ist etwas grünlich gelb, fest, brüchig, sehr saftreich, nach Liegel von süßweinigtem, erhabenen Geschmacke mit kaum merklicher Säure, in welcher Vollkommenheit ich die Frucht nur in dem warmen windstillen Jahre 1859 hatte, während in andern Jahren der Geschmack zu säuerlich blieb.

Der Stein ist für die Größe der Frucht klein, bei völlig reifer Frucht bis auf etwas an den Rückenkanten hängenbleibendes Fleisch ablöslich, nach Liegel 10''' hoch, 9 breit, 5 dick, während ich ihn nur 7 breit und 4 dick fand. Gestalt steht zwischen umgekehrter Eiform und Oval, am Rücken stärker ausgebogen und nach dem Stielende etwas verjüngt und abgestumpft. Die größte Breite fällt nach Liegel etwas nach der Spitze hin, ich fand sie allermeist in der Mitte. Backen flach, rauh; Bauchfurche stark, Mittelkante des Rückens stärker erhoben und scharf, Nebenkanten stumpf mit tiefen Furchen begrenzt.

Reifzeit und Nutzung: zeitigt im ersten Drittel des August, bald nach der Johannispflaume. Ist nur Tafelfrucht.

Der Baum wächst kräftig, scheint aber, um tragbar zu sein, warme Blüthezeit und warme Lage zu erfordern. Er ist nach Liegel nicht empfindlich für Kälte. Triebe stark, gerade, violettbraun, (beschattete Stellen grün), kahl, silberhäutig gefleckt. Blatt groß, dunkelgrün, stehend, runzlig, oben kahl, eiförmig, unten am Zweige mehr elliptisch, oben fast oval. Blattstiel hat große, meistens ungleich stehende Drüsen. Augen groß, spitz, dickbauchig, abstehend.

Oberdieck.

No. 35. **Rothe Mirabelle.** 1: — II, 1. B.; Zwetschenart. Damasc., rothe Fr.
6: — II, 2. C a.

Rothe Mirabelle. * † Mitte Aug.

Heimath und Vorkommen; die Frucht ist älteren Pomologen unbekannt, und findet sich nur bei neuern Schriftstellern, ohne daß über ihren Ursprung eine Nachricht aufbehalten wäre. Ihr Werth besteht hauptsächlich nur in großer Tragbarkeit. Sie soll auch zum Welken taugen, doch fand ich gekochte getrocknete Früchte etwas säuerlich fade, und war der große Stein beim Genusse unangenehm. Mein Reis erhielt ich von Diel.

Literatur und Synonyme: Liegel II. S. 133 Nr. 19 Rothe Mirabelle, Mirabelle rouge. Dittr. II. S. 230, Dittr. O.-Cab. Nr. 67. Günderode S. 64. Nr. 12 Taf. 12 sehr kenntlich abgebildet. Christ Beiträge S. 150, Wörterb. S. 374, Vollst. Pomol. S. 150, Deutscher Fruchtg. V. S. 120 als Kleine Kirschpflaume. Pastor Mayer Nr. 52 ohne Abbildung.

Gestalt: klein, 1" Höhe, 11‴ Dicke und etwas weniger Breite, oft so dick als hoch. Gestalt kurz eiförmig und eben so oft oval. Furche fast ganz flach, oft kaum merklich, theilt die Frucht gleich und drückt den Rücken nur wenig. Stempelpunkt groß, liegt auf der Spitze in der Mitte oben auf oder nur wenig vertieft.

Stiel: nach Liegel 7‴ lang, war bei mir häufig 1 selbst 2‴ kürzer, ist dünn, gerade, behaart, meistens grün und sitzt ganz flach vertieft.

Farbe der zähen, aber kaum merklich sauren, gut abziehbaren Haut ist bräunlich, stellenweise dunkelroth, während an andern Stellen die Grundfarbe stärker durchscheint und die Röthe heller wird. Starke gelbliche Punkte sind über die Frucht zahlreich vertheilt. An der Schattenseite bildet die Röthe um diese Punkte oft nur rothe Kreischen, und auch in der stärkeren Röthe erkennt man, genauer besehen, noch solche dunklere

Kringe. Die Punkte stellen manchmal schwärzliche Fleckchen dar. Der Duft ist dünn und bläulichroth.

Das Fleisch ist nach Liegel weißlich gelb, bei mir war es fast goldgelb, es ist zart, saftreich, nach Liegel von zuckersüßem, sehr erhabenem Geschmacke, den ich mir nur als süß und angenehm notirte. In Günderode wird angemerkt, daß ihre Güte sehr viel von der Witterung abhänge und sie 1803 nach warmer fruchtbarer Witterung besondere Größe und Güte erhalten habe. Alle stimmen darin überein, daß sie der Gelben Mirabelle an Güte nachstehe.

Der Stein löset sich in voller Reife vom Fleische, ist 6—7''' hoch, 4 breit, 2½ dick, langoval, am Kopfe stumpfspitz, am Stielende etwas abgestutzt. Rücken und Bauch, sind ziemlich gleich erhoben, doch tritt jener nach dem Stielende hin, dieser nach der Spitze hin ein Geringes vor. Die Mittelkante des Rückens erhebt sich stumpf, ihre Nebenkanten sind unbedeutend. Die Bauchfurche ist eng, die Backen sind nicht sehr rauh und ziemlich hellgelb.

Reifzeit und Nutzung: zeitigt Mitte August nach und nach, zerspringt im Regen nicht leicht, fällt aber ziemlich leicht ab. Liegel empfiehlt sie für den Obstmarkt. Anderwärts fand ich sie zum Welken empfohlen.

Der Baum wächst in der Jugend stark und treibt Dornen, macht dicht verzweigte Krone, wird nach Diel sehr groß, während Günderode und Liegel sagen, daß er klein bleibe, und ist sehr fruchtbar. Liegel nennt die Fruchtbarkeit nur mäßig. Sommertriebe etwas stufig, braunroth, stärkere nach unten mit Silberhäutchen ganz belegt. Stärkere Triebe sind kahl, ganz schwache etwas weichhaarig. Blatt klein, fast flach ausgebreitet, nach Liegel oben und unten behaart und von Gestalt eiförmig spitzig, während ich es oben kahl und von Gestalt meist wie Liegel angibt, jedoch manche auch oval fand. Augen sind bauchig, rund, kurzspitzig, abstehend und stehen gedrängt am Zweige. Augenträger niedrig, schwach gerippt.

Oberdieck.

No. 36. **Die Ballonart. rothe Damasc.** 1: — II, 1. B.; Zwetschenart. Dam., rothe Fr.
6: — II, 2. C a.

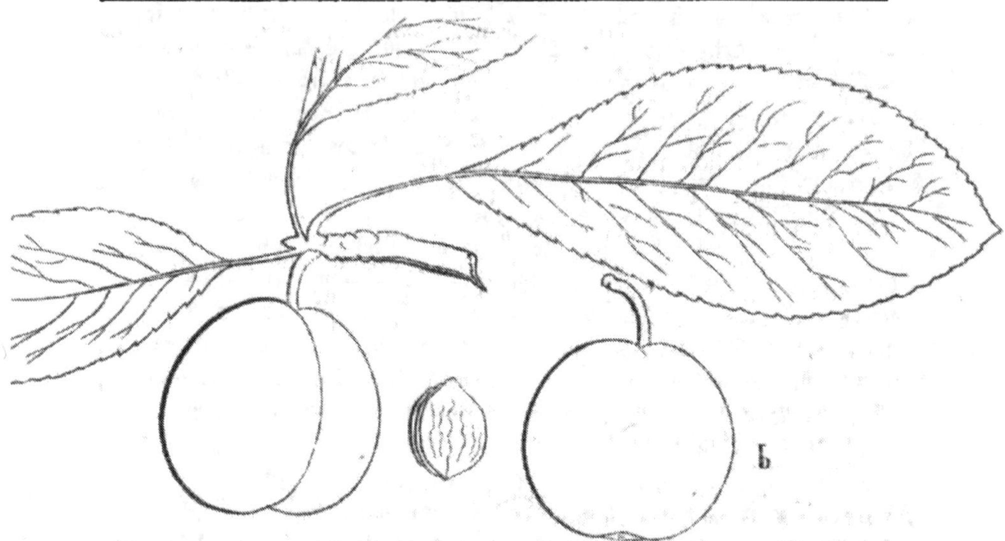

Die Ballonartige rothe Damascene. Liegel * Ende Aug.

Heimath und Borkommen: woher sie Liegel hat, gibt er nicht an, wahrscheinlich hat er sie als Damas rouge erhalten. Er benannte sie nach ihrer runden, gegen den Stiel etwas vorgeschobenen Form ballonartig, als einem gläsernen Recipienten, Ballon oder auch Phiole genannt, etwas ähnlich.

Literatur und Synonyme: Liegel beschrieb sie in s. Pflaumenwerke II. S. 137 Nr. 184 die Ballonartige rothe Damascene, Damas ballon rouge (Prunus Damascena phiolaeformis rubra). S. 172 hat er auch noch eine Ballonartige gelbe Damascene, Damas ballon jaune, (sehr klein, in Farbe, Größe und auch in der Form etwas ähnlich der Gelben Mirabelle und der Brisette, sehr süß, nur um den unlöslichen Stein säuerlich), auf S. 135 eine Runde rothe Damascene, Damas rouge rond, die sich durch ihre kugelrunde oder vielmehr etwas plattrunde Gestalt und etwas vermehrte Größe von der vorliegenden unterscheidet. Liegel erwähnt, daß die früheren Autoren unter Damas rouge verschiedene Früchte begriffen haben, von welchen keine mit der zuletztgenannten und mit der vorliegenden stimme. Den Namen Ballonartige Damascenenpflaume findet man bei Dittrich, der II. S. 246 unter diesem Namen eine kleine, fast runde, am Stiele mit einem Fortsatze versehene gelblichgrüne Frucht beschreibt, und Damas Ballon in einzelnen Obstverzeichnissen z. B. bei Papeleu; ebenso zählt der Lond. Cat. eine Damas Ballon, eine Damas Ballon jaune et vert und eine Damas Ballon rouge et jaune dem Namen nach auf. Was Liegel als Damas ballon und Damas ballon pannaché, (wovon der eine Baum rothgelbe, der andere grüngelbe Frucht geben sollte), aus verschiedenen Baumschulen empfing, war die von ihm beschriebene Ballonartige gelbe Damascene, und diese wird auch Papeleus Frucht des Namens sein, denn er beschreibt sie als pannaché, im Aug. reifend, II. Qualität. — Vergl. noch Dittr. III. S. 364.

Gestalt: nach Liegel rundlich, oben ganz flach, so daß sie gut auf dem Kopfe steht, unten stark abnehmend, stumpfspitz. Rücken und Bauch sind gleich erhoben. Der größte Durchmesser liegt etwas nach oben. Die Furche bezeichnet eine dunkler gefärbte Linie, sie liegt ganz flach und drückt den Rücken wenig, theilt bald gleich, bald ungleich. Der Stempelpunkt ist gelblich, ziemlich groß, steht oben in der Mitte in einer seichten Vertiefung. Die Frucht ist klein, 13''' hoch, ebenso dick und fast um eine Linie weniger breit.

Stiel: 6''' lang, gerade, mäßig dick, behaart und meistens grün, in seichter und enger Höhle, oben auf der Spitze sitzend.

Haut: ziemlich dick, etwas säuerlich, leicht abzuziehen, von Farbe rothblau, etwas bräunlich, mit feinen goldgelben Punkten, die sich bisweilen zu Streifen und Flecken bilden. An manchen Früchten sind die Punkte nur an einzelnen Stellen zu sehen, an andern fehlen sie gänzlich. Der Duft ist bläulich und grün.

Fleisch: goldgelb, sehr saftig, zart, von angenehmem, süßen, etwas fein weinsäuerlichen Geschmack.

Stein: nicht gut löslich (in Meiningen 1859 völlig löslich) 7''' hoch, 4 breit, 3 dick, von Form wie neben der Abbildung oben. Die Backen sind erhoben und rauh. Die Mittelkante erhebt sich der ganzen Länge nach, die Bauchfurche ist enge und seicht.

Reife und Nutzung: die Frucht reift gegen das Ende des Aug., in warmen Sommern früher, bisweilen Mitte Aug. Sie ist zwar klein, aber in manchen Jahren recht gut, und da der Baum voll trägt, so verdient sie immer in einem Sortimente Fortpflanzung. Daß sie, wie Dittrich meint, vor der Reife vom Baume abfalle, finde ich gerade nicht.

Eigenschaften des Baumes: der Baum wird nicht groß, hat charakteristisch kleine Blätter (wie alle mit dem Namen Damas ballon bezeichneten Früchte klein sind und auch kleine Bäume, Aeste und Zweige haben, Liegel S. 175) und blüht früh mit kleinen Blumenblättern. Sommerzweige blaßbraun, kahl, silberhäutig punktirt. Blätter verkehrt länglich eirund (verkehrt länglich eiförmig, D.) nach dem Stiele zu meist ziemlich keilförmig mit auslaufender Spitze, etwas schiffförmig, unten behaart, seicht und fein gekerbt-gesägt. Blattstiele behaart, meist 2drüsig, rothbraun.

Bemerkungen: die ballonartige rothe Damascene macht sich kenntlich durch ihre oben platte, unten verjüngte rundliche Form und rothe Farbe. Diese eigenthümliche ballonartige Gestalt, welche nach Liegel keiner ihm bekannten andern rothen Pflaume zukömmt, ist aber, wie er selbst (bei Gelber ballonartiger Damascene S. 175) bemerklich macht, nur bei nicht völlig ausgereiften Früchten wahrzunehmen, in der Reife wird die Frucht mehr rundlich und kürzer gebaut, wie b oben, welches dann die gewöhnliche Form und Größe derselben ist. Der Rothe Perdrigon hat wohl dieselbe Farbe, auch ziemlich die Form und Größe, er ist aber mehr regelmäßig rund, gegen den Stiel weniger abnehmend, oben mehr abgerundet, der Stein hat Afterkanten, und der Geschmack ist besser, wenn gleich auch die vorliegende zu den guten Früchten zu zählen ist. Die Rothe Mirabelle ist kleiner, eiförmig (oval, D.), ziemlich von der Form der Gelben Mirabelle, der sie im Geschmack jedoch nicht gleich kommt, und gegen die sie früher zeitigt.   Jahn.

No. 37. **Damascene v. Maugerou.** 1: — II, 1. B.; Zwetschenart. Dam. rothe Fr. 6: — II, 2. A a.

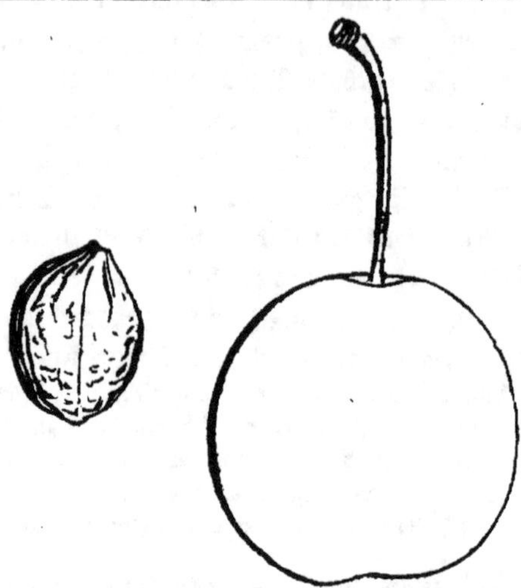

Damascene von Maugerou. ** Ende Aug.

Heimath und Vorkommen: auch diese sehr gute, aller Anpflanzung werthe Frucht gehört zu den schon seit Quintinyes Zeit bekannten Sorten und findet sich bei den meisten Schriftstellern. Ohne Zweifel ist sie französischen Ursprungs und nach einem Orte benannt. Mein Reis erhielt ich von Diel und Liegel überein.

Literatur und Synonyme: Liegel II. S. 139 Nr. 7 Damascene von Maugerou, Damas de Maugerou. Sie heißt auch Damas de Maugeron, Maugirou, Maugerou; Quintinye, Duhamel und Maison Rustique schreiben Maugerou. Dittr. II. S. 235; Günderode S. 55 Nr. 10 sehr kenntlich. Kraft II. Taf. 195 zu blau; T.O.G. X. Taf. 15, Teutscher Fruchtg. III. S. 174 Taf. 44 bei beiden fast schwärzlich und Colorit schlecht. T.O.G. Nr. 7 ziemlich gut. Dittr. O.-Cab. Nr. 7 wird nach Dittr. Note III. S. 40 wohl nicht die rechte Frucht sein. Pastor Mayer Taf. II. Nr. 12 ziemlich; Pom. Franc. Taf. 16 Nr. 29 Colorit ziemlich, Salzmann Nr. 21, Hirschfeld Nr. 8; Lond. Catal. S. 167 ohne Nummer; Downing hat sie nicht. Christ vollst. Pomol. S. 197, Christ Handb. S. 692 bezeichnet sie wegen der kahlen Triebe des Baums doch nicht angemessen als Damascenenzwetsche. Dochnahl ändert wieder ohne alle Noth den Namen zu Vermehrung der Synonyme in Königspflaume von Maugerou; die Rothe Aprikosenpflaume und Hyacinthpflaume werden öfter mit ihr verwechselt, unter welchem Namen sie Liegel von Diel erhielt, während ich von Diel als Hyacinthpflaume eine frühzeitigende blaue Frucht bekam, jedoch nicht die ächte.

Gestalt: meist etwas größer und von derselben Form, als die Große Reineclaube, 1" 5"' hoch, dick und breit, an beiden Enden gedrückt, gegen den Stiel kaum merklich mehr abnehmend, stärkste Breite in der Mitte. Furche flach, theilt ungleich, wodurch eine Seite sich etwas mehr erhebt. Stempelpunkt liegt in der Mitte der Spitze in seichter Vertiefung.

Stiel: nach Liegel charakteristisch, 12—14''' lang, bei mir oft etwas kürzer, ist dünn, meistens grün und sitzt in enger, seichter, bisweilen etwas ausgeschweifter Höhlung.

Farbe der dicken, abziehbaren, ungenießbaren Haut bläulichroth, an der Sonne etwas dunkler, dicht mit graugelblichen Punkten besäet. In den meisten Jahren blieb bei mir die Farbe nur dunkelroth. Der weißbläuliche Duft ist dünn.

Fleisch: hellgelb, consistent, nicht sehr saftreich, brüchig, von angenehm süßem, erhabenen Geschmacke, fast ohne alle Säure, den sie in meiner Gegend aber erst entwickelt, wenn sie bei warmem Wetter recht reif ist, wie sie in hiesiger Gegend auch etwas gewürzter sein könnte.

Der Stein ist ablösig, 8''' hoch, 6 breit, 4 dick, oval, an der Spitze abgerundet, nach dem Stielende eine ganz kurze vorgeschobene Spitze. Backen stark erhoben, ziemlich rauh, haben charakteristisch starke Afterkanten, deren eine stark und fast scharf erhoben, über die Mitte des Steins sich ganz bis zur Spitze hinzieht. Bauchfurche tief und eng mit scharfen Kanten; Rückenkante stumpf, die Mittelkante erhebt nach dem Stielende hin sich scharf etwas; größte Breite liegt etwas mehr nach dem Stiele hin.

Reifzeit und Nutzung: zeitigt gegen Ende August, oft Anf. Sept. (ich habe 2 Mal die Reife erst etwas nach der Großen Reineclaude notirt, mehrmals mit ihr), für Tafel und Markt. Springt im Regen nicht leicht auf und hängt fest am Baume, selbst im Sturme.

Der Baum wird groß, treibt stark abstehende Aeste und ist mäßig fruchtbar. Triebe gerade, kahl, oben rothbraun, oft violettbraun, beschattete Seite meist grün, nach unten mit gelblichen Silberhäutchen gefleckt. Blatt groß, stehend, etwas rinnenförmig, oben kahl, unten schwach behaart, hellgrün, nach Liegel länglich eiförmig, während ich es elliptisch oder breitelliptisch fand. Blattstiel hat fast stets zwei, meistens ungleich stehende Drüsen. Augen groß, bauchig, abstehend, zugespitzt, Träger niedrig, schwach gerippt.

Anm. Die Hyacinthpflaume hat kurzen Stiel und ist höher als dick. Die obiger Frucht sehr ähnliche Rothe Aprikosenpflaume hat nicht so langen Stiel, der Stein nicht so starke Afterkanten und ist die Frucht weniger dunkel gefärbt.

Oberdieck.

No. 38. **Trummers Damascene.** 1: — II, 1. (2) B.; Zwetschenart. Dam., rothe Fr.
6: — II, 2. B a.

Trummers Damascene. * * Gegen Ende Aug.

Heimath und Vorkommen: diese gute Frucht, deren Baum auch bei mir sich bereits fruchtbar zeigte, erzog Liegel aus dem Steine des violetten Perbrigons und benannte sie nach Herrn Franz Trummer, Obergärtner des städtischen Musterhofes in Grätz, der durch sein classisches Werk „Systematische Classification und Beschreibung der in Steiermark vorkommenden Rebsorten" 1841, bekannt geworden ist. Mein Reis erhielt ich von Liegel.

Literatur und Synonyme: Liegel IV. S. 27 Nr. 206 Trummers violette Damascene. Es wird gestattet sein das Beiwort im Namen wegzulassen. Liegel beschrieb sie auch schon Frauenb. Blätter 1851 S. 300.

Gestalt: hat fast Größe und Gestalt der Großen Reineclaube, 16‴ hoch und fast 1‴ dicker und breiter. Gestalt plattgedrückt rund, am Stiele stark plattgedrückt, nach der Spitze etwas verjüngt und flach zugerundet, zuweilen etwas gedrückt; der stärkste Durchmesser liegt etwas mehr nach dem Stiele hin. Furche flach, drückt den Rücken nicht, theilt meistens etwas ungleich. Der Stempelpunkt liegt in der Mitte der Spitze flach oder nur etwas vertieft.

Stiel: nach Liegel 9‴ lang und dünn, war bei mir nur 6—7‴ lang und ziemlich stark; er ist fein behaart und sitzt in tiefer weit ausgebogener Höhle auf der Mitte der Frucht.

Farbe der dünnen, gut abziehbaren Haut ist rothbraun, an der

Sonnenseite dunkel violett. Feine goldgelbe Punkte finden sich, die sich oft zu gelben Fleckchen gestalten. Die Farbe ist selten gleichartig und bemerkt man bei jeder Frucht lichtere Stellen. Die Frucht war bei mir noch besonders dadurch kenntlich, daß wo die Grundfarbe stärker durchschien, namentlich in naßkalten Jahren, um die feinen zahlreichen Punkte dunklere Kreischen sich fanden und an der Sonnenseite und um den Stiel feine, bald kurzabgesetzte, bald auch längere gelbliche Querstreifen sich zeigten, die durch Risse in der Oberfläche der Haut entstanden zu sein scheinen und um den Stiel oft zahlreiche Kreise bildeten. Vielleicht war dies Folge von Regen. Der Duft ist dünn, weißbläulich.

Das Fleisch ist hellgelb, nicht weich, saftreich, nach Liegel von süßem, edel aromatischen Geschmacke, den ich auch hier recht angenehm süß mit etwas weinsäuerlicher Beimischung, wenn auch nicht ganz so vorzüglich fand.

Der Stein ist nach Liegel ablöslich, hing jedoch bei mir mit dem Fleische fest zusammen; er ist 8''' hoch, 6 breit, 4 dick, etwas verschoben eiförmig mit einer ganz kurzen, etwas übergebogenen abgestumpften vorgeschobenen Stielspitze. Größte Breite liegt nach dem Stielende hin. Backen erhoben, wenig rauh, Rückenkanten stumpf, unter denen die Mittelkante sich stumpf merklich erhebt.

Reifzeit und Nutzung: zeitigt im letzten Drittel des August, ziemlich gleichzeitig mit der Königspflaume, Jefferson, Rothen Zwetsche 2c. Für Tafel und Markt. Im Jahre 1856 sprangen am Probezweige die Früchte schon vor eintretender Reife in anhaltendem Regen ganz auf und faulten; 1860, wo der Regen mehr in der Zeit der schon zunehmenden Reife stark war, sprangen sie nicht auf.

Der Baum wächst rasch, belaubt sich dicht und ist fruchtbar. Sommertriebe gerade, oben rothbraun, unten grün, nach Liegel kahl, doch fand ich 1860 die nicht ganz starken Triebe meines schon gemäßigt wachsenden jungen Baums selbst Ende Sept. noch überall fein und ganz kurz behaart, so daß ich die Frucht wohl unter die Wahren Damascenen gesetzt hätte. Blatt groß, oben kahl, flach oder nur etwas rinnenförmig, breit elliptisch, oft mehr eiförmig. Augen klein, kurz, wollig, stumpf, etwas abstehend, Augenträger niedrig, rippig.

Anm. In Form und Größe ist ihr sehr ähnlich die Procureur, wird aber etwas größer und bleibt stärker roth, fast hellroth.

Oberdieck.

No. 39. Trauttenbergs Aprikosenpfl. 1: — II, 1. B.; Zwetschenart. Dam., rothe Fr.
6: — II, 2. B (A) a.

Trauttenbergs Aprikosenpflaume. ** Anf. Sept.

Heimath und Vorkommen: diese sehr gute, noch wenig bekannte Frucht erzog Liegel aus dem Steine der Rothen Aprikosenpflaume und widmete sie dem um die Pomologie verdienten Herrn Emanuel, Freiherrn von Trauttenberg zu Prag. Mein Reis erhielt ich von diesem und Herrn Medicinalassessor Jahn in Meiningen überein. Verdient häufige Anpflanzung.

Literatur und Synonyme: Liegel III. S. 95 Nr. 115 unter obiger Benennung. Arnold Obst-Cab. 9. Lief. Nr. 9 gut, nur etwas klein.

Gestalt: mittelgroß, nach Liegel 1" 5''' hoch, eben so dick, und ½''' weniger breit; bei mir waren gute Früchte stark 1½" hoch, manche so groß als obige nach recht vollkommenem Exemplare gezeichnete Figur. Gestalt regelmäßiger Früchte oval, gegen den Stiel etwas verjüngt, Rücken und Bauch fast gleich erhoben und die größte Breite in der Mitte. Die Frucht wird durch starkes Vortreten der einen Seite aber häufig etwas ungestalten und veränderlich in der Form. Furche flach, drückt den Rücken etwas und theilt meistens gleich. Der Stempelpunkt liegt in der Mitte der Spitze und ist die Frucht bei demselben gern aufgesprungen.

Stiel: 10''' lang, kaum merklich behaart, meistens grün, sitzt in seichter Höhle.

Farbe der dicken, zähen, gut abziehbaren, geschmacklosen Haut ist braunroth, reich mit goldfarbigen Punkten und Fleckchen besetzt. Auch Rostflecken finden sich. An rechten Sonnenstellen wird die Färbung häufig bläulichroth.

Das Fleisch ist hellgelb, strahlig, härtlich, saftreich, von sehr süßem, erhabenem, delikaten Geschmacke. Sehr schade, daß die Frucht, was auch Liegel anmerkt, schon lange vor der Reife in häufigerem Regen gern aufspringt, indeß faulen davon doch die meisten Früchte nicht und werden noch leidlich gut.

Der Stein ist ablöslich, nach Liegel 8''' hoch, bei mir stark 9, oft 10''' hoch, 6 breit, 4 dick, oval, nach beiden Enden etwas zugespitzt und dadurch fast völlig elliptisch; Rücken und Bauch fast gleich erhoben, Rückenkante fast flach und stumpf, Bauchfurche seicht und eng, Backen wenig rauh.

Reifzeit und Nutzung: zeitigt mit der Rothen Eierpflaume im ersten Drittel des Sept. Für Tafel und ohne Zweifel auch für den Haushalt brauchbar, und schade, daß sie den Fehler des starken Aufspringens im Regen hat.

Der Baum hat gemäßigten Wuchs mit stark abstehenden Aesten und ist tragbar. Selbst meine jungen Bäume tragen oft voll. Triebe gerade, violettbraun, kahl. Blatt mittelgroß, stehend, oben kahl, unten stark behaart, stark runzlig, dunkelgrün, unten am Zweige ziemlich elliptisch, weiter hinauf oval oder zum Rundlichen neigend. Blattstiel meistens drüsig, Augen spitz, gedrängt, abstehend; Träger klein, kurz, stark gerippt.

Anm. Von der Rothen Aprikosenpflaume unterscheidet sie sich durch wenigere Rundung, Aufspringen der Frucht im Regen und den bei sehr vielen Früchten sich findenden, namentlich vor der Reife stark hervortretenden, etwas vorgeschobenen Hals der Stielspitze, wie ihn die Figur oben darstellt. Dies unterscheidet sie auch von der Mangerou leicht.

Oberdieck.

No. 40. Rother Perdrigon. 1: — II. 1. B.; Zwetschenart. Dam., rothe Fr.
6: — II, 2. B (C) a.

Rother Perdrigon. **† Mitte Sept.

Heimath und Vorkommen: gehört zu den lange bekannten Früchten und ist ziemlich weit verbreitet. Verdient durch Güte des Geschmacks häufigen Anbau, doch vielleicht nur in schwerem Boden, da mir in Sulingen und Nienburg auch schon ziemlich erstarkte Bäume immer nur einzelne Früchte brachten, während hier der noch jüngere Baum und der Probezweig sich fruchtbar zeigten. Mein Reis erhielt ich von Diel und Liegel überein, und will anmerken, daß die Bäume in Sulingen und Nienburg von Diels Reise erzogen waren, der hiesige von Liegels Reise.

Literatur und Synonyme: ist von den meisten Schriftstellern ächt beschrieben. Liegel II. S. 144 Nr. 14; Dittr. II. S. 237, dessen Obst-Cab. Nr. 30; Günderode S. 183 Nr. 36 gute Abbildung, doch das Colorit etwas zu blau, T.O.Cab. 8. Lief. Nr. 30 gute Abbildung, desgl. bei Kraft II. Taf. 172; Duhamel II. S. 115 Taf. 20, Figur größer, als ich die Frucht je sah und nach den Enden stärker abnehmend. Quintinye S. 221; Christs Wörterb. S. 375, Handbuch S. 783, Vollst. Pom. S. 134; Pastor Mayer Nr. 24 Taf. 3 Nr. 15 ziemlich kenntlich, doch Colorit schlecht. Downing S. 312. Liegel erhielt nach Heft IV. S. 54 obige Sorte auch als Podiebrader Pflaume.

Gestalt: ist nach Liegel klein, 1″ 2‴ hoch, fast eben so dick und etwas weniger breit, Gestalt oval-rund, oben und unten fast gleich zugerundet, und fand auch ich die Frucht von dieser Gestalt und Größe. An der Spitze ist die Frucht etwas mehr gedrückt als am Stiele, Rücken und Bauch sind gleich erhoben und die größte Breite fällt in die Mitte. Die unbedeutende Furche theilt bald gleich, bald ungleich. Der kleine

gelbe Stempelpunkt liegt in der Mitte der Spitze, meistens etwas vertieft, und ist die Frucht bei ihm öfter etwas aufgesprungen.

Stiel: nach Liegel 8''' lang, dick, gebogen, rostig, war bei mir oft
etwas kürzer, oft auch so lang, und fand ich ihn kurz behaart, welche
Eigenschaft Liegel Heft III. S. 156 gleichfalls nachträglich anmerkt. Er
sitzt auf der Spitze in sehr flacher Vertiefung.

Farbe der dicken, zähen, abziehbaren, geschmacklosen Haut ist nach
Liegel rothblau, während ich sie als dunkelkirschroth notirte. Goldartige
Punkte sind zahlreich. Der Duft ist dünn und bläulich; auch an dieser
Frucht, wie an der Rothen Mirabelle fand ich die feinen Punkte oft mit
dunkelrothen Kreischen umgeben und außerdem hin und wieder größere
Rostfiguren.

Das Fleisch ist ablöslich, gelb, saftreich, consistent, doch zart, zuckersüß, und erhaben aromatisch.

Der Stein löset sich vom Fleische, ist nach Liegel 9''' hoch, 5
breit, 3 dick, war bei mir nur 6''' hoch, 4 breit und 2½''' dick und ist
vielleicht die Angabe in Liegels Werke ein Druckfehler, da ein mir ge-
sandter, oben dargestellter Stein ganz die Größe hat, wie die von mir
hier gewonnenen Steine. Gestalt oval, am Stielende stumpfspitz, Backen
flach, wenig rauh, afterkantig; Bauchfurche breit und seicht; Mittelkante
des Rückens etwas erhoben, erweitert sich oft nach dem Stiele hin etwas
und wird scharf.

Reifzeit und Nutzung: zeitigt Mitte Sept., ist delikate Tafelfrucht, wird indeß auch zum Trocknen taugen, wozu Liegel sie empfiehlt.

Der Baum wächst kräftig, wird nach Liegel groß, treibt viele feine Zweige und
in der Jugend Dornen und hatten meine allerdings noch jungen Bäume dicht verzweigte Krone. Der Baum verträgt nach Liegels Erfahrungen hohen Kältegrad und
ist fruchtbar. Seine Blüthe erscheint spät. Sommerzweige gerade, braunroth mit
feinen gelblichen Punkten und nach unten stärkeren gelblich silberhäutigen Flecken bedeckt, kahl, gegen die Basis etwas unterbrochen sehr kurzhaarig; Blatt klein, stehend,
fast flach ausgebreitet, auf der obern Seite kahl, glänzend, fein gesägt, von Form nach
Liegel eiförmig-spitzig, während ich dasselbe fast elliptisch, oft mehr oval fand. Blattstiel hat allermeist 2 gelbliche Drüsen. Augen sitzen gedrängt, sind abstehend, dick,
kurz, kegelförmig. Augenträger niedrig.

Anm. Die Frucht ist kenntlich durch ihre Kleinheit, delikaten Geschmack, rothe
Farbe und die nach Liegels Schlußbemerkung etwas phiolenartige (d. h. nach dem Stiele
etwas stärker abnehmende) Form, welche letzte ich an meinen Früchten noch nicht wahrnahm, und die Frucht in obiger Figur gegeben habe, wie ich sie fand, jedoch noch
nicht gehörig zahlreiche Früchte sah. Da meine Früchte noch nicht gehörig vollkommen
gewesen sein können, habe ich oben sub. b. die von Hrn. Dr. Liegel mir übersandte
Zeichnung beigefügt. Oberdieck.

No. 41. **Liegels Zwillingspflaume.** 1: — II, 1. B.; Zwetschenart. Dam., rothe Fr.
6: — II, 2. A a.

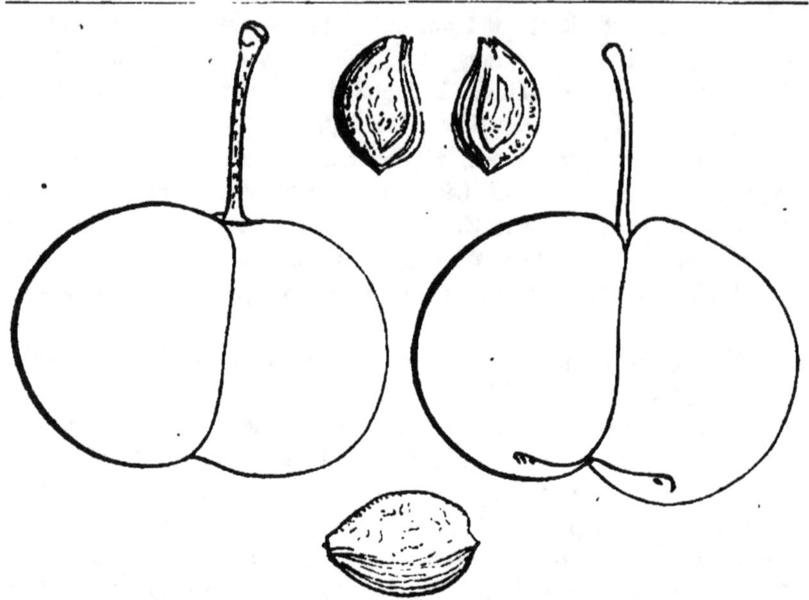

Liegels Zwillingspflaume. Liegel (aus München) * Anf. Sept., bisweilen Aug.

Heimath und Vorkommen: die Königl. bairische ökonomische Gesellschaft in München sandte einen Baum dieser Gattung unter obigem Namen an Hrn. Dr. Liegel.

Literatur und Synonyme: Liegel beschrieb die Frucht Heft IV. S. 26 Seine daselbst fehlende Nr. ist 251. Dochnahl hat sie im Führer III. S. 183.

Gestalt: gedrückt rund, etwas vierseitig, oben und unten flach gedrückt, nach dem Stiele zu mehr abnehmend, Rücken und Bauch mehr flach und ziemlich gleich ausgebogen, in der Mitte am bretteſten. Die kaum sichtbare Naht drückt den Rücken nieder und theilt ungleich. Der Stempelpunkt steht flach in der Mitte des Kopfes. Die Frucht ist groß, 1″ 9‴ hoch und eben so dick, 1″ 8‴ breit.

Stiel: 8‴ lang, dünn, haarig, sitzt in einer tiefen ausgebogenen Höhle.

Haut: dick, abziehbar, hellroth mit zahlreichen grauen Punkten. Der Duft ist dick und bläulich.

Fleisch: weißgelb, strahlig, glänzend, saftig von einem süßen parfümirten Geschmack, bewies sich auch in Meiningen wohlschmeckenb, wenn der Geschmack gerade auch nicht als erhaben zu bezeichnen war.

Stein: liegt hohl im Fleische (auch in M. völlig löslich), ist seiner Form nach oben gezeichnet, die 2 Steine nebeneinander sind Steine einer Doppelfrucht. Er ist 9''' hoch, 7''' breit, 6''' dick; Rückenkanten weit abgesondert und erhoben, Bauchfurche seicht, Backen gewölbt und narbig.

Reife und Nutzung: die Frucht zeitigt nach Liegel im ersten Drittel des Sept. und so wird sich die Frucht in gewöhnlichen Jahren auch schon verhalten. Im Jahr 1859 mit seiner großen Sommerwärme war sie jedoch schon ben 21. August reif. Die schöne Frucht ist aller Aufmerksamkeit werth, ba sie ansehnlich groß und auch gut ist, noch vor ber Gemeinen Zwetsche zeitigt und im Regen nicht auffspringt, am Baume festhängt und sich auch lange barauf gut erhält. Liegel gibt ihr I. Rang.

Eigenschaften des Baumes: derselbe treibt mittelmäßig und ist strotzend tragbar, bringt meistens gepaarte Früchte. Die Sommerzweige sind kahl, doch ziemlich fühlbar durch kleine warzenartige Erhabenheiten stellenweise uneben, rothbraun, unterseits grün. Die Blätter sind groß, eirund (eiförmig, O.) mit halbaufgesetzter, ziemlich langer Spitze, unten behaart, gesägt-gekerbt, am Grunde mit 2 kleinen Drüsen besetzt. Der Blattstiel ist behaart, rothgefärbt und bis 1'' lang. Die Blätter an der Spitze des Zweiges sind oft sehr groß, runblich und grobgesägt.

Bemerkungen: außer ber vorliegenden kenne ich nur noch die Pflaume mit halbgefüllter Blüthe, welche vorzugsweise Doppelfrüchte liefert, benn einzelne Zwillingsfrüchte kommen mehrfach, besonders bei ber Rothen Eierpflaume und ben mit bieser verwanbten Sorten, z. B. bei ber Schamals Herbstpflaume u. s. w. vor. An ber Doppelfrucht ber vorliegenden hat jebe Halbfrucht ihren besonberen Stempelpunkt, wie oben in Fig. rechts angebeutet, auch jebe ihren besonberen Stein, ber mit der breiten Kante (Rückenkante) in ber Frucht bem andern Steine gegenüber sitzt, aber kleiner, als in ber einfachen, oben beschriebenen Frucht ist. Die Doppelfrucht hat nur eine gemeinschaftliche Furche, bie aber ringsum läuft und auf ber einen Seite tiefer als auf ber anbern einschneibet. Diese schärfer eingeschnittene Seite ist als die eigentliche Furchenseite ber Zwillingsfrucht zu betrachten, benn bie Furche läuft hier in bas Stempelgrübchen aus und es gibt dieselbe auch am ersten noch Gelegenheit, Betrachtungen über die Entstehung ober über bas Zusammenwachsen solcher Doppelfrüchte anzustellen.   Jahn.

No. 42. **Schamals Herbstpflaume.** 1: — II, 1. B.; Zwetschenart. Dam., rothe Fr.
6: — II, 2. A a.

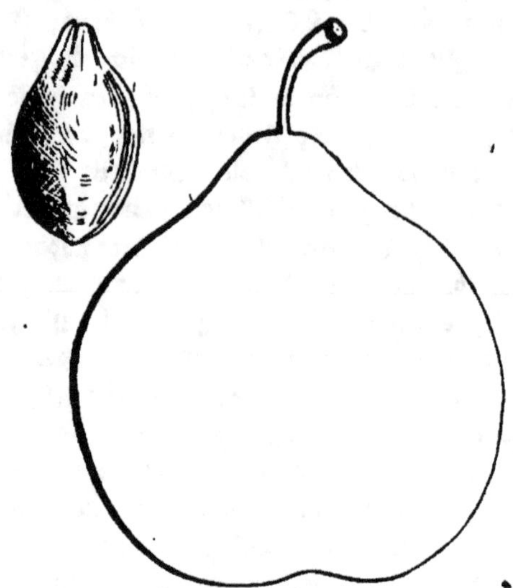

Schamals Herbstpflaume. ** Gegen Ende Sept.

Heimath und Vorkommen: diese noch sehr wenig verbreitete Frucht, die bei Größe, Schönheit und gutem Geschmack alle Anpflanzung verdient und sich besonders als Marktfrucht eignet, erzog der bekannte Baumschuleninhaber und Pomologe, Hr. Schamal zu Jungbunzlau in Böhmen, von dem ich mein Reis erhielt. Sie ist ohne Zweifel aus einem Steine der Rothen Eierpflaume entstanden.

Literatur und Synonyme: Liegel beschrieb sie schon Frauendorfer Blätter 1846 S. 220 unter obigem Namen und benannte sie nach ihrem Erzieher. Sie ist wieder aufgeführt Heft III. S. 96 Nr. 86. Die Annales 1859 S. 31 geben Abbildung, die aber zu klein und zu stark blau beduftet ist. Arnold Obst-Cab. Lief. XI. Nr. 13 gibt kenntliche Nachbildung.

Gestalt: groß, nach Liegel 1″ 8‴ hoch, 1 Linie weniger dick und breit. Ich hatte sie bisher merklich größer, und sind irgend gute Früchte 2″ hoch und gegen 2‴ weniger dick und breit, oft fast 3‴ weniger breit. Gestalt umgekehrt eiförmig, am Kopfe flach abgerundet, nach dem Stiele verjüngt und etwas vorgeschoben stumpfspitz. Rücken und Bauch sind nur etwas gedrückt und ziemlich gleich erhoben. Die meistens breite

unb flache Furche theilt meiſtens ungleich. Der Stempelpunkt liegt auf
der Mitte der Spitze gewöhnlich etwas vertieft, einzeln flach.

Stiel: nach Liegel über 1″ lang, war bei mir bei mehr Größe
der Frucht, nur 7—8‴ lang, iſt kahl und dünn, ſteckt in ſeichter, gegen
den Rücken ablaufender Höhle und hat das Eigene, daß bei ſeiner In-
ſektion in die Frucht ihn häufig rundum ein kragenartiger kleiner Fleiſch-
wulſt umgibt, der nach dem Rücken hin immer mit dem Stiele, nach dem
Bauche hin mit der übrigen Haut der Frucht zuſammenhängt und ſich
größtentheils mit dem Stiele herausziehen läßt.

Die Farbe der dicken, abziehbaren, ſäuerlichen Haut iſt nach Liegel
hellroth, war bei mir dunkler und braunroth, und finden ſich noch dunklere, faſt ſchwärzlich roth gefärbte Stellen, die jedoch Folge von Druck
im Winde zu ſein ſcheinen und ich an recht vollkommenen Früchten nicht
ſah. Goldartige Punkte ſind ſehr fein, nicht in die Augen fallend, neben
dieſen kleine, dunkler rothe Fleckchen, manchmal auch Lederflecken, die
von Beſchädigungen der jungen Frucht entſtehen.

Das Fleiſch iſt etwas hellgelb, ſtrahlig, zart, ſchmelzend, nicht ſo
ſaftvoll, wie bei der gemuthmaßten Mutterfrucht, kann bei der Ueberreife ſelbſt etwas trocken werden. Der Geſchmack iſt ſüß, durch etwas
Säure gehoben und ſehr angenehm.

Der Stein löſet ſich bis auf die Rückenkanten gut vom Fleiſche,
iſt bei mir 12‴ lang, (nach Liegel 11) 7 breit, ſtark 5 dick; er iſt oval,
mit vorgeſchobener Spitze; Bauchfurche breit und ſeicht, Mittelkante des
breiten Rückens wird ſcharf; Backen hoch gewölbt, wenig rauh, ſtark
afterkantig.

Reifzeit und Nutzung: zeitigt im letzten Drittel des Sept., oft
erſt Anf. Okt., und iſt für Tafel und Markt ſehr brauchbar.

Der Baum wächst in der Jugend recht ſtark, ſcheint aber, nach meinem Baume
in Nienburg und hier zu urtheilen, durch große und frühe Fruchtbarkeit im Wuchſe
bald nachzulaſſen. Triebe des jungen Baumes lang und ſtark, nach oben merklich abnehmend, faſt gerade, kahl, dunkelbraun, unten ſilberhäutig gefleckt. Blatt groß,
ſtehend, flach ausgebreitet, oben kahl, von Form nach Liegel breitoval, an der Spitze
vorgeſchoben ſtumpfſpitz, am Stielende gerundet; ich bezeichnete es als breit elliptiſch,
nach dem Stiele faſt gerundet, oft auch mehr breiteiförmig, nicht ſelten auch umgekehrt
eiförmig. Augen dickbauchig, ſtumpfſpitz, an ſeinen Trieben etwas abſtehend, an ſtarken faſt anliegend, etwas weißlich angelaufen. Der Blattſtiel hat meiſt 2 Drüſen.

Anm. Zu ihrer Reifzeit kann ſie mit keiner andern Frucht verwechſelt werden.
Nach gar manchen Exemplaren iſt dieſe Frucht merklich höher als breit, und könnte
vielleicht dann ſo gut als die Rothe Eierpflaume zu Cl. I. gehören. Sie iſt auch dadurch noch kenntlich, daß ſie, eben ſo wie die Rothe Eierpflaume, nicht ſelten einzelne
Doppelfrüchte bringt. Oberbiedt.

No. 43. Pflaume v. St. Etienne. 1: — II, 1. C.; Zwetschenart. Dam., gelbe Fr.
6: — II, 3. B a.

Pflaume von St. Etienne. **, wohl auch †, Mitte Aug.

Heimath und Vorkommen: noch sehr wenig verbreitete, delikate Frucht, welche Liegel 1841 von Dittrich erhielt. Woher sie weiter stamme ist nicht bekannt und scheint sie bei keinem Pomologen vorzukommen. St. Etienne ist eine Stadt bei Lyon, und ist die Frucht dort vielleicht einheimisch. Verdient häufigen Anbau als delikate Tafelfrucht und ist sicher zum Trocknen sehr gut. Mein Reis erhielt ich von Liegel.

Literatur und Synonyme: Liegel III. S. 98 Nr. 375 unter obigem Namen Liegel erhielt sie auch von Baumann unter dem von der brustwarzenförmig vorgeschobenen Stielspitze hergenommenen Namen Mamelonnée, die er in den Vereinigten Frauendorfer Blättern 1845 S. 269 beschrieb, später aber ebenso wie ich, mit obiger als überein erkannte. Hogg im Manual führt die St. Etienne und die Mamelonnée jedoch jede für sich auf, beschreibt sie aber ziemlich gleich.

Gestalt: 1″ 5‴ hoch, 1″ 4‴ dick und etwas weniger breit. Meine hiesigen Früchte von nicht stark volltragendem Zweige waren ein paar Linien größer, wie obige Figur zeigt, wo b die Seitenansicht gibt; in Nienburg von der angegebenen Größe. Gestalt kurz eiförmig, mit vorgeschobener Stielspitze, am Kopfe stumpf spitz, die größte Breite liegt merklich nach dem Stiele hin. Rücken und Bauch sind ziemlich gleich erhoben. Die flache, oft auch tiefere Furche theilt meistens gleich. Stempelpunkt klein, liegt bald auf der Spitze, bald etwas vertieft ziemlich in der Mitte des Kopfes.

Stiel kahl, 7‴ lang, stark braun, sitzt auf einer stark vorge=

schobenen, auf der Bauchseite mehr erhöhten schiefen Spitze, doch kommen auch Früchte vor, denen diese Stielspitze mangelt.

Farbe der geschmacklosen, zähen, mit dünnem weißlichen Dufte belaufenen Haut ist grünlich gelb, in rechter Reife gelb, um die Stielfläche und an der Sonnenseite häufig stark roth punktirt und gefleckt, manchmal fast ganz roth angelaufen.

Das Fleisch ist gelb, strahlig, zart, von süßem köstlich erhaben aromatischen Geschmacke. Nach meinen Annotationen scheint es mir jedoch, als ob bei mir diese Güte die Frucht nur in warmen Jahren gehabt hätte, und habe ich zweimal den Geschmack nur als gut, in trockenem Boden und Jahren sogar einmal den Stein als unablösig notirt. Ich sah noch nicht oft genug Früchte, da Probezweige durch Unfall mehrmal verdarben. 1859 war die Frucht trotz der herrschenden Dürre wieder köstlich.

Der Stein liegt nach Liegel hohl im Fleisch und war auch bei mir ablösig; er ist verhältnißmäßig klein, oval, an beiden Enden etwas zugespitzt, fast elliptisch, am Stielende kurz, schief spitz, Rücken nur wenig mehr erhoben, größte Breite in der Mitte. Rückenkanten breit, flach, Backen flach, rauh, afterkantig.

Reifzeit und Nutzung: zeitigt im halben August mit der gelben Frühzwetsche und rothen Kaiserpflaume 2c., fast noch mit der Königspflaume von Tours, zerspringt im Regen nicht und gehört in ihrer Vollkommenheit zu den delikatesten Tafelsorten.

Der Baum hat gemäßigten Trieb. Leider constatirt noch nicht genug, ob er bei uns hinreichend fruchtbar ist. Heft III. S. 98 sagt Liegel „scheint tragbar zu sein." Heft IV. S. 57 nennt er ihn „ziemlich tragbar." Triebe an der Sonnenseite braun, an der Schattenseite meist grün, gerade, kahl, bisweilen ein Weniges behaart. Blatt mittelgroß, etwas rinnenförmig, oben kahl, unten nur wenig behaart, fast runzellos, dunkelgrün, nach Liegel eiförmig, ich fand dasselbe oval, mit kurzer aufgesetzter Spitze, oft mehr elliptisch. Blattstiel mangelhaft drüsig, Augen dick, kurz, spitz, abstehend, nach oben und an dünnen Trieben auch anliegend. Träger kurz, hoch, wulstig, bald gerippt, bald ungerippt.

Anm. Kann bei ihrer eigenthümlichen Gestalt nicht leicht verwechselt werden. Die gelbe Frühzwetsche und Gisbornes Zwetsche, die beide etwa gleichzeitig reifen, sind größer, haben andere Gestalt und jene auch weit weniger edlen Geschmack und unablösigen Stein.

Oberdieck.

No. 44. **Rangheri's Mirabelle.** 1: — II, 1. C.; Zwetschenart. Dam., gelbe Fr.
6: — II, 8. B a.

Rangheri's Mirabelle. ** und wohl †† 2te Drittel Aug.

Heimath und Vorkommen: diese höchst schätzbare Tafelfrucht, die ebenso werthvoll für den Haushalt sein dürfte, erzog Liegel aus einem Steine der Braunauer aprikosenartigen Pflaume (Nr. 101). Er widmete sie dem Pflaumenfreunde Herrn Heinrich Rangheri, Handlungs=Negozianten in Prag. Ist wohl noch höchst wenig verbreitet, verdient aber die häufigste Anpflanzung. Mein Reis erhielt ich von Liegel.

Literatur und Synonyme: Liezel IV. S. 31 Rangheri's frühe gelbe Mirabelle Nr. 207. Arnold O.=Cab. IX. Nr. 8. Der Name kommt in Liegels Schriften vor mit den Variationen Rangheri's frühe Mirabelle und Rangheri's gelbe Mirabelle. Es wird thunlich sein, ihn, wie oben, abzukürzen. Dochnahl im Führer nennt sie Rangheri's Aprikosenpflaume. In Liegels Pflaumenwerke hat durch einen Druckfehler auch die Große blaue Zwetsche von der Worms Nr. 207 statt 297.

Gestalt: fast mittelgroß, 14''' hoch, 1½''' weniger dick und breit, rund oval, nach oben und unten gleich abgerundet, um die Mitte fast zirkelrund, der stärkste Durchmesser liegt in der Mitte. Die unbedeutende Furche drückt den Rücken fast gar nicht und theilt gleich. Der fühlbare Stempelpunkt liegt schwach vertieft in der Mitte des Kopfes.

Stiel: 7''' lang, nach Liegel dünn, bei mir ziemlich dick, ist behaart und sitzt in kleiner flacher Höhlung.

Farbe der dünnen, genießbaren Haut ist hellgelb, nach Liegel um den Stiel und auf der Sonnenseite mit einem lebhaften Roth angelaufen, oft auch nur — und so bisher bei mir, roth punktirt und roth gefleckt, was die Frucht sehr schön macht. Der dünne Duft ist weißlich.

Das Fleisch ist gelb, ganz ablösig, sehr saftreich, zart und dennoch nicht weich, sondern fest, von delikatem, sehr zuckerreichen Geschmacke mit dem edelsten Parfüm.

Der Stein löst sich vom Fleische, ist 7‴ hoch, 5‴ breit, 3 bis 3½‴ dick, oval. Rücken kaum etwas mehr erhoben, Kanten stumpf, die Nebenkanten sind durch tiefe Furchen begrenzt, Bauchfurche breit und tief, Backen fein rauh mit Spuren von Afterkanten; größte Breite liegt in der Mitte.

Reifzeit und Nutzung: zeitigt nach Liegel im zweiten Drittel des Augusts, bei mir gegen Ende August, fast noch mit der rothen Eierpflaume, oder etwas vor ihr. Ist eine auserlesene Frucht, die auch im Regen nicht aufspringt.

Der Baum wird nach Liegel groß und trägt die Sorte auch bei mir fast jährlich sehr voll. Sommerzweige gerade, kahl, dunkelbraun. Blatt mittelgroß, breit elliptisch, oben kahl; Blattstiel drüsig; Augen groß, gedrängt sitzend, abstehend; Augenträger hoch, schwach gerippt oder ungerippt.

Oberdieck.

No. 45. Die Ottomannische Kaiserpfl. 1: — II, 1. C.; Zwetschenart. Dam., gelbe Fr.
6: — II, 3. B a.

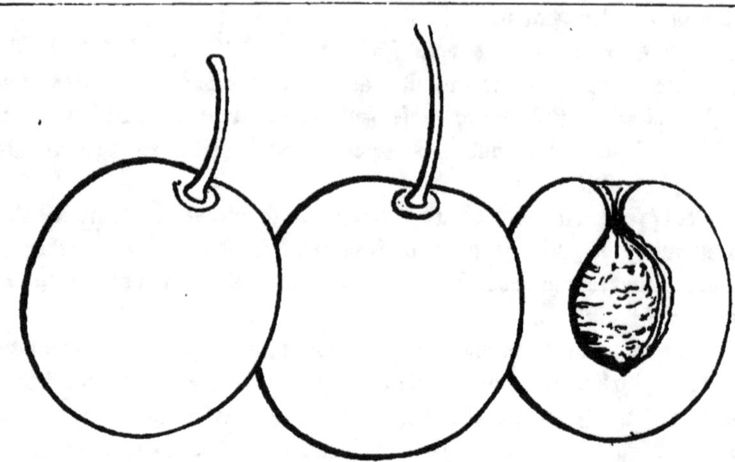

Die Ottomannische Kaiserpflaume. Riegel ** Ende Aug.

Heimath und Vorkommen: Riegel erhielt sie von Commans in Cöln und bemerkt, daß er sie zuerst in dem Catalog der Hohenheimer Baumschule von 1823 verzeichnet gefunden, welche kurze Beschreibung auch Dittrich in s. Handb. II. S. 294 entlehnt habe.

Literatur und Synonyme: Riegel II. S. 157 Nr. 139 die Ottomanische Kaiserpflaume, Imperiale Ottomanne. Dittrich II. uti supra; Oberd. S. 463. Downing S. 278, Lond. Catal. S. 166 nur genannt, D.O.C. Nr. 69. Ich erhielt dieselbe als Türkische gelbe Pflaume von einem Freunde aus Schweinfurt und so mag sie auch unter diesem Namen mehrfach verbreitet sein. Im Jenaer Obstcabinet Sect. IV. Lief. 2 ist sie ziemlich gut, doch etwas zu länglich abgebildet.

Gestalt: Riegel beschreibt sie als ziemlich walzenförmig-oval, oben und unten ziemlich gleich abgerundet, doch breiter als dick, weil auf beiden Seiten etwas gedrückt; die Furche drückt den Rücken wenig, dagegen ist der Bauch zu einer stumpfen Schneide erhoben. Die Furche ist flach, schneidet nirgends bemerklich ein. Die Frucht ist in der Mitte am breitesten und dicksten, mäßig groß, 14‴ hoch, 13½‴ breit und 13‴ dick. Ich erzog sie meist etwas größer. Der Stempelpunkt ist klein, meist fühlbar erhoben, sitzt oben in der Mitte auf der Spitze der Frucht.

Stiel: sehr lang, mißt fast 1″, dünn, unmerklich behaart, gerade, grün, sitzt fast ganz flach in seichter, gegen den Bauch geneigter Höhle.

Haut: dick, sehr zähe, sauer und ungenießbar, läßt sich aber gut abziehen. Farbe weißlichgelb mit grünlichem Schimmer, (was ich wenig finde, die Farbe ist fast wie goldgelb und so fand sie auch Oberd.) Kleine weiße Punkte sind nur wenig vertheilt, sehr selten sind rothe Punkte und Fleckchen.

Fleisch: grünlichgelb, bei mir und Oberdieck goldgelb, durchsichtig, glänzend, weich, schmelzend, sehr saftig, von sehr süßem, angenehmen Geschmack, doch ohne besondere Erhabenheit, wobei man noch bisweilen etwas fein Weinsäuerliches bemerkt.

Stein: liegt hohl im Fleische, doch bleibt meist an den Außenkanten etwas Fleisch kleben, er ist 8''' hoch, 5½''' breit, 4 dick, von Form wie gezeichnet. Die Backen sind stark rauh, afterkantig, Mittelkante des Rückens stark erhoben und scharf, bisweilen nach unten flügelartig erweitert. Bauchfurche seicht und breit, mit stumpfen, doch nach der Spitze hin meist zackigen Kanten.

Reife und Nutzung: sie zeitigt im letzten Drittel des Aug. und ist eine gute, ziemlich frühe Frucht, die auf dem Obstmarkt Absatz findet, Sie hängt fest am Baume.

Eigenschaften des Baumes: derselbe hat einen kräftigen Wuchs, wird groß (strebt hoch empor) und trägt strotzend; er blüht frühe mit großen Kronblättern. Blätter mäßig groß, breit-eiförmig (breit oval O.), etwas kurz zugespitzt, unterhalb etwas behaart, fast scharf doppelt gesägt, am Grunde oft mit zwei Drüschen. Blattstiele 7''' lang, dünn, schwach behaart, rothbraun, meist drüsenlos. Sommerzweige oft sehr stark, gerade, violettbraun, kahl.

Bemerkungen: die Ottomannische Kaiserpflaume macht sich kenntlich durch ziemliche Mittelgröße, regulär ovale, etwas walzenförmige Gestalt und goldgelbe Farbe. Die Durchsichtige, welche mit ihr reift, ist größer, grün oder gelblichgrün, im Geschmack überaus honigsüß, aber ihr Stein ist unablöslich. Die von Oberd. bekannt gemachte Frühe Aprikosenpflaume, die auch mit ihr reift, ist runder, bleichgelb, und der Baum hat behaarte Zweige. Auch die etwas später zeitigende Weiße Jungfernpflaume ist runder. Ich bin mit dieser Pflaume wohl zufrieden; sie reift zu einer Zeit, wo andere gelbe Pflaumen fehlen, die gelbe Aprikosenpflaume und Aprikosenartige werden schon später reif und sie dient so zur Zierde der Pflaumenschale, findet auch immer Beifall, um so mehr, als der Geschmack nicht etwa schlecht ist, sondern bei gehöriger Zeitigung und in guten Sommern kann man ihn auch erhaben nennen. Liegel scheint nach Schilderung ihrer Farbe sie nicht im gehörigen Grade der Reife oder von einem Standorte, der schattig ist, gekostet zu haben. Auch Oberd. lobt sie, namentlich auch wegen Tragbarkeit. Jahn.

No. 46. **Weiße Jungfernpflaume.** 1: — II, 1. C.; Zwetschenart. Dam., gelbe Fr. 6: — II, 3. B a.

Weiße Jungfernpflaume. ** Anf. Sept.
Virginale à fruit blanc.

Heimath und Vorkommen: gehört zu den schon länger bekannten Früchten, dürfte aber doch noch sehr wenig verbreitet sein, kommt auch bei pomologischen Schriftstellern wenig vor und ist ihr Ursprung unbekannt. Verdient wegen großer Tragbarkeit und Güte als Tafel- und Marktfrucht allgemeine Anpflanzung. Mein Reis erhielt ich von Diel, durch den die Frucht zunächst verbreitet ist.

Literatur und Synonyme: Liegel II. S. 165 Nr. 22 unter obiger Benennung. Dittr. II. S. 240, Dittr. O.Cab. Nr. 61, Arnold O.C. X. Nr. 10, Diel Systemat. Verzeichniß S. 135. Der ziemlich kenntlichen Vegetation nach werde ich diese Frucht von Hrn. Kunstgärtner Hartwig zu Lübeck auch als Double beurré witte erhalten haben, wahrscheinlich auch von der Societé van Mons als Prune precôce, vielleicht auch nochmals als altesse blanche.

Gestalt: etwas kleiner als die Große Reineclaude, mit der sie fast gleiche Form hat. Größe nach Liegel 14‴ Höhe und ebenso viel Dicke, bisweilen auch ½‴ mehr; bei mir war die Frucht meistens 1½″ hoch und dick. Die Breite ist kaum merklich geringer als die Dicke, die Form ist rundlich, nach dem Stiele etwas Weniges mehr abnehmend als nach dem Kopf, wo sie merklich gedrückt ist, nicht selten auch nach beiden Seiten gleichmäßig abnehmend. Am Rücken ist sie nur wenig gedrückt, wo die flache Furche, die oft ganz fehlt, meistens gleich, oft jedoch auch ungleich theilt. Die größte Breite fällt in die Mitte. Der

dunkelgelbe, sichtbare Stempelpunkt liegt oben in der Mitte flach ver=
tieft, oft jedoch auch etwas mehr nach dem Rücken hin.

Stiel 9''' lang, behaart, dünn, etwas gebogen, meistens rostfleckig,
sitzt flach auf, in enger, seichter Höhle.

Farbe der zarten, etwas durchsichtigen, abziehbaren Haut ist weiß=
lich gelb und zeigte bei mir auch immer durchscheinende starke grünliche
Streifen und Punkte, oder statt letzterer weißlich feine Tupfen, gar
nicht selten fanden sich auch an recht besonnten Früchten bei mir blut=
rothe Flecken, einzeln selbst an einer Stelle gehäuft und haben diese
Flecke manchmal einen schwarzen Mittelpunkt. Irgend beschattete Früchte
sind jedoch einfarbig. Der Duft ist weißlich und dünn.

Das Fleisch ist gelb, zart, doch nicht weich, und von sehr ange=
nehmem süßen Geschmacke. In rechter Reife war es bei mir fast ganz
ablöslich, während Liegel es als unablöslich angibt, selbst 1860, wo die
Reifzeit naßkalt war, fand ich es so.

Der Stein ist nach Liegel rundlich, mit einer am Stielende etwas
verlängerten stumpfen Spitze; ich möchte ihn noch genauer bezeichnen
als oval nach dem Stielende verjüngt und abgestutzt, einzeln fand ich
ihn auch ziemlich elliptisch. Die Größe beträgt 8''' Höhe, 5—6 Breite,
4 Dicke; die größte Breite fällt in die Mitte, der Rücken ist mehr aus=
gebogen, die Backen etwas rauh, ziemlich erhoben; die Bauchfurche ist
seicht und weit, mit meistens zackigen Kanten; die Mittelkante des
Rückens ist erhoben und fast scharf.

Reifzeit und Nutzung. Zeitigt Anf. Sept. etwas vor, theils
noch mit der Großen Reineclaude. Für Tafel und Markt. Springt
auch in anhaltendem Regen nicht auf.

Der Baum bleibt nach Liegel klein und trägt ziemlich, bei mir jedoch reichlich,
zumal er bald viel kurzes Fruchtholz macht. Er treibt seine Blüthen spät. Sommer=
zweige gerade, braun, an der Schattenseite grün, mit durchbrochenem Silberhäutchen
belegt, kahl, doch gegen die Basis kaum merklich kurz weichhaarig. Blatt mäßig groß,
flach ausgebreitet, oben kahl, unten behaart, nach Liegel breitoval, bei mir mehr bald
breit und spitzeiförmig, bald eioval, oft auch ziemlich elliptisch. Blattstiel hat Drüsen;
Augen stehen gedrängt, sind bauchig, spitzig, charakteristisch stark weißwollig und abstehend.
Augenträger schmal und rippenlos.

Anm. Von der ziemlich zugleich reifenden und ähnlichen Frühen Aprikosenpflaume
und der etwas früher reifenden Hudsons gelben Frühpflaume unterscheidet sie sich durch
mehr weißgelbe Farbe, etwas mehr Größe und die kahlen Triebe. Die Braunauer
aprikosenartige Pflaume zeitigt später, ist höher als breit und an den Seiten gedrückt.
Die an Form ähnliche Aprikosenartige Pflaume und Merolobts Reineclaude sind gleich=
falls gelber und zeitigen erst nach der Großen Reineclaude, haben auch noch edleren
Geschmack und vollkommen ablösigen Stein. Die Gelbe Reineclaude mit halbgefüllter
Blüthe nimmt nach der Spitze stärker ab.   Oberb.

No. 47. **Kleine gelbe Eierpflaume.** 1: — II, 1. C.; Zwetschenart. Dam., gelbe Fr.
6: — II, 3. B a.

Kleine gelbe Eierpflaume. ** Anf. Sept.

Heimath und Vorkommen: diese sehr gute Frucht, deren
Baum sich ebenso durch Härte und Gesundheit, wie durch außerordent-
liche, fast nie fehlende Fruchtbarkeit auszeichnet, fand ich vor 30 Jahren
in Barbowick im Garten eines neben der Pfarre liegenden Canonikats
und wie sie mir sonst auch in unserem Lande noch nicht vorgekommen
ist, so findet sich bei pomologischen Schriftstellern nichts ihr Aehnliches.
Verdient besonders auch als Marktfrucht recht häufige Anpflanzung,
zumal die Frucht durch Regenwetter nicht leidet. Obigen Namen legte
ich ihr bei.

Literatur und Synonyme: Liegel IV. S. 7 Nr. 79 unter obigem Namen.
Meine „Anleitung" S. 456.

Gestalt: Größe nach Liegel 1½" hoch, 14''' dick, 12 breit, und
rechnet Liegel, weil die Höhe die Breite um mehrere Linien übertraf,
die Frucht zu den wahren Zwetschen. Vollkommenere Früchte fand ich
indeß sowohl in Barbowick, als Sulingen und hier immer nur etwa 1'''
höher, als breit, 1" 7''' hoch, 1½" breit und etwas weniger dick, und
da sie auch in ihrem Ansehen nichts zwetschenförmiges hat, habe ich sie
eingereiht, wie oben. Gestalt neigt stark zur umgekehrten Eiform, manche
Früchte nehmen jedoch nach dem Stempelpunkte fast eben so ab, als
nach dem Stiele. Bauch und Rücken sind etwas gedrückt. Die flache
Furche theilt fast immer ungleich, so daß eine Seite sich mehr erhebt.

Der Stempelpunkt liegt auf der Spitze ziemlich in der Mitte, meistens flach vertieft, oft auch oben auf.

Stiel nach Liegel kurz und nur 5''' lang, maß bei mir immer 8—9''', ist ziemlich dünn, wenig rostfleckig, fast oder wirklich kahl und steckt in sehr seichter Höhlung.

Farbe der dünnen, leicht abziehbaren, etwas säuerlichen Haut ist in voller Reife fast hochgelb. Vor voller Reife ist sie etwas grünlich gelb, und schimmern dunklere grünliche Streifen durch die Haut durch. An der Sonnenseite finden sich öfter rothe Fleckchen, die hier jedoch den meisten Früchten fehlen, während bei Liegel die Sonnenseite öfter selbst roth angelaufen war. Der Duft ist weißgelb und leicht.

Das Fleisch ist gelb, zart, saftreich, von süßem, sehr angenehmen, etwas gewürzten Geschmacke, den Liegel selbst als sehr süß, sehr angenehm und aromatisch bezeichnet.

Der Stein ist nicht ganz ablösig, für die Frucht klein, 9''' hoch, 5 breit, 3 dick, gelblich, flachbackig, nicht rauh; die Hälfte nach der Spitze begrenzt sich oval, ohne merkbares Spitzchen; nach dem Stielende verjüngt er sich und endet nur wenig abgestutzt, wobei die Bauchseite sich oft merklich einzieht, während der Rücken sich stärker ausbiegt; Bauchfurche flach, etwas zackig; Rückenkanten schmal, die Mittelkante erhebt sich oft nach dem Stielende hin etwas scharf.

Reifzeit und Nutzung: zeitigt Ende August oder Anfang Sept. ziemlich gleichzeitig mit der Großen Reineclaude und Rothen Eierpflaume; für Tafel und Markt. In Lüneburg wurde das Pfund dieser Frucht für 2¹⁄₂ Ngr. verkauft.

Der Baum wächst rasch, wird früh und recht reich tragbar. Er ist schon in der Baumschule an den fast schnurgerade in die Höhe gehenden röthlichen Trieben kenntlich, bildet eine dicht verzweigte schön belaubte Krone und wird bei reicher Fruchtbarkeit nur mäßig groß. Triebe stark, steif, gerade, röthlich braun, an der Schattenseite häufig grün, kahl, mäßig silberhäutig gefleckt. Blatt groß, steif, ziemlich runzelig, flach, stehend, unten am Zweige lang elliptisch, in der Mitte elliptisch, oft auch eioval, am Rande mit starken oft scharfen Zähnen besetzt. Augen dick, stumpf, etwas abstehend; Träger fast nicht gerippt.

Anm. Unterscheidet sich von andern gleichzeitig reifenden gelben Pflaumen durch die oft umgekehrt eiförmige Figur.

Oberdieck.

No. 48. **Braunauer aprikosenartige Pflaume.** 1: — II, 1. C.; Zwetschenart. Dam., gelbe Fr. 6:— II, 3. B a.

Braunauer aprikosenartige Pflaume. ** Anf. Sept.
Abricotée de Braunau.

Heimath und Vorkommen: diese sehr edle, der häufigsten An-pflanzung werthe Frucht erzog Liegel schon um 1818 (er gibt nicht an von welcher andern Sorte) und verbreitete sie anfangs als Braunauer neue Kernfrucht, welchen später zu wenig bezeichnenden Namen er nach-mals, wie oben, abänderte. Ist nicht zu verwechseln mit der etwas früher zeitigenden Braunauer Aprikosenpflaume, die bei Liegel auch als Braun-auer neue Aprikosenpflaume vorkommt und die Nr. 176 hat, auch von Liegel nur erst kurz in der Monats-Schr. 1858, S. 7 charakterisirt ist. Ich erhielt mein Reis von Liegel und bezog sie auch schon früher von Böbiker in Meppen als Braunauer neue Kernfrucht.

Literatur und Synonyme: Liegel II. S. 167 Nr. 101 Braunauer aprikosen-artige Pflaume, Abricotée de Braunau. Dittr. III. S. 370. Sie kommt in Liegels Verzeichnissen auch als Braunauer aprikosenartige Damascene vor.

Gestalt: groß, 1½" hoch, fast so breit und 1‴ weniger dick, meistens etwas höher als breit, oben und unten fast gleich zugerundet und dadurch kurz oval. Einzelne Früchte sind jedoch auch dicker als hoch, andere so dick als hoch, die beiden Seiten sind aber bei regelmäßi-gen Früchten immer merklich gedrückt. Die Furche ist flach, oft nur nach dem Stiele hin bemerkbar oder fehlt ganz, und theilt meistens ungleich. Der Stempelpunkt sitzt flach vertieft meistens auf der Mitte der Frucht.

Stiel: kahl, grüngelb, wenig rostig, nach Liegel 11''' lang, bei mir meistens 9''' lang, sitzt in sehr seichter Stielhöhle, fast oben auf.

Farbe der ziemlich zähen, abziehbaren, etwas säuerlichen Haut ist wachsgelb, zuweilen grünlich gelb, mit durchscheinenden einzelnen grünlichen Streifen. Rothe Flecke finden sich nicht häufig und nur zuweilen ist die Frucht an der Sonne etwas roth angelaufen. Der Duft ist weißlich.

Das Fleisch ist gelb, fest, saftreich, von zuckersüßem sehr eblen Geschmacke.

Der Stein behält in guten Jahren nur an den Rückenkanten etwas Fleisch, ist auch in kälteren bei rechter Reife der Frucht fast ganz ablöslich. Er ist 10''' hoch, 6½ breit, 3½ dick, ziemlich flachbackig, oval, der Rücken nach dem Stielende hin nur etwas stärker ausgebogen, Backen mäßig rauh, etwas afterkantig; Bauchfurche eng und tief; Rückenkanten stumpf bis auf die Mittelkante, die sich merklich erhebt und nach dem Stiele hin scharf wird.

Reifzeit und Nutzung: zeitigt Anfangs Sept. mit und noch etwas nach der Großen Reineclaude. Für Tafel und Markt, vielleicht auch zum Trocknen brauchbar.

Der Baum wird groß und trägt nach Liegel oft strotzend; reiche Fruchtbarkeit bestätigte sich auch schon bei mir. Triebe etwas stufig, violettbraun, kahl, reich silberhäutig gefleckt und punktirt. Blatt groß, flach ausgebreitet, gegen den Stiel oft umgekehrt rinnenförmig, wenig runzlig, oben kahl, nach Liegel länglich eiförmig, während ich es elliptisch oft selbst breit lanzettlich, selten eioval fand. Es ist sehr seicht und regulär am Rande gekerbt. Blattstiel hat meistens zwei ungleich stehende Drüsen. Augen stehend, lang, kegelförmig. Augenträger hoch, kurz, nach oben am Zweige gerippt.

Anm. Von andern ähnlichen gelben Früchten unterscheidet obige sich theils durch spätere Reifzeit, theils dadurch, daß sie meist etwas höher als breit und an beiden Seiten merklich gedrückt ist. Letzteres und etwas geringere Größe unterscheidet sie namentlich auch von der nur eben nach ihr reifenden Esperens Goldpflaume. Von der Gelben Aprikosenpflaume unterscheidet sie sich durch breitgedrückte Form und dadurch, daß Letztere mehr seitwärts stehenden Stempelpunkt hat.

Oberdieck.

No. 49. **Aprikosenart. Pflaume.** 1: — II, 1. C.; Zwetschenart. Dam., gelbe Fr.
6: — II, 3. B a.

Aprikosenartige Pflaume. ** †† Mitte Sept.
Abricotée, Abricotée de Tours.

Heimath und Vorkommen: ist ältere, schon weit verbreitete
Frucht, die da, wo deren Baum gern Früchte ansetzt, zu den vorzüglich
schätzbaren Sorten gehört. Mein Reis erhielt ich von Liegel, sowie von
Diel unter dem Namen Gelbe Aprikosenpflaume, unter welchem sie in
Diels Cataloge vorkommt und Diel sie versandt hat. Sie ist auch mit
der Gelben Aprikosenpflaume (Prune d'Abricot) so häufig bei den
Schriftstellern verwechselt, daß es schwer wird beide Sorten bei ihnen
gehörig auseinander zu finden. Duhamel beschreibt sie zuerst genauer
unter obiger französischer Benennung mit kenntlicher Figur.

Literatur und Synonyme: Liegel II. S. 175 Nr. 24, Günderobe Nr. 2
Taf. 2 mit sehr kenntlicher Abbildung; Dittr. II. S. 244; Dittr. D.-Cab. Nr. 27;
Duhamel II. Taf. 13 Nr. 28; Pomona Franc. Taf. 8 Nr. 12 Abricotée, Aprikosen-
pflaume, wird auch die Obige sein. Kraft II. Taf. 173 Fig. 1 Aprikosenartige Pflaume,
Abricotée mit ganz guter Abbildung. Christ vollst. Pomol. S. 96; Pastor Mayer
Taf. 5 Nr. 27 und S. 8 Heft 3 nur ziemlich kenntlich; Downing S. 272 Nr. 2
Apricot mit den Synonymen Apricot plum of Tours, Abricotée de Tours, Abri-
cotée, Yellow Apricot, unter Beziehung auf Duhamels Sorte und einer auf obige
ziemlich passenden Beschreibung, doch setzt er die Reife schon Mitte Aug. Nach Günderobe kommt sie zuerst bestimmt bei C. Bauhin und Tournefort, auch bei Quintinye
unter dem Namen Prune d'Abricot vor. Siehe noch Hirschfeld Nr. 20, Salzmann
S. 110. Liegel erhielt sie von Diel auch als Gelbe Dauphinspflaume, Gelbe Reineclaude, und fand die Sorten Frühe gelbe Kaiserpflaume, Liesländer gelbe Pflaume und
Weiße Aprikosenpflaume, auch die aus Grätz bezogene Susina Massina piccola mit
ihr überein. Dochnahl nennt sie im Führer Reineclaubenartige Aprikosenpflaume.

Gestalt: in Form und Größe der Großen Reineclaube ähnlich, 1" 4'''
hoch, 1" 5''' breit, 1" 4''' dick. Form etwas unbeständig, häufig breiter als hoch, meistens fehlt ein an beiden Enden stark abgestumpftes,

Oval. Bauch bildet öfter eine breite stumpfe Schneide. Furche flach und breit, nach dem Kopfe hin tiefer werdend, wo sie oft etwas aufspringt, theilt nach Liegel ungleich, doch fand ich an schönen großen Früchten häufig, daß sie fast oder wirklich gleich theilte. Stempelpunkt klein, sitzt in flacher Vertiefung meistens in der Mitte der Spitze oder neben derselben, wenn eine Seite der Frucht sich stärker erhebt.

Stiel meistens 7''' lang, kurz behaart, dick, ziemlich rostig, sitzt in etwas ausgeschweifter seichter Höhle. Liegel bemerkt, daß Duhamel den Stiel zu kurz abgebildet habe, was die meisten Autoren nur nachgeschrieben hätten, doch ist wohl ebenso bei Pflaumen als bei Kirschen die Länge und Stärke des Stiels nach Umständen etwas veränderlich und finde ich, daß ich schon 1837 den Stiel von Diels Gelber Aprikosenpflaume als ½'' lang oder kürzer notirt habe.

Farbe der dicken, zähen, säuerlichen, abziehbaren Haut ist nach Liegel an der Schattenseite grünlich gelb, sonst wachsgelb mit angesprengten rothen Punkten und Flecken. Ich notirte sie als sehr hochgelb und fand röthliche Punkte bisher selten. Feine weißliche Punkte sind ziemlich häufig und bemerkte ich vor voller Reife abgesetzte durch die Haut durchscheinende grünliche Streifen. Duft weißlich, in starker Reife etwas röthlich scheinend, reichlich aufgetragen.

Fleisch: goldgelb, ablöslich, härtlich, doch fein und zart, saftreich, von süßem, etwas süßweinartigen delikaten Geschmacke, ähnlich dem der Großen Reineclaube und fast so delikat.

Stein: ablöslich, meist flachbackig, ziemlich rauh, 7''' hoch, 6''' breit, 3½—4''' dick, kurz, oval, nach der Stielspitze etwas verjüngt, welche Form durch die nach dem Stielende hin vortretende, scharf werdende Mittelkante des Rückens etwas verdorben wird. Rückenkanten schmal; Bauchfurche weit.

Reifzeit und Nutzung: zeitigt nach der Großen Reineclaube Mitte Sept., ist delikate Tafelfrucht und zu Confituren und Prünellen sehr brauchbar, wird aber vielleicht durch die ganz gleiche, aber fruchtbare Meroldts Reineclaube verdrängt werden.

Der Baum wird groß, trägt die Aeste stark abstehend, ist gesund, aber nach Liegels und meinen Beobachtungen wenig fruchtbar. Liegel meint, daß dieß wohl nicht allein an den oft etwas gefüllten Blüthen liege, die ich wenig bemerkte, sondern an den Verwüstungen der Maden der Pflaumenwespe. Daß diese den Früchten sehr nachstellt, bemerkte ich auch, fand aber, daß der Baum, den ich in Nienburg ziemlich erstarkt hatte, auch häufig fast nicht ansetzte. Er verlangt wohl wärmere Gegend. Sommerzw. stark, nur etwas stufig, rothbraun, unten stark silberhäutig, kahl und nur gegen die Basis äußerst kurzhaarig. Blatt groß, stehend, rinnenförmig oder auch flach, oben kahl, runzlig, dunkelgrün, länglich oval, oft auch kurz oval oder fast rund. Blattstiel fast regelmäßig mit 2 hellgelben Drüsen. Afterblätter stark und häufig. Augen stumpfspitz, stehend, unten am Zweige anliegend, am Grunde breit; Augenträger stark, kurz gerippt.

Oberdieck.

No. 50. **Meroldts Reineclaude.** 1: — II, 1. C.; Zwetschenart. Dam., gelbe Fr. 6: — II, 3. B a.

Meroldts Reineclaude. ** † † Mitte Sept.

Heimath und Vorkommen: diese schätzbare, recht häufiger Anpflanzung werthe Frucht erzog Hr. Dr. Meroldt zu Lischnitz in Böhmen, Schwager des bekannten Hrn. Clemens Rodt zu Sterkowitz, von dem ich das Reis erhielt, unter dem Namen Meroldts gelbe Reineclaude. Sie ist ohne Zweifel ein Sämling der Aprikosenartigen Pflaume, der sie in Frucht und Vegetation fast gänzlich gleichkommt, der Baum zeigt sich hier aber recht tragbar, während es der der Aprikosenartigen Pflaume wenigstens in meiner nördlicheren Gegend wenig ist und dürfte die Letztere bei obiger überflüssig werden.

Literatur und Synonyme: Liegel führt sie Heft IV. S. 66 unter Nr. 404 nur erst dem Namen nach auf und liefert Arnoldis O.-Cab. unter Nr. 8 gute Nachbildung, nebst von mir concipirter Beschreibung. Sie sollte vielleicht passender Meroldts aprikosenartige Pflaume heißen; da obiger Name indeß kürzer ist und Verwechslung mit der Aprikosenartigen Pflaume verhüten wird, bleibt er besser stehen.

Gestalt: Größe guter Früchte 1½'' nach allen drei Dimensionen. Form gerundet, zum Oval neigend, am Stiele merklich, am Kopfe noch stärker abgestumpft, meist nach dem Stiele ein Weniges stärker abnehmend, als nach dem Stempelpunkte, der in weiter und tiefer Senkung auf der Mitte des Kopfes liegt und um den die Frucht sich flachrund wölbt. Furche flach, drückt den Rücken wenig und theilt fast gleich; doch erhebt öfter eine Seite der Frucht an beiden Enden sich etwas mehr, als die andere.

Stiel kurz, 5—6''' lang, mäßig dick, oft dünn, etwas rostfleckig, fein behaart, sitzt in mittelmäßig tiefer, oft ganz flacher Höhle.

Farbe der etwas säuerlichen nicht leicht abziehbaren Haut vor voller Reife grüngelb, mit durchscheinenden grünlichen Streifen, in voller Reife hochgelb mit einzelnen rostfarbigen oder auch röthlichen Flecken, häufig auch blaßgelb. Duft dünn und weißlich.

Das Fleisch ist in der Reife goldgelb, zwetschenartig fest, fein und saftreich, von delikatem, süßem, fein süß weinartigen Geschmacke, der dem der Großen Reineclaude ähnelt.

Stein vom Fleische ganz ablösig, 7''' lang, 6 breit, 4 dick, ziemlich kurz oval, oder zur rundlichen umgekehrten Eiform neigend, so daß die Rückenkanten, welche nach dem Stielende hin sich etwas erheben, diese Form etwas verderben. Rückenkanten ziemlich schmal, Mittelkante tritt nach dem Stielende hin merklich und etwas scharf vor. Bauchfurche weit und tief.

Reifzeit und Nutzung: zeitigt Mitte Sept., etwas nach der Großen Reineclaude, ist delicate Tafelfrucht und muß nach Beschaffenheit des Fleisches sich vollkommen so gut trocknen lassen, als die zum Trocknen gerühmte Aprikosenartige Pflaume.

Der Baum ist in Allem der Aprikosenartigen Pflaume ähnlich, wächst stark, scheint eine etwas breite Krone mit zerstreuten Aesten zu machen, und haben der junge Baum und der Probezweig sich bei mir seit 3 Jahren jährlich recht fruchtbar gezeigt, während ein eben so alter Baum der Aprikosenartigen Pflaume nichts trug. Sommertriebe fast gerade, violettbraunroth, kahl, nach unten mit Silberhäutchen stark gefleckt und stellenweise belegt. Blatt ziemlich groß, stehend, dunkelgrün, stark runzlig, häufig rinnenförmig gebogen, oft auch flach ausgebreitet, oben kahl, neigt mehr zum Oval als zum Elliptischen, ist oft fast rund, am Fruchtholze aber lang, breitlanzettlich oder umgekehrt eilanzettlich. Blattstiel hat fast immer hellgelbliche Drüsen. Augen stark, mehr breiteckig, als konisch, etwas wollig, meist fast anliegend, oft stehend. Augenträger stark, kurz gerippt, nach oben am Triebe langgerippt.

Anm. Ich konnte die Frucht mit der Aprikosenartigen Pflaume bisher noch nicht hinlänglich vergleichen, um zu sehen, ob ein anderer wesentlicher Unterschied als der der größeren Fruchtbarkeit sich finden läßt. Vielleicht fehlen auch ganz die einzeln etwas gefüllten Blüthen der Aprikosenartigen Pflaume.

Oberdieck.

No. 51. **Esperens Goldpflaume.** 1: — II, 1. C.; Zwetschenart. Dam. gelbe Fr.
6: — II, 3. A a.

Esperens Goldpflaume. * Anf., meist Mitte Sept.

Heimath und Vorkommen: wurde erzogen von dem bekannten Major Esperen zu Mecheln. Fängt durch ihre Güte bereits an, sich weiter zu verbreiten und ist wohl noch besser, als die gerühmte, mit ihr reifende Jefferson. Verdient die häufigste Anpflanzung. Das Reis erhielt ich von Hrn. Behrens zu Travemünde.

Literatur und Synonyme: Biborts Album II. S. 67 Drap d'or d'Esperen. Mon.-Schr. 1858 S. 282 kurze Angaben von Liegel, unter dessen Nr. 421.

Gestalt: oval, hochaussehend oder wirklich höher als breit, an beiden Enden etwas abgestumpft. Der Bauch sitzt meistens in der Mitte und wölbt sich die Frucht dann nach beiden Enden gleichmäßig, oft auch ein Geringes mehr nach dem Stiele hin, wobei die Frucht nach der Spitze hin etwas stärker abnimmt. Gute Früchte sind stark 1½" hoch und breit und 1‴ weniger dick. Manche Früchte sind auch 1" 8‴ hoch. Furche breit und flach, drückt den Rücken nur wenig und theilt meist gleich; doch erhebt die eine Seite der Frucht am Stempelpunkt sich häufig stärker als die andere. Stempelpunkt meist auf der Mitte der Spitze in kleiner spaltenartiger Senkung.

Stiel: ziemlich stark, ¾" lang, behaart, in weiter, tiefer Höhlung.

Haut: fein, wenig säuerlich, gelb mit grünlichen Stellen und Streifen; rothe Punkte und Flecken zeigen sich selten, und unterscheidet die

Frucht sich durch die gewöhnliche einfache Färbung von der Jefferson. Duft dünn, weißlich.

Fleisch: fast goldgelb, saftreich, hinreichend consistent, nach Liegel unablösig vom Steine, in der rechten Reife fand ich es 1858 und 1859 völlig ablösig, von süßem, etwas weinartigen, vorzüglichen Geschmacke.

Stein: 1" lang, 6—7''' breit, 5''' dick, nach der Spitze fast oval, nach dem Stielende verjüngt; die größte Breite liegt meistens in der Mitte, oft auch etwas mehr nach der Spitze hin, so daß er dann ziemlich umgekehrt eiförmig erscheint; Farbe braungelb, Backen ziemlich rauh, Bauchfurche breit, etwas gekerbt, Rückenkanten stark und gerundet. Mittelkante tritt stumpf oder nur wenig scharf nur etwas vor.

Reifzeit und Nutzung: zeitigt mit der Großen Reineclaude, der Jefferson und andern Anfangs Sept. Als Tafel= und Marktfrucht sehr schätzbar, vielleicht auch zum Trocknen brauchbar.

Der Baum wächst rasch und gesund, trägt stets schon in der Baumschule und saß seit den drei letzten Sommern der Probezweig so voll, daß ein Theil der Früchte ausgebrochen werden mußte, so daß die besondere Fruchtbarkeit hinlänglich erprobt ist. Sommertriebe schlank, ziemlich stark, unbehaart, braun, auf der Schattenseite grünlich, nach unten mit schönen feinen gelblichen Punkten, seltener mit gelblichem Silberhäutchen gefleckt, das erst am zweijährigen Holze recht stark hervortritt. Blatt groß, etwas hängend, theils flach ausgebreitet, theils etwas rinnenförmig, fast oval mit aufgesetzter Spitze, manche zur umgekehrten Eiform neigend, oben glatt, unten behaart. Augen stark, lang, konisch, abstehend, auf ziemlich vorstehenden kurzgerippten Augenträgern.

Anm. Ziemlich gleichzeitig mit ihr reift die etwas ähnliche Braunauer aprikosenartige Pflaume, die theils kleiner ist, theils auf den Seiten stärker gedrückt.

Oberdieck.

No. 52. **Gelbe Catharinenpflaume.** 1: — II, 1. C.; Zwetschenart. Dam., gelbe Fr. 6. — II, 3. B a.

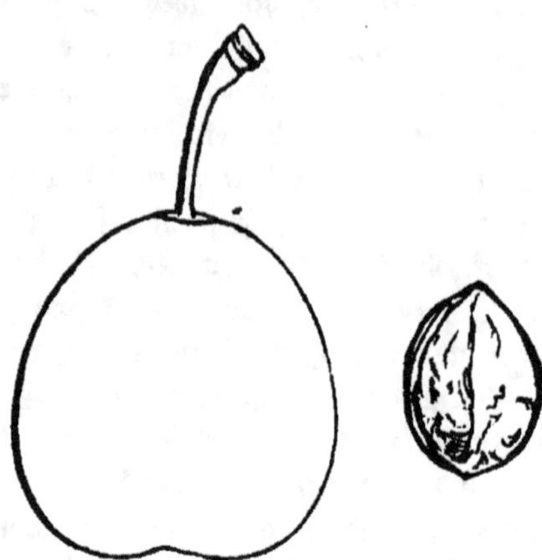

Gelbe Catharinenpflaume. * * † Ende Sept.

Heimath und Vorkommen: ist schon lange bekannte, und wie es scheint, auch weit verbreitete, dennoch, trotz ihrer Kenntlichkeit häufig nicht richtig gekannte Frucht. Ihre Güte für unsere Gegenden bleibt dadurch zweifelhaft, daß Liegels Baum nie voll getragen hat, und auch meine Probezweige und jungen Bäume bisher auf keine große Fruchtbarkeit hindeuten. Das Reis erhielt ich von Diel und Liegel überein.

Literatur und Synonyme: da die getrockneten Catharinenpflaumen in Ruf sind, obwohl sie vielleicht von unserer Frucht nur theilweise bereitet werden, fehlt diese bei wenig Autoren. Liegel II. S. 182 Gelbe Catharinenpflaume, St. Catherine; Günderode S. 113 Nr. 22 gut; Dittrich II. S. 220, dessen O.-Cab. Nr. 15; Kraft II. Taf. 186 gute Abbildung; Annales 1855 S. 65 sehr kenntlich; Pomon. Francon. T. 17 Nr. 82 nur ziemlich gut, noch weniger gut Pastor Mayer Taf. 5 Nr. 28, besonders Colorit zu hellgelb; Duhamel II. Taf. 19, Quintinye Tom. I. S. 221, 223, 234, 257. Christ Handb. S. 724, Wörterb. S. 366, Vollst. Pomol. S. 99; Salzmanns Pomol. S. 111, Downing S. 283, Lond. Catal. S. 170 Nr. 118. Emmons S. 166. Liegel bekam diese Sorte als Damascene von Maugerou, als Brisette und Späte Mirabelle (wie die Brisette auch genannt wird) und die Annales sagen, daß in Belgien die Violette Imperiale gewöhnlich als St. Catharine gehe, was beweiset, unter wie unrichtigen Namen Früchte so manchmal gehen. Auch in unserem Lande erhielt ich blaue Früchte als Catharinenpflaume. Von Hrn. Haffner zu Kadolzburg bekam ich eine St. Catherine de Tours, die mir mit obiger in Frucht und Vegetation ganz identisch scheint.

Gestalt: umgekehrt eiförmig, und ist der Stempelpunkt stärker eingezogen, kann man die Figur umgekehrt herzförmig nennen. Größe 1″ 4—5‴ hoch, 1‴ weniger dick und breit. Der Kopf ist flach gedrückt, so daß die Frucht meistens gut darauf steht; Rücken und Bauch sind etwas gedrückt und gleichmäßig erhoben. Die flache Furche wird nahe am Stempelpunkte tiefer, spaltet die Frucht etwas am Kopfe und theilt häufig etwas ungleich. Der Stempelpunkt liegt in der Mitte in seichter Vertiefung.

Stiel: 11''' lang, kahl, stark, oft ganz rostig, meistens gerade, sitzt in seichter enger Höhlung.

Farbe der dicken, zähen Haut ist Anfangs grünlich gelb, zuletzt dunkelgelb, oft mit zahlreichen rothen Punkten und Flecken angesprengt. Duft weißlich.

Fleisch: gelb, härtlich, sehr saftreich, von sehr süßem erhabenem Geschmack.

Der Stein, welcher nach Duhamel ablöslich ist, löst sich bei uns und auch nach Downings Angabe nicht, wenigstens nicht immer vom Fleische, ist 8—9''' hoch, 6 breit, 3 dick, nach Liegel umgekehrt eiförmig, nach dem Stielende charakteristisch verjüngt, bei mir mehr am Stielende kurz verjüngt, die größte Breite in der Mitte; Backen flach, ziemlich rauh; Bauchfurche breit, Rückenkanten stumpf.

Reifzeit und Nutzung: zeitigt im halben Sept. und ist bei uns wohl hauptsächlich eine Tafelfrucht. Nach den Annales und Downing wird sie um Paris in großer Menge gebaut und zur Bereitung von Prünellen verwandt.

Der Baum wächst rasch, wird nach Liegel mäßig hoch, treibt in spitzen Winkeln, scheint aber nur sehr mäßig fruchtbar. Triebe gerade, violettbraun, mit einzelnen gelblichen Punkten und stärkere nach unten mit gelblichem Silberhäutchen gefleckt, kahl, nur gegen die Basis ein Weniges behaart. Blatt groß, meistens stehend, fast flach, oben kahl, etwas runzlig, lang und spitz eiförmig. Blattstiel hat ungleich stehende Drüsen. Augen mehr anliegend als stehend, etwas bauchig, spitzig, weiß angelaufen; Träger mäßig hoch, kurz gerippt.

Oberdieck.

No. 53. **Dörells Aprikosenpflaume.** 1:— II, 1. C.; Zwetschenart. Dam., gelbe Fr.
6: — II, 3. B a.

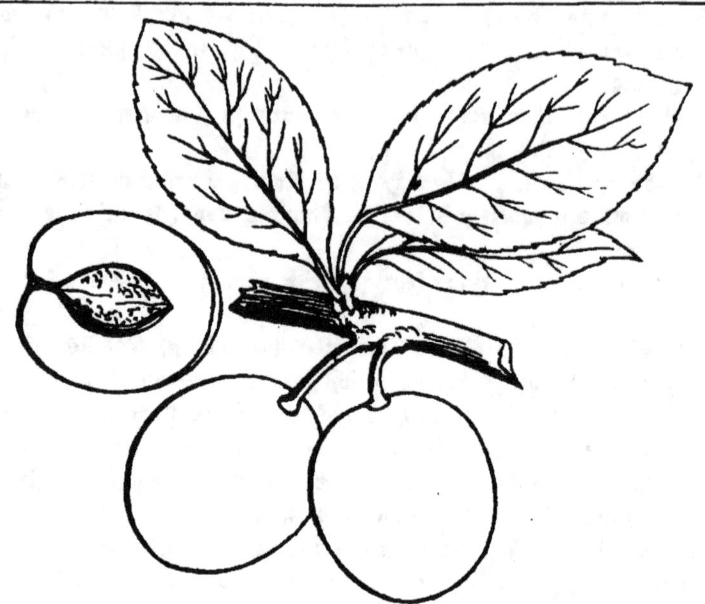

Dörells Aprikosenpflaume. Liegel. ** † Anf. — Mitte Okt.

Heimath und Vorkommen: Liegel erhielt sie von Dr. Dörell, Bergwerksphhsikus zu Kuttenberg in Böhmen 1836 unter dem Namen: Dörells neue Aprikosenpflaume und bemerkt II. S. 274, daß Dörell sie aus einem Steine der Gelben Aprikosenpflaume erzog.

Literatur und Synonyme: Liegel III. S. 101, Nr. 72. Er beschrieb sie auch Frauendorfer Blätter 1848 S. 164. Sie ist (nach in Meiningen aus Liegels Zweige erzogenen Früchten) ganz gut im Neuen Obstkabinet v. 1857, IV. Section 5. Lief. abgebildet. Weil sie klein ist und mit einer Gelben Mirabelle auch in der Form und in der Beschaffenheit des Fleisches mehr Aehnlichkeit hat, als mit einer Aprikosenpflaume, so möchte sie eher den Namen Dörells Mirabelle verdienen.

Gestalt: oval, oben und unten ziemlich gleich abgerundet, etwas weniger dick als breit, die beiden Seiten laufen nach dem Bauche etwas ab, die Breite ist in der Mitte; Rücken und Bauch sind gleich erhoben. Die flache Furche drückt die Frucht sehr wenig und theilt meist gleich. Der Stempelpunkt steht in der Mitte. Die Frucht ist klein, 1" hoch, fast 1''' weniger breit, auch fast eben so dick. Oberdieck hatte die Frucht größer, stark 1¼" hoch.

Stiel: sitzt seicht in der Mitte, ist dünn, lang behaart, mißt 10‴.

Haut: dünn, nicht gut abziehbar. Farbe grünlichgelb (in voller Reife goldgelb), stark roth punktirt und roth gefleckt. Der Duft ist weißlich und schwach.

Fleisch: gelblichweiß, saftig, härtlich, von süßem (der Gelben Mirabelle oder Aprikosenartigen Pflaume ähnlichen), erhaben aromatischen Geschmack.

Stein: liegt hohl im Fleische, ist 7‴ hoch, 5 breit, 4 dick, hat die von mir gezeichnete Form, oben und unten kurzspitz, Rücken und Bauch ziemlich gleich ausgebogen, Backen etwas afterkantig, wenig rauh, Bauchfurche breit und seicht, Rückenkanten stumpf, die größte Breite in der Mitte.

Reife und Nutzung: die Frucht zeitigt nach Liegel im letzten Drittel des August, in Meiningen ungleich später, bisweilen erst Anfang oder Mitte Okt. Bei Oberdieck zeitigte sie nach der Großen Reineclaube mit der Großen Englischen und Italiänischen Zwetsche. Es ist eine kleine aber delikate Frucht, die auch zum Trocknen ganz geeignet ist und gedörrt so süße Hutzeln, wie die Mirabellen liefert.

Eigenschaften des Baumes: derselbe wächst in Meiningen nicht stark, macht einen kleinen, dem der Gelben Mirabelle ähnlichen Baum, der sehr tragbar ist und zwar so, daß oft mehr Früchte als Blätter an dem Baum sein mögen. Die Blätter sind mehr klein als groß, eiförmig (eioval, Oberd.), mit auslaufender Spitze, oberhalb schwach behaart, unterhalb stärker behaart, etwas grob gesägt-gekerbt, Blattstiele behaart, meist mit 2 kleinen Drüsen besetzt. Am Fruchtholze sind die Blätter oft nach dem Stiele zu etwas keilförmig, also elliptisch oder lanzettförmig, wie ich sie neben die Frucht zeichnete. Die Sommerzweige sind kahl, meist etwas stufig, rothbraun, auf der Schattenseite hellgrün.

Bemerkungen: die Dörells Aprikosenpflaume ist wegen der Schönheit der gelben oft wie mit Blutstropfen besprengten Früchte und wegen deren Güte und Verwendbarkeit, sowie wegen der Tragbarkeit des Baumes in neuerer Zeit eine meiner Lieblingspflaumen geworden. Sie sieht der Oktobermirabelle, die ich von Ring in Frankfurt besitze, sehr ähnlich; der Baum der letzteren macht aber sehr rissiges und grindiges Holz und erfriert an seinen Zweigen gerne, während der der vorliegenden gesund ist und weit größere Tragbarkeit besitzt. Die Frucht hat die Farbe und den Geschmack der Gelben Mirabelle, ist nur mehr lebhaft roth punktirt, etwas länger gebaut und zeitigt ungleich später. Das Fleisch ist etwas mehr härtlich und die Haut zäher. Aehnlich ist auch die Kleine Brisette, die Früchte der letzteren sind aber etwas größer, runder und noch später reif; in schlechten Spätsommern bleiben sie meist ungenießbar.

Jahn.

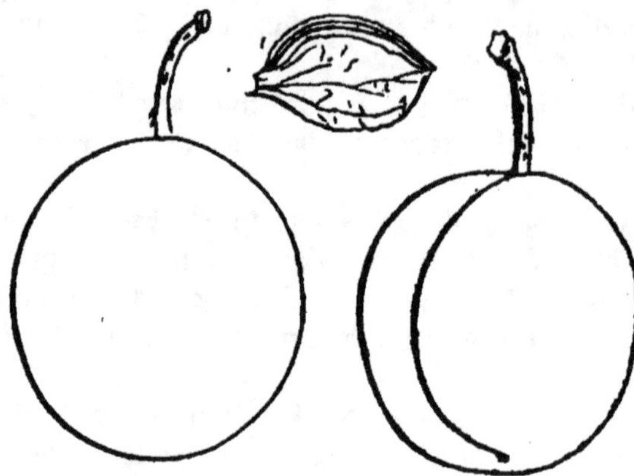

Kochs späte Damascene. Liegel ** Okt. oft Sept.

Heimath und Vorkommen: Liegel erzog dieselbe aus dem Stein der Kleinen Brisette und benannte sie nach dem damaligen Predigtamts-Candidaten und Sekretär des Thüringer Gartenbauvereins in Gotha, Hrn. Wilhelm Koch, jetzt Pfarrer in Burg-Tonna, zuerst Kochs gelbe Spätdamascene, in seinem Verzeichniß aber wie oben und zogen wir diesen als den kürzeren vor.

Literatur und Synonyme: Liegel beschrieb sie schon in s. Ueberf. der Pflaumen, Passau 1847 S. 33, ausführlicher jedoch in Heft III. S. 110 Nr. 278. Dochnahl nannte sie im Führer III. S. 151 Kochs späte Aprikosenpflaume.

Gestalt: nach Liegel ovalrund (oder wie ich sie bezeichne, rundlich eiförmig), oben ziemlich flach, nach dem Stiele zu gegen die Bauchseite etwas vorgeschoben, der Bauch ist etwas mehr erhoben, die größte Breite liegt in der Mitte. Die Naht drückt den Rücken nur wenig und theilt ungleich. Stempelpunkt groß, fühlbar, bald flach, bald etwas vertieft, in der Mitte des Kopfes liegend. Die Frucht ist nicht ganz mittelgroß, 15''' hoch, eben so dick und etwas weniger breit. Gegen diese Schilderung Liegels habe ich nur zu bemerken, daß die in Meiningen aus seinen Zweigen erzogene Frucht, wie es die obige Abbildung zeigt, recht gut von Mittelgröße wurde, 1" 4½''' hoch, 1" 3''' breit und 1" 2''' dick, sich also etwas mehr länglich baute und die an mehreren Früchten ziemlich einschneidende Furche den Rücken nach dem Stiele zu auch immer etwas niederzog, wie diese Beschaffenheit sich übrigens aus Liegels unten noch mitgetheilten Schlußbemerkungen ebenfalls herausstellt.

Stiel: 7''' lang, (hier ½'' bis 9''' lang), kahl, dünn, grün, rostfleckig, seicht oder auch in einer kleinen Höhle stehend.

Haut: grünlichgelb (in voller Reife in Meiningen wie in Jeinsen wachsgelb) mit rothen Punkten, die bisweilen ganze Stellen einnehmen und roth färben, auch mit weitläufigen weißlichen Punkten. Der Duft ist weißlich und dünn, die Haut selbst ebenfalls dünn, geschmacklos, abziehbar.

Fleisch: weißgelb, härtlich, strahlig, zart und saftig, schmelzend, von zuckersüßem, sehr edel erhabenem Geschmack. Ich bemerkte mir darüber „erhaben süß, aprikosenartig, sehr gut von Geschmack, nur die Haut ist zähe und das Fleisch dicht unter ihr etwas sauer."

Stein: nach Liegel nicht ganz löslich (in Meiningen ziemlich löslich), 7''' hoch, 5''' breit, 3''' dick, einseitig oval, unten stumpf, Rücken mehr erhoben, mit weit abgesonderten stumpfen Rückenkanten, Bauchfurche enge und seicht, Backen nur wenig rauh und etwas afterkantig, in der Mitte am breitesten. Ich fand den Stein wie oben gezeichnet und bemerkte darüber: „die Rückenkante ist rauh, wie bewimpert, ihre Seitenkanten sind aber fast glatt, auch die Bauchkante ist etwas scharf. Der Stein hat etwas Afterkanten, ist überhaupt aprikosenartig.

Reife und Nutzung: die Frucht reift im Okt., doch hängt dies von der herrschenden Witterung ab. In warmen Sommern wird sie wie andere ebenso späte Pflaumen schon Ende Sept. reif und 1859 hatte ich sie sogar am 10. Sept. völlig zeitig.

Eigenschaften des Baumes: derselbe wächst gemäßigt, ist in Meiningen bis jetzt nur mäßig fruchtbar. Sommerzweige kahl, oben dunkelviolett, besser unten am Zweige violettbraun, stark silberhäutig gefleckt. Blätter mittelgroß, lang, 1'' 10''' breit, länglich umgekehrt eirund (umgekehrt eiförmig, O.), oben fast ohne Spitze, nach dem Stiele zu selten etwas keilförmig, unterhalb schwach behaart, ziemlich grob doppelt gesägt-gekerbt. Blattstiele ¾'' lang, dick, oberseits behaart, dunkelroth, mit vom Blatte entfernten Drüsen.

Bemerkungen. Die Frucht ist kenntlich durch ihre Mittelgröße, grünlichgelbe (oder wachsgelbe) Farbe, die stark mit Roth belegt ist, durch ihre rundliche Form und charakteristisch durch ihre Erhöhung an der Bauchseite bei der Stielhöhle, wogegen hier die Rückenseite stark niedergedrückt ist, was die Rundung der Frucht veranstaltet. Die Brifette, welche mit ihr zeitigt, auch ähnlich geformt und gefärbt ist, wird etwa nur halb so groß, und steht ihr auch im Geschmacke sehr nach.

Jahn.

Anm. Die Frucht wurde auch bei mir völlig reif und höchst schmackhaft. O.

No. 55. Die Durchſichtige. 1: — II, 1. D.; Zwetſchart. Dam., grüne Fr. 6: — II, 4. B a.

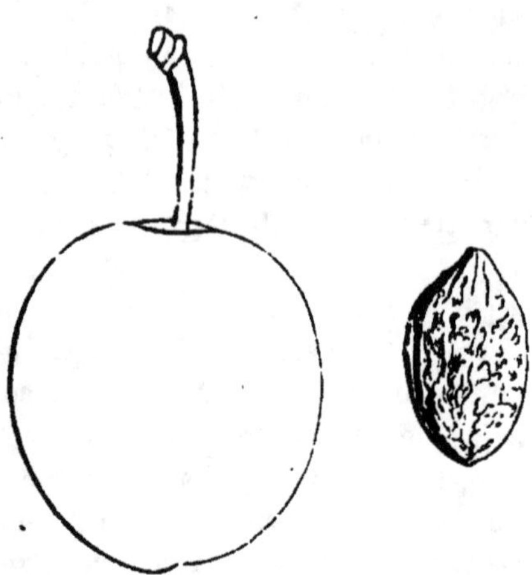

Die Durchſichtige. * * Mitte Aug.

Heimath und Vorkommen: woher dieſe ſchätzbare Frucht ſtamme, iſt unbekannt, ſie findet ſich nur in Salzmanns Pom. S. 114 kurz angezeigt. Verdient als gute gern tragende Frühpflaume alle Anpflanzung und iſt nur ſchade, daß der Stein nach Liegel nicht ganz ablöslich, bei mir unablöslich iſt. Mein Reis erhielt ich von Liegel.

Literatur und Synonyme: Liegel II. S. 189 Nr. 153 die Durchſichtige, Prune transparente. Dittr. III. S. 373. Mit ihr identiſch iſt die Frühe gelbe Reineclaube, welche von Liegel II. S. 155 sub. Nr. 52 beſchrieben iſt. Dieſe Frucht hatte Liegel von Diel. Auch auf meinem jungen Baume tragen beide zuſammen und ſind in Frucht und Vegetation identiſch, wie auch Liegel ſie fand.

Geſtalt: Früchte mittlerer Größe ſind 1" 5—6''' hoch, 1" 4''' dick, 1" 3''' breit. Manche ſind noch etwas größer. Form abgeſtumpft oval, am Stiele ſtark, an der Spitze, bei Früchten, wo die Furche gleich theilt, nicht viel weniger gedrückt; ſehr häufig iſt jedoch eine Seite merklich höher als die andere und die Stielſpitze unregelmäßig. Am Rücken iſt ſie etwas gedrückt, nach dem Stempelpunkte häufig ein wenig ſtärker abnehmend als nach dem Stiele, ſelten umgekehrt. Der Stempelpunkt liegt bei regelmäßigen Früchten in der Mitte der Spitze in ziemlich flacher Vertiefung.

Stiel 8—9''' lang, ziemlich dick, kurz behaart, ſitzt in flacher Höhle.

Farbe der dünnen aber nicht gut abziehbaren, säuerlichen Haut ist grünlichgelb, so daß man die Frucht auch fast eben so gut zu den gelben rechnen könnte. Durch die feine Haut kann man nach Liegel die Fasern des Fleisches liegen sehen, und ist sie so durchsichtig, daß man, gegen die Sonne gehalten, den Stein liegen sieht, wie auch der geringste Druck Flecke macht. Ganz so durchsichtig und gegen Druck empfindlich fand ich die Haut nicht, jedoch rührt es von der Durchsichtigkeit der Haut her, daß die Frucht wie mit grünen und gelben Streifen gestreift und gefleckt erscheint. Feine rothe Punkte und kleine rothe Fleckchen finden sich zerstreut und fallen nicht ins Auge. Der Duft ist weißlich und dünn.

Das Fleisch ist nach Liegel gelb, etwas fest, sehr fein und durchsichtig, sehr saftreich, von äußerst honigsüßem, sehr angenehmen Geschmacke. Ich fand es grünlich gelb, ziemlich weich, sehr saftreich, aber den Geschmack nur sehr angenehm süß, schwach mit etwas Säure gemengt, nicht honigsüß.

Der Stein löset sich nach Liegel nicht gut vom Fleische, indem etwas Fleisch an den Rückenkanten hängen bleibt. Bei mir zeigte er sich ganz unablöslich, was etwa von trockenem Stande des Baums kommen könnte. Er ist nach Liegel 8''', bei mir 9—10''' lang, 6 breit, 4 dick, flachbackig, oben sehr rauh, wie genetzt und bildet eine längliche Eiform, deren Kopf zu einer kurzen, etwas abgestumpften Spitze vorgeschoben ist; die größte Breite fällt etwas nach dem Stielende hin. Bei Liegel muß die Frucht, die er auch als kurz oval bezeichnet, sich kürzer bauen, indem er den Stein als verschoben oval, die größte Breite in der Mitte bezeichnet. Die Rückenkanten sind auch bei mir stumpf und die Mittelkante nach der Stielspitze hin etwas scharf vortretend. Die Bauchfurche ist meistens etwas verwachsen.

Reifzeit und Nutzung: die Reife fällt nach Liegel in das letzte Drittel des August, bei mir Mitte Aug. mit der Königspflaume von Tours, wie sie Liegel auch bei der Frühen gelben Reineclaude angibt, und mit Hudsons gelber Frühpflaume. Für Tafel und Markt.

Der Baum wächst rasch, wird nach Liegel sehr groß und stark, belaubt sich dicht, trägt aber selten strotzend. Triebe nur etwas stufig, oben dunkelbraun, auf der untern Seite grün mit gelben und weißen silberhäutigen Punkten besetzt, kahl, an der Basis etwas kurz weichhaarig, (nicht starke Triebe fand ich jedoch Mitte Aug. noch bis zur Spitze etwas behaart.) Blatt ziemlich groß, stehend, fast flach ausgebreitet, oben kahl, runzlig, nach Liegel eiförmig, während ich es elliptisch, nach unten oft breit lanzettlich, nach oben breit elliptisch finde. Augen konisch, stumpfspitz, etwas wollig, stehend; Träger hoch, schwach gerippt.

Anm. Aehnlich ist ihr die Große weiße Damascene, hat aber zwar eine feine, gegen Druck äußerst empfindliche, doch nicht so durchsichtige Haut und schlechteren mehr säuerlichen Geschmack. Die Frühe grüne Zwetsche hat ähnlich grüngelbe Farbe, aber andere Form, und zeitigt schon Anf. Aug. Die zugleich zeitigende Hudsons gelbe Frühpflaume ist runder und hat mehr Duft und behaarte Triebe.

Oberdieck.

No. 56. **Admiral Rigny.** 1: — II, 1. D.; Zwetschenart. Dam. mit grünen Fr.
6: — II, 4. A a.

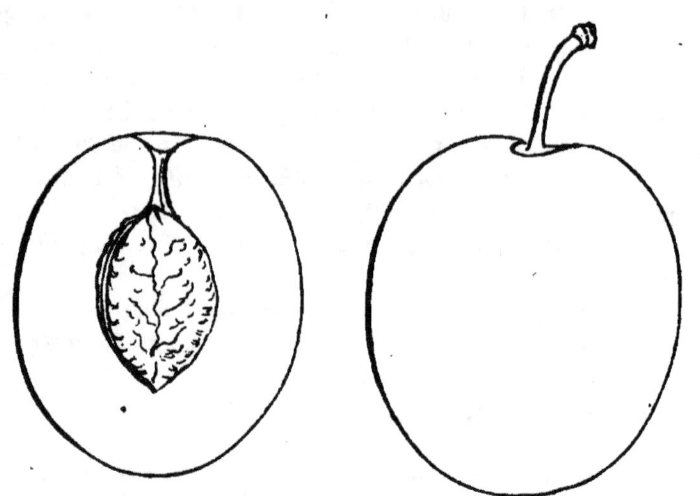

Admiral Rigny. Liegel. * † Ende Aug. — Anf. Sept.

Heimath und Vorkommen: Liegel erhielt die Frucht aus Bollweiler 1837. Verdient als ziemlich große, schöne, grüne, noch frühe
Frucht, die von Geschmack ganz gut und deren Baum recht tragbar ist,
weitere Verbreitung.

Literatur und Synonyme: Liegel II. S. 191 Nr. 281. Derselbe in Mon.-
Schr. I. S. 358. — Liegel bekam dieselbe Frucht von Bollweiler auch als Georg IV.
Die von demselben mir zugegangene Jakson, welche nach Heft II. S. 266 bisweilen
ein Synonym der Washington, nach S. 290 aber eine mäßig große runde Damascene ist, die Ende Aug. zeitigt, kann ich nicht vom Admiral Rigny unterscheiden.

Gestalt: eiförmig (oval, D.,) auf der breiten Seite betrachtet,
auch eirund (eiförmig, D.), auf beiden Seiten etwas gedrückt. Rücken
und Bauch sind ziemlich gleich erhoben, oben ist sie stumpfspitz abgerundet, am Stiele ziemlich abgeflacht. Die Frucht hat 1" 9½''' in der
Höhe, 1" 7''' in der Breite und 1" 6''' in der Dicke. Liegel gibt das
Maaß geringer an. Die Furche ist flach und drückt den Rücken nur
wenig nach dem Stiele und Stempelpunkte hin, sie theilt meist etwas
ungleich. Der Stempelpunkt ist klein und steht meist auf der Spitze
der Frucht.

Stiel: lang, bis 9''', dünn oder etwas stärker, steif, kahl, mit
Rostflecken; Stielhöhle ausgeschweift und ziemlich tief.

Haut: dick, zähe, säuerlich, läßt sich abziehen. Farbe gelblich grün, mit feinen weißlichen und röthlichen Punkten und mit blauen und rothen Streifen und kleinen Flecken an der Sonnenseite wie bei der Reineclaude. Der Duft ist weißlich und dünn. Die Haut ist vom Beginne des Reifens an durchscheinend und man kann die Fibern des Fleisches unter ihr als weißliche Streifen erkennen, wodurch das Grün der Haut stellenweise gelbgestreift erscheint, und was die Frucht sehr schön macht.

Fleisch: grünlichgelb, weich, sehr saftig, und wie es Liegel schildert, von zuckersüßem, fein aromatischen Geschmack und einem eigenthümlichen, etwas muskatellerartigen Parfüm. Auch in Mon.-Schrift I. S. 358 lobt Liegel wiederholt den Geschmack.

Stein: nicht oder nicht gut vom Fleische löslich, ist 11‴ hoch, 8 breit, 5 dick, von Form wie gezeichnet, er hat eine sehr kurze scharfe Spitze. Die mittelste der Rückenkanten ist fast scharf und ragt etwas vor. Bauchkanten stumpf, nach der Spitze hin rauh mit tiefer und breiter Furche. Backen rauh, oft etwas afterkantig.

Reife und Nutzung: sie zeitigt gegen Ende Aug., in Meiningen meist zu Anf. Sept. und ist wegen des meist schwerlöslichen Steines zwar keine Frucht I. Ranges, doch fällt ihre Reife in eine Zeit, wo es wenig andere gute grüne Pflaumen gibt und ihr Anbau ist sehr zu empfehlen. Sie macht auf der Obstschale neben gelben, rothen und blauen Pflaumen guten Effekt und gleicht im Geschmack etwas der Großen grünen Reineclaude, die 8—14 Tage später zeitigt. Sie wird hier größer, als Liegel angibt, nur da wo der Baum dürftig steht, bleibt sie kleiner.

Eigenschaften des Baums: der Baum hat kräftigen Wuchs, blüht früh mit großen Kronblättern. Er ist sehr fruchtbar. Blätter mäßig groß, oval, auch breitelliptisch, doch meist in der vordern Hälfte am breitesten, kurz zugespitzt, unterhalb dünn behaart, bogenförmig gezahnt oder auch nur seicht gekerbt. Der schwach behaarte Blattstiel ist 7—9‴ lang und hat meist 2 kleine Drüsen. Sommerzweige sind braunroth, hie und da etwas silberhäutig, unterhalb grün oder grünbraun, kahl.

Bemerkungen: die Frucht ist kenntlich durch ihre Form und Größe und durch das matte Grün der Farbe, worin gelbliche Streifchen bemerklich sind, wie es auch die Ital. grüne Zwetsche hat, die sich aber durch ihre Zwetschenform unterscheidet. Aehnlich ist ihr die Große weiße Damascene, allein letztere ist mehr gelb und der Geschmack ist säuerlich. Die mit ihr gleichzeitig nach und nach reifende Grüne Italienische Zwetsche ist vom Steine noch schwerer löslich und hat die Untugend, vom Baume sehr leicht abzufallen, worin die vorliegende standhafter ist.

Jahn.

Anm. Bei mir erlangte obige Frucht bisher selbst auf gesundem Baume obige Größe nicht, auch war der Stein hier gleichfalls nicht ablösig, der Geschmack jedoch in voller Reife süß, wenn die Frucht so lange saß. D.

No. 57. **Jaspisartige Pflaume.** 1: — II, 1. D.; Zwetschenart. Dam., grüne Fr.
6: — II, 4. B a.

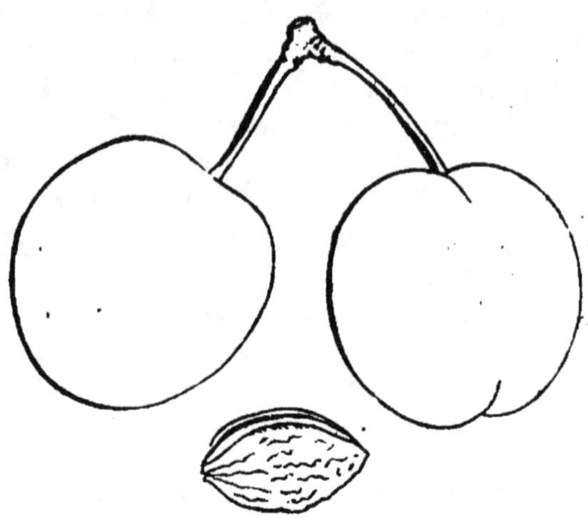

Jaspisartige Pflaume. * Anf. Sept., zuweilen früher.

Heimath und Vorkommen: Liegel empfing diese Pflaume unter
dem obigen Namen von Dr. Dörell, der sie von v. Günderode bekommen
haben will. Letzterer hat sie oder eine ähnliche Frucht aber nicht be=
schrieben.

Literatur und Synonyme: man findet sie bei Liegel II. S. 196 unter
Nr. 95, und bekam sie dieser auch als Weiße Violenpflaume aus der Central-
Obstbaumschule in Grätz. Die Frucht hat nichts von Veilchen-Geruch oder Geschmack
und L. hat den Namen im Register später auch „Weiße Phiolenpflaume" geschrieben.
Irgendwo gab derselbe als Synon. noch Lieflländische grüne Zwetsche an. Auch
Dittr. III. S. 375 hat sie als Jaspisartige Pflaume, Weiße Violenpflaume.

Gestalt: rundlich, oben, unten und am Rücken gedrückt, oft auch
etwas höher als dick, nach unten bisweilen etwas verjüngt, phiolenartig.
Die Furche ist meist nur als dunkelgrüner Strich bemerklich, doch ist sie
gegen den Stiel hin etwas mehr vertieft, sie zieht den Rücken etwas
nieder und theilt gleich. Der Stempelpunkt ist klein, gelblich und steht
obenauf in der Mitte. Liegel bezeichnet die Frucht als klein, 13‴ hoch,
ebenso dick und etwas weniger breit, doch wird sie bei mir schon mittel=
groß, und ich kann sie im jetzigen Sommer zu 15½‴ hoch, 14 breit
und 15 dick angeben.

Stiel: oft sehr lang, bis 13‴, dünn, grün, fast kahl, in ziemlich
tiefer und weiter Höhle stehend.

Haut: durchscheinend, dick, zähe, ungenießbar, säuerlich, läßt sich jedoch abziehen. Die Farbe ist gelblichgrün mit weißlichen Punkten, öfters auch mit rothen Punkten und Flecken. Der Duft ist weißlich und dünn.

Fleisch: gelblichgrün, weich, fein, schmelzend, saftreich, in guten Sommern und gehörig ausgereift von recht angenehmem, süßweinigen, oder wie ihn Liegel bezeichnet, zuckersüßen Geschmack, um den Stein aber sauer.

Stein löst sich nicht vom Fleische, ist 8''' hoch, 6 breit und 3 dick, von Form, wie ich ihn zeichnete, am oberen Ende mäßig spitz, unten stumpfspitz, der Rücken ist mehr erhoben, die Mittelkante tritt ziemlich hervor, ist aber stumpf, die Bauchfurche tief und ziemlich breit, die Backen sind etwas rauh.

Reife und Nutzung: die Frucht reift meist zu Anf. des Sept., je nach den Jahren auch etwas früher oder später, 1859 fing sie schon nach dem 20. Aug. zu zeitigen an. Liegel erklärt sie wegen ihrer unansehnlichen Farbe und geringen Größe, auch wegen ihres unablöslichen Steines und des säuerlichen Fleisches um denselben als nicht der Erziehung werth, wenn gleich der Geschmack sonst gut sei — da sie aber doch so klein nicht überall ist und der Baum unter allen meinen Pflaumenbäumen am meisten uud selbst in ungünstigen Jahren trägt, so will ich für deren Beibehaltung in einem größeren Sortimente doch sprechen. Sie läßt sich auf den Märkten immer noch verwerthen, besonders wenn anders gefärbte Sorten untergemengt sind.

Eigenschaften des Baumes: derselbe wächst außerordentlich stark, wird groß, blüht früh und trägt, wie erwähnt, stets strotzend. Sommerzweige violettbraun, etwas silberhäutig, fast kahl. Blätter mäßig groß, oberhalb schwach-, unterseits dicht behaart, breiteiförmig (breit oval, D.), regelmäßig stumpfgesägt, kurz zugespitzt. Blätter des Fruchtholzes nach dem Stiele zu mehr oder weniger keilförmig, nach vorne meist am breitesten (wodurch die länglich-verkehrteirunde [umgekehrt langeiförmige, D.], Gestalt herauskommt) und länger gespitzt. Blattstiele meist 2drüsig, behaart, kurz, dünn, röthlich.

Bemerkungen: die Jaspisartige Pflaume macht sich kenntlich durch ihre gelblichgrüne Farbe, rundlich eiförmige (rundovale, D.,) Gestalt und durch ihren unlöslichen Stein. Sie ist ähnlich in Größe, Form und Farbe der Kleinen grünen Reineclaude, doch ist diese stets niedriger als breit und dick und hat einen nur halb so langen kahlen Stiel. Auf sie folgt unter den mir bekannten grünen Pflaumen unmittelbar die Durchsichtige, oder sie geht ihr auch oft voraus. Dieselbe ist stärker eiförmig (oval, D.), größer und besser, und der Stein schon mehr löslich und noch mehr wird sie vom Admiral Rigny in Größe und Schönheit übertroffen; wer also nur größere und schon bessere grüne Pflaumen zu pflanzen wünscht, mag die genannten wählen.   Jahn.

No. 58. **Große Reineclaude.** 1: — II, 1. D.; Zwetschenart. Dam., grüne Fr.
6: — II, 4. B (A) a.

Große Reineclaude. **† Anf. Sept.

Heimath und Vorkommen: Ursprung ist nicht mehr bekannt; der Name
weist auf Frankreich hin, und ist Quintinye der erste, der sie aufführt, sowie Le
Grand d'Aussy in Vie privée des Français sagt, daß sie ihren Namen von einer Tochter
Ludwigs XII., Gemahlin von Franz I. erhalten habe; indeß meinen Liegel und Günderode, daß die Frucht älter sei, und nach der Bestimmung des vorzüglichen Werthes
schon bei Camerarius sich finde in den Worten: Graeca, quae postremo Verdaria
a viridi colore, in Italia vocantur, et aliis praeferuntur, so daß darnach die Frucht
etwa zuerst aus Griechenland nach Italien und von da nach Frankreich gekommen
wäre. Kaum eine andere Pflaume hat sich so ganz allgemein verbreitet und wollen manche
Pflanzer gar keine andere pflanzen, was, wenn sie auch die Königin der Pflaumen
bleibt, doch nicht angemessen ist, besonders in leichtem sandigen Boden, wo die Maden
der Pflaumenwespe die jungen Früchte allzusehr verderben; (siehe Einleitung). — Zu
ihrer Güte erfordert sie sonnigen Stand des Baums, und ein Spalier, das ich an
die Nordseite des Hauses setzte, trägt zwar viele aber fabe Früchte.

Literatur und Synonyme: kommt fast bei allen pomol. Schriftstellern vor;
hier können nur die vorzüglichsten genannt werden. Liegel II. S. 193 Nr. 4 Echte
große Reineclaude; Dittr. II. S. 240 und dessen O.-Cab. Nr. 9; Duhamel II.
Taf. 11; T.O.Cab. Nr. 9 ziemlich gut; Kraft II. T. 19 kenntlich; Pomon. Franc.
T. 7 Nr. 10 sehr groß, ziemlich gut; T. Fr. G. I. Taf. 15 ziemlich schlecht. Viborts
Album IV. S. 153 Reineclaude d'orée; Annales 1858 S. 99 Reineclaude an-
cienne, mit den französ. Synon. Abricot vert, Grosse Reine Claude, Damas vert,
Dauphine, Grosse Reine, Sucrin vert, verte bonne, und den engl. Green Gage,
Bradford Gage, Bruyn Gage, Brugnon Gage, Schuylers Gage, Isleworth Green
Gage, Wilmots Green Gage, Wilmots new Green Gage Wilmots late Green Gage.
Der Lond. Cat. S. 165 und Downing S. 276 unter dem Hauptnamen Green Gage haben
ziemlich dieselben Synonyme, wie die Annales, doch macht Downing bei Schuylers
Gage, welches auch im Lond. Cat. fehlt, ein ? und scheint noch mehrere der andern
engl. Synonyme für falsch zu halten. Er bemerkt noch, daß der Name Gage von

einer engl. Familie herstamme, die aus der Pariser Carthause Bäume erhalten hatte, zu denen der Name verloren ging, und deren Gärtner die miterhaltene Reineclaude dann Green Gage nannte. (Wann wird diese Hauptquelle der Synon. endlich verstopft sein?!) Der Name Dauphine wird nicht mit der bei Dittr. III. S. 353 vorkommenden unablöslichen Dauphinée-Pflaume verwechselt werden dürfen. Die deutschen Synonyme sind theils Uebersetzungen des Französischen als Grüne Aprikose, Königin Claudia. Dochnahl im Führer nennt als Synonyme, die der Erwähnung werth sind, noch: Reineclaude verte tiquetées, Trompe Valet, Trompe Garcon, Gros Damas vert, Gute Grüne. — Von Herrn Behrens zu Travemünde erhielt ich als Royal Green Gage ganz die Obige, und wird man etwa durch den Beisatz Royal sie von andern Green Gages zu scheiden gesucht haben.

Gestalt: Größe nach Liegel 1" 4''' hoch, 1" 5''' dick und etwas weniger breit, doch wird sie in gutem Boden nicht selten noch etwas größer. Form rundlich, oben und noch etwas mehr am Stiele, auch am Rücken etwas gedrückt. Furche flach, theilt meist gleich. Stempelpunkt klein, liegt auf der Spitze in flacher Vertiefung.

Stiel 10''' lang, dick, größtentheils rostfarbig, etwas gebogen, kurz und dünn behaart, sitzt in seichter Höhle.

Farbe der etwas durchsichtigen, dünnen, nicht gut abziehbaren Haut, durch welche man hellere und dunklere Fasern des Fleisches sieht, ist gelblichgrün, in rechter Reife oft fast grünlichgelb, und sieht man bei besonnten auch die Sonnenseite röthlich angelaufen und roth gefleckt und punktirt. Oft finden sich auch graue netzartige Streifen oder bläuliche Punkte. Duft weißlich und dünn.

Das Fleisch ist ablösig, grünlichgelb, strahlig und durchsichtig, äußerst zart und doch consistent, nicht weich; der stark süße edle gewürzhafte, wirklich delikate Zuckergeschmack ist Jedem bekannt.

Stein: 9''' hoch, 7 breit, 4½ dick, verschoben kurzoval; Backen ziemlich erhoben, etwas rauh, bisweilen afterkantig; Rückenkanten stumpf und mehr erhoben als der Bauch; Mittelkante wird nach dem Stiele hin breit und scharf; Bauchfurche breit und tief; größte Breite etwas nach dem Stiele hin.

Reifzeit und Nutzung: zeitigt Anfangs Sept. Für Tafel und Haushalt, da sie auch köstliche Compote und Confituren gibt, und vorsichtig getrocknet, auch herrliche Prunellen, wenn gleich die Tafel selten zum Dörren Früchte übrig lässet, auch die Kleine Reineclaude zum Trocknen etwas besser ist.

Der Baum wird groß, ist gesund, und namentlich in schwerem Boden recht tragbar. Sommerzweige etwas stufig, schmutzig rothbraun, silberhäutig punktirt und gefleckt, fast kahl, gegen die Basis und bei schwachen Zweigen etwas dünn behaart. Blatt groß, stehend, rinnenförmig, etwas zurückgebogen, oben kahl, glänzend, elliptisch, am Fruchtholze oft umgekehrt eiförmig, mit aufgesetzter Spitze. Blattstiel hat ungleich stehende Drüsen. Augen stehend, kurz, ziemlich spitz, Augenträger charakteristisch stark, wulstig ungerippt.

Anm. Auch die Große Reineclaude gehört zu den Pflaumen, die durch die Kernzucht gern nacharten, wenngleich selten in gleicher Güte mit der Mutterfrucht. Man hat bereits eine ziemliche Anzahl solcher Früchte, die leider zu Verwechslungen Anlaß geben werden, während die Mutterfrucht an Güte und Tragbarkeit kaum etwas zu wünschen übrig lässet. Als Früchte von etwas gleicher Güte mit der Mutterfrucht sind mir bis jetzt bekannt geworden Reineclaude de Guigne, (größer als die Mutterfrucht, springt im Regen leichter auf), von Berlepsch grüne Reineclaude, Reineclaude Aloise, Babays Reineclaude; van Mons Reineclaude ist kleiner, doch tragbar, Gonnes grüne Reineclaude scheint schon merklich schlechter. Die etwaigen Unterschiede mögen bei diesen Sorten angegeben werden.   Oberdieck.

No. 59. **Babays Reineclaude.** 1: — II, 1. D.; Zwetschenart. Dam., grüne Fr.
6: — II, 4. A a.

Babays Reineclaude. ** ¹/₂ Sept.

Heimath und Vorkommen: diese treffliche, schon weit verbreitete Frucht erzog Herr Major Esperen in Belgien aus dem Steine der Großen Reineclaude und benannte sie 1843 nach seinem Freunde, dem bekannten Pomologen von Babay zu Bilvorde. Die belgischen Gärtner boten davon anfänglich einen jungen Hochstamm zu 10 Franken aus, was nach einer leibigen Schwäche der Menschen, die das Theure gern für das Beste halten, ihren Ruf noch vermehrte. Mein Reis erhielt ich von Liegel und Herrn Lieutenant Donauer überein. Liegel bezog die Sorte von mehren Orten und auch von Esperen direct überein.

Literatur und Synonyme: Liegel III. S. 116 Nr. 29. Bivorts Album III. S. 117; Lonb. Cat. Supplement. S. 16, Nr. 105². Emmons S. 164. Abgebildet ist sie auch im Decemberheft 1846 der Revue horticole. Die Gebrüder Simon Louis zu Metz nannten sie Reineclaude monot.

Gestalt: merklich größer als die Große Reineclaude und oft etwas höher als diese und etwas oval. Gute Früchte haben obige Größe. Am Stiel und Kopfe ist sie stark gedrückt; die breite Furche drückt auch den Rücken etwas. Oft findet sich auch auf der Bauchseite nach dem Stempelpunkte hin* etwas von Furchen, wodurch von der Seite angesehen die Frucht dann nach dem Stempelpunkte stärker abnimmt. Der Stempelpunkt sitzt in weiter Vertiefung auf der Spitze.

Der Stiel ist 6 — 7''' lang, rostfleckig, behaart, und sitzt in tiefer häufig auch weiter Höhlung.

Die Farbe der zähen, ziemlich gut abziehbaren Haut ist gelblich grün. Von Röthe und rothen Punkten sah ich bisher nicht viel. Der Duft ist weißlich und dünn.

Das Fleisch ist etwas heller gelblichgrün als das der Großen Reineclaude, saftreich, schmelzend, ablösig, von süßem gewürzreichen Geschmack. Der Geschmack kommt indeß doch an Süßigkeit und Köstlichkeit den gut gerathenen Reineclauden nicht ganz bei. Liegel bemerkt dies gleichfalls am angeführten Orte, rechnet sie indeß doch mit Recht IV. S. 52 zu den sehr edlen Früchten.

Der Stein ist 10''' lang, 7 breit, stark 4 dick, nähert in Gestalt einem Oval, das nach dem Stielende verjüngt ist. Backen ziemlich rauh, afterkantig, Bauchfurche ziemlich tief, Rückenkanten stark markirt, Mittelkante tritt scharf ziemlich vor, die Nebenkanten biegen nach der Spitze hin sich gerundet zum Bauche zurück.

Reifzeit und Nutzung. Zeitigt um 10—14 Tage später als die Große Reineclaude, was, verbunden mit dem der Reineclaude ähnlichen Geschmack ihren Werth ausmacht für Tafel und Markt; mag auch im Haushalte sehr brauchbar sein.

Der Baum wächst rasch und gesund, wird groß und tragbar und hat große, früh aufbrechende Blüthen. Sommerzweige stark, gerade, röthlichbraun, oft selbst violettbraun, stark gelblich, silberhäutig gefleckt und kahl. Blatt groß und breit, hängend, flach ausgebreitet, oben kahl, runzlig, breit eiförmig (eiförmig spitzig, Liegel), fast noch öfter fand ich es breit elliptisch. Blattstiel hat nur bisweilen kleine, an das Blatt geheftete Drüsen. Auge aufrecht stehend, nach oben auch oft anliegend; Augenträger hoch, wulstig und flachrippig.

Anm. Unterscheidet sich durch ihre spätere Zeitigung und Größe, und habe ich oft bemerkt, daß die jungen Früchte behaart sind, und zwar weniger als die der Großen Reineclaude von den Maden der Pflaumenwespe leiden, aber — wenigstens in Gärten mit eingeschlossener Lage — leichter durch Sonnenhitze im Juni abfallen.

Oberdieck.

No. 60. **Bunte Frühpflaume.** 1: — II, 1. E.; Zwetschenart. Dam., bunte Fr.
6: — II, 5. C (B) a.

Bunte Frühpflaume. * Mitte oft Anf. Aug.

Heimath und Vorkommen: diese Frucht scheint bisher nur im Hannöverschen verbreitet gewesen zu sein, wo sie auf allen Märkten, als bisher hier erste Pflaumenfrucht des Jahres vorkommt, und häufig auch in den Gärten des Landmanns sich findet, indem sie sich durch Wurzeltriebe fortpflanzt. Hat bei gutem Geschmack auch noch den Werth, daß auf Ausläufern dieses Baums andere Pflaumensorten gut anschlagen und gedeihen und diese Ausläufer namentlich auch gut mit Pfirsichen und Aprikosen oculirt werden können, die darauf sehr gedeihen. Nicht weniger geben die Steine der Frucht gute Wildlinge. Auch diese Pflaume weiß im Hannöverschen Niemand zu nennen; obigen passenden Namen gab ich ihr und theilte sie Liegel mit.

Literatur und Synonyme: Liegel III. S. 118 Nr. 269 unter obiger Benennung. Kommt sonst nicht vor. Unter der Nummer 191 hat Liegel ebendaselbst noch eine Bunte Pflaume, die mit obiger nicht verwechselt werden muß.

Gestalt: ziemlich rund, etwas zum Oval neigend, oben und unten abgestumpft. 1″ 1—2‴ hoch und ziemlich eben so breit und dick. Der Bauch sitzt in der Mitte. Nach dem Kopfe rundet sie sich etwas erhoben zu und ist nur wenig abgestumpft. Furche sehr flach, mit feiner Linie, theilt nur wenig ungleich. Der gelbgraue Stempelpunkt sitzt auf der Spitze nur etwas vertieft.

Stiel 10‴ lang, dünn, behaart, sitzt ganz flach.

Farbe der zähen, ziemlich abziehbaren, säuerlichen, mit bläulich röthlichem Dufte belaufenen Haut, ist ein unansehnliches, etwas schmutziges Gelb, bei beschatteten Früchten Grüngelb, welches bei besonnten Früchten fast rund herum mit einer bräunlichen Röthe so überzogen ist, daß stellenweise und lavirt verlaufend die Grundfarbe bald mehr bald weniger durchscheint oder, wo etwas auflag, fast rein bleibt. Dabei häuft um zahlreiche gelblich-graue Punkte die Röthe sich stärker an und bildet dunklere Fleckchen, so daß die Frucht dadurch ein marmorirtes Ansehen erhält.

Das Fleisch ist gelblich, sehr saftreich, zart, von angenehmem gezuckerten, mit etwas Säure gewürzten Geschmack, den auch Liegel als süß und aromatisch bezeichnet und die Frucht wegen Frühzeitigkeit, Tragbarkeit und bei ihrem guten Geschmack der Vermehrung werth hält.

Der Stein ist nur in manchen Jahren gut ablösig, in andern nicht, ist 7''' lang, 5 breit, 3 dick, breitelliptisch, oft mehr oval, flachbackig, ziemlich rauh, Bauchfurchen breit und tief, Rückenkanten stumpf.

Der Baum kommt in jedem Boden fort, ist sehr gesund, früh und außerordentlich tragbar, was auch Liegel bestätigt. Er macht eine ziemlich dicht verzweigte, reich belaubte Krone. Triebe etwas fein, unbehaart, ziemlich stark stufig, schmutzig braun, nach oben röthlich, nach unten mit vielen gelblich-grünen Punkten besetzt, und am zweijährigen Holze silberhäutig überzogen. Blatt ziemlich groß, unten am Zweige hängend, oben stehend, breit elliptisch, oft fast breit lanzettlich, fast oder wirklich flach ausgebreitet, oben kahl. Augen konisch, spitz, abstehend, auf stark vorstehenden, fast nicht gerippten Trägern. Blattstiel hat nicht immer Drüsen.

Anm. Sehr ähnlich ist ihr das Rothe Taubenherz, welches auch zugleich zeitigt, unterscheidet sich aber schon durch den ablöslichen Stein.

Oberdieck.

No. 61. **Bunter Perdrigon.** 1: — II, 1. E. Zwetschenart. Dam., bunte Fr.
6: — II, 5. A a.

Bunter Perdrigon. * * Gegen Ende August.

Heimath und Vorkommen: diese treffliche, häufiger Anpflan=
zung werthe Frucht, die durch Größe, Saftfülle und guten Geschmack
sich auszeichnet, und deren Baum auch nach Liegels Urtheil fast jährlich
voll trägt, erhielt Liegel aus der Christschen Baumschule unter obigem
Namen und meint, daß sie vielleicht noch unter andrem Namen vor=
kommen möchte, da Christ alles Gute mit Eifer verbreitet habe, und
man die Frucht unter obigem Namen nirgends aufgeführt finde. Mir ist sie
gleichfalls noch nirgends vorgekommen. Mein Reis erhielt ich von Liegel.

Literatur und Synonyme: Liegel II. S. 200, Nr. 36. Der Bunte Perbrigon. Dittr. III. S. 376. Arnold. O. Cab. Xte Lief. Nr. 11. Die Benennung findet Liegel insofern nicht ganz passend, als die Perdrigons besonders durch
etwas stärkere Abnahme nach dem Stiele hin sich kennzeichneten.

Gestalt: hat nach Liegel die Größe und Form einer Großen Reineclaude, noch mehr aber der Königspflaume, für die man sie halten
könnte, wenn sie dunkler gefärbt wäre. Sie war aber bei mir schon
in Nienburg bemerklich größer, als starke Reineclauden und erlangte
hier nicht selten die obige Größe, so daß sie sich in Größe, Färbung
und durch mehr Saftfülle von der Königspflaume merklich unterschied;
jedoch trug hier der junge Baum noch nicht voll. Größe bei Liegel
1″ 4‴ Höhe und fast eben so viel Dicke und Breite, doch gibt es

auch Früchte, die breiter und dicker als hoch sind, und andere die auf beiden Seiten gedrückt sind. Am Stiele ist die Frucht stark gedrückt, gegen den Stempelpunkt nach Liegel etwas abnehmend, was ich an meinen Früchten bisher selten wahrnahm. Die ganz flache, oft fast nur durch eine Linie bezeichnete Furche drückt den Rücken nur wenig, und theilt häufig ungleich, wo dann die Frucht ein etwas verschobenes Ansehen gewinnt. Der kleine Stempelpunkt ist fühlbar erhoben, und sitzt in der Mitte des Kopfes, bei solchen, deren eine Seite höher ist als die andere, neben der Spitze, und ist die Frucht bei demselben bisweilen etwas aufgesprungen.

Stiel nach Liegel 9''' lang, bei mir etwas kürzer, ist ziemlich dick, behaart, gerade, meistens grün, und sitzt in stark ausgeschweifter ziemlich tiefer Höhle.

Farbe der ziemlich dünnen, etwas zähen und säuerlichen Haut ist an der Sonne fast violettblau, oft fast schwarzblau, welche Färbung nach den weniger besonnten Stellen getuscht in ein etwas helles Roth verläuft, und nach Liegel auf der Schattenseite meistens etwas weißlich-grün bleibt, wodurch die Frucht bunt wird. Der Duft ist weißbläulich und dünn.

Das Fleisch ist grünlich weiß, etwas durchsichtig, sehr saftvoll und schmelzend, von süßem mit feiner, angenehmer Säure gemischten Geschmack.

Der Stein löst sich gut vom Fleische, ist 8''' hoch, 6 breit, 4 dick, kurzoval, nach dem Stielende etwas verjüngt und etwas abgestutzt; Backen ziemlich dick, mäßig rauh, am Stielende afterkantig, Bauchfurchen ziemlich tief, Rückenkanten breit und stumpf, Mittelkante tritt nur wenig vor.

Reifzeit und Nutzung: zeitigt im letzten Drittel des August mit der Weißen Jungfernpflaume. Für Tafel und Markt. Springt im Regen nicht leicht auf, platzt aber beim Herabfallen vom Baume durch ihre Saftfülle leicht, so daß man sie besser pflückt.

Der Baum wird nach Liegel nur mäßig groß und ist äußerst fruchtbar, welche Fruchtbarkeit sich auch bei mir bestätigte. Sommerzweige mäßig stark, gerade, dunkelbraun, fast kahl, gegen die Basis etwas kurz weichhaarig, fein und nicht häufig punktirt und etwas silberhäutig. Blatt groß, meistens hängend, flach ausgebreitet, unten stark, oben fast nicht behaart oder wirklich kahl, stark runzlig, dunkelgrün, von Form, nach Liegel oval, etwas zugespitzt, auch etwas länglich eiförmig, während ich die Form lieber als breitelliptisch bezeichnen möchte, sie auch einzeln umgekehrt eiförmig fand. Augen groß, bauchig stumpfspitz, etwas wollig, abstehend. Augenträger flach, kaum gerippt.

Anm. Von der Königspflaume unterscheidet sie sich auch noch durch die fast kahlen Triebe und ist außerdem kenntlich durch ihre bunte Färbung und Saftfülle.

Oberdieck.

No. 62. **Die Jefferson.** 1: — II, 1. E.; Zwetschenart. Dam., bunte Fr. 6: — II, 5. A's.

Die Jefferson. ** Anf. Sept.

Heimath und Vorkommen: ist neue amerikanische Frucht, die nach der von Downing gegebenen Nachricht von dem berühmten Oekonomen und Richter Buel (nach dem auch die Buels Favorite benannt ist) erzogen und nach dem bekannten Präsidenten Jefferson benannt wurde. Hat durch Größe und Schönheit sich rasch verbreitet. Downing will sie allen andern Pflaumen vorziehen, setzt sie im Geschmack der Großen Reineclaude ganz nahe und zieht sie wegen Größe und Schönheit derselben vor. Auch die Annales rühmen sie sehr. Ganz so schätzbar ist sie in meiner Gegend nicht, zeigte sich indeß sowohl bei mir als bei Liegel wirklich werthvoll und verdient häufige Anpflanzung, zumal der Baum höchst tragbar ist. Mein Reis erhielt ich durch Hrn. Pfarrer Urbanek zu Maythény von der Londoner Gartenbaugesellschaft und von J. Booth überein.

Literatur und Synonyme: Liegel beschrieb sie nur erst in der Monatsschrift 1855 S. 75 mit Nr. 305. Die Annales 1857 S. 89 geben gute Abbildung. Downing S. 279 ohne Synonyme. Emmons S. 162. Lond. Cat. S. 166, Nr. 66 nennt sie nur.

Gestalt: mehr als mittelgroß, bei Liegel 1″ 5‴ hoch, 1″ 4½‴ dick und breit. Ich hatte merklich größere Früchte von 21‴ Höhe und 20 Breite. 1860 waren sie wie obige kleinere Figur 1½″ hoch. Die

Annales zeichnen sie 2″ hoch und stark, 1 Linie weniger breit und Downing
etwa ebenso. Gestalt ist nach Allen oval, nach dem Stiele ein Geringes
stärker abnehmend und höher als breit und dick ins Auge fallend, an
beiden Enden etwas abgestumpft, bei Downing und in den Annales
eine der beiden dargestellten Früchte am Stiele gerundet. Rücken und
Bauch sind gleich erhoben, doch drückt die ziemlich starke Furche den
Rücken nach dem Stiele hin etwas stärker als nach der Spitze hin. Der
Stempelpunkt liegt oben in der Mitte flach, oft erhebt sich auch die
eine Seite der Frucht etwas über ihn. Meistens theilt die Furche gleich.

Stiel 9‴ bis 1″ lang, kahl, sitzt in enger seichter Höhlung.

Farbe der dicken gut abziehbaren Haut ist etwas grünlichgelb,
zuletzt über den größern Theil der Frucht ziemlich dunkelgelb, an der
Sonnenseite braunroth angelaufen und reich rothgefleckt und punktirt.
Diese Röthe findet sich erst recht mit zunehmender Reife ein. Der Duft
ist weißlich und dünn. In dem naßkalten Sommer 1860 blieb bei mir die
Grundfarbe grünlichgelb. Auch größere Rostfiguren finden sich nicht selten.

Das Fleisch ist gelb (nach Downing deep orange), saftreich, zart,
von sehr süßem, vorzüglichen Geschmacke, der selbst in dem nassen Sommer 1860, wo viele andere Pflaumen fade waren, noch wirklich süß war.

Der Stein löset sich sowohl nach Liegel nicht gut vom Fleisch, als auch ich ihn
selbst in den warmen Jahren 1856, 58 und 59 unablösig fand. Downing bezeichnet
ihn als ganz ablösig, was auch in warmen Gegenden von Deutschland wohl so sein
wird. Er ist fast 1″ lang, stark 7‴ breit, fast 5 dick, bildet nach der Spitze hin ein
Oval, das nach dem Stielende hin sich stark zu einer nur wenig abgestumpften, oft
auch ein Weniges übergebogenen Spitze verjüngt, von der mehrere Afterkanten herablaufen. Backen mäßig hoch, rauh, Bauchfurche weit und tief, Rückenkanten ziemlich
stumpf, doch tritt die Mittelkante stark und ziemlich scharf vor, und erhebt nach dem
Stielende hin sich nicht selten scharf stärker.

Reifzeit und Nutzung: zeitigte bei mir stets einige Tage vor der Großen
Reineclaude Anfang September. Liegel setzt die Reife Mitte Sept. Downing läßt sie
14 Tage nach der Washington reifen. Für Tafel und Markt. Die Frucht hing 1860
in starken Stürmen fest am Baum.

Der Baum treibt rasch, dürfte aber bei früher und reicher Fruchtbarkeit nicht
groß werden. Triebe stark, fast gerade, violettbraun, nach unten stark mit gelblichem
oder silberfarbenem Häutchen gefleckt, stellenweise damit überzogen, nach Downing
schwach behaart, während Liegel die Frucht unter die zwetschenartigen Damascenen
setzt, und auch ich an meinen jungen Bäumen kaum die Spur von Haar finde, das
nur einzeln an den Rippen der Augenträger sich zeigte. Blatt groß, nach oben stehend,
fast flach ausgebreitet, wenig runzlich, oben unbehaart, unten am Zweige breitelliptisch
oder auch breit eiförmig, in der Mitte elliptisch, nach oben oft umgekehrt eiförmig.
Augen unten klein, nach oben groß, spitz, stehend, manchmal fast anliegend. Träger
stark vorstehend, langgerippt.

Anm. Von der gleichzeitig reifenden Esperens Goldpflaume unterscheidet sie sich
dadurch, daß diese wenig oder keine Röthe annimmt und deren Stein ablösig ist.

Oberdieck.

No. 63. **Bohns Mirabelle.** 1: — II, 1. E.; Zwetschenart. Dam., bunte Fr.
6: — II, 5. C a.

Bohns Mirabelle. * * Mitte Sept. bis in Okt.

Heimath und Vorkommen: diese delikate, eben so schöne als leicht kenntliche Frucht erhielt Liegel von Herrn Heinrich von Bohn, Herrschaftsbesitzer von Mamling in Oberösterreich. Findet sich sonst bei keinem Pomologen und ist wohl noch sehr wenig bekannt, verdient aber häufigen Anbau. Mein Reis erhielt ich von Liegel.

Literatur und Synonyme: Liegel III. S. 120 Nr. 327 Bohns gestreifte Mirabelle; Arnold O.-Cab. 11. Lief. Nr. 14. Da nur Eine Frucht nach Hrn. Bohn benannt ist, wird der Name wie oben etwas abgekürzt werden können.

Gestalt: Frucht klein, 1" hoch, etwas weniger dick und breit, oval, nach dem Stiele hin etwas stärker, oft aber auch kaum bemerklich stärker abnehmend. Furche kaum bemerkbar, theilt nach Liegel ungleich, bei mir sehr häufig gleich. Der Stempelpunkt sitzt nach Liegel oben in der Mitte flach und ist der Kopf ungleich gerundet; meine Früchte waren am Kopfe meistens stark gedrückt und saß der Stempelpunkt etwas vertieft.

Stiel: 6‴ lang, dünn, kahl, gerade, sitzt ganz flach auf.

Farbe der dicken, nicht gut abziehbaren Haut ist nach Liegel gelb, aber rundum mit rothen Punkten und Flecken besetzt, daß die Frucht roth gefleckt, roth gestreift und manchmal fast ganz roth erscheint; an meinen Früchten sah die Grundfarbe rein, theils in feinen Punkten, theils in längeren, oft selbst bandartigen Streifen durch die Röthe durch, wodurch die Frucht merklich gestreift erscheint.

Das Fleisch ist nach Liegel weißgelb, bei mir fast goldgelb, etwas saftreich, von süßem delikaten Geschmack.

Der Stein löset sich fast ganz, häufig wirklich ganz vom Fleische,

ift faft 7''' hoch, 4 breit, 3 dick, oval, an der Spitze rund, unten ftumpffpitz. Der Rücken ift nur wenig mehr ausgebogen als der Bauch; Mittelkante etwas fcharf; Bauchfurche breit und tief; Backen rauh, bisweis
len etwas afterkantig; größte Breite fällt in die Mitte.

Reifzeit und Nutzung: zeitigt im 2ten Drittel des Sept. und
hält fich bis in den Okt. Ift eine delikate Tafelfrucht und müßte nach
Befchaffenheit des Fleifches fich gewiß auch gut trocknen laffen. Zu
einem Verfuche hatte ich noch nicht Früchte genug.

Der Baum treibt dünne Zweige und wird nicht groß, ift aber
recht fruchtbar. Sommerzweige violettbraun, kahl, wenig ftufig, unten
mit gelblichem Silberhäutchen gefleckt. Blatt klein, nur 2'' lang, langeiförmig, ziemlich fpitzig, oft auch eioval, oben kahl, unten kurz behaart,
wenig runzlich, feicht gefägt-gezahnt. Blattftiel hat meiftens kleine, häufig
am Blatte fitzende Drüfen. Augen klein, aufrecht ftehend, fpitz, gedrängt
fitzend; Augenträger klein, fchwachrippig.

Anm. Die Frucht ift bei ihrer eigenthümlichen Zeichnung nicht
leicht mit einer andern zu verwechfeln. Die auch fpät zeitigende Brifette
ift wohl oft ftark roth gefleckt, aber nie geftreift und hat andere Form.
Herr Dr. Liegel nennt unfere Sorte „eine recht gute Frucht, der Anpflanzung werth, jedoch nur für den rechten Pflaumenliebhaber von
Werth." Ich fchätze fie mehr und öfter fchon gefchah es, daß Perfonen,
die fie gegeffen hatten, fich angelegentlich einen Baum ausbaten.

Oberdieck.

No. 64. Rivers Frühpflaume. 1: — II, 2. a.; Wahre Dam., blaue Fr. 6: — II, 1. Bb.

Rivers Frühpflaume. * Anf. Aug.

Rivers early Favourite.

Heimath und Vorkommen: diese besonders durch Frühzeitigkeit schätzbare Frucht, die die Johannispflaume an Güte und Tragbarkeit übertreffen möchte, wurde nach der von Downing, den Annales und Hogg gegebenen Nachricht in England erzogen von Hrn. Rivers, Pomolog und Baumschuleninhaber zu Sawbridgeworth aus einem Stein der Precôce de Tours. Downing erwähnt unter dem Namen Rivers early, daß Rivers 2 frühe Pflaumen, Nr. 1 und 2 aus dem Steine der Precôce de Tours erzog, von denen die eine glatte, die andere weichhaarige Triebe habe. Ist noch sehr wenig verbreitet, verdient aber alle Beachtung. Mein Reis erhielt ich von Liegel und Hrn. Behrens zu Travemünde überein, der es direkt von Rivers haben wird. Es ist jedoch anzumerken, daß Hogg im Manual von Obiger sagt, daß sie glatte Triebe (Shoots smoth) habe, und müßte er, falls das nicht ein Schreibfehler ist, darnach eine andere Sorte als unsere haben. Auch Royer in den Annales, welcher sagt, sein Reis direkt von Rivers zu haben, bezeichnet die Triebe als behaart.

Literatur und Synonyme: Liegel gab von ihr nur erst kurze Charakteristik in der Mon.-Schr. 1858 S. 7, sub. Nr. 311. Downing S. 314 Rivers early. Annal. 1858 S. 87 Prune early Favourite, mit dem Synon. Prune favorite précôce de Rivers. Die Abbildung in den Annal. ist nur ziemlich naturgetreu, da die Form zu oval und der Duft zu hell und stark ist. Es ist übrigens unsere Frucht, nicht etwa Downings Nr. 1, da die Triebe gleichfalls als wollig bezeichnet werden. Der Lond. Cat. hat die Frucht noch nicht.

Gestalt: rundlich oder vielmehr rundlich eiförmig, am Stiele stark abgestumpft, und erscheinen die Früchte, die an der Stielhöhle merklicher eingebogen sind, ziemlich rundlich herzförmig. Größe 1" 2''' hoch und ziemlich eben so breit und dick. Manche sind 1—2''' kleiner. Oben gibt a die Bauchansicht, b die Seitenansicht. Am Stiele ist sie stark abgestumpft, an der Spitze gerundet. Der Rücken hat flache, oft fast keine Furche, und erhebt sich nach dem Stielende hin stärker als der Bauch. Die Furche theilt meistens etwas ungleich. Der Stempelpunkt sitzt allermeist etwas unter der eigentlichen Spitze nach der niedrigeren Seite hin.

Stiel: kurz, 5—6''' lang, rostig behaart in weiter, ziemlich tiefer Höhlung.

Farbe der zähen, nur wenig säuerlichen, ziemlich abziehbaren Haut schwarzblau, fast schwarz. Goldartige Punkte oder etwas stärkere Fleck-chen sind mäßig häufig. Der Duft ist blau und dünn.

Das Fleisch ist vom Steine ablösig, schwach grünlichgelb, in star-ker Reife etwas röthlichgelb, zwetschenartig consistent, von recht ange-nehmem, jedoch etwas merklich säuerlichen Geschmacke. In südlicheren Gegenden kann sie, ebenso wie die ähnlich schmeckende Johannispflaume delikat werden.

Der Stein ist kurz, rauh und dickbackig, verschoben oval, 7''' lang, 5 breit, fast 4 dick; der Bauch tritt nach der Spitze, der Rücken nach dem Stielende stärker vor. Bauchfurche tief, mit etwas zackigen Kanten. Rückenkanten breit und stark; die Mittelkante tritt etwas vor und wird nach dem Stielende hin fast scharf.

Reifzeit und Nutzung: zeitigt gleichzeitig mit der Johannis-pflaume Ende Juli oder Anf. Aug. Für Tafel und Markt. 1859 sprang-en die Früchte in anhaltendem Regen, als sie sich noch nicht färbten, sehr auf; 1860 traf sie Regen häufig im Reifwerden, der ihnen nicht schadete.

Der Baum wächst rasch und trägt mir seit mehreren Jahren in der Baumschule schon voll, so daß er sehr fruchtbar sein wird. Sommerzweige stark, an jungen Bäu-men denen der Königspflaume etwas ähnlich, nach oben streifig, gerade, kürzere nach oben wenig abnehmend, schmutzig und unansehnlich braun, nach unten mit Silberhäut-chen gefleckt und theils damit überzogen, weichhaarig. Blatt unten am Zweige lang und groß, langelliptisch, in der Mitte mehr elliptisch oder langeiförmig, auch oval, etwas hängend, wenig glänzend, runzlig, etwas rinnenförmig, doch auch oft fast flach, unten wollig. Blattstiel meistens 2drüsig. Augen dick, an der Basis breit, stumpfspitz, etwas abstehend; Träger dick, merklich gerippt.

Anm. Unterscheidet sich von andern gleichzeitig reifenden schon durch ihre Gestalte besonders aber auch dadurch, daß sie sich schon ziemlich lange vor der Reife und 8 Tage früher als die Johannispflaume färbt.   Oberdieck.

No. 65. **Johannispflaume.** 1: — II, 2. A.; Wahre Dam., blaue Fr. 6: — II, 1. B (C) b.

Johannispflaume. *, füdlicher **, Ende Jul., Anf. Aug.

Heimath und Vorkommen: gehört zu den alten weit verbreiteten Früchten, wird jedoch vielleicht zum Anbau mehr empfohlen, weil sie früher als beste früheste Pflaumenfrucht sehr geschätzt wurde, als weil sie auch jetzt noch häufigen Anbau verbiente. Hr. Dr. Liegel nennt sie IV. S. 53 als zu pflanzende Sorte, wenn Jemand nur Raum für 3 Pflaumenbäume habe, sagt jedoch Heft III. S. 157, daß sie sich in dem heißen Sommer 1842 vollständig vom Steine gelöset habe, was ihm seit 39 Jahren nicht vorgekommen sei, auch seien die meisten Früchte ungewöhnlich groß, und von köstlich aromatischem Geschmacke gewesen, so daß der Baum einen warmen Sonnenstand belohne. Wenn ich sie meinerseits in meiner „Anleitung" von 1852 als für nördliche Gegend unbrauchbar ganz verwerfen wollte, so hat das allerdings darauf beruht, daß ich von Diel zwar eine ähnliche, aber nicht die rechte Frucht erhalten hatte. Nachdem ich sie von Liegel und nochmals von Jahn überein und ächt habe und die schon etwas erstarkten Bäume seit 3 Jahren tragen, finde ich sie zwar brauchbar und von gutem, jedoch etwas merklich säuerlichen Geschmacke, auch in warmen Jahren ablösig, doch andere frühe Sorten wenigstens eben so gut und weit tragbarer.

Literatur und Synonyme: Liegel II. S. 208 Nr. 15 bie Johannispflaume, Prune de St. Jean. Dittr. II. S. 272. Sie heißt auch Frühe schwarze Pflaume, Große Frühpflaume, Frühe große Schwarze, Schwarze von Montreuil, Damas noir hatif, Grosse noire hative, Noire de Montreuil, unter welchem Namen sie bei Duhamel II. S. 103 und Günderobe S. 41 Taf. 7 auch nach Liegels Urtheile vorkommt, wenn gleich schon Duhamel anmerkt, daß man mit dem Namen Grosse noire hative auch noch eine andere Frucht bezeichne. Siehe noch Christs Wörterb. S. 272, Handb. S. 733; Vollst. Pomol. S. 104; Pastor Meyer S. 15 Taf. 2 Nr. 7 mit leiblich guter Abbildung; Salzm. Pomol. S. 104, Garten-Magaz. 1809 Taf. 82, Dittr. D.-Cab. Nr. 8. Liegel bemerkt, daß sie von den Gebrüdern Baumann Bieler Pflaume und von einigen Autoren auch Maroccopflaume genannt werde, unter welchem Namen Christ eine große blaue Zwetsche beschrieben habe. Diejenige Frucht, welche ich von Diel als Maroccopflaume erhielt, hat Liegel nachher als Frühe Schwarze beschrieben. Siehe unsere Nr. 66.

Gestalt: fast klein, 13''' hoch, 12½''' dick, 12''' breit. Gestalt nach Liegel und bei mir nicht immer gleich, wie schon obige 2 Figuren, die beide die Bauchansicht von Früchten geben, darthun. Nach Liegel ist die Gestalt meistens etwas verschoben oval-eiförmig, gegen die Spitze nur etwas mehr abnehmend, was obiger Figur a nahe kommt. Seiten etwas gedrückt, Rücken und Bauch gleich erhoben, statt der Furche findet sich nach Liegel nur eine Linie; meine Früchte hatten flache, allermeist ungleich theilende Furche. Der Stempelpunkt liegt etwas seitwärts der Spitze, nicht in der Mitte der Frucht, in seichter Vertiefung.

Stiel: dicht behaart, gerade, meistens rostfarbig, steckt in enger Höhle.

Farbe der zähen, nicht gut abziehbaren, sauren Haut schwarzblau mit vielen gelbgraunen Punkten. Duft blau, dick aufgetragen.

Fleisch grünlichgelb, hinreichend consistent, saftreich, von angenehmem, süßweinsäuerlichen, nach Liegel auch etwas parfümirten Geschmacke.

Stein: löset sich meistens nicht gut vom Fleische, ist öfters mit rothen Fleischfasern umgeben, und nicht selten findet man in der Frucht auch schon geöffnete Steine. Er ist 8''' hoch, 5 breit, 3½ dick, verschoben oval, an beiden Enden mit stumpfer Spitze; der Bauch tritt nach der Spitze, der Rücken nach dem Stielende mehr hervor; Mittelkante ragt nach dem Stiele hin ein Weniges vor und läuft nach der Spitze charakteristisch gradlinig. Kanten der tiefen und breiten Bauchfurche scharf, meist etwas zackig. Backen des Steins rauh.

Reifzeit und Nutzung: zeitigt Ende Juli oder Anfang August. Für Tafel und Markt.

Der Baum wird groß, treibt die Aeste in stumpfen Winkeln und ist nach Liegel sehr fruchtbar, doch fallen die Früchte leicht ab. Sommerzweige wenig stuftg, röthlich braun, an der Sonnenseite mit Silberhäutchen belegt, dicht weichhaarig. Blatt groß, nach Liegel oval-eiförmig oder länglich-eiförmig, nach meiner Wahrnehmung unten am Zweige fast oval, in der Mitte meist elliptisch, stehend, oben fast kahl, stark runzlig. Blattstiel meist drüsenlos. Augen klein, stumpfspitz, fast anliegend.

Anm. Die der Johannispflaume ähnliche Große Damascene von Tours zeitigt 10 Tage später, ist etwas größer und gegen den Stiel etwas abnehmend. Rivers Frühpflaume färbt sich beträchtlich früher als obige, hat ablösigen Stein und auch andere regelmäßigere Gestalt.

Oberdieck.

No. 66. Die Frühe Schwarze. 1: — II, 2. A.; Wahre Dam., blaue Fr. 6: — II, 1. B b.

Die Frühe Schwarze. Liegel (Diel) ** ¹/₃ Aug.

Heimath und Vorkommen: Liegel bekam Zweige von dieser Sorte von Oberdieck aus Nienburg, der die Sorte von Diel als Frühe schwarze Pflaume, Maroccopflaume erhielt.

Literatur und Synonyme: findet sich bereits kurz beschrieben von Diel in dessen Systemat. Verzeichniß v. 1818 Nr. 2 S. 129 als Frühe schwarze Pflaume, Maroccopflaume. Doch hat Christ, wie Liegel Heft IV. S. 15 bei Robts früher großer Pflaumenzwetsche mittheilt, eine dieser letzteren in Allem ähnliche Pflaume als Maroccopflaume beschrieben. Ausführlich beschrieb sie später Liegel IV. S. 35 Nr. 354 als Frühe Schwarze. Dochnahl im Führer III. S. 128 hat sie Frühe platte Damascene genannt. Ob sie die Marocco-Pflaume des Lond. Cat. Nr. 80 und bei Downing S. 306 ist, steht dahin. Der Lond. Cat. hat auch bei Precôce de Tours als Synon. Noire native und von Behrens habe ich als Maroccopflaume die Königspflaume von Tours erhalten. Das T.O.C. bildet Lief. 7 Nr. 8 eine Frühe schwarze Pflaume ab, die nicht die obige ist.

Gestalt: plattgedrückt rund, nach oben etwas verjüngt, am Rücken und Bauche, auch oben und unten gedrückt. Der stärkste Durchmesser findet sich in der Mitte, Rücken und Bauch sind gleich in ihrer Ausbiegung, und der Rücken wird von der Furche nur flach gedrückt. Der Stempelpunkt liegt oben in der Mitte etwas vertieft. Die Frucht ist klein, 1" hoch und eben so breit, und nur ¹/₂''' dicker.

Stiel: bis 9''' lang, kurz behaart, dick, braun, steht in einer engen tiefen Höhle in der Mitte der Frucht.

Haut: dünn, von Farbe schwarzblau mit kleinen unscheinlichen Punkten und hellblau beduftet.

Fleisch: grünlichgelb, härtlich, nach Liegel von einem süßen erhabenen Geschmacke. Ich bemerkte dazu „gut, doch etwas säuerlich süß, weil das Fleisch unter der zähen Haut sauer schmeckt."

Stein: wie oben gezeichnet, 6''' hoch, 5 dick und 4 breit. Der Rücken ist mehr erhoben, seine Mittelkante ist etwas scharf, die Nebenkanten sind stumpf. Die Bauchfurche ist seicht, ihre Kanten sind ebenfalls etwas scharf. Die Backen haben Afterkanten. Der Stein liegt hohl im Fleische.

Reife und Nutzung: die Frucht reift mit der Johannispflaume im ersten Drittel des Aug. In Meiningen war sie 1859 mit der Königspflaume von Tours, den 20. Aug. reif. Obwohl sie nur eine kleine Pflaume ist, so ist sie besungeachtet wegen ihrer Frühzeitigkeit und wegen ihres guten Geschmacks zur Anpflanzung zu empfehlen.

Eigenschaften des Baumes: derselbe hat auch in Meiningen, wie ihn Liegel schildert, zur Zeit nur gemäßigten Wuchs, er beweist sich aber recht tragbar. Seine Blüthen entwickeln sich frühzeitig, sind aber klein. Die Blätter sind ziemlich klein und nähern sich der rundlichen Gestalt, doch besonders nur die an der Spitze der Zweige stehenden, die übrigen sind eirund (eiförmig, D.) und länglich eirund, mit auslaufender, oft sehr kurzer Spitze, sämmtlich am Stiele etwas herzförmig, oben schwach, unten dicht behaart, regelmäßig oft doppelt gekerbtgesägt oder auch blos gekerbt. Sie stehen meist an den aufrechtstehenden, kurzen, etwas geröteten und behaarten Blattstielen etwas sichelförmig nach unten gekrümmt oder haben einige wellenförmige Biegungen. Sommerzweige fein weichhaarig, dunkel- fast schwärzlich violettbraun, gegenüber mehr lichtbraun oder grün mit zerstreut stehenden feinen schmutzigweißen Punkten.

Bemerkungen: die Frühe Schwarze unterscheidet sich von andern frühen blauen Pflaumen, von der Johannispflaume, der Frühen Leipziger Damascene, der rothen Frühdamascene, durch eine mehr plattgedrückte Gestalt, während die genannten Früchte etwas oval geformt sind, auch ist das Fleisch um den Stein herum nicht, wie das der Christs Damascene, die 1859 zum Theil mit ihr zugleich zu reifen anfing, mit rothen Fasern durchzogen. Etwas mehr Gewürz hätte sie in Meiningen haben dürfen, doch steht der Baum derselben etwas schattig. In Nienburg war sie schmackhaft.

Jahn.

Anm. Zu dieser Pflaume bemerke ich, daß sie bei mir wohl 1½''' größer war als obige Figur. Ich hatte in Nienburg oft Früchte.   D.

Onderka's Damascene. ✱✱ Anf. Sept.

Heimath und Vorkommen: diese recht häufiger Anpflanzung werthe Frucht erzog Liegel aus dem Steine des Normännischen Perdrigon, dem sie in Form, Farbe und Zeitigung ziemlich gleich geblieben ist, und widmete sie den pomologischen Verdiensten des Hrn. Dr. Joseph Onberka, k. k. Medicinalrath in Linz. Mein Reis erhielt ich von Liegel.

Literatur und Synonyme: Liegel IV. S. 36 Nr. 267 unter obigem Namen. Er beschrieb sie auch schon Frauend. Blätter 1851 S. 342.

Gestalt: nach Liegel 1½" hoch, fast eben so dick und breit; bei mir war sie meistens 1‴ nach allen Dimensionen kleiner. Gestalt verschoben runblich, gegen den Stiel häufig ein wenig stärker abnehmend, als nach der Spitze, am Stiele und Stempelpunkte ziemlich stark gedrückt, Der Rücken ist meistens etwas mehr ausgebogen als der Bauch. Die meistens flache, oft auch tiefe und breite Furche theilt ungleich und erhebt eine Seite der Frucht sich allermeist beträchtlich stärker als die andere. Der Stempelpunkt liegt ziemlich in der Mitte der Spitze in flacher, oft auch ziemlich starker Vertiefung.

Farbe der dicken, gut abziehbaren säuerlichen Haut ist schwarzblau. Goldfarbene Punkte finden sich nur wenig. Der Duft ist hellblau.

Das Fleisch ist grünlichgelb, härtlich, doch zart, saftreich, nach Liegel von süßem, erhaben aromatischen, sehr edlen Geschmacke, der auch bei mir süß mit etwas angenehmer Säure gewürzt und edel war.

Der Stein ist ganz ablösig, und war es bei mir selbst in dem naßkalten Jahre 1860. Er ist 9‴ hoch, 7 breit, 4 dick, den stark ausgebogenen Rücken abgerechnet, oval, fast umgekehrt eiförmig; Bauchfurche weit, Rückenkanten stumpf, Mittelkante erhebt sich nach dem Stielende hin stark und etwas scharf.

Reifzeit und Nutzung: zeitigt im ersten Drittel des Sept. mit der Rothen Eierpflaume und Großen Reineclaube. Springt im Regen nicht auf und ist für Tafel und Markt schätzbar.

Der Baum wächst rasch und ist nach Liegel fruchtbar, was schon die Baumschulenstämme bei mir bestätigen. Sommertriebe etwas stufig, weichhaarig, schmutzig braunroth, auf der Schattenseite grün. Blatt ziemlich groß, dunkelgrün, runzlig, etwas hängend, auch oben mit einzelnen kurzen Haaren besetzt, nach Liegel eiförmig und spitz, während ich es breitelliptisch finde. Augen stark, wollig, stumpfspitz, etwas abstehend, Augenträger hoch, wenig gerippt.

Anm. Der ähnlich gestaltete Normännische Perdrigon zeitigt etwas später und ist größer, hat auch in der Ueberreife röthliches Fleisch.

Oberdieck.

No. 68. **Normännischer Perdrigon.** 1: — II, 2. A.; Wahre Dam., bl. Fr. 6: — II, 1. A b.

Normännischer Perdrigon. ** Mitte Sept.

Heimath und Vorkommen: ist ältere, schon von Duhamel kurz beschriebene Frucht, jedoch noch wenig bekannt, und merkt Liegel an, daß die meisten Pomologen, welche sie aufführen, fast wörtlich nur Duhamels Beschreibung haben. Ist eine treffliche Tafel= und Marktfrucht, die häufige Anpflanzung verdient. Mein Reis stammt von Diel.

Literatur und Synonyme: Liegel II. S. 225 Nr. 69 Normännischer Perdrigon, Perdrigon de Normandie; Dittrich II. S. 298 Normännischer Perdrigon, Schwarzer Perdrigon; dessen O.=Cab. Nr. 46; Arnold O.C. 9. Lief. Nr. 7; T.O.C. 91. Lief. hat die Sorte falsch; Duhamel II. S. 116; Kraft II. Taf. 177 ist gleichfalls wohl nicht die rechte Sorte, da die Form fast oval ist und er die Reifzeit Mitte Aug. setzt, falls er dies nicht bloß Duhamel nachgeschrieben hat. Es ist aber die Frage, ob unsere obige Frucht auch die Duhamel'sche ist, da Duhamel sagt, sie sei am Stiele dicker als am Kopfe, falls bei dieser Angabe nicht eine Irrung oder Verschreiben zu Grunde liegt. Christ Wörterb. S. 375, Handbuch S. 101.

Gestalt: die Frucht ist merklich größer, als die Große Reineclaude, 17—18''' hoch, etwas dicker, aber etwas weniger breit. Es gibt jedoch auch Früchte, die so hoch als dick, ja höher als breit und dick sind und hatte ich 1858 etliche besonders große Früchte von 2'' Höhe und 21''' Dicke. Auch in Sulingen hatte ich schon Früchte von 1¾'' Breite und Höhe. Die Gestalt ist etwas viereckig rundlich, am Stiele merklich, an der Spitze noch stärker, am Bauche weniger und am Rücken wieder stärker gedrückt, nach dem Stiele hin fast immer stärker abnehmend, als nach der Spitze, so daß die größte Breite meistens etwas mehr nach der Spitze hin liegt. Früchte, welche höher als breit sind, neigen zur umgekehrten Eiform. Der starke Stempelpunkt liegt in der Mitte der

Spitze in einer tiefen, meistens etwas länglich ausgeschweiften Ein=senkung.

Stiel: nach Liegel 8''' lang, meistens gerade, war bei mir oft etwas kürzer und meist etwas, oft selbst stark gekrümmt, ist dicht behaart, rostfleckig und sitzt in tiefer, ausgeschweifter Höhlung.

Farbe der zähen, ziemlich leicht abziehbaren, nicht säuerlichen, mit hellblauem Dufte belaufenen Haut ist schwarzblau, (ich habe sie früher selbst als tief schwarzblau notirt) an beschatteten Stellen rothblau. Gelbe feine Punkte sind nur mäßig aufgetragen, doch bemerkt man, besonders wenn die Sonne aufscheint, durch die Haut durchschimmernde rothe Fleckchen. Auch Rostfiguren finden sich hin und wieder.

Das Fleisch ist gelb, in höchster Reife etwas röthlichgelb, consistent, saftreich und fein, von süßem erhabenen, gewürzreichen Geschmacke.

Der Stein mit rothen Fleischfasern umgeben, ist fast ganz ablösig, 9''' hoch, 6 breit, 4 dick, von starken Früchten jedoch oft fast 1'' hoch und 7''' breit, umgekehrt eiförmig, an der Spitze gerundet, die Bauchseite biegt sich fast immer nach dem Stielende hin stärker ein und ist die Spitze nach der Bauchseite übergebogen. Backen ziemlich erhoben und rauh, Rückenkanten sind verwachsen und stumpf.

Reifzeit und Nutzung: zeitigt Mitte Sept., oft im ersten Drit=tel des Sept., ist für Tafel und Markt schätzbar und wohl auch im Haushalte brauchbar.

Der Baum treibt kräftig, belaubt sich dicht und ist nach Liegel mäßig tragbar. Diel bemerkt, er sei im Freien fruchtbar, und wie ich denselben hier hinreichend und fast jährlich tragbar finde, so will er viel=leicht nur nicht eingeschlossene Lage. Triebe etwas stufig, etwas gelblich violettbraun, weichhaarig mit gelblichen silberhäutigen Punkten und Fleck=chen besetzt. Blatt mäßig groß, etwas hängend, fast flach ausgebreitet, ge=gen den Stiel jedoch gern nach unten rinnenförmig umgebogen, (umgekehrt rinnenförmig), oben unbehaart, runzlig, ziemlich dunkelgrün, nach Liegel länglich eiförmig, während ich es breit elliptisch und unten am Zweige und am Fruchtholze oft umgekehrt langeiförmig fand. Drüsen des Blattstiels meist mit dem Blatte verbunden. Augen groß, kegelförmig, ziemlich ab=stehend, etwas weißwollig. Augenträger lang gerippt, wodurch die Triebe merklich gestreift erscheinen.

Anm. Kann bei ihrer eigenthümlichen Gestalt nicht leicht verwechselt werden. Lie=gel meint, man könne zweifelhaft sein, ob man sie zu den rothen oder blauen Früchten zählen sollte; besonnte fand ich meistens rundum schwarzblau und ist sie wohl ganz richtig von Liegel classificirt. Oberdieck.

No. 69. Rothe Frühdamascene. 1: — II, 2. B.; Wahre Dam., rothe Fr. 6: — II, 2. B b.

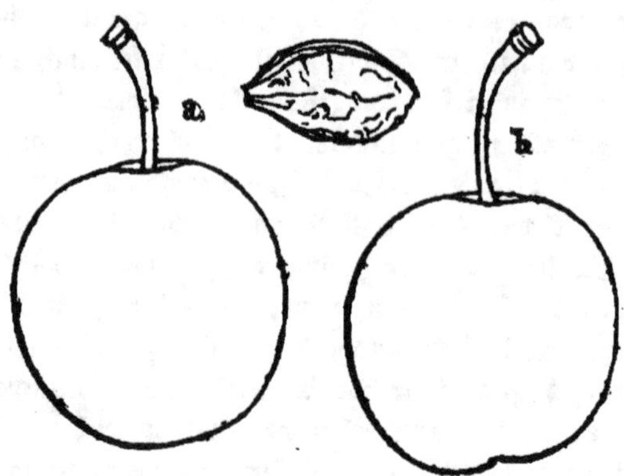

Rothe Frühdamascene. * Anf. Aug.

Heimath und Vorkommen: findet sich allgemein um Braunau in den Gärten der Landleute, wo sie sich durch Ausläufer fortpflanzt und mit dem Gelben Spilling häufig zu Markt gebracht wird unter dem Namen Haferkrieche. Ob sie anderweit bereits sich findet, ist mir nicht bekannt, und kam sie mir in meiner Gegend noch nicht vor. Mein Reis erhielt ich von Liegel.

Literatur und Synonyme: Liegel II. S. 238 Nr. 365 Rothe Frühdamascene; Dittr. III. S. 396. Syn. bei den Landleuten Haferkrieche.

Gestalt: Größe fast mittelmäßig, bei Liegel 14‴ hoch und ½‴ weniger dick und breit, bei mir, wenn der Baum nicht allzuvoll trägt oder ausgepflückt war, 15‴ hoch; Gestalt kurz oval, am Stiel etwas flach gedrückt, am Kopfe abgerundet; Rücken und Bauch sind gleich erhoben, die größte Breite liegt in der Mitte. Nach Liegel findet sich statt der Furche nur eine Linie, bei mir noch wirkliche flache Furche, die den Rücken wenig drückt und meist ziemlich gleich, oft auch ungleich theilt, wo denn, wie oben Fig. b die eine Seite der Frucht sich etwas mehr erhebt. Der Stempelpunkt ist klein, gelblich, und sitzt meistens auf der Mitte der Spitze. Der bläuliche Duft ist dünn.

Stiel: 9‴ lang, behaart, rostig, nach Liegel dünn, bei mir ziemlich dick, sitzt in ziemlich flacher Höhle.

Farbe der dicken, zähen, abziehbaren, etwas säuerlichen Haut ist rothbraun, an der Sonnenseite meistens fast schwarz; goldartige Punkte sind darauf nicht zu häufig vertheilt.

Das Fleisch ist ablöslich vom Steine, etwas grünlich= (nach Lie=
gel weißlich=) gelb, hinreichend consistent, saftreich, von süßem, recht an=
genehmen Geschmacke.

Der Stein ist 8''' hoch, 6 breit, 4 dick, verschoben oval, am
Kopfe mit feinem Spitzchen, am Stielende etwas Weniges und spitz
vorgeschoben, die größte Breite liegt in der Mitte, der Bauch tritt nach
der Spitze, der Rücken nach dem Stielende mehr hervor. Die Backen
sind rauh und etwas afterkantig, die Rückenkanten ziemlich flach, die
Mittelkante erhoben und erweitert sich etwas nach dem Stielende hin
und wird meistens scharf; Bauchfurche tief und breit mit meistens zacki=
gen und scharfen Kanten.

Reifzeit und Nutzung: zeitigt nach Liegel im ersten Drittel des
August nach der Johannispflaume, bei mir noch ein paar Tage früher
oder mit ihr zugleich; doch steht der Baum der obigen im Garten im
Orte, die Johannispflaume vor dem Orte. Ist bei außerordentlicher
Fruchtbarkeit des Baums eine gute Marktfrucht.

Der Baum treibt in spitzen Winkeln, wird mäßig groß und ist
außerordentlich fruchtbar. Sommertriebe ziemlich lang und stark, fast
gerade, steif, oben violettbraun, unten meistens grünlich, weichhaarig,
etwas silberhäutig. Augen kegelförmig, ziemlich spitz, stark weißlich an=
gelaufen, abstehend. Augenträger breit und hoch, Blatt mäßig groß,
breitelliptisch, oft ziemlich oval, stehend, flach ausgebreitet, dick, grob ge=
rippt und stark runzlig, dunkelgrün, nach Liegel stark behaart, während
ich es oben kahl finde, und nur unten stark behaart.

Anm. Die Johannispflaume ist kleiner, hat andere Form und ist
dunkelblau. Die Große Damascene von Tours zeitigt etwas nach obi=
ger, ist auch nicht so regelmäßig geformt und mehr blau, sonst aber der
obigen sehr ähnlich. Rivers Frühpflaume ist kürzer, runder und schwarz=
blau, auch nebst der Johannispflaume im Geschmacke säuerlicher.

Oberdieck.

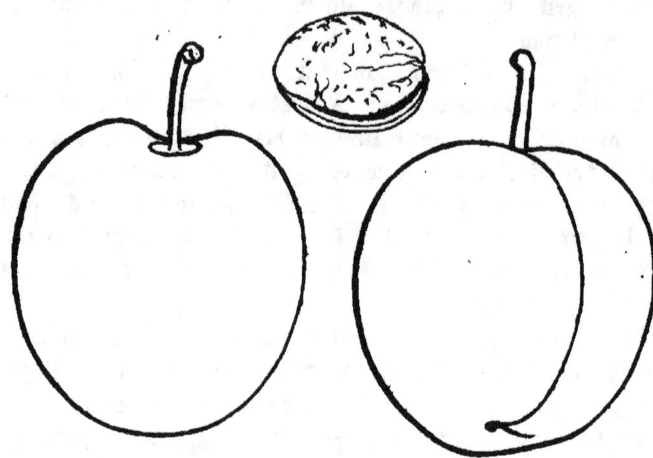

Königspflaume von Tours. Liegel (Duhamel) ∗ ∗ † † ²/₃ Aug.

Heimath und Vorkommen: wie ihr Name es ausdrückt, stammt sie aus Frankreich und war schon Duhamel und Quintinye bekannt. Ihre vorzüglichen Eigenschaften haben sie bereits auch in viele deutsche Gärten eingeführt, aber sie verdient immer noch weiter und allgemeiner bekannt zu werden.

Literatur und Synonyme: Liegel II. S. 241 Nr. 40. Duham. II. S. 112 Taf. 20 Fig. 8 Royale de Tours. Pomon. francon. I. S. 123 Taf. 4 Nr. 3. Ist hier etwas zu gedrückt rund gezeichnet und so deutliche Punkte hat sie nicht. Pom. Austr. Taf. 184; Christ Hdwb. S. 374. Von Günderode und Borkhausen S. 37 Nr. 6; Jenaer Obstcab. IV. Sect. 1. Lief. zu dunkelblau; Dittr. O.-Cab. Nr. 58 etwas klein. Synonyme: Königin von Tours, Königliche Pflaume von Tours. Nach Oberd. (Monatsschr. III. S. 168) und auch nach Liegel hat Diel sie mit der Königspflaume, Royale verwechselt und letztere an ihrer Statt versenbet und sie kommt deßhalb auch als Diels Königspflaume vor. Von Hrn. Behrens habe ich sie als Moroccopflaume erhalten; Downing hat diese S. 306 mit den Syn. Early Morocco, Black Morocco, Early Damask, Black, Damask (auch, von ihm selbst als unrichtig bezeichnet, als Italian Damask) ziemlich ähnlich, doch nur als mittelgroß beschrieben. Was ich ferner von Liegel, vor 10 Jahren etwa, als Frühe Herrnpflaume erhielt, ist auch nur die vorliegende und hat Hr. Dr. Liegel im IV. Hefte S. 55 darauf hingewiesen, daß die Frühe Herrnpflaume Duham. wohl gar nicht mehr existire, und bald die Königspflaume von Tours, bald die Gewöhnliche Herrnpflaume darunter gehe.

Gestalt: unbeständig, meist etwas eirund, (eiförmig, O.), doch oft und zwar in den schönsten Früchten, wie sie m. Abbildung zeigt, fast kegelförmig, um den Stiel herum plattrund, so daß sie aufstehen kann, um den Stempelpunkt herum schief flachrunb, indem die Furche hier den Rücken drückt, während sich gegenüber, die Spitze mehr erhebt, so daß die Frucht auf diesem Ende meist nicht aufsteht. Die Furche theilt gleich und ist nach beiden Enden hin etwas vertieft. Der Stempelpunkt ist klein, gelblich, steht in der Mitte der Frucht neben der Spitze und neben einer kleinen Vertiefung. Die Pflaume ist groß, 1″ 6—7‴ hoch, meist eben so dick und 1″ 5—6‴ breit. Unter vielen Früchten eines Baumes gibt es jedoch auch kleinere von Mittelgröße.

Stiel: 6—8‴ lang, fein behaart, stark, gerade, etwas berostet, in etwas ausgeschweifter, oft ziemlich tiefer Höhle.

Haut: dünn, ablöslich, genießbar, doch schmeckt sie säuerlich. Die Farbe ist violettroth, an der Sonnenseite bläulichroth, überreif mehr dunkelblau, in dem Roth gewahrt man hellere Streifchen und Fleckchen, doch keine deutlichen Punkte. Der Duft ist dünn und bläulich.

Fleisch: weißgelb, strahlig, härtlich, saftreich, von recht gutem süßweinigem, zwetschenähnlichen Geschmack, besonders wenn man die Haut entfernt hat, in guten Sommern sehr wohlschmeckend.

Stein: vollkommen löslich, von Form wie oben gezeichnet, 9‴ hoch, 7½‴ breit und 4½‴ dick. Die Backen sind flach und rauh, schwach afterkantig, mit rinnenartigen Vertiefungen an den Nebenkanten der Hauptkanten, deren mittlere stumpf und mit den Nebenkanten etwas verwachsen ist. Die Bauchfurche ist ziemlich tief, offen, breit und hat nur wenig scharfe Kanten.

Reife und Nutzung: die Frucht reift im zweiten Drittel des August, bald nach der Johannispflaume. Es ist eine herrliche, lachend schöne, fehlerfreie Frucht, die durch ihre Größe, Farbe und Frühreife am Baum schon überrascht und die erste große gute Pflaume des Jahres. Wegen ihres etwas festen zwetschenähnlichen Fleisches und Geschmacks kann sie zu Kuchen recht gut verwendet werden. Sie fällt nur leicht vom Baume und zerspringt auch gerne im Regen.

Eigenschaften des Baumes: derselbe wächst gut, strebt ziemlich aufwärts und belaubt sich dicht, hat etwas brüchiges Holz, weshalb die Winde ihn oft beschädigen, ist gegen hohe Kältegrade empfindlich, trägt aber früh und reichlich, auch in freigelegenen Pflanzungen. Die Blätter sind ziemlich groß, etwas länglich eiförmig, oval, D.), oft elliptisch mit auslaufender Spitze, unterseits wie auch die oft 2drüsigen röthlichen Blattstiele dicht behaart, oben kahl, mehr oder weniger seicht gekerbt-gesägt. An jungen Bäumen sind die Blätter sehr groß, breit-eiförmig, (oval, D.) kurz zugespitzt, grob und meist doppelt aber seicht gekerbt-gesägt, was Liegel als charakteristisch hervorhebt. Die Sommerzweige sind gerade, stark oft etwas kantig, dicht weichhaarig, unterseits grünlich, oben braunviolett, hie und da silberhäutig.

Bemerkungen: die Frucht unterscheidet sich von andern blaurothen Pflaumen, wie Liegel bereits bemerkte, durch ihre einseitige Erhöhung neben dem Stempelpunkte und durch die Rinne an den Nebenkanten des Steines, die man allerdings bei andern Pflaumen so deutlich ausgeprägt nicht oft findet. Sie wird verwechselt mit der Königspflaume, allein letztere zeitigt 14 Tage später, ist dunkler gefärbt, weit flacher, gedrückt rund, um den Stempelpunkt regelmäßig abgerundet und im Geschmack auch edler und süßer. Jahn.

Anm. Schon in der Einleitung S. 202 ist gesagt, daß ich in Nienburg und Zeinsen diese Pflaume, die ich von Jahn erhielt, nur von geringer Güte fand. Ich habe sie von Diel als Königspflaume, welche Identität sich auch noch 1860 bei mir ganz (selbst in der ersten Färbung, wo die Frucht sehr kenntlich ist) zeigte, schon lange. Wird sie am Baume ganz reif, so ist sie schmackhaft, aber sie fällt fast stets zu früh ab und bleibt der Geschmack zu säuerlich. Ich habe von Liegel nochmals ein Reis kommen lassen, falls die Schuld an meinen Bäumen gelegen hätte. Indeß erhielt ich sie auch irrig als Pourple Favourite, und ging es mit dieser, die 1860 trug, schon eben so. D.

No. 71. **Die Königspflaume. 1: — II, 2. B.; Wahre Dam., rothe Fr. 6: — II, 2. B b.**

Die Königspflaume. ** gegen Ende Aug.
Royale.

Heimath und Vorkommen: gehört zu den altbekannten, weit verbreiteten Pflaumen, die mit Recht immer noch geschätzt werden, ist aber oft mit der Königspflaume von Tours verwechselt worden. Ist als Tafel- und Marktfrucht zu häufiger Anpflanzung zu empfehlen. Von Diel erhielt ich die Frucht als Königin von Tours, bezog sie auch direkt von Liegel.

Literatur und Synonyme: Liegel II. S. 243 Nr. 53 die Königspflaume, Royale. Günderode S. 80 Nr. 15 etwas klein. Duham. II. Taf. 10; Kraft II. Taf. 191 Royale tres grosse. Diel hatte und versandte sie, wie schon gedacht, unter dem Namen Königin von Tours, und hat umgekehrt die Königspflaume von Tours als Königspflaume gehabt und versandt, deren Früchte ich sowohl schon früher als auch noch 1860 mit der Königspflaume von Tours gänzlich überein fand, so daß sie selbst zugleich und ebenso sich rötheten, in welcher Periode die Königspflaume von Tours kenntlicher ist, als im reifen Zustande. Die Liegel'sche Königspflaume habe ich dagegen mit Diels Königin von Tours auf einem jungen Stamme zusammen aufwachsen lassen, und sind die kenntliche Vegetation und Frucht überein. Diel hätte den Irrthum daraus erkennen können, daß seine Königspflaume früher reift als seine Königin von Tours, was nach Duhamel umgekehrt sein mußte. Pomon. Francon. Taf. 6 ist nicht die rechte; T.O.Cab. 31. Lief.; Christ Wörterb. S. 373, Handb. S. 728, Vollst. Pomol. S. 124, Salzmanns Pomol. S. 109, Pastor Meyer Nr. XII. wenig kenntlich; Lond. Cat. S. 170 Nr. 109 und Downing S. 311. Die hin und wieder als besondere Frucht aufgeführte Diels Königspflaume muß nach Vorstehendem wieder eingehen.

Gestalt: häufig etwas größer als die Große Reineclaude, oft nur so groß, 1" 5''' hoch, 1" 6—7''' breit und dick. Form plattgedrückt-rund, am Stempelpunkte nur etwas weniger gedrückt als am Stiele, öfter aber nach dem Stempelpunkte hin ein Geringes stärker abnehmend. Größter Durchmesser fällt meistens in die Mitte. Rücken und Bauch vom Stiel aus angesehen gleich erhoben, der Rücken erniedrigt sich etwas nach der Spitze hin, wo der Bauch sich umgekehrt etwas erhebt, wodurch die Stielspitze meist etwas schief wird. Furche flach, theilt meistens gleich. Stempelpunkt liegt oben in der Mitte neben der sich etwas erhebenden Bauchseite in flacher Vertiefung.

Stiel: 9''' lang, mäßig dick, rostfleckig, behaart, sitzt in nicht tiefer Höhlung.

Farbe der zähen, abziehbaren, etwas säuerlichen Haut ist blauroth, an den rechten Sonnenstellen oft fast schwarzblau, während an den mehr beschatteten Stellen Röthe bleibt. Goldartige Punkte sind weitläufig vertheilt, kleinere und größere Leberflecke finden sich.

Fleisch: hellgelb, etwas härtlich, doch fein, glänzend, ziemlich saftreich, von sehr angenehmem, süßen, erhabenen, in meiner Gegend auch noch mit einer feinen angenehmen Säure gemischten Geschmacke.

Der Stein, für die Größe der Frucht klein, löset sich ganz vom Fleische, ist 8''' hoch, 6—7 breit, 4 dick, oval, welche Form durch stark aufgeworfenen Rücken verdorben wird; Stielende abgestutzt, Backen rauh, meistens flach, Bauchfurche eng, Rückenkanten stumpf und erhebt die Mittelkante sich stumpf etwas,. die Nebenkanten sind mit Furchen begrenzt.

Reifzeit und Nutzung: zeitigt gegen Ende Aug. mit der Jefferson Rothen Eierpflaume, Weißen Jungfernpflaume 2c. Für Tafel und Markt.

Der Baum wird mittelmäßig groß und forbert nach Liegel guten Boden und geschützte Lage, wo er dann ziemlich tragbar ist. In meiner Gegend hat er sich tragbarer gezeigt und hingen schon im leichten Barbower und Sulinger Boden nicht besonders geschützt stehende Bäume der Diel'schen Königin v. Tours mehrmals klettevoll. Triebe fast gerade, kürzere steif, nehmen nach oben wenig ab, beschattet sind sie fast ganz grün, wo die Sonne stärker aufscheint, schmutzig braun, nach unten stark silberhäutig, dicht weichhaarig, und starke an jungen Bäumen oft durch die von den Augen herabkommenden Rippen stark gestreift. Blatt groß, flach ausgebreitet, oben fast kahl, unten stark behaart, etwas hängend, nicht stark runzlig, elliptisch oder breitelliptisch. Blattstiel hat fast stets 2 vom Blatte entfernte, ungleich stehende Drüsen. Augen kurz, bauchig, fast anliegend. Träger ziemlich hoch, an starken Trieben oft lang gerippt, an andern Trieben wenig.

Anm. Von den Steinen der Königspflaume ist schon eine Anzahl der Mutterfrucht ähnlicher Sorten erzogen worden. Unterschiede müssen bei den Einzelnen angegeben werden. Oberdieck.

No. 72. **Die Columbia-Pflaume.** 1: — II, 2. B.; Wahre Dam., rothe Fr. 6: — II, 2. A b.

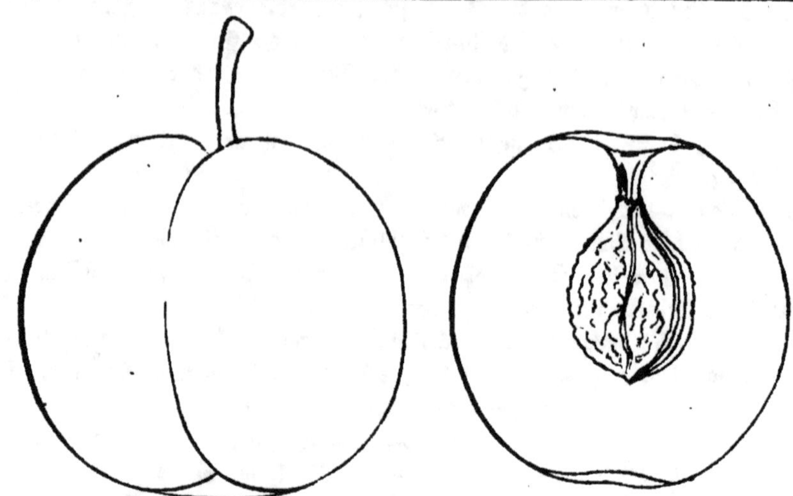

Die Columbia-Pflaume. Liegel. ** erstes Drittel Sept.

Heimath und Vorkommen: es ist dies eine amerikanische Frucht, nach Downing wahrscheinlich von Mr. Lawrence, von welchem auch die Lawrence's Favourite abstammt, zu Hudson erzogen, (raised by Mr. Lawrence, of Hudson). Liegel, wie ich selbst, erhielt sie von Hrn. Heinrich Behrens in Travemünde.

Literatur und Synonyme: Liegel Heft IV. S. 40 Nr. 304; Travemünder Baumschulen von Heinrich Behrens S. 27; Downing S. 292 Columbia Gage; sie wird bei diesem schon im August reif. Lond. Cat. Supplem. S. 25. Siehe auch Monatsschr. I. S. 282. Im Jenaer Obstcab. Sect. IV. Lief. 4 ist sie nach Früchten von mir abgebildet. Ich fand aber inzwischen, daß sie identisch ist mit der von Hrn. Lieut. Donauer in Coburg vor etwa 10 Jahren erhaltenen Lucombes Non Such, welche ich, da mir unterdessen die von Liegel auch von Downing als grünlichgelb beschriebene eigentliche Lucombes Non Such bekannt geworden war, als eine meiner schönsten Pflaumen unter dem Namen Blaue Lucombes oft abgegeben und auch zur Abbildung in das Obstcabinet Sect. IV. Lief. 2 gesandt habe, wo sie von dem kräftiger vegetirenden Baum gegen die Columbia ungleich größer erscheint; doch ist es immer eine und dieselbe Frucht und ich erziehe jetzt die Columbia stets auch von derselben Größe.

Gestalt: Liegel beschreibt sie als plattgedrückt rund, oben mehr flach, als nach dem Stiele zu, Rücken und Bauch sind gleich erhoben, die größte Breite ist in der Mitte. Die Furche drückt den Rücken wenig und theilt ziemlich gleich. Der Stempelpunkt sitzt oben in der Mitte in einer tiefen breiten Höhle. Die Frucht ist nach ihm ferner mittelgroß, bisweilen faſt groß, 1½" hoch und eben ſo dick, 1" 5'''' breit. Wie ich ſie in meinem ſchweren Boden erziehe, der den Pflaumen beſonders zuzuſagen ſcheint, wird ſie oft 2" hoch und eben ſo dick, meiſt iſt ſie aber 1''' und mehr gegen die Dicke niedriger. Auch Downing hat ſie von dieſer Größe abgebildet.

Stiel: dünn, an großen Früchten auch dick und ſtark, kahl, 10''' lang oder auch kürzer und ſteht in enger tiefer Höhle, ziemlich in der Mitte der Frucht.

Haut: dick, abziehbar. Farbe braunroth mit zahlreichen goldfarbenen Punkten. Der als bläulich und dünn beſchriebene Duft iſt an meinen Früchten oft ſehr ſtark, ſo daß ſie hierdurch am Baume rothblau erſcheinen.

Fleiſch: weißlichgelb, ſtrahlig, härtlich, ſaftig, von zuckerſüßem edlen Geſchmack.

Stein: vollkommen löslich, 10''' hoch, 8 breit, 5 dick, oben ziemlich abgerundet, nach dem Stielende zu vorgeſchoben, ſtumpfſpitz, die größte Breite iſt in der Mitte. Der Rücken iſt mehr erhoben, hat 3 aprikoſenſteinartige Kanten, die weit von einander ſtehen und von welchen die mittlere ſcharf iſt. Die Bauchfurche iſt ſeicht und breit. Backen rauh, afterkantig.

Reife und Nutzung: die Frucht zeitigt im erſten Drittel des Sept. und iſt eine ſehr ſchöne edle Frucht, aller Aufmerkſamkeit werth. Sie iſt nach Liegel in Allem, ſelbſt auch im Steine ſehr ähnlich der Blauen Reineclaube, ihr Geſchmack ſchien ihm aber noch mehr erhaben zu ſein.

Eigenſchaften des Baumes: der Baum wurde in Meiningen mittelgroß, iſt ſehr tragbar, bewies ſich aber gegen hohe Kältegrade nicht ganz dauerhaft und ging mir ein ſehr ſchöner Baum im Winter 1855 mit ſeinen 22° R. Kälte wieder zu Grunde. Sie iſt alſo als amerikaniſche Sorte in ſolcher Hinſicht ebenſo empfindlich, als die meiſten der unſrigen. Die Sommerzweige ſind graubraun, auf den Seiten und nach oben hin mehr rothbraun mit gelblichen Punkten, die Schattenſeite iſt bräunlichgrün; ſie ſind ſchwach behaart. Die Blätter ſind eiförmig (oval, Oberb.) mit Uebergang zum Elliptiſchen, wie denn auch viele, beſonders die großen elliptiſch und nach dem Stiele zu ſo ſpitz als nach dem andern Ende hin ſind. Sie ſind regelmäßig rundlich und bogenförmig gezahnt oder auch nur gekerbt, oben glatt, glänzend, dunkelgrün, unterhalb etwas behaart und mattgrün, meiſt drüſenlos, wie auch der ½—¾" lange Blattſtiel.

Bemerkungen: Nach meiner Mittheilung im Jenaer O.Cab. hielt ich die vorliegende Frucht damals für identiſch mit Liegels Caledonian, was ich hiermit berichtige, ebenſo die Hinweiſung auf die ihr ähnlich ſcheinende Belle de Septembre. Liegels blaue Reineclaube brachte ich noch zur Zeit nicht zum Wachſen. Die Columbia iſt eine ſehr ſchöne Frucht, eine der ſchönſten, die ich kenne. Ein Baum mit dieſen Früchten behangen, ſteht reizend aus, man glaubt blaue Aepfel daran wahrzunehmen. Das Fleiſch iſt etwas grobfaſerig und härtlich, aber der Geſchmack iſt gut und wenn die Frucht darin auch manchen anderen, beſonders kleineren nachſteht, ſo verdient der Baum doch in jedem Garten angepflanzt zu werden.   Jahn.

No. 73. Biolette Oktoberpfl. 1: — II, 2. B.; Wahre Dam., rothe Fr. 6: — II, 1. Bb.

Violette Oktober-Pflaume. ** Ott.

Heimath und Vorkommen: diese zu den schmackhaftesten ganz späten Pflaumen gehörende Frucht, die alle Anpflanzung verdient, erklärt Liegel brieflich für identisch mit Coës fine late red Plum, Coës sehr später rother Pflaume (Liegel III. S. 143). Ist dies, wie ich schon nach der Vegetation nicht zweifle, (Früchte konnte ich noch nicht zusammen vergleichen) richtig, so wäre sie, wie angegeben wird, erzogen von dem englischen Baumschulenbesitzer Coë in Suffolk, wenngleich Downing in die Wahrheit dieser Angabe scheint einigen Zweifel setzen zu wollen. Muß nicht verwechselt werden mit der von v. Mons erzogenen Gelben Oktoberpflaume, die leider wieder untergegangen zu sein scheint. Mein Reis habe ich von Liegel. Liegel erhielt die Frucht von Commans in Cöln als Oktoberpflaume, auch von Burchardt als Catherine violette.

Literatur und Synonyme: Liegel II. S. 153 Nr. 208 unter obigem Namen, wo sie dann Catherine violette zum Syn. hätte. Als Coës fine late red mit den Synonymen St. Martin und St. Martin rouge kommt sie im Lonb. Catal. S. 161 Nr. 20 und Downing S. 105 vor, der sie kürzer Coës late red nennt. Dittr. O.Cab. Nr. 48 hat sie unter obigem kurzen und passenden Namen.

Gestalt: hat nach Liegel die Größe und Form der Großen Reineclaube; bei mir blieb sie bisher etwas kleiner, doch wohl nur zufällig. Obige Figur gibt Seitenansicht. Größe nach Liegel 1" 3‴ hoch und breit, 1" 4‴ dick, niedriger als dick und oft etwas viereckig, oben, unten, am Rücken und auch am Bauche gedrückt, nach dem Stempelpunkte etwas mehr abnehmend, als nach dem Stiele. Oft sind auch die Früchte am Stiele ein Weniges phiolenartig erhoben. Furche ziemlich tief, zieht den Rücken flach, nimmt gegen den Stempelpunkt an Tiefe zu und theilt meistens gleich. Der Stempelpunkt sitzt etwas vertieft in der Mitte des Kopfes, nicht auf der Spitze, die sich gegen die Bauchseite etwas über ihn erhebt.

Stiel: 8''' lang, fast kahl, blaßgrün, etwas rostig, sitzt in enger und seichter Höhle.

Farbe der dicken, zähen, abziehbaren, geschmacklosen Haut ist violettblau, an der Sonnenseite bisweilen fast schwarzblau und gedrängt mit etwas goldartigen Punkten, besonders an der Sonnenseite, übersäet. Der Duft ist weißbläulich und mäßig dick.

Das Fleisch ist hellgelb, etwas durchsichtig, glänzend, ziemlich fest, sehr saftreich und von sehr süßem aromatischen Geschmacke. Sie ist auch in meiner Gegend sehr schmackhaft geworden.

Der Stein löset sich nur bei Ueberzeitigung gut vom Fleische, ist 8''' hoch, 6 breit, 4 dick, nach der Spitze zu oval, nach dem Stielende hat er eine kurze verjüngte, etwas nach der Bauchseite übergebogene abgestutzte Spitze. Größte Breite liegt in der Mitte; Bauch nach der Spitze hin, Rücken nach dem Stielende hin etwas ausgebogen, Backen stark gewölbt, rauh und afterkantig, Bauchfurche tief mit meist zackigen Rändern; Mittelkante erweitert sich nach dem Stielende hin und wird scharf.

Reifzeit und Nutzung: zeitigt selten vor halbem Okt. und bleibt noch hängen, wenn auch schon die Blätter fallen. Ist hauptsächlich Tafelfrucht.

Der Baum hat nach Liegel ziemlich starken Wuchs, ist tragbar und hat das Charakteristische, daß seine Sommerzweige sich schief gestalten, und sich meistens abwärts, bisweilen auch aufwärts neigen. Triebe gerade, braun, stärkere mit silberhäutigen und gelblichen Punkten belegt, kahl, doch an der Basis und Spitze etwas weichhaarig. Bei Coës später rother Pflaume bezeichnet Liegel sie als überhaupt weichhaarig, und fand ich die nicht stark mehr treibenden Triebe meines jungen Baums der obigen auch so. Blatt mäßig groß, elliptisch, oft zur umgekehrten Eiform neigend, etwas hängend, meistens flach, oben kahl, runzlig und etwas wellenförmig. Augen klein, spitzig, etwas wollig, abstehend; Träger niedrig, schwach gerippt.

Anm. Bei Coës später rother Pflaume gibt Liegel als Unterschied gegen die mir noch unbekannte Schweizer Pflaume (die gleichfalls St. Martin genannt wird) an, daß diese am Stiele stärker verjüngt sei, und der Baum kahle Triebe habe, die ähnliche Herbstpflaume ist schwarzblau und hat ablöslichen Stein.   Oberdieck.

No. 74. Gelbe Mirabelle. 1: — II, 2. C.; Wahre Dam., gelbe Fr. 6: — II, 3. Cb.

Gelbe Mirabelle. **†† Ende Aug.

Heimath und Vorkommen: gehört zu den schon alten Früchten, ist bei ihrer Kenntlichkeit fast von allen Autoren richtig aufgeführt aber noch lange nicht so verbreitet, als sie bei ihrem Werthe für die Tafel und noch mehr für den Haushalt es sein sollte. Der Baum ist selbst schon zu Heckenbildungen benutzt worden, und verträgt Beschneiden mit der Heckenscheere. Christ berichtet, daß bei Kronberg, Frankfurt rc. große Quantitäten davon getrocknet und aus einem einzigen Amtsgarten in einem Jahre für 200 fl. solcher Früchte verkauft wurden. Mein Reis erhielt ich von Diel.

Literatur und Synonyme: Liegel II. S. 261 Nr. 12; Günderode S. 69 Nr. 13; Dittr. II. S. 291; dessen O.-Cab. Nr. 34; Duhamel II. Taf. 14 La Mirabelle; Kraft II. Taf. 174; T.O.G. II. Taf. 18 und T.Fr.G. I. Taf. 15 ziemlich gut Kleine Mirabelle; (die Große oder Doppelte ist die Goldpflaume.) Pomon. Franc. T. 4 Nr. 4 zu groß und auch nach Liegels Ansicht nicht die rechte; T.O.Cab. Nr. 34 ziemlich gut; Downing S. 282, Lond. Cat. S. 167 Nr. 79 Mirabelle mit den Syn. Mirabelle petite, Mirabelle janne. Bivorts Album 3. S. 87 Mirabelle precôce, Mirabelle Abricotée, Petite Mirabelle ist vielleicht nicht die rechte. Emmons Taf. 1 unkenntlich.

Gestalt: klein, wird doch meist 1″ hoch, 1‴ weniger breit und dick. Form oval, manche mehr rund oder auch nach dem Stiele ein wenig stärker abnehmend. Furche drückt den Rücken etwas und theilt meistens ungleich, wo dann eine Hälfte der Frucht sich etwas mehr erhebt. Der Stempelpunkt sitzt auf der Mitte der Frucht etwas vertieft.

Stiel: 8‴ lang, dicht behaart, dünn, etwas gebogen, wenig rostfleckig, sitzt in etwas ausgeschweifter seichter Höhle.

Farbe der dicken, etwas säuerlichen, nicht leicht abziehbaren Haut ein etwas helles Gelb, oft auch dunkleres Gelb, meistens mit rothen Punkten und Flecken an der Sonnenseite freisitzender Früchte. Der Duft ist weißlich und dünn.

Das Fleisch. ist gelb, fest, zart, nicht allzu saftreich, doch hinreichend saftreich, von erhabenem zuckersüßen Geschmacke. Die Frucht zeichnet sich auch durch merklichen, angenehmen Geruch aus, wo sie in größerer Menge ist.

Der Stein löset sich gut vom Fleische, ist 6''' hoch, 4½ breit, 3 dick, oval. Die Backen sind glatt, die Rückenkanten stumpf, Bauchfurche eng und seicht.

Reifzeit und Nutzung: zeitigt gegen Ende August. Ist wie schon gedacht, für die Tafel trotz ihrer Kleinheit von Werth und zum Dörren von sehr bedeutendem Werthe, wobei man, nachdem die Früchte etwas im Ofen gewesen sind, auch die Steine durch einen Druck leicht beseitigen kann. Die Frucht springt im Regen nicht auf.

Der Baum bleibt klein, altert bei außerordentlicher Fruchtbarkeit (da oft 3, ja oft selbst 4 Früchte an demselben gemeinschaftlichen kurzen Stielabsatze sitzen,) früh, wird indeß nach Christs Beobachtung, wenn man ihn durch Beschneiden oder sonst verjüngt, 50 Jahre alt. Er treibt häufige, verwirrt stehende Aeste und hat kleine Blüthen. In meinem jetzigen schweren Boden sind die Früchte größer noch und schöner als in Nienburg, so daß schwerer Boden dem Baume zuzusagen scheint. Durch den Stein pflanzt die Sorte sich ächt fort, gibt aber gewöhnlich noch etwas kleinere Früchte, weßhalb man sie durch Veredlung erzieht. Nach Christ sollen die Wildlinge aus ihren Steinen die Vereblung nicht gern annehmen und vor der Zeit eingehen. Triebe gerade, schmutzig braun, stark silberhäutig, dicht weichhaarig. Blatt klein, stehend, fast flach ausgebreitet, auf der obern Seite fast kahl, unten behaart, dunkelgrün, wenig glänzend, lang- und spitz-eiförmig, auch mehr elliptisch, (nach Liegel auch langoval, was ich nicht fand,) am Fruchtholze oft fast lanzettförmig. Blattstiel hat meist mit dem Blatte verwachsene Drüsen. Augen gedrängt stehend, abstehend, kurz, spitz; Augenträger ziemlich erhoben.

Anm. Die Goldpflaume (doppelte Mirabelle) ist merklich größer und zeitigt früher; die Aprikosenartige Mirabelle ist etwas kleiner, runder, zeitigt früher und hat kahle Triebe. Ich habe aus Herrnhausen noch eine treffliche größere Gelbe Mirabelle mit kahlen Trieben, die auch klettevoll trägt.

Oberdieck.

**Die Washington. ** Anf. Sept.

Heimath und Vorkommen: diese Amerikanerin hat durch Größe, Schönheit und Güte der Frucht sich schon weit verbreitet und verdient in jedem Garten eine Stelle. Nach der von Downing gegebenen Nachricht (die in den Annales in einigen Nebenumständen anders gegeben wird,) wuchs der Mutterstamm auf der Farm des Hrn. Delancey, östlich von Bowery bei New-York, entging aber der Beachtung, weil er mit einer andern Sorte gepfropft war (nach den Annales brach er in einem Sturme ab) bis ein Wurzelschößling davon, den ein Kaufmann Namens Bolmar in New-York auf dem Markte kaufte, um 1818 Frucht brachte und die Güte der Sorte zeigte, die 1821 durch Dr. Hosack an die Londoner Gartenbau-Gesellschaft gesandt wurde. Mein Reis erhielt ich von Liegel.

Literatur und Synonyme: Liegel II. S. 263 Nr. 135; Downing S. 284 mit den Synonymen Bolmar, Bolmars Washington, New Washington, Franklin. Bivort Alb. IV. S. 145; Annales 1856 S. 23 gute Abbildung mit dem Namen Washington jaune und den Synonymen Bolmars Washington, New Washington, Franklin, Philippe I. und Jackson. Unter beiden letzten Namen erhielt sie auch Liegel. Decaisne II. Nr. 74 gute, nur etwas zu grüne Abbildung. Lond. Cat. S. 171 Nr. 123 mit Downings Synonymen. Im Supplement S. 25 findet sich auch eine Brevoorts Pourple, ein Sämling von der Washington, mit den Synon. Brevoorts Pourple Bolmar und Brevoorts Pourple Washington, weßhalb obiger schon das Beiwort Gelbe Washington gegeben sein wird. Hogg im Manual S. 257 hat außer den von Downing angeführten Synonymen noch Irvings Bolmar und Parkers Mammoth. Arnold O.Cab. 8. Lief. Nr. 3 sehr kenntlich. Von Dittrich erhielt Liegel unter obigem Namen eine große grüne Reineclaube und habe ich vielleicht dieselbe unter dem Namen Jackson erhalten (etwas höher als breit, nach dem Stempelpunkt etwas abnehmend, gelblichgrün, an Geschmack geringer als die Reineclaube).

Gestalt: Frucht groß, nach Liegel 1" 9''' hoch, (ich hatte sie sowohl selbst, als aus Herrnhausen schon von völlig 2" Höhe, und Downing merkt an, daß er von Bolmars Baume Früchte von 7¼" Umfang gehabt habe; doch erlangt sie diese Größe nur in günstigem Boden). Gestalt oval, an beiden Enden flach gedrückt, manchmal nimmt sie nach der Spitze etwas stärker ab und erscheint hochaussehend oder ist wirklich höher als dick. Die stärkste Breite und Dicke fällt in die Mitte. Der Rücken ist etwas gedrückt, zuweilen auch der Bauch. Die flache breite Furche zieht den Rücken etwas nieder und theilt häufig, doch nicht immer ungleich, wo sich dann an der Spitze eine Seite etwas stärker erhebt. Stempelpunkt klein, liegt in der Mitte der Spitze in einer länglichen Vertiefung.

Stiel: dick, 8''' lang, behaart, etwas gebogen, größtentheils grün, steht in flacher Höhlung, die gegen den Rücken abfällt.

Farbe der zähen, dünnen, abziehbaren, reif nicht säuerlichen, durchsichtigen Haut, durch welche man die Fasern des Fleisches erkennt, ist gegen die Zeitigung gelblich, und zeigt an der Sonnenseite eine leichte schwache Rosenröthe, die die Frucht malerisch schön macht, welche Röthe nach Liegels Bemerkung (was ich bisher noch nicht sah) sich zuletzt meistens über die ganze Frucht zieht. Der Duft ist dünn und weißlich, und wischt man denselben ab, so verwischt sich auch größtentheils die gedachte Röthe und die Frucht wird bräunlichgelb. Häufig sieht man auch durch die noch grünliche Farbe viele gelbe Flecken und Streifen durchscheinen. Kleine weißliche Punkte finden sich mäßig häufig.

Das Fleisch ist goldgelb, auf der Schattenseite grünlichgelb, consistent, brüchig, doch saftreich und schmelzend, nach Liegel von angenehm süßen, doch bisweilen etwas matten Geschmacke, den ich bisher vorzüglicher fand, und einmal als ganz reineclaubenartig, in einem andern Jahre als köstlich und wieder als im Gewürz der Reineclaube nahestehend notirte.

Der Stein ist ganz ablösig, 10—11''' hoch, 8 breit, 5 dick, oval, am Stielende verjüngt und abgestutzt. Backen stark erhoben, rauh; vom Stielende ziehen sich einige feine Afterkanten herab; der Rücken hat 3 stark markirte, aprikosenartig abgeschiedene Kanten, die sich meist gleichförmig ausgebogen um den Stein ziehen und von denen die Nebenkanten sich zum Bauche etwas zurückbiegen. Mittelkante tritt nach dem Stielende hin auch oft etwas vor. Bauchfurche breit, ihre Kanten fast scharf und etwas zackig.

Reifzeit und Nutzung: zeitigt Anf. Sept. eben nach der Rothen Eierpflaume. Für Tafel und Markt und wahrscheinlich auch im Haushalt sehr brauchbar. Springt im Regen nicht auf.

Der Baum wächst sehr stark, belaubt sich durch seine großen Blätter auffallend stark und ist sehr fruchtbar. (Liegel bemerkt selbst, er scheine strotzend zu tragen). Sommerzweige stark, lang, gerade, schmutzigbraun, an der Schattenseite grünlich, gegen die Spitze etwas röthlich, nach unten stark schmutzig gelbgrau silberhäutig gefleckt, kurz weichhaarig. Blatt sehr groß, häufig auch recht breit, nach Liegel eiförmig, auch langeiförmig, während ich dasselbe breitelliptisch, oft zum Oval neigend oder fast rundlich, selten zur umgekehrten Eiform neigend fand; es ist hängend, flach ausgebreitet, unten stark behaart, oben kaum merklich oder kahl, wenig runzlig, gelblichgrün. Blattstiel meistens 2drüsig mit starken Afterblättern. Augen groß, zugespitzt, etwas wollig, mit der Spitze etwas gegen den Zweig hin gebogen. Augenträger hoch, lang gerippt.

Anm. Kann bei ihrer Größe und dem Wuchs des Baums nicht leicht verwechselt werden. Esperens Goldpflaume ist ohne Röthe und so wie die Jefferson, die stärkere Röthe annimmt, nicht so groß und etwas mehr länglich, beide haben auch unbehaarte Triebe.   Oberdieck.

No. 76. Schöne v. Schöneberg. 1: — II, 2. C.; Wahre Dam., gelbe Fr. 6: — II, 3. B b.

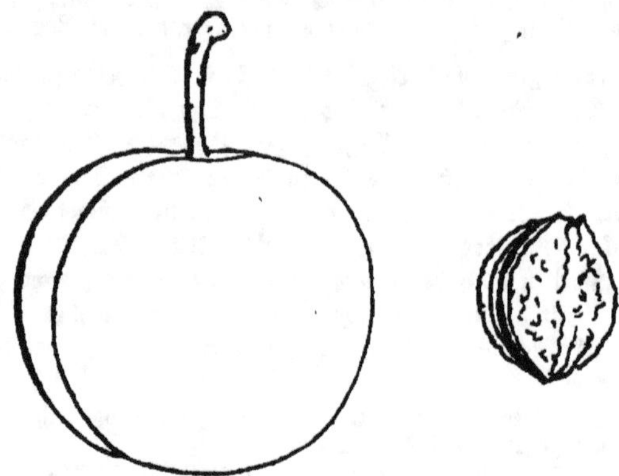

Schöne von Schöneberg. (Storch?) ** Anf. Sept.

Heimath und Vorkommen: ich bekam den Baum vor etwa 8 Jahren aus Bollweiler und sie ist auch in dem Verzeichniß von Aug. Napol. Baumann als Belle de Schöneberg, (Storch), Schöne von Schöneberg jetzt noch enthalten.

Literatur und Synonyme: in Papelens zu Wetteren Catalog fand ich später dieselbe Pflaume als Gloire de Schöneberg, Belle de Schöneberg, ebenfalls mit dem Zusatz Storch, (so daß also wohl Storch sie erzogen hat,) den Baum zu 2½ Francs ausgeboten. Im Jenaer Obstcabinet IV. Sect. 4. Lief. gab ich Nachricht von ihr. Die Frucht erscheint aber auf der Abbildung zu stark plattrund und zu gleichförmig geröthet, während sie nur mit vielen rothen Punkten bestreut sein dürfte. Von Liegel habe ich vor längerer Zeit dieselbe Pflaume als Rothgefleckte Goldpflaume erhalten, doch hat sie Liegel nirgends beschrieben. Der letztere Name drückt eigentlich die Eigenschaften der Frucht, welche der Goldpflaume sehr nahe steht, gut aus, aber ich behalte die Benennung Schöne von Schöneberg bei, weil der andere zur Verwechslung mit Coös rothgefleckter Goldpflaume, einer größeren zwetschenförmigen gelben rothgefleckten Frucht (Liegel III. S. 46) Veranlassung geben könnte. Sehr ähnlich, doch im Geschmack weit weniger gut, nach dem Steine auch verschieden und länger gestielt ist: Dennistons Albany Beauty von Hrn. Behrens, die auch Downing S. 275 ziemlich ähnlich beschreibt.

Gestalt: rundlich, oben und unten etwas abgeplattet, auf der Furchenseite gedrückt und nach dem Stempelpunkte hin auf dieser Seite ziemlich stark abnehmend, während sie sich auf der gegenüberstehenden mehr erhebt. Die Furche ist nur seicht, meist nur als dunkler gefärbter Strich bemerkbar. Der Stempelpunkt ist klein und steht wenig vertieft. Die Frucht ist in schönster Ausbildung gut mittelgroß, 16‴ hoch, 17 breit und ebenso dick oder um ½—1‴ dicker. In trockenen Jahren und bei weniger kräftigem Triebe des Baumes bleibt sie etwas kleiner. Ihre größte Breite hat sie meist etwas über der Mitte nach dem Stiele zu.

Stiel: verschieden lang, von 4—7''', etwas dünn, doch stark, glatt oder etwas behaart, grünbraun, in einer seichten und weiten Vertiefung.

Haut: ziemlich stark, doch genießbar, goldgelb mit grünlichem Schimmer, mit sehr vielen feineren und gröberen, oft tropfenähnlichen, braunrothen Punkten und Flecken übersäet. Sie bekommt im Regen sehr leicht Sprünge und es bleiben sehr oft nur wenige Früchte unbeschädigt. Der Duft ist bläulichweiß und dünn.

Fleisch: goldgelb, glänzend, strahlig, durchsichtig, sehr saftig und schmelzend, von sehr angenehmem, erhaben süßen und gewürzhaften Geschmack.

Stein: vollkommen löslich, nicht groß, von Form wie oben gezeichnet, aprikosenartig, etwas dick, stumpfspitz. Die Rückenkanten sind rauh, die mittlere tritt stark hervor, auch sind Afterkanten vorhanden. Die Bauchkanten sind ebenfalls rauh und ziemlich auseinanderstehend.

Reife und Nutzung: die Pflaume reift Anfangs oder im ersten Drittel des Sept. und würde wegen Schönheit und Güte eine sehr empfehlungswerthe Frucht sein, wenn das Aufspringen im Regen nicht wäre, worüber meist der größte Theil der Ernbte verloren geht.

Eigenschaften des Baumes: derselbe wächst kräftig und schön, macht eine etwas breite Krone, gleicht auch darin dem der ihr ähnlichen Goldpflaume, Drap d'Or. Die Blätter sind eiförmig (oval, Oberb.), oft im vorderen Drittel am breitesten, oft auch elliptisch oder nach dem Stiele zu keilförmig, kurz- und stumpfgespitzt, seicht gekerbt-gesägt oder auch grob-doppelt-gesägt, oben glatt, unterhalb schwach behaart. Stiel meist drüsenlos, ½—¾'' lang, schwach behaart. Sommerzweige stark und gerade, dunkelrothbraun, etwas silberhäutig, sehr fein behaart.

Bemerkungen: die Frucht gleicht der Goldpflaume mehrfach, namentlich auch im Geschmack und die Wespen gehen ihr ebenso gerne nach; sie ist aber größer, stärker rothgefleckt, etwas später reif, auch die Vegetation ist kräftiger und die Blätter haben eine andere mehr breite Form. Wahrscheinlich ist sie aus ihrem Stein entsprungen. Ich möchte rathen, diese wirklich schöne und delikate Pflaume an ein östliches Spalier zu pflanzen, um sie so gegen Regengüsse zu schützen, die auf ihre Früchte verderblicher als auf alle mir bekannten Pflaumen einwirken, indem sie, einmal aufgesprungen, nicht mehr fortreifen, sondern klumpenweise am Baume verfaulen.

Jahn.

No. 77. **Frühe Reineclaude.** 1: — II, 2. D.; Wahre Dam., grüne Fr. 6: — II, 4. B b.

Frühe Reineclaude. **† Mitte Aug., oft früher.

Heimath und Vorkommen: diese höchst schätzbare Frucht, die ohne Zweifel ein Sämling der Großen Reineclaube ist, und als eine der besten Frühpflaumen sich bald weit verbreiten dürfte, da sie bald nach der Johannispflaume reift und in Geschmack der Großen Reineclaube nicht viel nachgibt, erhielt Liegel von Herrn Dochnahl aus Kabolzburg mit der Bemerkung: „Eine neue Frucht", und findet man in Dochnahls Führer noch die Angabe „Frankreich 1856", so daß sie also in Frankreich wohl erzogen wäre, was indeß, wenn die Jahreszahl zu dem Worte Frankreich gehören soll, wohl vor 1856 geschehen sein müßte, da in diesem Jahre Liegel sie schon beschrieb. Mein Reis erhielt ich von Liegel.

Literatur und Synonyme: Liegel IV. S. 49 unter obigem Namen. Hogg im Manual S. 243 hat eine July green Gage, (Reineclaude hative) die er sehr lobt und als der Großen Reineclaube sehr ähnlich bezeichnet, und die man für die obige halten könnte, wenn er die Farbe nicht als tiefgelb und die Triebe als glatt bezeichnete.

Gestalt: mittelgroß, 1" 3"" hoch, 1" 4"" breit und 1"" dicker, oft so dick als breit, ziemlich rund, am Stiele stark abgestumpft, nach der Spitze merklich stärker mit gerundeten Linien abnehmend. Die größte Breite liegt meistens in der Mitte, manchmal auch etwas nach dem Stiele hin, wo dann auch die Frucht bei dem Stiele sich etwas stärker einzieht und zur Herzform neigt. Rücken und Bauch sind gleich weit ausgebogen, die flache Furche drückt den Rücken fast gar nicht und theilt meistens ungleich. Der Stempelpunkt liegt auf dem Kopfe in der Mitte flach vertieft, doch erhebt die eine Seite der Frucht sich öfter etwas über ihn.

Stiel: stark, nach Liegel 7‴ lang, bei mir meist 1‴ kürzer, steckt in flacher, bei den zur Herzform neigenden Früchten zugleich weiter Höhlung.

Farbe der dicken, abziehbaren Haut ist gelblichgrün, wie bei der Großen Reineclaube, und sind auch gut besonnte Früchte an der Sonnenseite mit zahlreichen rothen Punkten und Flecken besetzt. Der Duft ist weißlich und dünn.

Das Fleisch ist nach Liegel weißgelb, bei mir grünlich goldgelb, saftreich, consistent, doch zart, von zuckersüßem, erhabenen Geschmacke, der dem der Großen Reineclaube ziemlich ähnlich ist.

Der Stein ist ablösig, 8‴ hoch, 6 breit, 4 dick, verschoben oval, so daß der Bauch nach der Spitze hin etwas, der Rücken nach dem Stiele hin stark vortritt und die etwas verjüngte Spitze nach der Bauchseite hin übergebogen und etwas abgestumpft ist. Die Bauchfurche ist weit und seicht, die Rückenkanten sind breit und stark, doch flach, nach Liegels Anmerkung erhebt oben die Mittelkante sich scharf.

Reifzeit und Nutzung: zeitigt Mitte Aug., oft früher, und einzelne Früchte zeitigten sowohl 1859 als 1860 mir noch mit der Johannispflaume. Für Tafel und Markt, und empfiehlt Dochnahl im Führer sie auch für den Haushalt, wozu sie, nach Beschaffenheit des Fleisches auch sehr passen mag.

Der Baum scheint nach Liegels und meinen Erfahrungen sehr tragbar zu sein und setzte mein erst 3 Jahre alter Probezweig schon im 2ten und noch mehr im 3ten Sommer Früchte an, wo er voll saß, trägt auch 1861 wieder gut, wo es wenig Pflaumen gibt. Triebe schmutzig braunroth, nur etwas stufig, nach unten ganz mit silberhäutigen Punkten und Flecken besetzt, weichhaarig. Blatt groß, bis zu 4″, unten am Zweige hängend, oben stehend, flach ausgebreitet, oben kahl, unten stark behaart, elliptisch oder breitelliptisch, Blattstiel drüsig. Augen klein, ziemlich dick, stumpfspitz, nur etwas abstehend, oft ganz weißwollig. Augenträger dick, fast nicht gerippt.

Anm. Kann zu ihrer Reifzeit mit andern Früchten nicht verwechselt werden.

Oberdieck.

No. 78. **Die Buhl-Eltershofen.** 1: — I, 1. A. **Wahre Zwetsche, blaue Frucht;** 6: — I, 1. B. (A) a.

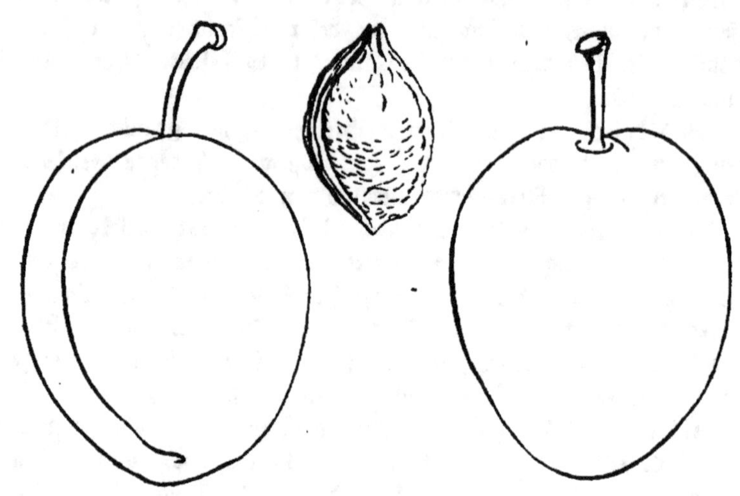

Die Buhl-Eltershofen. Liegel ** Ende Aug.

Heimath und Vorkommen: Liegel erzog sie aus dem Steine der wahren Frühzwetsche und benannte sie nach Herrn Buhl-Eltershofen zu Eltershofen bei Hall in Württemberg, um dessen pomologische Verdienste damit zu ehren.

Literatur und Synonyme: Sie findet sich beschrieben von Liegel III. S. 11. Nr. 344. Dochnahl nannte sie Buhl-Eltershofens Zwetsche (S. 87. Nr. 11. s. Führers III. Bd.)

Gestalt: zwetschenförmig-oval, oben und unten stumpfspitz, der Rücken ist nach unten mehr aufgeworfen als der Bauch, der stärkste Durchmesser liegt mehr nach unten. Die Furche drückt den Rücken fast nicht und theilt ungleich. Der Stempelpunkt liegt auf der Spitze des Kopfs, bisweilen neben derselben. Die Frucht ist nach Liegel mittel-groß, 1½" hoch, 1" 2''' dick und breit. In Meiningen wurde sie größer, wie die Abbildung oben zeigt, auch war die Dicke meist stärker, als die Breite, viele waren ganz auffällig auf den Seiten gedrückt.

Stiel: ¾" lang, behaart, dünn, steht in einer seichten Höhle näher nach dem Bauche zu.

Haut: dünn, genießbar, von Farbe schwarzblau an der Sonnenseite, auf der entgegengesetzten ist sie mehr oder weniger braungeröthet
und es finden sich einzelne röthliche Punkte und viele blaßrothe Längs-
streifen, besonders um den Stiel herum, was die Frucht schön macht.
Der Duft ist bläulich und dünn.

Fleisch: weißgelb, strahlig, härtlich, von süßem, erhaben aromatischen edlen Geschmack.

Stein: liegt hohl im Fleische, hat die von mir gezeichnete Form,
ist oben spitz, unten stumpfspitz, die Backen sind rauh und afterkantig,
die Bauchfurche ist enge, zur Hälfte nach der Spitze hin verwachsen und
von da an rauh. Die Mittelkante des Rückens ist erhoben und etwas
scharf.

Reife und Nutzung: die Frucht reift Ende August vor der
gemeinen Zwetsche. — 1859 war sie in Meiningen den 24. Aug. reif
oder fing zu dieser Zeit an zu reifen, und es war um diese Zeit auch
die Wangenheims Pflaume noch vorhanden. Wenn sie also auch schon
etwas später wie ihre Mutter, die Wahre Frühzwetsche ist, so gehört sie
doch immer noch zu den frühen blauen Zwetschen und kann so zur Anpflanzung als Marktfrucht empfohlen werden.

Eigenschaften des Baumes: derselbe hat einen kräftigen,
stark aufwärts strebenden Wuchs und trägt gerne. — Sommerzweige
kahl, graubraun. Blätter groß, nach Liegel eiförmig mit auslaufender
Spitze, bei mir und auch bei Oberdieck meist elliptisch, einzeln zum
Oval neigend, oben kahl, unten behaart, grob seicht gekerbt. Die Blätter des Tragholzes haben die größte Breite meist in der vordern Hälfte,
sind also verkehrt eirund (umgekehrt eiförmig, O.). Blattstiele behaart,
oberseits graubraun oder rothbraun, meist mit zwei Drüsen besetzt.

Bemerkungen: die Frucht ist nach Liegel ähnlich in Form,
Farbe und Größe der gemeinen Zwetsche, sie unterscheidet sich aber
durch einen stark aufgeworfenen Rücken, durch mehr Röthe
und durch ein süßeres Fleisch. — In Meiningen wurde sie größer
als die Gemeine Zwetsche und glich sehr der Violetten Jerusalemspflaume in Form und Färbung, nur war sie an der Sommerseite
mehr schwarzblau. Ich bemerkte mir zu ihr „eine gute Frucht, sie hat
Zwetschengeschmack, der Stein ist völlig löslich."

Jahn.

No. 79. **Ponds Sämling.** 1: — I, 1. B.; Wahre Zwetsche, rothe Fr.; 6: — I, 2. A a.

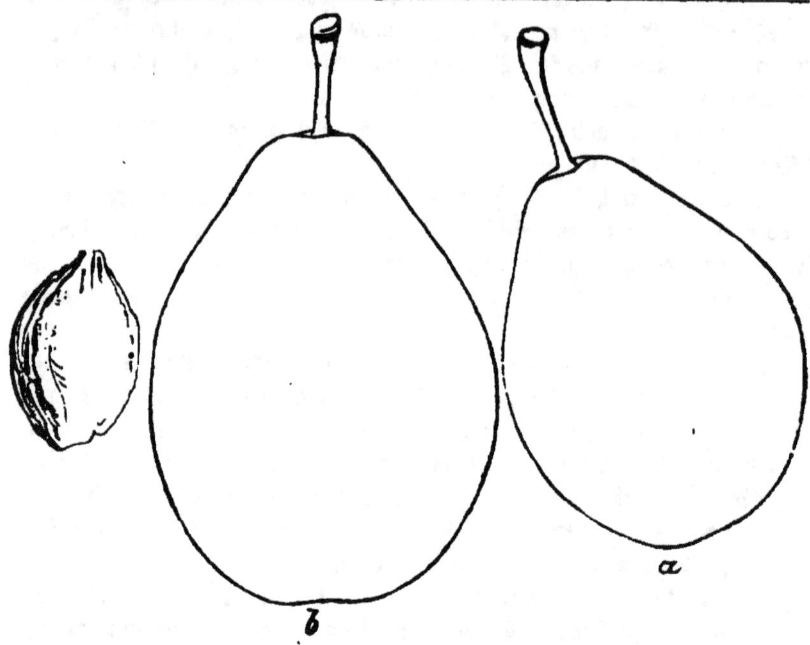

Ponds Sämling. ∗ † ½ Sept.

Heimath und Vorkommen: ist englischen und neueren Ursprungs, und wurde nach der von Downing gegebenen Nachricht zuerst verbreitet durch Mr. Samuel Pond, Baumschulenbesitzer bei Boston; der Mutterstamm wuchs im Garten eines Hr. Henry Hill, Esq. in Boston. (Hogg im Manual schreibt als Erzieher Fonthill.) Ist für die Tafel von mittelmäßigem Werthe, wie sie auch Downing, der Lond. Catal. und die Annales als von zweiter Qualität bezeichnen; Hogg nennt sie jedoch eine werthvolle Küchenfrucht, und ist der Baum tragbar und die Frucht groß und schön. Mein Reis erhielt ich von Liegel, bekam die Sorte auch noch als Diamantpflaume, in Verwechslung mit der wahren Diamantpflaume.

Literatur und Synonyme: Liegel III. S. 33. Nr. 169. Ponds Sämling. Ponds Seedling. Downing S. 309; Lond. Cat. S. 169. Nr. 95; Hogg Manual S. 249. Downing und Hogg geben als Synonyme Ponds Purple; Annales V. (1857) S. 9. recht gute Abbildung; Biv. Alb. IV. S. 51.

Gestalt: Frucht ist sehr groß, häufig über 2″ hoch und noch etwas größer als obige Figur a; die gewöhnlichere Form ist umgekehrt eiförmig, am Kopfe flach abgerundet, nach dem Stiel hin verjüngt, doch kommt sie auch von mehr ovaler Form vor, und wie Hogg und der Lond. Cat. sie als oval bezeichnen, so haben die Annales eines der abgebildeten Exemplare auch ganz oval dargestellt. Rücken und Bauch sind ziemlich gleich weit ausgebogen. Die flache, nach der Spitze an Tiefe etwas zunehmende Furche theilt ungleich. Der große Stempelpunkt sitzt auf der Mitte der Spitze unvertieft.

Stiel: 11''' lang, dick, fast kahl, sitzt mäßig vertieft.

Haut: dick, abziehbar, ungenießbar, mit weißbläulichem Dufte belegt, ist nach Liegel hellroth, ich fand sie dunkler, fast blutroth, stellenweise schwärzlichroth, und auch Hogg und die Annales bezeichnen die Farbe als dunkelroth. 1861 blieb sie auch bei mir hellroth.

Fleisch: gelb, weich, süß, ohne besonderes Gewürz.

Stein: unablöslich, 1" hoch 7 — 8''' breit 4½''' dick, bei recht großen Früchten noch größer, flachbackig, rauh, nach der Spitze hin meist ziemlich oval begrenzt, oft mehr elliptisch, nach dem Stielende hin macht er eine etwas verjüngte, abgestumpfte, starke Spitze. Die größte Dicke liegt allermeist etwas nach dem Stielende hin, die größte Breite ziemlich in der Mitte. Bauchfurche weit und tief, Rückenkante stark, die Mittelkante tritt bald stumpf, bald selbst scharf merklich vor.

Reifzeit und Nutzung: zeitigt um den halben Sept., oft gegen Ende Sept. Auch die Annales setzen die Reife in die 2. Hälfte des Sept. Die Frucht zerspringt im Regen nicht und verdient wegen Schönheit, Größe und Tragbarkeit des Baums, auch Brauchbarkeit für die Küche, häufigen Anbau.

Der Baum wächst rasch und bezeichnen ihn auch Liegel und die Annales als recht tragbar. Sommerzweige violettbraun, kahl, an der Basis etwas behaart, gerade, mäßig stark mit gelblichem Silberhäutchen gefleckt. Blatt groß, runzlig, flach, oben glatt, von Form meist kurz oval mit aufgesetzter Spitze. Blattstiel hat vom Blatt entfernt stehende Drüsen. Augen breit, mehr herzförmig, als konisch, aufrecht stehend, sitzen auf niedrigen, rippigen Trägern.

Anmerkung. Von der in Form ähnlichen rothen Eierpflaume unterscheidet sie sich durch oft dunklere Farbe, länger gebaute Eiform, etwas spätere Reife, und unablöslichen Stein. Coopers große Pflaume und die Diamantpflaume sind mehr schwarzblau und von Gestalt allermeistens oval.

Oberdieck.

No. 80. Nienburger Eierpflaume. 1: — I, 1. B.; Wahre Zwetsche, rothe Frucht; 6: — I, 2. A a.

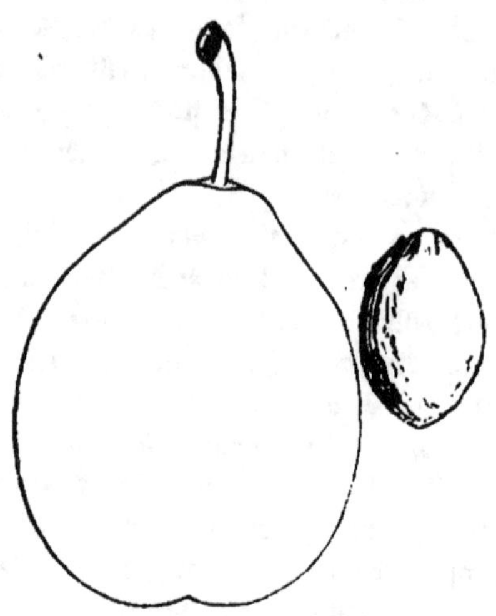

Nienburger Eierpflaume. ** Mitte Sept.

Heimath und Vorkommen: diese sehr schätzbare Frucht, deren Baum ganz außerordentlich tragbar ist, fand ich im Pfarrgarten zu Nienburg. Sie wird eine den Pomologen noch unbekannte Frucht sein, und wie ich nichts ihr Entsprechendes finden konnte, so hat auch Liegel, dem ich sie mittheilte, sie anderweit nicht gefunden. Ist der Rothen Eierpflaume ähnlich, zeitigt nach ihr, und verdient vor dieser insofern den Vorzug, als der Baum noch reichlicher tragbar ist, und die Frucht im Regen nicht leicht aufspringt.

Literatur und Synonyme: Liegel III. S. 35 unter obigem Namen. Meine Anleitung S. 457.

Gestalt: groß, nähert sich in Form oft der umgekehrten Eiform, wie Liegel die Form auch angibt, hatte indeß in Nienburg doch meistens die größte Dicke etwas mehr nach dem Stiele hin, und bildet nach dem Stiele hin eine kurze warzenförmige vorgeschobene Spitze. Die Größe gibt Liegel 1″ 10‴ hoch, 1″ 5‴ breit und 1‴ weniger dick an; bei recht volltragendem Baume war sie bei mir auch so, oft jedoch etwas größer und dicker, noch etwas größer als obige, die Bauchansicht zeigende Figur. Der Bauch bildet eine flachrunde Linie, der Rücken wirft sich am stärksten etwas nach dem Stiel hin auf, oft auch in der Mitte, so daß, wie Liegel angibt, sie ihre größte Breite in der Mitte hat. Die Seiten sind gedrückt und bildet der Bauch eine flache Schneide. Die Furche drückt den Rücken etwas, ist oft vertieft, oft flach und theilt ungleich. Der Stempelpunkt liegt flach oben auf der Mitte der Fruchtspitze.

Stiel: 1″ lang, kahl, grünlich, rostfleckig, steht flach auf der Frucht.

Haut: fein, abziehbar, dunkelbraunroth mit ziemlich zahlreichen röthlich grauen Punkten besetzt; stark besonnte Stellen violettroth, beschattete Stellen lassen die gelbe Grundfarbe mehr oder weniger durchscheinen. Duft hellblau und dünn.

Fleisch: goldgelb, zart, nicht weich, saftreich; Geschmack auch nach Liegel zuckersüß, erhaben aromatisch.

Stein: ganz ablösig ziemlich dickbackig und rauh, schmutzig gelb oder bräunlich gelb, 10‴ hoch, 6‴ breit, 4‴ dick; von Form fast elliptisch mit etwas über diese Form ausgebogenem Rücken. An der Spitze ist er oval oder elliptisch zugerundet, nach dem Stiele hin stumpfspitz. Die Bauchfurche ist eng, oft verwachsen; die Rückenkanten sind breit und tritt nach dem Stielende hin die Mittelkante etwas scharf vor, theilt sich dagegen nach der Spitze hin gewöhnlich breit auseinander; wo sich denn sehr häufig eine Oeffnung findet, durch welche man den Kern hindurchblicken sieht.

Reifzeit und Nutzung: zeitigt etwas später, als die Rothe Eierpflaume, wenn diese passirt ist, um den halben Sept. Für Tafel und Markt schätzbar. Getrocknet hatte sie keine rechte Güte und war zu weich.

Der Baum, dessen strotzende Tragbarkeit auch bei Liegel sich zeigte, hat in der Jugend ein etwas wildes Gewächs, ist gesund, kommt in leichtem und schwerem Boden gut fort und wird groß und alt. Die Sommertriebe sind rothbraun, an der Schattenseite grün, kahl, nur an der Basis etwas behaart, kürzere etwas stufig, stärkere weniger und nach oben merklich abnehmend. Blatt mittelgroß, eiförmig-oval, die größte Breite in der Mitte, oft fast oval, flach ausgebreitet, nicht stark runzlig, unten und nach Liegel auch oben behaart. Afterblätter lanzettförmig. Blattstiel hat meistens mit dem Blatte verbundene kleine Drüsen. Augen bauchig-konisch, aufrecht stehend, manche auch abstehend, sitzen auf flachen Trägern, und stehen gedrängt.

Anmerkung: Von der rothen Eierpflaume unterscheidet sie sich durch dunklere, braunrothe Farbe, etwas spätere Reife und etwas consistenteres Fleisch. Oberdieck.

**No. 81. Mailändische Kaiserpflaume. 1: — I, 1. B.; Wahre Zwetsche, rothe Frucht;
6: — I, 1. B a.**

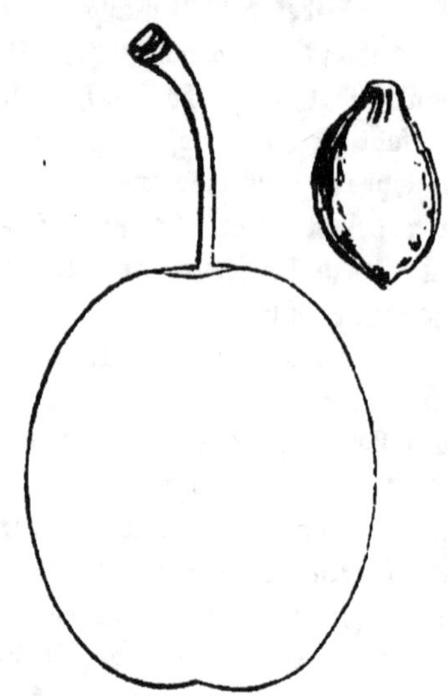

Mailändische Kaiserpflaume. **† Gegen Ende Sept.

Heimath und Vorkommen: Liegel erhielt diese schätzbare Sorte 1835 aus
Vollweiler als Imperiale de Milan und ist der Ansicht, daß sie von keinem ihm bekannten Autor beschrieben sei. Verdient wegen Güte des Geschmacks, und da sie sicher
auch zum Trocknen brauchbar ist, häufige Anpflanzung. Mein Reis erhielt ich von
Liegel und nochmals von Jahn überein.

Literatur und Synonyme: Liegel II. S. 52. Nr. 119. Mailändische Kaiserpflaume, Imperiale de Milan, Dittr. III. S. 348. Im Lond. Cat. S. 166. Nr.
65 findet sich eine Imperiale de Milan, die Hogg im Manuale S. 242 etwas näher
schildert und Obige wohl sein kann, wenn nicht entgegensteht, daß die Reifzeit Anf.
Oct. gesetzt wird, was jedoch in England richtig sein kann. Auch der Bilvorder Catal.
von 1853 hat eine Imperiale de Milan, mit der Angabe gros, allongé, violet, Sept.
Das b. Obst-Cab. Neue Aufl. 4. Sect. 7. Lief. gibt etwas kurz und rund gehaltene
Abbildung, wie ich indeß die Frucht in weniger günstigen Jahren auch schon hatte,
und deßhalb eine Zeitlang die Aechtheit meiner Sorte bezweifelte. Man kann in der
That in manchen Jahren die Frucht völlig in Abtheilung II. setzen.

Gestalt: die Frucht ist groß, 1½" hoch, 1" 3''' dick, 1" 2''' breit, die
Gestalt ist oval, häufig, doch nach meinen Wahrnehmungen nicht immer, gegen den
Stiel hin etwas stärker abnehmend, indem ich auch Früchte hatte, bei denen der Bauch
etwas mehr nach dem Stiele hin am stärksten vortrat, und die Frucht nach der Spitze
hin stärker abnahm. Am Kopfe ist sie schief flach gedrückt, am Stiele nur wenig
abgestumpft. Rücken und Bauch sind ziemlich gleich erhoben, ersterer etwas gedrückt, letzterer etwas erhoben, gegen den Stiel aber oft mehr abnehmend; der stärkste

Durchmeſſer liegt allermeiſt in der Mitte. Furche breit und tief, meiſt ungleich thei-
lend, läuft vom Stiele herab noch über den Stempelpunkt hinaus, wo der kleine graue
Stempelpunkt in der Mitte der Frucht, neben der ſich noch etwas erhebenden Spitze
in der Vertiefung der Furche ſteht.

Stiel: 10‴ lang, dick, ſanft gebogen, ſehr kurz behaart, roſtig, ſteht in oft ziemlich tiefer, meiſtens jedoch enger und flacher und nach dem Rücken hin ſchräg abfallender Höhle.

Haut: dick, etwas zähe, geſchmacklos, läßt ſich nicht leicht abziehen, von Farbe
dunkelviolett mit gelben Punkten und Strichelchen mäßig dicht beſetzt. Der Duft iſt
ſtark und hellblau.

Fleiſch: feſt, doch zart, ſaftreich, nach Liegel weißlichgelb, bisweilen goldgelb,
während ich es mehr etwas grünlichgelb und in voller Reife goldgelb fand. Den Geſchmack
gibt Liegel als zuckerſüß, äußerſt muskirt aromatiſch und überaus angenehm an, den
ich gleichfalls ſüß und vorzüglich fand, doch nichts Muskirtes darin wahrnehmen
konnte, ſondern ihn mir als gewürzreich edel bezeichnete.

Stein: nach Liegel nicht ablöſig und notirte ich ihn mehrmals auch ſo, während
ich ihn in andern Jahren als ziemlich ablöſig (ſelbſt in dem kalten Jahre 1860) und
1853 als völlig ablöſig bezeichnete. Er iſt 10‴ lang, 6‴ breit und 4‴ dick, zwet-
ſchenſteinförmig und bildet eine Eiform, an der nach dem Stiele hin eine ziemlich kurze
und nach der Bauchſeite etwas übergebogene, vorgeſchobene, abgeſtumpfte Spitze ſich
befindet und die Rückenkanten nach dem Stielende hin über die Eiform hinausgehen.
Seine Farbe iſt faſt hellgelb, Backen ziemlich flach, nicht ſtark rauh, etwas afterkantig.
Bauchfurche, breit, ſeicht, etwas zackig. Die ſich erhebende Mittelkante des Rückens wird
nach dem Stielende hin ſcharf. Die Stielſpitze iſt in obiger Figur etwas zu breit dargeſtellt.

Reifzeit und Nutzung: zeitigt nach Liegel ½ Sept., bei mir nach der Aprikoſenartigen Pflaume mit der Rudolfspflaume, eben vor oder noch mit der Hauszwetſche.

Der Baum wächst raſch, iſt reich und ſchön belaubt, treibt ſeine Aeſte ſtark abſtehend und wird nach Liegel groß. Ueber ſeine Tragbarkeit, die Liegel für nur mäßig
hält, kann ich noch nicht genügend urtheilen, doch ſchien ſie hier gut. Sommerzweige
ſtark, ſtuſig violettbraun, ſtark mit gelblichem, oft mehr grauweißen Silberhäutchen gefleckt, kahl, Blatt groß, hängend, flach, nach Liegel auf beiden Seiten kahl, während
ich es in mehreren Jahren unten ſo behaart, wie andere fand, faſt runzellos, theils
lang und ſpitzig eiförmig, öfter aber noch elliptiſch, und in dieſer Form oft nach vorn
ſtärker abnehmend mit langer ſcharfer Spitze. Blattſtiel hat meiſt nur kleine Drüſen.
Augen koniſch, ſpitz, nach oben oft ſtark und dann abſtehend, ſitzen auf hohen, wulſtigen,
wenig gerippten Trägern.

Anm. Nach Liegel iſt der Obigen höchſt ähnlich die Violette Kaiſerpflaume, ſo
daß er beide für gleich halten würde, wenn er ſie nicht in der Frucht kennte. Verſchiedenheit findet er nur darin, daß beim Färben Obige angefangen habe über die
ganze Frucht blau anzulaufen, während die Violette Kaiſerpflaume ſich nur auf
einem Backen röthete, und daß obige ganz kahle, unten nur an den Rippen behaarte Blätter habe, Letztere aber oben kurz und unten ſtark behaarte. Was ich
von Liegel und Dittrich in Vegetation ganz überein als Violette Kaiſerpflaume habe,
zeigte den letzteren Unterſchied wenig deutlich und hatten die Blätter oben höchſtens an
der Mittelrippe einzeln ein paar Haare, ohne unten ſtark behaart zu ſein. Dagegen
machen meine hier vor ſieben Jahren angepflanzten Bäume der Violetten Kaiſerpflaume
eine weit reicher verzweigte Krone, und das Blatt iſt ſtärker glänzend, mehr rinnenförmig, hat nicht ſo lange ſcharfe Spitze und neigt ſtark zum Oval oder iſt oval, ſo
wie der Baum weit unfruchtbarer zu ſein ſcheint, da ich bisher noch keine Frucht ſah,
während ein eben ſo alter Baum der Obigen bereits ſeit 3 Jahren jährlich trägt.

Oberdieck.

No. 82. Gelbe Frühzwetsche. 1: — I, 1. C.; Wahre Zwetsche, gelbe Frucht.
6: — I, 3. B a.

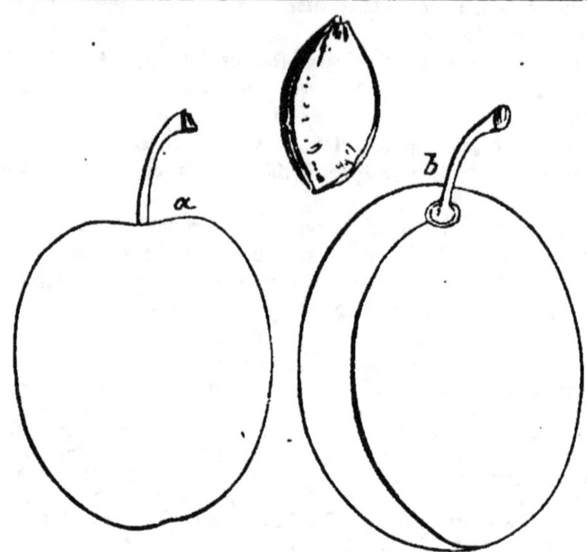

Gelbe Frühzwetsche. * Mitte Aug.

Heimath und Vorkommen: diese durch Frühzeitigkeit und große Tragbarkeit recht gute Frucht, die von keinem Pomologen vor Liegel beschrieben zu sein scheint, findet sich in der Gegend von Braunau häufig bei dem Landmanne, wird gewöhnlich durch Ausläufer fortgepflanzt, Liegel bemerkt aber II. S. 273, daß sie sich auch aus Steinen ächt, nur nicht immer in gleicher Größe fortpflanze. Mein Reis erhielt ich von Liegel.

Literatur und Synonyme: Liegel II. S. 59. Nr. 45. unter obigem Namen Dittrich III. S. 351. Liegel bemerkt, daß ihr ähnlich Duhamels Weißer Kaiser sei.

Gestalt: Größe nach Liegel und seit 2 Jahren bei mir 1" 8''' hoch, 1" 5''' breit und 1''' weniger dick. Jahn hat sie größer gehabt nach seiner oben unter b gegebenen Zeichnung. In der Form ist sie unbeständig und ungestaltet, meistens oval, bisweilen (und so bei mir) eiförmig. Die beiden Seiten sind nur etwas gedrückt, der Rücken (bei mir nur nach dem Stiele hin) etwas stärker erhoben als der flachrunde Bauch. Die Furche, nach Liegel kaum bemerkbar, bei mir breit und flach, theilt ungleich, wodurch die eine Seite sich mehr erhebt. Der graue, etwas fühlbare Stempelpunkt, sitzt meistens etwas mehr nach der Rückenseite hin, unter der sich etwas über ihn erhebenden Spitze der Frucht.

Stiel: 9''' lang, nach Liegel behaart, während ich ihn hier fast ganz kahl fand, ist dünn, gebogen, grün mit wenig rostigen Flecken, und sitzt in ganz seichter, nach der Rückenseite abfallender Höhle.

Haut: dünn, etwas zähe und bitter, läßt sich abziehen, Farbe anfangs grünlichgelb, später wachsgelb und bei voller Zeitigung röthlich gelb. In heißen Jahren bemerkt man darauf häufige rothe Punkte und rothe Flecken und manchmal ist die Frucht gegen den Stiel auf der Sonnenseite etwas roth angelaufen. Der Duft ist weislich und dünn.

Das Fleisch ist gelb, weich, fast schmierig, saftig und angenehm süß, doch etwas matt von Geschmack.

Der Stein löset sich nicht ganz gut vom Fleische, (1860 bei mir gar nicht) ist nach Liegel 1'' hoch, 7½''' breit, 4''' dick, ziemlich oval, nach dem Kopfe etwas spitzig am Stielende etwas abgestutzt, Rücken mehr ausgebogen und die größte Breite in der Mitte. Bei mir war er nur 11''' hoch, 6 breit, 3 dick und bildete fast eine verschobene elliptische, nach der Spitze hin mehr zum Oval neigende Gestalt, wo der Bauch nach der Spitze hin, der Rücken nach dem Stielende hin stärker vortrat, was in obstehender Figur nicht gehörig wiedergegeben ist. Backen flach, etwas rauh, haben Afterkanten. Mittelkante des Rückens etwas erhoben und fast scharf, und von beiden Seitenkanten laufen nach der Spitze hin 1, 2, bisweilen mehrere erhobene Adern aus, die sich in stumpfem Winkel umbiegen, und gegen die Mitte der Backen sich neigen. Bauchfurche eng und seicht.

Reifzeit und Nutzung: zeitigt um die Hälfte des August fast ganz gleichzeitig mit der Königspflaume von Tours und Herrnpflaume. Durchsichtigen und Frühen Reineclaude. Ist zum Genusse angenehm und bei reicher Tragbarkeit des Baums als Marktfrucht schätzbar. Die Frucht hängt fest am Baume, zerspringt im Regen nicht, fault aber bei nasser Witterung gern.

Der Baum hat eine zwetschenbaumartige Vegetation, blüht frühe und ist nach Liegel abwechslungsweise äußerst fruchtbar, so daß die Früchte in gedrängten Klumpen hängen, wodurch sie im Regen faulen. Sommerzweige fast gerade, rothbraun, gelblich punktirt und nach unten fein gefleckt, kahl, etwas glänzend. Blatt nach Liegel groß (4'' lang, 2 breit), etwas hängend, rinnenförmig, oben schwach, unten stark behaart, runzlig, hellgrün, etwas länglich-eiförmig-spitzig. Ich fand es nur mittelgroß, in der Mitte des Triebes zum Elliptischen neigend mit starker scharfer Spitze, nach oben kleiner und mehr eioval, oft auch kurzoval, fast flach ausgebreitet und oberseits ganz unbehaart; die Blätter des Fruchtholzes waren größer, etwas rinnenförmig und fast sämmtlich umgekehrt lang eiförmig. Augen, die gedrängt stehen, abstehend, bauchig, stumpfspitz, dick, etwas wollig. Blattstiel zweidrüsig, Augenträger ziemlich hoch mit langer Mittelrippe und kürzeren Seitenrippen.

Anm. Die Frucht ist ziemlich ähnlich der gleichzeitig reifenden Durchsichtigen doch bleibt diese grünlicher, nimmt keine Röthe an, ist etwas kürzer gebaut, edler von Geschmack und der Stein neigt stärker zum Oval und ist dickbackiger. Die gleichfalls ähnliche große weiße Damascene ist etwas säuerlicher und nimmt beim geringsten Druck Flecken an, ist auch gleichfalls kürzer gebaut.   Oberdieck.

No. 83. Gelbe Eierpflaume. 1: — I, 1. C. Liegel. Wahre Zwetsche, gelbe Frucht.
6: — I, 3. A a.

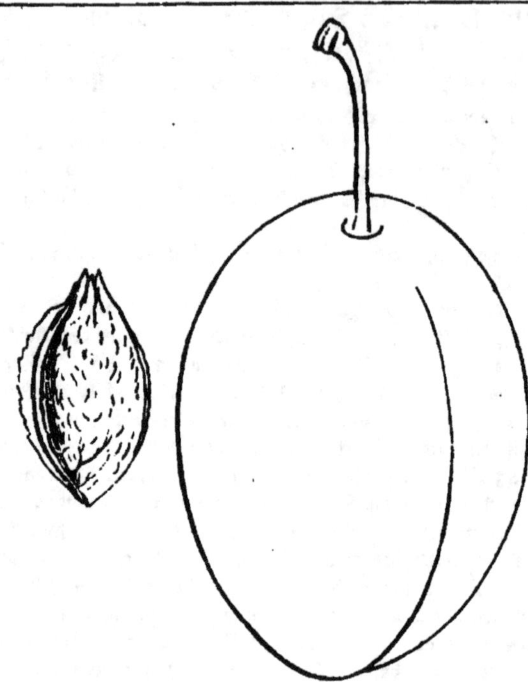

Gelbe Eierpflaume. * † Anf. Sept.

Heimath und Vorkommen: war schon Duhamel als Dame-Aubert bekannt, ja schon J. Bauhin beschrieb sie 1650 in seiner Hist. plant. als Grünliche Dattelpflaume von Besançon, so daß sich ihr Ursprung von dorther wohl herleitet. — Ist ziemlich die größte von allen Pflaumen, äußerlich sehr schön, in guten Jahren auch wohlschmeckend und darf deßhalb in einer Pflaumensammlung nicht fehlen.

Literatur und Synonyme: Man findet sie bei allen Autoren, z. B. bei Duhamel II. S. 128, Taf. XX, Fig. 10: Dame Aubert, Grosse Louisante. (Die Dame Aubert, die Große Glänzende, der Uebers.) — Pom. Francon. I. S. 133, Nr. 13. — Pom. Austr. Taf. 188. — T.O.G. XI. S. 23, Taf. 3, zuerst ausführlich beschrieben, und gut, doch sehr groß, 3¼'' hoch, abgebildet. Synon. bei Sickler: Weißer Kaiser, Bonum Mangnum, Weiße holländische oder Mogulspflaume, Mogul Plum (nach Miller), White Bonum Mangnum, Egg Plum, d. i. Eierpflaume (nach Lüber), White holland Plum (auch nach Hanbury). — Bei Günderode S. 45, Nr. 8. sehr hübsche Abbildung — Ebenso im b. Obst-Cab. neue Aufl. IV. Sect. 7. Lief. — Auch Dittrich II. S. 213 und Liegel II. S. 62. Nr. 21 beschreiben sie; Letzterer am Vollständigsten. — Synon. sind außer den bereits genannten: Weiße Kaiserpflaume, Gelbe Marunke (Diels syst. Verz. S. 141); Große Maronke, Gelbe ungarische Eierpflaume (Stoizner, nach v. Günberode); Große weiße Glänzende, Alberts Damenpflaume (Kraft); Große gelbe Eierpflaume, Gelbe Malonke (Mayer); Aechte oder Edle gelbe Eierpflaume (Christ); Alberts Damascene, Große glänzende Alberts Pflaume (Liegel); Prune d'oeuf, Prune d'oeuf blanche, Imperiale blanche, Dame Aubert blanche, Dame Aubert jaune (in Catalogen z. B. von Leroy in Angers); Damas Aubert (Liegel); Yellow Magnum Bonum, Wentworth, White Mogul (Catal. Lonb.); White Magnum Bonum, Egg Plum, Yellow Egg, White Egg und Magnum Bonum sind nach Downing S. 286 ihre Namen in Amerika. — Irrig wird sie hie und da weiße Kaiserin und Prune de Monsieur genannt. Hogg im Manuale hat noch das Synon. Askews golden Egg. — Vergl. noch Christ Hdwb. S. 369., Oberb. Anleit. S. 456, Dochnahl S. 103, Liegel IV. S. 57.

Gestalt: eiförmig (oval, D.), auf der Furchenseite etwas gebrückt. Furche deutlich bemerklich, schneidet oft nach dem Stempelpunkt hin etwas ein und theilt ungleich. Stempelpunkt klein, weißgrau, sitzt oben auf der Spitze in der Mitte der Frucht. Diese ist groß oder sehr groß, im Mittel 2″ hoch, 1″ 8‴ dick und meistens ebenso breit, erreicht aber sehr oft die Größe auf obigem Holzschnitte.

Stiel: meist sehr lang, bis zu 1″, dicht behaart, ziemlich stark, gerade, stark beroftet, in tiefer und weiter Höhle. Es legt sich öfters nach Duhamel ein ringartiger Fleischwulst um ihn an, der nach Günberode etwas mit dem Stiele verwächst und sich mit ihm auszieht.

Haut: durchscheinend, etwas stark, abziehbar, wachsgelb oder röthlichgelb, selten mit etwas rothen Punkten oder Fleckchen; dagegen gewahrt man weißliche Punkte und öfters auch Rost- oder Lederflecken. Duft weißlich und dünn.

Fleisch: weißgelb, etwas gröblich, härtlich, saftig, gut ausgereift von recht gutem süßem Geschmack, in kühlen und nassen Sommern wäßrig, säuerlich und geschmacklos.

Stein: meist vollständig löslich, hat die oben gezeichnete Form und Größe. Rückenkanten aprikosensteinartig auseinander stehend, Mittelkante scharf. Backen rauh, Bauchfurche tief und breit.

Reife und Nutzung: reift im ersten Drittel des September und gewinnt bei guter Witterung sehr an Werth durch langes Hängen, haftet auch fest am Baume, überreif wird sie jedoch unschmackhaft. In nasser Witterung fault sie noch unreif leicht am Baume. Bei ihrer Größe und Schönheit bleibt sie immer eine Zierde der Obstschale und man kann über ihre Fehler, die sie in schlechten Jahren mit vielen andern großen Pflaumen theilt, hinwegsehen. Wie schon Christ sagt und Liegel erinnert, hat man sich zu hüten, Sämlinge oder eine verwilderte, im Handel verbreitete Art von ihr zu pflanzen, da sie sich zwar oft, jedoch nicht immer ächt aus Samen fortpflanzt.

Der Baum wächst stark, geht hoch, trägt jährlich und reichlich, jedoch nur in nahrhaftem Boden und auf warmem Stande werden die Früchte schön und gut, in schattiger kalter Lage bleiben sie meist ungenießbar. — Die Sommerzweige oberseits violett, unten graubraun oder grün, mit grauen Punkten oder etwas silberhäutig, kahl. Blätter groß, breit eiförmig (oval, D.) mit etwas aufgesetzter nicht langer Spitze, flach, weich, dünn, grobgeadert, runzlig, unterhalb dicht behaart, oberseits schwach behaart, ziemlich dunkelgrün und glänzend, am Rande wellenförmig, grob, meist doppelt gezahnt oder gesägt, am Grunde bisweilen mit einem oder 2 Drüschen. Die Blätter des Fruchtholzes sind ebenso beschaffen, doch sind sie bisweilen etwas verschmälert nach dem Stiele zu, und ihre größte Breite liegt hierdurch in der vordern Hälfte.   Jahn.

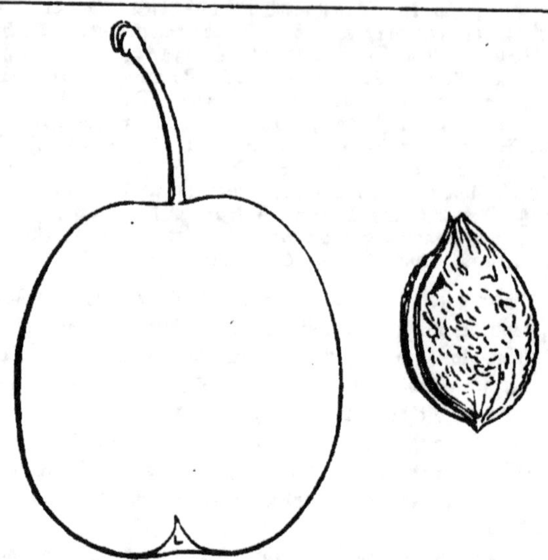

Jahns gelbe Jerusalemspflaume. Liegel * * † Mitte Sept.

Heimath und Vorkommen: Liegel erzog sie aus dem Steine
der Gelben Jerusalemspflaume und benannte sie nach dem Unter=
zeichneten, dessen Vorliebe für die Pflaumen, eine Reihe von Jahren
hindurch, ihm bekannt war. — Die Frucht hat ungefähr gleichen Werth
wie die Gelbe Jerusalemspflaume, welche sich von ihr durch ihre Ver=
längerung nach dem Stiele zu unterscheidet, auch ist der Baum der vor=
liegenden tragbarer und macht nicht so das jener zukommende sperrige
Gewächs.

Literatur: Liegel beschrieb sie III. S. 44. Nr. 349.

Gestalt: eiförmig (oval, O.), oder etwas eirund (eiförmig, O.),
weil sich der Bauch besonders nach dem Stempelpunkte hin mehr erhebt.
Die Abplattung nach beiden Enden hin ist aus diesem Grunde auch etwas
schief. Die größte Breite fällt in die Mitte. Die meist wenig bemerkliche
Furche drückt den Rücken oft gar nicht, bisweilen schneidet sie jedoch nach
dem Stempelpunkt hin stark ein, welcher letztere am Ende der Furche etwas
seitwärts der Spitze bald flach, bald in einer kleinen Höhle liegt, die
durch die letztere und den nach oben hin aufgeworfenen Bauch gebildet
wird. Die Frucht ist groß, nach Liegel bedeutend größer als die Große

Reineclaube, 1" 8''' hoch, 1" 6''' dick und 1''' weniger breit, bei mir erreicht sie gewöhnlich die obengezeichnete Größe.

Stiel: oft kurz, oft länger, bis zu 10''', ziemlich stark, sehr kurz behaart, stark berostet und steht in einer tiefen und ziemlich weiten Höhle.

Haut: dünn, läßt sich jedoch abziehen, ist kaum merklich säuerlich und mit dem Fleische genießbar. Die Farbe ist wachsgelb, an der Sonnenseite stark rothgefleckt und punktirt, bisweilen um den Stiel herum schön rosenroth angelaufen, auch bemerkt man hie und da undeutliche weiße Punkte. Der Duft ist weißlich und dünn.

Fleisch: hellgelb, etwas härtlich, überfließend saftig, von süßem aromatischen edlen Geschmack.

Stein: löst sich in guten Sommern völlig vom Fleische, in dem naßkalten Jahre 1860 war dies freilich nicht der Fall. Seine Form und Größe ist oben gezeichnet. Die flachen Rückenkanten stehen weit voneinander, die Mittelkante ist nach dem Stielende zu etwas rauh, die Bauchkanten sind nach der Spitze hin meist verwachsen und scharf, die Backen rauh, schwach afterkantig.

Reife und Nutzung: die Frucht reift nach der Mitte Sept., meist gleichzeitig mit der Gemeinen Zwetsche oder etwas früher und verdient als eine etwas spätere, schöne, große, gute Frucht vielfach angepflanzt zu werden. Sie hängt fest am Stiele und fällt schwer vom Baume, auf welchem sie überzeitig weich und geschmacklos wird, weßhalb die nach und nach reifenden Früchte Zwischenpflücken verlangen.

Eigenschaften des Baumes: der Baum wächst freudig, wird ziemlich groß, treibt weniger stark abstehende Aeste, als die Gelbe Jerusalemspflaume und trug auch schon oft in Meiningen recht voll. — Die Sommerzweige sind ziemlich stark, violettbraun, auf der Schattenseite grünlich, etwas stufig und von Knospe zu Knospe kantig, glatt. Blätter groß, eiförmig oder verkehrt eirund (oval oder umgekehrt eiförmig, D.), oft doppelt aber kurz, oft auch stärker zugespitzt mit halbaufgesetzter Spitze, gekerbtgezahnt, stumpf gezahnt-gekerbt, oberhalb glatt, unterhalb behaart, stark runzelig und am Rande wellenförmig, auch meistens sichelförmig gebogen. Blattstiel stark und steif, stark behaart, violettroth, oft zweidrüsig. Am Fruchtholze sind die Blätter nach dem Stiele zu oft stark keilförmig verschmälert, weniger stark runzelig und die wellenförmigen Biegungen am Rande fallen stark die Augen in.

Jahn.

No. 85. **Diamantpflaume.** 1: — I. 2. A.; **Damascenenart. Zwetsche, blaue Fr.**
6: — I, 1. **A** b.

Diamantpflaume. * Anf. Sept.

Heimath und Vorkommen: ist neuere Englische Frucht und
nach der von Downing, nach Thomson, gegebenen Nachricht erzogen
von einem Engländer in Kent, Namens Diamond, wornach sie Diamonds-
pflaume heißen sollte. Liegel erhielt die Sorte von Herrn Pfarrer Koch,
früherem Sekretär der Gothaer Gartenbaugesellschaft. Sie hat hauptsächlich nur wegen Größe und außerordentlicher Tragbarkeit für den
Markt Werth, da das Fleisch unablösig ist und etwas früh trocken wird.
Doch rühmt Hogg sie im Manuale, als eine der besten zum Einmachen
und für die Küche, zu welchem Zwecke ich sie noch nicht verwandt habe.
Mein Reis erhielt ich von Bödiker in Meppen, und stammt wohl weiter
von J. Booth zu Hamburg.

Literatur und Synonyme: Liegel III. S. 57, Nr. 67. Die Diamantpflaume,
Diamond. — Dittr. II. S. 225; dessen Obst-Cab. Nr. 37; scheint wohl die Liegelsche
Frucht zu sein, die durch Herrn Pastor Koch dann weiter an Liegel gesandt wäre.
Dittrich erhielt die Frucht vom Hofgärtner Nietner zu Schönhausen bei Berlin und
citirt Opora. II. 2. Heft S. 120, wo sie von Nietner beschrieben sei; das d. O.-Cab.
neue Aufl. 4. Sect., 9. Lief. gibt gute, kenntliche Abbildung. Es scheint als Diamantpflaume auch eine andere nicht blaue Frucht zu gehen. Der Londoner Catal.
S. 163, Nr. 39, Downing S. 298 und Emmons S. 166, Nr. 29 haben indeß
unter dem Namen Diamond eine blaue Frucht. Nach Downings Beschreibung kann
man nicht zweifeln, daß er unsere Frucht hatte, die er als wenig gut, von zu
trocknem Fleische und nur durch Größe werthvoll bezeichnet. Eine wenigstens ähnliche

Frucht hat der T.O.G. XX, Taf. 22 als Große Zwetsche, welche aber eine bessere Frucht und möglich nur ein gar großes Exemplar der Italienischen Zwetsche ist. Eine Diamantpflaume, die ich von Herrn Direktor Frickert zu Breslau erhielt, war Ponds Sämling, der also vielleicht mit obiger in England schon verwechselt wird.

Gestalt: Frucht groß; nach Liegel 1 3/4" hoch, 1 1/2" dick und kaum weniger breit. Ich hatte Früchte von mehr als 2" Höhe und auch Downing bezeichnet die Frucht als sehr groß; bei starker Tragbarkeit des Baums aber hatten sie die von Liegel angegebene Größe. Gestalt ist oval, nach dem Stiel nur wenig stärker abnehmend; Rücken und Bauch sind ziemlich gleich erhoben; die stärkste Breite liegt in der Mitte; die etwas vertiefte Furche theilt allermeist ungleich und drückt den Rücken etwas; der Stempelpunkt liegt flach auf der Mitte der Spitze.

Stiel: 9''' lang, dünn, kahl, sitzt in tiefer ausgebogener, nach der Furche hin oft spaltartig sich öffnender Höhlung.

Die Farbe der dicken, leicht abziehbaren Haut ist schwarzblau und bemerkt man goldfarbene Punkte sehr wenig. Der hellbläuliche Duft liegt dick auf.

Das Fleisch ist gelb, nicht zu saftreich, ja wird leicht selbst etwas trocken, und ist von süßweinsäuerlichem Geschmacke.

Der Stein ist nach Liegel nicht gut ablöslich, war es bei mir gar nicht, ist 1" hoch 7''' breit, fast 5''' dick, fast flachbackig, ziemlich rauh, oval, doch nach der vorgeschobenen, ziemlich kurzen, fast nicht abgestumpften Stielspitze stärker abnehmend, oft auch ziemlich elliptisch. Ueber die Mitte des Steins läuft eine starke Afterkante; Bauchfurche ziemlich stark, Rückenkanten stumpf, die Mittelkante stärker erhoben und manchmal scharf.

Reifzeit und Nutzung: zeitigt im 1. Drittel des Sept. Ist bei Größe und reicher Tragbarkeit gute Marktfrucht.

Der Baum hat kräftige Vegetation, sitzt schon in der Baumschule häufig voll, und trägt ausgepflanzt fast jährlich voll. Triebe sind schmutzig braun, stark silberhäutig, gerade, kurz weichhaarig. Blatt groß, oben kahl, dunkelgrün, glänzend, runzlig, eioval, häufig ganz oval. Blattstiel kleindrüsig, Augen groß, fast anliegend, Augenträger hoch, rippig.

Anm. Nach Liegel ist ihr ähnlich der Wildling von Shropshire, der mir noch nicht trug.

Oberdieck.

No. 86. **Melnicker Zwetsche.** 1: — I, 2. A. Damascenenartige Zwetsche, blaue Fr.
6: — I, 1. B b.

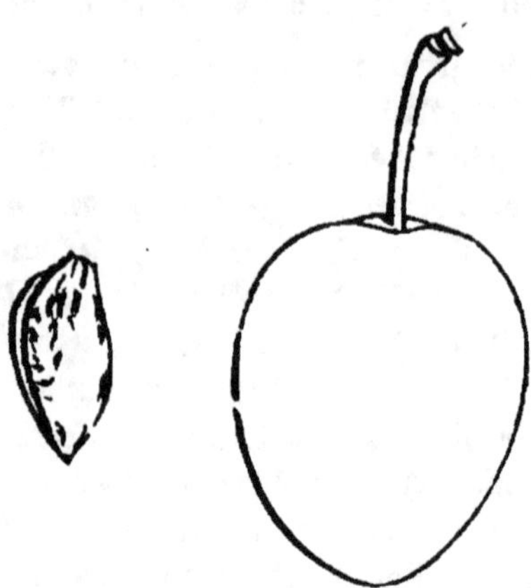

Melnicker Zwetsche. * † 1. Drittel Sept.

Heimath und Vorkommen: Liegel erhielt diese Frucht von Hrn. Bürgermeister, Roßh zu Schönberg in Mähren. Ist früheren Pomologen nicht bekannt gewesen und wohl eine neuere Frucht. Frühzeitigkeit und Tragbarkeit machen ihren Hauptwerth aus, auch gleicht sie nicht sowohl den eigentlichen Zwetschen, als sie vielmehr den Pflaumen ähnlicher sieht. Mein Reis erhielt ich von Liegel.

Literatur und Synonyme: Liegel II. S. 86 Nr. 118 unter obigem Namen.

Gestalt: hat nach Liegel so ziemlich die Größe, Form und Farbe der Hauszwetsche, 1″ 4‴ Höhe, 1″ Dicke und Breite, Form regelmäßig eiförmig. Letzteres ist, nach obiger Figur auch bei mir der Fall, und die Größe übertraf das angegebene Maß nicht viel, aber die Hauszwetsche ist in hiesiger Gegend nie eiförmig. Die Furche gegen das Gesicht gehalten erscheint obige Frucht etwas herzförmig; am Stiele ist sie abgerundet und kaum abgestumpft, nach der Spitze hin spitz rund. Furche flach, oft nur eine Linie, drückt den Rücken etwas, aber dieser ist doch mehr erhoben als der Bauch. Gegen den Stiel hin wird die Furche etwas vertieft und theilt nur etwas ungleich. Der Stempelpunkt sitzt unvertieft auf der Spitze.

Stiel lang, gerade, 10‴ hoch, dünn, kahl, sitzt in etwas ausgeschweifter Höhlung.

Farbe der dicken, zähen, etwas säuerlichen, gut abziehbaren Haut ist dunkelblau, einzelne Stellen bleiben mehr rothblau. Goldfarbene Punkte finden sich zahlreich und nicht selten auch Leberflecke. Der Duft ist dünn und bläulich.

Das Fleisch ist grünlich gelb, weich, saftig, von süßem, recht angenehmen Geschmacke, der indeß dem Geschmack der Hauszwetsche weit nachsteht, wie auch das Fleisch viel weicher ist.

Der Stein löset sich nicht vom Fleische, ist 10''' hoch, 5 breit, 4 dick, verschoben elliptisch, der Bauch nach der scharfen Spitze, der Rücken nach dem etwas abgestumpften Stielende hin stärker vortretend; Bauchfurche eng und seicht; Backen hoch, fast glatt, fein afterkantig; Rückenkanten stumpf und breit, die Mittelkante erhebt sich etwas und ist fein scharf.

Reifzeit und Nutzung: reift nach Liegel Ende August und im ersten Drittel des September. Einmal habe ich die Reifzeit gleichzeitig mit der Violetten Dattelzwetsche notirt, einmal gleich nach der Rothen Eierpflaume. Reift also allerdings merklich früher als die Hauszwetsche, ist aber im Ganzen entbehrlich.

Der Baum hat kräftigen Wuchs, treibt seine Aeste abstehend und war auch bei mir recht fruchtbar. Triebe gerade, an der Sonnenseite braungrau, mit gebrochenem Silberhäutchen belegt, kurz weichhaarig. Blatt groß, länglich eiförmig, bisweilen rundlich eiförmig, etwas zugespitzt, meist hängend und flach, oben kahl, auch unten nur wenig behaart. Blattstiel hat nur bisweilen kleine, mit dem Blatte verbundene Drüsen. Augen abstehend, kegelförmig, Augenträger mäßig hoch, ungerippt.

Anm. Durch ihre Form und die behaarten Triebe unterscheidet sie sich leicht von andern frühen Zwetschen.

Oberdieck.

No. 87. **Mayerböcks Zwetsche.** 1: — I, 2. B.; Damascenenart. Zwetsche, rothe Fr.
6: — I, 2. B b.

Mayerböcks Zwetsche. * Ende Aug., Anf. Sept.

Heimath und Vorkommen: Liegel erzog diese Frucht aus dem Steine der Dörells neuen großen Zwetsche und widmete sie dem Herrn Peter Gotthard Mayerböck, Schaffner und Forstmeister im Stifte Lambach in Oesterreich. Mein Reis erhielt ich von Liegel. Die Sorte zeigt sich auch bei mir reich tragbar, jedoch von Güte und Geschmack wenig werthvoll und ist, da sie schon in warmen und kälteren Jahren bei mir trug, sowohl auf Probezweigen als auf jungen Hochstämmen, wenigstens für nördlichere Gegenden ohne rechten Werth. Liegel setzt sie * *.

Literatur und Synonyme: Liegel III. S. 62 Nr. 323 Mayerböcks Zwetsche. Sie kommt in seinem Verzeichnisse auch als Mayerböcks rothe Zwetsche vor. Das D.O.Cab., Neue Aufl., 4. Sekt., 3. Lief. gibt unkenntliche oder falsche Abbildung.

Gestalt: 1" 7''' hoch, 1" 5''' dick und etwas weniger breit. Gestalt oval, an beiden Enden ziemlich abgestumpft, der größte Durchmesser ziemlich in der Mitte, oft jedoch auch etwas mehr nach dem Stempelpunkte hin. Der Bauch ist etwas mehr erhoben, als der Rücken. Der Stempelpunkt liegt nur wenig vertieft, nicht auf der Mitte der Spitze.

Stiel: 9''' lang, bei mir oft auch nur 7, stark behaart, dick, sitzt meistens in tiefer Höhle.

Farbe der dicken, zähen, abziehbaren Haut ist braunroth, mit goldfarbenen Punkten und manchmal dunklen Streifen besetzt. Der Duft ist hellbläulich und dünn.

Das Fleisch ist nach Liegel hellgelb, härtlich, glänzend, von süßem, erhabenen Geschmacke. Ich fand es hier fast goldgelb, doch nicht eigentlich süß und oft etwas schmierig, auch nicht immer vom Steine ablöslich. Am meisten ablöslich, auch von etwas besserem Geschmacke war es in dem feuchten und kalten Sommer 1860, und will der Baum also vielleicht etwas feucht stehen.

Der Stein ist 9''' hoch, 6 breit, 4 dick, nach Liegel ablöslich, etwas verschoben oval, so daß namentlich der Rücken nach dem Stielende hin stark über das Oval vortritt; nach der Spitze ist er kurz, scharfspitz, am Stielende ziemlich abgestutzt, etwas zackig; Bauchfurche weit; Mittelkante des Rückens tritt beträchtlich vor; Backen ziemlich rauh, afterkantig.

Reifzeit und Nutzung: zeitigt nach Liegel Ende August, bei mir einige Tage später mit der Rothen Eierpflaume und Großen Reineclaude. Scheint nur zum Rohgenuß brauchbar.

Der Baum hat starken Wuchs, ist reich tragbar und wird nach Liegel groß. Sommerzweige etwas stufig, weichhaarig, braunroth; Blatt groß, oval, oben kahl; Augen aufrecht stehend; Augenträger hoch, gerippt.

Oberdieck.

No. 88. **Catalonischer Spilling.** 1: — I, 2. C. Damascenenartige Zwetsche, gelbe Frucht. 6: — I, 3. C b.

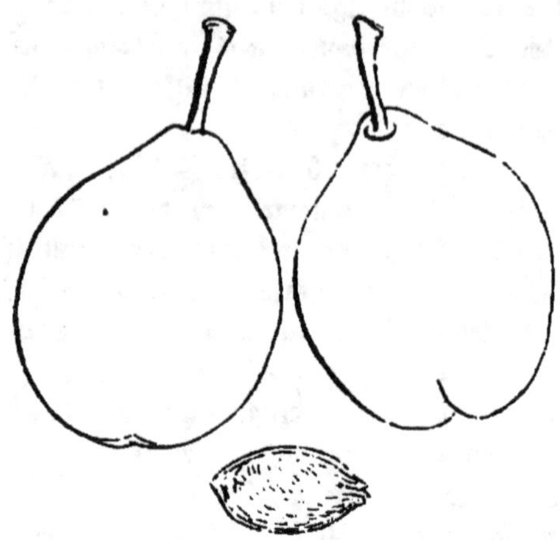

Catalonischer Spilling. *† Ende Juli.

Heimath und Vorkommen: sie war lange Zeit die frühste von allen Pflaumen und ist als Catalonische Pflaume, Prunus Catalonica Catalana, Catelana, Prune Catalane, Castelane? schon länger bekannt. Man hat sie jedoch mehrfach mit dem Gemeinen gelben Spilling verwechselt und ihren Werth damit herabgesetzt. Sie ist aber in guten Jahren recht wohlschmeckend und verdient wegen ihrer frühen Reife, in welcher ihr nur zwei von Liegel aus ihrem Steine neu erzogenen Sorten, die Friedheims rothe Damascene und Bioubecks rothe Frühzwetsche den Rang streitig machen, in jedem Garten eine Stelle.

Literatur und Synonyme: Duhamel II. S. 102 tab. I.: Prune jaune hative, Prune de Catalogne, Gelbe frühe Pflaume, Catalonische Pflaume, der Uebersetzer. — Pom. Austriac. S. 40 tab. 192. — Pom. Francon. S. 120 tab. 3, hier nur etwas zu stark abnehmend nach dem Stiele zu, auch wirft sie Mayer mit dem Gemeinen gelben Spilling, Spindelförmigen Pflaume Prunus lutea, Bechstein zusammen. — Desgleichen Sickler im T.O.G. VIII. S. 319 tab. 18 insofern, als er den Gelben Spilling Prune jaune hative nennt. — Auch Christ hat beide nicht getrennt, das im Handb. S. 702 beigegebene Syn. Précoce ließ er im Hbwb. S. 377 weg und fügte dafür Prune d'avoine hinzu. — Von Günderode und Borkhausen S. 74 rügten bereits die erwähnte Verwechslung, bildeten die Frucht auch recht schön, doch am Stiele zu rundlich ab. — Genauer beschrieb sie später Liegel II. S. 106 Nr. 41 und IV. S. 62.—Synonyme sind noch Prune jaune précoce, Kleine gelbe Frühpflaume, Hirschfeld; Jean white, Miller; The early white Plum im Engl., nach Sickler, was aber Catal. Lond. nicht mehr hat, der sie dagegen aufzählt als Jaune hative mit den Syn. Jaune de Catalogne, De Catalogne, Catalonian, White Primordian, Amber Primordian, Saint Barnabé und d'Avoine. Downing fügt diesen noch Early Yellow hinzu S. 279 und Hogg im Manual Cerisette blanche, Avant prune blanche London Plum unb Picketts Juli. — Vergl. noch Dittr. II. S. 261; Oberb. S. 472, in deffen Gegend der Baum wenig trug; Dochnahl S. 114; Salzmann Pom. S. 103.

Gestalt: eirund (eiförmig, D.), bisweilen faft eiförmig (oval, D.), um den Stempelpunkt flach abgerundet, nach dem Stiele zu stumpf zugespitzt, (wie sie auch Duhamel unb Mayer zeichneten). Rücken unb Bauch sind gleich erhoben, etwas unterhalb der Mitte nach dem Stiele zu ist die Frucht am stärksten. Sie ist von Liegel als klein, 1" hoch, 10''' dick unb etwas weniger breit, bisweilen sehr klein beschrieben, erreicht aber bei mir oft die obengezeichnete Größe. Die Furche drückt den Rücken nur etwas nach dem Stiele zu, unb schneidet ein wenig nach dem Stempelpunkte hin ein, theilt auch meist ungleich. — Stempelpunkt klein, grau, in der Mitte der Spitze ober etwas seitwärts in einer kleinen Vertiefung stehend.

Stiel: bis 8''' lang, beroftet, feinbehaart, in feichter Höhle, auf der kleinen auf der einen Seite noch etwas mehr erhobenen Spitze.

Haut: durchscheinend, so baß die Fleischfasern barunter bemerklich werden, von Farbe erbsengelb mit unbeutlichen weißlichen Punkten, dabei weißlich dünn beduftet.

Fleisch: weißgelb, etwas fest, doch ziemlich saftig, mäßig süß, gut ausgereift recht wohlschmeckenb unb angenehm parfümirt riechend, in schlechten Sommern freilich etwas matt.

Stein: völlig löslich, doch bleiben einige Fasern an ihm haften. Seine Form unb Größe ist oben gezeichnet, die Backen sind etwas rauh, schwach afterkantig, die Kanten flach, nur wenig scharf.

Reife unb Nutzung: die Frucht reift noch zur Kirschenzeit, Enbe Juli ober Anfangs August, bisweilen auch 8 Tage später unb burch diese frühe Reife wirb sie so werthvoll wie auch die obengenannten beiden, denen sich balb die Rothe Nectarine anschließt, auch einige Tage später die Johannispflaume. Der der vorliegenden ähnliche Gemeine gelbe Spilling (wenigstens die in hiesiger Gegend so benannte, sich durch Wurzelausläufer fortpflanzende Art) reift 8 Tage nach ihr, unterscheidet sich burch seine mehr längliche (eiförmige) Gestalt unb höher gelbe Farbe, ist eine vom Steine lösliche, nicht verwerfliche Frucht (weit beffer unb größer als Liegels Doppelter Spilling), nur seine Haut ist merklich säuerlich.

Eigenschaften des Baumes: dieser macht ein feines zahmes Gewächs mit bünnen zerbrechlichen Zweigen, bleibt klein unb ist auch fruchtbar, doch nur bei Schutz, denn er ist gegen Kälte empfindlich. Die Sommerzweige sind weichhaarig, graubraun, auf der Sonnenseite rothbraun, silberhäutig gefleckt unb punktirt. Die mittleren Blätter an denselben sind mittelgroß, lang unb schmal, von Form lanzettförmig, nach beiden Enden faft gleich zugespitzt, flach, dünn, weich, feingerippt, ohne starke Runzeln, unterseits mehr als oberhalb fein behaart. Die oberen Blätter sind am Stiele mehr abgerundet, wogegen die unteren unb die des Fruchtholzes stark keilförmig nach dem Stiele zu verschmälert, auch öfters breiter unb kürzer zugespitzt sind, so baß die größte Breite im vorbern Drittel liegt. Blattstiele mit 1—2 kleinen Drüschen.

Jahn.

No. 89. **Kooks neue Diapre.** 1: — I, 2. C.; Damascenenart. Zwetsche, gelbe Fr.
6: — I, 3. B b.

Kooks neue Diapre.   * oder fast ** Mitte Aug.

Heimath und Vorkommen: Liegel erzog diese Frucht in zweiter Generation von der Johannispflaume, und benannte sie nach seinem pomologischen Freunde, Herrn Plantagen=Inspektor Kook zu Neubraunfels in Texas in Amerika. Mein Reis erhielt ich von Liegel. Die sehr tragbare Sorte verdient Anbau.

Literatur: Liegel III. S. 67 Nr. 351. Heft III. S. 164 nennt er sie auch Kooks gelbe Diapre.

Gestalt: mittelgroß, 1½'' hoch, 13''' dick, etwas weniger breit. In den heißen und dürren Jahren 1858 und 59 waren die Früchte bei mir 2 Linien weniger hoch als obige Figur und entsprechend weniger breit. Gestalt oval, gegen den Stiel kaum merklich verjüngt, die größte Breite liegt in der Mitte. Rücken und Bauch sind gleich erhoben, oft jedoch tritt auch der Rücken nach dem Stiele hin etwas aufgeworfen hervor, so daß die Seitenansicht die größte Breite etwas nach dem Stiele hin hat. Die Furche drückt den Rücken etwas, und theilt ziemlich gleich. Der Stempelpunkt liegt auf der Spitze unvertieft.

Stiel: 10''' lang, dünn, behaart, steckt in seichter Höhle in der Mitte der Frucht.

Haut: dünn, nicht gut abziehbar, nicht säuerlich, grünlich gelb, zuletzt ganz gelb, mit kleinen weißen und rothen Punkten, nach Liegel manchmal auch rothen Flecken und Streifen geziert, was ich hier noch

nicht fah, wo auch die Frucht, felbft in warmen Jahren, mehr nur grün=
lich gelb blieb. Der Duft ift dünn und weißbläulich.

Fleifch: grünlich gelb, fein, zart, ftrahlig, nach Liegel faftreich, von
füßem, angenehmen, gewürzreichen Gefchmacke. Ich fand es etwas we=
niger faftreich, doch füß und fehr fchmackhaft.

Stein: liegt nach Liegel hohl im Fleifche, war bei mir in trock=
nen Jahren nicht gut, in feuchteren meift gut ablöfig, ift nach Liegel
12''' hoch, 4 dick, 6 breit, war bei mir aus den meift auch nur 16 Linien
hohen Früchten 9 bis 10''' lang, 5''' breit, 3 dick und ift auch der von
Liegel mir gefandte Stein fo groß. Er ift ziemlich elliptifch, mit
etwas aufgeworfenem Rücken, nach dem Stielende hin etwas verjüngt
und nur wenig abgeftutzt. Am Kopfe hat er ein feines Spitzchen. Backen
flach, mäßig rauh, oft afterkantig; Bauchfurche weit, etwas zackig, Rücken=
kanten etwas flach, die Mittelkante am ftärkften erhoben.

Reifzeit und Nutzung: zeitigt im 2. Drittel des Auguft, etwas
nach der Königspflaume von Tours, faft gleichzeitig mit der Violetten
Diapre, Durchfichtigen und Frühen Reineclaude. Die Frucht zerfpringt
im Regen nicht, und wird ficher auch zum Welken tauglich fein. Liegel
bezeichnet fie als eine fchöne, faft regulär ovale, fehr gute, noch frühe
Frucht, die häufige Vermehrung verdient.

Der Baum hat gemäßigten Trieb und trägt nach Liegel voll, was
fich bei mir bereits beftätigte. Sommertriebe ftufig, behaart, dunkel=
braun, ftarke Triebe ziemlich hoch herauf mit grauem Silberhäutchen
faft ganz belegt, oder ftark damit gefleckt. Blatt mittelgroß, glänzend,
oben kahl, nach Liegel eiförmig und fpitz, bei mir elliptifch oder breit=
elliptifch, einzeln umgekehrt eiförmig, mit aufgefetzter Spitze. Blattftiel
meiftens drüfig mit an das Blatt gehefteten Drüfen. Augen groß, nach
Liegel aufrecht ftehend und entfernt fitzend, während ich fie mehr ab=
ftehend und gedrängt fand; Augenträger kurz, wulftig, fchwach gerippt.

Anm. Ift zu ihrer Reifzeit nicht leicht mit andern Früchten zu verwechfeln.
Die Heupflaume (Frühe grüne Zwetfche) ift auch gelblich grün, aber weit größer und
von anderer Geftalt.

Oberdieck.

No. 90. **Gisbornes Zwetsche.** 1: — I, 2. C.; Damascenenart. Zw., gelbe Fr.
6: — I, 3. B b.

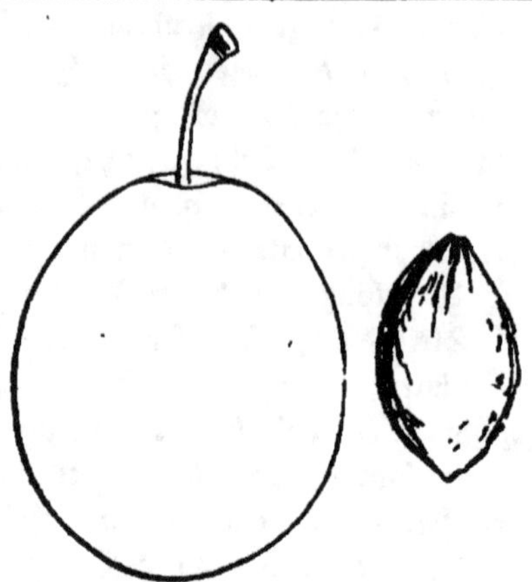

Gisbornes Zwetsche. ** Gegen Ende Aug.

Heimath und Vorkommen: Diese treffliche frühe Frucht erhielt Liegel von Hrn. Dochnahl noch aus Neustadt an der Haarbt, der in seinem Führer S. 109 beisetzt „Frankreich 1848". Der Name und der Umstand, daß der Londoner Catalog die Sorte aufführt, lassen jedoch auf Ursprung in England schließen. Verdient häufigen Anbau und macht die ihr ähnliche, jedoch früher reifende, vom Stein nicht ablösige Gelbe Frühzwetsche, von der sie vielleicht ein Sämling ist, wohl überflüssig. Mein Reis erhielt ich von Liegel.

Literatur und Synonyme: Liegel III. S. 68 Nr. 163 unter obigem Namen. Lond. Cat. S. 164 Nr. 54. Gisbornes mit den Synonymen Gisbornes Early und Patersons. Dochnahl im Führer nennt sie Ovalrunde Sprenkelpflaume. Man thut der Pomologie einen wesentlichen Dienst, wenn man die Zahl der Namen nicht ohne Noth vermehrt, und ist diese Benennung gänzlich überflüssig, selbst nicht einmal zweckmäßig, da sie auf mehrere Früchte passen würde.

Gestalt: 1½" hoch, 1¼" breit und etwas weniger dick, bei mir von mäßig tragendem Baum etwas größer, oval, nach oben und unten fast gleichmäßig abnehmend, Rücken und Bauch gleich weit ausgebogen. Die größte Breite liegt in der Mitte, die Seiten sind etwas gedrückt, so daß der Bauch zu einer breiten stumpfen Schneide neigt. Furche flach, drückt den Rücken wenig und theilt etwas ungleich. Der Stempelpunkt sitzt auf der Mitte der Spitze.

Stiel: nach Liegel über 1" lang, war bei mir etwas kürzer, ist dünn, behaart, und sitzt in tiefer ausgebogener Höhle, auf der Mitte der Stielspitze.

Farbe der dicken, abziehbaren Haut ist anfänglich grünlich gelb, später wachsgelb. Punkte sind weitläufig zerstreut und wenig bemerkbar, dagegen finden sich — bei mir nicht häufig — röthliche Punkte, Flecken und Streifen. Der Duft ist dick und weißlich.

Das Fleisch ist gelb, saftreich, consistent, von süßem, etwas parfümirtem Geschmack.

Der Stein liegt hohl im Fleische, ist 9—10''' hoch, 5—6 breit, 4 dick, die obere Hälfte nach der Spitze hin begrenzt sich elliptisch, nach dem Stielende verjüngt er sich stärker zu einer vorgeschobenen, etwas abgestumpften Spitze, von der einige Afterkanten herablaufen. Backen rauh, Bauchfurche seicht, oft zackig, die breiten flachen Rückenkanten erheben sich etwas mehr als der Bauch und wird die Mittelkante nach Liegel scharf, was ich selten fand.

Reifzeit und Nutzung: zeitigt merklich nach der Gelben Frühzwetsche, fast zugleich mit der weißen Jungfernpflaume und Königspflaume, meist erst gegen Ende Aug. Die Frucht zerspringt im Regen nicht, hängt fest am Baume und ist der Baum sehr fruchtbar. Ist aller Anpflanzung werth, für Tafel und Markt.

Der Baum hat kräftigen Wuchs und trägt stets schon in der Baumschule, so daß seine Fruchtbarkeit bei mir sich hinlänglich bestätigt. Triebe gerade, kurz und fein behaart, schmutzig braun, an der Schattenseite grün, nach unten mit gelblichem Silberhäutchen gefleckt. Blatt groß, oben kahl, nach Liegel breitlanzettlich (würde nach unserer Terminologie heißen, umgekehrt lang eiförmig mit schöner Spitze) ich fand es unten am Zweige schmal, fast breitlanzettlich, in der Mitte umgekehrt eiförmig mit aufgesetzter Spitze. Augen aufrecht stehend, häufig mehr abstehend, stumpfspitz. Augenträger langgerippt.

Anm. Von der ähnlich geformten Gelben Frühzwetsche unterscheidet sie sich durch spätere Reife, beträchtlich edleren Geschmack, ablösiges Fleisch und die behaarten Triebe.

Oberdiek.

No. 91. **Hauptmann Kirchhoffs Pflaume.** 1: — II, 1. A.; Zwetschenart. Dam., blaue Fr. 6: — II, 1. B a.

Hauptmann Kirchhoffs Pflaume. **† Ende Sept.

Heimath und Vorkommen: auf der Domäne Schäferhof bei Nienburg war ein abgebrochener Zwetschenbaum aus der Wurzel wieder ausgewachsen und hatte sich ein nicht großer, mirabellenartiger Baum gebildet, der obige Sorte trug, die ich nach dem mir befreundeten Pächter der Domäne, der den Baum hatte emporwachsen lassen, benannte. Liegel meint, sie neige zu sehr auf die kleine Seite; in ihrem ursprünglichen Standorte, nahe bei einem Wassergraben, war sie von noch ansehnlicher Größe und delikatem Geschmacke, und auch, nachdem ich sie auf fremde Unterlage gebracht habe, hat sie noch die obige Größe. Sie zu trocknen habe ich noch nicht versucht, doch taugt sie dazu höchst wahrscheinlich sehr.

Literatur und Synonyme: Liegel III. S. 81 Nr. 175 unter obiger Benennung.

Gestalt: Größe giebt Liegel an zu 10‴ Höhe, 11‴ Dicke, 10‴ Breite; diese Größe kann die Frucht nur bei allzuvollem Tragen des allerdings oft strotzend tragenden Baums, oder in ungünstiger Lage haben. Ich hatte sie von obiger Größe. Form rundlich, zuweilen nach dem Stiele ein wenig verjüngt, häufig nach beiden Seiten ziemlich gleichmäßig gewölbt, den größten Durchmesser in der Mitte; am Kopfe ist sie merklich gedrückt, am Stiele etwas; Rücken und Bauch sind gleich weit ausgebogen. Die ziemlich tiefe Furche drückt den Rücken nur wenig und theilt meistens gleich. Der Stempelpunkt liegt oben in der Mitte fast unvertieft.

Stiel: 6''' lang, kahl, sitzt in seichter Höhle in der Mitte der Frucht.

Farbe der dünnen abziehbaren Haut ist dunkelviolett mit zahlreichen goldfarbenen Punkten. Der Duft ist weißblaulich und dick.

Das Fleisch ist fast goldgelb, zart, saftreich, hinreichend consistent, von zuckersüßem, erhabenen Geschmacke.

Der Stein ist ablöslich 8''' hoch, 5½ breit, 4 dick, oval, welche Form durch die nach dem Stielende hin stark und scharf vortretende Mittelkante des Rückens verdorben wird. Nebenkanten des Rückens sind flach, die Bauchfurche ziemlich tief; ein paar Afterkanten ziehen sich vom Stielende herab.

Reifzeit und Nutzung: zeitigt gegen Ende, oft Mitte Sept. noch etwas vor der Hauszwetsche. Für Tafel und wohl auch Haushalt.

Der Baum bleibt ziemlich klein, macht an den Aesten bald viel feines Fruchtholz, ist gesund und äußerst fruchtbar. Die Sommerzweige sind kahl, nur etwas stufig, schmutzig violett braunroth, nach unten mit Silberhäutchen gefleckt, theils damit überlegt, mit gedrängt sitzenden Augen. Blatt klein, stehend, fast flach ausgebreitet, mehr oval als elliptisch (nach Liegel eiförmig), stark runzlig, unten behaart, mehr gekerbt- als gesägt-gezahnt. Blattstiel häufig drüsenlos. Augen klein, kurz, dick, stumpfspitz, nur etwas abstehend. Träger kurz und kurz gerippt.

Oberdieck.

No. 92. Freudenberger Frühpflaume. 1: — II, 1. B.; Zwetschenart. Dam., rothe Fr.
6: — I, 2. B b.

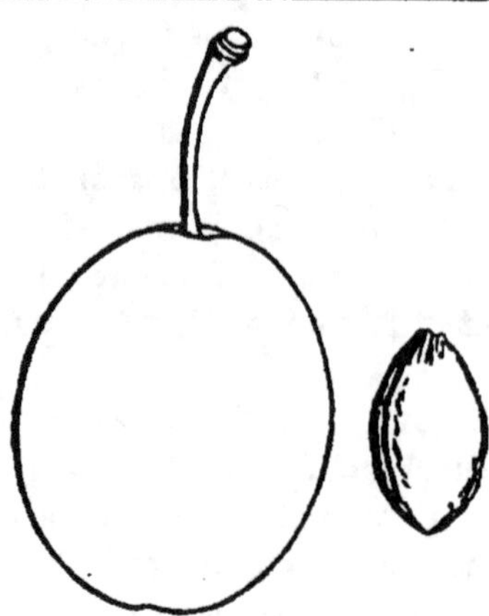

Freudenberger Frühpflaume. Faſt ** Ende Juli.

Heimath und Vorkommen: dieſe ſchätzbare, hier ſtets noch vor der Johannispflaume zeitigende Frucht fand ich vor etwa 25 Jahren im Amtsgarten zu Freudenberg bei Baſſum im Hoyaiſchen, wo viele große alte Pflaumenbäume ſtanden. Ich habe ſie längere Zeit für Diels Frühe Herrnpflaume oder die Rothe Frühdamascene gehalten; ſie unterſcheidet ſich indeß doch von beiden. Da der Cataloniſche Spilling in meiner nördlichen Gegend ſehr wenig trägt, die Johannispflaume und Rivers Frühpflaume auch ziemlich ſäuerlich ſind, wird ſie, wenn nicht die mir noch unbekannte von Flotows allerfrüheſte Mirabelle ſie übertrifft, in meiner Gegend die beſte früheſte Pflaumenfrucht ſein, und geht ſelbſt der Rothen Frühdamascene um mehrere Tage voran, mit der ſie an ſich ziemlich gleichen Werth hat, die aber bei Obiger überflüſſig wird.

Literatur und Synonyme: Herr Dr. Liegel hat in der Monatsſchr. 1858 S. 281 unter ſeiner Nr. 87 eine von mir erhaltene Freudenberger Pflaume kurz charakteriſirt, welche von der obigen durch Reife erſt Mitte Auguſt verſchieden iſt. Ich hatte aus dem Amtsgarten zu Freudenberg 4 Sorten Pflaumen, die ich durch Zahlen unterſchied, und werde mehrere davon an Liegel geſandt haben, ſo daß die eben gedachte meine Nr. 2 ſein wird, die ich beim Umzuge hieher verlor, auch entbehrlich war. Obige finde ich nirgend beſchrieben.

Geſtalt: oval oder kurz oval, 15—16''' hoch, 1'' 1''' breit und dick; die größte Breite liegt meiſtens in der Mitte, am Stiele iſt ſie nur ſehr wenig abgeſtumpft, am Stempelpunkt, der ſehr flach vertieft, oder ohne Vertiefung auf der Mitte der Spitze liegt, gerundet.

Die Furche fehlt ganz oder ist flach, theilt ziemlich gleich und drückt den Rücken nur wenig. Weniger vollkommene Früchte sind oft nur 1 bis 1½''' höher als breit, zuweilen fast so breit als hoch.

Stiel: 6—8''' lang, ziemlich stark, rostfleckig, kahl, sitzt in enger flacher Höhle.

Farbe der ziemlich starken, nicht abziehbaren Haut ist in voller Reife dunkel braunroth, dunkelviolett, fast schwärzlich an der Sonnenseite. Kleine und etwas größere gelbliche Fleckchen finden sich an vielen, doch nicht an allen Früchten. Der Duft ist röthlich hellblau.

Das Fleisch ist fast goldgelb, vom Steine ganz ablösig, hinreichend consistent, zwetschenartig, von süßem, durch etwas Säure gehobenem, sehr angenehmen Geschmacke.

Der Stein ist schmal oval, nach beiden Enden zugespitzt, oft fast lanzettförmig; der Rücken erhebt sich nur sehr wenig stärker, als der Bauch. Er ist 8''' lang, 5 breit, 3 dick, flachbackig, mäßig rauh; Bauchfurche ist breit, etwas zackig; Rückenkanten schmal und stumpf und erhebt die Mittelkante sich etwas.

Reifzeit und Nutzung: zeitigt zu Anfange des August, oft schon Ende Juli, stets noch etwas vor der Johannispflaume und der Rivers Frühpflaume bei ganz gleicher Lage. Für Tafel und Markt schätzbar.

Der Baum wächst rasch, wird ziemlich groß, und trägt fast jährlich sehr reichlich. Triebe stark, fast gerade, fein behaart, starke an jungen Bäumen nur nach oben ein wenig behaart, so daß man den Baum noch zu dem glatttriebigen rechnen möchte. Stärkere Triebe sind mit gelblichem Silberhäutchen gefleckt. Blatt oval oder mehr elliptisch, oft zur umgekehrten Eiform neigend, fast flach ausgebreitet, oben glatt, unten behaart, stark runzlig, flach und fast gekerbt gezahnt. Augen dickbauchig, stumpfspitz, merklich abstehend. Augenträger klein, stark gerippt, wovon stärkere Triebe oft streifig erscheinen. Blattstiel hat oft keine Drüsen, oft nur sehr kleine.

Anm. Von der sehr ähnlichen Rothen Frühbamascene unterscheidet sie sich schon dadurch, daß sie am Stiele noch weniger abgestumpft ist, als diese, besonders aber durch den Stein, indem die Rothe Frühbamascene einen etwas kürzeren und dickeren verschoben ovalen Stein hat, die Obige einen schmal ovalen, fast lanzettlichen. Von der gleichfalls höchst ähnlichen Diel'schen Frühen Herrnpflaume, (die freilich die ächte nicht sein kann, wie denn die Frühe Herrnpflaume vielleicht nirgend mehr ächt existirt), unterscheidet sie sich durch 6—8 Tage frühere Reife bei übrigens gleicher Lage, auch durch wenigere Behaarung starker Triebe und etwas kleineres Blatt. Auch das Blatt der Rothen Frühbamascene ist meist merklich größer.   Oberdieck.

No. 93. **Behrens Königspflaume.** 1: — II, 1. B.; Zwetschenart. Dam., rothe Fr.
6: — II, 2. B a.

Behrens Königspflaume. ** ½ Aug.

Heimath und Vorkommen: Liegel erzog diese sehr gute, recht
häufige Anpflanzung verdienende Frucht aus dem Steine der Königspflaume von Tours und benannte sie nach dem um die Pomologie sehr
verdienten Herrn Heinrich Behrens zu Travemünde bei Lübeck. Mein
Reis erhielt ich von Liegel und zeigte die Sorte sich früh und reich tragbar.

Literatur und Synonyme: Liegel III. S. 90 Nr. 314 unter obigem Namen.

Gestalt: die Frucht ist mehr als mittelgroß, auch groß, 1″ 7‴
hoch, eben so breit und 1‴ weniger dick. Die Form ist gedrückt rundlich, nach beiden Seiten ziemlich gleichförmig abnehmend, die größte
Breite liegt in der Mitte. Rücken und Bauch sind ziemlich gleichmäßig
erhoben und bildet der Bauch eine stumpfe Schneide. Die Seiten sind
etwas gedrückt. Eine merklichere Furche zeigt sich nicht immer, die wenn
sie vorhanden ist, ungleich theilt. Der Stempelpunkt liegt auf dem
Kopfe in der Mitte, aber nicht auf der Spitze, indem sich die Bauchseite etwas über ihn erhebt.

Stiel: mittellang, 7—8‴, dünn, kahl, sitzt in enger tiefer Höhle.

Haut: dick, leicht abziehbar, mit dickem, weißbläulichem Dufte belegt, ist violettblau, an der Sonnenseite fast schwarzblau. Goldfarbige
Punkte sind über die Frucht weitläufig vertheilt.

Das Fleisch ist gelb, zart, schmelzend, saftreich, von sehr süßem
erhaben gewürzreichen Geschmacke.

Der Stein ist ablöslich, 8''' hoch, 7 breit, 4 dick, oval, der Rücken etwas über das Oval ausgebogen, die größte Breite in der Mitte. Die Backen sind rauh und flach, die Bauchfurche breit, die Rückenkanten merklich von einander abgeschieden, die Mittelkante erweitert sich nach dem Stiele hin und wird scharf.

Reifzeit und Nutzung: zeitigt nach Liegel im halben August, gleichzeitig mit der Königspflaume von Tours, und gibt Liegel an, daß sie 1848 schon Ende Juli gezeitigt sei. 1856, wo mein Probezweig klettevoll saß, so daß ich auspflücken mußte, reifte sie bei mir merklich nach der Königspflaume von Tours; diese zeitigte 25. Aug., obige erst 4. Sept. und war sie für meine Gegend weit schätzbarer, als ihre stets zu früh abfallende Mutterfrucht. Auch Trummers violette Damascene, die aber im Regen aufsprang, was obige nicht that, reifte fast mit ihr gleichzeitig.

Der Baum wächst rasch und gesund und verspricht frühe und recht reiche Tragbarkeit. Er setzt die Zweige in wenig stumpfen Winkeln an und bildet eine schönverzweigte Krone. Sommertriebe gerade, lang, kahl, violettbraun, oft schwärzlichviolett, glänzend, fein gelblich punktirt, nach unten etwas gefleckt. Blatt ziemlich groß, mattglänzend, oben unbehaart, an sich fast flach ausgebreitet, doch selten in seiner Fläche eben, meist etwas gedreht oder gebogen, stark runzlig, nach Liegel eiförmig, während ich es von Gestalt etwas verschieden und mehr schwankend zwischen kurz-oval und ovaleiförmig fand, mit Neigung zum Elliptischen. Der Blatt-stiel hat nicht immer Drüsen. Augen dick, etwas bauchig, kurz, stumpf-spitz, etwas abstehend, unten am Zweige mehr anliegend, sitzen auf ziemlich niedrigen Trägern, deren Seitenrippen meist stärker sind, als die Mittelrippe.

Anm. Von der ihr ähnlichen Königspflaume von Tours unterscheidet sie sich theils durch rundere Form, wohl auch, nachdem sie auf fremden Grundstamm gebracht ist, etwas spätere Reife, besonders aber durch die kahlen Triebe, die sie auch von der Königspflaume unterscheiden.

Oberdieck.

No. 94. **v. Trauttenbergs Zuckersüße.** 1: — II, 1. B.; Zwetschenart. Dam., rothe Fr.
6: — II, 2. B a.

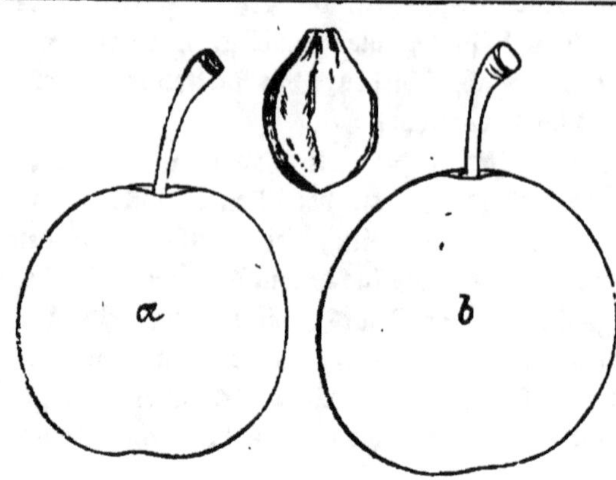

v. Trauttenbergs Zuckersüße. ** und wohl †. ²/₃ Aug.
Die Zuckersüße.

Heimath und Vorkommen: ist wohl eine böhmische Frucht
und erhielten Liegel sowohl, als ich, Zweige von dem bekannten, um
die Pomologie verdienten Herrn Freiherrn von Trauttenberg, damals
wohnhaft zu Böhmisch-Leipa, jetzt wohl wieder zu Prag. Ist eine edle
Frucht, deren Baum auch hier tragbar zu sein scheint, und wird, nach
Beschaffenheit des Fleisches sich sicher auch gut trocknen lassen.

Literatur und Synonyme: Liegel IV. S. 40 unter obigem Namen und
Nr. 252. Mündlich sagte mir Hr. Baron v. Trauttenberg bei seiner Anwesenheit in
Wiesbaden zur Pomologenversammlung 1858, daß sie auch Honigzwetsche genannt
werde. Ob die Frucht in Böhmen schon länger bekannt ist, weiß ich nicht. Daß
Liegel sie IV. S. 40 unter den Wahren Damascenen aufführt, ist wohl durch Irrung
geschehen, da er sie in der Uebersicht IV. S. 65 unter den Zwetschenartigen Damascenen mit aufzählt.

Gestalt: mittelgroß, 1¼" hoch und dick, 13''' breit und auffallend
dicker als breit. Gestalt nach Liegel gedrückt-rund und hatte ich sie
auch so (oben Fig. a), doch mehrmals auch schon in der Mehrzahl der
allerdings noch nicht zahlreich vorhandenen Früchte nach dem Stiele etwas stärker abnehmend, wie Fig. b. Am Kopfe ist sie stark gedrückt,
am Stiele oft weniger; die größte Dicke liegt meist in der Mitte. Der
Rücken ist etwas stärker ausgebogen als der Bauch und wird durch die
etwas vertiefte Furche gedrückt. Der große Stempelpunkt liegt in der
Mitte der Spitze etwas vertieft.

Illustrirtes Handbuch der Obstkunde. III.   27

Stiel: stark, behaart, nach Liegel 6''' lang, bei mir etwas länger, sitzt in seichter Vertiefung.

Haut: bünn, abziehbar, wenig säuerlich, nach Liegel bunkel roth=braun, bei mir wenigstens stellenweise schwärzlich braun, so daß ich die Frucht wohl unter die blauen gesetzt hätte. Der hellblaue Duft ist bünn. Golbfarbene Punkte zeigen sich mäßig häufig.

Fleisch: fast golbgelb ins Grünliche spielenb, saftreich zart, in voller Reife von zuckersüßem, eblen Geschmacke.

Stein: nach Liegel nicht gut löslich, war bei mir ablösig, ist ziem=lich flachbackig, oval, boch nach bem Stielenbe etwas verjüngt unb stumpf zugespißt, rauh, stark afterkantig. Bauchfurche ziemlich stark, Rückenkanten schmal, unter benen bie Mittelkante sich etwas erhebt unb fast scharf wirb; bie größte Dicke liegt allermeist nach bem Stielenbe hin.

Reifzeit unb Nutzung: zeitigt nach Liegel im halben August, bei mir etwas später, unb nur 1859 um 15. August. Hat Werth für bie Tafel unb wenn ber Baum, wie bei fast allen berartigen kleinen Früchten ber Fall ist, sehr tragbar ist, wirb sie auch Werth für ben Haushalt haben.

Der Baum wächst in ber Baumschule äußerst stark, scheint aber im Wuchse balb nachzulassen unb balb fruchtbar zu werben. Sommer=triebe lang, kahl, violettbraun, mäßig, boch an starken Trieben nach unten stark mit Silberhäutchen gefleckt, etwas stufig. Blatt mittelgroß, an starken Trieben groß, bunkelgrün, mattglänzenb, oben glatt, unten nicht stark behaart, flach, breitelliptisch ober elliptisch, unten am Zweige mehr zur Lanzettform, oben mehr zum Oval neigenb. Augen klein, bick, stumpfspiß, nur wenig abstehenb, oft anliegenb, sitzen auf starken, fast nicht gerippten Augenträgern.

Oberbieck.

No. 95. **Haffners Königspflaume.** 1: — II, 1. B.; Zwetschenart. Dam., rothe Fr.
6: — II, 2. B (A) a.

Haffners Königspflaume.   Faſt ** Ende Aug. Anf. Sept.

Heimath und Vorkommen: Liegel erzog diese Frucht aus dem Steine der Königspflaume von Tours und widmete sie den pomologischen Verdiensten der Gebrüder Haffner zu Kabolzburg bei Nürnberg. Mein Reis erhielt ich von Liegel.

Literatur und Synonyme: Liegel IV. S. 25 Nr. 374 unter obigem Namen.

Gestalt: Frucht nach Liegel mittelgroß, 1½'' hoch, 1 Linie weniger breit und ½''' weniger dick als breit. Ich hatte sie auch so groß, doch 1860, wie obige Figur zeigt, größer, und Liegel sandte mir eine Zeichnung von 2'' Höhe und 2''' weniger Dicke, wie auch der mitgesandte oben mit dargestellte Stein größer ist. Gestalt ist rund oval, nach beiden Seiten ziemlich gleichmäßig abgerundet; Rücken und Bauch gleich stark erhoben, die größte Dicke in der Mitte liegend. Größere Exemplare waren bei mir an beiden Enden etwas gedrückt. Die ziemlich tiefe Furche drückt den Rücken flach und theilt meist gleich. Der Stempelpunkt liegt auf der Mitte der Spitze, nach Liegel unvertieft, bei mir bei größeren Früchten etwas vertieft.

Stiel: dick, nach Liegel 5''' lang, bei mir länger, nur etwas behaart, oft glatt, sitzt in seichter Vertiefung.

Haut: dünn, abziehbar, violettblau mit einzelnen goldfarbenen Punkten, und mit dickem, hellblauen Dufte belegt.

Das Fleisch ist nach Liegel weißgelb, härtlich, saftig, von süßem, sehr angenehmen Geschmacke. Ich fand es jedoch 1856 und 1860 etwas trocken, in voller Reife tief goldgelb, fast etwas röthlich, und den Geschmack nur mittelmäßig, nicht gewürzreich.

Der Stein ist nach Liegel ablöslich, war bei mir jedoch unablös- lich, 11''' lang, 6½ breit, 4 dick, flachbackig, ziemlich rauh, afterkantig, oval, nach dem Stielende hin ein wenig verjüngt und auf der Bauchseite stark eingezogen; Bauchfurche schmal, verwachsen; Rückenkanten schmal, die Mittelkante tritt etwas und nach dem Stielende hin stärker und etwas scharf vor; die größte Dicke liegt etwas mehr nach dem Stielende hin.

Reifzeit und Nutzung: zeitigt nach Liegel im letzten Drittel des August, bei mir Anfangs September, gleichzeitig mit der Großen Reine- claube und Rothen Eierpflaume. Ueber ihren Werth, wenn sie auf fremden Grundstamm gebracht wird, sind noch weitere Erfahrungen zu sammeln. Liegel bezeichnet sie als eine schöne, recht gute, der Vermehrung werthe Frucht.

Der Baum hat kräftigen Wuchs und ist sehr tragbar. Sommer- zweige rothbraun, stufig, kahl, wenig mit Silberhäutchen gefleckt. Blatt mittelgroß, nach Liegel eiförmig und zugespitzt, bei mir elliptisch oder ei-oval, auch oben einzelne Haare zeigend. Der dünne Blattstiel hat selten Drüsen. Die Augen sind klein, konisch, aufrecht stehend oder nur etwas abstehend und sitzen auf niedrigen, gerippten Augenträgern.

Anm. Die fast gleichzeitig reifende Behrens Königspflaume, die gleichfalls aus dem Steine der Königspflaume von Tours erzogen ist, fand ich weit besser als obige, wirklich edel von Geschmack. Die mancherlei Königspflaumen sind aber einander so ähnlich, daß die Unterschiede schwer sich angeben lassen und zur Vermeidung von Irrungen mehrere werden eingehen müssen.

Oberdieck.

No. 96. Bleekers rothe Pflaume. 1: — II, 1. B.; Zwetschenart. Dam., rothe Fr.
6: — II, 2. B a.

Bleekers rothe Pflaume.   Die Lombard. Faſt ** Anf. Sept.

Heimath und Vorkommen: iſt neuere amerikaniſche Frucht, die zwar an Güte des Geſchmacks nicht ganz den erſten ·Rang einnimmt, aber durch ſehr reiche Fruchtbarkeit eine gute Marktfrucht iſt.   Die Gartenbau=Geſellſchaft zu Maſſachuſets nannte ſie Lombard nach einem Herrn Lombard zu Springfield (Maſſach.), der die Frucht zuerſt bekannt machte, und ſie vom Richter Platt zu Whitesborough (New=York) erhalten haben ſoll, der ſie erzog.   Mein Reis erhielt ich von J. Booth und habe nach Downings Beſchreibung die rechte Sorte.

Literatur und Synonyme: Downing S. 303 unter dem Namen Lombard, mit den Synonymen Bleekers scarlet und Beekmanns scarlet; doch bemerkt er, daß ſie unter der Benennung Bleekers scarlet am bekannteſten ſei. Emmons S. 169 Taf. 2.

Geſtalt: oval, an beiden Enden merklich abgeſtumpft, 1½″ hoch, 1¼ bick und breit.   Der Bauch erhebt ſich zuweilen ein Weniges mehr nach dem Stempelpunkte hin, der Rücken nach dem Stiele hin, einzeln auch umgekehrt.   Die unbedeutende Furche theilt faſt gleich und brückt den Rücken nur wenig.   Der Stempelpunkt liegt auf der Spitze in flacher, weiter Vertiefung.

Stiel: ziemlich kurz 6—7‴ lang, oft röthlich angelaufen und roſtfleckig, fein behaart, ſitzt in mäßig tiefer Höhlung.

Farbe der ziemlich feinen, abziehbaren, ſäuerlichen Haut iſt etwas

unanfehnlich rothbraun, mit Stellen, wo die Grundfarbe ftärker durch=
fchimmert, in vollfter Reife dunkelbraunroth, feine goldartige Punkte find
häufig, der Duft ift dünn, röthlich hellblau.

Das Fleifch ift goldgelb, ziemlich fein, vom Steine nicht ganz
ablöfig, etwas weich, in rechter Reife von füßem, recht angenehmen Ge=
fchmacke, der jedoch nichts Erhabenes hat. (Auch Downing fagt, daß
das Fleifch nicht ablöfig und nicht „rich" fei.)

Der Stein ift 9''' lang, 6 breit, 3½ dick, faft oval, nach der
Stielfpitze etwas verjüngt, ziemlich rauh, fchmutzig gelblich von Farbe,
Bauchfurche breit; Mittelkante des Rückens vorftehend, doch ftumpf, nach
dem Stielende hin faft fcharf.

Reifzeit und Nutzung: zeitigt Anfangs September mit der
Großen Reineclaude. Zum frifchen Genuffe und bei fehr reicher Trag=
barkeit gute Marktfrucht.

Der Baum treibt mäßig und trägt früh und voll. Triebe nur
wenig ftufig, kahl; violett braunroth, unten nur etwas gelblich filber=
häutig. Blatt ftehend, faft flach, nicht ftark runzlig, ziemlich glänzend,
oben kahl, breitelliptifch, oft ei=oval. Blattftiel hat meift 2 am Blatte
ftehende Drüfen. Augen kurz, ftumpffpitz, mehr ftehend als abftehend.
Träger mäßig hoch.

Oberdieck.

No. 97. Aprikosenartige Mirabelle. 1: — II, 1. C.; Zwetschenart. Dam., gelbe Fr.
6: — II, 3. C a.

Aprikosenartige Mirabelle. **† gegen Ende Aug.

Heimath und Vorkommen: Liegel erhielt diese Frucht, die der Gelben Mirabelle an Güte wohl nicht nachgibt, von Herrn Dochnahl, als dieser noch in Neustadt an der Haardt war. Scheint den Pomologen bisher nicht bekannt geworden zu sein und ist vielleicht neuere Frucht. Mein Reis habe ich von Liegel.

Literatur und Synonyme: Liegel III. S. 100 Nr. 161 Aprikosenartige Mirabelle, Mirabelle abricotée. Außerdem findet man den Namen Mirabelle abricotée, zusammengestellt mit Petits Mirabelle, Mirabelle précôce, nur noch in Biborts Album III. S. 87; wahrscheinlich soll diese indeß die Gelbe Mirabelle sein, da er sagt, daß die Sorte schon Duhamel bekannt gewesen sei. Die Abbildung ist auch noch etwas größer als die Gelbe Mirabelle, und gleicht der Geperlten Mirabelle.

Gestalt: klein, nach Liegel 12‴ hoch und eben so breit und dick; gute Früchte waren auch bei mir so groß, andere 1 Linie kleiner, während Liegel mir eine 14‴ große Zeichnung sandte und auch der mitgesandte Stein merklich größer ist, als oben, so daß sie also oft größer wird. Gestalt oval, an beiden Enden nur etwas gedrückt, oft nach dem Stiele ein Weniges stärker abnehmend, größte Breite in der Mitte, Bauch und Rücken gleich erhoben. Der Stempelpunkt liegt auf der Spitze etwas mehr dem Rücken zugewendet. Die Furche drückt den Rücken nur wenig und theilt ungleich.

Stiel: 7‴ lang, etwas behaart, sitzt ganz flach.

Farbe der dünnen, abziehbaren, mit weißlichem Dufte belegten Haut ist gelb, mit vielen rothen Punkten angesprengt, die oft zu Flecken zusammenfließen, und wovon selbst die Schattenseite nicht ganz frei ist.

Das Fleisch ist goldgelb, härtlich, saftreich, von zuckersüßem, aromatischem Geschmacke. Es ist noch merklich süßer als das der Gelben Mirabelle.

Der Stein löset sich vom Fleische nach Liegel nicht ganz gut, bei mir dagegen in warmen Jahren sehr gut, in kälteren ziemlich gut, ist etwas verschoben oval, der Bauch nach dem Stempelpunkte hin, der Rücken nach dem Stiele hin stärker ausgebogen, häufig nimmt er auch nach dem Stiele merklich stärker ab und ist fast umgekehrt eiförmig, 6''' hoch, 4 breit, 2½ dick, Backen wenig rauh, afterkantig, Bauchfurche enge, Rücken= kanten stumpf.

Reifzeit und Nutzung: zeitigt nur etwas nach der Gelben Mirabelle, muß nach Beschaffenheit des Fleisches eben so als diese, vielleicht noch besser, zum Welken taugen und wenn sie sich eben so fruchtbar zeigt, wie es den Anschein hat, worüber jedoch noch nicht ge= nügende Erfahrungen vorliegen, so muß versucht werden, ob sie vielleicht zu Hochstämmen noch besser paßt. Eine von beiden wird immer über= flüssig sein.

Der Baum hat schwachen Trieb, bleibt klein, scheint aber recht fruchtbar zu sein. Sommertriebe unbehaart, braunröthlich, stärkere vio= lettbraun, mit Silberhäutchen gefleckt, ziemlich gerade. Blatt mittelgroß, oben fast kahl, unten am Zweige häufig langeiförmig, weiter herauf elliptisch oder ei=oval. Blattstiel drüsig, Augen klein, gedrängt, spitzig abstehend, Träger hoch, kurzgerippt.

Anm. Durch die unbehaarten Triebe und stärkere Besetzung mit rothen Flecken unterscheidet sie sich hinlänglich von der Gelben Mirabelle.

Oberdieck.

No. 98. **Ballonartige gelbe Damascene.** 1: — II, 1. C; Zwetschenart. Dam., gelbe Frucht. 6: — II, 3. C a.

Ballonartige gelbe Damascene. * 1ſtes Drittel Sept.

Heimath und Vorkommen: iſt ein Erzeugniß der neueren Zeit von nur mittelmäßigem Werthe, da die Frucht klein iſt und der Geſchmack keine Vorzüge hat. Dem Namen nach ſtammt ſie aus Frankreich und erhielt Liegel ſie ſowohl aus Hohenheim, als auch aus Bollweiler in 2 Stämmen unter den Benennungen Damas ballon jaune und Damas ballon panaché variété, deren Früchte (Liegel Heft III. S. 157) ſich indentiſch zeigten. Obige erhielt ich von Liegel; die Letztere, welche ich durch Böbiker in Meppen aus Bollweiler habe, trug noch nicht, doch finde ich gleichfalls die Vegetation völlig überein. — Der Name weist auf die ballon= oder phiolenförmige Geſtalt der Frucht hin, und mag man, wenn man die Frucht umkehrt, ſelbſt Aehnlichkeit mit der Geſtalt eines Luftballons gefunden haben.

Literatur und Synonyme: Liegel II. S. 172, Nr. 242 unter obigem Namen mit Beiſatz von Damas ballon jaune. Synon. nach obigem Damas ballon panaché variété. Hohenheimer Obſtſorten, 1823 S. 226. Dittrich II. S. 246. Ballonartige Damascene, welcher Name nicht genügt, da es auch eine Ballonartige rothe Damascene gibt. Lond. Catal. S. 163 nennt ſie nur.

Geſtalt: klein, oft recht klein, in Farbe und Größe ähnlich der gelben Mirabelle, 1″ hoch und dick und etwas weniger breit; die Geſtalt iſt vor der Zeitigung ballonartig, d. h. rund mit einer gegen den Stiel etwas vorgeſchobenen ſtumpfen Spitze, welche bei voller Reife faſt verſchwindet. Am Kopfe iſt die Frucht flach gedrückt und kann auf dem Kopfe ſtehen, am Stiele iſt ſie etwas verjüngt = abgerundet und erſcheint ſo umgekehrt=kurz=eiförmig. Der Rücken iſt etwas mehr erhoben, als der Bauch, und die größte Breite liegt oft ziemlich in der Mitte, oft etwas mehr nach der Spitze hin. Die Furche iſt unbedeutend und theilt meiſtens gleich. Der kleine, gelbliche Stempelpunkt liegt in einer flachen Vertiefung.

Stiel: dünn, kahl, etwas roſtig, meiſt gebogen ſitzt in ſeichter gewöhnlich etwas ſchief liegender Höhle.

Haut: mäßig dick, geſchmacklos, abziehbar, mit weißlichem dünnem Dufte belegt, iſt gelb, etwas ins Grünliche ſpielend, mit häufigen rothen Punkten und Fleckchen beſetzt.

Fleiſch: etwas grünlich gelb, zart, ſaftig, von ſüßem recht angenehmem Geſchmacke. Iſt die Frucht nicht vollſtändig ausgezeitigt, ſo iſt das Fleiſch um den Stein herum etwas ſäuerlich.

Stein: löſet ſich nicht vom Fleiſche, iſt 5¹⁄₂‴ hoch, 4‴ breit, 3 dick, faſt oval, mäßig dickbackig, nicht rauh, am Stielende ein Geringes verjüngt. Unter den Rückenkanten tritt die Mittelkante ſcharf etwas vor. Die Bauchfurche iſt breit und ſeicht.

Reifzeit und Nutzung: zeitigt im erſten Drittel des Sept. Liegel nennt ſie eine zwar kleine, aber recht gute Frucht, die zum Dörren taugen möchte, wozu ſie mir wegen des unablöslichen Steins weniger zu paſſen ſcheint.

Der Baum hat mäßigen Trieb und iſt kenntlich durch die ſehr zahlreichen kleinen Zweige mit kleinen Blättern. Die kleinen Blüthen erſcheinen ſehr zahlreich, jedoch bemerkt ſchon Liegel, daß ſie nicht immer Früchte anſetzen, was bei mir ſogar bisher ſehr wenig der Fall war, obſchon der junge Hochſtamm bereits 7 Jahre ſteht. Sommerzweige dünn und lang, gerade, braun, kahl, ſtärkere ſtark ſilberhäutig, ſchwächere nach unten nur gelblich gefleckt. Blatt klein, ſchmal, ſtehend, rinnenförmig, oben kahl, wenig runzlig, ziemlich hellgrün, von Form eioval oder oval, einzeln ziemlich elliptiſch, oft auch umgekehrt eilänzettlich. Blattſtiel hat ſelten Drüſen. Augen dickbauchig, zugeſpitzt, ſitzen gedrängt, ſtehen ab; Augenträger ziemlich erhoben, kurzgerippt.

Anm. Iſt unter den kleinen gelben Früchten kenntlich durch ihre Form. Bei der Briſette iſt dieſe etwas ähnlich, doch fällt deren Zeitigung merklich ſpäter. Die gelbe Mirabelle hat behaarte Triebe.

Oberdieck.

No. 99. Rothe Aprikosenpflaume. 1: — II, 1. C; Zwetschenart. Dam., bunte Fr.
6: — II, 5. B a.

Rothe Aprikosenpflaume. ** ⅓ bis ½ Sept.

Heimath und Vorkommen: die Herkunft dieser wohl ziemlich verbreiteten, aber mit der Damascene von Maugerou öfter verwechselten Frucht ist nicht näher bekannt. Sie gehört zu den sehr edlen Tafelsorten, die recht häufige Anpflanzung verdienen und übertrifft die Damascene von Maugerou an Güte des Geschmacks. Mein Reis erhielt ich von Liegel.

Literatur und Synonyme: Liegel II. S. 202 Nr. 108 unter obigem Namen, nebst der französischen Benennung Prune d'Abricot rouge. Das D.O.C. Neue Aufl. 4. Sect. 6. Lief. gibt nach von Liegel gesandten, ungewöhnlich großen und nach dem Stiele stärker abnehmenden Früchten Abbildung von 2" Breite und etwas mehr Höhe. Dittrich II. S. 95 und Dittr. O.-Cab. Nr. 12 sind nach Liegels Ansicht nicht die rechte Frucht, sondern eher die Damascene von Maugerou, welche Liegel auch von Diel zweimal als rothe Aprikosenpflaume erhielt. Pastor Meyer S. 18 Nr. 51(?) ohne Abbild. Christ Wörterb. S. 365: Kraft II. Taf. 172, Aprikosenpflaume ist eine ganz andere und gleicht eher der Rothen Eierpflaume. D. D. Cab. 7. Lief. Nr. 12 ziemlich kenntlich. Downing S. 289. Abricotée rouge or Red apricot plum, ohne Figur. Lobt sie nicht, gibt sie als blaßroth an und führt Duham. und Noisette als Schriftsteller an, bei denen sie vorkomme, so daß er schwerlich die obige hat. Dieselbe Sorte wird haben der Lond. Catal. S. 16 Nr. 2. Liegel erhielt die Obige auch mehrmals als Fürstenzeller Reineclaube und Fürstenzeller Pflaume und glaubt, daß die Frucht unter diesem Namen häufig verbreitet sein werde. In Liegels Heften kommt III. S. 154 noch eine Große rothe Aprikosenpflaume, jedoch nur dem Namen nach vor, die mit obiger nicht zu verwechseln ist.

Gestalt: hat die Größe der gelben Aprikosenpflaume, der sie auch in der Form gleichkommt; 1½" hoch, 1" 5‴ breit und ½‴ weniger dick. Gestalt nicht ganz beständig, meist verschoben rundlich oval, am Stiele flach abgerundet und bisweilen die eine Seite etwas erhoben, am

Kopfe erhebt sich an der Bauchseite eine stumpfe Spitze. Der Rücken ist mehr erhoben, als der Bauch und schief, die Seiten sind gedrückt und gegen den Bauch ablaufend, die größte Breite liegt in der Mitte. Die Furche, welche häufig nur durch eine Linie bezeichnet ist, theilt ungleich. Der Stempelpunkt sitzt in flacher, kaum merklicher Einsenkung, ziemlich in der Mitte, aber die Spitze der Frucht erhebt sich über ihn.

Stiel: 8''' lang, dünn, kahl, grün, meist gerade, sitzt in enger seichter Höhle, oft selbst der Frucht gleich.

Haut: zähe, läßt sich abziehen, etwas säuerlich, mit dünnem, weißbläulichen Dufte überzogen; die anfangs weißlichgelbe Grundfarbe überzieht sich gegen die Zeitigung mit einem leichten hellen Roth, das oft um die ganze Frucht geht, oft die Frucht nur zur Hälfte überzieht, während gedrängte rothe Punkte die entgegengesetzte Seite überziehen. Stark besonnte Früchte werden an der Sonnenseite fast dunkelroth, während beschattete Früchte oft ziemlich gelb bleiben, oberseits stark roth punktirt und gefleckt erscheinen, was sie malerisch schön macht.

Fleisch: hellgelb, oft auch ziemlich goldgelb, etwas härtlich, saftreich, nach Liegel von süßem, müskirt aromatischem, köstlich erhabenen Geschmacke, der den der Gelben Aprikosenpflaume übertrifft, während ich den Geschmack bisher zwar nicht ganz so vorzüglich, jedoch süß und edel fand.

Stein: ablösig, 9''' hoch, 8 breit, 4 dick, in kleineren Früchten 8''' hoch, 6 breit, 4 dick, rauh, kurz-elliptisch mit stärker ausgebogenem Rücken; am Kopfe läuft er in ein Spitzchen aus, am Stielende in eine breitere etwas abgestutzte Spitze. Die Rückenkanten sind erhoben, die Mittelkante am stärksten, erweitert sich nach dem Stielende hin und wird scharf. Nebenkanten unbedeutend, mit Furchen begrenzt. Bauchfurche breit und tief, mit scharfen Kanten. Afterkanten nicht stark.

Reifzeit und Nutzung: zeitigt im ersten Drittel des Sept. nach der Gelben Aprikosenpflaume, in kühlen Jahren bei mir erst gegen 20. Sept. Im Regen zerspringt sie.

Der Baum wächst rasch und gesund, treibt seine Aeste in stumpfen Winkeln und ist sehr fruchtbar. Sommerzweige stark, etwas stufig, hellbraun, gelblich oder grau punktirt. Blatt mäßig groß, etwas hängend, meistens flach ausgebreitet, mäßig runzlig, oben kahl, nach Liegel oval-eiförmig und spitzig, während ich dasselbe schön elliptisch fand, einzeln auch eioval. Blattstiel hat meistens 2 gleichstehende vom Blatte entfernte Drüsen. Augen groß, spitzig, mehr breit, als konisch, aufrecht stehend, sitzen auf stark erhobenen, wulstigen, fast ungerippten Trägern.

Anm.: von der Damascene von Maugerou, welcher ganz rothe Exemplare der Obigen sehr ähnlich sind, unterscheidet sie sich durch weniger langen Stiel, durchschnittlich mehr bunte Färbung und süßeren Geschmack; die Maugerou nimmt auch gegen den Stiel gern etwas ab und ihr Stein hat stark erhobene Afterkanten. Die Gelbe Aprikosenpflaume hat oft ziemlich viel Röthe, bleibt aber stets gelber und tiefer gelb.

Oberdieck.

No. 100. **Blane Frühdamascene.** 1: — II, 2. A.; Wahre Dam., blaue Frucht.
6: — II, 1. B b.

Blane Frühdamascene. * ober ** Anf. Aug.

Heimath unb **Vorkommen:** Liegel erzog sie aus einem Steine ber Johannispflaume von ber 3. Generation, unb hält sie wegen Zeitigung mit, ober gleich nach ber Johannispflaume, welche sie an Süßigkeit übertreffe, ber Vermehrung werth. Bei mir trug ber Probezweig erst einmal voll, unb kann ich über ben Werth noch nicht bestimmter urtheilen, boch scheint auch hier bie Frucht gut. Mein Reis erhielt ich von Liegel.

Literatur unb Synonyme: Liegel beschrieb sie bloß erst kurz in ber Monatschrift 1856 S. 411 unter obigem Namen unb ber Nr. 416.

Gestalt: Größe mittelmäßig, 1″ 2—3‴ hoch unb bick, etwas weniger breit. Früchte, bie stark ungleiche Seiten haben, erscheinen hochaussehend. Gestalt gerundet, am Stiele merklich abgestumpft, am Kopfe etwas weniger, Rücken unb Bauch etwas gebrückt unb ziemlich gleichmäßig erhoben. Die balb nur flache, balb stärkere Furche theilt meistens ungleich unb ist recht oft bie eine Seite ber Frucht weit stärker als bie anbere, unb erhebt sich am Stempelpunkte merklich mehr, woburch bie Form etwas entstellt wirb. Der Stempelpunkt liegt ziemlich auf ber Mitte bes Kopfes, unterhalb ber höchsten Spitze, an ber Seite einer oft etwas spaltartigen Vertiefung.

Stiel: 9 selbst 10‴ lang, behaart, rostfleckig, sitzt in seichter Vertiefung.

Farbe ber nicht gut abziehbaren, säuerlich bittern Haut ist schwarzblau; feine gelbliche Punkte sind häufig unb hin unb wieder schwärzlich eingefaßt. Auch Rostfiguren finden sich. Der hellbläuliche Duft ist leicht.

Das Fleisch ist etwas grünlich gelb, nicht weich, fast brüchig, ziemlich saftreich, von süßem angenehmen Geschmacke, mit etwas beigemischter Säure.

Der Stein ist dem der Johannispflaume ziemlich ähnlich geblieben, ist verschoben oval, so daß der Bauch nach der Spitze hin etwas vortritt, die Rückenkanten nach dem Stielende hin sich ziemlich stark erheben. Er ist 8''' hoch, 5 breit, 3 dick; Bauchfurche ziemlich stark, mit scharfen Rändern, Rückenkanten stumpf, doch breit, haben mit dem Steine der Johannispflaume das überein, daß die Mittelkante am Stielende sich scharf etwas erhebt, nach der Spitze hin aber eine ziemlich gerade Linie bildet.

Reifzeit und Nutzung: zeitigt Anf. Aug., gleich nach der Johannispflaume. Ist zum rohen Genuß und für den Markt brauchbar.

Der Baum wächst in der Baumschule stark mit langen, schlanken, weichhaarigen, gelblich gefleckten, und nach unten mit gelblichem Silberhäutchen stark gefleckten oder überzogenen schmutzig violettbraunen Trieben. Blatt ziemlich groß, meist etwas rinnenförmig, runzlig, mattgrün, oben nicht, unten stark behaart. Blattstiel hat meist 2 starke Drüsen. Augen breit, kurz, fast anliegend, auf stark vorstehenden kurzen gerippten Trägern. Blatt des Fruchtholzes ist merklich glänzend, groß, meist umgekehrt lang eiförmig, oder breit lanzettlich.

Oberdieck.

No. 101. **Herrnpflaume.** 1: — II, 2. A.; Wahre Dam., blaue Fr. 6: — II, 1. A b.

Herrnpflaume. Faſt * * † Mitte Aug.

Heimath und Vorkommen: dieſe ſchon lange bekannte Frucht mag franzöſiſchen Urſprungs ſein, hieß in älteren Zeiten daſelbſt Brignole violette, und wurde zu Ehren des Monſieur, Bruders Ludwigs XIV. Prune de Monsieur genannt. Sie gehört noch immer zu den guten frühen Pflaumen, da ſie von recht angenehmem Geſchmacke, ziemlich groß, vom Steine ganz ablöſig und volltragend iſt, auch gleich nach den früheſten Pflaumen zeitigt. Ich erhielt die Sorte von Diel und Dittrich überein und gut ſtimmend mit Liegels Beſchreibung.

Literatur und Synonyme: Liegel II. S. 213 Nr. 39, Herrnpflaume, Prune de Monsieur. Dittrich II. S. 277; Dittr. O. Cab. Nr. 25; Günderode S. 87 Taf. 17 mit guter Abbild.; Duhamel S. 110 Taf. 7. In Frankreich hieß ſie ehemals Brignole violette und jetzt Monsieur, auch Monsieur ordinaire, um ſie von Duhamels Monsieur hatif, auch einer Monsieur tardif zu unterſcheiden, wie Hogg im Manuale die Schweizerpflaume nennt. Iſt mit der Frühen Herrnpflaume, die wenigſtens in Deutſchland nicht echt mehr zu exiſtiren ſcheint, öfter verwechſelt worden. — Chriſt Wörterb. S. 371 und Vollſt. Pomol. S. 115 (mit ſchlechter Figur) hat ſie unter dem Hauptnamen Herzog von Orleans, wie ſie auch genannt wird. Pomon. Franc. Taf. 15 ziemlich gut; Paſtor Meyer, S. 16 Taf. 1 Nr. 8 ziemlich; Bib. Album IV. S. 154. Lond. Cat. S. 167 Nr. 87. Orleans mit dem Beinamen Red Damask, Monsieur, Monsieur ordinaire, denen Downing S. 304 noch Old Orleans, und Hogg im Man. Anglaise noire hinzufügte. Das D. Obſt.-Cab. Nr 25 und Allgem. Garten-Magaz. 1818 Taf. 18. haben ſie falſch oder wenigſtens unkenntlich, und auch im D. O.-Cab. Neue Aufl. 4. Sect. 7. Lief. iſt ſie zu roth und zu rund abgebildet. — es muß noch bemerkt werden, daß es jetzt auch eine Gelbe Herrnpflaume (Monsieur jaune) und Neue Herrnpflaume gibt und daß als Orleans mehrere neuere Früchte benannt ſind, als Smith Orleans, Wilmots new early Orleans, Knevett's late Orleans (gewöhnlicher Nelsons Victory) Wilmots late Orleans (or Goliath) und daß nach Günderode's Anmerkung in Knoops Fructologie traduite de l'Hollandois, Leuwarde 1766 auch die gelbe Eierpflaume Prune de Monsieur heiße, imgleichen Tournefort, Grotian und Miller ihre Prune de Monsieur als Prunus fructu ovato maximo flavo beſchrieben.

Gestalt: Größe nach Liegel nur 14''' Höhe, fast so viel Breite und 1''' weniger Dicke. So klein habe ich sie hier bisher nicht gehabt und wenn der Baum oder Probezweig nicht zu voll saß, erlangten sowohl hier, als auch schon in Barbowick, gute große Früchte die Größe der obigen Figur, 1½'' hoch und breit. Indeß blieben viele auch kleiner 16''' hoch und breit, was auch das Maaß einer von Liegel mir gesandten Figur ist. Form bisweilen ziemlich platt gedrückt, meist flach gedrückt rundlich, und bald gegen den Stiel etwas mehr abnehmend, bald mit der größten Breite in der Mitte, wie bei mir allermeistens der Fall war. Einzelne Früchte sind auch wohl hochaussehend. Die Furche, nach Liegel kaum sichtbar, bei mir stets sehr sichtbar, doch flach und breit, theilt häufig ungleich, so daß die eine Seite der Frucht stärker ist als die andere. Der gelbliche Stempelpunkt, welcher nach Liegel (bei mehr Kleinheit der Frucht) flach sitzt, fand sich bei mir in weiter, oft ziemlich tiefer Senkung.

Stiel: nach Liegel 9''' lang, bei mir nur 7, ziemlich dick, gebogen bräunlich, fein und nicht stark behaart, sitzt in weiter flacher Senkung.

Haut: dünn, eßbar, etwas bitter, läßt sich nicht gut abziehen. Farbe schwarzblau mit ziemlich vielen feinen gelblichen Punkten besetzt, der blaue Duft ist dick.

Fleisch: etwas grünlich gelb, weich, doch nicht schmierig, von angenehmem süßen Geschmacke, doch ohne besondere Erhabenheit.

Der Stein ist vom Fleische gut ablösig, und bleibt nur am Rücken etwas Fleisch hängen. Er hat nach Größe der Frucht 8—9''' Höhe, 6—6½''' Breite, 4''' Dicke, und bildet ein Oval, das nach dem Stiele hin auf der einen Seite verjüngt abnimmt, während auf der gegenüberstehenden Seite der Rücken merklich vortritt. Bauchfurche fein, meistens geschlossen, Rückenkanten stark und stumpf; Backen rauh mit schwachen Afterkanten.

Reifzeit und Nutzung: zeitigt im ersten Drittel des August, nach eben vor der Königspflaume von Tours, der Durchsichtigen und Frühen Reineclaube. Für Tafel und Markt, und hält Liegel sie auch zum Dörren brauchbar. Daß sie, wie Liegel angibt, eher abfalle, als sie hinreichend reif ist, und im Regen aufspringe, habe ich hier bisher nicht bemerkt; vielmehr 1861 das Gegentheil angemerkt. Für hiesige Gegend ziehe ich sie der Königspflaume von Tours noch vor, die 1861 abermals auf 8 Bäumen, von 8 verschiedenen Orten bezogen, vor gehöriger Reife abfiel.

Der Baum ist stark, nicht empfindlich auf Lage und Boden und sehr fruchtbar. Sommerzweige fast gerade, stark, schmutzig dunkel violett, beschattet an der untern Seite grün, mit Silberhäutchen gefleckt, stark weichhaarig. Blatt groß, stehend, ziemlich flach, oben kahl, unten dünn behaart, runzlig, dunkelgrün, nach Liegel eiförmig, bei mir mehr elliptisch oder eioval. Blattstiel meistens zweidrüsig. Augen groß, bauchig stumpfspitz, wollig, sitzen auf mäßig erhobenen, kurzen Trägern mit meistens undeutlicher Mittelrippe.

Anm. Die große Damscene von Tours, welche mit ihr zeitigt, ist mehr oval; die Johannispflaume weit kleiner und mehr eiförmig, mit ganz anders gestaltetem Steine.   Oberdieck.

No. 102. Chrifts Damascene. 1: — II, 2. A.; Wahre Dam., blaue Fr. 6: — II, 1. C b.

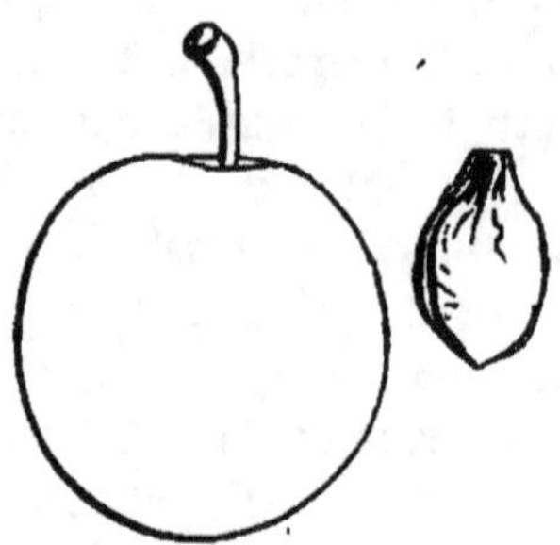

Chrifts Damascene. ** † im 1. Drittel des Sept.

Heimath und Vorkommen: Liegel erhielt die Frucht von Ditt-rich 1837 unter obigem Namen und glaubt bei deren Beschreibung, daß es eine neue Frucht sein werde. Diese Ansicht wird dadurch geändert, daß er nach Heft IV. S. 156 die erhaltenen Früchte Schwarze Mus-cateller, Späte schwarze Damascene, Feine Damascene (Damas fin) von obiger nicht wesentlich verschieden fand. Mit der Schwarzen Mus-cateller fand er wieder nach IV. S. 158 eine von Baumann erhaltene Prune Damasquinée identisch. Nach II. S. 273 erhielt er die Späte schwarze Damascene aus Italien als Susina grossella piccola. — Ist eine sehr schmackhafte, höchst tragbare Frucht und muß sehr gut zum Dörren taugen. Wenn ich in meiner „Anleitung“ von 1852 die Chrifts Damascene als schlecht verwarf, so ist das dadurch veranlaßt, daß der Nienburger Baum durch ein Versehen des Arbeiters bei der Vereblung ein wildes Reis muß erhalten haben, das eine auf die Beschreibung ziem-lich passende Frucht trug. Einen zweiten Baum brachte ich mit hieher, und dieser hat die rechte Frucht gebracht. Das Reis erhielt ich von Liegel.

Literatur und Synonyme: Liegel II. S. 221 Nr. 263. Die Synonyme erhellen schon aus Obigem. Die Feine Damascene beschreibt Dittrich II. S. 257. Die Schwarze Muskateller beschreibt Liegel II. S. 227 Nr. 70 und citirt dabei Quintinye Tom I. p. 224, ferner Duhamel S. 107 Muskirte Damascene mit Synon. Prune de chypre, Prune de Malthe, Chrifts Handb. S. 735, Pomon. Austriaca tab. 180, Salzmanns Pomol. S. 110, Dittrich II. S. 281. Die Späte schwarze Damascene beschreibt er II. S. 219 Nr. 90 und citirt Quintin. Tom I. p. 221; Duhamel S. 107; Chrifts Wörterb. S. 367; Pomon. Austriaca tab. 178; Noifette S. 264, Dittr. II. S. 286 rc. Die Beschreibungen dieser Früchte sind auch ähnlich. Sind sie Identitäten, worüber ich meinerseits noch nichts erfahren habe, so wären ältere Namen für obige Frucht da. Da sie indeß nach den älteren Benennungen leicht mit andern Früchten würde verwechselt werden und Benennung nach einer Person weniger leicht zu Irrungen Anlaß gibt, so geben wir die Frucht vorerst um so mehr unter obigem Namen, als Liegel unter den gedachten Benennungen leicht auch unrichtige Früchte kann erhalten haben und man z. B. nach Duhamels Taf. 20 Nr. 3 und 4 wohl glauben mag, daß seine Muskirte Damascene und Späte schwarze Damascene verschieden waren. Von Krafts beiden Sorten scheint dessen Späte schwarze Damascene am ersten auf obige Frucht zu passen. Das D.O.Cab., Neue Aufl., 4. Sect., 1. Lief. gibt von Obiger ziemlich gute, etwas zu hellblaue Abbildung.

Gestalt: ist klein, 12''' hoch, fast eben so dick und breit. Gestalt rundlich kurzoval, nach dem Stiele hin häufig etwas stärker abnehmend, am Kopfe flach abgerundet; der stärkste Durchmesser liegt in der Mitte. Die Furche — nach Liegel kaum bemerkbar — war bei mir doch fast immer sehr sichtbar, jedoch breit und flach, drückt den Rücken wenig und theilt gleich. Der kleine Stempelpunkt liegt meistens in der Mitte der Spitze flach, oft jedoch auch etwas mehr nach dem Rücken hin, unter der sich noch ein Weniges erhebenden Spitze der Frucht.

Stiel: nach Liegel dick, 9''' lang, war bei mir allermeist kürzer und mäßig stark, ist behaart, gebogen, wenig rostig.

Haut: dick, zähe, geschmacklos, läßt sich abziehen, ist größtentheils schwarzblau, stellenweise mehr violett. Der Duft ist blau und dick.

Fleisch: gelblich, glänzend, schmelzend, doch nicht weich, saftreich, von sehr süßem, gewürzreichen Geschmacke.

Der Stein löset sich gut, ist in vollster Reife mit röthlichen Fleischfasern umgeben, ist nach Liegel 6''' hoch (bei mir stark 7'''), 4 breit, 3 dick, verhältnißmäßig dickbackig, nicht sehr rauh, afterkantig; nach der Spitze hin ist er elliptisch begrenzt, nach dem Stiele hin macht er eine verjüngte, abgestumpfte, oft etwas nach der Bauchseite übergebogene Spitze. Der Bauch tritt mehr nach der Spitze, der Rücken nach dem Stielende hin etwas hervor, die Rückenkanten sind flach, und die Bauchfurche seicht.

Reifzeit und Nutzung: zeitigt gegen Ende August, oft erst Anfangs September, gleich nach der Gelben Mirabelle. Für die Tafel angenehm und im Haushalt recht brauchbar.

Der Baum wächst gemäßigt, bildet eine dicht verzweigte, gut belaubte Krone, und ist sehr fruchtbar. Sommertriebe fast gerade, graubraun, silberhäutig, weichhaarig. Blatt klein, stehend, etwas rinnenförmig (oft nach unten), oben etwas, unten stark behaart, runzlig, dunkelgrün, nach Liegel eiförmig, auch kurz lanzettförmig (unser umgekehrt ei-lanzettlich), während ich es elliptisch, oft breitelliptisch, einzeln oval-eiförmig fand. Augen groß, dick, stumpfspitz, weißwollig, gedrängt sitzend, abstehend, sitzen auf kleinen, niedrigen Trägern.

Anm. Dittrich im Handbuche III. S. 391, wo er Obige ganz nach Liegel beschreibt, sagt noch, daß er sie aus Wilhelmshöhe erhielt, und daß die zugleich reifende Späte schwarze Damascene kleiner und ihr Fleisch mehr trocken sei. Obige tauge sehr zum Dörren.   Oberdieck.

No. 103. **Später Perdrigon.** 1: — II, 2. A.; Wahre Dam., blaue Fr. 6: — II, 1. B b.

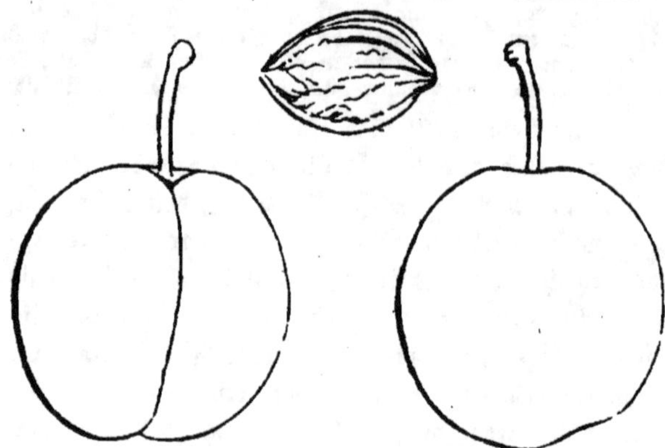

Später Perdrigon. * * Mitte Sept., auch später.

Heimath und Vorkommen: diese Frucht scheint schon mehrfach, jedoch unter verschiedenen Benennungen verbreitet, denn Liegel bekam sie als Später Perdrigon vom Gartendirektor Lenné in Sanssouci, als Späte Königspflaume von Dittrich und als Septemberdamascene von Commanns in Cöln.

Literatur und Synonyme: Liegel III. S. 128 Nr. 346. Derselbe weist auf die in seinem Pflaumenwerke II. S. 229 beschriebene, von der vorliegenden verschiedene Septemberdamascene hin, auch auf Noisette's (vollst. Hbb. II. 2. S. 268 Nr. 42) Späte Monsieurpflaume und auf Christ's (vollst. Pom. S. 119) Späten Perdrigon, Perdrigon tardif, den Christ auch im Hdwb. S. 375 ganz ähnlich, aus Metz abstammend, schildert — und meint Liegel, daß also die Frucht unter den 4 Namen: Später Perdrigon, Späte Herrenpflaume, Späte Königspflaume und (dem unrichtigen) Septemberdamascene im Umlauf zu sein scheine. — Dochnahl III. S. 127 citirt noch Dittrichs, II. S. 285 Späte Königspflaume aus Paris, la Royale de Paris tardive, und es ist diese, die an Dittrich von Fürst in Frauendorf kam, allerdings der Beschreibung nach von der vorliegenden wenig verschieden, doch besaß ich früher von Liegel (oder Dittrich?) unter demselben Namen eine mehr plattrunde Frucht mit sehr gutem, doch härtlichem Fleische und sehr zäher Haut, die sich jedoch gegen Dittrichs Beschreibung zuletzt nicht schwarzblau färbte, sondern violettroth blieb, auch andere Vegetation hatte, wie sie von mir auch im D.O.Cab., Neue Aufl., IV. Sect., 4. Lief. von 1857 abgebildet ist, worauf und daß unter dieser Benennung am Ende doch eine andere Frucht existirt, ich hier aufmerksam machen will.* Obige hat Dittrich III. S. 360.

Gestalt: schwach, länglich rund (ovalrund, Liegel), oben flach abgerundet, nach dem Stiele zu etwas mehr abnehmend, was bei nicht ganz reifen Früchten mehr hervortritt. Rücken und Bauch sind gleich erhoben; in der Mitte ist sie am breitesten.

* Meinerseits fand ich die von Dittrich erhaltene Späte Königspflaume von Paris und die Späte Königspflaume von Liegel in der Vegetation identisch. Früchte sah ich noch nicht. Die Obige gibt das D.O.Cab., Neue Aufl., 4. Sect., 9. Lief. und scheint nach der Abbild. von der oben citirten Späten Königspflaume nicht verschieden.

O.

Die Frucht ist klein, 1″ 1‴ hoch, eben so breit und um ½‴ dicker. Die Furche ist kaum sichtbar, drückt den Rücken wenig und theilt bald gleich, bald ungleich. Im letztern Falle erhebt sich die Bauchseite kurz vor dem Stempelpunkte, so daß die Abrundung nicht ganz eben, sondern wie an b oben ist. Der Stempelpunkt ist fühlbar erhoben, steht flach in der Mitte obenauf.

Stiel: 10‴ lang, dünn, behaart, in enger Höhle, etwas vertieft, in der Mitte der Frucht.

Haut: dick, zähe, geschmacklos, läßt sich abziehen, von Farbe dunkelblau mit nicht sehr zahlreichen feinen goldfarbenen Punkten. Der Duft ist blau und dick.

Fleisch: weißlichgelb, etwas härtlich, von zuckersüßem, sehr edlen Geschmack, welcher noch besser wird, wenn die Frucht am Baume zu schrumpfen beginnt.

Stein: löst sich nicht ganz gut vom Fleische, ist 7‴ hoch, 5‴ breit, 4 dick, hat die von mir gezeichnete Form, die Mittelkante des Rückens ist etwas erhoben, nach unten scharf; die Bauchfurche seicht und breit, ihre Kanten sind stumpf, die Backen rauh, ohne Afterkanten.

Reife und Nutzung: die Reife erfolgt um die Mitte des September, in Meiningen öfters auch später. — Die Frucht ist, wie Liegel bemerkt, zwar sehr gut, doch wird sie von der Gemeinen Zwetsche verdrängt und das um so mehr, weil sie klein und rundlich und blau ist, und dadurch als den blauen Kirschen ähnlich für den Obstmarkt wenig sich eignet. — Christ spricht sich anders aus (gibt aber die Reife später an) „hat das Verdienst, daß sie sehr spät zeitigt und Tafel und Küche versorgt, wenn andere Pflaumen längst vergessen sind, indem sie auch in sehr trocknen und warmen Sommern nie eher als zu Ende October reift und gewöhnlich bis Mitte November am Baume hängen bleibt, ehe sie von selbst abfällt.* Auch zum Trocknen ist sie sehr schätzbar und wird gewöhnlich allen Pflaumen vorgezogen, da sie ihre ganze Güte und Wohlgeschmack und volle Süßigkeit wie im frischen Zustande beibehält“ — wozu ich ein ? setze.

Eigenschaften des Baumes: derselbe wird mittelgroß, ist auch in Meiningen strotzend tragbar. — Sommerzweige weichhaarig, dunkelbraun, nach dem dicken Theile hin graubraun, auf der Schattenseite grün. Blätter groß, eirund (eiförmig, D.), stumpf zugespitzt, oben kahl, unten behaart, seicht doppelt stumpf gesägt. Die Blätter des Tragholzes sind elliptisch oder eiförmig, nach dem Stiele zu oft mehr als nach vorne verschmälert. Blattstiele kurz, dick, behaart, dunkelbraun, meist drüsig.

Bemerkungen: der Späte Perdrigon macht sich kenntlich durch seine ovalrunde Form, die gegen den Stiel etwas abnimmt, und durch seine blaue Farbe. Die ihm ähnliche, ebenfalls ovalrunde, aber schlechtere September-damascene, welche meist früher, oft aber gleichzeitig reift, ist am entgegengesetzten Ende, am Kopfe etwas verjüngt. Die Italienische Damascene, häufig zu derselben Zeit noch vorhanden, von sehr edlem Geschmack, ist mehr rothblau und stärker gelb punktirt. Die Norbets Pflaume, ebenfalls sehr spät, ist sehr klein, plattrund und erst im geschrumpften Zustande genießbar. Blaue Dronet und Lennés blaue Dronet reifen früher und so unterscheiden sich noch andere ähnliche blaue runde Pflaumen durch frühere Reife, auch durch vermehrte Größe, viele auch durch die kahlen Sommerzweige des Baumes, z. B. Herbstkirsche, Herbstpflaume, Schlehenpflaume u. s. w. Auch Lepine hat bei weitem nicht so stark behaarte Sommerzweige wie die vorliegende.

Jahn.

* Fast sollte man meinen, Christ habe die erst neuerer Zeit bekannt gewordene Lepine, die meist nach ihr, in einzelnen Fällen und nach dem Standorte (worauf dabei das Meiste ankömmt) auch mit ihr und selbst vor ihr zeitigt, vor sich gehabt, zumal da die Sommerzweige als glatt von ihm beschrieben sind — denn die Lepine hat nur sehr undeutlich wollige Sommerzweige.

Die Lepine.   Faßt ** und † † Oct. Nov.

Heimath und Vorkommen: ist neueren wohl belgischen Ursprungs und erhielt ich die Sorte durch die Güte des Herrn Behrens
zu Travemünde, weiter herstammend von Papeleu in Belgien, ohne
bisher Näheres über ihren Ursprung erfahren zu haben. Papeleu sagt
im Cataloge von 1854 nur, daß er die Frucht Herrn Lepine verdanke,
der muthmaßlich der Erzieher ist. Möchte vielleicht als eine verbesserte
Auflage der Norbets-Pflaume anzusehen sein; der Baum trägt jährlich
und sehr voll, die Frucht hält oft bis Ende October am Baume, löset sich,
gut reif, völlig vom Steine, hat süßes festes, zwetschenartiges Fleisch
und taugt sehr zum Welken.

Literatur und Synonyme: ist bisher noch nicht genauer beschrieben. Siehe
über sie Monatsschr. II. S. 410 Nr. 340 kurze Angaben. Das D.O.Cab., Neue Aufl.,
4. Sect., 2. Lief. gibt ziemlich gute, nur nach dem Stiel etwas zu stark abnehmende
Abbildung. Eine obiger sehr ähnliche Frucht, die ich aus Göttingen als Süße Krieche
erhielt, zum Welken gerühmt, reifte etwas früher und scheint deren Baum zwergartig
zu wachsen.

Gestalt: Frucht oft ziemlich klein, in guten Jahren fast mittelgroß; 1859 (Jahr. heiß und sehr dürr) hatten die Früchte auf dem
klettevoll sitzenden Baume kaum über 1" Durchmesser; 1860 waren sie
von obiger Größe, 1" 3''' hoch und breit, 1''' weniger dick. Die Form
ist rund, an beiden Enden, am meisten am Kopfe, gedrückt, die größte
Breite in der Mitte liegend. Manche sind etwas breiter als hoch. Die
flache Furche theilt ziemlich gleich. Der große Stempelpunkt liegt auf
der Mitte der Frucht in weiter, ziemlich tiefer Senkung.

Stiel: kurz, dick, häufig rostfleckig, meistentheils gekrümmt, behaart
sitzt in ziemlich tiefer Höhle.

Haut: zähe, ziemlich fein, abziehbar, wenig säuerlich, ist in der Reife schwarzblau. Der Duft ist leicht und hellblau. Feine goldartige Punkte sind ziemlich zahlreich über die Frucht zerstreut.

Fleisch: grünlich, fest, vom Steine ablösig, der Geschmack ist vor rechter Reife etwas herbe, in voller Reife fast süßweinig, ähnlich dem Geschmacke der Hauszwetsche.

Stein: ablösig, 7‴ hoch, 5 breit, 4 dick, dickbackig, afterkantig, von Form oval. Bauchfurche schmal, Rückenkanten breit und stumpf. Er ist oben ein Wenig zu groß gerathen.

Reifzeit und Nutzung: zeitigt erst spät im October nach der Hauszwetsche, scheint nach dem Ergebnisse des kalten Jahres 1860, wenn man sie lange genug hängen läßt, selbst in meiner Gegend jährlich schmackhaft zu werden und für die Tafel angenehm zu sein und ist zum Trocknen werthvoll, wo der Baum auch in den Jahren, in welchen die Hauszwetsche feiert, guten Ertrag geben wird. Getrocknet fand ich sie 1861 sehr schmackhaft, noch etwas süßer als die Hauszwetsche, nur die Haut gekocht nicht ganz so fein. Papeleu führt an, Herr Lepine habe ihm geschrieben, die Frucht, etwas kleiner als die Reineclaude verte, schwarz, rund, sei die beste zur Bereitung von Prünellen, die Zweige brächen unter der Last der Früchte nicht, die der Baum jährlich bringe, der auch durch späte Fröste nicht leide, die Reife der Frucht falle in den November und gut gebrochen halte diese sich bis in den December.

Der Baum wird nach Herrn Lepines Nachricht mäßig groß, wächst jedoch in der Baumschule rasch und auch ein auf die Herrenpflaume gesetzter Probezweig erlangte in 4 Jahren ansehnliche Größe. Sommerzweige dünn, wie die der Mirabellen, gerade, braun, auf der obern Seite stark silberhäutig, kurz behaart, und dadurch wie durch das Silberhäutchen ziemlich grau von Ansehen. Blatt fast flach, klein, runzlig, dunkelgrün, seicht gezahnt, von Form elliptisch, oft etwas mehr zugerundet, unten stark, oben einzeln behaart. Blattstiel hat Drüsen. Augen konisch, spitz, abstehend, sitzen auf flachen, wenig gerippten Trägern.

Anm. Die Norbertspflaume ist merklich kleiner. Die Violette Octoberpflaume ist nicht schwarzblau, mehr roth und deren Baum lange nicht so wuchshaft, auch nicht so dornig als der der Obigen, die sich unter den späteren blauen Pflaumen besonders durch ihren Wuchs kenntlich macht. Die Herbstpflaume ist sehr ähnlich, auch ablösig, der Baum wächst aber anders und hat kahle Triebe.

In Beziehung auf die Anmerkung auf S. 434 bemerke ich, daß Jahns Lepine, welche ich auch erhielt, möglich eine andere Frucht ist, als meine. Sie reifte mir zweimal früher, hat allerdings wenig behaarte Triebe und die Augen sind länger und spitzer als an meiner Sorte, die sicher die rechte ist. Indeß bemerke ich, daß die Triebe meiner Lepine jetzt, Ende October, auch nicht mehr so stark behaart sind als Anfangs September. Nächstes Jahr erhalte ich von beiden wohl auf demselben Zweige Früchte. Oberdieck.

No. 105. **Hofingers Mirabelle.** 1: — II, 2. B.; Wahre Dam., rothe Fr.
6: — II, 2. C a.

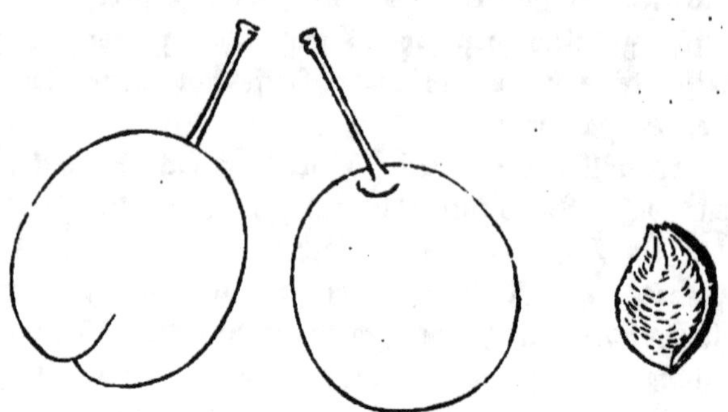

Hofingers Mirabelle. Liegel **† Anf. Aug., oft später.

Heimath und Vorkommen: Liegel fand sie im Garten des Pfarrers Hofinger in St. Peter bei Braunau am Inn. Die Frucht ist zwar klein, doch von Geschmack sehr vorzüglich, zuckersüß und der Baum beweist sich auch ziemlich tragbar, so daß sie dem Liebhaber guter Pflaumen empfohlen werden kann.

Literatur und Synonyme: Liegel beschrieb sie II. S. 234 Nr. 68 unter dem Namen Hofingers Rothe Mirabelle. Er bemerkt, daß Dittrich wahrscheinlich dieselbe Frucht als Rother Spilling in seinem Handb. II. S. 258 beschrieben habe. Dittrich hat Obige III. S. 395.

Gestalt: eiförmig (oval, D.), fast etwas eirund (eiförmig, D.), kaum merklich nach dem Stiele zu abnehmend, im letzten Drittel oder in der oberen Hälfte nach dem Stempelpunkte hin am breitesten. Die Furche ist nur wenig bemerklich; der Stempelpunkt steht in einer kleinen runden Vertiefung. Die Frucht ist klein, noch etwas kleiner als die Gelbe Mirabelle, hat nach Liegel 11‴ Höhe, fast 10 in der Dicke und fast ebensoviel in der Breite, doch wird sie in meinem Garten, wie die meisten Pflaumen, etwas größer, als er angibt.

Stiel: dünn, 7‴ lang, behaart, rostig gefleckt, in enger und seichter Höhle.

Haut: dünn, leicht abziehbar, läßt sich aber auch mitgenießen, da sie nicht sauer schmeckt. Die Farbe ist bräunlich roth, an der Sonnenseite grau punktirt; der Duft ist dünn, bläulich-weiß, so daß sie am Baume dunkelviolett aussieht.

Fleisch: grünlichgelb, weich, saftig, zuckersüß, recht angenehm.

Stein: völlig löslich, wenn die Frucht gut ausgereift ist. Er hat die von mir gezeichnete Form und Größe; die Rückenkanten sind stark ausgebogen, die Mittelkante ist etwas erhöht, die Bauchfurche ist weit und seicht, die Backen sind rauh.

Reife und Nutzung: die Frucht zeitigt nach Liegel gegen das Ende des Juli mit der Johannispflaume gleichzeitig, doch reift auch letztere in Meiningen später, in der Regel um Mitte August, und die vorliegende wurde schon einige Mal erst Anfangs September reif. — Sehr ähnlich ist ihr die bei uns sehr beliebte sogenannte Spitzpflaume. Bechstein hat diese als eine besondere, sich aus ihrem Steine wieder ächt fortpflanzende Art unterschieden und Prunus oxycarpa genannt, nach der nach dem Stiele zu etwas spitzigen Gestalt der Frucht, nicht etwa nach dem Geschmacke, der nichts Säuerliches hat. Auch die Vegetation beider Bäume zeigt viel Uebereinstimmung, doch wird die Spitzpflaume später reif und ihr Geschmack ist weniger süß. — Aehnlich der vorliegenden sind auch die Rothe Mirabelle und der Rothe Perbrigon, beides in guten Jahren recht wohlschmeckende Früchte, doch reifen beide später und die Bäume derselben haben kahle Sommerzweige.

Eigenschaften des Baumes: der Wuchs desselben ist nicht stark, doch ist mein Baum bereits ziemlich groß geworden, er hat, wie ihn Liegel schildert, ein buschigtes, verwildertes Ansehen, doch fehlen ihm die Stacheln, die er in der Jugend haben soll. — Die Sommerzweige sind braunroth, silberhäutig, fein weichhaarig. Die Blätter sind mittelgroß, eiförmig (oval, O.), kurz- und stumpfzugespitzt, am Sommerzweige 2¼" breit, 2¾" lang, am Tragholze meist etwas kleiner und die größte Breite liegt öfters in der vordern Hälfte, sie sind feiner oder gröber gekerbt, oben ziemlich glatt und glänzend, unterhalb ziemlich stark fein behaart, nicht stark runzelig, doch ziemlich stark gerippt, etwas rinnenförmig oder flach, meist an den Stielen wagrecht stehend. Die Stiele sind ziemlich stark, ½" lang, feinbehaart, oberseits geröthet, mit 1—2 Drüschen.

Jahn.

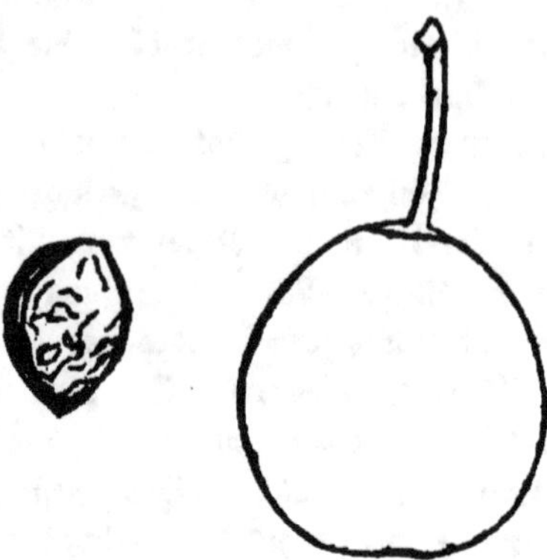

Rothes Taubenherz. Faß ** Anf. Aug.

Heimath und Vorkommen: Liegel bemerkt nicht, woher er diese Frucht habe und sagt nur, daß Christs Handbuch S. 734 und Wörterbuch S. 378 diese Frucht kurz anzuführen scheine. Ist eine recht gute Frühpflaume, deren Baum sehr reich trägt. — Das Reis erhielt ich von Liegel.

Literatur und Synonyme: Liegel II. S. 236 Nr. 338 Rothes Taubenherz, Coeur de Pigeon, Dittrich III. S. 397.

Gestalt: klein, 1" hoch, ½''' weniger breit und dick. Ich hatte sie, freilich bei mäßigem Tragen des Baumes, von obiger Größe. Gestalt nach Liegel umgekehrt kurz eiförmig, so daß sie nach dem Stiele etwas stärker abnimmt. Bei meinen Früchten war das stärkere Abnehmen nach dem Stiele nicht gerade vorherrschend, oft kaum bemerklich, und stellten viele Früchte sich fast rund dar oder waren selbst oval, nach beiden Seiten abnehmend, 1½''' höher als breit. Furche fehlt häufig und wird nur durch eine Linie bezeichnet, so daß der Rücken fast gar nicht gedrückt ist. Der Stempelpunkt sitzt unvertieft in der Mitte des Kopfes.

Stiel: 6''' lang, bei mir öfter etwas länger, ist wenig rostig, gerade, dünn, kurz behaart und sitzt fast nicht vertieft.

Farbe der dünnen, etwas durchsichtigen, säuerlichen, leicht abziehbaren Haut ist lichtbraun, mit Spuren von grünlichen Flecken. Weißgrauliche, dunkelroth eingefaßte Punkte sind mäßig vertheilt. Der Duft ist dünn und hellbläulich.

Das Fleisch ist gelblich, zart, ziemlich consistent, von sehr angenehmem, süßem, durch etwas feine Säure gewürzten Geschmacke.

Der Stein löset sich gut vom Fleische, ist 7—8‴ hoch, 5—6 breit, gegen 4 dick; die ganz kurz vorgeschobene Stielspitze weggedacht ist er spitz eiförmig, welche Form etwas durch merkliches Erheben der Rückenkanten nach dem Stiele hin entstellt wird. Backen ziemlich dick und rauh; Bauchfurche breit, etwas zackig, Rückenkanten stark, die Mittelkante erhebt sich scharf etwas und erweitert sich nach dem Stielende hin.

Reifzeit und Nutzung: zeitigt mit der Bunten Frühpflaume, wenige Tage vor der Königspflaume von Tours, etwas nach der Johannispflaume und Rothen Frühdamascene im 1. Drittel des August. Für den frischen Genuß und den Markt. Nach Beschaffenheit des Fleisches dürfte sie sich auch gut trocknen lassen. Für den frischen Genuß mag man sie der Bunten Frühpflaume fast etwas vorziehen, da der Stein ablösig ist; sie hat indeß den Fehler, daß in häufigem Regen die Früchte vor der beginnenden Reife gern aufspringen und faulen. Der Geschmack ist fast angenehmer als der der Rothen Frühdamascene, und ziehe ich beide der Johannispflaume in hiesiger Gegend entschieden vor.

Der Baum hat gemäßigten Wuchs, ist nach Liegel kenntlich durch seine hellgrünen, stark hängenden Blätter und trägt strotzend, welche große Fruchtbarkeit sich auch bei mir bestätigte. Sommerzweige ziemlich dünn, fast gerade, hellbraun oder schmutzig gelblichbraun, fein weichhaarig, stark silberhäutig. Die Blätter sind mäßig groß, bei mir besonders nur am Fruchtholze hängend, fast flach, nach Liegel behaart und von Form breitoval mit kurzer, aufgesetzter Spitze, bei mir oben unbehaart, und nur theils von der angegebenen Form, häufiger dagegen umgekehrt breiteiförmig. Augen gedrängt stehend, kurz, dick, stumpfspitz, weißlich angelaufen, abstehend. Augenträger mäßig hoch, kurz gerippt.

Anm. Von der Rothen Mirabelle, die auch etwas später zeitigt, und der gleichzeitig reifenden Bunten Frühpflaume unterscheidet sie sich schon durch die behaarten Triebe des Baums und von letzterer auch durch Ablösigkeit des Steins. Die Rothe Mirabelle nimmt auch mehr nach der Spitze stärker ab. Die nur einige Tage früher zeitigende Rothe Frühdamascene wird merklich blauer, ebenso die noch ein paar Tage früher zeitigende Freudenberger Frühpflaume.

Oberdieck.

No. 107. **Frühe Königspflaume.** 1: — II, 2. B.; Wahre Dam., rothe. Fr.
6: — II, 2. B b.

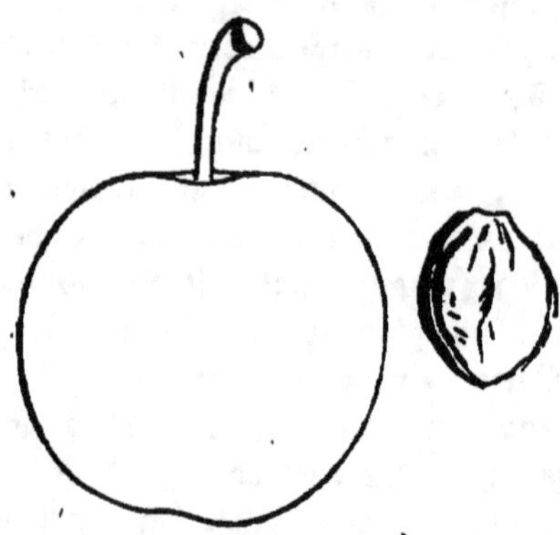

Frühe Königspflaume. ** ½ Aug.

Heimath und Vorkommen: diese sehr gute frühe Frucht, die
mit vorzüglichem Geschmack reiche Tragbarkeit vereint, erzog Liegel aus
dem Steine der Königspflaume. Sie ist der Mutterfrucht ziemlich ähnlich, etwas kleiner, zeitigt aber noch vor der Königspflaume, eben nach
der Königspflaume von Tours und der Herrenpflaume und übertrifft die
Mutterfrucht an Süßigkeit. Mein Reis habe ich von Liegel.

Literatur und Synonyme: Liegel beschrieb sie nur erst kurz in der Monatsschrift 1856 S. 411 unter Nr. 418. Ist nicht zu verwechseln mit der Nikitaer frühen
Königspflaume Nr. 241.

Gestalt: mittelgroß, 15—16''' hoch, ½''' weniger breit als hoch,
und kaum weniger dick. Form fast rund, am Stiele merklich gedrückt,
am Stempelpunkte weniger. Rücken und Bauch sind ziemlich gleichmäßig
ausgebogen. Die flache Furche theilt ungleich. Der feine Stempelpunkt sitzt etwas nach dem Rücken hin, in oft weitem, meist jedoch nicht
starkem Grübchen.

Stiel: mittelgroß, 7''' lang, wenig rostfleckig, behaart, sitzt in
weiter, ziemlich tiefer Höhle, deren Rand nach dem Rücken hin stärker
abfällt.

Haut: fein, ziemlich abziehbar, nur etwas säuerlich. Farbe braun
oder dunkelbraun, mit fast schwarzblauen Stellen an der Sonnenseite,
und wenigen ziemlich starken goldartigen Fleckchen und Punkten. Der
Duft ist blau und dick.

Das Fleisch ist fast goldgelb, zart, von merklich süßem, durch seine angenehme Säure gehobenen, aromatischen Geschmacke.

Der Stein ist ganz ablösig, 7''' hoch, 5 breit, stark 3 dick, rauhbackig und bildet ein oft stark zum Elliptischen neigendes Oval, an dem die Bauchseite nach der Stielspitze sich etwas einzieht, während der Rücken daselbst etwas stärker vortritt. Die Backen sind mäßig erhoben, ziemlich rauh, mit mehreren Afterkanten, von denen die stärkste bis zur Spitze des Steins fortläuft. Bauchfurche ziemlich stark, Rückenkanten breit und flach, mit starken Seitenfurchen. Die Mittelkante tritt nur wenig, doch etwas scharf vor.

Reifzeit und Nutzung: zeitigt ½ August, noch vor der Königspflaume, mit der Frühen Reineclaude, Durchsichtigen und Berlets Frühdamascene. Ist eine schätzbare Tafelfrucht, die allgemeiner bekannt zu werden verdient, zumal der Stein ganz ablösig ist. Uebertrifft an Güte wohl noch die Durchsichtige, die zwar süß, aber vom Steine nicht ablösig ist, und trotz ihres Namens in manchen Jahren eine zu dicke Haut hat, so daß man diese nicht mit genießen kann.

Der Baum wächst gut und ist nach Liegel sehr reichlich tragbar, was meine Probezweige bereits bestätigten. Sommertriebe ziemlich stark, nur etwas stufig, behaart, braunroth, fast nicht silberhäutig gefleckt. Blatt mittelgroß, unten am Zweige groß und elliptisch, fast breitlanzettlich, mitten am Zweige mehr ei-oval, fast flach ausgebreitet, runzlig, mattglänzend, oben nicht, unten stark behaart. Blattstiel hat meistens nicht starke Drüsen. Augen bauchig, kurz stumpfspitz, etwas abstehend, sitzen auf wenig vorstehenden, fast nicht gerippten Trägern.

Oberdieck.

Procureur.   ** Ende Aug.

Heimath und Vorkommen: diese recht schätzbare Frucht erhielt Liegel von Herrn Dochnahl, noch aus Neustadt an der Haardt, der in seinem Führer dabei bemerkt: Frankreich 1851. Mein Reis erhielt ich von Liegel.

Literatur und Synonyme: Liegel III. S. 135 Nr. 149 unter obigem Namen. Dochnahl im Führer nennt sie Platte hellrothe Königspflaume, und wäre der Name Platte Königspflaume auch ganz passend.

Gestalt: mehr als mittelgroß, 1" 5"' dick, etwas weniger breit und 1"' weniger hoch. Größe ziemlich die der Großen Reineclaude, aber stärker plattgedrückt, oben und unten fast gleichförmig platt, größte Breite in der Mitte, Rücken und Bauch gleich erhoben. Furche flach, theilt theils gleich, theils ungleich. Der Stempelpunkt liegt auf der Spitze in einer tiefen, spaltartigen Senkung.

Stiel: nach Liegel 4"' lang, bei mir 6"', ist behaart und sitzt in tiefer Höhle.

Farbe der abziehbaren, ziemlich feinen, nicht säuerlichen Haut ist nach Liegel hellroth und wurde bei mir an den starken Sonnenstellen ziemlich dunkel, fast etwas schwärzlich roth, die Färbung blieb aber im Ganzen eine sehr schöne und freundliche. Feine goldartige Punkte sind häufig. — Der Duft ist dünn und weißbläulich.

Das Fleisch ist hellgelb, härtlich, saftreich, nach Liegel von zucker-süßem, delikaten Geschmack, der bei mir wenigstens noch recht süß und sehr angenehm war, mit etwas feiner Säure gemischt.

Der Stein, deſſen Darſtellung bei Anfertigung des Holzſchnittes oben überſehen iſt, iſt umgekehrt ei-oval, die Rückenkanten über dieſe Form nach dem Stielende hin etwas erhoben, dickbackig, rauh, etwas afterkantig; Rückenkanten ſtumpf, bilden eine breite Fläche; Bauchfurche etwas verwachſen. Er iſt nach Liegel gut ablöſig, war es in dem naßkalten Sommer 1860 bei mir jedoch gar nicht.

Reifzeit und Nußung: zeitigt gegen Ende Auguſt, bald nach der Königspflaume von Tours, mit der Rothen Kaiſerpflaume, Rothen Zwetſche, Weißen Jungfernpflaume ꝛc. Für Tafel und Markt und wohl auch im Haushalte brauchbar. Iſt in meiner Gegend weit beſſer als die Königspflaume von Tours.

Der Baum wächst in der Baumſchule raſch, hat aber nach Liegel bald nur gemäßigten Trieb und ſcheint fruchtbar zu ſein. Triebe etwas ſtufig, fein behaart (ſtellenweiſe in der Mitte der Triebe kahl), an der Sonnenſeite dunkel violettbraun, mit Silberhäutchen unten gefleckt. Blatt groß, oben unbehaart, ziemlich flach, runzlig, nach Liegel oval, oben ſpitz, nach meiner Wahrnehmung theils breitelliptiſch, theils oval, die größte Breite in der Mitte. Blattſtiel hat gelbe, vom Blatte entfernte Drüſen. Augen dick, abſtehend; Augenträger kurz gerippt.

Anm. Iſt ähnlich der Violetten Reineclaube, aber durch die ſtark plattgedrückte Form kenntlich.

Oberdieck.

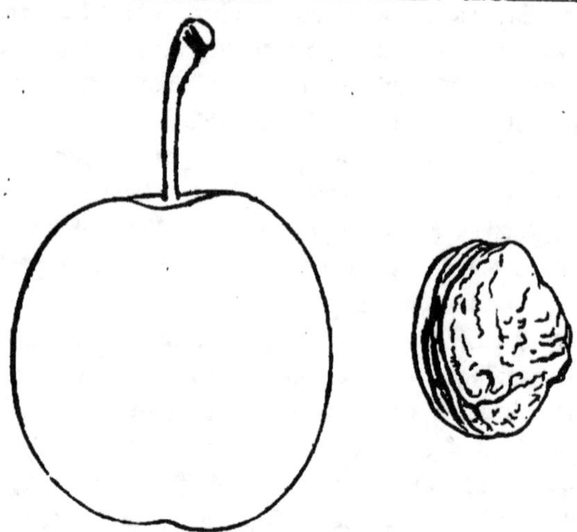

Lucas Königspflaume. ** Anf. Sept.

Heimath und Vorkommen: diese sehr gute Frucht, welche Liegel IV. S. 53 als 6ten zu pflanzenden Baum aufführt, wenn Jemand nur Raum für 6 Pflaumenbäume hätte, erzog Liegel aus dem Steine der Königspflaume von Tours und benannte sie nach Herrn Garten-Inspektor Lucas. Verdient alle Anpflanzung. Mein Reis erhielt ich von Liegel.

Literatur und Synonyme: Liegel IV. S. 37 Nr. 141 unter obigem Namen. Kommt sonst noch nicht vor.

Gestalt: 1½" hoch, 1‴ weniger dick und meistens eben so breit als dick. Manche Früchte waren zum Theil noch etwas größer. Form vor der Zeitigung großentheils eiförmig, in der Zeitigung mehr oval, am Stiele merklich, am Stempelpunkte oft nicht viel weniger gedrückt. Die flache Furche theilt ungleich. Der Stempelpunkt liegt meistens in einer seichten Vertiefung, selten ganz auf der Spitze, aber doch meistens in der Mitte der Frucht.

Stiel: 10‴ lang, ziemlich dick, rostig, sehr kurz behaart, sitzt in tiefer, weiter Höhlung in der Mitte der Frucht.

Farbe der dünnen, etwas säuerlichen, leicht abziehbaren Haut ist blauroth, an der Sonnenseite ziemlich dunkelblau. Feine gelbliche Punkte sind zahlreich.

Das Fleisch ist hellgelb, fast goldgelb, saftreich, nach Liegel von süßem, erhabenen Geschmacke, der indeß bei mir wenigstens in kalten Jahren, ja selbst in dem warmen Sommer 1861, zu säuerlich und bei vollster Reife zu gewürzlos.

Der Stein ist nach Liegel nicht gut ablöslich und war es 1860 und 1861 bei mir gar nicht. Er ist 9, selbst 10''' lang, 7—8''' breit, 5 dick (Liegel gibt die Dimensionen zu 9, 6 und 4 an), oval, an der Spitze abgerundet, mit einer Spur von Spitze, am Stielende merklich abgestumpft, Backen ziemlich dick, sehr rauh, afterkantig, Rückenkanten stark und breit, Mittelkante erhebt sich stark und wird scharf. Bauchfurche breit und seicht. Er ist im Holzschnitte oben ein Wenig zu groß gerathen.

Reifzeit und Nutzung: zeitigt Anfangs September, kaum etwas vor der Großen Reineclaude. Für Tafel und Markt.

Der Baum hat kräftigen Wuchs, erhebt seine Zweige in spitzen Winkeln und ist sehr tragbar, was sich auch bei mir bereits bestätigte. Sommertriebe lang, gerade, dunkelbraun, fast violettbraun, unterseits grün, nach Liegel kurz weichhaarig, bisweilen fast kahl (ich fand sie am Baumschulenbaume ganz kahl),* silberhäutig gefleckt. Blatt groß, dunkelgrün, flach ausgebreitet, etwas hängend, nach Liegel behaart und eiförmig, während ich es oben unbehaart und von Gestalt breitelliptisch, oft eteoval finde. Augen bauchig, spitz, etwas abstehend (nach Liegel stehend), Augenträger hoch, stark gerippt und namentlich die Mittelrippe lang.

Anm. Von der nur einige Tage früher zeitigenden Königspflaume und mehreren dieser ähnlichen oder von derselben entsprungenen Früchten unterscheidet sie sich durch mehr Größe und die ovale Form, sowie die oft kahlen Triebe. Die Diamantpflaume und Coopers große rothe Pflaume, die nur wenig später zeitigen, übertreffen sie wieder noch an Größe, sind schwarzblau und hat die Diamantpflaume auch behaarte Triebe.

Oberdieck.

* In der Uebersicht der Pflaumen Heft IV. S. 64 hat Liegel auch die Frucht zu den rothen Damascenen mit unbehaarten Trieben gesetzt, während sie im System IV. S. 87 II. 2 B classificirt ist. Da die kürzeren Zweige am tragbaren Baume völlig kurz behaart sind, wird die Frucht doch wohl füglicher zu den Wahren Damascenen gerechnet.

No. 110. **Van Mons Königspflaume.** 1: — II, 2. B.; Wahre Dam., rothe Fr.
6: — II, 2. B b.

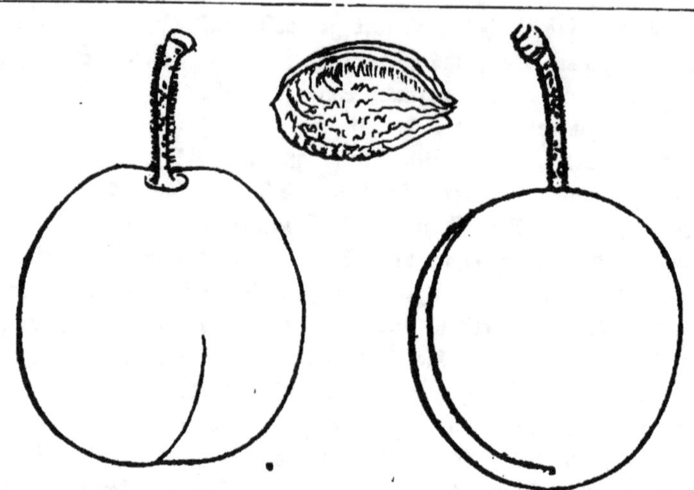

Van Mons Königspflaume. * Ende Aug. oder Anf. Sept.

Heimath und Vorkommen: sie ist unbestimmter Herkunft; van Mons war ihr Verbreiter und nannte sie Reineclaude rouge, aber man weiß nicht, ob er sie erzogen, oder anderswoher bekommen hat.

Literatur und Synonyme: Liegel beschrieb sie als Rothe Reineclaude III. S. 134 Nr. 35. Er erhielt sie von van Houtte in Gent, auch von Oberdieck und bezeichnet sie als eine neue Frucht von van Mons, aber er hebt hervor, daß sie keine Reineclaude und auch keine wahre Damascene sei. — In Belgischen Verzeichnissen findet man auch eine Reineclaude rouge, van Mons, z. B. in dem von Papelen, auch in dem Vilvorder Cataloge. Sie heißt in letzterem Reineclaude rouge de van Mons, Reine nova (Berré); das letztere Wort soll wahrscheinlich die Bezugsquelle bedeuten, oder daß sie Jemand des Namens Berré: Reine nova nennt. Die Frucht wird als groß, oval, roth, I. R. im Sept. reifend bezeichnet und ist jedenfalls die hier vorliegende Sorte. — Dochnahl hat sie im Führer III. S. 135 Van Mons Königspflaume genannt, was ich bei ihrer Aehnlichkeit mit andern Königspflaumen nicht unpassend finde, und nach dem, was Liegel selbst über sie sagte, auch oben zur Ueberschrift wählte. — Im Rouener Bulletin ist von Tougard S. 177 eine Prune van Mons beschrieben und abgebildet, welche aber nach ihrer Schilderung, daß sie in Allem der Reineclaude ordinaire, dite Verte-Bonne gleiche und Ende Aug. oder Anf. Sept. reife, nur die mir ebenfalls bekannte vom Steine noch mehr als die gewöhnliche Reineclaude unlösliche Van Mons Reineclaude ist. — Ganz dieselbe Pflaume erhielt ich vor etwa 10 Jahren aus Weimar als Lawrences Early. — Der Londoner Catalog enthält eine Lawrences mit dem Syn. Lawrences Early und schildert sie ziemlich übereinstimmend mit der vorliegenden als roth, oval, mittelgroß, mit ablöslichem Steine, II. R., Mitte Aug. reifend. Es scheint indessen mehrere Lawrences Pflaumen zu geben und es fragt sich immer noch, ob dieser Name der hier vorliegenden Liegel'schen Rothen Reineclaude zukommt. Denn 1. ist nicht abzusehen, warum dieselbe nebenbei Early genannt wird, 2. be-

kam Oberbieck (Anl. S. 468) von Booth als Lawrences frühe rothe Pflaume
gerade eine mit der Rothen Nectarine zeitigende, also sehr frühe, aber schlechte, grüngelbe, rothmarmorirte mittelgroße Frucht, 3. hat Downing S. 280 unter dem Namen
Lawrences Favourite, Lawrences Gage eine in Amerika erzogene, rundliche, gelblichgrüne, bräunlich gefleckte und roth punktirte in Mitte des Aug. reifende
Pflaume I. R. beschrieben, die nicht wohl die Sorte des Lond. Catal. sein kann und
wohl auch schwerlich, trotz ihrer gleichzeitigen Reife die vorliegende ist*, weßhalb man
also von einer Anwendung des Namens Lawrence auf unsere Pflaume vorerst Um-
gang nehmen muß. Die Frucht ist indessen bei ihrer etwas länglichen Gestalt einer
Reineclaube wirklich wenig ähnlich, stimmt übrigens gut mit Liegels Beschreibung der
Rothen Reineclaube, wie sie hier folgt:

Gestalt: oval (mein eiförmig), oben abgeplattet, nach dem Stiele zu verjüngt
stumpf, Rücken und Bauch ziemlich gleich erhoben, die Breite in der Mitte — doch
finde ich sie auch oft etwas unterhalb der Mitte nach dem Stiele zu, wie meine Zeichnung es vorstellt. — Die Furche drückt den Rücken stark flach und theilt ziemlich gleich.
Der Stempelpunkt liegt oben in der Mitte flach. Die Frucht ist groß, 1½" hoch,
1" 5‴ dick, und 1" 4‴ breit.

Stiel: 10‴ lang, dick, stark behaart, rostig in weiter tiefer Höhle.

Haut: hellbraunroth mit trüben gelben Stellen und einzelnen weißgrauen Punkten. Der Duft ist dick und weißbläulich. Die Haut selbst ist dick, leicht abziehbar.

Fleisch: weißgelb, saftig, strahlig, weich, von ganz süßem erhabenen Geschmack
— doch nur in guten Sommern; in kühlen Jahrgängen ist er oft matt.

Stein: nicht vollkommen löslich, 10‴ hoch, 6‴ breit, 5‴ dick, von Form wie
auf der Zeichnung, oben mit einer Spur von Spitze, Rücken etwas mehr erhoben und
stumpf, Bauchfurche tief, Backen rauh, Breite in der Mitte. Im Sommer 1859
war der Stein gegen andere Jahre leicht löslich.

Reife und Nutzung: die Frucht reift im letzten Drittel des August, so auch
1859; früher hatte ich sie öfters auch erst zu Anf. des Sept. — Dieselbe ist immer
recht schön, eine Zierde der Obstschale, freilich ist sie aber nur in warmen Sommern
wirklich gut, doch tadelt Liegel an ihr das weiche Fleisch und den nicht ganz löslichen
Stein, über welche Fehler man übrigens bei großen Früchten schon eher hinwegsehen kann.

Eigenschaften des Baumes: derselbe ist in Meiningen schwachwüchsig, auch
litt derselbe mehr als andere Sorten in kalten Wintern, er ist aber sehr fruchtbar. —
Sommerzweige rothbraun, behaart. Blätter groß, meist elliptisch, doch auch verkehrt eirund (verkehrt eiförmig, D.), nach dem Stiele zu stark keilförmig, mit langaus-
laufender Spitze, unterhalb behaart, grob, oft doppelt stumpf gesägt; Blattstiele behaart, meist geröthet und mit 2 Drüsen besetzt.

Bemerkungen: die Rothe Reineclaube, sagt Liegel, ist kenntlich durch ihre
schwache lichtrothe Farbe und charakteristisch durch einen kleinen Ring
des Stiels bei der Stielhöhle. — Dies ist so zu verstehen, daß die Stielhöhle
etwas erweitert ist und der Stiel hierdurch fast 1‴ tief frei vom Fleische in der Frucht
steht, wodurch sich eine ringförmige Höhle um den Stiel bildet. Charakteristisch
ist auch der starke behaarte Stiel, durch welchen, wie durch ihre lichtrothe
Farbe sie sich besonders von der mit ihr gleichzeitig reifenden aber bessern Braunauer
Königspflaume unterscheidet. Jahn.

* Nach noch unvollkommenen Früchten, die ich 1860 erhielt, ist Lawrences Favourite eine grüne Frucht, mithin von obiger verschieden. Obige ist im D. Obst-Cab.
Neue Aufl. 4. Sect. 8. Lief. ziemlich gut abgebildet. D.

No. 111. **Prinz von Wales.** 1: — II, 2. B.; Wahre Damascene, rothe Frucht.
6: — II, 2. A b.

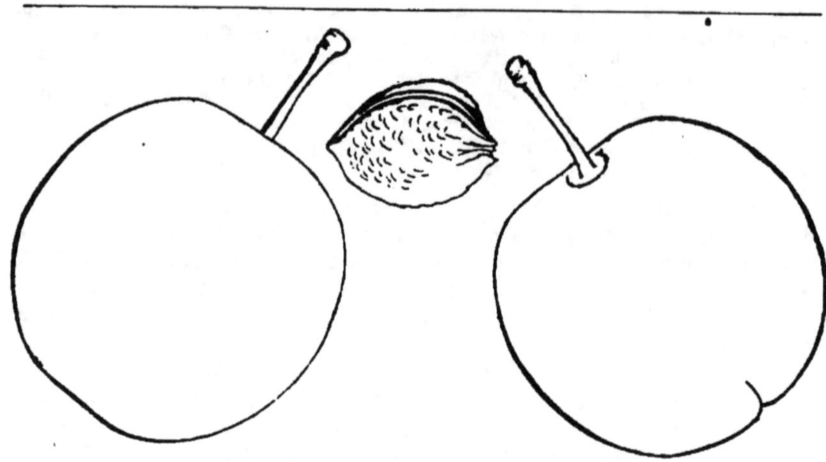

Prinz von Wales. Liegel * † ⅔ Sept.

Heimath und Vorkommen: sie ist schon ihrem Namen nach eine englische Frucht. Der Catalog der königl. Baumschule in Bilvorde für 1856/57 zählt sie unter den von dieser Anstalt neu aus England und Amerika eingeführten Arten auf, und zwar als Prince of Wales (Chapmann), wonach letzterer der Erzieher oder Verbreiter sein würde. — Liegel bekam sie von Hrn. Heinrich Behrens in Lübeck, von welchem auch ich das Reis erhielt.

Literatur und Synonyme: Liegel IV. S. 42 Nr. 234: Prinz von Wales, Prince of Wales. Er bezeichnet sie im Eingang als eine stark mittelgroße, bläulichrothe, plattrunde Damascene ersten Ranges und lieferte auch die weitere Beschreibung, die mit der folgenden von mir selbst entworfenen im Wesentlichen übereinstimmt. — Der Bilvorber Cat. schilbert sie als etwas größer als die Herrnpflaume, Prune de Monsieur, von welcher sie eine Varietät sei, ebenso geformt und gefärbt, I. Ranges, im Sept. reif. Die belgischen Annales VII. S. 7 geben Abbildung und führen als Erzieher Mr. Chapmann in England an, so wie als Synon. Prince de Gallis. Die Abbildung ist fast so groß als obige Figur, doch am Stiel und Kopf stärker gebrückt, breiter als hoch. Lond. Catal. Supplement S. 26 mit dem Beisatze Chapmanns, den auch Hogg im Manuale S. 250 hat. Downing hat sie nicht.

Gestalt: auf der Bauchseite betrachtet ziemlich eiförmig (oval, D.) an beiden Enden gleichförmig abgestumpft, auf der Rückenseite erscheint sie etwas eirund (eiförmig, D.) und ungleich in der Form, weil die Furche nach dem Stempelpunkte hin etwas brückt und ungleich theilt. Die Frucht ist, wie ich sie in Meiningen erzog, groß, auf der höheren

Seite 1″ 10‴ hoch, ebenso dick und 1‴ weniger breit. Liegel hat sie nur mittelgroß, 1″ 4‴ hoch, 1″ 4½‴ breit und dick beschrieben, sagt aber, daß· sie oft mehr als mittelgroß werde. — Der Stempelpunkt ist ziemlich groß, braun, steht obenauf in der Mitte nur sehr wenig vertieft.

Stiel: ziemlich stark, 4—6‴ lang, behaart, grün, braunberostet, in einer ziemlich tiefen, weitausgeschweiften Höhle stehend.

Haut: etwas stark, abziehbar, von Farbe bläulichroth, auf der Schattenseite schimmert etwas Gelbliches durch; in dem dunkleren Roth der Sonnenseite sind braungelbe, fast goldfarbene, feine und stärkere Punkte, stellenweise sehr zahlreich zu bemerken und das hie und da er= kennbare hellere Roth wird durch dunklere Fleckchen ziemlich bunt. Der Duft ist bläulich und dünn.

Fleisch: schwach goldgelb, strahlig, härtlich, sehr saftreich, und von sehr edlem zwetschenartigen Geschmack, nur um den Stein etwas sauer,

Stein: leider unlöslich, doch könnte es in günstigeren Sommern vielleicht anders sein, nach Liegel und den Annales jedoch ebenfalls nicht gut löslich, was den Werth dieser schönen und wohlschmeckenden Frucht wenigstens so weit herabsetzt, daß der I. Rang ihr nicht gebührt. Der Stein hat die obengezeichnete Größe und Form, die Rückenkanten sind sehr erweitert, die Mittelkante ist stark ausgebogen und scharf, die Bauchfurche seicht, die Kanten derselben sind scharf, die Backen schwach afterkantig und etwas rauh.

Reife und Nutzung: sie reifte selbst 1860, wie es auch Liegel von ihr angibt, im 2. Drittel des Sept., in wärmeren Jahren dürfte die Reife hiernach etwas früher sein.

Eigenschaften des Baumes: er wächst, wie auch die Annales bemerken, sehr kräftig und beweist sich schon in der Jugend reichlich tragbar, wie Liegel und die Obstverzeichnisse ihn schildern. Seine Som= mertriebe sind oben violettroth, nach unten braun mit Grau gesprenkelt oder stellenweise silberhäutig, behaart. Blätter groß, breit eirund (eiförmig, O.), kurz und stumpf zugespitzt, grob= oft doppeltgekerbt, ziem= lich runzlig, oberhalb meist kahl, unten dicht behaart, meist wellenförmig oder halbspiralförmig gebogen. Stiel behaart, ohne Drüsen, doch fin= den sich kleine bisweilen am Grunde des Blattes. Am Fruchtholze sind die Blätter kleiner, öfters eiförmig (oval, O.), meist stärker runzlig und ziemlich regelmäßig feingezahnt=gekerbt.

Jahn.

No. 112. **Hudsons gelbe Frühpflaume.** 1: — II, 2. C.; Wahre Dam., gelbe Fr. 6: — II, 3. B b.

Hudsons gelbe Frühpflaume. * * ¹/₃ Aug.
Hudson Gage.

Heimath und Vorkommen: diese häufige Anpflanzung verdienende sehr schmackhafte, der weißen Jungfernpflaume und noch mehr der Frühen Aprikosenpflaume sehr ähnliche Frucht erzog, nach der von Downing gegebenen Nachricht, wenige Jahre vor Herausgabe (1854) seines Werks ein Herr Lawrence (nach dem auch die Lawrence Favourite benannt ist) in der Stadt Hudson unweit New-York in Amerika. Sie kam durch den um die Pomologie verdienten Herrn Behrens zu Travemünde, der Reiser von Downing bezog, auch an Liegel. Mein Reis erhielt ich von beiden Herren überein.

Literatur und Synonyme: Liegel IV. S. 46 Nr. 2⁸2 unter obigem Namen, der insofern nicht ganz paßt, als er den Unkundigen leicht glauben machen wird, ein Herr Hudson sei der Erzieher. Wir haben indeß bereits mehrere ähnliche Namen und Gelbe Frühpflaume aus Hudson wäre ein etwas langer Name. Downing S. 277 ohne Figur; Emmons S. 168. Der Londoner Catal. hat sie noch nicht. Das D. Obst-Cab. Neue Aufl., 4. Sect. 4. Lief. gibt ziemlich gute, nur zu grün gehaltene Abbildung.

Gestalt: mittelgroß, in Form und Größe der Großen Reineclaude ähnlich und noch ähnlicher der Weißen Jungfernpflaume und Frühen Aprikosenpflaume. Nach Liegel nur 13''' hoch, 12 breit, 12¹/₂ dick; meine Früchte waren in fruchtbaren Jahren größer, 17''' hoch und dick und ¹/₂''' weniger breit. Die Gestalt ist theils kurz oval, meistens mehr runblich, am Stiele merklich abgestumpft, am Stempelpunkte, nach dem sie meistens ein wenig stärker abnimmt, auch etwas; die größte Breite liegt in der Mitte, Rücken und Bauch sind ziemlich gleich weit ausgebogen. Nach Liegel soll sie nach dem Stiele etwas stärker abnehmen, worin manche Pflaumensorten veränderlich sind. Furche flach, theilt bald gleich bald ungleich, wo denn die eine Seite der Frucht sich ein wenig stärker erhebt. Der Stempelpunkt liegt auf dem Kopfe in der Mitte der Frucht, nach Liegel nur wenig, an meinen größeren Früchten merklicher vertieft.

Der Stiel ist 6—7''' lang, nach Liegel dick, bei mir dünn, kahl, rostfleckig, und sitzt in der Mitte der Frucht in ziemlich tiefer Höhle, deren Rand nach Bauch und Rücken etwas abfällt.

Farbe der dünnen, nicht gut abziehbaren, nur wenig säuerlichen Haut ist wachsgelb, in Jahren mit wenig Sonne oder im Schatten bleibt sie jedoch etwas grünlichgelb mit durchscheinenden einzelnen stärker grünen Streifen. Zerstreute weisliche und einzelne rothe Punkte fallen wenig ins Auge.

Das Fleisch ist gelb, zart, saftreich von süßem recht angenehmen Geschmacke; die zugleich reifende Durchsichtige ist ein Geringes süßer, steht ihr aber darin nach, daß der Stein derselben unablösig ist.

Der Stein ist nach Liegel ablösig, war es in den warmen Jahren 1858, 59 und 61 bei mir auch, 1860 wo die Reifzeit kalt und naß war, aber nicht. Er ist 8''' hoch, 6 breit, 4 dick, breitelliptisch oder dem Oval sich nähernd, an der Spitze mehr gerundet, mit stärker ausgebogenen Rückenkanten; am Stielende etwas abgestumpft; größte Breite meistens in der Mitte; die Rückenkanten sind stumpf und die Mittelkante erhebt sich stark, wird oft fast scharf; die Backen sind ziemlich rauh. Im Holzschnitt ist er ein wenig zu groß gerathen.

Reifzeit und Nutzung: zeitigt nach Liegel mit dem Catalonischen Spilling im ersten Drittel des Aug., bei mir stets etwas später, fast gleichzeitig mit der Königspflaume von Tours, etwas vor der Durchsichtigen, und noch mehr vor der Weißen Jungfernpflaume und Frühen Aprikosenpflaume. Für Tafel und Markt.

Der Baum hat kräftige Vegetation und ist früh und sehr fruchtbar. Triebe kurz weichhaarig, dunkel rothbraun, gerade, unten mit Silberhäutchen gefleckt. Blatt groß oval oder oval-eiförmig, oben kahl, ziemlich glänzend; Blattstiel stark drüsig; Augen kurz, dick, aufrecht, oft auch etwas abstehend; Träger schwach gerippt.

Anm. Unterscheidet sich von der Durchsichtigen durch mehr Rundung der Frucht und noch mehr des Steins, stärkeren Duft und etwas weniger Saftfülle, von der Weißen Jungfernpflaume durch die weichhaarigen Triebe und etwas frühere Zeitigung, von der frühen Aprikosenpflaume wesentlich nur durch etwas frühere Zeitigung. Die auch ähnliche Weiße Königin ist am Stiel stärker abgestumpft und mehr rothgefleckt.

Oberdieck.

No. 113. Frühe Aprikosenpflaume. 1: — II, 2. C.; Wahre Dam., gelbe Fr.
6: — II, 3. B b.

Frühe Aprikosenpflaume. ** Anf. Sept., Ende Aug.

Heimath und Vorkommen: scheint bisher nur im Hannover=
schen verbreitet gewesen zu sein, wo sie auf allen Märkten erscheint und
häufig auch in den Gärten der Landleute gefunden wird, wo sie durch
Wurzelausläufer sich fortpflanzt. Sie scheint schon mehrmals aus dem
Steine nachgewachsen zu sein, da es eine größere und weniger große
Sorte davon gibt. Der Baum trägt meistens strotzend. Hat mit der
Ottomannischen Kaiserpflaume und Weißen Jungfernpflaume, mit denen
sie reift, ziemlich gleichen Werth, nur ist das Fleisch vom Steine nicht
ablösig, was aber beim Genusse nicht unangenehm ist. Auch Liegel,
dem ich die Sorte mittheilte, lobt ihre Güte.

Literatur und Synonyme: Liegel IV. S. 47 Nr. 352. Oberdiecks frühe
Aprikosenpflaume. Da es keine andere Frühe Aprikosenpflaume gibt, kann der Name
wie oben abgekürzt werden, den ich ihr beilegte, da im Hannoverschen Niemand ihren
Namen kennt. Das schadet auch nicht, wenn man die Frucht nur essen kann. In
pomologischen Schriften fand ich nichts ihr Gleiches. Das D. Obst-Cab. Neue Aufl.
4. Sect. 4. Lief. gibt wenig kenntliche Abbildung.

Gestalt: fast ganz die der Weißen Jungfernpflaume, ein Geringes
kleiner, nach Liegel nur 1″ 5‴ hoch und dick und 1″ 6‴ breit, und ist
dieß die Größe, wenn der Baum zu voll sitzt; gute Früchte haben obige
Größe. An beiden Enden ist sie gedrückt, einzelne sind wirklich höher
als breit, Rücken und Bauch gleich erhoben, die größte Breite in der
Mitte. Der Stempelpunkt liegt in der Mitte der Spitze flach vertieft,
der Rücken hat flache Furche.

Stiel: ziemlich dick, rostfleckig, etwas behaart, 8—9‴ lang, sitzt ziemlich flach vertieft in einer Höhle, deren Rand häufig nach dem Rücken etwas abfällt.

Farbe der ziemlich dicken, abziehbaren, mit weißlichem Dufte belegten Haut ist nach Liegel etwas grünlich gelb, in rechter Besonnung und Reife aber etwas höher gelb, als bei der Weißen Jungfernpflaume. Reibt man den Duft ab, so scheint vor vollster Reife das Fleisch in grünlich gelben und mehr gelben Streifen etwas marmorirt durch. Weißliche Punkte finden sich zerstreut, einzeln auch feine und größere Carmosinflecken.

Das Fleisch ist gelb, durchsichtig, saftreich, auch nach Liegel von süßem erhaben aromatischen Geschmacke.

Der Stein löset sich nicht immer vom Fleische, ist 7''' hoch, 5 breit, 3 dick, fast umgekehrt eiförmig, ziemlich rauh- und dickbackig, Bauchfurche seicht, Rückenkanten mäßig breit, die Mittelkante tritt stark und etwas scharf vor.

Reifzeit und Nutzung: zeitigt einige Tage vor der Weißen Jungfernpflaume meistens Anf. Sept. Für Tafel und Markt.

Der Baum wächst gut, kommt in jedem Boden fort, wird mäßig groß und liefert reichliche Erndten. Triebe ziemlich stark, gerade, kürzere etwas stufig, schmutzig braunroth, unten stark schmutzig silberhäutig, weichhaarig. Blatt fast stehend, flach ausgebreitet, ziemlich runzlig, oben kahl, unten stark behaart, breitelliptisch, einzeln eiförmig. Augen kurz, bauchig, dick, wollig, stumpfspitz, etwas abstehend. Blattstiel meist mit zwei dem Blatte ansitzenden oder nahen Drüsen. Träger ziemlich dick, wulstig, fast nicht gerippt.

Anm. Von den ziemlich zugleich zeitigenden Sorten Weiße Jungfernpflaume und Ottomannische Kaiserpflaume unterscheidet sie sich durch die stark behaarten Triebe und das nicht ablösige Fleisch; die Ottomannische Kaiserpflaume ist auch nicht ganz so rund, mehr hochgelb, und fällt im Winde auch in der Reife selten ab. Von Hubsons gelber Frühpflaume ist obige kaum anders zu unterscheiden, als dadurch, daß letztere etwas früher reift, obige noch etwas edleren Geschmack hat.

Oberdieck.

No. 114. **Weiße Königin.** 1: — II, 2. D.; Wahre Dam., grüne Fr. 6: — II, 4. B b.

Weiße Königin. ** Mitte Aug.

Reine blanche.

Heimath und Vorkommen: diese recht häufiger Anpflanzung werthe Frucht erhielt Liegel unter dem Namen Reine blanche als eine ganz neue Sorte von Herrn Carl Friedrich Ehrhard aus Moritzburg bei Dresden. Nach Herrn Dochnahls Führer wäre sie um 1851 in Frankreich erzogen. Die Annales Jahrgang VII. (1860) berichten näher, daß ein Herr Gallopin zu Lüttich sie erzogen und vor mehr als 15 Jahren (also schon vor 1845) in Handel gebracht habe. Mein Reis erhielt ich von Liegel.

Literatur und Synonyme: Liegel III. S. 148 Nr. 158 Neue weiße Kaiserin. Er nennt sie indeß an andern Orten auch Weiße Königin, und ist dieser Name nicht nur getreuere Uebersetzung, sondern wird auch Verwechslung mit der spät zeitigenden Weißen Kaiserin verhüten. Der Kaiserinnen gibt es bereits ziemlich viele. Die Annales Jahrgang VII. 1860 S. 95 geben gute, kenntliche Abbildung.

Gestalt: mittelgroß, 1" 2‴ (wenn die eine Seite sich erhebt, an dieser höhern Seite 1" 4‴) hoch, 1" 3‴ breit und dick; Gestalt plattgedrückt rund, nach der Spitze etwas verjüngt, am Stiele stark abgeplattet; Rücken und Bauch sind gleich erhoben, der größte Durchmesser liegt mehr nach dem Stiele hin. Furche flach, oft wenig bemerklich, theilt meistens gleich. Der Stempelpunkt liegt in der Mitte des Kopfes in einer seichten, ausgebogenen Senkung.

Stiel: 7‴ lang, ziemlich dick, kurz behaart, sitzt in sehr weiter, ziemlich tiefer Höhlung in der Mitte der Frucht.

Farbe der dünnen, doch zähen, ziemlich abziehbaren Haut ist weißlich grün, zum Gelblichen neigend, mit weißlichen und röthlichen Punkten stark besetzt; auch Rostflecken kommen öfter vor, und die Sonnenseite ist öfter bräunlich angelaufen, nach den Annales auch zuweilen röthlich gefleckt.

Das Fleisch ist gelblich grün, überfließend von Saft, zart, doch nicht weich, nach Liegel von überaus süßem, erhaben aromatischen Geschmacke, der Großen Reineclaude ähnlich. Der Geschmack war bei mir zwar nicht überaus süß, doch allerdings der Großen Reineclaude etwas ähnlich und vorzüglich. In den trockenen Jahren 1858 und 59 war sie nicht nur etwas kleiner, sondern auch noch weniger vorzüglich von Geschmack und paßt der Baum daher vielleicht nicht auf trockenen Boden.

Der Stein ist nach Liegel ablöslich, war es 1859 bei mir auch fast ganz, so daß nur an den Rückenkanten etwas Fleisch sitzen blieb, 1860, wo zur Zeit der Reife naßkaltes Wetter anhielt, war er jedoch gar nicht ablösig. Er ist 6‴ (bei mir 7) hoch, 5‴ breit, 4 dick, oval mit stärker erhobenen Rückenkanten, unter denen die Mittelkante sich erhebt und einzeln nach dem Stielende hin fast scharf wird. Bauchfurche seicht, Backen rauh, schwach afterkantig, Breite in der Mitte. In der Figur oben ist er etwas zu groß ausgefallen, in der Länge um stark 1‴ zu groß.

Reifzeit und Nutzung: zeitigt nach Liegel im letzten Drittel des August, mit der Großen Reineclaude. Bei mir seit 3 Jahren merklich früher als die Große Reineclaude, gleichzeitig mit der Rothen Kaiserpflaume, Durchsichtigen und Königspflaume von Tours, selbst noch vor der Weißen Jungfernpflaume, also mehr Mitte August, und diese frühere Reife gibt ihr hauptsächlich Werth. Auch die Annales setzen die Reife gute 8 Tage vor die der Großen Reineclaude. Für Tafel und Markt.

Der Baum wächst gut, dürfte nicht groß werden und ist auch bei mir sehr tragbar gewesen. Der junge Baum trug schon als starker Baumschulenstamm, blieb auf seinem Standorte und trägt seit 3 Jahren voll. Triebe gerade, weichhaarig, auf der Sonnenseite rothbraun, nach unten silberhäutig gefleckt. Blatt mittelgroß, ziemlich stehend, nicht stark runzlig, fast flach ausgebreitet, oben kahl, unten schwach behaart, nach Liegel eiförmig, ich fand es breitelliptisch. Augen klein, weißwollig, etwas abstehend; Augenträger kurz gerippt.

Anm. Unterscheidet sich von ähnlichen gleichzeitig reifenden Früchten durch die stark gedrückte, nach der Spitze merklich abnehmende Gestalt und den ovalen Stein. Man kann oft zweifelhaft sein, ob man sie zu den grünen oder gelben Früchten rechnen soll, und ist sie in Liegels Verzeichniß IV. S. 149 auch in beiden Abtheilungen angegeben.

Oberdieck.

No. 115. **Grüne Mirabelle.** 1: — II, 2. D.; Wahre Dam., grüne Fr. 6: — II, 4 Cb.

Grüne Mirabelle. * Ende Aug.

Heimath und Vorkommen: diese mehr niedliche als schätzbare Frucht, die hauptsächlich nur für den Sortensammler Werth hat, erhielt Liegel von dem Kunstgärtner und Pomologen Commans in Cöln, und sagt, daß man sie in mehreren Catalogen finde, sie jedoch noch nicht beschrieben sei. Muß sporadisch verbreitet sein und kam mir auch im Hannover'schen schon zweimal vor. Mein Reis erhielt ich von Liegel.

Literatur und Synonyme: Liegel III. S. 147 Nr. 219 unter obigem Namen. Knoop II. Taf. 11 gibt leiblich gute, noch kenntliche Abbildung.

Gestalt: kleiner als die Gelbe Mirabelle und fast ganz rund, 9''' hoch, dick und breit, nur am Stiele merklich gedrückt. Die schwache Furche theilt nur etwas ungleich, drückt aber den Rücken doch wahrnehmbar. Der Stempelpunkt liegt auf der Mitte der Spitze vertieft.

Stiel: 4''' lang, dick, behaart, sitzt etwas vertieft.

Farbe der dünnen, nicht abziehbaren Haut ist gelblich grün, etwas bräunlich angelaufen, auch öfter roth punktirt oder gefleckt.

Das Fleisch ist saftreich, grünlich gelb, zart, von süßem, recht angenehmen Geschmacke, nach Liegel von zuckersüßem, recht lieblich aromatischen Geschmacke, besonders wenn die fest am Baume hängende Frucht etwas geschrumpft ist. Bei mir fielen die Früchte ab, ehe sie einschrumpften.

Stein: nicht ablösig, 5''' hoch, 4 breit, 2½ dick, nach Liegel oval, unten und oben aberundet; ich fand ihn elliptisch und 6''' hoch, 3 dick, dickbackig. Die Mittelkante des Rückens ist erhoben und scharf, die Bauchfurche breit und seicht, und die größte Breite liegt in der Mitte.

Reifzeit und Nutzung: zeitigt im letzten Drittel des August. Nur zum Rohgenuß, und zumal der Stein nicht ablösig ist, zu häufigerer Anpflanzung nicht zu empfehlen.

Der Baum bleibt klein, trägt früh und sehr voll. Sommertriebe klein, braun, unansehnlich fein gelb gefleckt, weichhaarig. Blatt klein, nach Diegel behaart, bei mir oben kahl, unten stark behaart, oval-eiförmig, ich fand es auch elliptisch oder umgekehrt eiförmig. Blattstiele nicht immer mit Drüsen versehen. Augen gedrängt, dick, kurz, abstehend. Augenträger fast ungerippt.

Anm. Bei ihrer Kleinheit und Farbe kann sie mit keiner andern Frucht verwechselt werden als etwa mit dem Weißen Zeiberl, welches aber größer, plattgedrückt und säuerlich ist, auch 4 Wochen später zeitigt, oder der zugleich zeitigenden Grünen Weinpflaume, die etwas ovaler ist, süßsäuerlichen Geschmack hat und einen großen Baum macht mit kahlen Trieben.

Oberdieck.

Reineclaude de Guigne. **† Mitte Sept.

Heimath und Vorkommen: über Herkunft dieser Frucht und
zur Erklärung des Namens (ist Guigne etwa ein Ort?) weiß ich für
jetzt nichts zu sagen. Liegel, von dem ich das Reis erhielt, führt sie
ohne weitere Notizen nur kurz auf III. S. 115 als der Großen Reine=
claude ganz ähnlich, und bemerkt dabei, daß besonders die Große Reine=
claude durch die Aussaat der Steine ächt nacharte, und er nicht nur selbst
bereits auf diese Weise mehrere der Mutterfrucht ganz ähnliche Sorten
erhalten habe, sondern ihm auch noch keine Varietät vorgekommen sei,
die an Größe, Form, Farbe und Güte bedeutend abgewichen sei.
Nach meinen Wahrnehmungen läßt sich indeß die Obige von der Großen
Reineclaude hinreichend unterscheiden, theils durch häufig mehr Größe,
theils durch festeres Fleisch auch etwas mehr gelblich grünliche Farbe,
theils dadurch, daß die Obige in anhaltendem Regen schon vor rechter
Reife aufspringt, wogegen sie bei trockenem Wetter der Großen Reine=
claude an Güte mindestens gleich steht, besonders aber unterscheidet sie
sich von der Großen Reineclaude durch die behaarten Triebe des Baumes.
Ich gebe daher folgende nähere Beschreibung.

Literatur und Synonyme: Liegel III. S. 115 Nr. 376. Sonst finde ich
den Namen auch nicht einmal in Catalogen.

Gestalt: 1859 und 61 hatte ich etliche Früchte von Größe und Gestalt der Figur a oben und notirte auch nur „Wie eine recht große schöne Große Reineclaube," 1860 hatte ich sie dagegen in mehreren Exemplaren von Größe und Gestalt der Fig. b oben nach dem Stiele hin etwas mehr abnehmend und fast flach zugerundet mit nur wenig vertieft stehendem Stiele.

Stiel: stark, behaart, $^3/_4$—1" lang, meistens wohl in enger, flacher Höhle.

Haut: ziemlich stark, straff angezogen, gelblicher als die der Großen Reineclaube, und eben so stark roth angelaufen und punktirt, 1860 selbst dunkler und blutroth.

Fleisch: sehr saftreich, strahlig, etwas härtlicher als bei der Großen Reineclaube, von Geschmack fast eben so süß.

Stein: 8—9''' hoch, 7 breit, fast 5 dick, neigt stark zur umgekehrten Eiform, dickbackig, ziemlich rauh, nach der Spitze gerundet begrenzt, nach dem Stielende verjüngt und etwas abgestumpft. Bauchfurche breit und tief, Rückenkanten breit, stumpf, wie etwas verwachsen; die Mittelkante tritt stumpf nur etwas vor.

Reifzeit und Nutzung: die Reife tritt ein etwas nach der der Großen Reineclaube, 1860 zwischen dem 10. und 20. September.

Der Baum wächst rasch und reichlich so stark als der der Großen Reineclaube, scheint auch fruchtbar. Sommertriebe stark, gerade, steif, braunroth, merklich behaart, mit Silberhäutchen stark gefleckt. Weniger starke Triebe sind jedoch fast nicht gefleckt, wie dies bei Pflaumen ziemlich allgemein ist. Blatt groß, nur etwas rinnenförmig, fast flach, mäßig glänzend, am Fruchtholze oft lang und schmal und zu umgekehrt ei-lanzettlich neigend, an den Zweigen mehr elliptisch oder umgekehrt langeiförmig, mit fast auslaufender Spitze. Blattstiel hat meistens Drüsen. Augen stark, bauchig, nach oben konisch und stehend, unten am Zweige fast anliegend. Augenträger ziemlich stark vorstehend, wulstig, an langen Trieben nur kurz gerippt, an kürzeren stärker und lang gerippt.

Oberdieck.

No. 117. **Rothe Jungfernpflaume.** 1: — II, 2. E.; Wahre Dam., bunte Fr.
6: — II, 5 B b.

Rothe Jungfernpflaume.   In Süddeutschland **, Mitte Sept.

Heimath und Vorkommen: diese schon von Merlet 1667 auf=
geführte, aber noch sehr wenig bekannte Frucht ist für wärmere Gegen=
den von Deutschland eine delikate Tafelfrucht, in meiner Gegend jedoch
von geringem Werthe, zu fade, vom Steine nicht ablösig, und nur in
dem heißen Sommer 1858 fand ich sie süß, wie eine Große Reineclaude.
Diel rühmt sie im Cataloge sehr, etwas weniger Liegel. Dieser sagt
nicht, woher er sein Reis habe, indeß erhielt er es nach der angefügten
Literatur ohne Zweifel ebenso, wie ich, von Diel, und kann ich nicht zwei=
feln, daß ich mit ihm die gleiche Frucht habe.

Literatur und Synonyme: Liegel II. S. 269 Rothe Jungfernpflaume, Virginale à fruit rouge mit der Nummer 17. Dittrich II. S. 289 beschreibt sie nach
eigenen Wahrnehmungen. Pastor Mayer Nr. XXX. Dittr. O.Cab. Nr. 62. Der
Lond. Cat. hat S. 171 nur den Namen Virginale rouge, Hogg im Manual hat
sie nicht.

Gestalt: hat nach Liegel die Größe und Form einer Gelben Catharinenpflaume,
umgekehrt=eiförmig=rund. Auch Dittrich erwähnt, daß die Frucht nach dem Stiele
etwas stärker abnehme. Ich sah sie bisher meistens nach beiden Seiten ziemlich gleich=
mäßig, nur wenig stärker nach dem Stiele abnehmend, von Form und Größe mehr
einer mäßig starken Großen Reineclaude ähnlich, mit der auch Diel im Cataloge sie
vergleicht. Auch mehrmals nur von der Größe, die Liegel angibt 1¼″ hoch, 1″ 2‴
dick und ½‴ weniger breit, in guten Exemplaren jedoch von der Größe der obigen
Figur, wie ich sie auch aus Herrnhausen erhielt. Die Abweichung rührt vielleicht
daher, daß meine jungen Bäume und Zweige nur selten und nur wenige Früchte
hatten, findet sich indeß doch auch bei andern Früchten hier ähnlich. Am Kopfe ist
sie ziemlich stark gedrückt, so daß sie aufstehen kann, am Stiele weniger, wo sie nach
Liegel bisweilen selbst eine kurze vorgeschobene Spitze hat. Bauch und Rücken sind
nur etwas gedrückt. Die flache Furche theilt ungleich, oft auch fast gleich; der

Stempelpunkt steht etwas vertieft — nach Liegel ganz flach, — meistens neben der sich etwas erhebenden Spitze der einen Hälfte der Frucht.

Stiel: 6 — 7''' lang, mäßig dick, rostfleckig, stark behaart, sitzt in enger, flacher Vertiefung.

Haut: dick, etwas zähe, läßt sich abziehen, ist wenig säuerlich, von Farbe nach Liegel gelb, charakteristisch stark roth punktirt, roth gefleckt und roth angelaufen, vorzüglich gegen den Stiel, wobei in warmen Sommern die Früchte fast ganz roth werden. Dittrich schildert sie ziemlich ebenso. In meiner Gegend blieb die Grundfarbe immer unansehnlich und stellenweise grünlichgelb und auch die Röthe, die im Uebrigen ebenso war, blieb etwas düster, oft nur Kreischen um die Punkte bildend und dazwischen roth angelaufen. Der Duft ist nach Liegel weißlich, bisweilen etwas bläulich, nach Dittrich und wie ich ihn fand fein und bläulich.

Fleisch: fein, gelblich, saftreich, härtlich, nach Liegel von überaus süßem, äußerst erhabenen, gewürzten Geschmacke.

Stein: nach Liegel nicht völlig ablöslich, war es bei mir bisher gar nicht. Seine Gestalt kann ich mit Liegels Angaben: (verschoben, lanzettförmig-oval, oben scharf-, unten zackig-spitzig, Rücken stark erhoben, größte Breite etwas nach unten) nicht ganz vereinigen und finde ihn wie Dittrich angibt oval, nach dem Stielende hin etwas zugespitzt und etwas abgestumpft, am Kopfe abgerundet mit einer kleinen stumpfen Spitze, Bauchfurche ziemlich stark, Rückenkanten breit, die Mittelkante vorstehend; größte Dicke etwas nach dem Stielende hin, Backen erhoben, ziemlich rauh.

Reifzeit und Nutzung: zeitigt nach Dittrich und Liegel Mitte Sept., bei mir in kühlen Jahren erst Ende Sept. Liegel nennt sie eine sehr schöne recht gute Frucht, die Anpflanzung verdiene, obwohl ihr Stein sich nicht völlig löse. Diel sagt: sehr saftvolles, gelbes, köstliches Fleisch; Dittrich: nach meinem Urtheile eine der besten Pflaumen.

Der Baum wird nach Diel groß, macht viel feines Holz und ist fruchtbar. Liegel nennt ihn mäßig groß, und empfindlich für Frost, weßhalb er selten voll trage. Er setzt hinzu, daß der Baum spät blühe, und er bei demselben schon mehrmals gegen Ende Mai neu sprossende Blüthen bemerkt habe, wie bei der zweimal tragenden Pflaume. Sommertriebe fast gerade, violett braun an der Sonnenseite silberhäutig gefleckt, weichhaarig. Blatt ziemlich klein, stehend, etwas rinnenförmig, etwas runzlig, nach Liegel auch oben behaart und von Form eiförmig, auch etwas länglich eiförmig, während ich es mit Dittrich länglich und nach beiden Enden ziemlich gleichförmig zugespitzt, also ziemlich elliptisch fand. Augen etwas breit gedrückt, spitzig, abstehend oder aufrecht stehend etwas weißwollig. Augenträger klein, niedrig, schwach gerippt.

Anm. Ist durch ihre bunte Farbe und die ohne Zweifel meistens vorherrschend umgekehrte Eiform kenntlich. Liegel sagt, daß die Gelbe Catharinenpflaume ihr auffallend ähnlich sei (was bei mir gar nicht der Fall war), aber nie so viel Röthe annehme und sich außerdem durch spätere Zeitigung und kahle Triebe von Obiger unterscheide.

Oberdieck.

Kirschen.

No. 70. **Altenlander Frühkirsche.** Truchseß; I, A a. Schwarze Herzkirschen.

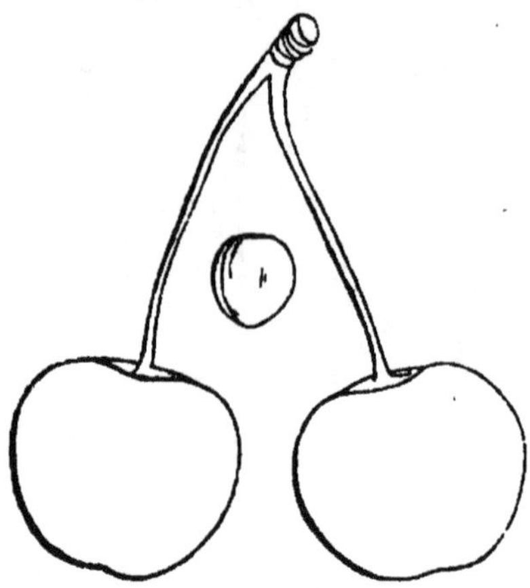

Altenlander Frühkirsche. **† 1. W. b. K.Z.

Heimath und Vorkommen: diese sehr schätzbare Frucht, welche die Frühe Maiherzkirsche an Größe übertrifft, und nur ein paar Tage nach ihr reifte, erhielt ich in Nienburg mit einem Dutzend anderer Kirschensorten aus dem Altenlande (die sämmtlich provinziell benannt waren, z. B. Meta Sumfield, Möhlmanns Weiße, Barthold Sumfields Braune, Weißberster, und so weit sie bis jetzt trugen, geringen Werth zeigten) als Große braune ohne Namen und ist sie wahrscheinlich eine Samenfrucht des Altenlandes. Verdient alle Aufmerksamkeit der Pomologen und Kirschenfreunde.

Literatur und Synonyme: beides fehlt.

Gestalt: Größe mehr als mittel, stumpfherzförmig, etwas zu vier-eckiger Form neigend, am Stiele stark, am Stempelpunkte etwas, oft auch ziemlich stark abgestumpft, zu beiden Seiten gedrückt, auf der Rücken-seite am stärksten. Der Bauch hat flache Furche, der Rücken nur Linie, meist selbst stellenweise eine kleine Erhöhung. Der starke Stempel-punkt sitzt in weiter flacher Vertiefung.

Stiel: 1¼" lang, ziemlich stark, gelbgrün, sitzt in weiter, etwas flacher Höhlung.

Haut: glänzend, ziemlich zähe, in voller Reife kohlschwarz ohne lichtere Stellen, so daß sie ihren Namen in den Vierlanden nur davon haben wird, daß man sie allermeist vor der eigentlichen Reife pflückt, um sie theuer zu verkaufen.

Fleisch: schwarzroth, zart, saftreich; der Saft sehr dunkelroth, der Geschmack süß, durch angenehme feine Säure erhaben und vorzüglich.

Der Stein ist fast kurzoval, am Stielende abgeschnitten oder neigt vielmehr zu breit eiförmig, und ist etwas dickbackiger und etwas kürzer als bei der Frühen Maiherzkirsche. Nach der Spitze nimmt er etwas ab. Die Rückenkanten sind breit und die Seitenkanten des Rückens stark.

Reifzeit und Nutzung. Zeitigte 1859 und 60 fast gleichzeitig mit der frühen Maiherzkirsche, nur ein paar Tage später, noch in der 1sten Woche der Kirschenzeit. Für Tafel, Markt und Haushalt schätzbar. Der Baum wächst bisher rasch und ist, bei dem Anbau der Sorte im Altenlande, an seiner beträchtlichen Fruchtbarkeit nicht zu zweifeln.

Anm. Durch etwas mehr Größe, tiefer schwarze Farbe, ein Geringes spätere Zeitigung und etwas mehr feine Säure im Geschmack, auch die Neigung zur viereckiger Form unterscheidet sie sich von der Frühen Maiherzkirsche, durch kürzeren stärkeren Stiel und weniger runden Stein auch von der Coburger Maiherzkirsche.

Oberdieck.

No. 71. **Königliche Herzkirsche.** I, A a. Truchseß; Schwarze Herzkirschen.

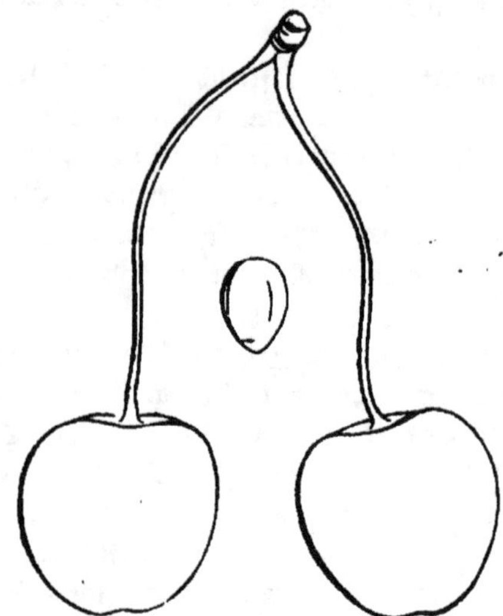

Königliche Herzkirsche. **✝ Anf. b. 3. W. b. K.Z.

Heimath und Vorkommen: diese höchst schätzbare Frucht erhielt ich von der Societät zu Prag unter dem Namen Double Royale und weiß nicht, woher sie weiter stammt, da auch der mir derzeit gesandte Catalog der Societät darüber keine Auskunft gibt, und ich nichts ihr Entsprechendes in pomologischen Schriften finden kann. Da der Name Royale richtiger nur Süßweichseln zukommt und bei Obiger nicht paßt habe ich die Sorte, wie oben, passender zu benennen geglaubt. Die Sorte zeichnet sich durch Frühzeitigkeit und trefflichen Geschmack aus.

Literatur und Synonyme: wird ohne Zweifel hier zuerst beschrieben. Synon. Double Royale.

Gestalt: die Frucht ist noch groß, herzförmig, am Stiele ziemlich, am Stempelpunkte kaum etwas abgestumpft, so daß sie etwas stumpfspitz zuläuft. Auf Rücken und Bauch ist sie fast nicht gedrückt, am meisten noch auf der Bauchseite, die schmale Furchen hat. Der Rücken bildet allermeist eine kleine Erhöhung, nach der Spitze hin aber eine flache Vertiefung, die größte Breite liegt mehr nach dem Stiele hin. Der starke Stempelpunkt sitzt in einem schönen Grübchen, und erhebt sich die Spitze nach dem Rücken hin etwas über ihn.

Stiel: lang, dünn, grün, sitzt in weiter meistens recht flacher Höhlung.

Haut: fein, glänzend dunkel braunroth, in voller Reife fast schwarz.

Fleisch: zart, saftreich, etwas hellroth und heller als der dunkelrothe Saft, von weinartig süßem, sehr vorzüglichen Geschmacke.

Der Stein ist lang, fast spitz-eiförmig, nicht sehr dickbackig, nur mäßig groß. Die Rückenkanten sind flach und nicht stark.

Reifzeit und Nutzung: zeitigte bei mir mit Büttners schwarzer Herzkirsche Anfangs der 3. Woche der Kirschenzeit. Muß auch für Haushaltszwecke taugen.

Der Baum wächst rasch und gesund mit langen, etwas feinen Trieben. Er trug mir in der Baumschule selten einige Früchte; nachdem ich indeß einen jungen Hochstamm etwas hatte heranwachsen lassen, und derselbe nach der Pflanzung 5 Sommer stand, trug derselbe 1860 voll und hat auch 1861 wieder ziemlich viel Frucht, obwohl dasmal sehr viele Kirschen nicht tragen, so daß ich an der Fruchtbarkeit der Sorte nicht zweifle.

Anm. Durch ihre etwas zugespitzte Form und besonders durch den lang- und spitzeiförmigen Stein unterscheidet sie sich leicht von andern gleichzeitig reifenden schwarzen Herzkirschen.

Oberdieck.

No. 72. **Große süße Maiherzkirsche.**   I, A. a. Truchseß; Schwarze Herzkirschen.

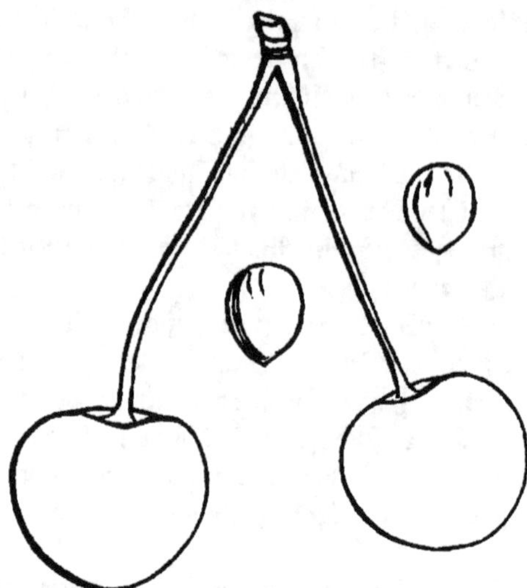

Große süße Maiherzkirsche.   ** † 3. W. b. K.Z.

Heimath und Vorkommen: wurde zuerst von Christ ins pomologische Publicum gebracht und ist in der Gegend von Kronberg verbreitet, so daß sie dort, wie auch Truchseß vermuthet, aus Samen entstanden sein mag. Sie scheint bisher nur sporadisch verbreitet, verdient aber wegen Tragbarkeit, guten Geschmacks und Brauchbarkeit für die Küche und zum Dörren häufige Anpflanzung, und hat nur, wie leider so viele andere Kirschen, den Fehler, daß sie gern aufspringt, wenn zur Zeit der Reife anhaltendes Regenwetter eintritt. Ich erhielt die Sorte von Diel, Liegel und durch Jahn aus Jerusalem ganz überein und bilden diese 3 die Hauptzweige meines jetzigen Hochstammes.

Literatur und Synonyme: Truchseß S. 126 unter obigem Namen. Das Beiwort Große ist ihr zum Unterschiede von der Süßen Maiherzkirsche gegeben (Truchseß S. 111) die ich von Diel so hatte, daß ich sie von der Obigen nicht unterscheiden konnte, mir wieder einging, und ich seitdem nicht ächt wieder bekommen konnte. Dittrich II. S. 26. Christ brachte sie in seinen Schriften zuerst unter dem Namen Schwarze Maikirsche, im Handb. 1. Aufl. S. 532 unter dem noch unpassenberen Namen Doppelte Maikirsche, Cerise nouvelle d'angleterre, nach Duhamel Cerise Guigne, welcher erstere Name richtig eine Süßweichsel und zwar die Rothe Macker'sche bezeichnet, welche auch Duhamels Cerise Guigne sein wird, und die Kraftsche Cerise Guigne (Kraft I. S. 6 Taf. 14) bei Truchseß wirklich war. Als Cerise nouvelle d'angleterre, Cerise Guigne ou Royale ou Nouvelle d'angleterre, Cerise Guigne variété, erhielt Truchseß (S. 484 ff.) drei Glaskirschensorten, vielleicht jedoch nur irrig so benannt, da Duhamel am Schlusse seiner Cerise Guigne sagt, daß die Gärtner sie auch Cerise nouvelle d'angleterre nenneten. Mit Nouvelle d'angleterre bezeichnet man jetzt in England die Rothe Oranienkirsche. — Im Handb. 2. Aufl. S. 662 Nr. 11, 3. Aufl. S. 673 Nr. 4, Wörterb. S. 274 und vollst. Pomol. II. S. 171 Fig. 4 hat sie Christ unter Truchseß Benennung, mit fast richtiger Beschreibung (siehe Truchseß Bemerk.) nur am letzten Orte. L.O.G. XXII. S. 157 Taf. 15. L.F.G. VII. Taf. 34. Sowohl Christs als Sicklers Abbildungen sind in Form zu rund. — In der Pariser Nationalbaumschule nannte man sie, nach Feuille du Cultivat 1804 S. 136. La grosse Guigne douce de Mai; doch ist von Allem, was Truchseß dorthin sandte, wahrscheinlich in Frankreich nichts mehr bekannt.

Gestalt: Die Kirsche ist nach Truchseß groß, und ist mir erinnerlich, daß ich sie in Sulingen auch merklich größer hatte als obige Figur, die ich gezeichnet habe, wie die Sorte 1859 und 60 auf volltragendem Baume sich hier gab. Sie ist am breitesten etwas nach dem Stiele hin, zu beiden Seiten des Stiels etwas aufgeworfen, nimmt nach der Spitze allmälig ab und rundet sich zu einer stumpfen Spitze zu. Der Stempelpunkt sitzt in einem schönen Grübchen, und manche recht große Exemplare ziehen sich auch bei dem Stempelpunkte ein Weniges ein. Der Rücken ist stärker gedrückt als der Bauch; auf diesem findet sich etwas von Furche, dort nur Linie.

Stiel: 1½" lang, oft länger, ziemlich stark, nimmt bei recht reifen Früchten etwas Röthe an, und sitzt in enger nicht tiefer Höhlung.

Haut: dunkelbraun, in voller Reife fast schwarz, etwas zähe.

Fleisch: zart, im Durchschnitt schwarzroth und der Saft sehr dunkelroth. Der Geschmack ist schon wenn sie dunkelbraun ist, süß, nimmt bei voller Reife an Süßigkeit zu und wird pikant und gewürzreich.

Stein, verhältnißmäßig nicht groß, mäßig dickbackig, etwas breit und zugleich spitz eiförmig, die Rückenkanten sind breit und stark und werfen sich nach dem Stielende hin etwas auf.

Reifzeit und Nutzung: zeitigt etwas nach der Werber'schen schwarzen Herzkirsche, ziemlich gleichzeitig mit der Tartarischen Schwarzen, etwas vor Fromms Herzkirsche, in der 3. Woche der Kirschenzeit. Für die Tafel und den Haushalt schätzbar.

Anm. Von Büttners schwarzer Herzkirsche und der Schwarzen Tartarischen, mit denen sie reift, auch von Fromms Herzkirsche unterscheidet sie sich durch etwas weniger Größe und weniger starke Furchen; die Ochsenherzkirsche reift später, ist größer, länger und spitz herzförmiger, hat auch consistenteres Fleisch.

Oberdieck.

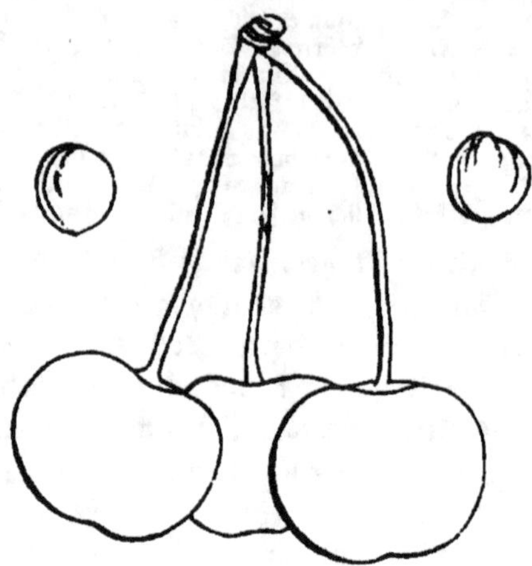

Schwarzer Adler. ** † 1. W. b. K.3.

Heimath und Vorkommen: diese delikate, schon ziemlich verbreitete Kirsche wurde erzogen von einer Tochter des bekannten Esq. Knight in England, ums Jahr 1806 zu Downton castle, angeblich aus einem Steine der Bigarreau (unsere Holländische Prinzessin, oder eine derselben ähnliche Frucht) befruchtet mit der May Duke (Rothe Maikirsche). Die Richtigkeit dieser Angabe muß jedoch wohl noch in Zweifel gezogen werden, da sie von beiden Eltern nichts hat, als etwa im Geschmack Aehnlichkeit mit der rothen Maikirsche. Sie wurde Anfangs als sehr groß bezeichnet und auch Downing zeichnet sie so, wenn gleich er im Text sagt: Fruit rather obove medium size; doch wird vielleicht nur der Urstamm sehr große Früchte gehabt haben, wie es sich öfter ereignet, daß bei der Fortpflanzung durch Vereblung eine Frucht an Größe verliert, und kann ich an der Aechtheit meiner Sorte, die ich aus Prag und von J. Booth zu Flotbeck ganz überein habe, nicht mehr zweifeln, da auch der Londoner Catal. und Hogg sie nur als mittelgroß bezeichnen. Sie ersetzt an großer Fruchtbarkeit und edlem Geschmacke, was ihr an Größe abgeht, und verdient häufigsten Anbau.

Literatur und Synonyme: Lond. Cat. Nr. 15 Black Eagle, Downing S. 170, welcher als Schriftsteller, bei dem sie vorkommt, nach Lindley allegirt. Pomol.

Magaz. III. Nr. 127. Dittrich hat sie III. S. 244 und berichtet ungenau, daß sie von Knight selbst erzogen sei. Das D. Obst-Cab., neue Aufl. 3. Sect. 2. Lief. gibt wenig kenntliche, zu kleine Abbildung.

Gestalt: Größe oft mehr als mittel; da indeß der Baum voll trägt und oft (wie auch Downing anmerkt,) 3 ja selbst 4 Früchte an demselben kurzen Stielabsatze hängen, so ist sie meist nur mittelgroß. Am Stiele ist sie stark abgestumpft, auch am Stempelpunkte merklich gedrückt, am Bauche wenig, am Rücken dagegen stark breit gedrückt, so daß sie in Form zu einem abgerundeten Viereck sich neigt. Der Bauch zeigt flache und der Rücken noch flachere Furche, die jedoch nach dem Stiele hin breit und tiefer wird. Der Stempelpunkt sitzt auf der Spitze in weitem, tiefem Grübchen.

Stiel: meist 1½" lang, oft etwas kürzer, oft etwas länger, ziemlich stark, hellgrasgrün und sitzt in weiter oft ziemlich tiefer, oft auch flacher Höhlung.

Haut: ziemlich glänzend, dunkel braunroth, zuletzt schwarz mit lichteren Stellen.

Das Fleisch ist sehr zart, der reichlich vorhandene Saft dunkelroth, der Geschmack süßweinig, delikat, ähnlich dem von Spitzens Herzkirsche und scheint am vorzüglichsten zu sein, wenn die Kirsche noch nicht schwarz geworden ist.

Stein: mäßig groß, rundlich, nicht sehr dickbackig, oft stumpf und breit herzförmig; Rückenkanten schmal und flach, die Mittelkante steht etwas vor.

Reifzeit und Nutzung: zeitigt noch vor der späten Maulbeerkirsche, ziemlich gleichzeitig mit Spitzens Herzkirsche, Ende der 4. Woche der Kirschenzeit. Für die Tafel schätzbar und sicher auch zum Welken sehr vorzüglich.

Der Baum ist gesund, wächst rasch und macht eine etwas breite Krone. Die Zweige sind dicht besetzt mit kurzem Fruchtholze und dadurch sehr fruchtbar.

Anm. Von der Späten Maulbeerkirsche unterscheidet sie sich durch mehr Größe, etwas frühere Reife und süßeren Geschmack. Spitzens Herzkirsche ist meist noch etwas größer, nicht so viereckig und strebt deren Baum mit dicht verzweigter Krone mehr in die Höhe.   Oberdieck.

No. 74. **Frühe schwarze Knorpelkirsche.** I, A b. Truchseß; Schwarze Knorpelkirschen.

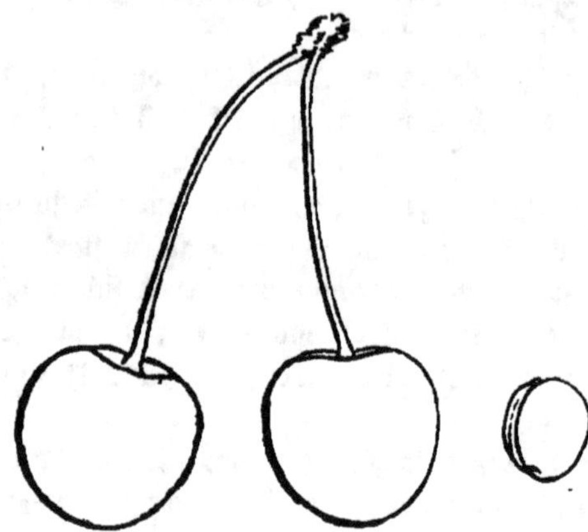

Frühe schwarze Knorpelkirsche. † Ende Juni bis Mitte Juli.
Ende der 2. W. d. K.Z.

Heimath und Vorkommen: sie stammt aus Herrenhausen, woher sie Büttner in Halle 1797 erhielt und an Truchseß wieder mittheilte.

Literatur und Synonyme: Truchseß S. 197, T.O.G. VII. Bd. S. 370 Nr. II. — Christ Hdwb. S. 277. — Heinecken nennt sie irrigerweise nebenbei Bigarreau hatif petit. Im Deut. Obstcab. Neue Aufl. 3. Sect. 3. Lief. ist sie zu klein und nicht deutlich abgebildet. — In der Pariser Nationalbaumschule (wohin sie durch Truchseß kam) wurde sie, nach Feuille du Cultivat 1804 S. 137, La Guigne noire benannt. —

Gestalt: die Kirsche ist vom Stiele aus auf beiden Seiten breit gedrückt und endigt sich mit einer stumpfen Spitze. Sie gehört zu den kleinen Kirschen. Auf einer Seite hat sie eine merkliche Rinne.

Stiel: von mittelmäßiger Länge, gegen andere Süßkirschen sogar etwas kurz.

Haut: glänzend schwarz.

Fleisch: hart, sehr schwarzroth. Saft sehr färbend, bei seiner Süßigkeit ziemlich bitter und dadurch vor vielen andern Kirschen ausgezeichnet.

Stein: eirund (eiförmig, O.), ziemlich groß, etwas breitgedrückt.

Reife und Nutzung: sie reift bis zur ersten Hälfte des Juli und macht sich durch diese frühe Reife hauptsächlich schätzbar.

Eigenschaften des Baumes: dieser wächst in der Jugend ziemlich kräftig, doch wird er nur mittelgroß. Er ist aber sehr fruchtbar und trägt in den meisten Jahren voll.

Bemerkungen: Zu Truchseß Zeit und noch bis vor wenigen Jahren hatte die vorliegende Kirsche ihren besonderen Werth, weil es (wie mir der Gärtner Egers zu Jerusalem, der das Truchseß'sche Sortiment mit Vorliebe pflegte, oft auseinandersetzte) zu ihrer Zeit nur wenig andere schwarze Knorpelkirschen gab; denn die Seckbacher Kirsche, eine kleine Frucht, nicht viel größer als eine gut ausgebildete Vogelkirsche, reift etwas früher und nur die Thränenmuskateller bisweilen zugleich mit der vorliegenden, öfters aber auch 8 Tage später. Seit einigen Jahren ist mir nun aber eine neue Kirsche dieser Klasse, die Tabors schwarze Knorpelkirsche bekannt geworden. Sie ist größer und schöner, recht wohlschmeckend und sie reifte 1858 6 Tage früher, so daß durch sie die Frühe schwarze Knorpelkirsche doch in den Hintergrund tritt. — Desungeachtet verdient die Kirsche noch wegen der reichen Tragbarkeit des Baums und weil sie in guten Jahren und völlig ausgereift viel von ihrer Bitterkeit verliert, immer noch beibehalten zu werden.

Jahn.

Anm. Die Seckbacher ist bei mir fast so groß gewesen, als obige Figur, von sehr gutem Geschmacke und klettevolltragend. Aber ich stimme ganz bei, daß beide durch die Tabors schwarze Knorpelkirsche und vielleicht noch mehr durch die von Lucas aufgefundene Hebelfinger Riesenkirsche entbehrlich werden.

O.

Die Seckbacher. * † 3. W b. K.Z.

Heimath und Vorkommen: diese zum Anbau oft empfohlene Sorte, von der auch Truchseß sagt, daß sie wegen früher Reife und wirklich vorzüglichen Geschmacks häufige Anpflanzung verdiene, wenn gleich er hinzusetzt, daß bei deren Trocknen wegen Kleinheit der Frucht und Größe des Steins nicht viel Ersprießliches herauskommen werde, ist wahrscheinlich deutschen Ursprungs, ist benannt nach dem Dorfe Seckbach im Hanauischen, wo, so wie um Kronberg, sie sehr viel gebaut wird. Der Geschmack ist allerdings süß, die Fruchtbarkeit groß, doch ist sie an Größe eine wahre Vogelkirsche, und haben wir jetzt größere, ebenso früh reifende Knorpelkirschen, so daß ich sie für sehr entbehrlich halte, falls nicht eine langjährige Vergleichung einen ganz merklich höheren Ertrag von ihr nachweise, als von größeren Knorpelkirschen. Mein Reis erhielt ich von Liegel und dieser bekam die Sorte von Truchseß.

Literatur und Synonyme: Truchseß S. 167. Seckbacher Kirsche; Dittrich II. S. 38; T.O.G. XXII. Taf. 23; T.F.G. VII Taf. 49. Christ führt in seinen Schriften z. B. Von Pflanzung und Wart. 1. Aufl. S. 269 Nr. 3, Dorfgärtner S. 266, Nr. 3, Hdb. 1. Aufl. S. 532, Wörterb. S. 276, Vollst. Pomol. II. S. 176 Nr. 9. den Namen Seckbacher nur als Nebennamen auf, hat als Hauptnamen meistens den ganz unpassenden Namen Späte Maikirsche und noch mehrere andere unrichtige, nur Süßweichseln oder Weichseln zukommende Benennungen als Royal tardif, Schwarze Weichsel, Herzogskirsche, Cherry Duke, Mai-Duke. Letzterer gilt mehr der Rothen Maikirsche; Herzogskirsche, Cherry Duke ist eine Sorte für sich; als Späte Maikirsche hat der T.O.G. die Rothe Muskateller und als Cerisier Royal tardif hat Duhamel eine späte, sehr saure Weichsel, so wie auch Kraft I. S. 8 Taf. 19 eine spätreifende Weichsel als Cerisier Royal très tardif aufführt. Außerdem hat sie nur noch Rößler

S. 166 Nr. 3 ebenfalls mit vielen Verwechslungen und Unrichtigkeiten, welche Truchseß S. 172 nachweist. Wenn man sie in der Pariser Nationalbaumschule Guigne
tardive benannte, so sollte das wohl heißen hative und ist Schreibfehler.

Gestalt: die Frucht ist klein, von Gestalt zwischen rund und
stumpfherzförmig. Auf beiden Seiten ist sie nur wenig, am stärksten
noch auf dem Rücken breitgedrückt, mit schwachen Furchen. Das Stempelgrübchen ist ziemlich stark.

Stiel: hat nach Truchseß 2'' Länge und ist dünn, war bei mir
jedoch 1859 und 60 meistens kürzer (wie ihn so auch der T.O.G. darstellt,) und stärker und sitzt in flacher Höhlung.

Haut: zähe, glänzend schwarz, an der Furche etwas lichter.

Fleisch: schwarzroth, so consistent, daß man sie füglich zu den
Knorpelkirschen zählen kann, der Saft etwas lichter, der Geschmack süß
und pikant, indeß finde ich auch den Geschmack nicht eigentlich vorzüglich.

Stein: für die Frucht groß, so daß diese aus wenig mehr als Haut und Stein
besteht, nicht sehr dickbackig, kurzoval oder kurz-eioval, mit flachen Rückenkanten.

Reifzeit und Nutzung: zeitigte bei mir 1859 und 60 mit Fromms Herzkirsche und Krügers schwarzer Herzkirsche in der 3ten Woche der Kirschenzeit.

Anm. Durch ihre Kleinheit und frühe Reife unterscheidet sie sich von andern
Knorpelkirschen. Mich dünkt, der häufige Anbau dieser Kirsche in den obgedachten
Orten ist ein Beweis, wie nöthig es wäre, daß auch der Landmann bei seinen Pflanzungen etwas mehr Rücksicht auf die Forschungen der Pomologen nähme, was bisher
wenig der Fall ist, da z. B. auch die 1860 aus fast ganz Württemberg zusammen-
gekommene Kirschenausstellung in Hohenheim ergab, daß darunter aus ländlichen
Pflanzungen nicht Eine richtig benannte, meistens aber ganz unbekannte Sorten waren.

Oberdieck.

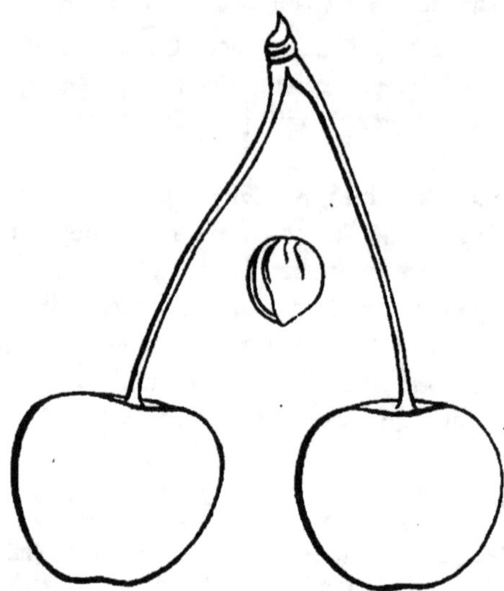

Lampens schwarze Knorpelkirsche. ** † 3. W. b. K.Z.

Heimath und Vorkommen: auch diese sehr schätzbare Frucht wurde 1810 von der pomologischen Gesellschaft zu Guben erzogen und ist nach ihrem Erzieher benannt. Mein Reis erhielt ich von Dittrich.

Literatur und Synonyme: Truchseß S. 204 und Nachtrag S. 676 gibt nur erst kurze Nachricht über sie, und Dittrich II. S. 42 wiederholt nur das von Truchseß Gesagte. Etwas vollständigere Beschreibung ist nur erst in meiner „Anleitung" S. 516 gegeben.

Gestalt: groß, abgestumpft herzförmig, oft an der Spitze ziemlich gerundet, am Stiele stark, am Stempelpunkte etwas abgestumpft, zu beiden Seiten nur wenig breitgedrückt; flache Furchen sind oft auf beiden Seiten, oft nur auf einer, und findet sich auf der Rückenseite oft auch eine sich erhebende höckerartige Linie. Der Stempelpunkt ist meist flach oft jedoch auch stärker vertieft.

Stiel: ziemlich dünn, grün, sitzt in ziemlich flacher, weiter Höhlung, deren Rand zu beiden Seiten etwas aufgeworfen ist.

Haut: fein, glänzend rothbraun, da wo die Sonne recht hintraf fast schwarz.

Fleisch: ziemlich dunkelroth, nur so hart, daß sie noch zu den

Knorpelkirschen gehört. Saft, sehr dunkelroth, Geschmack süß weinartig, sehr vorzüglich, ähnlich dem von Spitzens schwarzer Herzkirsche und vom schwarzen Adler.

Stein: ziemlich oval, etwas dickbackig mit starken Rückenkanten.

Reifzeit und Nutzung: sie reift unter den Knorpelkirschen mit am frühesten, bald nach Winklers weißer Herzkirsche, mit Fromms schwarzer Herzkirsche und Büttners schwarzer Herzkirsche, in der 3. Woche der Kirschenzeit. Für die Tafel sehr schätzbar und ohne Zweifel auch im Haushalte sehr gut zu benützen. Die Hedelfinger Riesenkirsche wird ihr in der Reife noch etwas vorangehen.

Von dem Baume: welcher stark und gesund wächst, haben schon die Gubener gesagt, daß er erst mit zunehmendem Alter recht fruchtbar werde. Dieß fand ich bestätigt, und fingen meine jungen Bäume erst an fleißig zu tragen, wenn sie etwasherangewachsen waren.

Oberdieck.

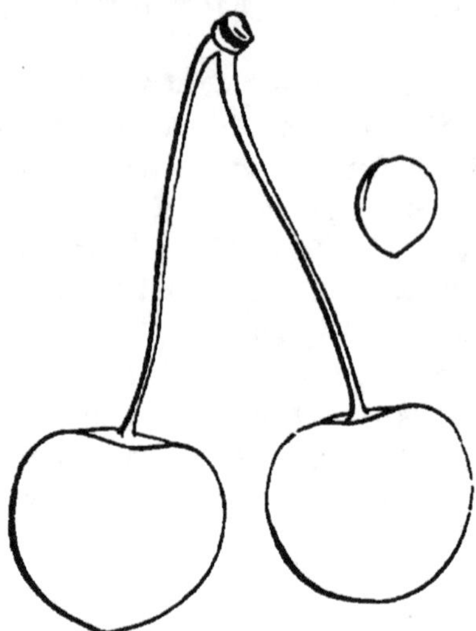

Kronprinz von Hannover. ** 2. W. b. K.Z.

Heimath und Vorkommen: diese schätzenswerthe Kirsche wurde erzogen von Herrn Baumschulenbesitzer Lieke zu Hildesheim, einem eifrigen Pomologen, und trug zuerst bei ihm um 1854. Die mir mitgetheilte Sorte hat auch auf fremden Grundstamm veredelt, Früchte von gleicher Schönheit, Größe und Güte gebracht, als der Mutterstamm, und verdient weiter verbreitet zu werden.

Literatur und Synonyme: Ist noch nirgends beschrieben.

Gestalt: gleicht etwas der Winklers weißen Herzkirsche, mit der sie auch reift. Die Frucht ist groß, oft noch größer als obige Figur, die nach Früchten von 1860 gezeichnet ist, wo die meisten Kirschen kleiner als gewöhnlich waren. Die Form steht zwischen rund- und spitzherz-förmig. Am Stiele ist sie stark abgestumpft, nach dem unvertieft stehenden Stempelpunkte erhoben zugerundet, mit einem kleinen stumpfen Spitzchen. Am Bauche ist sie etwas, auf dem Rücken stark gedrückt. Der Bauch hat flache schmale Furche, der Rücken breite, sehr flache, oft keine Furche, sondern nur Linie.

Stiel: ziemlich dünn, meist 2" lang, in weiter ziemlich tiefer

Höhle, deren Rand nach dem Bauche und noch mehr nach dem Rücken stärker abfällt.

Haut: sehr glänzend, ziemlich zart; Grundfarbe, ein ziemlich hohes Gelb, welches mit einem sehr freundlichen Roth punktirt, oft auch etwas gestrichelt überlaufen ist, so daß an den rechten Sonnenstellen das Roth zusammenläuft und die Grundfarbe im Roth als Punkte und einzelne Strichelchen erscheint, während nach der Schattenseite die Grundfarbe stärker hervortritt.

Fleisch: matt gelb, zart; der Saft ist hell, der Geschmack süß und schon früher gewürzreich, als bei Winklers weißer Herzkirsche, die verhältnißmäßig länger hängen muß, um süß und nicht fade zu sein.

Stein: breit eiförmig, am Stielende ziemlich gerade abgeschnitten, am Kopfe mit einem kleinen fühlbaren Spitzchen. Die flachen Rückenkanten erheben sich nach dem Stielende etwas.

Reifzeit und Nutzung: zeitigt in der 2. Woche der Kirschenzeit, ist für die Tafel schätzbar und sicher auch zum Welken brauchbar.

Der Baum wächst stark und ist fruchtbar.

Anm. Durch die etwas spitzherzförmige, jedoch nicht so spitze Gestalt, als Winklers weiße Herzkirsche sie hat, unterscheidet sie sich von andern gleichzeitig reifenden bunten Herzkirschen.

Oberdieck.

No. 78. **Süße Spanische. I. B a. Truchseß; Bunte Herzkirschen.**

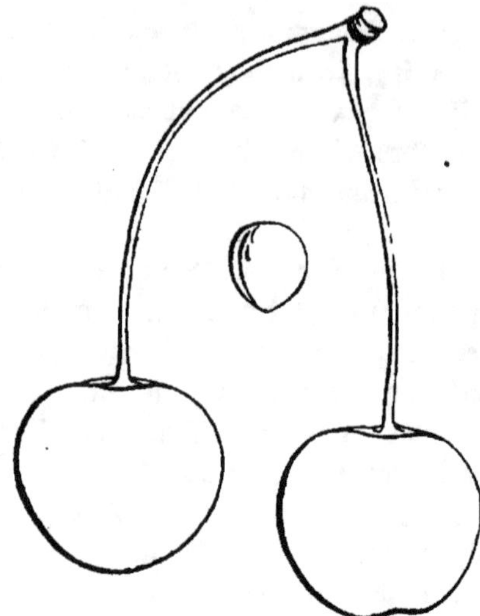

Süße Spanische. ** 3. W. b. K.Z.

Heimath und Vorkommen: Truchseß erhielt diese schätzbare Sorte, die nur den Fehler hat, daß die sehr zarte Haut in Stürmen und beim Verfahren leicht fleckig wird, vom Pastor Winter, dem Nachfolger des verstorbenen Pastor Henne zu Gunsleben, unter dem Namen Kleine süße Spanische und mit der Nachricht, daß sie aus dem Samen der Weißen Spanischen entsprossen, aber feiner und süßer als die Mutterfrucht sei. Mein Reis erhielt ich von Liegel und Burchardt überein.

Literatur und Synonyme: Truchseß S. 233 unter obigem Namen, und ließ Truchseß das Beiwort Kleine weg, da die Frucht ziemlich groß ist. Dittrich II. S. 63. Kommt sonst nicht vor.

Gestalt: die Früchte sind in Ansehung der Größe etwas ungleich, gehören jedoch mehr zu den großen als mittleren. Gestalt ist stumpfherzförmig, am Stiele am breitesten, auf der Rückenseite gedrückt. Vom Stiele läuft auf beiden Seiten eine Furche bis zum Stempelgrübchen herab, welche auf der Bauchseite schmal, auf der Rückenseite flach und breit ist. Das Stempelgrübchen ist wegen Zusammenstoßens der Furchen nicht sehr bemerklich.

Stiel: dünn, ziemlich lang, meistens etwas gebogen, grasgrün, nur bei höchster Reife etwas Röthe annehmend, sitzt in enger Höhlung.

Haut: zart, zeigt als Grundfarbe meist ein etwas schmutziges Gelb mit rothen verwischten Punkten; auch die Röthe erscheint oft trübe. Ich habe jedoch 2 Mal und auch wieder in dem naßkalten Jahre 1860 notirt, daß die Röthe an den rechten Sonnenstellen ziemlich stark und freundlich kirschroth gewesen sei, genau besehen jedoch als starke Punktirung und nur an kleinen Stellen als getuscht sich dargestellt habe.

Fleisch: schwach weißgelb mit röthlichem Schimmer nahe unter der Haut, weich und zerfließend; der Saft hell, der Geschmack merklich süß.

Stein: verhältnißmäßig klein, etwas dickbackig, stumpfeiförmig, doch wird die Form etwas unkenntlich dadurch, daß die breiten Rückenkanten nach dem Stiele hin sich merklich erheben. An den Rückenkanten bleibt beim Genusse Fleisch sitzen. Die Backen des Steins zeigen einige Afterkanten.

Reifzeit und Nutzung: zeitigt gleich nach der Flamentiner und Werder'schen schwarzen Herzkirsche, ziemlich gleichzeitig mit der Lucienkirsche, in der 3. Woche der Kirschenzeit. Ist hauptsächlich Tafelfrucht und verdient häufige Anpflanzung, wenn gleich ich die Lucienkirsche, die auch merklich süß ist, vorziehe.

Der Baum wächst gesund. Ueber seine Fruchtbarkeit konnte ich noch nicht vollgültig urtheilen, doch tadelt Truchseß diese nicht. Junge Stämme in der Baumschule lieferten mir selten eine Frucht.

Anm. Von der ihr ziemlich ähnlichen Großen bunten Herzkirsche unterscheidet sie sich durch gebogenen, grünen Stiel, und die enge Stielhöhlung, von andern gleichzeitig reifenden bunten Herzkirschen durch süßeren Geschmack. Die Lucienkirsche ist meist stärker gefärbt und etwas länger.

Oberdieck.

No. 79. **Rothe Molkenkirsche.** I, B a. Truchseß; Bunte Herzkirschen.

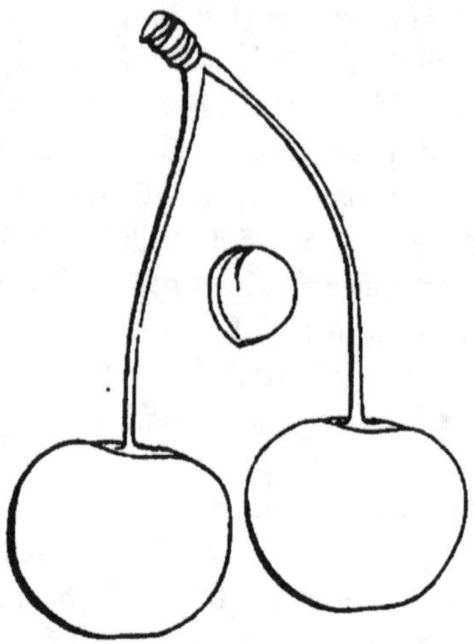

Rothe Molkenkirsche. ** † 3. W. b. K.Z.

Heimath und Vorkommen: diese Sorte wurde zuerst von Christ bekannt gemacht, von dem Truchseß auch das Reis erhielt, und ist in der Gegend von Kronberg sehr verbreitet, so daß Truchseß glaubt, daß sie dort aus Samen entstanden sein möge. Truchseß schätzte sie sehr wegen vorzüglicher Güte des Geschmacks. Ganz so viel Lob kann ich ihr nicht beilegen, da sowohl in Sulingen als Nienburg und hier der Geschmack zwar gut, doch nicht vorzüglich war. Vielleicht hätten die Früchte am Baume noch länger hängen müssen, als die Sperlinge es mir erlaubten, doch hielt ich sie für reif. Sie ist indeß eine gute Sorte. Im Auslande scheint sie noch unbekannt. Mein Reis erhielt ich von Diel.

Literatur und Synonyme: Truchseß S. 229 unter obigem Namen; Dittrich II. S. 57; Christ von Wartung und Pflanzung S. 269 Nr. 4 unter dem Namen Rothe Weinkirsche, in Kronberg Rothe Molkenkirsche genannt; Handbuch S. 542 Nr. 3; 2. Aufl. des Handb. S. 667 Nr. 3; Wörterb. S. 276; Vollst. Pomol. S. 189 Nr. 23, Fig. 23 ziemlich gut; T.O.G. XXII. S. 254 liefert eine von Truchseß gefertigte Beschreibung und Taf. 24 etwas dunkel gehaltene Abbildung; T.F.G. VIII. T. 4; D.O.Cab., Neue Aufl., 3. Sect., 3. Lief. in Form ziemlich richtig, Colorit zu dunkel. — Zu bemerken ist, daß auch die Große schwarze Waldkirsche (Truchseß S. 119) Schwarze Molkenkirsche benannt ist, und daß die Doppelt tragende kleine rothe Spätkirsche (Truchseß S. 282) bei Christ auch den Beinamen Rothe bittere Molkenkirsche hat, mit welchen Sorten, die auch keinen Werth haben, sie also nicht verwechselt werden muß. In der Pariser Nationalbaumschule hatte sie, nach Feuille de Cultiv. 1804 S. 138,

den Namen La Guigne rouge au lait clair, la meilleure de ce genre (!) ift aber
ſchwerlich in Frankreich noch bekannt.

Geſtalt: kommt über Mittelgröße nicht hinaus; am Stiele und
am Stempelpunkt iſt ſie ſtark abgeſtumpft, auch an den Seiten ſtark
gedrückt, ſo daß ſie oft breiter als hoch iſt, und ziemlich ein längliches
an den Ecken abgerundetes Viereck darſtellt. Furchen ſind auf der Bauchſeite merklicher, als auf der Rückenſeite. Der Stempelpunkt ſitzt meiſtens
in einem ſchönen Grübchen.

Stiel: meiſtens 1½“ lang, mittelſtark, nimmt viel Röthe an,
beſonders in warmen Jahren, und ſitzt flach vertieft.

Haut: dünn, glänzend, überall mit einem etwas lichten Roth überlaufen, das auf der Sonnenſeite ziemlich dunkel wird.

Fleiſch: ſehr zart, ſaftreich, blaßgelb, der Saft nicht färbend,
der Geſchmack hat vor der Reife etwas Bitteres, wird in der Reife ſüß,
und ſetzt Truchſeß hinzu, daß, wenn man dann die Früchte noch einige
Zeit auf den Bäumen laſſe, zu der ſich mehrenden Süßigkeit ſich eine
ſo pikante Erhabenheit geſelle, daß dadurch dieſe Kirſchen zu den vorzüg-
lichſten ihrer Klaſſe zu rechnen ſeien.

Stein: ziemlich rund, zur kurzen und breiten Eiform neigend;
an den Kanten röthlich getüpfelt, löſet ſich gut vom Fleiſche. Rückenkanten flach. Eine ſtarke Afterkante zieht ſich vom Stielende herab.

Reifzeit und Nutzung: zeitigt ziemlich gleichzeitig mit der
Schwarzen Tartariſchen, der Großen ſüßen Maiherzkirſche, Eltonkirſche
und andern in der 3. Woche der Kirſchenzeit. Truchſeß bemerkt, daß
die Frucht ſich auch ſehr zum Trocknen eigne, bezweifelt aber, ſicher
mit Recht, ob ſie ſich möchte gut verfahren laſſen.

Der Baum, deſſen Fruchtbarkeit Truchſeß rühmt, war auch bei
mir geſund und ſehr fruchtbar.

Anm. Unterſcheidet ſich von andern gleichzeitig reifenden Kirſchen
ihrer Klaſſe theils durch die ganz rothe Färbung, theils durch die viereckige Geſtalt.

Oberdieck.

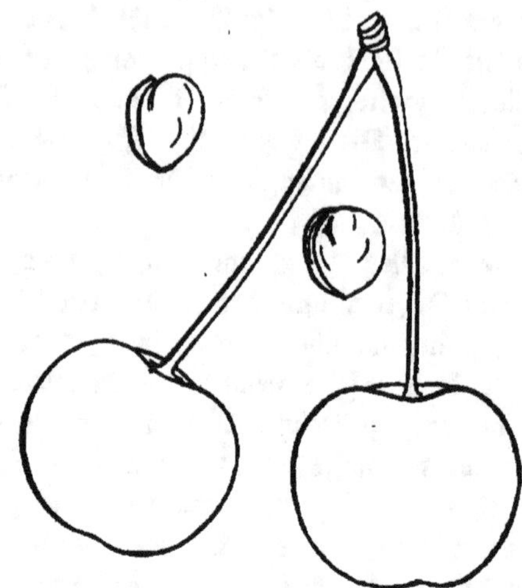

Downtonkirsche.   ** † Ende der 3. W. b. K.Z.

Heimath und Vorkommen: diese gute, bei uns noch fast gar nicht bekannte, in England und Amerika aber ziemlich verbreitete Kirsche erzog der bekannte Esq. Knight, Präsident der Londoner Gartenbaugesellschaft, dem die Pomologie manche gute Sorte verdankt, auf seiner Besitzung zu Downton Castle, aus einem Steine, wie angenommen ist, der gleichfalls von ihm erzogenen Eltonkirsche. Sie gehört zu den sehr guten bunten Herzkirschen, wenngleich ich sie noch nicht so oft beobachten konnte, um genügend über sie zu urtheilen. Mein Reis erhielt ich durch Herrn Pfarrer Urbanek zu Majthény, von der Horticull. Soc. und zeigte die Sorte sich ächt.

Literatur und Synonyme: Dittrich beschrieb sie schon III. S. 252 als Downton's Herzkirsche. Es scheint, daß man bei den Englischen, von einem Orte benannten Früchten im Deutschen das s lieber wegläßt, wie oben geschehen ist, da der Unkundige sonst leicht glaubt, daß sie nach einer Person benannt seien. Lonb. Cat. S. 56 Nr. 30 und Downing S. 172 Downton. Wenn sie in Catalogen zuweilen Bigarreau Downton heißt, so ist das unrichtig und rührt daher, daß man im Auslande unter Bigarreau oft auch nur buntgesprengte Kirschen versteht, nicht gerade hartfleischige, oder überhaupt diese Benennung sehr willkürlich gebraucht. Hogg Manual S. 53, das D.O.Cab., Neue Aufl., 3. Sect., 6. Lief. gibt sie unkenntlich, etwas zu klein und zu fuchsroth.

Gestalt: die Frucht ist groß, und bildet Downing sie noch ganz merklich größer ab, als obige Figur, fast sehr groß; doch hatte ich mei nerseits sie bisher nicht größer. Die Gestalt ist rundherzförmig, am Stiele ziemlich abgestumpft, am Stempelpunkte, der etwas vertieft liegt, wenig. Die größte Breite liegt oft ziemlich in der Mitte. Rücken und Bauch sind etwas gedrückt, und hat der Bauch eine flache Furche, oft auch der Rücken eine breite und flache Furche.

Stiel: 1½—2" lang, dünn, gelbgrün, sitzt in ziemlich tiefer und weiter Höhlung.

Haut: glänzend, ziemlich stark, etwas durchscheinend, Grundfarbe gelblich und die Zeichnung ziemlich ähnlich der Gubener Bernsteinkirsche, roth gestrichelt und punktirt, das zuletzt halb wie getuscht zusammenläuft.

Das Fleisch ist zart, mattgelb, saftreich und der Saft hell. Der Geschmack bei rechter Reife recht süß, durch feine Säure gewürzt und delikat.

Der Stein, an dem nur wenig Fleisch hängen bleibt, ist ziemlich dickbackig, mäßig groß, breiteiförmig, am Stielende abgestumpft und dadurch fast herzförmig; Rückenkanten treten stark hervor, die Mittelkante steht stark vor und erhebt sich nach dem Stielende etwas; vom Stielende ziehen sich ein paar schöne Afterkanten herab.

Reifzeit und Nutzung: zeitigt etwas früher als die Gubener Bernsteinkirsche mit der Perlherzkirsche, Ende der 3. Woche der Kirschenzeit; für die Tafel recht schätzbar und wird auch im Haushalt brauchbar sein.

Der Baum wächst rasch und gesund; über seine Tragbarkeit kann ich aus eigener Erfahrung noch nicht vollständig urtheilen, doch wird sie in England und Amerika gerühmt und ist nicht zu bezweifeln. Der Londoner Catalog setzt sie der Elton an Güte nicht ganz gleich, der ich sie bei uns völlig gleich stelle. Von der zugleich reifenden Perlherzkirsche unterscheidet sie sich durch mehr Größe und rundere Gestalt, ist aber eben so süß.

Oberdieck.

No. 81. **Downers späte Herzkirsche.** I, B a. Truchseß; Bunte Herzkirschen.

Downers späte Herzkirsche. **† 5. W. b. R.Z.

Heimath und Vorkommen: ist eine amerikanische, bei uns nur erst durch den um die Pomologie verdienten Herrn Behrens zu Travemünde eingeführte Frucht, der die Sorte mit von Downing in Amerika bezog, und durch dessen Güte ich das Reis erhielt. Sie wurde erzogen vom Esq. Samuel Downer zu Dorchester unweit Boston und ist schätzbar durch spätere Reife, guten Geschmack und reiche Tragbarkeit, die sich bei mir bestätigte.

Literatur und Synonyme: Downing S. 173 unter dem Namen Downer's late, mit den Synonymen Downer's late red, und Downer (Manning). Lond. Cat. Supplement S. 9 Nr. 29[1]; Hogg Manual S. 53, Downers late; Emmons S. 172 Nr. 8.

Gestalt: stark mittelgroß, rundherzförmig, zu einem am Stiel und Stempelpunkte gedrückten Oval neigend (wie auch Downing angibt), am Stiele stark abgeschnitten, am Stempelpunkte etwas gedrückt. Der Bauch fast gar nicht, der Rücken etwas gedrückt, zeigt nur feine Linie. Der Stempelpunkt sitzt in flacher Senkung, etwas nach der Rückenseite hin.

Stiel: stark 1½" lang, ziemlich stark, grün mit wenig Roth, in flacher Senkung.

Haut: fein, glänzend, stellenweise etwas durchscheinend, daß man unter ihr das Fleisch liegen sieht; Grundfarbe gelb, wovon fast nichts rein zu sehen, indem die Frucht mit rothen Punkten so häufig besetzt ist, daß an der Sonnenseite das Roth als eigentliche Farbe erscheint, mit gelblichen Punkten und feinen Strichelchen (of a soft but lively red, mottled whit a little amber in the shade, Downing). Die Färbung ist eine zarte und sanfte, wird aber bei recht besonnten zuletzt fast rundherum etwas dunkelroth mit helleren Stellen.

Fleisch: mattgelb, zart, der Saft hell, der Geschmack angenehm süß, etwas mit Säure gemischt.

Stein: verhältnißmäßig groß, dickbackig, fast kurzoval; Rückenkanten breit, doch flach und fein, die Seitenkanten treten deutlich hervor und haben eine Afterkante.

Reifzeit und Nutzung: röthete sich 1859 und 60 mit Prager Muskateller, Doktorkirsche und Andern, hatte 1860 (Jahr spät.) am 23. Juli manche schon ganz gefärbte Früchte, war aber erst eigentlich reif in der 5. Woche der Kirschenzeit. Auch Downing bemerkt, daß sie sich am Baume lange halte. Downing nennt sie eine delicious melting fruit, welche in jedem Garten einen Platz verdiene, auch Hogg lobt sie und ist es auch bei uns jedenfalls eine gute Sorte.

Der Baum wächst kräftig und gesund und trug 1860 schon voll.

Anm. Durch späte Reife, gedrückt ovale Gestalt und stärkere Röthung unterscheidet sie sich von andern bunten Herzkirschen.

Oberdieck.

No. 82. **Büttners späte rothe Knorpelkirsche.** I, B b. Truchseß Bunte Knorpelk.

Büttners späte rothe Knorpelkirsche. **† Ende d. 5. W. d. K.Z.

Heimath und Borkommen: ist erzogen von Büttner zu Halle. Ich erhielt sie zuerst von der Societät zu Prag unter dem Namen Büttners neue rothe Knorpelkirsche, und wenn ich schon vermuthete, daß diese Büttners späte rothe Knorpelkirsche sein werde, so hat letztere Sorte, die ich durch Jahn aus Jerusalem bei Meiningen habe, 1860 diese Vermuthung bestätigt. Man mag das Beiwort späte mit neue vertauscht haben, weil Büttners späte rothe Knorpelkirsche fast früher reift als seine Rothe Knorpelkirsche (Handbuch S. 133) und er die obige später erzog, die er Truchseß erst 1807 mittheilte, und wäre diese Aenderung zweckmäßig, wenn nicht auch die Büttners rothe Knorpelkirsche von Christ Büttners rothe neue Knorpelkirsche genannt worden wäre. Die Büttnersche Benennung muß wohl bleiben. Sie hat durch reiche Tragbarkeit, Größe und lange Haltbarkeit am Baume, auch Brauchbarkeit zu Haushaltszwecken großen Werth, (mehr als die nur mäßig tragende Büttners rothe Knorpelkirsche) und verdient häufige Anpflanzung.

Literatur und Synonyme: Truchseß S. 329 und Nachtrag S. 682; Dittr. II. S. 78. Im D.O.Cab., Neue Aufl., 3. Sect., 5. Lief. ist sie schlecht abgebildet und auch zu klein. Findet sich sonst nicht, und konnte auch Truchseß sie noch nicht hinreichend beobachten. Dochnahl im Führer III. S. 43 nennt sie Büttners harte Marmorkirsche, was, wenn es nur nicht wieder ein ganz neuer Name wäre, insofern paßte, als die Kirsche in warmen Jahren, wenn sie lange genug auf dem Baume sitzen kann, ein sehr festes Fleisch annimmt.

Gestalt: groß, häufig hochaussehend, am Stiele stark abgestumpft und auch am Stempelpunkte ziemlich stark gedrückt. Am Bauche, welcher eine breite stumpfe Schneide bildet, auf der oben sich allermeist eine Furche findet, deren aufgeworfene Ränder nur schmal sind, ist sie nur etwas gedrückt, auf dem Rücken dagegen aber meist stark, und ist der sich erhebende Bauch an den Seiten sehr flachrund, fast geradlinig begrenzt, so daß vom Stiele ab angesehen die Frucht fast ein Trapez bildet. Der Rücken zeigt meistens flache Furche, die nach dem Stiele hin stärker und breiter wird. Der Stempelpunkt sitzt in weiter flacher Senkung, bald auf der Spitze, bald erhebt die Bauchseite der Frucht sich etwas über ihn.

Stiel: ziemlich stark, grün, in heißen Jahren oft etwas roth angelaufen, meist gegen 2″ lang, oft jedoch nur 1½″, sitzt in weiter flacher Senkung, deren Rand nach der Bauchseite meist nicht, nach der Rückenseite aber stark abfällt.

Haut: glänzend, zähe, straff angezogen, in voller Reife rundum mit Roth so stark punktirt und gestrichelt, daß das Roth zusammenläuft und die besonntesten Stellen braunroth, ja in heißen Jahren dunkelroth werden. Beschattete Früchte sind weniger stark geröthet.

Fleisch: gelblich, härter als bei andern bunten Knorpelkirschen, in voller Reife der Frucht in warmen Jahren sehr fest, saftreich, von süßem, durch Säure hinreichend und angenehm gewürzten Geschmacke.

Der Stein, an dem beim Genusse ziemlich viel Fleisch sitzen bleibt, ist mehr oval als eiförmig, ziemlich dickbackig, mit breiten, doch flachen Rückenkanten, die sich nach dem Stielende hin etwas erheben. Afterkanten sind nur schwach. Er erscheint beim Genusse auf seiner Oberfläche rothpunktirt, welche Röthung sich jedoch mit dem Fleische abreiben läßt.

Reifzeit und Nutzung: zeitigt ziemlich gleichzeitig mit der Holländischen Prinzessinkirsche, Ende der 4. und in der 5. Woche der Kirschenzeit, ist stark reif eigentlich erst in der 6., so daß sie sich lange am Baume hält. Färbt sich gleichzeitig mit der Holländischen Prinzessin, früher als Büttners rothe Knorpelkirsche, ist auch früher eßbar als diese. Für die Tafel ist sie am angenehmsten vor vollster Reife, mit welcher sie für Haushaltszwecke ohne Zweifel gewinnt.

Anm. Ist am kenntlichsten durch ihr in voller Reife sehr consistentes Fleisch, worin sie alle andern bunten Knorpelkirschen übertrifft, und durch ihre eigenthümliche Form. In letzter ist ihr die dunkelrothe Knorpelkirsche sehr ähnlich, hat aber weniger hartes Fleisch und reift etwas früher, wird auch noch stärker roth.

Oberdieck.

No. 83. Herzogskirsche. II. A. Truchseß; Süßweichseln.

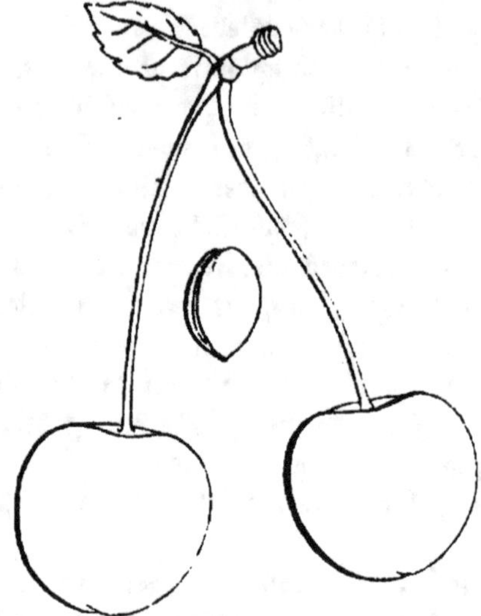

Herzogskirsche. **† Ende d. 3. W. d. K.Z.

Heimath und Vorkommen: man mag nur vermuthen, daß sie aus England stamme. Nach Truchseß ist sie als Duke Cherry in Deutschland schon lange bekannt. Er erhielt sie so aus Herrnhausen, und vermuthet, daß unter den 5 Duke Cherry, welche in Lüders Uebersetzung von Abercombries Anweisung vorkommen, sie S. 163 Nr. 3 die Common Mai Duke Cherry sein möge, unter der ich eher die Rothe Maikirsche suche. Ohne Reiserbeziehung wird sich nichts bestimmtes sagen lassen, und ist Obige in England etwa gar nicht mehr bekannt. Die Reifzeit setzte Truchseß aber vor Rothe Maikirsche (wenngleich sie etwas später anfange sich zu röthen), was lokal gewesen sein muß. In Barbowiek notirte ich bei der von Diel erhaltenen Sorte: „Reife ziemlich gleichzeitig mit Rother Maikirsche, vor diese nur zu setzen in deren höchster Reife." In Nienburg pflanzte ich einen Baum in fremden Garten, wo ich nicht genau beobachten konnte. In der Baumschule reiften die Früchte von 2 jungen Stämmen mehrmals kaum vor Rother Muskateller, dieser in Gestalt ähnlich, nur etwas kleiner. Reiserverwechslung vermuthend, entnahm ich sie nochmals vom Baume des Bekannten, den ich volltragend fand, zugleich auch von Jahn, der sie dort aus Jerusalem hat. Diese beiden wachsen hier und tragen seit 4 Jahren ganz überein, reifen kaum vor Rother Muskateller, ihr in Gestalt häufig ähnlich, nur etwas kleiner. Die an sich gute Sorte ist eigentlich entbehrlich, da Rothe Maikirsche und Rothe Muskateller nichts zu wünschen übrig lassen, ja deren Blüthen im Winter 60—61 sich weit besser hielten, wo Obige schon in den Knospen meistens erfrorne Pistille zeigte.

Literatur und Synonyme: Truchseß S. 371 Herzogskirsche; Dittrich II. S. 371 nennt sie Frühe Herzogskirsche, zum Unterschiede von der Späten H.-K. und irrig Royale hative, welche in Frankreich die Rothe Maikirsche sein wird. — T.O.G. II. S. 210 Taf. 10 und T.Fr.G. I. Taf. 9 falsch, lieferte bei Truchseß die Späte Herzogenkirsche (Wahre Engl. K.). — T.O.G. VII. S. 385 von Büttner richtig beschrieben, der sie auch aus Herrnhausen erhielt. — Kraft I. S. 7 Taf. 17 Fig. 1 Cherry Duke lieferte bei Truchseß die Königliche Süßweichsel, also falsch. Pomon Franc S. 40 Nr. 23, Cherry Duke, Royale ancienne gab bei Truchseß dessen Alte Königskirsche (S. 422). — Hirschfeld S. 11 Nr. 3 wohl ächt, jedoch irrig die Benennung Cerise de Montmorency. Rößler S. 166 Nr. 3 Cherry Duke, auch Späte Maikirsche, wirft Alles durcheinander, was er von Cherry Duke fand; Christ Handb. 2. Aufl. Nr. 35 ächt, beschrieben nach Truchseß Angaben; Wörterb. S. 282 Cherry Duke, Cerise Royale, mehr mit der Beschreibung des T.O.G. supra II. S. 212, also irrig; Handb. 3. Aufl. S. 688 und Vollst. Pomol. S. 209 Nr. 40 wieder richtiger, die Figur aber die Sickler'sche. — Der Name Cherry Duke hat um so mehr Irrung veranlaßt, als er in England bei mehreren Früchten vorkommt. Lond. Cat. hat ihn als Synonym: a) von Royal Duke, worunter ich eine ziemlich spät reifende Frucht erhielt, b) von Royale tardive, c) bei Mai Duke, als Syn. of some, d) bei Jeffrey's Duke, die ich noch nicht kenne. Als Arch Duke erhielt ich eine treffliche, der Rothen Maikirsche sehr ähnliche, aber nach ihr zeitigende, möglich jedoch mit ihr identische Sorte. Hogg Manual S. 57 hat Jeffrey's Duke als Syn. von Cherry Duke of Duhamel mit dem Syn. Royale. — Duhamel hat Cherry Duke als Synon. seiner Royale (S. 144), reifend im Juli, bei der er am Schlusse sagt, daß man 3 Varietäten davon habe, a) den etwas kleineren Duc de Mai, Mai Duke, Royale hative, reif Ende Mai (Rothe Maikirsche), b) Royale tardive, reif Sept., deren Frucht zu sauer sei, c) Hollmanns Duke. Darnach sind Benennungen entstanden wie Truchseß S. 428 aufführt, wo eine Royale ou Cherry Duke, ou Royale hative, ou Duc de Mai, ou Royale tardive, ou Hollmanns Duke vorkommt.

Gestalt: mittelgroß, nach Truchseß beinahe cirkelrund, nach meinen Wahrnehmungen am Stiele etwas abgestumpft, nach dem Stempelpunkte mit etwas erhoben gerundeten Linien endigend, häufig zum Oval neigend, größte Breite allermeist in der Mitte, am Stempelpunkte ein Weniges eingezogen, zu beiden Seiten merklich gedrückt, auf dem Rücken am stärksten. Bauch zeigt flache Furche, Rücken meist nur Linie oder Furche nach dem Stielende hin. Stempelpunkt sitzt in schönem Grübchen.

Stiel: fast dünn, etwas gelbgrün, selten röthlich, 1½—2″ lang, sitzt in ziemlich weiter und flacher Senkung.

Haut: fein, doch zähe, glänzend, in voller Reife schwarzbraun, an den Furchen lichter.

Fleisch: zart, saftreich, dunkelbraunroth, der Saft etwas lichter, von süßweinigem, vorzüglichem Geschmacke.

Stein: verhältnißmäßig groß, lang, oval; die flachen Rückenkanten verbreitern sich etwas nach der Spitze hin. Die größte Dicke liegt häufig mehr nach der Spitze hin.

Reifzeit und Nutzung: zeitigt eben vor der Rothen Muscateller, Ende der 3. Woche der Kirschenzeit. Für Tafel und Haushalt.

Der Baum ist gesund und recht fruchtbar. Oberdieck.

No. 84. Pragische Muskateller. II, A. Truchseß; Süßweichseln.

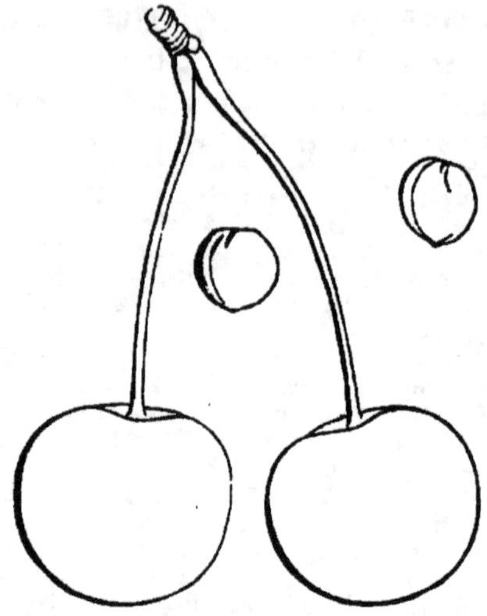

Pragische Muskateller. * * † Anf. d. 5. W. d. K.Z.

Heimath und Vorkommen: kam an Truchseß und Büttner aus Herrnhausen. Wie der Name Muskatellerkirsche für die so benannten Süßweichseln wenig passend ist, da sie gar nichts von dem in andern Obstklassen so genannten Muskatellergeschmacke haben, so ist sehr die Frage, ob man den Namen der Obigen von Prag herleiten darf (weßhalb auch Truchseß nicht Prager, sondern Pragische Muskateller schreibt), da schon Knoop sie als Praagse Muscadel Kers hat, und hat Rößler vielleicht Recht, der sie für eine Holländerin hält. Sie ist wohl ziemlich, doch nur sporadisch verbreitet, und gehört unter den spät reifenden Süßweichseln zu den vorzüglichsten; auch zeigte der Baum, der mir in Nienburg nicht recht hatte tragen wollen, und vielleicht unpassenden Standort hatte, sich in Jeinsen fruchtbar, wie mir auch Hr. Organist Müschen ihre Fruchtbarkeit rühmt, von dem ich die Sorte eben so erhielt, als von Diel, beide weiter direkt von Truchseß bezogen.

Literatur und Synonyme: Truchseß S. 308 Pragische Muskateller. Dittrich II. S. 101; T.O.G. VII. S. 384 Nr. V. beschrieben von Büttner, und T.O.G. XVIII. S. 315 Taf. 16 beschrieben von Sickler, mit schlechter, zu kleiner Abbildung. Ebenso unkenntlich T.Fr.G. VI. Taf. 26 und auch im T.O.Cab. Nr. 14 zu schwarz gehalten. Christ Handb. 2. Aufl. S. 671 und Wörterb. S. 283, Handb. 3. Aufl. S. 629 (umgeformt nach Sicklers Beschreibung) und Vollst. Pom. S. 218 Fig. 50

auch zu bunkel. Gotthard S. 150 Nr. 7 (mit Büttners Beschreibung) und Rößler S. 167 Nr. 5 haben sie als Prager Muskateller. Hennes und wahrscheinlich auch Salzmanns Prager Muskateller sind falsch benannt und die Rothe Maikirsche (siehe diese). Der Lond. Cat., Downing und Hogg im Manual haben Muscat de Prague als Synonyme der Kentish, welche nach Hoggs Manual S. 47 zu den Amarellen gehört, welche Klasse er überhaupt mit dem Namen Kentish bezeichnet, so daß dies Synonym bei der Kentish ganz falsch ist. — Truchseß erhielt aus Herrnhausen auch noch eine Cerise blanche und eine Cerise Guigne, die Hr. Plantagenmeister Baars aus Frankreich bezogen hatte, so wie eine Große Ungarische Kirsche, welche Alle die Obige gaben, — ein Beispiel, welche gewaltige Verwirrung in der Kirschenkunde geherrscht hat.

Gestalt: die Frucht gehört in günstigen Jahren zu den großen. Form ist ziemlich rund; am Stiele ist sie nur wenig gedrückt, am Stempelgrübchen gerundet. Auf beiden Seiten gleichfalls etwas gedrückt, auf der Rückenseite merklicher, wo eine feine Linie herabläuft. Der Stempelpunkt steht nicht ganz in der Mitte der Spitze.

Stiel: ziemlich stark, lichtgrün, nur selten etwas braun gefleckt, mit dem Absatz, der zuweilen bis ³/₄" Zoll lang ist, oft aber auch fehlt, 2" lang, sitzt in enger, nicht tiefer Höhlung, deren Rand nach dem Rücken hin stärker abfällt.

Haut: ziemlich fein, von Farbe gleichfarbig braunroth, das in vollster Reife sich zum Schwarzen neigt.

Das Fleisch ist zart, saftreich, schmelzend, am Durchschnitt etwas lichter roth als bei andern Süßweichseln, der Saft violettroth, und der Geschmack ist derselbe süßweinige erhabene, den die Rothe Maikirsche hat. Truchseß bemerkt jedoch, daß sie bei vielem Regen wäßrig werde.

Der Stein ist ganz kurz oval, stark zum Runden neigend, nicht groß; die Rückenkanten sind mäßig stark und flach.

Reifzeit und Nutzung: zeitigt mit der Wahren englischen Kirsche, Provencer Süßweichsel, der Frühen Lemercier ꝛc. Ende der 4. und in der 5. Woche der Kirschenzeit. Für Tafel und Haushalt schätzbar.

Der Baum macht eine buschige, schön belaubte Krone und ist kenntlich durch seine gedrungenen, geraden Sommertriebe mit dicht sitzenden, stark geschwollenen Augen.

Anm. Von der Doctorkirsche unterscheidet sie sich nach Truchseß durch weicheres Fleisch, dünnere Haut und etwas lichtere Farbe; von der Wahren englischen Kirsche durch rundere Form, lichtere Farbe des Fleisches und Saftes und etwas größeren Stein. Ich konnte gegen die Doctorkirsche kaum einen mit Worten gehörig zu bezeichnenden Unterschied finden, als daß diese, die sich einige Tage später röthete, viel weniger ansetzt und der Baum einen andern Wuchs und weniger gedrungene, dickäugige Triebe hat, was auch bei der Wahren englischen Kirsche nicht der Fall ist, die noch etwas später zeitigt und sperriger die Zweige ansetzt. Die Griotte von Chaux, wie ich sie aus London erhielt, war ein Weniges kleiner und etwas süßer; die Guindoux de Provence hat im jungen Baume einen gewaltigen Trieb, starke lange Reiser und recht große Blätter und die Frucht ist ein Geringes kleiner und hat etwas consistentere Haut und Fleisch, auch etwas mehr Säure im Geschmack.

Oberdieck.

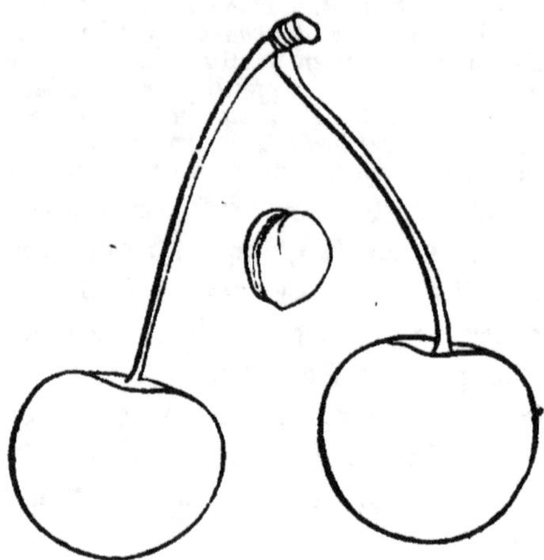

Provencer Süßweichsel. **† Anf. d. 5. W. d. K.Z.
Guindoux de Provence.

Heimath und Vorkommen: die Herkunft dieser wahrscheinlich auch in Frankreich noch wenig bekannten Frucht zeigt vielleicht der Name an. Sie kam 1804 aus der Pariser Nationalbaumschule unter dem Namen Guindoux de Provence an Truchseß, trug auf der Bettenburg noch wenig, und war auch ich schon geneigt, die Sorte, welche ich von Liegel und Prag überein erhielt, für wenig fruchtbar zu halten, als plötzlich der 1854 gepflanzte, schon etwas erstarkte Hochstamm, den ich schon angefangen hatte, zum Probebaum zu machen, 1860 klettevoll trug. Ihr kräftiger Trieb will also wohl erst etwas austoben. Ob mehr die spätere Blüthe Ursache des Volltragens war, muß sich noch zeigen. Sie ist jedoch höchst wahrscheinlich eine gar sehr schätzenswerthe Frucht von trefflichem Geschmacke.

Literatur und Synonyme: Truchseß S. 429, welcher sie nur kurz beschreibt und sich auf Duhamel bezieht, der S. 147 einer Gattung Kirschen gedenkt, die man Guindolieri nenne, die er aber nicht beschreiben wolle, weil sie nur gewissen Provinzen eigen seyen. Ist diese Duhamelsche Bemerkung der Ursprung des Namens, so müßte wohl eher übersetzt werden Süßweichsel aus der Provinz. Jamain-Durand hat in seinem Cataloge obigen Namen als synonym mit De Prusse, worunter man sonst die Doppelte Glaskirsche versteht. Leroy zu Angers hat eine Guindoux de la Rochelle, welche ich erst 1861 erhielt und wohl eine andere ist. Dochnahl im Führer hat als Synonyme noch Rothe Herzogskirsche und Griottier aus Paris. Von beiden sagt er nicht worauf sie sich gründen, und als Griotte de Paris habe ich aus Paris eine andere Frucht, wohl eine Weichsel erhalten.

Gestalt: mehr als mittelgroß, neigt stark zum Runden, ist jedoch auf dem Bauche ein Weniges, auf dem Rücken ziemlich stark gedrückt, wo sich eine sehr flache Furche oft auch nur Linie findet. Am Stiele ist sie ziemlich stark, am Stempelpunkte, der in einem flachen Grübchen steht, nur sehr wenig gedrückt.

Stiel: von verschiedener Länge, 1¼ bis gegen 2″ lang, ziemlich stark, grün mit wenig Roth, sitzt in weiter, ziemlich flacher Höhle, deren Rand nur nach dem Rücken hin ein Geringes abfällt. Es sitzen aller-meist 2, 3 und mehrere Früchte an demselben Stielabsatze.

Haut: derb, mattglänzend, abziehbar, Anfangs rothbraun, in voller Reife schwarzbraun, fast schwarz.

Fleisch: etwas schmutzig dunkelröthlich, etwas consistenter als bei andern Süßweichseln, der Saft ziemlich stark färbend, der Geschmack schon wenn sie braunroth ist recht angenehm, von milder Weichselsäure, in der Reife erhaben süßweinig, mit etwas mehr feiner, doch erquickender Säure, als bei andern Süßweichseln.

Stein: stark, nicht dickbackig, neigt mehr zum Oval als zur Ei-form. Die schmalen Rückenkanten sind mäßig stark, doch steht die Mittel-kante ziemlich scharf vor und erhebt sich nach dem Stiele hin etwas. Afterkanten sind unbedeutend.

Reifzeit und Nutzung: zeitigte mit der Pragischen Muskateller, der Frühen Lemercier und Andern Anfangs der 5. Woche der Kirschenzeit.

Der Baum ist in der Baumschule an seinem sehr starken Wuchse und großen Blatte kenntlich, und macht eine geschlossene, schön empor-strebende Krone.

Anm. Von der Pragischen Muskateller und andern unterscheidet sie sich theils durch den stärkeren Wuchs des Baumes, theils durch mehr Consistenz der Haut und selbst etwas des Fleisches, theils durch etwas dunklere Farbe und matten Glanz auch etwas merklicher vorstechende Säure.

Oberdieck.

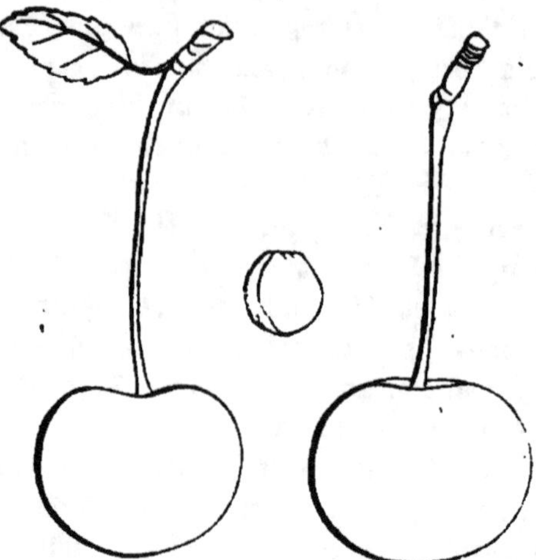

Doctorkirsche. ** Anf. d. 5. W. d. K.3.

Heimath und Vorkommen: die Herkunft dieser Frucht ist ungewiß, und erhielt Truchseß sie von mehreren Orten. Auch bei dieser
an sich großen und delikaten Frucht ist sehr zu bedauern, daß sie immer
nur wenig trägt, was bei mir selbst in den Jahren 1860 und 61 nicht
besser war, wo die Blüthezeit der Kirschen erst 1/3 und 1/2 Mai fiel und
man einen reichen Ansatz hätte erwarten sollen. Mein Reis erhielt ich
von Diel und Jahn überein, bekam sie auch aus Prag als Portugiesische
Griotte.

Literatur und Synonyme: Truchseß S. 402 Doctorkirsche; Dittrich II.
S. 102 Doctorkirsche, Portugiesische Griotte. Aus Herrnhausen erhielt sie Truchseß
als Leberkirsche (offenbar Verwechslung) und Gewöhnliche Muskateller; von Mayer in
Würzburg (siehe Pomon. Franc. S. 40 Nr. 21 Taf. 27) als Große Spanische Belzweichsel, Portugiesische Weichsel, Griotte de Portugal. (Krafts Griotte de Portugal
gab bei Truchseß die Wahre Engl. Kirsche; dieser Name bezeichnet aber richtiger die
Doctorkirsche.) Christ, der sie aus Hannover unter dem richtigen Namen Dcotorkirsche
erhielt, hat sie Handbuch S. 534 Nr. 1, und 2. Aufl. S. 674 Nr. 51 mit genauerer
Beschreibung, aber dem falschen Beinamen Cardinalskirsche; Handb. 2. Aufl. S. 672
Nr. 45 hat er sie als Gewöhnliche Muskateller, welche Truchseß, ehe sie trug, ihm
mitgetheilt hatte; Wörterbuch S. 283 und 4 unterscheidet er die Cardinalskirsche von
der Doctorkirsche; Handb. 3. Aufl. S. 692 Nr. 51 und Vollst. Pomol. S. 219
Nr. 52 ist die Beschreibung richtiger nach Truchseß Angaben gefertigt; Rößler hat die
Doctorkirsche S. 169 Nr. 13 nach Christs unvollkommener Beschreibung. — Die
Büttnersche Doctorkirsche, T.O.G. VII. S. 369 Nr. 15, ist die Doctorknorpelkirsche,
welche mit obiger nicht zu verwechseln ist. Hogg (Manual S. 48), hat eine American
Doctor, The Doctor, welche von der Doctorkirsche der Deutschen verschieden sei. Im

Auslande wird man sie etwa als Griotte de Portugal suchen müssen. Hogg im Manual S. 56 hat eine Griotte de Portugal, die er aber der Arch Duke sehr ähnlich, oder damit identisch hält. Leroy hat im Cat. bei Griotte de Portugal als Synon. de Hollande, und möchte man Obige in den Annales I. S. 81 unter der Royale de Hollande suchen, mit den Synon. Griotte de Portugal, Griotte douce royale, Cerise portugaise, Courte queue de Bruges, doch ist das Colorit sehr hell. Duhamel hat eine Griotte de Portugal I. S. 142 Taf. 13, welche Obige wohl sein kann und bei der er die Synon. Royale, Royale de Hollande, auch Archiduc anführt. — Dochnahl im Führer wirft die Doctorkirsche irrig mit der Wahren Engl. Kirsche zusammen.

Gestalt: groß, der Form nach beinahe rund, am Stiele etwas abgeschnitten, auf den Seiten nur etwas breitgedrückt. Der Stempelpunkt sitzt in kleinem Grübchen. Furchen fehlen oder sind unbedeutend.

Stiel: 1½—2" lang, sitzt in weiter, etwas tiefer Höhlung, deren Rand sich fast rund herum gleichmäßig erhebt.

Haut: zähe, ziemlich stark, in voller Reife braunroth, oft ins Schwarzrothe spielend.

Fleisch: dunkelroth, etwas grobfaserig, doch schmelzend und saftreich; der Geschmack süßweinig, wobei Truchseß noch eine kleine Beimischung von Bitterkeit findet, die ihn pikant mache.

Der Stein ist fast rund, am Stielende merklich abgeschnitten, wo sich eine starke runde Vertiefung findet, am Kopfe ein fühlbares Spitzchen. Rückenkanten ziemlich flach, doch breit.

Reife und Nutzung: zeitigt etwas vor der Wahren Engl. Kirsche, und selbst ein paar Tage vor der Prager Muskateller Ende der 4. Woche der Kirschenzeit, oder Anf. der 5. Ist nur Tafelfrucht.

Anm. Die Unterschiede zwischen dieser, der Pragischen Muskateller und Wahren Engl. Kirsche sind in der Natur wohl hinreichend wahrzunehmen, aber mit Worten schwer zu bezeichnen. Die Pragische Muskateller hat gedrungenere Triebe mit geschwollenen Augen und trägt voller; die Wahre Engl. Kirsche setzt die Triebe etwas mehr sperrig an, die Doctorkirsche bildet eine schön verzweigte Krone, blüht stets sehr voll und die Blüthen sind im Abblühen merklich röthlich, röther als die der Wahren Englischen.

Oberdieck.

No. 87. **Wahre englische Kirsche.** II, A. Truchseß; Süßweichseln.

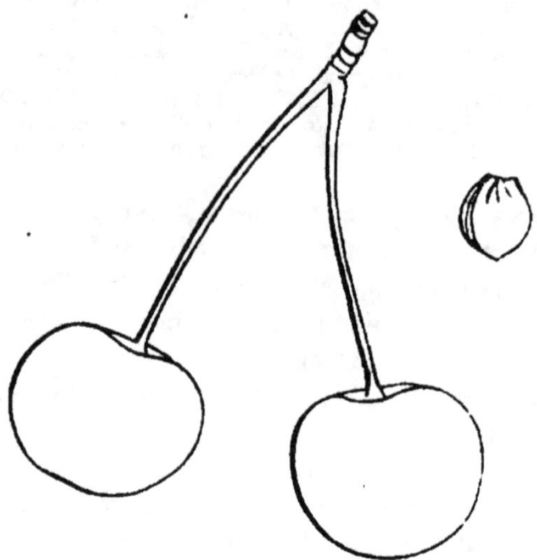

Wahre englische Kirsche. ** 5. W. d. K.Z.

Heimath und Vorkommen: Truchseß erhielt sie zuerst vom Gärtner Bauer zu Schweinfurth unter dem Namen Spanische Weichsel, und nachher von Büttner unter obigem Namen. Ob und unter welchem Namen sie sich in England finde, mag man für jetzt nicht sagen. Die Frucht ist an sich trefflich und delikat, hat aber leider den Fehler, daß sie wenig trägt, was schon Truchseß und Büttner anmerken und bei mir, selbst in den Jahren 1860 und 61, nicht besser war, wo die Blüthe-zeit der Kirschen erst ⅓ und ½ Mai fiel, so daß Nachtfröste nichts verderben konnten. Mein Reis erhielt ich von Diel, und bekam dieselbe Sorte von Dittrich als Späte Herzogenkirsche (Truchseß S. 434), deren Identität mit Obiger schon Truchseß statuirte.

Literatur und Synonyme: Truchseß S. 405 unter obigem Namen und S. 434 als Späte Herzogenkirsche, welche Sickler in Kleinfahnern fand, Cherry Duke, Cerise Royale und ganz falsch Cerise de Montmorency nannte und im T.O.G. II. S. 210 beschrieb (conf. unsere Herzogskirsche). Dittrich II. S. 103, und als Späte Herzogenkirsche II. S. 107. T.O.Cab. Nr. 86 als Späte Herzogskirsche und ohne Zweifel auch Lief. 31 und 32 als Cerise d'Angleterre. T.O.G. VII. S. 363 von Büttner beschrieben. — Krafts Griottier de Portugal II. S. 6 Taf. 16 Fig. 1 fand Truchseß mit Obiger identisch, und entspricht die Abbildung nicht der Natur. (Von Mayer erhielt er als Griotte de Portugal die Doctorkirsche.) Christ Handb. 2. Aufl. S. 682 Nr. 73 Wahre englische Weichsel; Wörterb. S. 284 mit Büttners

Beschreibung aus dem T.O.G. Handb. S. 711 Nr. 92 eben so; Vollst. Pom. S. 215 Nr. 47 mit eigener Beschreibung und der irrigen Angabe, daß der Baum häufig trage. Rößler hat sie S. 166 Nr. 4 nach Kraft als Cerise de Portugal und S. 173 Nr. 30 als Wahre engl. Weichsel mit Büttners Beschreibung. v. Heinecken hat sie S. 202 Nr. 30 nach Christs Wörterbuch, also nach Büttner. — Ob? und unter welchen Namen sie sich in England finde, ist zweifelhaft. Dochnahl im Führer will sie unter Griotte de Portugal suchen, welche aber im Lond. Cat. als Synon. hat Arch Duke, of some, mit der Bemerkung a May Duke? und mir eine andere Frucht lieferte. Man möchte sie unter Late Duke oder Anglaise tardive suchen. Als Late Duke erhielt ich indeß durch Herrn Behrens aus England den Großen Gobet, und wenn man auch annehmen wollte, daß das eine Irrung sei, so sagt Hogg im Manual S. 58 bei Late Duke mit dem Synon. Anglaise tardive und Reifzeit Mitte August, daß die Haut of a fine bright red sei und im Reifen bunkler werde, das Fleisch aber blaßgelb sei, was keine Süßweichsel bezeichnen kann. Der Lond. Cat. hat bei Nr. 31 Late Duke das Synon. Anglaise tardive, führt Late Duke aber auch auf als Synon. bei Nr. 4 Arch Duke, und Anglaise tardive als Synon. bei Nr. 69 Royal Duke, welche beide bei mir andere Früchte gaben.

Gestalt: die Frucht ist in günstigen Jahren groß, oft größer als obige Figur. Truchseß rechnet sie selbst zu den größesten unter den Süßweichseln. Am Stiele ist sie ziemlich abgestumpft, am Stempelpunkte mehr zugerundet, am Bauche nur wenig, am Rücken etwas stärker breitgedrückt, wo eine feine Linie herabläuft. Furchen sind unbedeutend. Der Stempelpunkt sitzt meist in unbedeutendem Grübchen.

Stiel: 2" lang, oft noch etwas länger, ziemlich stark, selten etwas gebogen, nach Truchseß ohne eigentlichen Absatz, den ich doch meistens fand, grasgrün, oft etwas röthlich punktirt oder selbst braun, sitzt in mäßig tiefer, nach beiden Seiten hin nur etwas aufgeworfener Höhlung.

Haut: glänzend, zähe, läßt sich abziehen, in voller Reife dunkelbraunroth, auf den Seiten mit lichteren Stellen.

Fleisch: licht blutroth, etwas fest, der häufige Saft färbend, der Geschmack süßweinig und wirklich lieblich, so daß ihre geringe Tragbarkeit zu bedauern ist.

Der Stein ist ziemlich oval, am Stielende etwas abgeschnitten, nach der Spitze meist zugespitzt, einzeln fast rund. Die nicht breiten Rückenkanten haben schwache Nebenkanten. Die Mittelkante steht stumpf etwas vor und erhebt sich nach dem Stiele hin etwas.

Reifzeit und Nutzung: zeitigt etwas nach der Pragischen Muskateller, Ende der 5. Woche der Kirschenzeit.

Der Baum setzt seine Zweige etwas sperriger an, als manche andere Süßweichsel und blüht spät. Dadurch, durch mehr Größe und längeren Stiel, auch späte Reife unterscheidet sie sich von andern Süßweichseln.

Oberdieck.

No. 88. **Schöne von Choisy.** II. B. Truchseß; Glaskirschen.

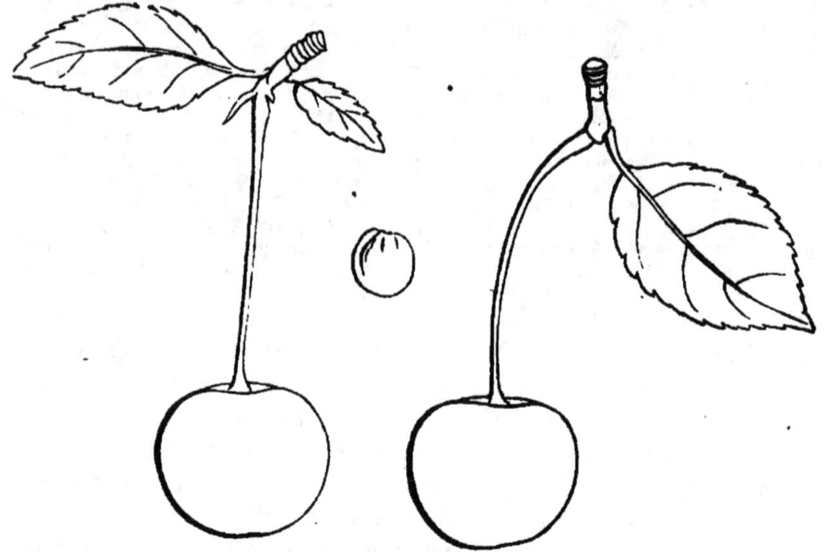

Schöne von Choisy. ** 2. Woche b. K.Z.

Heimath und Vorkommen: schon länger bekannte und bereits weit verbreitete Frucht, die durch ihr zartes Fleisch und wirklich süßen, vorzüglichen Geschmack schätzbar ist, wenngleich ich hinzusetzen muß, daß ich von eigentlich reicher Fruchtbarkeit des Baums in hiesiger Gegend noch keine genügende Beweise habe, wie mir denn auch ein Baum der Sorte im Hannoverschen bisher nicht vorkam. Nach der in den Annales gegebenen Nachricht ist sie um 1760 durch einen Herrn Gonbouin, Gärtner Ludwigs XV. zu Choisy-le-Roi erzogen. Mein Reis erhielt ich von Jahn und Herrn Behrens zu Travemünde überein; bekam sie auch noch 2 Mal als Dauphine von Jahn und von J. Booth zu Flotbeck.

Literatur und Synonyme: Truchseß S. 452 unter obigem Namen. Dittrich II. S. 150; Allgem. D. G. Mag. 1807 S. 42 Taf. 2 Nr. 9, schlecht illuminirt; D. O. Cab. 4. Lief. Nr. 37 schlecht; Annales I. S. 63 größer und schöner, als sie bei uns vorkommt. Lonb. Cat. Nr. 6 mit den Synonymen Ambrée de Choisy, Ambrée à gros fruit, Cerise de la Palembre, Cerise Doucette, Cerise à Noyeau tendre; Downing S. 190 mit denselben Synonymen. Hogg im Manual S. 49 hat als Synon. Ambrée, Dauphine, Doucette; de la Palembre. Leroy zu Angers hat im Cataloge als Synonyme noch Ambrée (Duham.) Belle Andigeoise, Dauphine und Nouvelle d'Angleterre, wovon mehrere auch noch andern Früchten gegeben werden und es doch sehr fraglich erscheint, ob Duhamels Ambrée (S. 140 am Schlusse seiner Nr. 11.) nach den wenigen von Duhamel gemachten Angaben, namentlich der wenig rothen, mehr gelben Färbung der Haut, und der angegebenen geringen Güte die Obige sei. Truchseß erhielt sie aus der Pariser Nationalbaumschule unter den Benennungen Cerise Guigne und Cerise de la Palembre ou Doucette, welches auch ihre gewöhnlichen Synonyme sind. Christ hat sie mit dürftiger Beschreibung, Beiträge S. 221 Nr. 76, Wörterbuch S. 293, Vollst. Pomol. S. 241 Nr. 72.

Gestalt: die Frucht ist von mittlerer Größe, und muß ich bemerken, daß ich von meinen auf Weichselwildlinge gesetzten jungen Stämmen bisher immer kleine Früchte erhielt, während die auf Süßkirschenwildlinge gesetzten freudiger wuchsen und Früchte von obiger Größe brachten, so daß die Sorte wohl Unterlage von Süßkirschen erfordert. Von Form ist sie beinahe kugelrund, am Stiele und auf dem Rücken, wo eine Linie herabläuft, nur etwas gedrückt. Der Stempelpunkt sitzt nur wenig vertieft.

Stiel: 1½—2″ lang, grün, hat meistens einen Absatz, und sitzt in flacher Vertiefung. Nach Truchseß hat der Stielabsatz kein Blättchen, welches ich, wenigstens an jungen Bäumen, häufig fand.

Haut: fein, glänzend, durchscheinend; die gelbe Grundfarbe ist bei Beschatteten nur leicht mit Roth überlaufen, bei besonnten stärker geröthet und mit einem freundlichen Roth, durch welches das Gelbe des Fleisches noch durchschimmert; an der Spitze ist sie gelbweißlich punktirt und um den Stiel ebenso gestrichelt. Nach Truchseß ist die Haut etwas trübe, und nicht so durchsichtig, als bei anderen Glaskirschen, was ich nur fand, wenn die Früchte durch starke Winde gelitten hatten.

Das Fleisch ist unansehnlich gelblich, sehr zart, saftreich, der Saft wasserhell, der Geschmack rein, süß, sehr angenehm.

Der Stein ist nach Truchseß sehr klein, was ich nicht immer fand; er ist mäßig dickbackig, und bildet ein kurzes Oval. Die Rückenkanten treten ziemlich stark hervor und verbreitern sich etwas nach der Spitze hin. An den Kanten bleibt nur wenig Fleisch sitzen.

Reifzeit und Nutzung: zeitigt schon in der 2. Woche der Kirschenzeit. Ist nur Tafelfrucht und würde als solche sehr gesucht sein, wenn sie recht fruchtbar wäre. Auch die Annales bemerken, daß sie nicht gehörig fruchtbar sei, was man freilich nach der gegebenen Abbildung, die einen Büschel von Früchten darstellt, nicht glauben sollte.

Der Baum wächst gut, geht mit seinen Zweigen gerade in die Höhe, diese werden aber, wie Truchseß anmerkt, bald kahl und nur die obersten Schöße bleiben dicht belaubt. — Die Blüthe des Baums erscheint im Abblühen ziemlich röthlich.

Anm. Zu ihrer Reifzeit unterscheidet sie sich durch ihren rein süßen Geschmack von allen andern Glaskirschen und zeitigt mit ihr nur die Spanische Glaskirsche.

Oberdieck.

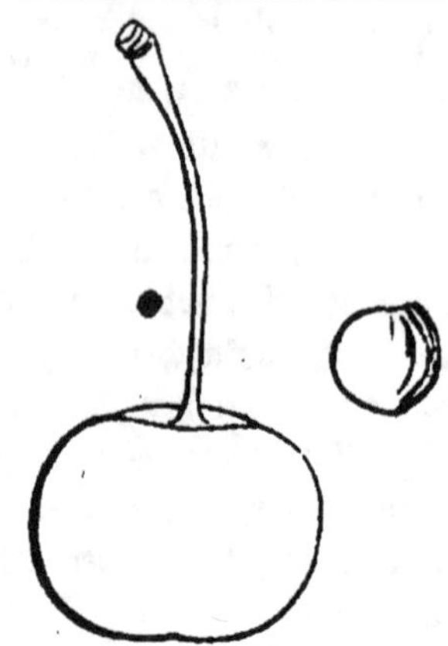

Spanische Glaskirsche. * * † Ende der 2. Woche d. K.Z.

Heimath und Vorkommen: diese gar sehr schätzbare Frucht erhielt ich von Dittrich zu Gotha unter dem unpassenden Namen Große Spanische Weichsel. Ich war länger geneigt, sie für Truchseß Große Glaskirsche von Montmorency zu halten; nachdem ich aber diese von Herrn Organisten Möschen ächt, direkt von Truchseß herstammend, erhalten habe, halte ich obige für eine Sorte, die wahrscheinlich bisher ganz unbekannt ist und muß sie den Namen, unter dem ich sie erhielt, wohl durch irgend eine Verwechslung erhalten haben, es sei denn, was so unmöglich nicht ist, daß Christ selbst, von dem Dittrich die Sorte haben wird, die von ihm beschriebene Große Spanische Weichsel nicht gekannt und eine Glaskirsche als Süßweichsel beschrieben hätte. Ist eine Verwechslung nicht vorgegangen, so hat Dittrich die Sorte noch weniger gekannt. Um dieser schätzbaren Sorte, die stets mehrere Tage vor der doppelten Glaskirsche reift, an Größe und wohl ungezweifelt auch an Tragbarkeit, sowie an etwas milderem Geschmacke sie übertrifft, endlich einen bestimmteren Namen zu geben, habe ich sie, wie oben, benannt und mochte nach längeren Forschungen nicht warten, das pomologische Publikum mit ihr bekannt zu machen.

Literatur und Synonyme: mit dem Namen Spanische Weichsel ist viel Unfug getrieben und sind sehr verschiedene Sorten so benannt. Truchseß erhielt (S. 407) die Wahre Englische Kirsche als Spanische Weichsel und sagt, daß in Franken dieser Name fast allen Süßweichseln beigelegt werde, wie denn ja auch eine herrliche Süßweichsel Spanische Frühkirsche heißt. Ferner erwähnt er S. 637, daß der Große Gobet in der Gegend von Kronberg Spanische Weichsel genannt werde. Auch eine

Weichſel heißt Spaniſche Frühweichſel, und nach Dochnahls Führer würde auch die Jeruſalemskirſche Große Spaniſche langſtielige Weichſel genannt werden und von der Schwarzen Forellenkirſche ſagt v. Heinecken (S. 210 Nr. 38), daß ſie in ſeiner Gegend Holländiſche oder Spaniſche Weichſel genannt werde. Die Frucht, welche ich mir als große Spaniſche Weichſel von Dittrich erbat, beſchreibt Dittrich III. S. 259 nach Chriſt, der ſie Vollſtänd. Pomol. S. 217 Fig. 49 aufführt, aber als Süßweichſel beſchreibt, auch eine ziemlich ſpäte Reifzeit angibt. Ziemlich gleichzeitig mit obiger reift und auch ähnlich in Form iſt eine Montmorency à longue queue, die ich aus Herrnhauſen erhielt, doch blieb dieſe bisher immer kleiner. Die Montmorencys der Franzoſen und Engländer ſcheinen auch ſämmtlich Amarellen zu ſein.

Geſtalt: groß, am Stiele und Stempelpunkt ſtark gedrückt, nur auf der Rückenſeite etwas breit gedrückt, auf dem Bauche rund. Furchen fehlen, oder ſind unbedeutend, auf der Rückenſeite zuweilen flach mit feiner Linie, der Stempelpunkt ſteht in ſchönem, flachem Grübchen.

Stiel: ſtark, 1¼ bis 1½″ lang, grün, in weiter tiefer Höhle.

Haut: fein, glänzend, von Farbe der Glaskirſchen, zuletzt aber ſo dunkel, als es die Doppelte Glaskirſche wird.

Fleiſch: zart, ſaftreich, ſchmelzend, mattgelb, der Saft hell, der Geſchmack in der Reife mild und angenehm ſäuerlich, ſo daß man ſelbſt etwas Süßes durchmerkt und der Geſchmack etwas vorzüglicher iſt, als der der Doppelten Glaskirſche.

Stein: hängt feſt am Stiel und bleibt etwas Fleiſch an ihm ſitzen. Er gleicht dem Steine der Doppelten Glaskirſche, iſt ziemlich rund; die Rückenkanten, unter denen die Mittelkante ſehr vorſteht, erheben ſich nach dem Stielende hin merklich. Einige feine Afterkanten gehen vom Stielende aus; am Stielende findet ſich eine Vertiefung.

Reifzeit und Nutzung: röthet ſich ſtets merklich und wohl 8 Tage früher als die doppelte Glaskirſche, (was noch ebenſo iſt, nachdem ich die beiden Bäume neben einander ſetzte) zeitigt dann etwas weniger raſch, als letztere, kommt aber doch etliche Tage früher zur Reife, in der 2. Woche der Kirſchenzeit. Für Tafel und Haushalt ſchätzbar und ziehe ich ſie der Doppelten Glaskirſche vor.

Anm. Der Unterſchied gegen die doppelte Glaskirſche liegt in früherer Zeitigung, mehr Größe und dem Mangel einer tieferen Furche auf dem Rücken. Die große Glaskirſche von Montmorency zeitigt merklich ſpäter und iſt am Stempelpunkte etwas mehr gerundet.

Oberdieck.

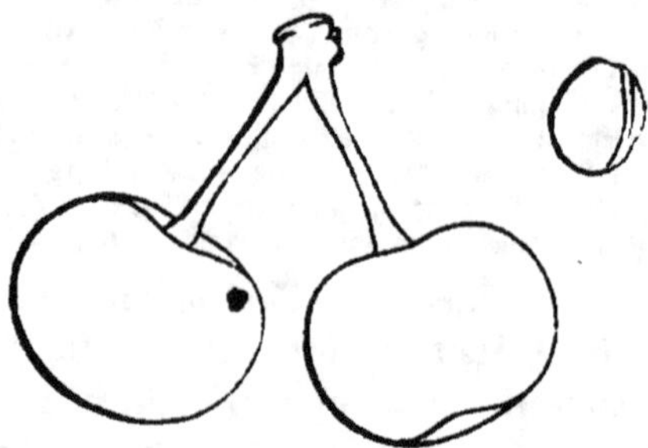

Pommeranzenkirſche. *† Anf. der 5. W. d. K.Z.

Heimath und Vorkommen: die Abſtammung dieſer Kirſche iſt unbekannt. Sie hat ihren Namen mehr von der Form des Baumes, welche kugelförmig, wie ein Pommeranzenbaum wächst, als von der Frucht, obgleich dieſe, wie Dittrich meint, in ihrer Farbe einer Pommeranze ziemlich ähnlich ſieht und eine ſchöne, große, vortreffliche, plattrunde Glaskirſche vorſtellt.

Literatur und Synonyme: Truchſeß S. 479; T.O.G. Bd. XX. S. 226. Nr. 45 Taf. 21; Chriſts Vollſt. Pom. S. 248 Nr. 71; Oberd. S. 541. — Von Chriſt hat übrigens Truchſeß früher als Pommeranzenkirſche die Frühzeitige Amarelle erhalten, die er in ſ. Werke von Pflanzung ꝛc. I. Aufl. S. 272 Nr. 14 ſo benannt hatte.

Geſtalt: mehr breit, als dick und dicker als hoch, auf der breiten Seite läuft eine ſchwache Linie vom Stiel bis zum Stempelgrübchen, welches etwas eingedrückt iſt und einen grauen Punkt hat.

Stiel: ziemlich ſtark, beſonders, wo er auf der Kirſche aufſitzt, ſtark verdickt, von ³⁄₄ bis 1¼″ Länge. Er ſteht in einer tiefen ſtarken Höhlung und ſitzt ſo feſt, daß jedesmal beim Genuß der Kirſche Fleiſch daran haften bleibt.

Haut: hellroth, faſt ziegelroth; bei größerer Reife etwas dunkler, glänzend und durchſichtig, mit vielen weißen Pünktchen beſetzt.

Fleiſch: helle, weiß, etwas wenig röthlich ſchillernd, mit gelblich weißen Adern durchzogen; der Saft iſt weiß, waſſerhell, ſüß, durch eine feine Säure erhoben.

Stein: nicht ſehr groß, rund, dick und hat ein kleines, ſcharfes Spitzchen; friſch betrachtet, bemerkt man ſeine röthliche Pünktchen, womit er beſäet iſt.

Reife und Nutzung: die Kirsche zeitigt gegen die Mitte des Juli (auch in Meiningen 1858 so) * und ist eine köstliche Kirsche.

Eigenschaften des Baumes: der Baum wird stark, die Krone ist dicht mit Zweigen besetzt, welche eine Kugel bilden, die wie ein beschnittener Pommeranzenbaum aussieht. — Würde die häufigste Anpflanzung verdienen, wenn der Baum tragbarer wäre, was aber nicht der Fall ist, denn so reich er auch in den meisten Jahren blüht, so bleiben immer nur einzelne Früchte daran übrig. Auch Oberdieck hat bereits dieselbe Erfahrung gemacht, und diesem Mangel sind auch die meisten anderen Glaskirschen unterworfen, weil sie in der Blüthe gegen kalte Nächte sehr empfindlich sind. Läßt man sie als Topfbäume unter einem Glasdache abblühen, so setzen sie so voll wie andere Kirschen an.

Jahn.

* Truchseß läßt sie erst auf die Große Glaskirsche folgen, wornach sie in der Reife etwas später in die 5. Woche der Kirschenzeit oder Ende der 4. zu setzen wäre.

D.

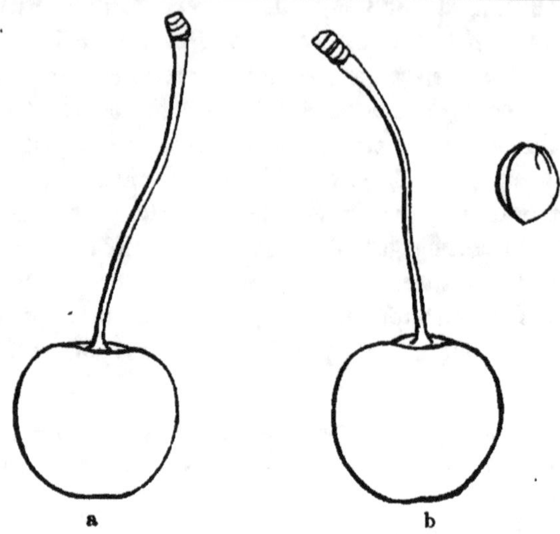

Spanische Frühweichsel. *†† Ende der 2. W. b. K.Z.

Heimath und Vorkommen: Truchseß erhielt diese Frucht von Sickler und ist über ihre Herkunft nichts bekannt. Verdient häufige Anpflanzung und hat mit der süßen Frühweichsel (Handb. S. 183) ziemlich gleichen Werth, da sie fast ebenso tragbar ist, zu Haushaltszwecken ebenso paßt und bei langsamerem Reifen sich weit länger am Baume hält, was unter Umständen Werth haben kann. Mein Reis erhielt ich von Diel und Liegel überein.

Literatur und Synonyme: Truchseß S. 500 unter obigem Namen. Dittr. II. S. 113; T.O.G. XII. S. 333 Taf. 20, Abbildung viel zu groß, zu rund und ganz unkenntlich; D.O.Cab. Nr. 19 gleichfalls zu rund und D.O.C. Neue Aufl., 3. Sect., 4. Lief. nicht besser; sieht eher der süßen Frühweichsel ähnlich. Von Christ erhielt Truchseß die Sorte als Spanische Weichsel, die Christ von Pflanzung und Wart. 1. Aufl. S. 272 Nr. 13. und 2. Aufl. 1. Theil, S. 263 Nr. 13 aufführt und auch Weinkirsche, Schwarze Sauerkirsche nennt, nach Christs Angaben, der seine Sorten häufig nicht kannte, spät reifen sollte, aber sich mit Obiger indentisch zeigte. Auf die von Truchseß gegebene Nachricht von der frühen Reife nahm Christ im Handb. 2. Aufl. S. 674 Nr. 52 sie als Spanische Weichsel wieder auf, mit Versetzung der Reifzeit in den Juli, hat sie im Wörterb. S. 289 wieder als Spanische Frühweichsel unter Verweisung auf den T.O.G. am obigen Orte und die Nr. der Frucht im Bettenburger Kirschen-Cataloge, mit der Reifzeit Mitte Juni, während er sie in der Vollst. Pomol. wieder weg ließ; — ein Beispiel unter vielen, welchen Werth die Christschen Angaben haben. — Truchseß hat S. 505 noch eine Doppelte Weichsel, die er von Christ als doppelte Amarelle erhielt und Christ vom Pflanz. und Wart. 1789 S. 274 Nr. 18, Wörterb. S. 285 und Handbuch 3. Aufl. S. 694 beschreibt. Diese erhielt ich von Liegel und aus Meiningen überein und kann sie nach langjähriger Vergleichung von obiger nicht unterſcheiden, wie man denn auch in Meiningen, wohin die Sorte von Truchſeß kam, dieſelbe Identität fand. Truchſeß legt der Doppelten Weichſel beinahe kugelrunde Form bei und will ſie von der Spaniſchen Frühweichſel, mit der ſie reife, durch mehr Größe, längeren Stiel, mehr Säure im Geſchmack, und dadurch, daß Obige bei Näſſe mehr leide, unterſcheiden. Alle dieſe Unterſchiede fand ich an meiner doppelten Weichſel nicht, die obige Figur b darſtellt. — Diel hat im Cataloge die Frucht als Schwarze Spaniſche Frühweichſel; das Beiwort kann aber füglich wegfallen. In der Pariſer Nationalbaumſchule nannte man ſie, nach Feuille du Cultiv 1804 S. 139, Cerise d'Espagne hative.

Geſtalt: Größe oft mehr als mittel, doch hängt die Größe merk-lich vom Boden ab. Am Stiele iſt ſie etwas platt, auf dem Bauche meiſt etwas, auf der Rückenſeite ſtärker breit gedrückt, wo ſich eine Linie oder flache Furche findet, am Stempelpunkt iſt ſie etwas gedrückt, und bildet eine etwas ſchiefe Fläche, indem das Stempelgrübchen mehr neben als in der Mitte der Spitze ſteht. Sie erſcheint zuweilen ziemlich rund, neigt ſich aber nach meinen Wahrnehmungen doch öfter noch zu einer etwas länglichen Geſtalt.

Stiel: 1¼—2″ lang, mittelſtark, grüngelblich, manchmal etwas roth angelaufen, ſitzt in flacher Höhlung.

Haut: ziemlich zähe, dunkelbraunroth, nach Truchſeß zuletzt ganz ſchwarz, mit lichterer Farbe an der Furche, in welcher ganz ſchwarzen Färbung ich ſie hier noch nicht ſah, da ſie auch bei langem Hängen am Baume zuletzt nur ſchwarzbraun wurde.

Fleiſch: zart, ſaftreich, dunkelroth, der ausgedrückte Saft etwas heller, der Geſchmack zwar merklich ſäuerlich, doch nicht herbe und in wirklicher Reife angenehm.

Stein: iſt verhältnißmäßig nicht groß, neigt etwas zum Elliptiſchen am Stielende iſt er etwas abgeſchnitten, nach der Spitze kurz zugeſpitzt. Die Mittelkante des Rückens ſteht ſtumpf vor.

Reifzeit und Nutzung: zeitigt mit der ſüßen Frühweichſel, etwas vor der Kirſche von der Natte in der 2. Woche der Kirſchenzeit; doch wird die ſüße Frühweichſel früher mild und raſcher reif; während Obige ſich, nachdem ſie ſchon zu Haushaltszwecken brauchbar iſt, 10—12 Tage länger am Baume hält. Iſt vorzüglich für den Haushalt ſchätzbar.

Anm. Braunere Farbe, etwas mehr Säure im Geſchmacke, längere Dauer am Baume, und die Neigung zu einer etwas länglichen Geſtalt unterſcheidet ſie von der gleichzeitig reifenden Süßen Frühweichſel. Am kenntlichſten iſt ſie durch den Baum, der ganz das meiſt etwas gelblichgrüne, ſchmale, umgekehrt langeiförmige, oft faſt um-gekehrt eilanzettliche Blatt mit anslaufender Spitze und die Triebe des großen Gobet hat, jedoch ſchon früher als dieſer hängende Zweige macht.

Oberdieck.

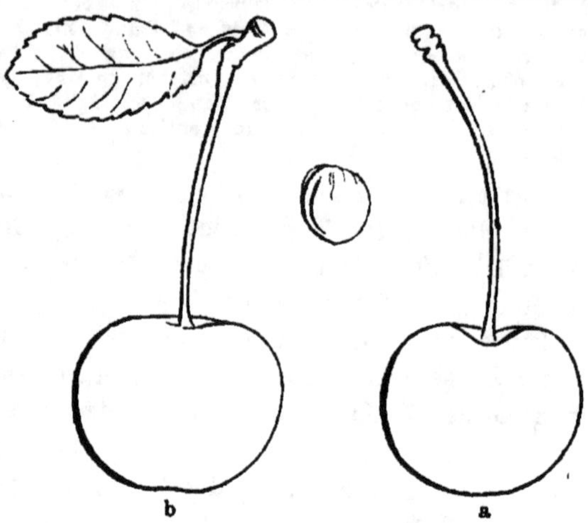

Kirſche von der Natt. * *! Mitte bis Ende Juli. 3. W. b. K.Z.

Heimath und Borkommen: eine Kers van der Nat war ſchon Knoop bekannt und auch deſſen Ueberſetzer Zink ſcheint ſie nach Tab. XI. Nr. III. gehabt zu haben, wie Truchſeß mittheilt. Sie wird beßhalb urſprünglich holländiſchen Urſprungs ſein und zwar ſoll ſie ihren Namen von einem dortigen Grafen von der Natte oder von Dernath haben. In Deutſchland wird ſie ebenfalls ſchon lange gepflanzt und beßhalb faſt in allen Kirſchenpflanzungen angetroffen.

Literatur und Synonyme: Henne beſchrieb ſie zuerſt genauer in ſ. Anw. Halle 1796 S. 361—63 Nr. XII, auch ebenſo gut Büttner im T.O.G. VII. S. 378 Nr. 14. — Die letztere Beſchreibung nahm Truchſeß, S. 540 auf. Bei der Bettenburger K. von der Natt, die derſelbe aus Herrnhauſen 1785 als Kirſche von der Natt empfing, ſie aber von der ſpäter von Büttner erhaltnen verſchieden fand und ſie beßhalb nun „Bettenburger Natte" nannte, macht er darauf aufmerkſam, daß Chriſt in ſeinen früheren Schriften dieſe letztere beſchrieb. Im Hdwb. S. 285 iſt ſie dagegen nach Büttner geſchildert. — Bergl. auch Dittr. II. S. 131, der ſie am ausführlichſten beſchreibt. Dieſe Bettenburger Natte und die Doppelte Natte ſind von obiger nicht verſchieden. Als Double Natte hat ſie auch Hogg im Manual S. 53. Obige muß nicht verwechſelt werden mit der Süßweichſel Frühe von der Natte.

Geſtalt: die Kirſche iſt faſt ganz rund, mitunter etwas länglich rund, auf der einen Seite etwas gedrückt, mit einer kaum ſichtbaren Linie und einem deutlichen Stempelpunkte in einer kleinen Vertiefung. Die Kirſche iſt mittelgroß, faſt klein, einzelne Stücke aber, wenn der Baum nicht eben voll ſitzt, kann man wohl zu den Weichſeln erſter Größe rechnen.

Stiel: 1½ und nach Dittrich bis 2½" lang, dünn, grün, ohne Absatz, sitzt in einer flachen Höhlung.

Haut: glänzend, dunkelbraunroth, fast schwarz, auf der Furchenseite etwas lichter.

Fleisch: weich, dunkelroth, vollsaftig, der Saft ist von etwas hellerer Farbe und von einem mehr säuerlichen, als süßen Geschmack, den viele Liebhaber (wie ich selbst, weil das Aroma nicht fehlt) erhaben und angenehm finden.

Stein: klein, länglich rund, da wo der Stiel gesessen, hat er eine Vertiefung. Die breite Kante tritt in der Mitte wenig hervor, hat auf ihrer Höhe eine flache Furche und zwei breite flache Seitenfurchen; Gegenkante fein erhoben, unten in eine kaum fühlbare Spitze auslaufend.

Reife und Nutzung: die Frucht reift gegen Ende Juli, in warmen Sommern aber auch früher, 1858 hatte ich sie den 15. Juli zeitig.* Sie hält sich aber ziemlich lange am Baume, was sie sehr schätzbar macht.

Eigenschaften des Baumes: derselbe wird größer, als andere Sauerkirschenbäume gewöhnlich sind, hat das kleine Sauerkirschenblatt und trägt wenigstens in manchen Jahren recht voll.

Bemerkungen: Außer der obengenannten Bettenburger Kirsche von der Natt und der vorliegenden findet sich in den pomologischen Schriften noch eine Doppelte Natt, Double Natte Truchseß 538, welche größer und früher, im Anf. Juli, reifend sein, und deren Stein eine bemerkbar scharfe Spitze haben soll, auch von Büttner, der sie im T.O.G. beschrieb (VII. S. 375), als weit vorzüglicher im Geschmack bezeichnet wird. Ich besitze diese Sorten alle drei vom Jerusalem bei Meiningen, wohin sie Truchseß gab. Sie machen auf Süßkirsche veredelt ** große starke Bäume, aber ich habe sowohl in der Vegetation der letzteren, wie in Form, Farbe und im Geschmack der Früchte, auch in der Reifzeit wenig Unterschied wahrnehmen können. Es sind sehr gute und große Weichseln. Die Bettenburger ist die größte und schönste, sie trägt aber wenig und ebenso verhält sich die doppelte Natt. Die gewöhnliche Kirsche von der Natt trug bis daher immer noch am vollsten, allein auch sie läßt gewöhnlich mehrere Jahre im Tragen auf sich warten.

Jahn.

Anm. Auch ich halte die Bettenburger Natte, Doppelte Natte und Kirsche von der Natte für identisch; die erstere habe ich von Diel, die zweite von Dittrich und aus Jerusalem, die dritte von Jahn ächt. Alle sitzen auf einem auf Weichselwildling veredelten Stamme der Bettenburger Natte, liefern hier fast jährlich, und oft selbst viele Früchte und konnte ich keinen Unterschied finden. Oben ist unter b eine Figur der Bettenburger Natte beigefügt. Ich schätze die Sorte sehr.

Oberdieck.

* 3. Woche der Kirschenzeit.   O.

** Welches immer die beste Unterlage auch für Sauerkirschen ist, wenn man auf längere Dauer der Bäume Anspruch macht und die Tragbarkeit ist nach meinen Beobachtungen darauf gleich, oft besser, als auf Sauerkirschenunterlage. — Leider gibt es aber in der Blüthe gegen Frost, oder überhaupt gegen kalte Winter empfindliche Sorten, die auf beiden nichts tragen.   J.

No. 93. **Henneberger Grafenkirſche.** III. A. Truchſeß; Weichſeln.

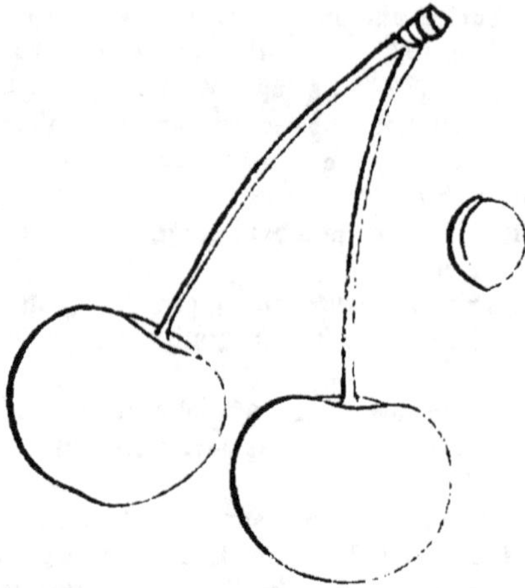

Henneberger Grafenkirſche. **† 4. W. d. K.Z.

Heimath und Vorkommen: ſtammt aus der Gegend von Mei=
ningen, wo Zink in der Fortſetzung von Knoops Pomologie Theil II.
S. 41 ſie bekannt machte, und ſehr viel Rühmens von ihr machte;
Truchſeß erhielt das Reis gleichfalls aus Meiningen. Die Sorte iſt
ſchätzbar, und erhielt auch ich ſie aus Meiningen.

Literatur und Synonyme: Truchſeß S. 548; Dittrich II. S. 134; Knoop
II. S. 41, wo Zink Taf. 11 Nr. 110 eine beim Druck des Werkes ſehr entſtellte Ab=
bildung von ihr gegeben hat, während Truchſeß bemerkt, daß die vom Hofmaler
Sänger in das Zinkſche Manuſcript eingetragene Abbildung der Frucht ſehr ähnlich
ſei; (ein Mißſtand, der bei Herausgabe pomologiſcher Kupferwerke nur zu oft vor=
kommt.) Ob Chriſt von Pflanzung ꝛc. S. 274, Nr. 25, Handb. S. 537 und Wörterb.
S. 290 als Henneberger Grafenkirſche die ächte gehabt habe, bezweifelt Truchſeß ſehr.
Von Dittrich erhielt ich unter obigem Namen die Jeruſalemskirſche, die er etwa auch
Andern als Henneberger Grafenkirſche geſandt hat.

Geſtalt: Größe mehr als mittelmäßig, oft noch größer als obiger
Umriß, breiter als hoch, am Stiel merklich, am Stempelpunkte etwas
platt gedrückt. Furchen finden ſich meiſt nicht, ſo daß der Umkreis ſehr
gerundet iſt. Der Stempelpunkt ſteht etwas vertieft. Kleinere Exemplare
nehmen mehr eine runde Geſtalt an.

Der Stiel iſt 1½" lang, mittelſtark, oft dünn, grün, zuweilen
bräunlich angelaufen, und ſitzt in flacher, ziemlich weiter Höhlung. Es
ſitzen häufig 2, 3 Früchte an einem kurzen gemeinſchaftlichen Stiele,
doch habe ich an dem kurzen Stielabſatze nie kleine Blättchen bemerkt,

woburch sie sich von der zugleich reifenden, im Hannoverschen Weinkirsche genannten Frucht, die ich von Burcharbt als Erfurter August-Kirsche erhielt, unterscheidet.

Die Farbe der ziemlich feinen, glänzenden Haut ist bei voller Reife sehr dunkel, fast schwarz.

Das Fleisch ist zart, saftreich und, so wie der Saft, sehr dunkel-roth; der Geschmack zeigt in gehöriger Reife eine milde erfrischende Säure und ist sehr angenehm.

Der Stein ist verhältnißmäßig nicht groß, mäßig dickbackig und steht in Form zwischen oval und eiförmig, oft etwas mehr gerundet, oft fast wirklich eiförmig; stumpfe schmale Rückenkanten stehen merklich vor, und erhebt die Mittelkante sich am stärksten, und wirft nach dem Stielende hin sich etwas auf.

Reifzeit und Nutzung: die Reifzeit fällt in die 4. Woche der Kirschenzeit. Für die Tafel noch angenehm und zu jedem Gebrauche im Haushalte recht tauglich.

Der Baum wächst gut, zeigte sich zwar auf der Bettenburg wenig fruchtbar, doch ist dieß dort, wie bei nicht wenigen andern Sorten lokal gewesen oder rührte, da diese Klage besonders bei Weichseln und Amarellen vorkommt, von Süßkirschenunterlage her. Auf Weichselwildling veredelt hat die Sorte bei mir sowohl in Nienburg, als auch hier schon wieder, voll getragen, und während die Jahre 1858 und 59 im Ganzen für die Kirschen ungünstig waren, saß 1858 und noch mehr 1859 selbst ein erst 5 Fuß hoher Baumschulenstamm, den ich als Busch unbeschnitten habe wachsen lassen, klettenvoll von Früchten, so daß ich selbst einen Theil derselben wegnahm, um die Uebrigen in gehöriger Vollkommenheit zu haben. An dem Baume, wie an denen der Leopoldskirsche und Großen Morelle bemerkten Truchseß und Büttner Ende Juli viele gelbe abfallende Blätter und meint Truchseß, daß dieß diesen Sorten eigen sein möge. An jüngeren Bäumen und größeren Probezweigen der obigen bemerkte ich dieß bisher nicht, wohl aber an großen Probezweigen der Großen Morelle und Leopoldskirsche; doch mag diese Erscheinung oft von lokalen Ursachen herrühren.

Anm. Von den ziemlich zugleich reifenden Sorten Braunrothe Weichsel und Herzförmige Weichsel, unterscheidet sie sich durch dunklere Farbe der Haut und mehr Säure; von der Neuen Engl. Weichsel, Erfurter August-Kirsche und Großen Morelle, die auch nur einige Tage später zeitigen, ist sie schwerer zu unterscheiden, da etwas mehr Größe nach den Jahren an den Kirschen zu sehr varirt und damit selbst die Gestalt sich etwas ändert. Im Baume ist die Große Morelle von obiger leicht zu unterscheiden; siehe diese. Oberdieck.

No. 94. **Frauendorfer Weichsel.** III. A. Truchseß; Weichseln.

Frauendorfer Weichsel. *†† 4. W. b. K.Z.

Heimath und Vorkommen: wurde erzogen in Frauendorf, und daselbst Große Frauendorfer Weichsel benannt. Verdient zwar nicht ganz das Lob, welches man in den Frauendorfer Blättern ihr beilegen wollte, ist indeß doch eine gute, brauchbare, volltragende Sorte, und merkwürdig dadurch, daß sie zwischen Weichseln und Amarellen mitten inne steht, indem die Haut kaum dunkler wird, als bei Amarellen, der Saft aber gefärbt erscheint. Mein Reis erhielt ich aus Frauendorf.

Literatur und Synonyme: Ist, so viel ich weiß, noch nicht beschrieben. Synon. Große Frauendorfer Weichsel.

Gestalt: ist in ihr günstigen Jahren groß, immer stark mittelgroß, (obige Figur ist gemacht nach Früchten von 1860, die nicht ganz so groß waren, als früher), breiter als hoch, oben und unten stark abgestumpft, zu beiden Seiten nur wenig breit, gedrückt; auf der Rückenseite am stärksten. Die Bauchseite zeigt flache Furche. Der feine Stempelpunkt sitzt in flachem Grübchen.

Stiel gut 2″ lang, grün, ziemlich stark, an seiner Basis mit kurzem Absatze, sitzt in flacher enger Höhle.

Haut: fein, glänzend, vor vollster Reife so hellroth wie bei

Amarellen, während der Saft schon gefärbt erscheint, in vollster Reife kaum dunkelroth.

Das Fleisch ist zart, saftvoll, der Geschmack zeigt eine angenehme milde Säure.

Der Stein ist ziemlich groß, dickbackig, gerundet mit ziemlich flachen Rückenkanten, die sich nach dem Stielende hin erheben, so daß die Rundung verschoben erscheint. Ein paar flache Afterkanten entspringen vom Stielende des Steins.

Reifzeit und Nutzung: zeitigt ziemlich gleichzeitig mit der späten Amarelle, Bouquetamarelle 2c. in der 4. Woche der Kirschenzeit, wo sie glaskirschenroth ist und hält sich lange am Baume. Wird ebenso gut als andere gute Weichseln für Haushaltszwecke taugen.

Der Baum wächst gut und ist recht fruchtbar stets schon in der Baumschule; 1857 saß der große Probezweig klettevoll.

Anm. Bis jetzt gibt es keine ihr in der obgedachten Eigenthümlichkeit gleichstehende Frucht, mit der sie könnte verwechselt werden.

Oberdieck.

No. 95. **Große Morelle.** III, A. Truchseß; Weichseln.

Große Morelle. † † 4. W. d. K. 3.

Heimath und Vorkommen: Herkunft ist unbekannt. Henne hat sie in seiner Anweisung unter dem Namen Große Amarelle zuerst beschrieben. Ueber ihre Verbreitung ist mir nichts bekannt. Ich erhielt die Sorte von Dittrich und aus Meiningen übereinstimmend, und werde sie somit ächt haben, obwohl ich die Früchte nicht so groß und nicht ganz so rund, als Henne sie beschreibt, finde, was vielleicht mit dem Alter des Baums sich ändert. Muß immer noch unter die guten Sorten gezählt werden.

Literatur und Synonyme: Truchseß S. 545 Große Morelle; Dittrich II. S. 115, Christs Hdwb. S. 284, (Vollst. Pomol. S. 233 hat Christ eine Weichselsorte als Morellkirsche, welche nicht die Obige ist.) T.O.G. VII. S. 383 Nr. 33 unter Büttners Sortimente; Henne Anweis. S. 359 Nr. 11. Gotthard S. 159 Nr. 6 als Große Amarelle. — Obwohl Truchseß diese Sorte nicht so weit beachtet hatte, daß er sie schon entschieden für eine von andern Weichseln verschiedene Sorte erklären mochte, und sie nur in der 2. Rubrik aufführt, ist sie doch eine, sicher für sich bestehende Sorte, da sie von der Neuen Englischen Weichsel, welcher sie an Gestalt und Größe gleicht, im Wuchs des Baumes und von der Leopoldskirsche, mit welcher Büttner im T.O.G. loco cit. sie für identisch halten wollte, schon durch frühere Reife sich unterscheidet; nach der Anschauung in der Natur kann man schon den Wuchs der jungen Bäume unterscheiden und ist obige nach meinen Beobachtungen auch weit fruchtbarer als die Leopoldskirsche.

Gestalt: fast groß, Form fast rund, am Stiele stark abgestumpft, zu beiden Seiten kaum etwas gedrückt; doch findet sich auf der Rückenseite oft eine flache Furche. Der Stempelpunkt sitzt in einem kleinen Grübchen.

Der Stiel ist mittelstark, 1¼ bis 1½″ lang, gerade, nimmt häufig etwas Röthe an, und sitzt in einer weiten flachen Höhlung.

Die Farbe der glänzenden Haut ist dunkelbraun, in voller Reife fast schwarz.

Das Fleisch ist zart, saftreich, dunkelroth, der Geschmack zwar merklich, doch nicht unangenehm säuerlich.

Der Stein ist ziemlich groß, gerundet eiförmig und hat nur flache meist auch schmale Rückenkanten. Die Mittelkante erhebt sich nach dem Stielende hin etwas.

Reifzeit und Nutzung: reift ziemlich gleichzeitig mit der Braun= rothen Weichsel, Herzförmigen Weichsel und Henneberger Grafenkirsche in der 4. Woche der Kirschenzeit. Taugt, wie alle Weichseln zu mancher= lei Haushaltszwecken.

Der Baum hat nach Henne das allerstärkste Wachsthum unter den Weichseln, was sich bei mir insoweit bestätigt, daß die jungen Stämme in der Baumschule besonders kräftig und fast schnurgerade wachsen und eine recht dicht verzweigte, stark belaubte Krone machen. Auch die erst etwas später eintretende reichere Tragbarkeit scheint sich hier zu bestätigen. Ueber Unterschiede von andern ähnlichen Kirschen siehe noch die Henne= berger Grafenkirsche.

Oberdieck.

No. 96. **Herzförmige Weichsel.** III. A. Truchseß; Weichseln.

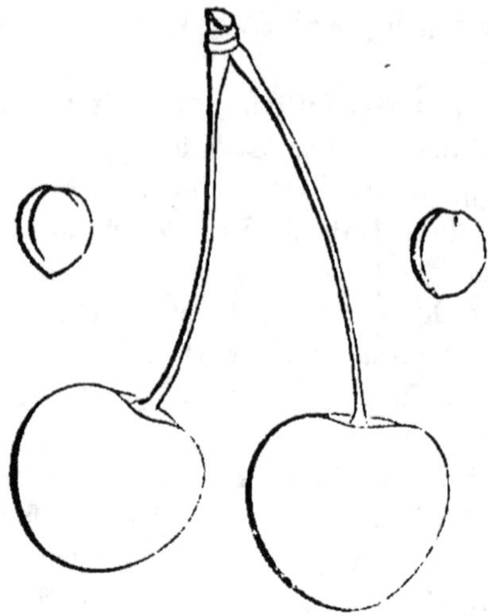

Herzförmige Weichsel. *†† Ende d. 4. W. d. K.Z.

Heimath und Vorkommen: Truchseß erhielt diese schätzbare Sorte 1796 von Sickler und dieser bekam sie aus Tiefenthal bei Weimar. Hat ziemlich gleichen Werth mit der Braunrothen Weichsel, zeichnet sich durch milden, angenehmen Geschmack und Fruchtbarkeit des Baumes aus, und verdient häufige Anpflanzung. Mein Reis erhielt ich von Dittrich.

Literatur und Synonyme: Truchseß S. 573 unter obigem Namen. Dittrich II. S. 126. D.O.Cab., Neue Aufl., 3. Sect., 4. Lief. ziemlich, Form gut, nur etwas zu klein und Farbe etwas zu dunkel. Sickler beschrieb sie im T.O.G. VIII. S. 149 unter den Benennungen Saure Herzkirsche oder Herzkirschweichsel, Griotte de Chaux mit guter, nur etwas zu großer Abbildung. Truchseß bemerkt mit Recht, daß Duhamels Teutsche Griotte, Griotte de Chaux, Grosse Cerise de Mr. le Comte St. Maur (Duhamel I. S. 143, die Obige nicht sein könne, da in beider Beschreibungen sich doch zu viel Verschiedenheit finde. — Unsere obige Sorte hat Christ Wörterb. S. 288 als Herzförmige Sauerkirsche mit Sicklers Beschreibung, Handb. 3. Aufl. S. 712 Nr. 94 als Herzförmige Weichsel mit etwas veränderter Beschreibung und irrig unter die Süßweichseln gezählt, unter denen sie auch noch Vollst. Pomol. S. 220 Nr. 53 steht. — Rößler, der, wie Truchseß öfter bemerkt, nur aus Büchern nachschrieb, ohne gehörige eigene Untersuchung, hat sie S. 184 Nr. 69 als Cerise Guigne. In der Pariser Nationalbaumschule nannte man sie, nach Feuill. du Cultiv. 1804 S. 139 Cerise à Coeur.

Gestalt: stark mittelgroß, hochaussehend, so lang als breit, ziemlich herzförmig; der Bauch ist fast nicht gedrückt, der Rücken, auf dem eine Linie herabläuft, etwas gedrückt. Der Stempelpunkt steht kaum vertieft und sieht man, ehe die Frucht reif ist, an dem Punkte, wo der Stempelpunkt gesessen hat, eine kleine, auch fühlbare Spitze, die aber, sobald die Kirsche ganz reif ist, wegfällt.

Stiel: dünn, gelbgrün, 1½—2" lang, sitzt in flacher Höhlung.

Haut: glänzend, in voller Reife schwarzroth.

Fleisch: zart, am Steine dunkler als unter der Haut. Der Saft ziemlich dunkel, reichlich vorhanden, der Geschmack säuerlich süß und erquickend.

Der Stein ist eiförmig, mäßig dickbackig, die Rückenkanten sind schmal, die Mittelkante ist stumpf etwas erhoben und tritt nach dem Stielende hin stärker vor.

Reifzeit und Nutzung: zeitigt Ende der 4. oder Anfangs der 5. Woche der Kirschenzeit. Für die Tafel noch angenehm und für den Haushalt sehr brauchbar.

Der Baum wächst rasch und in der Jugend sehr schön pyramidal, fast noch schöner pyramidal als der der Jerusalemskirsche. Durch diesen Wuchs des Baumes unterscheidet sie sich leicht von der gleichzeitig reifenden Braunrothen Weichsel, der sie in der Frucht ähnlich ist. Die Braunrothe Weichsel ist auch weniger herzförmig, hat hellere Haut und noch etwas milderen Saft.

Anm. Mit den Benennungen Griotte d'Allemagne und Griotte de Chaux ist viel Mißbrauch getrieben, und hat man mancherlei Früchte damit bezeichnet. Von der Societé van Mons erhielt ich als Griotte de Chaux eine delikate, mit der Prager Muskateller reifende Süßweichsel. Ebenso war die Frucht, welche Truchseß (nach S. 457 und Nachtrag S. 688) aus Paris als Griotte d'Allemande, Griotte de Chaux, Grosse Cerise du Comte St. Maur erhielt, eine Süßweichsel, und lieferte nicht weniger die Große deutsche Belzweichsel der Pomona Franc. (S. 40 Nr. 22 Taf. 28), welche die Beinamen Späte Sauerkirsche, Griotte de Chaux, Griotte d'Allemagne führt, auf der Bettenburg eine Süßweichsel, (Truchseß Große deutsche Belzkirsche S. 421) Jahn erhielt als Schöne von Chaux eine Glaskirsche. Duhamels Griotte d'Allemagne, Griotte de Chaux ist nach Baumwuchs, dunkelrothem Fleisch und Safte und dem, als etwas zu säuerlich, oft selbst sauer bezeichneten Geschmacke allerdings eine Weichsel, und wohl noch am ersten Truchseß deutsche Griotte (S. 569), die er von Kraft erhielt und sich Pomon. Austriaca S. 6 Taf. 16 Fig. 2 als Deutsche Griottenweichsel findet, wenngleich Truchseß selbst bemerkt, daß dieß immer noch nicht ausgemacht sei.

Oberdieck.

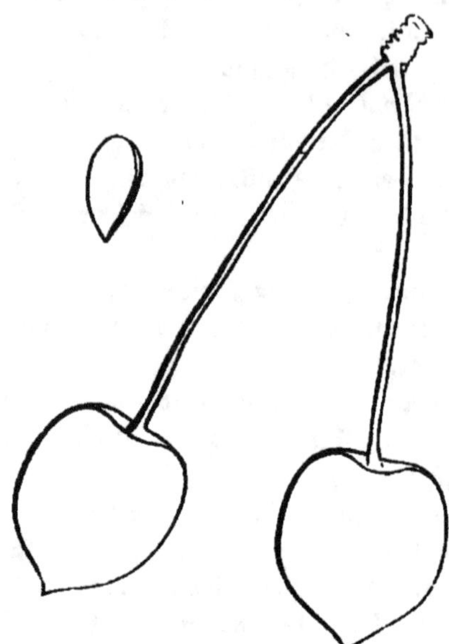

Wellingtons Weichſel. * 5. W. d. K.Z.

Heimath und Vorkommen: wahrſcheinlich iſt es eine neue Kernfrucht Engliſchen Urſprungs. Dittrich bezog den Baum aus der ſtädtiſchen Baumſchule zu Fulda. Scheint in Deutſchland noch ziemlich unbekannt zu ſein, findet ſich auch nicht im Lond. Cat. und bei Hogg.

Literatur und Synonyme: Dittrich beſchrieb ſie in Bd. II. S. 117 als Wellingtons Kirſche; ich ſelbſt gab in den Verhandlungen des Ver. für Pom. u. Gartenb. in Meiningen V. Heft S. 51 einige Nachricht von ihr. — Anzuführen iſt hier wohl, daß in England häufig die bekannte Große bunte Knorpelkirſche Lauermann: Wellington, Bigarreau Wellington genannt wird, die ganz verſchieden von der vorliegenden iſt, weßhalb wir dieſe Wellingtons Weichſel genannt haben.

Geſtalt: vollkommen herzförmig, am Stiele platt, in der Mitte des Umfangs etwas bauchig, oben in eine auffällig vorſpringende Spitze auslaufend, auf welcher der weißgraue Stempelpunkt ſichtbar iſt. Auf der einen Seite iſt ſie etwas breitgedrückt und hier läuft eine haarfeine Linie von der Stielhöhle bis zum Stempelpunkte hin, doch iſt es keine eigentliche Furche. — Die Größe der Kirſche iſt mehr als mittelmäßig.

Stiel: dünn, 2 bis 2½" lang, lichtgrün, mit röthlichbraunen

Flecken, oben oft mit einem Absatz, er steht in einer kleinen, flachen Höhlung.

Haut: dünn, läßt sich leicht abziehen, in voller Reife glänzend schwarz, wie die einer schwarzen Herzkirsche, doch sind auf der breitgedrückten Seite einige röthlich-braune oder lichtere Stellen bemerklich.

Fleisch: ziemlich fest, schwärzlichroth, nicht übrig saftig, von einem säuerlich süßen, angenehmen Geschmacke, ohne viel Sauer; der ausgedrückte Saft ist lichtroth, stark färbend.

Stein: sehr langherzförmig, auf beiden Seiten breitgedrückt, da, wo der Stiel gesessen, breit abgerundet, unten mit einer langen scharfen Spitze versehen. Die breite Kante hat in der Mitte eine erhabene Furche, daneben 2 flache Seitenfurchen, die Gegenkante ist eine feine scharfe Linie, die Backenseiten sind glatt. — Der Stein löst sich gut vom Fleische.

Reife und Nutzung: die Frucht reift nach Dittrich im Anfang oder gegen die Mitte des Juli, in Meiningen reifte sie 1858 den 1. August; es ist immer schon eine spätere Kirsche, und meist erst nach den Ostheimer Kirschen zeitig. *

Eigenschaften des Baumes: derselbe wird nicht groß, gehört seiner Vegetation nach zu dem Weichselgeschlechte, er wächst pyramidförmig, die Blätter stehen ziemlich steif an den dünnen Zweigen und sind nicht überflüssig vorhanden. Der Baum ist daran vor allen andern Weichselbäumen kenntlich, daß seine Blätter alle an den Seiten halb nach oben gefaltet, also schifförmig gebogen sind. Leider ist die Sorte wenig tragbar und selbst in guten Kirschenjahren sind einige wenige Früchte meist die ganze Ernte.

Bemerkungen: die Wellingtons Weichsel zeichnet sich besonders durch ihre herzförmige Gestalt und durch die vorspringende Stempelspitze aus, ebenso durch ihre glänzend schwarze Farbe, die bei Weichseln nur wenig vorkommt. Die Früchte sind zwar gut, aber sie bleiben öfters etwas klein, und da der Baum so sparsam trägt, so verdient die Sorte nur als Merkwürdigkeit vom Sortensammler gepflanzt zu werden.

Jahn.

* Würde die 5. Woche der Kirschenzeit geben.　　　D.

No. 98. Die Große Nonnenkirsche. III, a. Truchseß; Weichseln.

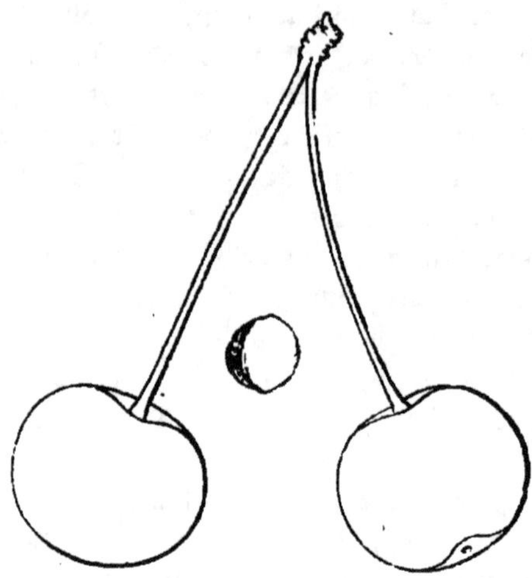

Die Große Nonnenkirsche. * * † † 5. W. b. K.Z.

Heimath und Vorkommen: sie ist besonders um Erfurt und Gotha unter dem obigen Namen bekannt, wie Sickler mittheilt, der sie zuerst im T.O.G. Bd. XIV. S. 161 beschrieben und Taf. 9 auch abgebildet hat.

Literatur und Synonyme: Truchseß beschrieb sie dann mit einigen geringen Abänderungen S. 517 selbstständig, nachdem die 1796 von Sickler empfangene Kirsche Frucht gebracht hatte. Sie ward nach ihm, der von allen seinen besten Sorten Propfreiser nach Paris gesendet hat, in der dortigen Nationalbaumschule La grosse Cerise des Religieuses benannt und nach Dochnahl S. 60 in Sammlungen Cerise de Varennes. T.O.G. XIV. S. 261 Taf. 9; Christs Beiträge S. 216 Nr. 61, Wörterb. S. 287, Handb. 3. Aufl. S. 697 Nr. 60, Vollst. Pom. S. 231 Fig. 61, welche Figur aber viel zu groß ist, auch gar nicht die von Christ selbst angegebene runde Form hat. Hauptsächlich zum Unterschiede von einer von Sickler noch an Truchseß gesendeten Kleinen Nonnenkirsche, die Sickler im T.O.G. als Kleine runde Sauerkirsche mit kurzem Stiele in Bd. XVI. S. 296 beschrieb, vor deren Anbau aber Truchseß warnt, weil sie allzu klein ist und nur in Stein und Haut besteht, hat man die vorliegende wohl „groß" genannt. — Vergl. noch Christ Hdwb. S. 287; Oberd. S. 540; Liegel Anl. S. 172.

Gestalt: rund, auf beiden Seiten etwas breitgedrückt mit schwachen Furchen, wovon die eine merklicher ist als die andere. Oben befindet sich ein Stempelgrübchen, das aber nicht immer in der Mitte des Kopfes steht. Die Kirsche ist mittelgroß, wie auch Truchseß bemerkt.

Stiel: 1½ bis 2" lang, grün, mit etwas Braun, in geräumiger Höhlung.

Haut: schwarzbraun, in den Furchen etwas heller.

Fleisch: weich, dunkelroth, Saft reichlich vorhanden, stark färbend. Geschmack sauersüßlich und in guten Jahren angenehm.

Stein: ist nach Truchseß klein, außerordentlich breit, und bleibt beim Genusse gerne am Stiele hängen. Die breite Kante tritt, wie Dittrich noch bemerkt, in der Mitte gleich einer Messerschärfe hervor und ist von 2 ziemlich breiten Seitenfurchen begrenzt. — Ich fand die Form des Steines wie oben gezeichnet.

Reife und Nutzung: die Frucht reift nach Sickler und Dittrich in der Mitte des Juli, in Meiningen meist etwas später, auch 1858 hatte ich sie erst am 24. Juli reif.* Sie verdient wegen ihres guten Geschmackes häufig angepflanzt zu werden und möchte ich sie doch keineswegs, wenn sie vielleicht (besonders auf Sauerkirschen-Unterlage) mitunter auch klein bleibt, wie Oberdieck meint, für entbehrlich halten.

Eigenschaften des Baumes: derselbe wächst auf Süßkirsche veredelt zu einem ziemlich starken und hohen Baume empor und ist darauf in den meisten Jahren auch sehr fruchtbar. An Landstraßen, und wo überhaupt größere Pflanzungen von hochstämmigen Sauerkirschen beliebt werden, will ich diese Sorte besonders, wie auch die Strauß-weichsel, weil beide gesunde und dauerhafte Bäume machen, bestens empfehlen. In meiner Baumschule fiel mir die eigenthümlich röthlich-graubraune Farbe der meist steifen und geraden Sommerzweige, an welchen kleine spitze schwärzliche Knospen stehen, gegen andere Sorten merklich auf. .

Bemerkungen: von den mit ihr gleichzeitig reifenden Weichseln unterscheidet sich die vorliegende durch ihre Furchen, ihren süßlichen Geschmack, ihren kleinen breiten Stein und dessen Festsitzen am Stiele, wie Truchseß noch hervorhebt.

Jahn.

* Bei mir in der 5. Woche der Kirschenzeit, etwas nach der Henneberger Grafen-kirsche, fast mit dem Großen Gobet.　　　O.

No. 99. **Große lange Lothkirsche.** III, 1. Truchseß; Weichseln.

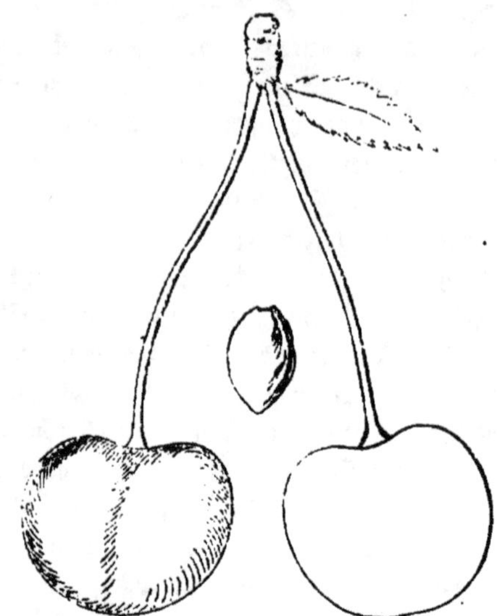

Große lange Lothkirsche. **† 5. bis 6. W. d. K.Z.
Doppelte Schattenmorelle. (Hannover.)

Heimath und Vorkommen: ist weit verbreitete Frucht von vorzüglicher Güte, als Schattenkirsche unstreitig die beste, und findet man sie auch meistens so angebaut; doch sah ich auch ein Spalier an Südwand mit großen, noch schmackhafteren Früchten. Verdient den allgemeinsten Anbau. Mein Reis der Großen langen Lothkirsche habe ich aus Jerusalem bei Meiningen.

Literatur und Synonyme: Truchseß S. 599 Große lange Lothkirsche, unter welcher Benennung sie um Gotha besonders bekannt sein soll, und Sickler im T.O.G. XIII. S. 156 sie beschrieb und Taf. 10 ziemlich gut abbildete. Dittr. II. S. 137. Ob Truchseß Lothkirsche S. 595 (bei Christ auch Sauerlothkirsche genannt) von ihr verschieden sei, möchte ich bezweifeln, falls diese nicht noch wahrscheinlicher die Schwarze Forellenkirsche ist (Truchs. S. 593). Die Lothkirschen Hirschfelds (S. 14 Nr. 16) und Zinks (Knoop II. Taf. XI.) können etwa obige sein, noch eher des Letzteren Michaeliskirsche (Knoop II. Taf. XI.). Christ Wörterb. S. 291 unter Sicklers Benennung; seine Lothkirschen Hdb. S. 660 Nr. 3 und 663 Nr. 20 sind jedoch beide Süßkirschen. Im Hannover'schen ist sie überall unter dem wohl am meisten passenden Namen Doppelte Schattenmorelle, auch Große späte Schattenmorelle verbreitet, deren Identität mit Obiger sich hinreichend zeigte. Aus Papeleus Collection habe ich sie durch Jahn als Griotte du Nord, die an demselben Nordspalier mit Obiger sich ganz identisch zeigte und wird sie unter diesem Namen wohl auch anderweit vorkommen, der indeß mehreren Früchten beigelegt wird. Christs Nordamarelle (aus Sansfouci bezogen), von ihm auch Florentiner Weichsel genannt, ist die Brüsseler Braune (siehe diese);

von Urbanek erhielt ich als Griotto du Nord die Jerusalemskirsche. Französische Ca-
taloge haben bei Du Nord das Synon. à eau de Vie, Picarde. Ratafia, was die
rechte Ratafia nicht sein kann, da sie als groß, selbst sehr groß bezeichnet wird. (Ueber
Ratafia und deren Synon. im Lond. Cat. siehe die Brüsseler Braune.) Der Lond.
Cat. (S. 64) und Downing (S. 197), sowie Hogg im Manual (S. 60) haben sie
wohl ohne Zweifel als Morello mit den Synon. Small Morello (of some) Dutch
Morello, Large Morello, Black Morello, Late Morello, Ronalds large Morello,
Milan, Du Nord, Griotte ordinaire du Nord, Grosse Septemberweichsel, gleichfalls
als treffliche Schattenkirsche gerühmt und besser als die Ratafia. Jahn erhielt Obige
(Monatsschr. I. S. 160) von Papeleu auch als Griotte seize à la livre.

Gestalt: groß, nicht selten noch größer als obiger Umriß, oft hochaussehend, doch
breiter als hoch, am Stiele ziemlich stark abgestumpft, nach dem etwas zur Seite der
Spitze in kleinem Grübchen sitzenden Stempelpunkte fast oder wirklich zugerundet, zu
beiden Seiten etwas, am stärksten auf der Rückenseite breitgedrückt, auch an beiden
Seiten mit flacher Furche, die bis zu voller Reife lichtere Farbe zeigt; an der Rückenseite sieht man auch eine Linie. Sitzt am Zweige theils einzeln, theils gepaart.

Stiel: lichtgrün, 1³/₄ — 2" lang, ja wenn er dünn ist selbst 2¹/₂", steht in flacher,
meist auch enger Höhlung, deren Rand nach der Rückenseite etwas stärker abfällt, und
sitzt am Zweige an einem starken, mäßig langen Absatze, der häufig ein oder selbst
mehrere kleine Blättchen hat.

Haut: glänzend, fein, dunkelbraunroth, zuletzt fast schwarzroth; doch erscheint sie
im Sonnenlichte immer merklich heller, und etwas durchscheinend.

Fleisch: zart, saftreich, und, sowie der Saft, dunkelroth. Der Geschmack zeigt
milde, in rechter Reife erquickende Säure.

Stein: löset sich ziemlich leicht vom Stiele, ist merklich länger als breit, häufig
fast oval, nach beiden Seiten etwas zugespitzt, nicht dickbackig, mit ziemlich breiten
Rückenkanten, die nach der Spitze hin sich verbreitern. Beim Genusse erscheint er vom
Safte merklich geröthet.

Reifzeit und Nutzung: zeitigt freistehend (wo die Frucht mir immer merklich
kleiner blieb als an Nordwänden) und an meiner Nordwand, die bis 8 Uhr Morgens
und von 4 Uhr Nachmittags an Sonne hat, stets schon im August, in der 6. Woche
der Kirschenzeit, und hält sich dann nie bis Michaelis, zeitigt aber in tiefem Schatten
später und hält sich dann bis Michaelis. Von Woltmann in Zeven erhielt ich um
Michaelis schöne Früchte, setzte ein Reis an mein Spalier und zeitigten da die Früchte
mit meiner Sorte gleichzeitig. Ist sowohl für die Tafel als auch für die Küche schätzbar.

Der Baum wächst rasch, ist äußerst und fast alljährlich tragbar; die Sommerzweige sind merklich gefleckt, doch matter, als bei der Schwarzen Forellenkirsche.

Anm. Die auch spät zeitigende Brüsseler Braune ist von Obiger durch stärkere
Herzform und merklich mehr Säure, die Büttners späte Weichsel durch noch spätere
Reife verschieden. Die Schwarze Forellenkirsche hat noch stärker gefleckte Reiser, ist
runder und gleichfalls stärker sauer.

·Oberdieck.

No. 100. **Schwarze Forellenkirsche.** III, A. Truchseß; Weichseln.

Schwarze Forellenkirsche. † † 5. bis 6. W. d. K.Z.

Heimath und Vorkommen: stammt aus dem Sortimente des Herrn Pastors Henne, und fehlen weitere Nachrichten. Findet sich wohl am meisten als Schattenkirsche angebaut; ob in einiger Verbreitung ist mir nicht bekannt. Mein Reis erhielt ich von Diel und verlor die Sorte beim Umzug hieher, die ich gerne von Pomologen, die sie noch sicher ächt besitzen, wieder hätte.

Literatur und Synonyme: Truchs. S. 593 unter obigem Namen; Dittr. II. S. 141; T.O.G. VII. S. 377 Nr. 10 von Büttner beschrieben. Henne, Anweisung S. 363, der sie schon genauer beschrieb. Christ ganz nach Büttner im Wörterb. S. 288, Handb. 3. Aufl. S. 699 und Vollst. Pomol. S. 231; Heineken S. 210 nach Büttner, jedoch mit dem Zusatze, daß sie in seiner Gegend Holländische oder auch Spanische Weichsel genannt werde (welche Namen andern Sorten zukommen). In der Pariser Nationalbaumschule hatte sie nach Truchseß und Feuille du Cultiv. 1804 p. 139 den Namen Cerise noire des Truites, jedoch mit dem falschen Beisatze Cerasus pumila. Die Lothkirsche, Truchs. S. 595, T.O.G. VII. S. 379 Nr. 17, Christ Vollst. Pom. S. 231 und an andern Orten, auch Sauerlothkirsche genannt und nicht zu verwechseln mit andern Lothkirschen, ist höchst wahrscheinlich die Große lange Lothkirsche oder die Obige; wenigstens sagt schon Büttner, daß sie von ihr schwer und nur durch etwas mehr Größe zu unterscheiden sei, und Dittrich scheint dieß aus eigener Erfahrung zu wiederholen. Obige ist nicht zu verwechseln mit der Späten schwarzen Forellenkirsche (Truchs. S. 505), die sich von Obiger durch merklich langen Stein, sowie dadurch unterscheidet, daß sie sich später färbt, härteres Fleisch hat und noch saurer ist, auch immer braunroth bleiben soll. — Im Hannoverschen kommt Obige auch wohl als Späte Schattenmorelle vor, welcher Name aber mehreren spät reifenden Schattenkirschen beigefügt wird. Was die Engländer und Franzosen als Morello haben, wird entweder die Obige oder die Große lange Lothkirsche sein.

Gestalt: groß, ziemlich rund, nur wenig breitgedrückt, oft etwas länger als breit. Stempelpunkt sitzt flach vertieft.

Stiel: lang, hat einen Absatz, an dem sich meistens ein Auge und ein Blättchen findet, und sitzt in weiter, mäßig tiefer Höhlung.

Die Farbe der glänzenden Haut ist in der Reife ein schwarzes Roth, welches zuletzt aus Schwarze grenzt.

Das Fleisch ist dunkelroth und zerfließend, der Geschmack stark sauer und wird nur im höchsten Grade der Reife milder.

Der Stein ist mehr gerundet als länglich, fast eiförmig, verhältnißmäßig nicht groß.

Reifzeit und Nutzung: zeitigt spät, erst im August, in der 7. Woche nach Beginn der Kirschenzeit, und hält sich bis in den September, in tiefem Schatten bis Michaelis. Wegen ihrer zu scharfen Säure nur im Haushalt brauchbar.

Der Baum bleibt nach Büttner und Andern klein. Auf der Bettenburg und bei Dittrich trug er selten (vielleicht weil er zu sonnig stand), bei mir zeigte er sich an einer Nordwand fruchtbar; indeß gibt es auch da vorzüglichere Sorten. Den Namen wird die Sorte davon tragen, daß die Sommertriebe stark gefleckt sind, merklich stärker und in die Augen fallender, als dieß bei der Großen langen Lothkirsche der Fall ist.

Oberdieck.

No. 101. **Jerusalemskirsche.** III, A. Truchseß; Weichseln.

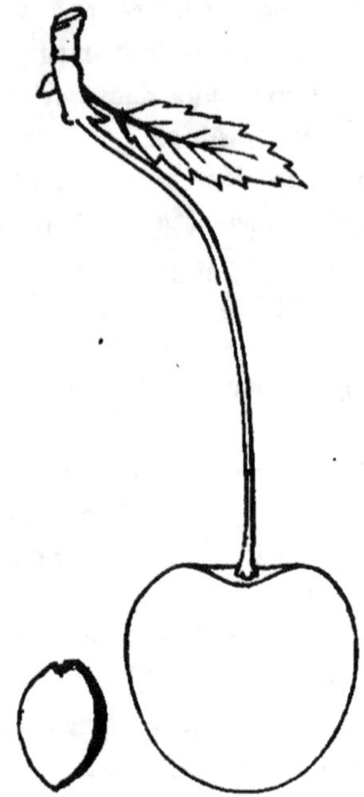

Jerusalemskirsche. ** † 5. bis 6. W. d. K.Z.

Heimath und Vorkommen: Herkunft unbekannt; scheint ziemlich verbreitet. Truchseß erhielt sie vom Pastor Winter zu Gunsleben als Pyramidenkirsche und von Sickler unter obigem Namen, unter dem sie wohl am meisten verbreitet ist; beide Sorten sind identisch und schon der Baum ist leicht an seinem schön pyramidalen Wuchs in der Jugend kenntlich, doch paßt der Name Pyramidenkirsche insofern nicht, als auch die Herzförmige Weichsel in der Jugend ganz pyramidal wächst. Mein Reis erhielt ich von Diel und aus Meiningen überein.

Literatur und Synonyme: Truchseß, der die Identität der gedachten Sorten noch nicht erkannt hatte, hat sie S. 529 als Pyramidenweichsel und S. 557 als Jerusalemskirsche. Dittrich II. S. 136; T.O.G. IV. S. 294 Taf. 14, Abbildung ziemlich gut, doch die Farbe nicht dunkel genug. T.O.Cab. Lief. 4 Nr. 45 hat sie falsch. Christ Hdwb. S. 287, Vollst. Pom. S. 230 und an andern Orten; Rößler S. 173, Gotthard S. 155, beide nach Sickler. Truchseß fand auch die von Mayer erhaltene Kirschweichsel, Cerise Guigne, Pomon. Franc. S. 40 und Taf. 31 mit der Jerusalemskirsche völlig identisch, wonach die Abbildung Mayers merklich zu groß und besonders auch zu breit und rund wäre. Die Große schwarze Himbeerkirsche (Bettenb.

Catal. 8—h), von der Truchseß Identität mit Obiger (S. 560) vermuthet, ist jedoch, so wie ich sie von Dittrich erhielt, eine Süßweichsel. Auch bei der von Kraft bezogenen Späten Königsweichsel, Cerisier Royal très tardif (Truchseß S. 561), vermutet Truchseß wegen des Wuchses des Baumes Identität mit Obiger; die Abbildung in der Pomona Austriaca Taf. 19 Fig. 2 stellt freilich eine rothe Kirsche dar. — Obige erhielt in der Pariser Nationalbaumschule, wie Truchseß nach Feuille du Cultiv. 1804 S. 139 anmerkt, den Namen Cerise de Jerusalem. Von Urbanek erhielt ich sie noch als Rothweichsel, welcher Name wohl richtiger einer andern Weichsel zukommt. Downing kennt sie nicht, und auch der Londoner Catalog scheint sie nicht zu haben. Die Identität der Pyramidenweichsel mit der Jerusalemskirsche erkannte Liegel zuerst (Beschreibung neuer Obstsorten II. S. 127) und sagt, daß sie bei Braunau Belzweichsel, Spanische Weichsel genannt werde, welche Benennung die Unkunde leider manchen Sorten gab.

Gestalt: die Frucht ist in guten Jahren groß; die Form meistens hochaussehend, so daß sie etwas länglich erscheint, doch gibts auch Früchte, die, wie Sickler die Dimensionen angibt, etwas breiter als hoch sind. Auf den Seiten ist sie wenig gedrückt, die Furche meist nur durch eine vom Stiele zum Stempelgrübchen herabgehende Linie angedeutet. Am Stempelpunkte, der in einem schwachen Grübchen steht, ist sie zugerundet.

Stiel: sehr lang, oft über 2", verhältnißmäßig nicht stark, steht in flacher Höhlung. Die Obige, die Große lange Lothkirsche und Brüsseler Braune zeichnen sich unter den Weichseln durch besonders langen, oft gegen 1" langen gemeinschaftlichen Stielabsatz der Blüthendolben aus, an dem sich meistens 1—2 kleine Blättchen befinden; bei der Obigen bleibt aber selten mehr als eine Frucht von der Blüthendolde sitzen. Hiedurch und durch die längliche Form, sowie durch den Wuchs des Baumes unterscheidet sie sich leicht von andern Weichseln.

Die Farbe der glänzenden Haut ist bei voller Reife sehr dunkel braunroth, fast schwarz; das zarte, saftreiche Fleisch und der Saft sehr dunkelroth und der Geschmack bei rechter Reife angenehm, von milder Säure.

Der Stein, der sich gut vom Fleische löset, aber fest am Stiele sitzt, ist länglich, fast oval, am Stielende etwas abgestumpft; der mäßig starke Bauch sitzt ziemlich in der Mitte; die nur mäßig starken und breiten Rückenkanten haben die größte Breite etwas mehr nach der Spitze hin und erheben sich am Stielende nicht merklich; mehrere schöne Afterkanten gehen vom Stielende herab.

Reifzeit und Nutzung: reift spät, zu Ende der 5. oder Anfangs der 6. Woche der Kirschenzeit, im August. Zum frischen Genusse angenehm und zu Compoten, zum Einmachen ꝛc. sehr brauchbar.

Der Baum wächst gut und gesund, in der Jugend sehr pyramidal und erst später fangen die Zweige an, sich etwas zu hängen. Seine Fruchtbarkeit scheint trotz reicher Blüthe bei uns nur mäßig zu sein, was den Werth der Sorte etwas verringert. Auch bemerkt Truchseß, daß die älteren Bäume leicht am Verdorren der jungen Zweige im Frühlinge in kalten Winden litten, was ich jedoch bisher nur 1 Mal bemerkte. Vielleicht taugt der Baum sehr an Nordwände, wo auch die Reife sich leicht bis gegen Michaelis hin verzögern würde.   Oberdieck.

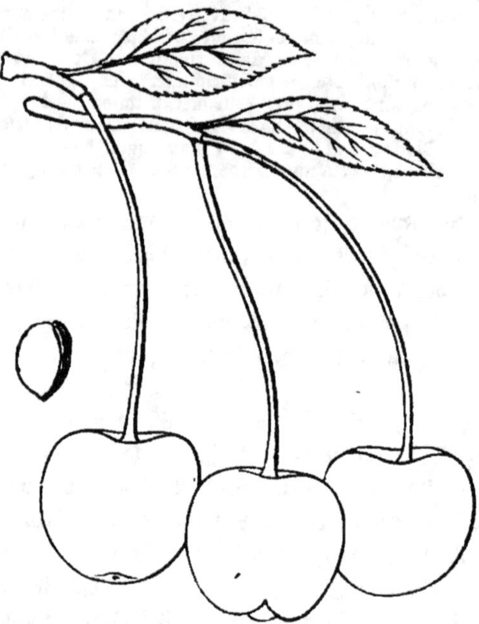

Brüsseler Braune. †† 6. bis 7. W. b. K.B.

Heimath und Vorkommen: ihrem Namen nach stammt sie wahrscheinlich aus Belgien oder Holland. Truchseß erhielt sie 1785 aus Herrnhausen als Brüsselsche Bruyn. Scheint bis jetzt keine große Verbreitung gefunden zu haben, obgleich sie allerlei Namen führt.

Literatur und Synonyme: Truchseß S. 533. Oberdieck S. 582. Dittr. II. S. 138 mit dem Synonym Bruyere de Bruxelles. Dittrichs Mühlfelber große Weichsel III. S. 265 ist nach III. S. 276 die Obige. Christ Wörterb. S. 288 mit den Synonymen Norbamarelle, Florentiner Weichsel, welche er Vollst. Pom. S. 232 wieder wegließ. Pomon. Austr. T. 22 Fig. 1 Zweite größere Herzkirschweichsel, fand Truchseß, der die Sorte von Kraft erhielt, mit Obiger identisch; Abbildung ist zu roth und unkenntlich. Hennes Brüsselsche Bruyn gab bei Truchseß die Leopoldskirsche, die auch Dittrich als Brüsseler Braune hatte (vergl. Verhandl. d. Vereins für Pom. und Gartenb. in Meiningen I. S. 90). Lond. Cat. S. 63 und Hogg im Manual S. 6 haben Brune de Bruxelles als Synon. von Ratafia, wobei der Lond. Cat. als weitere Synon. noch anführt Griotte de Ratafia, Du Nord tardive, de St. Martin, Wild Russian, Amarelle du Nord, Griotte de Hollande, Holländische Weichsel, Florentiner Weichsel. Wie weit diese Synonyme für Obige richtig seien, und ob diese Ratafia unsere Brüsseler Braune ist, läßt sich ohne Reiferbeziehung nicht gewisser sagen. St. Martins Weichsel ist nach Truchseß (S. 666)

Synon. der Allerheiligenkirsche. Eine Ratafia findet sich auch in französ. Catal. Mit dem Namen Ratafia bezeichnet man, wie Truchseß S. 652 anmerkt, Sauerkirschen mit färbendem Safte, aus denen der Ratafia-Liqueur bereitet wird, und sind Duhamels Petite cerise à Ratafia (Nr. XVII.) und Grosse cerise à Ratafia (Nr. XVI.), welche letztere nur zu 7—8‴ Durchmesser angegeben wird, Weichseln. Erstere hält Truchseß für seine Ratafia Weichsel (S. 571). Daß man aber auch in Frankreich unter dem Namen manche falsche Sorten hat, erhellet daraus, daß Truchseß aus dem Jardin des Plantes als Petite cerise à Ratafin seine Kleine Amarelle (S. 656) und als Grosse cerise à Ratafia (S. 659) auch eine Amarelle erhielt. Truchseß sandte die Obige als Brüsselsche Bruyn nach Paris, die man dort nach Feuille du Cultiv. 1804 S. 138 durch Bruyere de Prusse übersetzte.

Gestalt: veränderlich, bald wie eine Herzkirsche, bald mehr rund, am Stiele etwas platt, auf den Seiten, auch auf der einen merklicher breitgedrückt, um den Stempelpunkt meist stumpf herzförmig abgerundet. Die Furchen sind meist sehr flach und mehr durch lichtere Färbung als durch wirkliche Vertiefungen bemerkbar. Das Stempelgrübchen steht nicht in der Mitte, sondern etwas seitwärts. Die Kirsche ist ansehnlich groß.

Stiel: meist gegen, bisweilen auch über 2″ lang, doch von ungleicher Länge, frisch ziemlich stark, doch nach der Abnahme bald eintrocknend und fleckig werdend, aber nicht geröthet. Die Stiele haben meistens einen Absatz, und stehen auf den Früchten in flacher, auf den Backenseiten etwas aufgeworfener Höhle.

Haut: dunkelbraunroth, sehr glänzend, doch verliert sich der Glanz an den abgenommenen Früchten bald; von der mehr gedrückten Seite sind merklich lichtere Streifen bemerklich.

Fleisch: blutroth, voll Saft, und dieser ist etwas lichter. Der Geschmack hat viel Sauer und etwas Herbes, was nie vergeht, auch bei sehr langem Hängen.

Stein: groß, lang, nach Truchseß vorzüglich breitherzförmig, und hängt fest mit dem Fleische zusammen. Ich fand ihn wie obgezeichnet.

Reife und Nutzung: die Kirsche reift (auch hier) Ende Juli bis Anfangs August. * — Wegen ihrer Größe und ihres reichlichen, aber herbsauren Geschmacks ist sie zwar weniger zum frischen Genuß, aber desto mehr zum Einmachen und zu anderm ökonomischem Gebrauch zu empfehlen.

Eigenschaften des Baumes: derselbe trägt voll, ist aber leider auch öfters dem Verwelken der Blüthenbüschel und dem Verdorren der Zweige unterworfen, wodurch in manchen Jahren seine Tragbarkeit sehr leidet. Truchseß. — Dieses Vertrocknen der Zweige nach der Blüthe kommt auch vielfach bei andern Weichseln vor, besonders bei der Ostheimer, und beruht jedenfalls auf einer Erschöpfung der Lebenskraft des Baumes durch zu reiches Blühen. Es läßt sich, wie ich finde, verhindern durch jährlichen Rückschnitt der Zweige, so daß der Baum nicht mehr Holz hat, als er gut ernähren kann. Jahn. — Wie Truchseß noch bemerkt, unterscheidet sich die vorliegende Sorte durch ihre späte Reife und durch die Herzform ihrer Früchte von allen andern ihrer Classe. Jahn.

* Bei mir stets in der 1. Hälfte des August, in der 6. bis 7. Woche der Kirschenzeit. War auch bei mir volltragend, nur zum frischen Genusse zu sauer. O.

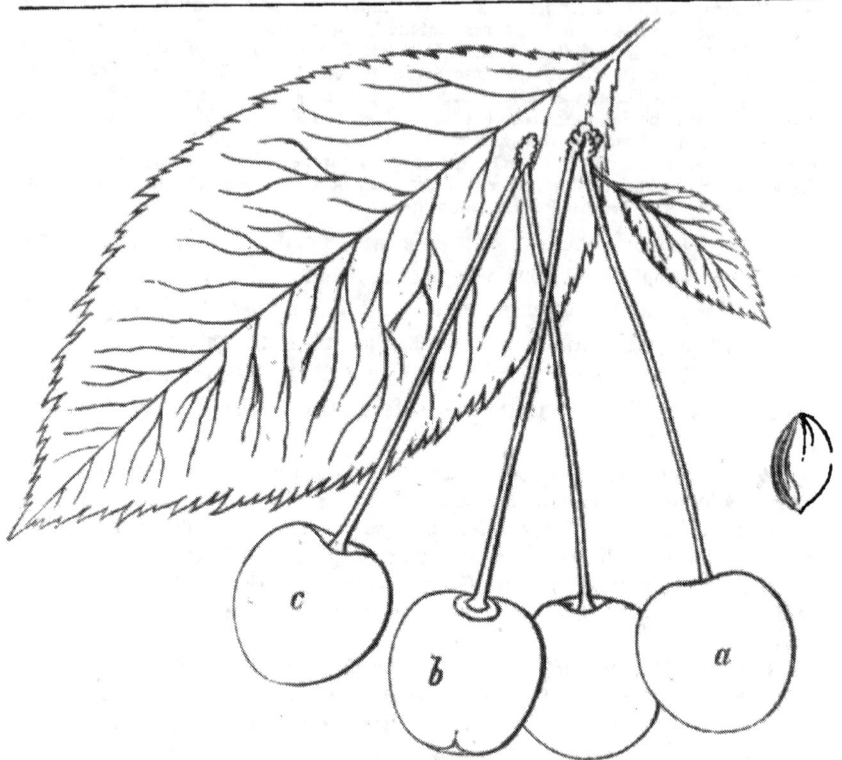

Büttners späte Weichsel. *† Aug., oft bis Oct.

Heimath und Vorkommen: der Stiftsamtmann Büttner in Halle erzog diese späte Kirsche aus Samen, und hat sich damit wiederholt Verdienste um das Kirschensortiment erworben. Er sandte davon 1806 Pfropfreiser an Truchseß und schilderte sie kurz als groß, braunroth mit färbendem Safte, im September, oft auch erst im October reif, hielt sie aber für eine Süßweichsel.

Literatur und Synonyme: Truchseß S. 609 unter dem zu langen Namen Büttners September- und October-Weichsel; er gewann aber bis zur Herausgabe seines Buches nicht hinlänglich ausgebildete Früchte, um sie zu beschreiben. — Dieß hat Dittrich (II. S. 144) nach Früchten, die ihm aus Meiningen durch den verstorbenen Haushofmeister Remde im October 1836 gesendet wurden, unternommen. Entweder waren diese aber nicht zur Vollkommenheit gelangt, oder es nimmt die Kirsche, wenn sie langsam reift, eine andere Form an, denn schon im vorigen Jahre wollte Dittrichs Beschreibung mit der von mir Ende August abgebildeten Kirsche nicht stimmen, und ich glaubte damals, daß ich die einzige (unter vielen in Folge der großen Hitze und Trockenheit schon gewelkten Kirschen) noch gut getroffene Frucht doch ebenfalls schon im vollreifen Zustande gezeichnet habe. Auch in diesem Jahre fand ich Mitte August die sämmtlichen Früchte auf meinem auf Ostheimer Unterlage veredelten Standbaume schon wieder geschrumpft, doch traf ich noch etwa 12 Stück an jungen, kräftigen, durch ihr Gedrängtstehen sich selbst beschattenden Baumschulenbäumen sehr schön ausgebildet und die Mehrzahl bereits auch vollkommen reif. Meine Kirsche stammt übrigens von Jerusalem, woher sie auch Rembe hatte und ich weiß gewiß, daß sie ächt ist — in anderen kühleren Sommern habe ich sie sehr oft schon noch im September und October gehabt. Ich beschreibe sie nach diesen Früchten unabhängig von Dittrich, gegen den meine Schilderung in sofern abweicht, als die Kirsche n i c h t, wie er sie beschreibt, rund, sondern länglich, und besonders der Stein nicht breitrundlich, sondern auffällig länglich oder vielmehr elliptisch ist. — Synon. sind noch: Büttners Octoberweichsel, Dresden: Catal.; Büttners October Morello, Büttners October Zuckerweichsel, Cat. Lond. Auch Hogg im Manual S. 52 und Downing S. 193 haben sie als Büttners October Morello. — Eine Holman's Duke, welche ich aus Wetteren erhielt, aber nicht die des Namens im Lond. Cat. sein kann, wird von Obiger nicht verschieden sein.

G e s t a l t: etwas länglich rund, am Stielende abgeplattet, am andern abgerundet stumpfspitz. Die Kirsche ist auf beiden Seiten gedrückt, auf der einen Seite (a oben) bleibt sie noch erhoben und dick nach dem Stiele zu, auf der andern ist sie weit stärker gedrückt und ist die Furche nur als eine lichter gefärbte Linie zu erkennen, die nur da etwas einschneidet, wo sie nach dem Stempelpunkte ausläuft (b oben). Die Form der Kirsche, wenn man dieselbe am Stiele etwas aufgerichtet hält, erscheint auf dieser gedrückteren Seite wie herzförmig (wie c.). Der Stempelpunkt steht in einer kleinen Vertiefung meist obenauf.

S t i e l: sehr lang, hat oft Absatz und an diesem ein kleines Blättchen, ist grün, hie und da etwas bräunlich angelaufen und sitzt in geringer Einsenkung, oder auch obenauf.

H a u t: glänzend, braunroth, auf der Furchenseite meist etwas lichter, gegenüber oft sehr dunkelbraun.

F l e i s c h: hellroth mit weißlichen Fibern um den Stein; Saft reichlich vorhanden, nicht sehr färbend; Geschmack angenehm sauer, bei voller Reife wirklich erhaben, weil er mit hinlänglicher Süßigkeit gemischt ist.

S t e i n: wie oben gezeichnet, oben fast wie unten ziemlich fühlbar spitz, an der etwas stark hervortretenden Hauptkante, die auf beiden Seiten 2 Nebenkanten hat, bleibt gewöhnlich etwas Fleisch hängen, wenn die Kirsche aber ordentlich reif ist, löset er sich ziemlich vollständig.

R e i f e u n d N u t z u n g: reift in warmen Sommern wie 1858 Mitte bis Ende August, in kühleren im September und October und ist dadurch sehr ausgezeichnet und werthvoll. Sie will aber in beiden Fällen gedeihliches Wetter, indem bei großer Hitze und Trockenheit die Früchte vor ihrer Ausbildung schrumpfen, in naßkalten Herbsten aber ihre Reife nicht erlangen.

E i g e n s c h a f t e n d e s B a u m e s: derselbe wird mittelstark, gedeiht auch auf Süßkirschenunterlage recht gut und ist darauf so tragbar wie auf Sauerkirschen. Darf in einer Kirschenpflanzung nicht fehlen als spätestreifende von allen Sauerkirschen und wenn sie, wie in heißen Jahren, auch schon im August reift, so sind bis dahin alle übrigen Kirschen längst vorüber.

B e m e r k u n g e n: von der Großen langen Lothkirsche, die ebenfalls langgestielt ist und als Schattenmorelle gebt, und welche, wenn sie an nördliche Wände gebracht wird, oft ebenfalls spät, im Sept., zeitigt, ist Obige durch noch spätere Reife und ihre längliche Form unterschieden, denn die Große lange Lothkirsche ist mehr breit als lang.* Von der Brüßler Braunen, der sie in der Form ähnlich ist und welche ebenfalls sehr lange, mit einem Absatz versehene Stiele hat, ist sie ebenfalls durch spätere Reife und durch starkgezahntes Blatt unterschieden. Letzteren Unterschied wird man deutlich gewahr, wenn man die jungen Bäume in der Baumschule bei gutem Wuchse neben einander hat. J a h n.

* Nach meinen Wahrnehmungen ist die Große lange Lothkirsche wenigstens oft hochaussehend, wenn auch wirklich breiter als hoch, doch unterscheidet sie sich von Obiger stets durch merklich frühere Reife sowohl an Wand, als freistehend. D. .

No. 104. Königliche Amarelle. III, B. Truchseß; Amarellen.

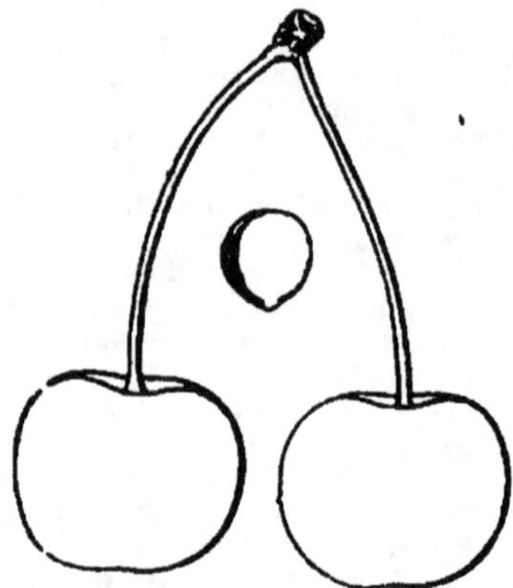

Königliche Amarelle.   **††! Ende Juni, oft später, 2. W. d. K.Z.

Heimath und Vorkommen: sie kam an Truchseß von verschiedenen Seiten und scheint demnach schon länger bekannt, auch bereits vielfach, wie sie es verdient, gepflanzt zu sein.

Literatur und Synonyme: Truchseß S. 610 Königliche Amarelle; Christ Hdwb. S. 293 Frühe königliche Amarelle. Dies Synon. wird unter den mancherlei beigegebenen Namen, unter welchen sie Truchseß erhielt, allein richtig sein. Er bekam sie 1) aus Herrnhausen, wohin sie angeblich aus Frankreich kam, als Cerise à courte queue und als Cerise de Montmorency (doch glaubte er, es könne wohl die Duhamel'sche Cerise de Montmorency sein); 2) von Kraft als Frühe königliche Maiweichsel, Royale hative, Duc de Mai (derselbe hat sie im Pom. Austr. tab. 10 Fig. 1 ziemlich gut, nur am Stiele zu stark eingezogen abgebildet); 3) von Sickler als Kleine frühe Amarelle, Petite Cerise rouge precoce (welchen französischen Namen Mayer aber der Frühen Zwergweichsel beigibt), Little Mai Cherry (T.O.G. VIII. S. 155 Taf. 11 Fig. 14 ganz gut, nur kleiner als sie wirklich ist, auch die Vergleichungen Sicklers meist unrichtig, welche Unrichtigkeiten auch Christ am angef. Orte nachschrieb). — Christ hat sie nach von Truchseß ihm gemachten Angaben richtig in Vollst. Pom. Nr. 77, ebendas. aber auch dieselbe nochmals als Frühe Glaskirsche unter Nr. 69. — Die Pariser Nationalbaumschule nannte sie nach Feull. du Cult. 1803 p. 149 Cerise Amarelle royale hative. — Der Lond. Catal. und Downing scheinen sie nicht zu kennen. Beide haben unter Early May als Synon. auch Frühe königliche Amarelle, dies zeugt von wenig Kenntniß der deutschen Werke, da nach den übrigen Angaben und Synon. erhellet, daß diese Early May die Frühe Zwergweichsel ist. — Aus Wetteren erhielt ich die vorliegende, vielleicht durch Verwechslung noch unter dem falschen Namen Admirable de Soissons. Das T.O.Cab. Nr. 23 gibt zu große Abbildung.* — Vergl. noch Dittrich II. S. 160; Liegels Anl. S. 174; Oberdieck S. 530.

Gestalt: rund, an beiden Enden, besonders am Stiele platt, und auf den Seiten etwas breitgedrückt, doch nicht immer. Bisweilen ist

* In der neuen Folge dieses Werkes Lief. 31 kommt sie vielleicht nochmals als Cerisier hatif vor.   O.

eine schwache Furche auf der einen Seite vorhanden, immer aber ein Stempelgrübchen. In günstigen Jahren ist die Kirsche groß.

Stiel: verhältnißmäßig kurz, doch von ungleicher Länge, bis 1½", grün, bisweilen etwas röthlich, in ziemlicher Höhle.

Haut: anfangs ganz durchsichtig und glänzend hellroth, bei ver= mehrter Reife wird sie weniger durchsichtig und das Roth wird mehr dunkelroth.

Fleisch: weiß, weich mit feinen Fasern, vollsaftig. Saft ganz weiß, nimmt aber bei der Ueberreife etwas Röthe an, wie bei mehreren Amarellen. Der Geschmack ist angenehm säuerlich, mit etwas Süßig= keit vermischt.

Stein: klein, rund, nur wenig breit, kaum merklich zugespitzt. Auch bei ganz reifen Früchten läßt er sich oft noch, bei den weniger reifen immer mit dem Stiele aus der Kirsche ziehen.

Reife und Nutzung: die Frucht reift nach Dittrich in der Mitte des Juni, in günstigen Jahren schon zu Ende des Mai. — So früh habe ich sie aber in Mei= ningen nie gehabt, sondern 1855 war sie den 21. Juli, 1858 den 4. Juli, 1859 Ende Juni zeitig.* Sie ist zu allen Zwecken brauchbar.

Eigenschaften des Baumes: dieser wird ziemlich stark, besonders auf Süß= kirschenunterlage, worauf sich seine Tragbarkeit nicht vermindert. Die Aeste breiten sich aus, sind lang und dünn und hängen gerne herabwärts. Die Krone ist kugel= förmig, etwas licht belaubt. Die Tragbarkeit ist sehr gut und unter Verhältnissen, wie in Meiningen, ist diese Kirschensorte als eine der allereinträglichsten zur Anpflanzung am meisten mit zu empfehlen, denn sie ist gegen Spätfröste weniger als andere Sorten empfindlich.

Bemerkungen. Wie Truchseß selbst auch bemerkt, empfiehlt sich die vorliegende Sorte zu häufiger Anpflanzung durch ihre Tragbarkeit, durch ihr langes Halten am Baume, da sie selbst bei nassem Wetter in der Reife 4—6 Wochen ohne zu faulen hängen bleiben kann, und durch den nützlichen Gebrauch, den man von ihren Früchten zum Kuchenbacken, Trocknen u. s. w. machen kann. Trefflich sind ihre getrockneten Früchte, sowohl mit, wie ohne Steine. Um sie in solcher Gestalt zu erlangen, schüttet man sie sammt den Stielen auf eine Darrhürde und läßt sie im Ofen nur etwas abwelken. Hierauf nimmt man die Hürden wieder heraus und pflückt von den etwas abgekühlten Kirschen die Stiele ab, drückt die Steine heraus, wobei fast gar kein Saft verloren geht, worauf sie wieder in den Ofen kommen, bis sie völlig zu Hützelchen eingetrocknet sind. Diese Amarellen lassen sich auch im frischen Zustande gut verfahren, weil sie nicht leicht Druckflecken annehmen. Jahn.

* Meine von Diel bezogene Sorte reifte in Nienburg und Jeinsen stets etwa 8 Tage vor der Bouquetamarelle, oft auch etwas früher als Winklers weiße Herzkirsche, in der 2. Woche der Kirschenzeit, nach den Jahren zwischen 27. Juni und 14. Juli. Sie stimmt ganz, nur konnte ich sie nie wie Truchseß als groß bezeichnen, doch scheint sie das nicht überall zu werden und auch Lucas zeichnete sie so groß als ich sie hatte, ein Geringes kleiner als obige Figur. O.

No. 105. **Herzogin von Angouleme.**   III. B. Truchseß; Amarellen.

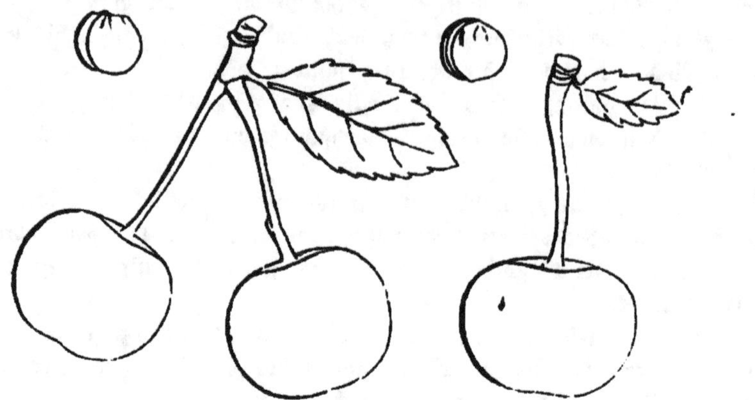

Herzogin von Angouleme.   **† Anf. d. 3. W. d. K.Z.

Heimath und Vorkommen: diese höchst schätzbare, mit der Königlichen Amarelle gleichzeitig reifende, wohl noch reicher tragbare und an Größe sie etwas übertreffende Frucht erhielt ich von Herrn Pfarrer Urbanek zu Majthény, und dieser bezog sie von Herrn Hofgärtner Rauch zu Schönbrunn. Sie ist noch höchst wenig bekannt, stammt dem Namen nach aus Frankreich, wo sie neuerlichst erzogen sein wird, und wird dieß dadurch wahrscheinlicher, daß ich in Herrn André Lerohs zu Angers Cataloge von 1860 sie wenigstens dem Namen nach im Verzeichniß der Kirschen seiner Baumschule mit aufgeführt finde. Sonst finde ich sie nirgends. Verdient recht häufige Anpflanzung, und möchte vielleicht die etwas kleinere Königliche Amarelle entbehrlich machen.

Literatur und Synonyme: beides fehlt noch.

Gestalt: hat in Gestalt am meisten Aehnlichkeit mit dem Großen Gobet, von dem sie gefallen sein dürfte, und müßte Früher Gobet heißen, wenn es nicht bereits einen solchen gäbe. Ist fast groß, bei recht vollem Tragen stark mittelgroß, am Stiele und Stempelpunkte stark gedrückt, im Umkreise fast rund und nur auf dem Rücken ein Weniges gedrückt. Furchen fehlen und geht auf dem Rücken nur eine feine Linie herab. Der Stempelpunkt sitzt in weiter, meist flacher, oft auch tiefer Senkung.

Stiel: ziemlich dick, kurz, 1¼″ lang, einzeln kürzer, einzeln auch

1 ½" lang, sitzt in weiter, tiefer Höhlung, deren Rand sich rings herum gleichmäßig erhebt. Am kurzen Stielabsatze sitzen allermeist zwei Früchte, häufig selbst drei.

Haut: consistent, von der Färbung des Großen Gobets, vor vollster Reife mit stellenweise noch durchscheinender gelber Grundfarbe.

Fleisch: zart, saftreich, mattgelblich, der Saft wasserhell, der Geschmack ähnlich dem der Königlichen Amarelle und des Großen Gobets, in voller Reife angenehm und erquickend säuerlich.

Der Stein sitzt fest am Stiel, gleicht dem der Doppelten Glaskirsche, ist fast rund, nicht dickbackig; die Rückenkanten sind nicht breit und die Mittelkante steht merklich vor.

Reifzeit und Nutzung: zeitigt mit der Junius-Amarelle, der Königlichen Amarelle, etwas vor der Späten Amarelle, Anfangs der 3. Woche der Kirschenzeit. Für Tafel und Haushalt schätzbar. Hält sich sehr lange am Baume und ist mehrere Wochen hindurch brauchbar.

Der Baum wächst in der Jugend rasch, macht aber bald die feinen hängenden Triebe der Weichseln und Amarellen, trägt früh und fast jährlich reichlich.

Anm. Sie unterscheidet sich von der Königlichen Amarelle durch dickeren, kürzeren Stiel und mehr an Stiel und Stempel gedrückte Gestalt, wie durch etwas mehr Größe; von der Doppelten Glaskirsche und dem ihr sehr ähnlichen, später zeitigenden Großen Gobet durch den Mangel einer tieferen Rückenfurche.

Oberdieck.

No. 106. **Bouquetamarelle.** III. B. Truchseß; Amarellen.

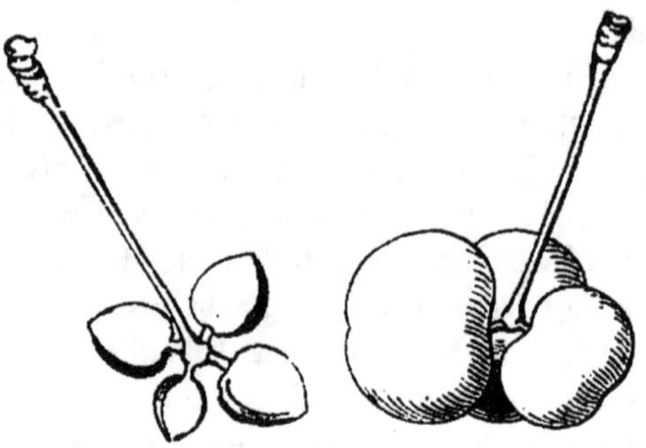

Bouquetamarelle. *† 3. W. b. K.3.

Heimath und Vorkommen: wenngleich diese Frucht, deren Herkunft nicht mehr bekannt ist, an sich von etwas untergeordnetem Werthe ist, so hat sie sich doch weit verbreitet durch die Eigenthümlichkeit, daß, während in der Mehrzahl, wie bei andern Kirschen, nur je 1 Frucht an demselben Stiele sitzt, doch häufig auch 2, 3—4 Früchte an demselben Stiele (nicht gemeinschaftlichen Stielabsatze wie bei andern Süßweichseln) sitzen, deren Zahl an alten Bäumen selbst bis zu 12 steigen soll. Abbildungen dieser Frucht sind gewöhnlich dadurch falsch, daß die Früchte alle in gleicher Größe und oft ziemlich hoch herauf, wie Kanonenkugeln um den Stiel herum sitzen, während die verschiedenen Früchte, wie obige Figur zeigt, allemal nur an der Basis des gemeinschaftlichen Stieles stehen, der hier in mehrere ganz kurze Abtheilungen sich theilt, auf welchen die verschiedenen Früchte und deren Steine befestigt sind. Die mehreren Früchte an demselben Stiele entstehen dadurch, daß dieselbe Blüthe mehrere Stempel und Fruchtknoten auf derselben Stielbasis hat, von denen dann öfter mehrere sitzen bleiben, selten aber sich alle vollkommen entwickeln. Die Sorte verdient immerhin Anpflanzung, nicht bloß wegen früher Reife und unermüdlicher reicher Tragbarkeit, sondern namentlich weil der Pomologe an dieser nie zu verkennenden Frucht einen sichern Anhalt hat, nach ihrer Reifzeit rückwärts und vorwärts die Reifzeit ihm noch nicht sicher bekannter Kirschensorten abzumessen.

Literatur und Synonyme: Truchseß S. 621 Bouquetamarelle; Dittrich S. 164. Schon Duhamel S. 132 Nr. 8 Taf. 6 hat sie unter der Benennnng

Cerisier à bouquet deutlich beschrieben, doch in der Abbildung obgedachten Fehler gemacht, den andere ihm nachmachten. Vermieden ist dieser Fehler D.O.Gab., Neue Aufl., 3. Sect., 2. Lief.; doch ist die Frucht da allzu klein und zu dunkel dargestellt. Knoop II. S. 41 T. 11 hat sie unter dem Namen Traubenamarelle; Christ führt sie wiederholt in seinen verschiedenen Schriften auf als Bouquetkirsche, Träubelkirsche, Heckkirsche, in den spätern Schriften Traubenamarelle; T.D.G. VII. S. 372 Bouquetkirsche und XXI. Taf. 11 eine Abbildung; Pomona Austriaca Taf. 13; Salzmann S. 46 als Troschkirsche. In der Pariser Nationalbaumschule führte sie nach Feuille du Cultivat. S. 149 den Namen Cerise à bouquet, bei Knoop Tros Kers; man nannte sie auch noch Bielings Amarelle und bei Dietz an der Lahn hat sie den Namen Klüftchenskirsche. Der Londoner Catalog hat sie Nr. 27 als Cluster, mit den Synonymen Cerise à bouquet, Chevreuse, Cerisier à trochet, Commune à trochet, Très fertile, Traubenamarelle, Bouquetamarelle, Heckkirsche, Büschelkirsche, Buschweichsel, Flandrische Weichsel; so auch Downing S. 194.. — Die BouquetWeichsel (Truchseß S. 519), die in der Pariser Nationalbaumschule auch Cerise à bouquet genannt worden, darf nicht mit Obiger verwechselt werden. Auch die Straußweichsel nennt die Pomona Franconica Cerise à trochet, Träubelkirsche und über die falsche der Bouquetamarelle ganz ähnliche Abbildung der Frucht Taf. 19 bemerkt Truchseß S. 503, daß Mayer das Falsche der Abbildung eingestand. — Etwas Aehnliches mit der Bouquetamarelle hat die Gedoppelte Amarelle mit halbgefüllter Blüthe (Truchseß S. 646), die aber nie mehr als 2 Früchte, also Zwillingsfrüchte an demselben Stiele unten ansetzt, die wie zusammengewachsen sich darstellen. Diese hat Mayer nach der gefüllten Blüthe in der Pomon. Franc. T. 20 abbilden wollen (Truchseß S. 648), hat aber wirklich eine verfehlte Abbildung der Obigen geliefert, wie er auch im Texte S. 38 die Namen Heckkirsche, Büschelkirsche, Bouquetkirsche, Buschweichsel, Flandrische Weichsel hat, die nur Obiger zukommen, mit welchen Benennungen er auch an Truchseß die Gedoppelte Amarelle mit halbgefüllter Blüthe sandte. Sind solche Fehler bei kenntlichen Früchten vorgekommen, welche mögen in älteren Werken bei leichter zu verwechselnden Früchten sich finden! Mag uns das lehren, Truchseß System festzuhalten und sein Werk zu ehren!

Gestalt: Größe mittelmäßig; am Stiele ist die Frucht stark, am Stempelpunkte ziemlich abgestumpft, oft fast gerundet. An den Seiten ist sie nur wenig breitgedrückt, fast rund, auf der Rückenseite meist schwach gefurcht. Der Stempelpunkt sitzt in schönem Grübchen. Die vollständig ausgebildete einzelne Frucht gleicht ziemlich der Königlichen Amarelle.

Stiel: 1 bis 1¼" lang, verhältnißmäßig stark, gerade, grün, selten etwas geröthet, sitzt in schöner, etwas flacher Höhlung.

Die Farbe der glänzenden Haut bei voller Reife ziemlich dunkelroth, früher Glaskirschenroth.

Das Fleisch ist bei voller Reife matt röthlich und der Saft ein Weniges gefärbt. Der Geschmack zeigt in voller Reife eine milde, angenehme Säure. Die Frucht kann lange am Baume hängen.

Der Stein ist klein, gerundet, und löset sich gut vom Fleische ab.

Reifzeit und Nutzung: reift in der 3. Woche der Kirschenzeit. Ist besonders im Haushalt brauchbar.

Der Baum wächst gut und ist sehr fruchtbar. Nach Truchseß bedarf er eine schattige Lage, wenn er viele wohlschmeckende und große Früchte tragen soll, was er dann mit manchen Schattenkirschen gemein hätte, und was seinen Anbau für schattige Lagen empföhle.

Oberdieck.

No. 107. **Frühzeitige Amarelle.** III, B. Truchseß; Amarellen.

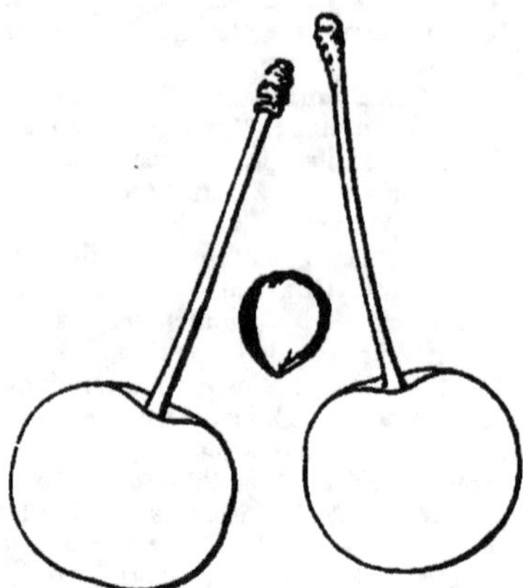

Frühzeitige Amarelle. † Ende d 3. W. d. K.Z.

Heimath und Vorkommen: Truchseß erhielt sie von Kraft in Wien als Frühzeitige Weichsel, auch von Christ früher, 1792 schon, als Pomeranzenkirsche. Sie erwies sich aber als Amarelle und ist von Truchseß wie oben benannt worden. Sie ist wenig in Deutschland bekannt und eignet sich auch nicht für Jedermann, sondern nur für den Sortensammler.

Literatur und Synonyme: Truchseß S. 616; Kraft in Pom. Austr. p. 4 tab. 10 Fig. 2; Christ von Pflanzung ꝛc. II. Aufl. S. 263 Nr. 14; Dittrich II. S. 167. — Cerise Amarelle hative der Pariser Nationalbaumschule.

Gestalt: rundlich, gegen den Stiel mehr als am entgegengesetzten Ende plattgedrückt, auf beiden Seiten nur wenig breitlich, auf der einen hie und da flach gefurcht. Das Stempelgrübchen steht etwas seitwärts, wenig vertieft. — Mittelgroß.

Stiel: verschieden lang, bis 1½", ziemlich stark, auf der einen Seite etwas röthlich angelaufen, in einer flachen Höhlung.

Haut: glänzend hellroth, durchsichtig, bei völliger Reife dunkler, ohne dabei die Durchsichtigkeit zu verlieren.

Fleisch: weich, weißgelb, mit röthlichem Schimmer, der reichlich vorhandene Saft hat etwas Röthliches, ohne färbend zu sein. Geschmack sauer, nur wenig mit Süßigkeit vermischt.

Stein: nicht groß, mehr breit als rund, er hängt mit dem Stiel nur so viel zusammen, daß er sich nur bei nicht völlig reifen Früchten mit demselben aus der Kirsche ziehen läßt. An den Kanten bleibt Fleisch hängen.

Reife und Nutzung: die Kirsche reift nach Dittrich Mitte Juli. In Meiningen meist mit der Späten Amarelle oder einige Tage früher. * Ihre Verwendung ist dieselbe, wie die der Königlichen und Späten Amarelle, da aber der Saft mehr Säure enthält, so ist den Gerichten mehr Zucker als bei jenen zuzusetzen.

Eigenschaften des Baumes: derselbe bleibt hier in Meiningen klein, wächst auch auf Süßkirsche nicht stark. Er trägt schon nach Truchseß nicht so reichlich, wie der der Königlichen Amarelle, weßwegen man die Anpflanzung nicht so wie die der genannten empfehlen kann.

Bemerkungen: die Frühzeitige Amarelle unterscheidet sich von der Königlichen durch geringere Größe und mehr Säure, auch ist der Baum stärker belaubt und bezweigt als bei jener; von der Späten Amarelle durch frühere Reife, dickere Stiele und eine Säure ohne Beimischung von Bitter; von der Bunten Amarelle und der Amarelle mit dem weißen Stempelpunkt, mit welcher sie in Form und Größe viel Aehnlichkeit hat, durch etwas spätere Reife, weniger dunkle Haut und stärkere Säure (n. Truchseß). — Sehr ähnlich, auch gleichzeitig reif ist eine aus Wetteren erhaltene Duchesse de Paluau, doch ist deren Stiel noch etwas dicker, und der Stein etwas mehr rundlich.

Jahn.

* Wäre Ende der 3. Woche der Kirschenzeit. C.

No. 108. **Späte Amarelle.** III, B. Truchseß; Amarellen.

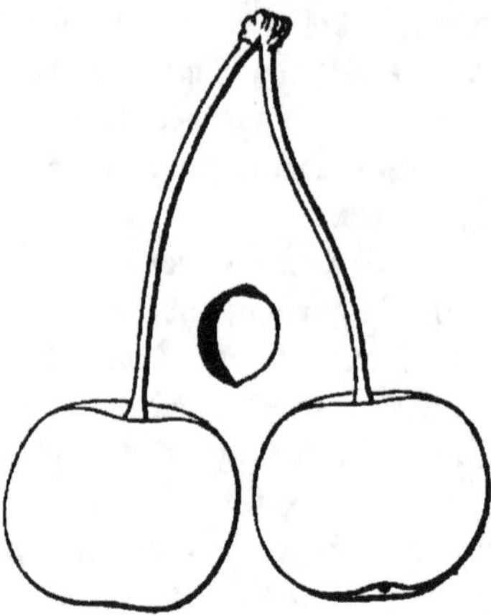

Späte Amarelle. **†† Ende b. 3. W. b. K.Z.

Heimath und Vorkommen: Truchseß erhielt sie als Späte
Morelle aus Herrnhausen, doch erkannte er sie für dieselbe Kirsche,
welche in ganz Franken in den Gärten seit langer Zeit her sich durch
Wurzelausläufer fortpflanzt und deren Früchte Amarellen, Am-
brellen, Ammern genannt werden. Truchseß wandelte deßhalb das
Herrnhaufer Morelle in Amarelle um, wie diese Kirschen auch in
Süddeutschland heißen und bemerkt dazu, daß in Holland schwarze saft-
reiche Sauerkirschen Morellen genannt werden, weßhalb das Wort
Morelle nicht mit letzteren verwechselt werden dürfe.

Literatur und Synonyme: Truchseß S. 629; Dittrich II. S. 170; Christ
Hbwb. S. 294, wo er sie irrig mit der Süßen Amarelle für überein hält; richtiger
hat er sie Handb. 3. Aufl. S. 706 Nr. 78. Ob sie etwa die Kentish oder Flemish
des Lond. Cat. ist, steht dahin. Oberd. S. 531. — Synon.: Cerise Amarelle
tardive in der Pariser Nationalbaumschule nach Feuille du Cultiv. 1804 S. 149.

Gestalt: oben und unten nur wenig platt, im Umkreis beinahe
ganz rund, auf der einen Seite ein klein wenig breitgedrückt, mit einer
schwachen Furche, an dem obern Ende ist meist etwas seitwärts, ein
kleines schwaches Grübchen. — Mittelgroß, bisweilen groß.

Stiel: kurz, von 1 bis 1½" Länge, gelbgrün, an der Sonnenseite
etwas bräunlich angelaufen, in flacher Höhlung.

Haut: hellroth, bei voller Reife blutroth, bisweilen auf der breitgebrückten Seite weißlich punktirt, die Haut selbst hellglasartig und durchsichtig.

Fleisch: weiß, Saft farblos, nur in der höchsten Reife mit röthlichem Schimmer. Der Geschmack ist angenehm säuerlich.; der anfangs bitterliche Geschmack (woher der Name Amarelle kommen mag) verschwindet bei weiter vorgeschrittener Reife völlig.

Stein: länglich rund,* weiß, hängt mit dem Stiele fest zusammen und läßt sich mit letzterem ausziehen, was bei vollkommener Reife nicht mehr der Fall ist. Auch bleibt wenig Fleisch an ihm haften.

Reife und Nutzung: die Kirsche reift nach Dittrich Mitte Juli und hält sich einzeln bis Mitte August am Baume. — In Meiningen zeitigt sie 8, höchstens 14 Tage nach ihrer Schwester, der Königlichen Amarelle, 1858 den 10. bis 14. Juli und ist eigentlich, wie auch Oberdieck meint,** durch diese entbehrlich. Sonst ist sie zu allen Zwecken wie die Königliche Amarelle zu brauchen und im Geschmack habe ich ebensowenig einen besondern Unterschied wahrnehmen können.

Eigenschaften des Baumes: derselbe trägt gewöhnlich, wie Truchseß selbst bemerkt, nicht reichlich, aber in gewissen Jahren äußerst voll und alsdann sind die Früchte größer und schmackhafter, als wenn es nur wenige gibt — was sich in Meiningen bestätigt.

Bemerkungen: sie unterscheidet sich von der Königlichen Amarelle und von der Frühzeitigen Amarelle durch spätere Reife und geringere Belaubung des Baumes, von der Süßen Amarelle durch geringere Größe und weniger süßen Geschmack und von dem Frühen Gobet durch weniger platte Form. — Der Baum derselben wird stärker als der der Königlichen Amarelle.

Jahn.

* Bei kleineren Früchten finde ich den Stein von Größe und Form wie obgezeichnet, bei größeren etwas stärker, mehr breiteiförmig, die Mittelkante nach dem Stielende hin merklich vorstehend. O.

** Dieses Urtheil gründete sich darauf, daß ich als Späte Amarelle von einem nicht gehörig wuchshaften Baume nur unvollkommene Früchte gesehen, dagegen die Obige, wie ich jetzt durch die aus Meiningen erhaltene Späte Amarelle gefunden habe, von Diel irrig als Süße Amarelle erhalten und so auch viel versandt habe. Diese — mithin wirklich die Obige — schätzte ich sehr, sie wird bei mir noch merklich größer als obige Figur, trägt sehr voll, die Bäume wachsen sehr rasch und ist der Saft weit milder als bei dem Großen Gobet. Sie gehört zu den sehr werthvollen Früchten. Die Zeitigung der Dielschen Süßen- und der rechten Späten Amarelle fiel bei mir zwischen die Reife der Bouquetamarelle und des Großen Gobet, Ende der 3. Woche der Kirschenzeit. O.

No. 109. **Großer Gobet.** III, B. Truchseß; Amarellen.

Großer Gobet. Kurzstielige Amarelle. ** † † Ende d. 4. W. d. K.Z.

Heimath und Vorkommen: stammt vielleicht aus Frankreich ab und hat durch Güte und Fruchtbarkeit sich bereits sehr weit verbreitet, meistens unter dem Namen Montmorency à courte queue (welche Benennung aber auch dem Frühen Gobet gegeben wird), Kurzstielige Glaskirsche, der aber wie oben in Kurzstielige Amarelle umgewandelt werden mußte. Schon die weite Verbreitung beweiset, daß, wenn Duhamel, Truchseß, Downing ihre Fruchtbarkeit tadeln, dies lokal gewesen sein muß, oder von der Unterlage kam. Auch im Hannoverschen sah ich oft kettevoll tragende, sehr große Bäume und auf Weichselwilbling veredelt trugen mir die jungen Bäume schon stets in der Baumschule voll. Auch Kraft rühmt die Fruchtbarkeit.

Literatur und Synonyme: schon Duhamel hat sie I. Taf. 7 als Cerisier de Montmorency à gros fruit, Gros Gobet, Gobet à courte queue. — Truchseß S. 634; Dittrich S. 168: Pomona Austr. Taf. 18 gute, nur durchschnittlich etwas zu große Abbildung; die Abbildung im T.O.Cab., 31. und 32. Lief., als Montmorency à courte queue, ist dagegen etwas zu klein; Christ Handb. S. 587 Nr. 1 Kirsche von Montmorency, Großer Gobet, Gobet mit kurzem Stiel; heiße bei den Engländern Kentische Kirsche und in der Gegend von Kronberg Spanische Weichsel (welchen Namen aber auch die Schwarze Forellenkirsche, Truchs. S. 594 und richtiger die Spanische Frühweichsel, Truchs. S. 501 tragen); ferner Handb. 3. Aufl. S. 703 und Vollst. Pom. S. 242 als Großer Gobet; Rößler S. 174 Nr. 37. In Frankreich heißt sie noch Gros Gobet à courte queue; doch habe ich sie auch als Excellente Portugaise à courte queue, — und neuerdings als Cerise de la reine von J. Booth und aus Belgien erhalten. Daß sie in England, wie Christ will, von ihrer Verbreitung um Kent Kentish cherry heiße, ist nach den Synonymen, die im Londoner Cataloge bei Kentish (Nr. 55) angegeben werden, und nach Hoggs Manuale nicht richtig, vielmehr möchte man sie im Lond. Cat. als Flemish (Nr. 36) suchen, unter welchem Namen sie auch Downing nach Figur und Beschreibung S. 195 ungezweifelt hat, und ebenso, wie der Lond. Cat., als Synonyme angibt Kentish (of Many) de Kent, Montmorency à gros fruit, Montmorency à courte queue, Gros Gobet, Gobet à courte queue, A courte queue de Provence, Weichsel mit ganz kurzem Stiel; English Weichsel, Double Volgers (of the Dutch). [Letztere Namen sind unrichtig und rühren etwa daher, daß man in Deutschland die Doppelte Glaskirsche als Volgers Swolse hatte.] Hogg im Manuale unterscheidet jedoch den Gros Gobet (S. 56) von der Flemish (S. 55) und Kentish (S. 57) bestimmt, und sagt bei der Flemish, daß die Pomologen sie häufig aber ganz irrig mit der Kentish und dem Gros Gobet als identisch betrachtet hätten, wie denn auch die Kentish und Flemish nur dadurch zu unterscheiden seien, daß der Baum der Flemish weniger hängende Zweige habe, die Frucht etwas kleiner sei und 8 Tage später reife. — Dochnahl hat in seinem Führer noch mehrere andere, theils unrichtige Synonyme, unter denen obige Frucht nur durch Verwechslung vorkommt. Richtig möchten noch sein Kaiseramarelle, Große Amarelle, Allergrößte Amarelle; er führt auch Cerise de Prusse und Roi de Prusse auf, unter welchem Namen ich die Doppelte Glaskirsche erhielt. — Wegen der an manchen Orten sich findenden Unfruchtbarkeit hat man sie auch Coularde genannt, welcher Name einer Süßweichsel (Truchs. S. 424) zukommt.

Gestalt: die Frucht gehört völlig zu den großen. Sie ist mehr als irgend eine andere Kirsche am Stiele und Stempelpunkte plattgedrückt, auf der Bauchseite sehr wenig, auf der Rückenseite doch bemerklich breitgedrückt, und findet sich hier oft, eben so wie bei der Doppelten Glaskirsche und noch stärker, eine vom Stiele zum flach vertieften Stempelpunkte herabgehende, starke, rasch abfallende Furche.

Stiel: stark, stets sehr kurz, selten stark 1″, oft nur ½″ lang, grün, oft etwas braun getüpfelt, sitzt in weiter, meist auch tiefer Höhlung.

Die **Farbe** der vor voller Reife durchscheinenden, glänzenden Haut ist die der Glaskirschen, von denen sie sich jedoch durch den Wuchs des Baumes unterscheidet. Bei voller Reife wird die Haut etwas dunkelroth und der Saft etwas röthlich.

Das **Fleisch** ist zart, saftreich; der Geschmack vor rechter Reife merklich herbe, in voller Reife kaum säuerlicher als der der Doppelten Glaskirsche, und Vielen sehr angenehm und erfrischend.

Der **Stein**, an dem Fleisch sitzen bleibt, läßt bis zur vollsten Reife beim Genusse mit dem Stiele sich herausziehen, ist mittelgroß, gerundet, hat die größte Dicke öfter nach der Spitze hin, ist bei den Rückenkanten nicht so dick als neben der Bauchkante, so daß er nach dem Stielende hin sich an Dicke sehr verjüngt und zeigt am stark abgestumpften Stielende eine runde Vertiefung. Die Mittelkante steht merklich vor und erhebt nach dem Stielende hin sich etwas.

Reifzeit und Nutzung: zeitigt in der 4. Woche der Kirschenzeit, zuweilen erst Anfangs der 5. Für Tafel und Haushalt schätzbar.

Der **Baum** wächst rasch, ist gesund und wird ziemlich groß, mit reich verzweigter Krone. In der Baumschule wachsen die Triebe steif empor, so daß man nicht glauben sollte, daß die Sorte später hängende Zweige machen werde, und ist die Vegetation am ähnlichsten der der Wahren Englischen Kirsche.

Oberdieck.

Nachträgliche Bemerknngen zum 3. Bande des Handbuches.

---

1. Ueber die Kirsche Königin Hortensia hat Herr Professor Scheidtweiler zu Gent in der Monatsschrift 1861 Seite 126 noch wichtige Nachrichten gebracht. Indem ich bitte, das Nähere dort nachzusehen, bemerke ich aus seinen Angaben folgendes: — Er beschrieb sie nach Früchten aus dem Kgl. Garten zu Laeken unter dem Namen Hybride de Laeken schon 1842 in den Verhandlungen des Berliner Gartenbauvereins, wo sie auch abgebildet ist, und fand 1844 im Garten des Banquiers Mathieu zu Laeken einen wohl 40 Jahre alten Baum, von dem auch De Bavay seine Reiser gehabt habe. Mathieu habe den Baum als junges Stämmchen von Löwen ohne Namen erhalten, worauf dessen Gärtner die Sorte nach der Königin von Holland Reine Hortense benannt habe. Von den Bäumen im königlichen Garten zu Laeken seien viele Reiser selbst heimlich von den Hofbeamten und ohne Namen entnommen und verschickt und möge dies zu den vielen Namen beigetragen haben. Ueber Ursprung der Kirsche berichtet er, nach Aussage des verstorbenen Universitätsgärtners Donkelaar, daß ein junger Mann aus Löwen, der mit einem Pferdehändler Frankreich durchzog, den Mutterbaum im Garten eines Dorfwirthshauses gefunden und Reiser nach Löwen gebracht habe, was den französischen Ursprung der Kirsche bestätigt. — Seine wichtigste Meldung ist, daß 20 Sämlinge der Reine Hortense, die er 1844 zog, sämmtlich die Gemeine Vogelkirsche lieferten (also nicht, wie behauptet ist, völlig nacharteten), auch von 84 dergleichen Stämmen in v. Mons Baumschule 1856 30 die Gemeine Vogelkirsche, 4 gewöhnliche schlechte Herzkirschen getragen hätten. Diese Versuche verdienen mit Sorgfalt wiederholt zu werden, wozu ich abermals Kerne gelegt habe, von 7 jedoch nur 2 Stämmchen erst gewinnen konnte. Bestätigt sich dies, so ist die Kirsche wohl zu den bunten Herzkirschen zu zählen, denen sie vor vollster Reife auch sehr gleicht, müßte dann aber wegen ihres langen Stielabsatzes vielleicht wirklich als Hybride betrachtet werden, wiewohl auch Hr. Professor Scheidtweiler sagt, daß eine Kreuzung mit Glaskirschen ihm unmöglich scheine, und es ja auch nicht unmöglich ist, daß auch unter Süßkirschen einmal eine Sorte mit langem Stielabsatze fiel.

Hoggs Manual gibt von unserer Frucht außer den schon im Handbuche beigebrachten Namen noch folgende Synonyme: Belle de Bavay, Belle de Petit Bric, De Meruer, Merveille de Hollande, und hat sich 1861 ergeben, daß sie in Deutschland auch unter dem Namen Kirsche von Ravenna geht.

2. Nach Vollendung des 2. Heftes des Steinobstbandes konnte ich noch das Deutsche Obstcabinet, Neue Auflage, einsehen. Die in der 3. Section abgebildeten Kirschen sind sehr wenig gut gerathen, allermeist zu klein und nicht kenntlich, und ziemlich gut etwa

nur die Hildesheimer späte Knorpelkirsche, Schwarze Spanische, Thränenmuskateller, Späte Maulbeerkirsche, Blutherzkirsche, Gemeine Marmorkirsche, doch meist auch zu klein.

Besser sind in der 4. Section die Pflaumen, nach Früchten, die Jahn und Liegel sandten, gerathen, die 1. Lieferung gibt: Bunter Perdrigon, zu braun und etwas zu stark an beiden Enden gedrückt; Königspflaume von Tours, Johannispflaume (nicht recht kenntlich), Violette Jerusalemspflaume (ziemlich kenntlich); 2. Lieferung: Schamals Herbstpflaume (etwas verbildete Frucht), Nikitaer Hahnenpflaume, Washington (etwas zu grün, nach nicht ganz reifen Exemplaren), Violette Diapre, Ottomannische Kaiserpflaume, Bavays Reineclaude (klein und etwas zu stark gedrückt), Columbia (unter dem Namen Lucombes Non Such von Donauer), [als Columbia in der 4. Lieferung nicht so gut dargestellt]; 3. Lieferung: Große blaue Zwetsche von der Worms, Durchsichtige (etwas zu kurz und zu grün); 4. Lieferung: Schöne von Schönberg, Esperens Goldpflaume (zu fahlgelb), Admiral Rigny; 5. Lieferung: von Wangenheims Frühzwetsche, Dörells neue Aprikosenpflaume, Kirke (etwas klein), Burgunderzwetsche (zu roth), Trauttenbergs Aprikosenpflaume; 6. Lieferung: Italiänische Zwetsche (Fleisch zu grün), Gelbe Catharinenpflaume (nur ziemlich), Violette Octoberpflaume, Braunauer aprikosenartige Pflaume (etwas kurz); 7. Lieferung: Reizensteiner gelbe Zwetsche (zu fahlgelb, auch Form bei mir anders), Spitzzwetsche (zu hellroth, doch war die Frucht 1861 bei mir noch mehr roth als früher), Normännischer Perdrigon, Bazaliczas Zwetsche, Dörells neue weiße Diapre; 8. Lieferung: Breitgedrückte Zwetsche, Waterloopflaume, Rothe Reineclaude (etwas zu violettroth), Graf Gustav von Egger, Kochs gelbe Spätdamascene, Rothe Nectarine (zu violettroth). Die Besitzer des Handbuches tragen diese Abbildungen bei den betreffenden Sorten wohl nach; beim dritten Hefte ist das Werk bereits benutzt.

3. Die eben gedachten Abbildungen, zu denen die Früchte aus guter Quelle kamen, und weitere Erfahrungen haben ergeben, daß Pflaumen oft darin abändern, daß dieselbe Frucht unter veränderten Umständen bald oval ist, bald nach dem Stiele oder auch nach dem Stempelpunkte stärker abnimmt, welcher Unterschied in der Form also nicht wesentlich ist. Möglich hängt damit auch die von mir bemerkte Abweichung in der Gestalt der Blätter gegen Liegels Angaben zusammen. Eben so erhellt aus den gedachten Abbildungen, daß die Pflaumen doch auch bei Liegel nicht selten merklich größer gewesen sind, als er — vielleicht nach Früchten von strotzend tragenden Bäumen — angibt.

4. Die Freudenberger Frühpflaume (S. 411) wäre, da die vollkommensten Früchte doch allermeist merklich höher als breit sind, und die weniger starken Triebe sich etwas behaart zeigen, besser unter die damascenenartigen Zwetschen eingereiht worden.

5. Bei der Frühen Königspflaume ist noch zu erwähnen, daß in Hoggs Manuale sich bereits eine Royale hative findet, die er auch Miriam nennt und von der Königspflaume von Tours unterscheidet. Diese ältere Frühe Königspflaume wird es vielleicht nöthig machen, unsere Frucht (S. 441) Liegels frühe Königspflaume zu nennen.

6. Bei der Großen Reineclaude hat Hogg im Manuale nicht nur die aus Dochnahl angeführten Synonyme des Handbuches auch, sondern noch folgende im Handbuch nicht genannte: Great green Damask, Ida green Gage, Mirabelle verte double, Renooclaur Gage, Verduoin, Verdocchio. Es ist gut, die Synonyme schätzbarer Früchte möglichst vollständig zu geben, um zu verhüten, daß man nicht immer unter neuem Namen alte Bekannte erhält.

7. Zu Van Mons Königspflaume finde ich zufällig in Bivorts Album noch eine

Nachricht. Er bildet sie dort IV. S. 95 ab als Reineclaude rouge de Septembre (van Mons) mit dem Synonym Reine nova und sagt, daß ein Mr. Beurré zu Brüssel sie erzogen und Herrn van Mons zur Beurtheilung übergeben habe, der sie verbreitet habe. Die Reifzeit gibt er Mitte September an, und sagt, daß sie sich oft bis Ende October halte. Dies sollte glauben machen, daß Bivorts Frucht eine andere sei als die des Handbuches, indeß ist die Angabe etwa nicht völlig genau und ist mir erinnerlich, daß ich als Reine nova von van Mons direct eine später wieder eingegangene Sorte erhielt, die ganz die Triebe der Van Mons Königspflaume hatte.

8. Hinsichtlich der Form des 3. Steinobstheftes möge hier noch bemerkt werden, daß ursprünglich die Absicht war, in demselben Aprikosen und Pfirschen zu geben, was sich jedoch nicht ausführen ließ, so daß, um den Druck nicht aufzuhalten, gewählt wurde, noch ein Heft halb Pflaumen, halb Kirschen zu geben. Dies hat immerhin den Vortheil, daß in diesen Obstklassen von den schätzbarsten Früchten doch schon merklich mehr vorliegt.

Jeinsen, Ende November 1861.

Oberdieck.

Verzeichniß der Schriften, welche im 3. Bande des Handbuchs benutzt oder allegirt sind, nebst deren abgekürzter Allegirung.

Anm. Da die meisten bei dem Steinobstbande des Handbuchs gebrauchten Schriften eben so auch bei den Bänden des Kernobstes benützt und citirt sind, habe ich, um das nachstehende Verzeichniß vorläufig gleich auch für die 2 ersten Bände brauchbar zu machen, noch die Titel etlicher Schriften hinzugesetzt, die, wie mir ohne genaue Durchsicht erinnerlich war, bei dem Kernobste benützt sind. Es wird darnach nur nöthig werden, späterhin für das Kernobst etwa zu diesem Verzeichnisse einen Nachtrag zu liefern.   Oberdieck.

Abb. Wttb. Obstf.; Lucas' Abbildungen Württembergischer Obstsorten, I. Kernobst, II. Steinobst, erschien zu Stuttgart 1858—1860 gr. 4.

Aehrenth. Kernobstf.; Freih. von Aehrenthal Deutschlands Kernobstsorten in Abbildungen mit erläuterndem Text nach Diel; 3 Bde. 4. Leitmeriz 1833—1842.

Album oder Bivorts Album; Album de Pomologie von A. Bivort.

Allgem. T. G.-Mag.; Allgemeines Teutsches Garten-Magazin. Weimar 1804—1819.

Neues allgem. G.-Mag.; Neues allgemeines Garten-Magazin, herausgegeben von B. und V. Weimar 1825 ff.

Annales; Annales de Pomologie Belge et étrangère, publiées par la Commission royale de Pomologie, instituée par S. M. le Roi des Belges. Bruxelles 1853 ff.; bis jetzt 7 Bände.

Abercrombie; The Universal Gardener and Botanist or a general Dictionary of Gardening and Botany, by John Abercrombie. London 1778. 4°.; citirt von Hogg.

Abercrombie, übersetzt von Lueder; Vollständige Anleitung zur Erziehung und Wartung der Obst- und Fruchtbäume von Joh. Abercrombie, übersetzt von Lueder. Lübeck 1781.

Arnold. O.-Cab.; das von Herrn Commerzienrath Arnoldi zu Gotha seit mehreren Jahren herausgegebene Obstcabinet in Nachbildungen in Porzellanmasse, von dem bis jetzt 14 Lieferungen erschienen sind.

Baltet, bonnes Poires: Les bonnes Poires, leur description abrégée et la manière de les cultiver par Charles Baltet. Troyes, Bouquot etc. 1859.

Bauhin; Joh. Bauhins Historia plantarum. Ebroduni 1650 III. Vol. Fol.

Bechstedt; Niedersächsisches Gartenbuch von Bechstedt. 3 Vol. Leipzig 1772.

Bon Jardin.; Le Bon Jardinier; Almanach pour 1843—44 ff., par Poiteau cf. Vilmorin. Paris. Ursprünglich ist er herausgegeben von De Grace. Paris anno XI. der Republik.

v. Mons Cat.; Catalogue descriptif abrégé etc. von Herrn Professor van Mons. Louvain 1823.

Christ Beiträge; Christ Beiträge zum Handbuch über die Obstbaumzucht und Obstlehre von 1797. Frankfurt a. M. 1802.

Christ Dorfgärtner; der Baumgärtner auf dem Dorfe. Frankfurt a. M. 1792.

Christs Handb.; Christs Handbuch über die Obstbaumzucht und Obstlehre. Frankfurt a. M. 1794; dessen 2. Aufl. Frankf. a. M. 1797; dessen 3. Aufl. Frankf. a. M. 1804.

Christ Handwb. auch: Chr. Wörterb.; Pomologisch-theoretisch-praktisches Handwörterbuch 2c. Leipzig 1802. 4°.

Chrift vollft. Pomol.; Vollständige Pomologie über das Kern= Stein= und Schalenobst mit 24 ausgemalten Kupfertafeln 2c. von Chrift. Frankfurt a. M. 1812. 8°.; der 1. Band dieses Werkes, welcher das Beerenobst enthält, und in den Heften des Handbuchs über Kernobst citirt ist, erschien zu Frankfurt a. M. 1809.

Coxe (von Downing citirt); a View of the Cultivation of Fruit Trees in the United States, and of the Management of Orchards and Cider; By William Coxe. Philadelphia 1817. 8°.

Decaisne; Jardin Fruitier du Museum, ou iconographie de toutes les éspèces et variétés d'arbres fruitiers, cultivés dans cet établissement, avec leur description, leur histoire, leur synonymie etc. par. J. Decaisne, Professeur de culture au Museum d'histoire naturelle. Paris. Firmin Didot et frères, 1858 folio. Bis jetzt 4 Bände.

D. O.=Cab.; Deutsches Obstcabinet in naturgetreuen, fein colorirten Abbildungen zu Dittrichs systematischem Handbuche der Obstkunde, sowie zu jedem pomologischen Werke; von einer die Obstcultur befördernden Gesellschaft. Jena bei Mauke 1840 ff. 24 Lieferungen. Dieses Werkes Neue Folge geht bis Lieferung 38.

D. O.=Cab. Neue Aufl.; Fortsetzung desselben Werkes, herausgegeben unter Leitung des Professors Langenthal und unter Mitwirkung der Pomologen Hörlin in Sind=ringen, Jahn in Meiningen, Koch in Jena, Liegel in Braunau. Jena 1855 ff. — 4 Sectionen. Jahn citirt bisher als D. O.=Cab. nur diese Neue Auflage, die wenigstens in den Pflaumen merklich besser ist, als die früheren Lieferungen.

Diels Systemat. Verz. auch: Diels Catal.; Systematisches Verzeichniß der vorzüglichsten in Deutschland vorhandenen Obstsorten 2c. von Dr. A. F. Abr. Diel 2c. Frankfurt a. M. 1818, nebst 2 Fortsetzungen 1829 und 1833.

Diel; Versuch einer systematischen Beschreibung in Deutschland vorhandener Kernobst=sorten von Dr. Aug. Friedr. Ad. Diel, 1799 bis 1832, enthält 12 Hefte Aepfel, 8 Hefte Birnen, die jedes für sich mit Zahlen im Handbuche citirt sind, dann Heft 21 Aepfel und Birnen, citirt Heft 21, und noch 6 Hefte Aepfel und Birnen, meist citirt A—B mit Zahlen, von Jahn auch oft: Neue Obst=Sorten mit Zahlen.

Dittr. O.=Cab.; bezeichnet das von dem Küchenmeister Dittrich zu Gotha herausgegebene Obst=Cabinet in Nachbildungen in Papiermasse. Für die Pflaumen kommt die Ab=theilung D desselben in Betracht. Die dazu, ohne Jahreszahl erschienenen tabellari=schen Beschreibungen führen den Titel: Deutsches Obst=Cabinet, D Pflaumen, 4°. 1—12. Lieferung.

Dittr. I., II., III.; Systematisches Handbuch der Obstkunde 2c. von J. G. Dittrich, Küchenmeister zu Gotha 2c. Jena bei Mauke 1839—1841, 3 Theile, durch die obige Zahlen im Handbuche bezeichnet.

Dochnahls Führer; Der sichere Führer in der Obstkunde auf botanisch=pomologischem Wege, oder systematische Beschreibung aller Obstsorten 2c. von F. J. Dochnahl. Nürnberg, Schmid's Buchhandlung 1855—1860. 4 Bde., 8°. Der erste Band enthält die Aepfel, der zweite die Birnen, der dritte das Steinobst, der vierte das Schalen= und Beerenobst.

Downing; The Fruits an Fruit trees of Amerika etc., by A. J. Downing. 14 Edition. New-York, John Wiley, 1854.

Duhamel; Duhamel du Monceau, Abhandlung von den Obstbäumen, übersetzt von Oelhafen von Schöllenbach. Nürnberg 1775, 1782 und 1783, 3 Theile, 4°., mit schwarzen Kupfertafeln. — Die Originalausgabe Arbres Fruitiers etc. ist in Paris 1768 erschienen.

Emmons; Natural History of New-York. Vol. III. etc., by Ebenezer Emmons, M. D.; Albany, printed by Benthuysen 1851. 4°. Dieses Werk beschäftigt sich in der größeren Hälfte des 3. Bandes mit dem im Staate New=York gebauten Obste und hat illuminirte Kupfertafeln.

Feuille du Cultiv.; Feuille du Cultivateur. Paris 1803 und 1804.

Frauend. Blätter; Frauendorfer vereinigte Blätter, herausgegeben von der praktischen Gartenbaugesellschaft in Bayern, von J. E. Fürst. Passau; eine Anzahl Jahrgänge von etwa 1843 bis 1852.

Gotthard; Unterricht in Erziehung und Behandlung der Obstbäume von Gotthard. Erfurt 1798.

Günderode; Die Pflaumen, herausgegeben von F. J. von Günderode und M. B. Borkhausen. Darmstadt 1804—1808. 8°. Mit Kupfern.

Heinecken; Carl Heinr. v. Heinecken 2c., Nachricht u. Beschreibung einer vollständigen Sammlung von Obstsorten, welche derselbe ehemals, vornehmlich in Aldöbern bei Calau in der Niederlausitz erbauet; von neuem durchgesehen, erweitert und berichtigt von J. F. B. Sorau und Leipzig 1805, kl. 8°. Der 2. Band enthält das Steinobst.

Henne oder Henne Anw.; S. D. L. Henne, weiland Pastor zu Hammersleben und Gunsleben im Fürstenthume Halberstadt, Anweisung, wie man eine Baumschule im Großen anlegen und unterhalten soll. 4. Aufl., mit Kupfern. Halle 1791. 8°.

Hirschfeld; Handbuch der Fruchtbaumzucht von C. C. L. Hirschfeld. 2 Theile. Braunschweig 1778, kl. 8°. Der 2. Theil enthält das Stein- und Beerenobst.

Hogg Man.; The Fruit Manual, containing the Descriptions and Synonymes of the Fruits and Fruit trees, commonly met with in the gardens and Orchards of Great Britain, by Robert Hogg. London, Cottage gardener office 1860. Enthält nur kurze Charakteristiken, doch eine Uebersicht über alles Obst und viele Data über Synonyme.

Hogg; Wenn bei dem Kernobste Hogg allegirt ist, so ist dessen British Pomology etc. Theil I. The Apple, London, Groombridge and sons, 1851, gemeint. Ein Theil über die Birnen erschien noch nicht.

Hohenheimer Cat. oder Hohenheimer Obstsorten; Hohenheimer Catalog von Walker. Tübingen 1823.

Horticult. Soc. Transact.; Transactions of the Horticultural Society of London. London Vol. I. erschien 1813.

Hooker, Hookers Pomona; Pomona Londinensis etc. by William Hooker, London 1813. 4°. (Ist öfter von Downing und Hogg citirt.)

Hov. Magaz.; The Magazine of Horticulture Botany and Roral Affairs, by C. M. Hovey. Boston. 8°. (Von Downing öfter citirt.) Erschien von 1834 an in monatlichen Lieferungen.

Kernobst-S. Württembergs; Kernobst-Sorten Württembergs 2c. von Ed. Lucas. Stuttgart bei Köhler 1854.

Knoop; Johann Knoops Pomologie 2c., aus dem Holländischen übersetzt; 2 Theile, Folio mit Kupfern, übersetzt von Huth. Nürnberg 1760 bei Seligmann. Der 2. Theil dieses Werkes, Nürnberg 1766, ist bearbeitet von Consistorialrath Zink in Meiningen. Die Originalausgabe ist zu Amsterdam 1771 erschienen. Folio.

Kenr.; The new American Orchardist by William Kenrick. Boston 1844. (Oefter von Downing citirt.)

Kraft, siehe Pomona Austriaca.

Liegel; Systematische Anleitung zur Kenntniß der Pflaumen von Dr. G. Liegel. Heft I. Passau bei Winkler 1838; Heft II. Linz 1841; Heft III. erschien unter dem Titel: Beschreibung neuer Obstsorten, das 1. Heft, die Pflaumen, Regensburg bei Manz 1851; Heft IV. unter demselben Titel, 3. Heft, Pflaumen, Regensburg bei Manz 1856. Diese 4 Hefte sind nach Liegel I., II., III., IV. bezeichnet.

Liegel Anl.; Systematische Anleitung zur Kenntniß des vorzüglichsten Obstes 2c. von Georg Liegel. Passau bei Pustet 1825.

Lindl. oder Lindley; A Guide to the Orchard and Kitchen Garden, or an account of the most valuable Fruit and Vegetables cultivated in Great-Britain, by G. Lindley. London 1831. 8°.

Liron d'Airoles, Notice Pomol.; von Herrn Jules Liron d'Airoles zu La Civelière près Nantes sind von 1855 bis 1859 unter dem gemeinschaftlichen Titel: Notice Pomologique etwas verworren geordnet eigentlich zwei verschiedene Werke erschienen:
   1. Description succinte de quelques fruits inédits nouveaux ou très peu repandus, avec figures, edit. II. Tome I. et II. Umfaßt die Beschreibung von 302 Birnensorten. Ist im Handbuch bis Liron d'Airol. Notice Pomol. citirt und soll zum Unterschiede künftig citirt werden Liron d'Airoles Descriptions.

2. Liste synonymique historique des diverses variétés du Poirier etc. Nantes 1857; zerfällt in die Abtheilungen a) von S. 29—100, die eigentliche Liste synonymique historique, b) mit neuer Paginirung von 1—80 Table des variétés du Poirier, dont l'historique n'a pu être complété et qui entreront plus tard dans la liste synon. historique. Zu jeder Abtheilung sind bis 1859 Supplement-lieferungen erschienen. Dies zweite Werk wird künftig citirt werden a) Liron d'Airols liste synon., b) Liron d'Airoles Table synonym., die Supplementhefte als solche bezeichnet.

Lond. Cat. oder Hort. Soc. Cat.; Cataloque of the Fruits cultivated in the garden of the Horticultural Society of London. Third Edition. London 1842 mit einem Supplemente am Schlusse. Enthält sehr zahlreiches Sortiment, bei vielen Sorten auch tabellarisch ganz kurze Angaben zur Charakteristik.

Man.; The New England Fruit Book, by R. Manning. 2d. edit. by John M. Ives. Salem 1844; oft von Downing citirt.

Merlet; Abrégé sur les bons Fruits, et manière de les connaître et de les cultiver, par Merlet. Paris 1767. Mehrmals aufgelegt.

Mayer, siehe Pomona Franconica.

Mzgr. Südd. K.O.; Metzger, Süddeutsche Kernobstsorten; Frankfurt, Mönner 8. 1847.

Miller; Millers allgemeines Garten-Lexicon. Nürnberg 1769. 4 Theile. 4°. Hogg citirt das Originalwerk The Gardeners Dictionary by Ph. Miller. ed. 8. 1 Vol. fol. London 1768. Das von Downing citirte Miller'sche Werk hat den Titel The Gardeners and Botanists Dictionary by Philipp Miller, revised by Prof. Martyn. London 1819. 2 Vol. 8°.

Noisettes Gartenbuch.

Oberd. Anleit. oder bloß Oberdieck; Anleitung zur Kenntniß und Anpflanzung des vorzüglichsten Obstes für das nördliche Deutschland ꝛc. von Oberdieck (derzeit Superintendenten zu Nienburg). Regensburg bei Manz 1852.

Pastor Meyer; Die Obstfrüchte in vergleichender Zusammenstellung ꝛc. von K. H. G. Meyer, Pfarrer zu Hof. Hof 1830. Die 1. Abtheilung enthält Pflaumen in 4 Heften.

Poiteau, Pomologie Française; Receuil des plus beaux Fruits cultivés en France par Poiteau. Paris 1838 ff. 4°.

Pomona Austriaca oder Kraft; Johann Krafts Abhandlung von den Obstbäumen ꝛc. Wien. 2 Theile in 4°. 1792 und 1796, mit illuminirten Kupfern.

Pomon. Francon. oder auch Mayer; Pomona Franconica oder Abbildung und Beschreibung der Obstbäume und Früchte im fürstlichen Hofgarten zu Würzburg, von Johann Mayer. 1. Band. Nürnberg 1776, 2. Band 1779. Diese 2 Bände enthalten das Steinobst, der 3. 1801 enthält Aepfel.

Pom. Mag.; The Pomological Magazine or Figures and Descriptions of the most important varieties of Fruits cultivated in Great-Britain. London 1827—1830. 3 Vol. 8°.

Quintinye; Instruction pour les Jardins fruitiers et potagers etc., par M. de la Quintinye. 2 Vol. Paris 1690; edit. ultima 1756, ist im Handbuch citirt. Ist auch 1725 zu Hamburg ins Deutsche übersetzt. Quintinye war Director der Königl. Gärten zu Paris.

Rößler; Systematisches Verzeichniß aller in den Baumschulen der Podiebrader Dechantei cultivirten Obstsorten ꝛc. von Rößler, Dechant zu Podiebrad. Prag 1798. 8°.

Ronald Pyr. malus; Pyrus malus Brentfordiensis etc. by Hugh Ronalds. London 1831. 4°. (oft von Hogg und Downing citirt).

Rouenner Bülletin; Bulletin de la Société centrale d'Horticulture du Departement de la Seine inférieure. Tome I. Pomologie. Rouen 1850. Decaisne citirt dies Werk mit der Abkürzung Pomol. Seine inférieure unter Hinzufügung des Autors einer Beschreibung.

Royer Fruit Cultiv.; The Fruit Cultivator, description of all the most esteemed species and varieties of Fruits cultivated in the orchards and gardens of Great-Britain by J. Royers. London 1837. 1 Vol. 8°.

Salzmann; Pomologie oder Fruchtlehre ꝛc. von F. H. Salzmann, Königl. preuß. Hofgärtner. 2. Aufl. Berlin 1795 (die 1. Aufl. ist von 1793).

St. Etienne; Nouvelle Methode pour connaître les bons Fruits et les arbres fruitiers par D. Claude St. Etienne. Paris 1670. 8°.

T. Fr.-G.; Der Teutſche Fruchtgärtner, Auszug aus Sicklers Teutſchem Obſtgärtner und dem Allgemeinen Teutſchen Garten-Magazine mit ausgemalten Kupfern. Weimar 1816—1829. 8 Vol. 8°.

T. O.-G.; Der Teutſche Obſtgärtner ꝛc., herausgegeben von Sickler, Paſtor zu Kleinfahnern. Weimar, 22 Bände 8°. mit Kupfern 1794—1804.

Travemünder Baumſchulen; Travemünder Baumſchulen, beſchreibendes Verzeichniß einer Auswahl von Obſtſorten von H. Behrens ohne Jahreszahl, etwa 1850. Iſt der Catalog ſeiner Baumſchule.

Truchſeß; Syſtematiſche Claſſification und Beſchreibung der Kirſchenſorten von Chriſtian Freiherrn Truchſeß von Wetzhauſen zu Bettenburg, herausgegeben von F. T. Heine, Pfarrer zu Effelder bei Coburg. Stuttgart bei Cotta 1819.

Vilvord. Cat.: Catalogue général des Pepinières Royales de Vilvorde von Bavay. Bruxelles 18$^{32}/_{33}$.

Regiſter.

Vorbemerkungen.

Die geſperrt gedruckten, mit beſonderen Nummern verſehenen Sorten ſind als feſtſtehende Sorten zu betrachten und im Handbuche auf der beigefügten Seite beſchrieben.

Wo zwei Namen angegeben ſind, bedeutet das zwiſchen denſelben ſtehende = daß der vorhergehende Name mit dem nachſtehenden ſynonym ſei, und iſt der 2. Name im Allgemeinen als der pomologiſch richtigere zu betrachten. — Wo ſtatt des Zeichens = ſich ein „für" oder „Syn. von" findet, ſoll dies andeuten, daß die Gleichheit beider Sorten zweifelhaft iſt, oder der erſte Name für die darauf genannte Sorte nur aus Irrthum gebraucht iſt. —

Einige aus Hoggs Manuale nachträglich noch erſehene Synonyme ſind gleich noch mit aufgenommen.

I. Kirſchen.

A.

A courte queue de Provence 544, Lond. Cat. und Downing, Syn. für Flemish und wohl = Großer Gobet.

A eau de Vie 524.

Adams Crown 99 = Adams Herzkirſche.

Adler, ſchwarzer (No. 73) 471.

Admirable de Soissons 533.

Agathe, belle de Novembre 138.

Amarelle, allergrößte 544 = Großer Gobet.

Amarelle, Bouquet- (No. 106) 537.

  „ doppelte 515, Chriſt = Doppelte Weichſel.

Amarelle du Nord 529, Lond. Cat. für Ratafia.

Amarelle, frühe königliche 533 = Königliche Amarelle.

  „ frühe rothmelirte, 168, falſch für Große Glaskirſche.

  „ Frühzeitige (No. 107) 539 u. 505.

  „ Große 163 für Doppelte Glask.; 507 bei Henne und Gotthard für Große Morelle; 544 für Großer Gobet.

  „ Gedoppelte mit halbgefüllter Blüthe 538.

  „ Kaiſer- 544 = Großer Gobet.

  „ Kleine frühe 533, Sickler für Königliche Amarelle.

  „ Königliche (No. 104) 533, im Lond. Cat. falſch für Frühe Zwergweichſel.

Amarelle, Kurzſtielige 543 = Großer Gobet.

  „ Späte (No. 108) 541.

  „ Süße 541.

  „ Trauben- 538 = Bouquetamarelle.

  „ Vießlings 538 = Bouquetamarelle.

Amber or Imperial 126, wohl = Große Prinzeſſinkirſche.

Ambrée à gros fruit 501 = Schöne von Choiſy.

  „ de Choisy 501 = Schöne von Choiſy.

Ammer ⎰ 541, für Späte Amarelle.

Ambrelle ⎱

Ammer, große 163, in Thüringen für Große Glaskirſche.

Anglaise 125 = Mai Duke, wohl = Rothe Maikirſche.

Anglaise tardive, 500, für Late Duke, ibidem, auch für Royal Duke.

Angleterre hative 501 theils für Rothe Maikirſche cf. 180.

Arch Duke 152, 492, 500; iſt ähnlich der Rothen Maikirſche.

Archiduc 448 bei Duhamel wohl = Doctorkirſche.

B.

Baumanns Mai 49 = Frühe Maiherzk.? = Coburger Maiherzk. 51?

Belle Audigeoise 168 für Königin Hortenſia; 501 für Choiſy; es wird noch eine dritte geben.

Belle de Bavay, Hoggs Manual = Königin Hortensia.
„ de Jodoigne 168 = Königin Hortensia.
„ de Laeken 168 = Königin Hortensia, bei Hogg.
„ de Magnifique 179 = Chatenays Schöne.
„ de Petit Brie, nach Hogg = Königin Hortensia.
„ de Prapeau 168 = Königin Hortensia.
„ de Rocmont 123 = Schöne von Rocmont.
„ de Sceaux 179 = Chatenays Schöne.
„ de Spaa, 179, für Königin Hortensia, bezeichnet auch Chatenays Schöne.
„ magnifique, 179 = Chatenays Schöne.
„ suprême, Hoggs Man. = Königin Hortensia.
Belzkirsche, große deutsche, 518.
Belzweichsel, 528, für Jerusalemskirsche.
„ Große deutsche 518.
„ Große Spanische 497, für Doctorkirsche.
Benhams fine early Duke 152, siehe Duke.
Bernsteinkirsche, Gubener (No. 40) 131.
Bigarreau 126, im Lond. Cat. wohl = Holländische Prinzessinkirsche; Hogg unterscheidet jedoch diese davon; 471.
„ blanc 127 = Weiße Spanische.
„ cartilagineux de Büttner rouge 133 = Büttners rothe Knorpelk.
„ à gros fruit rouge très foncé 85 = Purpurrothe Knorpelkirsche?
„ de Hollande 126 = Große Prinzessinkirsche.
„ gros de Princesse de Hollande 126 = Große Prinzessinkirsche.
„ de Lard 117 = Speckkirsche.
„ de Mai 49 = Frühe Maiherzk.? = Coburger Maiherzk.?
„ de Mai, Wilders 49, wohl = Frühe Maiherzkirsche.
„ d'Octobre 91.
„ Downton 485 = Downtonkirsche.
„ gros 126 = Große Prinzessinkirsche.
„ gros commun 123 = Gemeine Marmorkirsche.
„ gross noir 90, wohl = Große schwarze Knorpelkirsche.
„ hatif petit 473 = Frühe schwarze Knorpelkirsche?
„ Holland 126.

Bigarreau large black 90.
„ Lauermann 126 = Große Prinzessinkirsche.
„ Lemercier 157.
„ Napoleon 126 = Große Prinzessink. Es wird noch eine andere des Namens geben.
„ Parmentier 126 = Große Prinzessinkirsche?
„ Royal 126 = Große Prinzessink.
„ tardif 126 = Große Prinzessink.
„ tardif de Hildesheim 139 = Hildesheimer späte Knorpelkirsche.
„ blanc tardif de Hildesheim 139 = Hildesheimer späte Knorpelkirsche.
„ Turkey 126 = Große Prinzessink.
„ violet 121 = dunkelrothe Knorpelk.
„ Wellington 519, kommt als Syn. für Holländ. Prinzessinkirsche vor.
„ white 126 = Holländ. Prinzessink.
Bigarrentier commun 123.
Blutherzkirsche (No. 32) 113.
Buchanans early Duke ⎱ cf. Duke und
„ fine early Duke ⎰ Mai Duke.
Bouquetamarelle (No. 106) 537.
Bouquetkirsche 538 = Bouquetamarelle.
Büschelkirsche 538 = Bouquetamarelle.
Buschweichsel 538 desgl.
Brüsseler Braune (No. 102) 529, bei Henne u. Dittrich wohl = Leopoldsk.
Brüsselsche Bruyn 529, desgl.
Brüsselsche Rothe 175, für Rothe Oranienk.
Brune de Bruxelles 529, Lond. Cat. = Ratafia, die vielleicht = Brüsseler Braune.
Bruyere de Bruxelles 529, bei Dittrich = Brüsseler Braune, die jedoch die Leopoldskirsche ist.
Bruyere de Prusse 530, = Brüsseler Braune.

C.

Cardinalskirsche 497, Christ für Doctork.
Carnation 175 = Rothe Oranienkirsche.
Cerasus Chamæcerasus 187.
„ pumila 525.
Cerise à bouquet 106, für Bouquetamarelle, 538 für Bouquetweichsel.
„ à coeur 517 = Herzförmige Weichsel.
„ à courte queue 163, für Doppelte Glaskirsche.
„ Amarelle hative 539 = Frühzeitige Amarelle.
„ Amarelle Royale hative 533 = Königliche Amarelle.

Cerise Amarelle tardive 541 = Späte Amarelle.

„ à noyeau tendre 501 = Schöne von Choisy.

„ à souffre 141 = Gelbe Herzkirsche.

„ à Vie 152, für Rothe Maikirsche.

„ belle de Ribeaucourt 85 = Pur- purrothe Knorpelkirsche?

„ blanche 494, falsch für Prager Muscateller.

„ d'Agen 179 = Chatenays Schöne.

„ d'Angleterre 499, für Wahre engl. Kirsche; conf. Angleterre hative u. Cerise Nouvelle d'Angleterre.

„ d'Arenberg 168 = Königin Hor- tensia.

„ d'écarlate 152 = Rothe Maikirsche.

„ d'Espa 179 = Chatenays Schöne.

„ d'Espagne 179 = Chatenays Schöne.

„ d'Espagne hative 511 = Spani- sche Frühweichsel.

„ de Hollande 498.

„ d'Hollande ou Coularde 175, falsch für Rothe Oranienkirsche.

„ de Jerusalem 528 = Jerusalemsk.

„ de la Palembre 501 und 502 = Schöne von Choisy.

„ de la reine 543 = Großer Gobet.

„ de l'oiseleur 156, für Folgerkirsche.

„ de Montmorency 533, gab die Kö- nigliche Amarelle; 492 irrig für Herzogskirsche; 499.

„ de Montmorency à longue queue 504, im Lond. Cat. = Kentish.

„ de Planchoury 189 = Chatenays Schöne?

„ de Portugal 175, für Carnation; 500 für Wahre engl. Kirsche.

„ de Prusse 504, Dochnahl, für Großer Gobet.

„ de Saxe 180, 178, 179.

„ de Spaa 168, für Königin Hortensia; 179 = Chatenays Schöne.

„ de Stavelot 168 = Königin Hor- tensia.

„ de Vilaines 176, cf. Griotte de Villènes.

„ de Varennes 521 = Große Non- nenkirsche.

„ double de verre 163 = Doppelte Glaskirsche.

„ doucette 501 = Schöne von Choisy.

„ douce du Palatinat 161 = Bel- serkirsche.

„ grosse de Mai 152 = Rothe Maik.

„ grosse de Mr. le Comte St. Maur 517 und 518.

Cerise la grosse des Religieuses 521 = Große Nonnenkirsche.

„ grosse rouge pâle 175 und 176 = Carnation.

„ grosse à Ratafia 530, bei Duhamel Weichsel, Truchseß erhielt auch Ama- rellen.

„ Guigne 152, 159 bei Duhamel wohl = Rothe Maikirsche; 469 und 470 für Große süße Maiherzkirsche; 494 für Pragische Muskateller; 502 für Schöne von Choisy; 517 für Herz- förmige Weichsel; 527 für Jerusa- lemskirsche.

„ Guigne Variété 156 = Folgerk.? 469.

„ Indulle 182 = Frühe Zwergweichsel.

„ Larose 177 = Laroses Glaskirsche.

„ Lemercier 157 = Frühe Lemercier, in den Annales eine spätere Sorte; Hogg im Man. Syn. von Königin Hortensia, Bigarreau Lemercier.

„ Mazard blanc 109 gab die Turkine.

„ noire 152 = Mai Duke.

„ noire des truites 525 = Schwarze Forellenkirsche.

„ nouvelle d'Angleterre 159, 157, 177, 469, 501; in England jetzt Syn. der Carnation, bei Duhamel wohl = Rothe Maikirsche.

„ petite à Ratafia 530.

„ petite rouge précoce 181 = Frühe Zwergweichsel; 533 bei Sickler für Königliche Amarelle.

„ petite ronde précoce 182 = Frühe Zwergweichsel.

„ Portugaise 498 = Doctorkirsche.

„ précoce 151, irrig für Rothe Maik.

„ précoce de Mai 151.

„ Royale 499, falsch für Wahre engl. Kirsche; cf. Royale

„ rouge d'Orange 175 = Rothe Ora- nienkirsche.

„ tardive du Mans 91.

Cerisier à bouquet 538 = Bouquet- amarelle.

„ à gros fruit rouge pâle 163 u. 175; richtig = Bleichrothe Glaskirsche.

„ à trochet 538 = Bouquetamarelle; bei Mayer auch = Straußweichsel.

„ de Montmorency 165, 499.

„ de Montmorency à gros fruit 543 = Großer Gobet; 165.

„ Nain à fruit ronde précoce 181 = Frühe Zwergweichsel.

„ Royal très tardif 528, für Jerusa- lemskirsche 475.

Erzherzogskirsche, Englische 163, falsch für Doppelte Glaskirsche.

F.

Fischbach 168 = Königin Hortensia.
Flamentiner (No. 24) 95.
Flamentin. le 95 = Flamentiner.
Flemish 95, 166, 541, 543, nach Lond. Cat. wohl = Großer Gobet, nach Hogg davon verschieden.
Folgerkirsche (No. 52) 155.
„ Holländische 155 = Folgerkirsche.
Forellenkirsche, schwarze (No. 100) 525.
„ späte schwarze 525.
Frasers black 61 — Schwarze Tartarische.
Frühherzkirsche, süße 183.
Frühkirsche, Altenlander (No. 70) 468.
Frühkirsche 50, 55.
Frühkirsche, Große 163, für Doppelte Glask.
„ Prager 49 = Frühe Maiherzkirsche.
„ Spanische (No. 49) 149, 503.
„ Schwarze spanische 49 = Spanische Frühkirsche.
„ Wansrieder Rothe 151 und 152 = Rothe Maikirsche.
Frühweichsel, süße (No. 66) 183; im L.D.G. irrig statt Süße Frühherzkirsche; 507.
„ Liegels süße 183 = Süße Frühweichsel.
„ Spanische (No. 91) 507, 504.
„ Schwarze spanische 507 = Spanische Frühweichsel.

G.

Gean Transparent 143.
Gewürzkirsche, Amerikanische 163 = Doppelte Glaskirsche.
Glanzkirsche, Große schwarze 89 = Große schwarze Knorpelkirsche.
Glanzkirsche, Rothe 163 = Doppelte Glask.
Glaskirsche, Bettenburger (No. 60) 171.
„ Bleichrothe 175.
„ Doppelte (No. 56) 163; irrig auch für Große Glaskirsche und Rothe Oranienkirsche.
„ Frühe 533, Christ = Königl. Amarelle.
„ Große (No. 61) 173; irrig auch Doppelte Glaskirsche.
„ Große von Montmorency (No. 57) 165; auch der Große Gobet heißt Cerisier de Montmorency à gros fruit.

Glaskirsche, Kleine von Montmorency 165.
„ Kurzstielige, 543 für Großer Gobet, 173 für Große Glaskirsche.
„ Larofes (No. 63) 177.
„ Prächtige 179 = Chatenays Schöne.
„ Spanische (No. 89) 503.
„ von der Natte 163.
Gobet, Früher 543, 166.
Gobet, Großer (No. 109) 543.
„ mit kurzem Stiele 543 = Großer Gobet.
Gobet à courte queue 543 = Großer Gobet.
Goldkirsche 141, für Gelbe Herzkirsche.
Grafenkirsche, Henneberger (No. 98) 511.
Graffion 105, 126, wohl = Holländische Prinzessinkirsche.
„ Forsyths 126, desgl.
Griotte d'Allemagne 518.
„ Deutsche 517 und 518.
„ de Chaux 517, irrig für herzförmige Weichsel, 518, 494.
„ d'Espagne 152 = Mai Duke (of some).
„ de Hollande 529 Lond. Cat. Syn. von Ratafia.
„ de Pons 496; bei Dochnahl für Provencer Süßweichsel.
„ de Portugal } 152, 175; 497 = Doctorkirsche; 498 bei Hogg Syn. von Arch Duke, 499 falsch für Wahre engl. Kirsche.
„ Portugiesische }
„ de Ratafia 529, Lond. Cat. = Brüsseler Braune? conf. Ratafia.
„ de Villènes 175 = Rothe Oranienk.
„ du Nord } 523 u. 524 = Große lange Lothkirsche, bezeichnet jedoch auch andere Sorten, Jerusalemskirsche rc., cf. du Nord.
„ ordinaire du Nord }
„ grosse noire 125 = Mai Duke.
„ précoce 152, als Syn. of some von Mai Duke.
„ seize à la livre 524 = Große lange Lothkirsche, cf. Seize à la livre was = Königin Hortensia.
Griottenweichsel, Deutsche 518.
Griottièr nain précoce 182 = Frühe Zwergweichsel.
„ rouge pâle 175 Syn. von Carnation.
Grolls Große 135 = Grolls Knorpelkirsche.
Gros de Sceaux 180 = Chatenays Schöne.
Grosse de Wagnelée 168, nach Einigen = Königin Hortensia.
Grote Princess 126 = Große Prinzessink.

Guigne des boeufs 69 = Ochſenherzk.
„ de fer 126 = Große Prinzeſſink.?
„ de Perle 3 = Perlkirſche.
„ de Petit Brie 168 = Königin Hor-
      tenſia.
„ douce Royale 498 = Doctorkirſche?
„ early pourple 49 und 51 = Co-
      burger Maiherzkirſche?
„ grande de Mai précoce 49 =
      Frühe Maiherzkirſche.
„ grosse douce de Mai 470 = Große
      ſüße Maiherzkirſche.
„ jaune 141 = Gelbe Herzkirſche.
„ jaune de Duhamel 141 = Gelbe
      Herzkirſche.
„ mure de Paris 75 = Späte Maul-
      beerkirſche.
„ muscat des larmes de l'Isle de
      Minorque 81 = Thränenmuska-
      teller.
„ noire 473, unrichtige Ueberſetzung
      für Frühe ſchwarze Knorpelkirſche.
„ noire cartilagineuse 89 = Große
      ſchwarze Knorpelkirſche.
„ noire de Büttner 59, Büttners
      ſchwarze Herzkirſche.
„ noire de Russie 62 = Schwarze
      Tartariſche.
„ nouvelle hative 49 = Frühe Mai-
      herzkirſche.
„ précoce de Werder 53 = Werderſche
      Frühe Herzkirſche.
„ rose hative 55 = Roſenrothe Maik.
„ à fruit rose hatif 55 = Roſen-
      rothe Maikirſche.
„ rouge et blanche tiquetée précoce
      93 = Früheſte bunte Herzkirſche.
„ rouge hative 113 = Gascoignes
      Heart.
„ rouge au lait clair, la meilleure
      de ce genre 483 = Rothe Mol-
      kenkirſche.
„ sanquinolle 113 = Blutherzkirſche.
„ Sauvigny 91 = Sauvigny's Knor-
      pelkirſche.
„ Tabascon 65 = Bettenburger Herz-
      kirſche?
„ tardive 476 für Seckbacher.
„ transparente 143.
Guignier à gros fruit blanc et rouge
      93 = Früheſte bunte Herzkirſche.
„ à rameaux pendants 81 = Thrä-
      nenmuskateller.
„ hatif de Mai à gros fruit noir 49
      = Frühe Maiherzkirſche.
Guindolière 163 = Doppelte Glaskirſche.
Guindolieri 495.

Guindoux de la Rochelle 168, für Kö-
      nigin Hortenſia.
„ de Provence 494 u. 495 = Pro-
      vencer Süßweichſel.

<h2 align="center">H.</h2>

Heart cherry Ardens early white 93,
      wohl = Früheſte bunte Herzkirſche.
„ bleeding 113 = Blutherzkirſche??
„ Bullocks 69 = Ochſenherzkirſche.
„ Büttners black 59 = Büttners
      ſchwarze Herzkirſche.
„ early white 93, wohl = Früheſte
      bunte Herzkirſche.
„ Gascoignes 113 = Blutherzkirſche??
„ Harrisons = 126 = Große Prin-
      zeſſinkirſche.
„ Herefordshire 113 = Gascoignes
      Heart.
„ Hertfortshire 90.
„ Italian 126 = Große Prinzeſſink.
„ Lions 69 = Ochſenherzkirſche.
„ Ox 69, desgl.
„ red 113 = Gascoignes Heart.
„ Ronalds black 61 = Schwarze
      Tartariſche.
„ Ronalds large black 61, desgl.
„ Tilgers white 103 = Tilgeners
      Herzkirſche.
„ Tradescants black 90, wohl =
      Große ſchwarze Knorpelkirſche.
„ Turkey 126, wohl = Große Prin-
      zeſſinkirſche.
„ very large 69 = Ochſenherzkirſche.
„ Wests white 126, wohl = Große
      Prinzeſſinkirſche.
„ white 93, 105.
Heckkirſche 538 = Bouquetamarelle.
Herzkirſche, Adams (No. 25 b) 99.
„ Anatoliſche blaßrothe 50.
„ Anatoliſche ſchwarze 50.
„ Bettenburger (No. 9) 65.
„ Bettenburger ſchwarze 65 = Betten-
      burger Herzkirſche.
„ Blut- (No. 32) 113; 89 falſch für
      Große ſchwarze Herzkirſche.
„ Bordans (No. 25) 97.
„ Bordans frühe weiße 97 = Bordans
      Herzkirſche.
„ Bowyer's frühe 99 = Adams Herz-
      kirſche? Hogg unterſcheidet beide.
„ Büttners ſchwarze (No. 6) 59.
„ Büttners neue ſchwarze 59 = Bütt-
      ners ſchwarze Herzkirſche.
„ Coburger frühe ſchwarze 51 = Co-
      burger Maiherzkirſche.

Herzkirsche, Downers späte (No. 81) 487.
„ Frasers Tartarische schwarze 61 = Schwarze Tartarische.
„ Frühe bunte 93, III. = Frühe lange weiße Herzkirsche.
„ Früheste bunte (No. 23) 93.
„ Früheste weiß und rothe 93 = Früheste bunte Herzkirsche.
„ Fromms (No. 8) 63.
„ Fromms schwarze 63 = Fromms Herzkirsche.
„ Gelbe (No. 45) 141.
„ Gelbe spanische 141 = Gelbe Herzk.
„ Große glänzend schwarze 70 = Ochsenherzkirsche.
„ Große schwarze 96 und 70, desgl.
„ Große schwarze aus Samen 73 = Neue Ochsenherzkirsche.
„ Große schwarze mit festem Fleisch 87, für Schwarze Spanische; 89 für Große schwarze Knorpelkirsche.
„ Große weiße glänzende 141 = Gelbe Herzkirsche.
„ Hallas große frühe 49 = Frühe Maiherzkirsche.
„ Kleine frühe rothe 55 = Rosenrothe Maikirsche.
„ Königliche (No. 71) 467.
„ Krügers (No. 10) 67.
„ Krügers schwarze 67 = Krügers Herzkirsche.
„ Krügers zu Frankfort 67; Lond. Cat. wohl für Krügers Herzkirsche.
„ Lange weiße 111, falsch für Perlkirsche.
„ Lauermanns 126 = Große Prinzessinkirsche.
„ Neue Ochsen- (No. 13) 73.
„ Ochsenherzkirsche (No. 11) 69.
„ Saure, 517 = Herzförmige Weichsel.
„ Spitzens (No. 12) 71.
„ Spitzens schwarze 71 = Spitzens Herzkirsche.
„ Späte 87 = Schwarze Spanische.
„ Schwarze bitterliche 89 = Große schwarze Knorpelkirsche.
„ Späte braune Spanische 89 = Große schwarze Knorpelkirsche.
„ Tilgeners (No. 27) 103.
„ Tilgeners rothe 103 = Tilgeners Herzkirsche.
„ Tilgeners weißgesprengte rothe Herzkirsche = Tilgeners Herzkirsche.
„ Wahre frühe 51 = Coburger Maiherzkirsche.
„ Weiße Spanische 141, wohl = Gelbe Herzkirsche.

Herzkirsche, Werdersche Frühe (No. 3) 53.
„ Werdersche frühe schwarze 53 = Werdersche frühe Herzkirsche.
„ Weiße und rothe große 93 = Früheste bunte Herzkirsche.
„ Winklers weiße (No. 26) 101.
Herzkirschweichsel 152, für Rothe Maikirsche, 517 für Herzförmige Weichsel.
„ zweite größere 529, bei Kraft = Brüsseler Braune.
Herzogin von Angouleme (No. 105) 535.
„ von Palnau (No. 59) 169.
Herzogskirsche (No. 83) 491; bei Christ irrig = Seckbacher 475.
„ Frühe 492 = Herzogskirsche.
„ Rothe, bei Dochnahl für Provencer Süßweichsel.
„ Späte 499 = Wahre engl. Kirsche.
Himbeerkirsche, große schwarze 527.
Holmanns Duke vid. Duke 492.
Hortense belle 168 = Königin Hortensia.
Hortense Reine 168, desgl.
Hybride de Laeken 168, desgl.

J.

Jeffrey's Duke 492, Syn. von Cherry Duke, cf. Duke.
Indulle 182 = Frühe Zwergweichsel.
Jerusalemskirsche (No. 101) 511.

K.

Kaiseramarelle 544, Synon. von Großer Gobet.
Kentish 166, 449, 541, 543 und 544.
„ common red Kentish Cherry 166.
Kers, Gaderobse 89, für Große schwarze Knorpelkirsche; ist richtiger eine bunte Herzkirsche.
„ Orange 175 = Oranienkirsche.
„ von der Natt 509 = Kirsche von der Natte.
„ Praagse Muscadel 493 = Pragische Muskateller.
„ Zwolse 163 = Doppelte Glaskirsche.
Kirsche, Altendorfer 175 = Rothe Oranienkirsche.
„ Bettenburger von der Natte 509 = Kirsche von der Natte.
„ Elton, siehe Eltonkirsche.
„ Flämische 95 = Flamentiner.
„ Fleischfarbige 175 = Rothe Oranienkirsche.
„ Fränkische 187 = Ostheimer Weichsel.

Lothkirsche, rothe 152 = Rothe Maikirsche.
„ Schwarze 89 = Große schwarze Knorpelkirsche.
Louis Philippe 168 = Königin Hortensia. Es gebt noch eine andere Frucht unter dem Namen.
Louis XVIII. 168 = Königin Hortensia.
Lucienkirsche (No. 29) 107.

M.

Mai Duke 151, sicher = Rothe Maikirsche; 471, 475 bei Christ irrig für Seckbacher; 429 als Syn. of some von Cherry Duke.
„ early 182 = Frühe Zwergweichsel.
„ small 182, desgl.
Maiherzkirsche, Coburger (No. 2) 51.
„ Frühe (No. 1) 49.
„ Große frühe 49 = Frühe Maiherzk.
„ Große süße (No. 72) 469, 50.
„ Neue frühe 49 = Frühe Maiherzk.
„ Rothe 50.
„ Straßburger frühe 49 = Frühe Maiherzkirsche.
„ Süße 49 und 50; 469.
Maikirsche, Berliner 151 = Rothe Maik.
„ Doppelte 151 = Rothe Maikirsche; bezeichnet jedoch auch die Süße Maiherzkirsche u. Große süße Maiherzkirsche, 469.
„ Frühe 49, 55.
„ Große 151 = Rothe Maikirsche.
„ Rosenrothe (No. 4) 55.
„ Rothe (No. 50) 151, 491.
„ Späte 159, wohl = Rothe Muskateller; 475 bei Christ irrig für Seckbacher; 492 für Herzogskirsche.
„ Verworfene 161 = Velser Kirsche.
Maiweichsel, Frühe königliche 533, Kraft für Königliche Amarelle.
„ Preßburger 151 = Rothe Maikirsche.
Malvasierkirsche, weiße 175, bei Christ für Rothe Oranienkirsche.
Marmorkirsche, Büttners harte 489 = Büttners späte Knorpelkirsche.
„ Gemeine (No. 36) 123.
„ Große gemeine 123 = Gemeine Marmorkirsche.
„ Hildesheimer späte 139 = Hildesheimer späte Knorpelkirsche.
Maulbeerkirsche 75.
Maulbeerkirsche, späte (No. 14) 75.
„ aus Paris 75 = Späte Maulbeerk.
„ Späte aus Paris 75, desgl.
„ Kleine 75, desgl.

Maulbeerherzkirsche, späte 75 = Späte Maulbeerkirsche.
Mazard 109.
Merveille de Hollande, nach Hoggs Man. = Königin Hortensia.
Meßlerkirsche, große rothe 152 = Rothe Maikirsche.
Milon 524, Lond. Cat. = Morello.
Milletts late heart Duke 152 = Mai Duke.
Michaeliskirsche 523, wohl = Große lange Lothkirsche.
Molkenkirsche, rothe (No. 79) 483.
„ Rothe bittere 483 = Doppelttragende kleine rothe Spätkirsche.
„ Schwarze 483 = Schwarze Waldk.
Montmorency 166.
„ à courte queue 543 und 544 = Großer Gobet, bezeichnet jedoch auch den Frühen Gobet.
„ à longue queue 160 = Kentish; 504.
„ à gros fruit 544, Lond. Cat. = Gros Gobet.
Monstreuse de Bavay 168 = Königin Hortensia.
„ de Jodoigne 168 desgl.
Morelle, frühe (No. 67) 185.
„ Große (No. 95) 513.
„ späte 541 = Späte Amarelle.
Morellkirsche 515.
Morello
„ black
„ dutch
„ large   } 524 und 526, wohl = Große lange Lothkirsche.
„ late
„ Ronalds late
„ Büttners October 532 = Büttners späte Weichsel.
Morestin 168 = Königin Hortensia.
Morris Duke, siehe Duke.
„ late early Duke, siehe Duke.
Muskateller, gewöhnliche 497 = Doctorkirsche.
Muscat de Praque 499, als Syn. von Kentish, cf. 166.
Muscadel Kers Prägse 493.
Muskateller, Prager 493 = Pragische Muskateller.
Muskateller, Pragische (No. 84); 493; 152 irrig für Rothe Maik.
„ Rothe (No. 54) 159; 491 und 92.
Muscat rouge 159 = Rothe Muskateller.
Muskateller, Thränen= (No. 17) 81; 474.
„ Thränen= aus Minorka 81 = Thränenmuskateller.

N.

Nain précoce 182 = Frühe Zwergweichsel.
  „ à fruit rond précoce 182 desgl.
Ratte, Bettenburger 509 und 510 = Kirsche von der Ratte.
  „ Doppelte 509 und 510 = Kirsche von der Ratte.
  „ Frühe von der Ratte (No. 51) 153; 509.
  „ Frühe aus Samen 153 = Frühe von der Ratte.
Noire de Tartarie 62 = Schwarze Tartarische.
  „ hative de Coburg 51 = Coburger Maiherzkirsche.
Nonnenkirsche, Große (No. 98) 521.
  „ Kleine 521.
Nouvelle d'Angleterre 501 = Schöne von Choisy; cf. Cerise nouvelle d'Angleterre.
Nordamarelle 523 und 529 bei Christ = Brüsseler Braune.

O.

Ochsenherzkirsche (No. 11) 69.
Oranienkirsche, rothe (No. 62) 175; bezeichnet ibidem falsch auch eine Herzkirsche.
  „ Gelbe 175, falsch für Rothe Oranienkirsche.
Oranjè Kers 175 = Rothe Oranienkirsche.
Ostheimer 187 = Ostheimer Weichsel.

P.

Perlherzkirsche 111 = Perlkirsche, im T.O.G. No. 22 jedoch = Perlknorpelkirsche; cf. 129.
Perlkirsche (No. 31) 111.
  „ Kleine weiße 111 = Donkelmannsk.
Perlknorpelkirsche (No. 39) 129; cf. 111.
Pfälzerkirsche 161 = Velserkirsche.
Picarde 524 = Du Nord.
Pomeranzenkirsche (No. 90) 505; ibid. auch für Frühzeitige Amarelle.
Portugaise excellente à courte queue 543 = Großer Gobet.
Portugal Duke 152 = Mai Duke; vid. Duke.
Praagse Muscadel Kers 493 = Pragische Muskateller.
Précoce 182 = Frühe Zwergweichsel.
  „ de Montreuil 182, desgl.

Prinzenkirsche 89 = Große schwarze Knorpelkirsche.
Prinzessinkirsche (No. 33) 175; falsch für Rothe Oranienkirsche.
Prinzessinkirsche, große (No. 37) 125.
  „ Holländische große 125 = Große Prinzessinkirsche.
Princess Groote 125 und 126 = Große Prinzessinkirsche.
Pyramidenkirsche 527 = Jerusalemskirsche.
Pyramidenweichsel 527, desgl.

R.

Ratafia 524; falsch auch für Große lange Lothkirsche, cf. 530, 529 Lond. Cat. = Brüsseler Braune.
Reine des Cerises 163 = Königin Hortensia.
Richmond early 166 = Kentish.
Riesenkirsche, Hedelfinger (No. 15) 77; 474.
Roi de Prusse 163 = Doppelte Glaskirsche, cf. de Prusse; 544 nach Dochnahl = Großer Gobet.
Rothe Brüsselsche 175, für Rothe Oranienk.
Royale 152, falsch für Rothe Maikirsche; 159 für Rothe Muskateller; 492 Christ für Herzogskirsche.
Royale ancienne 492 = Alte Königsk.; 152 falsch für Rothe Maikirsche.
  „ de Hollande 498 = Doctorkirsche? Bei Duhamel wohl auch = Doctorkirsche 533.
  „ hative 151, wohl = Rothe Maik.; 492 irrig für Herzogskirsche.
  „ tardive 492, Synon. von Cherry Duke, bei Duhamel eine Sauerk.
Royal tardif 475, Christ für Seckbacher.
  „ Duke 152, 492, cf. Duke.
  „ Muscat 152, für Rothe Maikirsche?
Rouvroy (Bouvroy?) 168 = Königin Hortensia.
Russian black 62 = Schwarze Tartarische.
  „ wild 529, Lond. Cat. = Ratafia.

S.

Sauerkirsche, braunrothe 189 = Braunrothe Weichsel.
  „ Herzförmige 517 = Herzförmige Weichsel.
  „ Kleine runde mit kurzem Stiele 151 = Kleine Nonnenkirsche.
  „ Schwarze 507, bei Christ = Span. Frühweichsel.
  „ Späte 518.

Sauerkirsche, Weiße 181.
Sauerlothkirsche 523 und 525 = Große lange Lothkirsche? = Schwarze Forellenkirsche?
Scharlachkirsche 152 = Rothe Maikirsche.
Schattenmorelle, Doppelte 523 = Große lange Lothkirsche.
„ Große späte 523, desgl.; cf. 326 auch für Schwarze Forellenkirsche.
Schöne, Chatenays (No. 64) 179.
„ von Chaux 518.
„ von Choisy (No. 88) 501.
„ von Marienhöhe (No. 5) 57.
Schwarzweichsel 475, Christ für Seckbacher.
Schwefelkirsche 141 = Gelbe Herzkirsche.
Seckbacher (No. 75) 475.
Seedling Sheppards, nach Hoggs Man. Syn. von Schwarze Tartarische.
Seize à la livre 168 = Königin Hortensia; cf. Griotte seize à la livre.
Septemberkirsche, späte braune harte 89 = Große schwarze Knorpelkirsche.
Septemberweichsel, große 524 = Große lange Lothkirsche.
Spätkirsche, Doppelttragende kleine rothe 483.
Spanische, Schwarze (No. 20) 87.
„ Süße (No. 78) 481.
„ Kleine süße 481 = Süße Spanische.
„ Weiße (No. 38) 127.
Spanish yellow 126 = Große Prinzessinkirsche.
„ white 127 = Weiße Spanische.
Speckkirsche (No. 34) 117.
Successionskirsche 152, Henne für Rothe Maikirsche.
Süßkirsche, frühe rosenfarbene 55 = Rosenrothe Maikirsche.
Süßkirschenbaum mit hängenden Zweigen 81 = Thränenmuskateller.
Süßweichsel, Provencer (No. 85) 493.
Sussex 166 = Kentish.

T.

Tartarian 61 = Schwarze Tartarische.
„ black 61, desgl.
„ Frasers 61, desgl.
„ Frasers black 61, desgl.
Tartarische, Schwarze (No. 7) 61.
Taubenherz, buntes 123 = Gemeine Marmorkirsche.
„ Schwarzes 69, ohne Zweifel = Ochsenherzkirsche.
Thomsons Duke 152, siehe Duke.
Thränenmuskateller, siehe Muskateller.

Thromers Muscateller aus Minorka, Lond. Cat. st. Thränenmuskateller.
Traubenamarelle 538 = Bouquetamarelle.
Träubelkirsche 538 = Bouquetamarelle; bei Mayer = Straußweichsel.
Transparent 126, falsch für Große Prinzessinkirsche; 143.
„ Coës 144.
Transparente double 163 = Doppelte Glaskirsche.
Trempée précoce 51 = Coburger Maiherzk.
Très fertile 538, Lond. Cat. = Bouquetamarelle.
Troschkirsche 538, Salzm. = Bouquetamarelle.
Tros Kers 538, Knoop, desgl.
Türkine (No. 30) 109; 95 im T.D.G. falsch für Flamentiner.
Turkine, la = Türkine.
Turquine, desgl.

V.

Velserkirsche (No. 55) 161.
Velser Kers 161 = Velserkirsche.
Volgerkirsche 155 = Folgerkirsche.
Volger Kers 156, bei Knoop nicht die Folgerkirsche.
Volgers double (of the Dutch), Lond. Cat. = Großer Gobet.
Volgers Swolse 163, Lond. Cat. = Doppelte Glaskirsche.

W.

Wachskirsche 141 = Gelbe Herzkirsche.
Wablerkirsche 77 = Hedelfinger Riesenk.
Waldkirsche, große schwarze 483.
Weichsel, Bouquet 538.
„ Büttners October- 523 = Büttners späte Weichsel.
„ Octoberzuckerweichsel 532, desgl.
„ Büttners September- und October- 523, desgl.
„ Büttners späte (No. 103) 531.
„ Braunrothe (No. 69) 189; 517.
„ Doppelte 507 = Span. Frühweichsel.
„ English, Lond. Cat. = Großer Gobet (Flemish).
„ Frauendorfer (No. 94) 513.
„ Frauendorfer große 513 = Frauendorfer Weichsel.
„ Frühe Zwerg- (No. 65) 181.
„ Flandrische 538 = Bouquetamarelle.
„ Florentiner 523 u. 529 = Christs Nordamarelle = Brüsseler Braune; 529 und Lond. Cat. = Ratafia.

Weichsel, Gesprenkelte 59, falsch für Flamentiner.
„ Große späte Ostheimer 187 = Ostheimer Weichsel.
„ Große Spanische 503 = Spanische Glaskirsche.
„ Große Spanische langstielige 511, Dochnahl für Jerusalemkirsche.
„ Herzförmige (No. 96) 517.
„ Holländische 152, für Rothe Maikirsche; 504 und 525 für Schwarze Forellenkirsche; 529 Lond. Cat. für Ratafia.
„ mit ganz kurzem Stiel, Lond. Cat. = Großer Gobet.
„ Mühlfelder 183 = Süße Frühweichsel.
„ Mühlfelder große 529 = Brüsseler Braune.
„ Neue Englische 515.
„ Ostheimer (No. 68) 187.
„ Polnische 163 = Griotte de Kleparow.
„ Polnische große 163 = Doppelte Glaskirsche.
„ Portugiesische 497 = Doctorkirsche; cf. Griotte de Portugal.
„ Ratafia 530.
„ Spanische 503, für Wahre englische Kirsche; in Franken überhaupt Name von Süßweichseln; 504 und 525 für Schwarze Forellenkirsche; 507 = Spanische Frühweichsel; 528 für Jerusalemkirsche; 534 auch für Großer Gobet.
Weichsel, St. Martins 530 = Allerheiligenkirsche; cf. de St. Martin.
„ von Montmorency 165 = Große Glaskirsche von Montmorency.
„ Wahre Englische 499 und 500 = Wahre englische Kirsche.
„ Wanfrieder 161 = Belserkirsche.
„ Wellingtons (No. 97) 519.
Weinkirsche 507, Christ für Span. Frühweichsel.
„ rothe 483, Christ für rothe Molkenk.
Welserkirsche 161 = Belserkirsche.
Wucherkirsche, fränkische 187 = Ostheimer Weichsel.

Y.

Yellow, Lady Southamptons 141.

Z.

Zwergkirschenbaum mit runder frühzeitiger Frucht 181 = Frühe Zwergweichsel.
Zwergweichsel, frühe (No. 65) 181.
„ rothe runde frühe 181 = Frühe Zwergweichsel.
Zwolse Kers 163 = Doppelte Glaskirsche.

II. Pflaumen.

Anmerkung: Die irrige Meinung, die literarischen Citate auch aus Dittrichs 3. Bande schon in meinen alphabetischen Catalog eingetragen gehabt zu haben, hat veranlaßt, daß bei einer Anzahl Pflaumen die Verweisung auf diesen dritten Band des Dittrich'schen Handbuchs unterblieben ist. Das ist insofern kein Schaden, als das Dittrich'sche Werk fast überall nur treue Zusammentragung aus andern Werken ist. Da indeß Viele im Besitz des Dittrich'schen Handbuchs sein werden, so sind diese Citate bei den betreffenden Sorten hier im Register noch nachgetragen.

L.

A.

Abricotee 325 = Aprikosenartige Pflaume.
„ de Braunau 323 = Braunauer Aprikosenartige Pflaume.
„ de Tours 325 = Aprikosenartige Pflaume.
„ rouge 425 = Rothe Aprikosenpfl.
Admiral Rigny (No. 56) 399; Dittr. III. 373.
Albertuspflaume, große glänzende 394 = gelbe Eierpflaume.
Altesse blanche 319 = Weiße Jungfernpflaume? bezeichnet auch die Monsieur jaune.
„ double 241 = Italienische Zwetsche. Es heißen noch mehrere andere Früchte Altesse cf. Hoheitspfl.
„ ordinaire 244 = Hauszwetsche.
Amallapflaume 253 als Syn. von Rothe Eierpflaume.
Ananaszwetsche 271, falsch für große Zuckerzwetsche 275, für Kleine Zuckerzwetsche.
Anglaise noire 429 = Herrnpflaume.
Apricot 325, für Aprikosenartige Pflaume.
„ vert 345 = Große Reineclaude.
„ yellow 325 = Aprikosenartige Pfl.
Aprikose, grüne 244 = Große Reineclaude.
Aprikosenpflaume 325, 425.
Aprikosenpflaume Dörells (No. 53) 333.
„ Dörells neue 383 = Dörells Aprikosenpflaume.
„ Frühe (No. 113) 453.
„ Oberdiecks frühe 453 = Frühe Aprikosenpflaume.
„ Große rothe, 425.
„ Hlubecks 286.

Aprikosenpflaume, Kochs späte 335 = Kochs späte Damascene.
„ Rangheris 315 = Rangheris Mirabelle.
„ Rothe (No. 99) 425, 301.
„ Trauttenbergs (No. 39) 305.
„ Weiße 325 = Aprikosenartige Pfl.
Augustzwetsche (No. 2) 231; es wird auch die Wahre Frühzwetsche oft so genannt.
„ Nikitaner schwarze 231.
Avant prune blanche 404 = Catalonischer Spilling.
d'Avoine 403 = Catalonischer Spilling

B.

Backpflaume 244 = Hauszwetsche.
Backpruim double 241 = Italienische Zwetsche.
„ enkelde 244 = Hauszwetsche.
Bauernpflaume 244 desgl.
Beauty, Dennistons Albany 379.
Belle de Schöneberg 379 = Schöne von Schöneberg.
Beekmanns Scarlet 419 = Bleekers rothe Pflaume.
Belzzwetsche 271 = Große Zuckerzwetsche.
Bleekers Scarlet 419 = Bleekers rothe Pflaume.
Bocksdutten 245 = Rothe Kaiserpflaume.
Bockshoden 245 desgl.
Bolmar 377 = Washington.
„ Brevoorts pourple 377 (ein Sämling des Washington).
„ Irvings 377 = Washington.
Bonaparte 249.

Bonum magnum 253 für Rothe Eierpfl.,
    393 für Gelbe Eierpfl., 245 falsch
    für Rothe Kaiserpfl.
  „ magnum red 245 für Rothe Kaiser-
    pflaume, bezeichnet in England auch
    (S. 253) eine im Sept. reifende,
    ovalrunde, große Pflaume, 291 auch
    für Smiths Orleans.
  „ magnum white 393 = Gelbe Eier-
    pflaume.
  „ magnum yellow 393 desgl.
Brignole violette 429 = Herrnpflaume.
Brisette 331, falsch für Gelbe Catharinenpfl.
  „ Kleine 334 = Brisette.
Buhl-Eltershofen (No. 78) 383.

C.

Caledonian 295, 372 fine.
Catalonian 403 = Catalonischer Spilling.
de Catalogne 403 desgl.
Catherine, siehe St. Catherine.
  „ de Tours, siehe St. Catherine.
  „ violette 373 = Violette Octoberpfl.
Cerisette blanche 404 = Catalonischer
    Spilling.
Cheston 269, wohl = Violette Diapre.
Coeur de Pigeon 439 = Rothes Tauben-
    herz.
Columbiapflaume (No. 72) 371.
Couetsche 244 = Hauszwetsche.

D.

Damas Aubert 394 = Gelbe Eierpflaume.
  „ ballon jaune 299 = Ballonartige
    gelbe Damascene.
  „ ballon jaune et vert 299.
  „ „ jaune panaché, variété 432
    = Ballonartige gelbe Da-
    mascene.
  „ „ panaché 299 = Ballonartige
    gelbe Damascene.
  „ „ rouge 299 = Ballonartige
    rothe Damascene.
  „ „ rouge et jaune 299.
  „ fin 431 = Christs Damascene?
  „ gros vert 344 = Große Reineclaude.
  „ musqué 253.
  „ noir hatif 357 = Johannispflaume.
  „ rouge 299.
  „ rouge rond 299.
  „ vert 344 = Große Reineclaude.
  „ violet 244 = für Hauszwetsche.
  „ violet gros 244 desgl.
Damascene Alberts 394 = Gelbe Eierpfl.

Damascene, Ballonartige 423 = Ballon-
    artige gelbe Damascene.
  „ Ballonartige gelbe (No. 98)
    229, 423.
  „ Ballonartige rothe (No. 36)
    299; Dittr. III. 364.
  „ Braunauer Aprikosenartige 323 =
    Braunauer Aprikosenartige Pflaume.
  „ Christs (No. 102) 431.
  „ Feine 431 = Christs Damascene.
  „ Friedheims rothe 403.
  „ Frühe platte 350 = Frühe Schwarze.
  „ Große von Tours 430.
  „ Große weiße 338, 340.
  „ Kochs späte (No. 45) 335.
  „ Muskirte 431 und 432.
  „ Onderkas (No. 67) 361.
  „ Runde rothe 299.
  „ Späte schwarze 431 u. 432 = Christs
    Damascene?
  „ Trummers (No. 38) 303.
  „ Trummers violette 303 = Trummers
    Damascene.
  „ von Maugerou ⎫
  „ von Maugeron ⎬ (No. 37) 301, 381,
  „ von Mougiron ⎭   425.
Dame Aubert 393 = Gelbe Eierpflaume.
  „ „ blanche 394 desgl.
  „ „ jaune 394 desgl.
  „ „ rouge 253 für Rothe Eierpfl.
  „ „ violette 246, 252.
Damenpflaume, Albertus 394 = Gelbe
    Eierpflaume.
Damascenerpflaume, ballonartige gelbe, 297
Damascenerzwetsche 301.
Damask black 367 = Early Marocco.
  „ early 367 desgl.
  „ great green bei Hogg = Große
    Reineclaude.
  „ Italian 367.
  „ red 429, für Herrnpflaume.
Dattelpflaume blaue 237 = Violette Dat-
    telzwetsche.
  „ Große gelbe 271 = Gelbe Dattel-
    zwetsche.
  „ Grünliche von Besançon 393 =
    Gelbe Eierpflaume.
  „ Lange violette 237.
  „ Späte 271 = Gelbe Dattelzw. 237.
Dattelzwetsche bei Dittrich II. 20 = Violette
    Dattelzwetsche.
Dattelzwetsche, Große gelbe (No. 18)
    263.
  „ Lange violette 238 = Violette Dat-
    telzwetsche.
  „ Violette (No. 5) 237.
Dauphine 343 = Große Reineclaude.

Kaiserpflaume, Violette 283, 390.
„ Weiße 263 u. 394 falsch für Gelbe Eierpflaume.
Kaiserzwetsche, breitgedrückte 255 = breitgedrückte Zwetsche.
„ Rothe 245 = Rothe Kaiserpflaume.
Kirschpflaume, kleine 297 für rothe Mirabelle.
Königin, weiße (No. 114) 453.
Königin Claudia 344 = Große Reineclaude.
Königin von Tours 369, bei Diel für Königspflaume.
Königspflaume (No. 71) 360; bei Diel falsch für Königspflaume von Tours.
„ Behrens (No. 93) 413.
„ Frühe (No. 107) 441; Hogg im Manuale hat auch eine Royale hative mit Synon. Miriam, die nicht die des Handbuchs ist, die deßhalb vielleicht besser Liegels Königspflaume genannt wird.
„ Haffners (No. 95) 417.
„ Lucas (No. 109) 445.
„ Niktaer frühe 441.
„ Platte 443.
„ Platte hellrothe 443 = Procureur.
„ Späte 433 = Später Perdrigon.
„ Späte von Paris 433 desgl.
„ von Mougerou 301 = Damascene von Mougerou.
„ van Mons (No. 110) 447.
„ von Tours (No. 70) 367, 414.

L.

Lawrences early 447.
„ Frühe rothe Pflaume 448, 451.
„ Favourite 448.
„ Gage 448.
Lapine (No. 104) 435.
Lombard 413 = Bleekers rothe Pfl.
Louis Philippe 295 = Rothe Nektarine.
Ludwigspflaume, Virginische 237 gab die Violette Dattelzw.; bezeichnet auch Sicklers glühende Kohle.

M.

Malonke 263.
„ Gelbe 394 = Gelbe Eierpflaume.
Mammouth, Parkers 377 = Washington.
Maronke, Große 394 = Gelbe Eierpfl.
Mamelonnée 313 = Pflaume von St. Etienne.

Maroccopflaume 358 falsch für Johannispfl., bei Diel = Frühe Schwarze; bei Christ eine Rodts früher Pflaumenzwetsche ähnliche Frucht.
Marunke 263.
„ Gelbe 263, Synon. von Großer, gelber Dattelzw., 394 für Gelbe Eierpfl.; Liegel hat später unter dem Namen eine besondere Frucht; Dittrich III. 355.
„ Rothe 253 u. 254 = Rothe Eierpfl.
Matchless 269 = Violette Diapre?
Mirabelle Abricotée 375 für Gelbe Mirabelle; 421 = Aprikosenartige Mirabelle.
„ Aprikosenartige (No. 97) 421.
Mirabelle blanche (white), bei Hogg Synon. von Gelber Mirabelle.
Mirabelle Bohns (No. 69) 353.
„ Bohns Gestreifte 353 = Bohns Mirabelle.
Mirabelle de Vienne 268 bei Hogg = Gelbe Mirabelle.
Mirabelle, Gelbe (No. 74) 375; 286.
„ Geperlte 421.
„ Große Doppelte 375 = Goldpfl.
„ Grüne (No. 115) 457.
„ Hofingers (No. 105) 437.
„ Hofingers rothe (No. 105) 437.
Mirabelle jaune 375 = Gelbe Mirabelle.
Mirabelle, Kleine / „ Petite } 375 Syn. von Gelbe Mirab.; 421 von Aprikosenartige Mirabelle.
Mirabelle Perle bei Hogg = Gelbe Mirab., Liegel hat eine Mirabelle perlée besonders.
Mirabelle Rangheri's / „ Rangheris Frühe / „ „ Gelbe } (No. 44) 315.
„ Rothe (No. 35) 297.
„ Späte 331, falsch für Gelbe Catharinenpflaume; richtiger = Brissette.
„ verte double, bei Hogg Syn. von Große Reineclaude.
„ v. Flotows allerfrüheste 411.
Mogulspflaume / Mogul Plum / Mogul white } 393 = Gelbe Eierpfl.
Monsieur 429 = Herrnpflaume.
„ hatif 429 = Frühe Herrenpflaume.
„ jaune 429 = Gelbe Herrenpflaume.
„ ordinaire 291, 429 = Herrenpfl.
„ tardif 244 für Hauszwetsche; 429 für Schweizerpfl.; 433 für Später Perdrigon.
Morocco 359 = Frühe Schwarze? 367 gab sie Jahn die Königspflaume von Tours.

Morocco early 367.
  „ black 367.
Muskateller, schwarze 431 = Christs Damascene?

N.

Noire hative, siehe Prune.
Nectarine 295 = Rothe Nectarine.
Nectarine, rothe (No. 34) 295; Dittr.
  III. 361.
Nelsons Victory 429.
Non Such, Lucombes 371 = Lucombes
  Unvergleichliche.

O.

Octobermirabelle 334.
Octoberpflaume, violette (No. 78)
  373.
Orange 249.
Orleans 429 = Herrnpflaume.
  „ old 249 desgl.
  „ Wilmots late 429.
  „   „ new early 429.
  „ Kreveths late 429.
Orleanspflaume Smiths (No. 32)
  291.

P.

Patersons 407 = Gisbornes Zwetsche.
Perdrigon, bunter (No. 61) 349; Dittr.
  III. 376.
Perdrigon de Normandie 363 = Nor-
  männischer Perdrigon.
  „ Normännischer (No. 68) 363;
    Dittr. III. 392.
  „ Rother (Nr. 40) 307.
  „ Schwarzer 363 = Normännischer
    Perdrigon.
  „ Später (No. 103) 433.
  „ Weißer 259.
Pflaume, Aprikosenartige (No. 49)
  325.
  „ Bieler 385 als Syn. der Johannispfl.
  „ Blaue herzförmige 269 = Violette
    Diapre.
  „ Bleckers rothe (No. 96) 419.
  „ Braunauer Aprikosenartige
    (No. 48) 323; Dittr. III. 370.
  „ Bunte 347 (nicht = bunte Frühpfl.)
  „ Buntfarbige violette 269 = Violette
    Diapre.
  „ Catalonische 403 = Catalonischer
    Spilling.

Pflaume, Coës rothgefleckte (No. 19)
  265; Dittr. III. 356.
  „ Coës rothgefleckte Goldpfl. 265 =
    Coës rothgefleckte Pflaume.
  „ Coës sehr späte rothe 373 = Vio-
    lette Octoberpflaume.
  „ Coopers große (No. 3) 233.
  „ Cyprische 254 u. 253.
  „ Dörells große Ungarische 271 für
    große Zuckerzwetsche.
  „ Freudenberger 411 (nicht Freuden-
    berger Frühpflaume).
  „ Frühe Schwarze (No. 66) 359;
    357 als öfter gebraucht für Jo-
    hannispfl.; Noire hative heißt auch
    die Précoce de Tours.
  „ Fürstenzeller 425 = Rothe Apri-
    kosenpflaume.
  „ Gelbe frühe 403 = Catalonischer
    Spilling.
  „ Große Ungarische 240.
  „ Hauptmann Kirchhoffs (No.91)
    409.
  „ Jaspisartige (No. 57) 341; Dittr.
    III. 375.
  „ Kirkes (No. 33) 293; Dittr. III.
    360.
  „ Kladrauer 271 = Große Zuckerzw.
  „ Königliche von Tours 367 = Königs-
    pflaume von Tours.
  „ Liefländer gelbe 325 für Aprikosen-
    artige Pflaume.
  „ mit dem Pfirschenblatt 241 = Ita-
    liänische Zwetsche.
  „ Oesterreichische 237 = Violette Dat-
    telzwetsche.
  „ Podlebrader 307 = Rother Perdrigon.
  „ Reizensteiner 287 = Reizensteiner
    gelbe Zwetsche.
  „ Schwarze von Montreuil 357 =
    Johannispflaume.
  „ Smiths Orleans- (No. 32) 291.
  „ Spindelförmige 403.
  „ Türkisch gelbe 317 = Ottomannische
    Kaiserpflaume.
  „ von St. Etienne (No. 43) 313.
  „ von Wangenheims 229 = von Wan-
    genheims Frühzwetsche.
  „ Weiße Holländische 393 = Gelbe
    Eierpflaume.
Pflaumenzwetsche, große Englische 289 =
  Große Engl. Zwetsche.
Philippe I. 377 = Washington.
Phiolenpflaume, weiße 341 = Jaspis-
  artige Pflaume.
Plum, Abricot Plum of Tours 325 =
  Aprikosenartige Pflaume.

Plum, Beekmanns scarlet 419 = Bleekers rothe Pflaume.
„   Bleekers scarlet 419 = Bleekers
   rothe Pflaume.
„   Caledonian 295 falsch für Rothe
   Nectarine.
„   Coës 265 = Coës rothgefleckte Pfl.
„   „   fine late red 303 = Violette
   Octoberpflaume.
„   „   late red 303 = Violette
   Octoberpflaume.
„   Coopers large 233 = Coopers
   große Pflaume.
„   „   large red 233 = Coopers
   große Pflaume.
„   „   large American 233 =
   Coopers große Pflaume.
„   early Russian 244 für Hauszw.
„   early white 403 = Catalon. Spill.
„   Howells large 295 = Rothe Nec-
   tarine.
„   Hungarian 237 für Violette Dattel-
   zwetsche.
„   London 404 = Catalon. Spilling.
„   Mimms 254 = Rothe Eierpfl.?
„   Peach 295 = Rothe Nectarine; es
   heißt jedoch auch die Wahre Cale-
   donian so, und hat Hogg noch eine
   besondere Peach Plum.
„   Picketts July 404 = Catalon. Sp.
„   red Apricot-Plum 243 = Rothe
   Aprikosenpflaume?
„   Rivers early 355 = Rivers Frühpfl.
„   Royale red, bei Hogg = Royale
   = Königspflaume.
„   Sir Charles Worsley's, bei Hogg
   = Königspflaume.
„   white Holland 393 = Gelbe Eierpfl.
Pommeranzenzwetsche 249 als Synon. der
   Nikitaer Hahnenpflaume; bezeichnet je-
   doch eine eigene Frucht.
Ponds Pourple 385 = Ponds Sämling.
Pourple Breevorts 377 (Sämling des Was-
   hington).
Primordian Amber 403 = Catalon. Spill.
„   white 403 desgl.
Procureur (No. 108) 443.
Prune Catalone 103 = Catalon. Spill.
„   Castelane 143 desgl.
„   d'Abricot 325 für Aprikosenart. Pfl.
„   d'Abricot rouge 425 = Rothe Apri-
   kosenpflaume.
„   d'Allemagne 244 = Hauszwetsche.
„   Damasquinée 431 = Schwarze
   Muskateller = Christs Damascene?
„   Datte 237.
„   Datte jaune 263 = Gelbe Dattelzw.

Prune Datte violette 237 = Violette Dattelzwetsche.
„   d'Autriche 237 desgl.
„   d'Avoine 403 = Catalon. Spill.
„   de Catalogue 403 desgl.
„   de Chypre 431 u. 432 = Damas
   musqué Duhamel; 253 für Rothe
   Eierpflaume.
„   de Malthe 431 = Damas musque,
   Duhamel.
„   de Monsieur   } 429 = Herrenpfl.;
„   de Monsieur   } 394 für gelbe Eierpfl.
   ordinaire
„   de Monsieur hatif 429 = Frühe
   Herrnpflaume.
„   d'Oeuf 394 = Gelbe Eierpfl.; 253.
„   d'Oeuf blanche 394 = Gelbe Eierpflaume; 253.
„   de St. Jean 357 = Johannispfl.
„   dé Waterloo 261 = Waterloopfl.
„   early Favourite 355.
„   Favourite précoce de Rivers 355
   = Rivers Frühpflaume.
„   German 244 = Hauszwetsche.
„   grosse noire hative 357 = Johannispfl.; bezeichnet jedoch auch
   andere frühe Pflaumen.
„   jaune hative 403 = Catalon. Spill.
„   jaune précoce 403 desgl.
„   noire hative 359 für Précoce de
   Tours cf. frühe schwarze Pfl.
„   Pêche 295 = Rothe Nectarine cf.
   Peach Plum.
„   précoce 319 wohl für Weiße Jungfernpflaume.
„   sweet 244 für Hauszwetsche.
,   transparente 337 = Durchsichtige.
„   true large German 244 = Hauszw.
„   van Mons 447.
Prunus Catalonica 403 = Catalon. Spill.
„   Catalona 403 desgl.
„   lutea 403 = Gemeiner Spill.

Q.

Quetsche commune }
„   common   } 244 = Hauszw.
„   d'Allemagne   }
„   „   grosse   }
„   d'Italie 241 = Italienische Zw.
„   de Metz 244 = Hauszwetsche.
„   Fellenberg 241 = Italienische Zw.
„   Grosse   }
„   Leipsic   } 244 = Hauszw.
„   or German Prune }
„   Türkish 244 für Hauszw. auch =
   Violette Dattelzw.

R.

Reineclaude ancienne 343 = Große Reineclaude.
Reineclaude Bavays (No. 59) 345.
„ Coës golden drop 261 u. 262.
„ de Guigne (No. 116) 459.
„ d'Orée 343 = Große Reineclaude.
„ Frühe gelbe 337 = Durchsichtige.
„ Fürstenzeller 425 = Rothe Aprikosenpflaume.
„ Gelbe 325 = Aprikosenartige Pfl.
„ Große
„ Große grüne } (No. 58) 343.
„ Aechte große
„ hative 381 = Frühe Reineclaude; Hogg hat jedoch darunter eine andere Frucht.
„ Merolds (No. 50) 327.
„ Merolds gelbe (No. 50) 327.
„ Monot 345 = Bavays Reineclaude.
„ Rothe
„ rouge } 447 = v. Mons Königspflaume.
„ rouge van Mons
„ van Mons 447.
„ verte tiquetée 344 = Große Reinecl.
Reine blanche 455 = Weiße Königin.
„ grosse 343 — Große Reineclaude.
„ nova 447 = v. Mons Königspfl., Hogg hat Reine nova als Syn. von Belle de Septembre, Gros rouge de Sept., aber nicht bei Reineclaude rouge van Mons.
Riesenzwetsche 241.
„ Blaue 241 = Italienische Zw.
Roche carbon 254.
Rognon de Coog 249.
Rosinenpflaume 279 = Rothe Zwetsche.
Royale 369 = Königspfl.; cf. 367.
„ très grosse = Königspfl.; cf. 367.
„ de Paris tardive 433 = Später Perdrigon.
„ de Tours 367 = Königspfl. von Tours.
„ Sir Charles Worsley's bei Hogg Synon. der Königspfl.
Rudolphspflaume 264.

S.

Säbelpflaume 238 = Violette Dattelzw.
„ Ungarische 238 desgl.
Sämling Ponds (Nr. 76) 379.
Seedling Bury 265 = Coës rothgefleckte Pflaume.
„ Ponds 385 = Ponds Sämling.

Semiana, Hogg Manuale Synon. von Italienische Zwetsche.
September-Damascene 433 irrig für Später Perdrigon.
Spätdamascene, Kochs gelbe 335 = Kochs späte Damascene.
Spätzwetsche, gelbe 287.
Spilling Catalonischer (No. 88) 403.
„ Gemeiner gelber 403.
„ Rother 437; bei Dittrich irrig = Hofingers Mirabelle.
Spitzpflaume 247 u. 279 = Rothe Zw.
Spitzwetsche (No. 10) 247; Dittrich III. 347.
Sprenkelpflaume, ovalrunde 407 = Gisbornes Zwetsche.
St. Barnabé 403 = Catalon. Spilling.
St. Catherine 331 = Gelbe Catharinenpfl.
„ de Tours 331 desgl.
St. Martin
St. Martin rouge } 377, Syn. von Coës fine late red = Violette Octoberpfl.; auch die Schweizerpfl. u. Andere heißen St. Martin.
Sucrin vert 343 = Große Reineclaude.
Sucina grossella piccola 431 = Späte schwarze Damascene = Christs Damascene?
„ settembrica quialla 287 = Reizensteiner gelbe Zwetsche.
„ forla d'uova de Borgogne = Burgunder Zwetsche.

T.

Taubenherz, rothes (No. 106) 439.
Treibzwetsche, frühe 245 = Rothe Kaiserpfl.
Trompe Garçon 344 = (auch bei Hogg) Große Reineclaude.
„ Valet desgl.

V.

Verdacin nach Hogg = Große Reinecl.
Verdochio nach Hogg desgl.
Verte bonne 343 u. 344 desgl.
Veilchenpflaume 269 = Violette Diapre.
„ Violette 269 desgl.
„ Weiße 341 = Jaspisartige Pfl.
Virginale à fruit blanc 316 = Weiße Jungfernpflaume.
„ à fruit rouge 461 = Rothe Jungfernpflaume.
„ rouge desgl.

Druckfehler im 3. Bande des Handbuches.

S. 2 Z. 20 von oben die Nächte, st. die Nächte. — S. 3 letzte Z. eine Blüthenknospe, st. einer. — S. 16 Z 14 von oben Fig. 11, st. Fig 5. — S. 16 Z. 8 von oben Fig. 4 a und b, st. Fig. 4. — S. 16 Z. 9 von unten Fig. 6 b, st. Fig. 6. — S. 18 Z. 5 von unten vorgeschobene, st. vorgeschoben. — S. 91 Literatur 5. Z. tardive du Mans, st. du Mons. — S. 97 Literat. Z. 2 Brobans, st. Borbans. — S. 105 Literat. Z. 6 Loudons, st. Londons. — S. 110 Z. 11 von oben Fleisches, st. Fleischet. — S. 110 Z. 14 von oben zeichnet, st. zeichnet. — S. 111 Z. 3 von unten Bordowik st. Bordoweik. — S. 123 Z. 7 von unten Pigeon, st. Piqueon. — S. 131 letzte Z. sitzt flach, st. ist flach. — S. 140 Z. 11 von unten Liegels Anleit., st. Anm. — S. 152, erster Absatz, Z. 9 von unten muß es st. Lemercier heißen Grübe Lemercier. — S. 159 Literat. Z. 4 von unten mit der Royale, st. dem R. — S. 161 Literat. Z. 2 Anw., st. Anm. — S. 163 letzte Z. Kleparow, st. Kleparou. — S. 168 Z. 6 von oben fehlt zwischen Morestin und Rouvroy das Komma. — S. 168 Z. 17 von oben Belle de Prapeau st. Trapeau. — S. 185 Z. 3 von unten dürfte, st. dürften. — S. 187 Z. 10 von oben Sorguliet, st. Sorgylit. — S. 199 Z. 9. von oben Chiksaw Plum, st. Chicksan. — S. 253 Z. 12 von unten Egg, st. Egv. — S. 254 Z. 10 von unten steht irrig zwischen erzogene und Schieblers ein Punkt. — S. 265 fehlt neben ** ein †. — S. 284 letzte Z. Heft 4, statt 44. — S. 325 letzte Z. ist das Wort fehlt zu streichen. — S. 328 bei Esperens Goldpflaume **, st. *. Es hätte wohl auch noch † hinzugesetzt werden mögen. — S. 344 Z. 8 von oben tiquetée, st. tiquetées. — S. 344 Z. 6 von unten etwa gleicher, st. etwas. — S. 346 Z. 11 von unten ist zwischen gelblich silberhäutig das Komma zu tilgen. — S. 396 Z. 6 von unten fehlen nach dem ersten: gekerbt gezahnt die Worte: oft doppelt, aber. — S. 430 Z. 17 von unten noch eben, st. nach eben. — S. 433 Z. 4 von oben Lenné, st. Launé. — S. 434 Z. 19 von oben Kriechen, st. Kirschen. — S. 446 Z. 6 von oben fehlt das Wort: war. — S. 451 Z. 5 von oben Lawrence's, st. Lawrence. — S. 469 Z. 4 von unten Maikäfsche, st. Macker'sche. — S. 471 unter der Figur 4. W. d. K.Z., st 1. W. — S. 471 letzte Z. noch Lindley, st. nach L. — S. 472 Z. 9 von unten in der 4. W., st. Ende der. — S. 478 Z. 4 von unten stark und, st. star. — S. 502 im 5. Absatz rein süß, st. rein, süß. — S. 505 Literat. 4. Z. von oben Amarelle, st. Amorelle. — S. 524 Z. 7 von oben Ronald's st. Ronalbi. — S. 528 Z. 3 von oben Cerisier Royal st. Cerise R.